普通高等教育“十三五”规划教材

结晶学与矿物学教程

王恩德　付建飞　王丹丽　编著

北　京
冶金工业出版社
2019

内 容 提 要

全书分5篇18章：第Ⅰ篇 晶体几何学，含1~3章，包括晶体及其性质、晶体宏观对称、单形与聚形、空间格子、晶体结晶系统、七个晶系、230种空间群等；第Ⅱ篇 晶体化学与晶体生长，含4~5章，包括晶体化学、晶体结构、晶体生长物理化学、热力学等；第Ⅲ篇 矿物性质及鉴定方法，含6~9章，包括矿物化学成分、矿物形态、物理性质、鉴定方法等；第Ⅳ篇 矿物各论，含10~17章，包括矿物分类、中国发现新矿物、自然元素矿物、硫化物及其类似化合物、氧化物与氢氧化物、含氧盐矿物、卤化物矿物等五大类常见矿物的性质与成因，陨石矿物简介等；第Ⅴ篇 成矿地质作用，含18章，介绍形成矿物的地质作用。书末附有常见矿物的彩色图片。

本书为金属矿产资源勘查与开发利用专业本科生或研究生教材，也可供相关领域的科技人员参考。

图书在版编目(CIP)数据

结晶学与矿物学教程/王恩德，付建飞，王丹丽编著. —北京：冶金工业出版社，2019.10
普通高等教育“十三五”规划教材
ISBN 978-7-5024-8263-3

Ⅰ.①结… Ⅱ.①王… ②付… ③王… Ⅲ.①晶体学—高等学校—教材 ②矿物学—高等学校—教材 Ⅳ.①O7 ②P57

中国版本图书馆CIP数据核字（2019）第221335号

出 版 人 谭学余
地　　址 北京市东城区嵩祝院北巷39号 邮编 100009 电话 （010）64027926
网　　址 www.cnmip.com.cn 电子信箱 yjcbs@cnmip.com.cn
责任编辑 宋 良 郭冬艳 美术编辑 吕欣童 版式设计 孙跃红 禹 蕊
责任校对 郑 娟 责任印制 李玉山
ISBN 978-7-5024-8263-3
冶金工业出版社出版发行；各地新华书店经销；三河市双峰印刷装订有限公司印刷
2019年10月第1版，2019年10月第1次印刷
787mm×1092mm 1/16；29.25印张；8彩页；735千字；451页
68.00元
冶金工业出版社 投稿电话 (010)64027932 投稿信箱 tougao@cnmip.com.cn
冶金工业出版社营销中心 电话 (010)64044283 传真 (010)64027893
冶金工业出版社天猫旗舰店 yjgycbs.tmall.com
（本书如有印装质量问题，本社营销中心负责退换）

前　　言

本书系编者在多年讲授结晶学与矿物学课程的基础上，为适应新形势下的教学新要求编写而成的。书中以晶体对称、晶体化学、晶体生长、矿物物理性质、矿物种鉴定、矿物形成地质作用为主线，构成结晶学基础、晶体化学、晶体生长物理化学、矿物形态、矿物物理性质、常见矿物基本特征、矿物形成地质作用、矿物鉴定方法的课程体系；加强了晶体结构、晶体生长物理化学、热力学等内容；在硫化物及其类似化合物中，增加了硒化物、碲化物等内容；增加了常见矿物种类的鉴定特征、镜下特征、简易化学试验、用途方面的内容；书末附有常见矿物的彩色图片。

通过本书的学习，可使学生较系统地掌握结晶学和矿物学的基础理论、基本知识和基本技能；在结晶学部分，应掌握晶体的基本性质，晶体对称，32种对称型，晶体定向，晶面符号，47种单形，聚形，空间格子，七个晶系，230种空间群的基本理论和对称型推导，单形推导，对称要素确定，晶面符号确定等基本技能；在晶体化学部分，应掌握元素的电化学性质，化学键与晶格类型，最紧密堆积，配位数与配位多面体，晶体结构类型，类质同象，同质多象，多型，元素分类，矿物化学组成，不同形式的水，晶体生长和晶面发育的理论，矿物热力学基础；在矿物物理性质部分，应掌握矿物晶体形态，矿物光学性质，力学性质，电磁学性质的影响因素和认知能力等；对于常见矿物基本特征，应重点掌握矿物的晶体化学分类，各类矿物的晶体化学特征、晶体形态、物理性质与鉴定特征、形成环境与主要用途。结合实验教学，应掌握100余种矿物鉴定特征和基本鉴定方法，了解矿物形成的地质作用和矿物的成因标型特征，初步掌握矿物学的研究方法。通过矿物学专题讨论，了解矿物学的最新进展。

本书由东北大学王恩德教授担任主编，付建飞、王丹丽参加编写，共同完成。尤欣慰博士协助完成了教材图件的绘制工作。编写中，主要参考了潘兆橹的《结晶学及矿物学》，王濮、潘兆橹、翁玲宝的《系统矿物学》，赵珊茸的

《结晶学及矿物学》，罗谷风的《基础结晶学与矿物学》，梁继文的《矿物学》，M. J. Hibbard 的《Mineralogy》等教材以及相关学术论文。东北大学教材出版基金对本书的出版给予了资助。谨此一并致谢！

因编者水平所限，书中不足之处，诚请读者批评指正。

作　者

2019 年 7 月

目　录

第Ⅰ篇　晶体几何学

第Ⅱ篇 晶体化学与晶体生长

第Ⅲ篇　矿物性质及鉴定方法

第Ⅳ篇 矿 物 各 论

第Ⅴ篇　成矿地质作用

绪　　论

矿物（minerals）是地质作用形成的具有确定化学成分和晶体结构的化合物或单质。矿物具有四个基本特质：

（1）形成于地球上发生过的和正在发生的各种地质作用中，即天然而成的物质。

（2）矿物具有确定的化学成分，产于不同地质作用的同种矿物的化学成分基本相同。

（3）矿物是具有一定晶体结构的结晶固体。

（4）矿物具有特定的物理化学性质。

矿物是构成岩石圈的沉积岩、变质岩、火成岩的组成组分，也是研究地球的物质组成及演化规律的基础。矿物资源的开发利用是人类社会经济发展的重要物质基础。目前地球上已发现4000余种矿物。

矿物是地质作用形成的固体物质，形成于17世纪下半叶的结晶学以研究天然矿物晶体为主要任务。到19世纪，结晶学的研究范围逐步扩大到矿物以外的各种晶体，成为一门独立的学科。结晶学是研究晶体生成和变化的科学，研究内容包括晶体外部形态的几何性质、化学组成和内部结构、物理性质、生成与变化，以及它们相互之间的关系等。现代结晶学研究晶体各方面的性质和规律，指导对晶体的利用和晶体工艺制备。其分支包括晶体生长学、几何结晶学、晶体化学、晶体物理学等。

矿物学作为研究矿物形成、成分、性质、分类和利用的科学，是地质科学的重要基础学科。作为与人类文明同步发展的一门学科，从早期人类制作石器作为工具或武器，以及后来被作为工农业生产原料以及生活中的各种材料的历史进程中，人类不断探索着矿物的地质属性、社会价值、科学规律，推进了矿物学的不断发展。

结晶学与矿物学主要的发展历程可以划分为：

（1）萌芽阶段（史前期~15世纪中叶）。人类早在石器时代就已利用多种矿物制作工具和饰物，主要有石英、水晶、蛋白石、蛇纹石、黄铁矿、滑石、方解石、萤石等，以后又逐渐认识了金、银、铜、铁等若干金属及其矿石，从而过渡到铜器和铁器时代。我国古籍《山海经》（成书于战国至西汉初）中记述了多种矿物、岩石和矿石的名称，有些名称如雄黄、金、银、玉等沿用至今。在尼罗河谷埃及帝王坟墓出土的壁画中，也有大量描写加工矿石、熔炼金属场景的内容。

（2）学科形成阶段（15世纪中叶~20世纪初）。18、19世纪，矿物研究得到了多方面的进展，逐步建立起理论基础，丰富了研究内容和研究方法，形成为一门学科。16世纪中叶，G. 阿格里科拉（Agricola，1494~1555）较详细地描述了矿物的形态、颜色、光泽、透明度、硬度、解理、味、嗅等特征，并把矿物与岩石区别开来。中国李时珍在《本草纲目》（1578）中描述了38种药用矿物，说明了它们的形态、性质、鉴定特征和用途。Nicolaus，Steno（1658~1687）发现面角恒等定律，并毕生致力于结晶形状的研究，导致结晶学的诞生。18~19世纪期间，随着矿物学、结晶学的研究，在这一时期出现了两大学派，即矿物化学学派和矿物结晶学派。瑞典学者J. J. 贝采利乌斯做了大量矿物化学成分的鉴定，采用了化学式，并据此进行了矿物分类。德国化学家E. 米切利希提出了类质同象与同质多象概念，是矿物学研究化学学派的主要代表。结晶学派在几何结晶学及晶体结构几何理论方面获得了巨大的成就。这一时期，有英国Miller发明的晶面指示方法的米勒指数（Miller Indices），法国Bravais确定十四种布拉维格子，德国的Schoenflies、俄国的Federov和英国的Barlow等从晶体的32中点群的对称中发展出空间群理论，提出结晶物质内部的基本构造形态共有230种；H. C. 索比于1857年制成显微镜的偏光装置，推进了矿物的鉴定和研究，这一方法被沿用至今，仍在发展着。

（3）现代矿物学阶段。1912年，德国学者M. T. F. von劳厄成功进行了晶体对X射线衍射的实验，使晶体结构的测定有了可靠的方法，矿物学研究从宏观进入到微观的新阶段。其后，W. l. Bragg提出的Bragg方程，使X射线结晶学得到快速发展；大量矿物晶体结构被揭示，许多矿物被发现，建立了以成分、结构为依据的矿物的晶体化学分类；矿物形成的地质作用、矿物晶体结构、矿物的性质、矿物的用途得到系统研究。20世纪中期以来，固体物理、量子化学理论以及波谱、电子显微分析等微区、微量分析技术被引入，使矿物学获得了新进展，建立了矿物物理学；矿物原料和矿物材料得到更广泛的开发，开展了矿物的人工合成，高温、高压实验和天然成矿作用模拟；矿物学、物理化学和地质作用的研究相结合的分支学科——成因矿物学和找矿矿物学逐步形成，使矿物学在矿物资源的寻找与开发方面获得了更广泛的应用。

我国在矿物学研究上也取得了重要成果。何作霖研究并发现白云鄂博铁矿中的稀土元素矿物，开创了稀有元素矿物学研究领域。彭志忠等测定了包括葡萄石等大量的晶体结构，在晶体结构解析和结构矿物学领域做出了贡献。叶大年、王德滋等在光性矿物学领域、谢先德等在矿物微结构的研究上处于国际研究的前列。陈光远、徐国风等人的成因矿物学研究为矿床成因提供基础证据。自1958年黄蕴慧发现“香花岭石”以来，到2017年，我国发现的新矿物共计140余种。在陨石矿物学方面，欧阳志远等的研究成果为我国探月工程奠定了坚实的基础。

矿物学已经成为研究地球物质组成的基础学科。主要由几个分支组成：

（1）结晶学。结晶学现在已经发展成为独立的学科，是研究一切无机物和有机物的结晶物质的科学。作为矿物学的重要组成部分，结晶学是以研究矿物晶体对称规律、晶体结构晶体化学、晶体生长的基本规律。探讨矿物晶体结构、化学组成、晶体形态及其生成条件的关系等。

（2）矿物物理学。研究矿物的力学性质、光学性质、电磁学性质等物理性质以及与化学成分、晶体结构、形成环境等的关系。随着固体物理学、量子化学理论及谱学实验方法引入矿物学，矿物物理学的发展使矿物学的研究从原子排列深入到原子内部的电子层和核结构，研究矿物化学键的本质、精细结构与物理性能。光性矿物学主要探讨显微镜下矿物的各种光学性质和镜下测定各种矿物光学常数的方法，成为矿物鉴定的主要手段之一，运用电子探针、电子显微镜、矿物物理谱学特征，进行矿物鉴定、晶体结构中离子、分子占位等微观研究。

（3）成因矿物学。研究矿物个体和群体的形成，结合物理化学和地质条件，探索矿物的成因。研究矿物成分、结构、形态以及表面微形貌、物理性质上反映生成条件的标志——标型特征。成因矿物学已应用于地质找矿，并逐渐形成找矿矿物学。

（4）实验矿物学。通过矿物的人工合成，模拟和探索矿物形成的条件及规律。

（5）矿物材料学。矿物学与材料科学相结合的新分支，研究矿物的物理、化学性能和工艺特性，在科学技术和生产中开发应用。

在进行以某类矿物为对象的专门研究上，形成了硫化物矿物学、硅酸盐矿物学、黏土矿物学、宝石矿物学等；研究地幔矿物的有地幔矿物学，研究其他天体矿物的有宇宙矿物学（包括陨石矿物学、月岩矿物学等）。

对地球物质组成的深入研究，促使矿物学成为研究地壳地幔组成、地球起源以及宇宙起源与演化历史的基础学科。同时，人类社会的进步对于原料的需求，更将矿物学的研究作为研发新材料的基础。现代矿物学的研究主要集中于以下 4 个方面：

（1）新矿物的发现。发现新矿物以及确定矿物化学组分、晶体结构，成为探索地球和宇宙物质组成的基础。随着先进分析技术、激光技术、电镜技术、X 光技术、光谱技术等应用于矿物组分与晶体结构的确定，将推进矿物学新的发展。基于现代工业对于稀有元素和稀土元素等新用途的日益增长，如何寻找这些稀有金属的矿物以及分离提取，也是矿物学努力的方向。

（2）地球深部矿物学研究。研究高温高压矿物结构和物理性质、高压矿物晶体化学；地幔和地核温压条件下矿物相变等。面对复杂多样的矿物组合及其变化，采用热力学理论与实验方法，确定矿物的产出和共生组合形成条件。

（3）海洋矿物、陨石矿物、月岩矿物以及宇宙矿物的研究，成为深空科学研究领域重要内容，也将为人类和平、科学利用深海和太空提供基础。生物对矿物形成的作用也将进一步得到揭示。

（4）应用矿物学与矿物材料的开发利用，其基础是矿物学研究。矿物应用有获取有用组分为目的的采选冶金工业，也有利用矿物物理性质的建材工业、宝玉石业。随着技术的进步，矿物结构或性质的应用，新型矿物材料的研发与应用，将得到拓展。如利用矿物进行环境污染的治理，钙钛矿结构的太阳能电池，以无机水合盐为原料的相变储热矿物材料等。同时，随着信息技术等领域的发展，需要使用大量单晶体、压电晶体、金属单晶体、晶须等和人工宝石，矿物晶体的人工制造技术是现代结晶学发展的一个具有积极意义的领域。

第Ⅰ篇

晶体几何学

晶体宏观对称

1.1 晶体及其性质

1.1.1 晶体与非晶体

狭义的晶体（crystal）是指具有透明的规则几何多面体形态的固体矿物，如水晶、钻石等（图 1-1）。德国物理学家劳埃（M. Von Laue，1912）用 X 射线证明晶体是内部质点在三维空间周期性排列构成格子构造的固体物质。非晶体（non-crystal）是不具格子构造的固体物质。在地球上有的矿物晶体粒度可达几米或几十米（巨晶），也有的仅有微米级大小（微晶）。结晶颗粒能够用肉眼或放大镜（20 倍）识别的矿物颗粒，为显晶质；颗粒细小，肉眼无法分辨，只能在显微镜或电子显微镜下识别的矿物颗粒，为隐晶质。

(a) 石英晶体

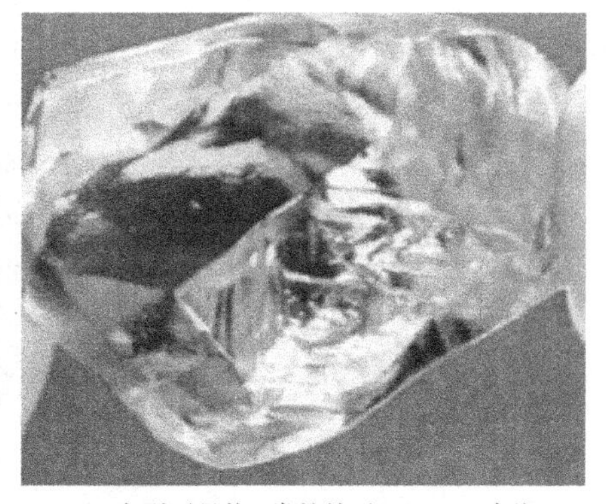

(b) 金刚石晶体（常林钻石 (158.768 克拉）

图 1-1　常见晶体

晶体与非晶体可以从 SiO_2 的晶体与非晶态的结构（图 1-2）中看出差异。在 SiO_2 晶体的内部结构中 Si-O 构成的四面体有规律排列，具格子构造；SiO_2 非晶体的内部结构质点排列是不规律的，不具格子构造。非晶体的内部结构可在很小的范围内具有与晶体结构中的一样有规律（如1个 Si 与周围分布的3个 O 也构成四面体），但整个结构质点的排列没有规律。将质点在局部有规律的排列称为近程规律，在整个结构范围的有序称为远程规律。显然，晶体既有近程规律也有远程规律，非晶体只有近程规律。液体的结构也具有近程规律；气体既无远程规律也无近程规律。

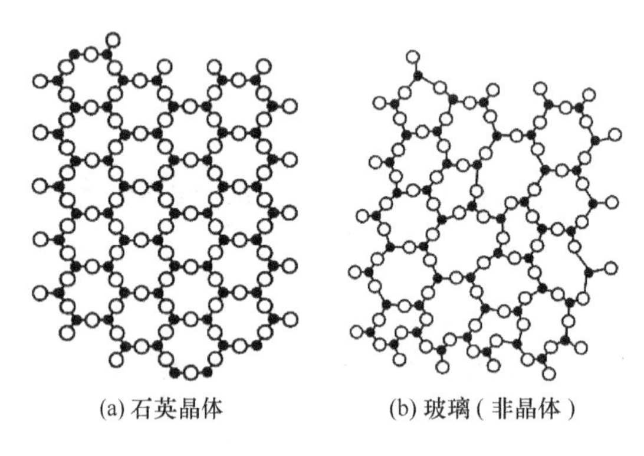

(a) 石英晶体　　(b) 玻璃（非晶体）

图 1-2　晶体与非晶体结构（平面）示意图

在地质环境中晶体与非晶体在一定条件下是可以互相转化的。由非晶态转化为晶态的过程称为晶化（crystallizing）或脱玻化（devitrification）。如火山岩中的 SiO_2 玻璃质在漫长的地质年代中，其内部质点缓慢调整，趋于规则排列，成为石英晶体。晶化过程可以自发进行。晶体因内部质点的规则排列遭到破坏而转化为非晶态过程称为非晶化（non crystallizing）。非晶化一般需要外能。一些含放射性元素矿物晶体受放射性蜕变发出的 α 射线的作用，晶体遭到破坏，转变为非晶态。

1984 年 Deny Shechtman 用电子显微镜在急冷 Al−Mn 合金中发现了一种新的物态，其内部质点排列具有远程规律，但没有平移周期，即不具格子构造，是介于晶体与非晶体之间的一种状态，称为准晶态或准晶体（quasicrystal）。大量研究表明，这种固体内部具有严格的趋向排列，却没有严格的平移周期性，是一种准周期性晶体（图 1-3）。

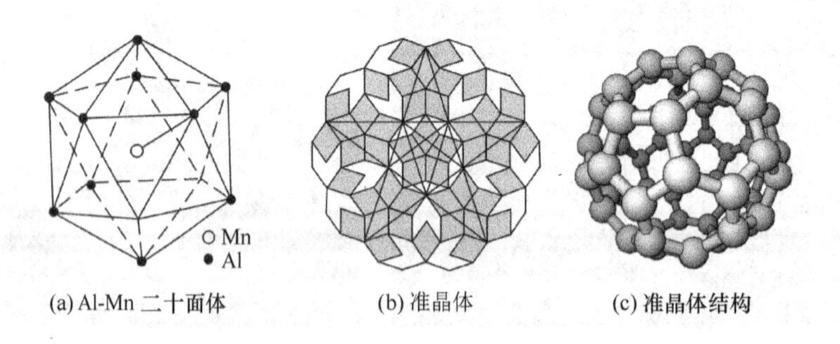

(a) Al-Mn 二十面体　　(b) 准晶体　　(c) 准晶体结构

图 1-3　准晶体具有远程规律但没有平移周期

1.1.2　晶体的基本性质

（1）自限性（self confinement）。是晶体在适当条件下可以自发地形成规则几何多面体外形的性质。晶体的多面体形态是其格子构造在外形上的直接反映。

斯丹诺（N. Steno，1669）通过对石英（SiO_2）和赤铁矿（Fe_2O_3）晶体的研究发现了面角守恒定律：同种矿物的晶体，其对应晶面间的角度守恒。面角是任意两晶面法线之间的夹角，其数值为晶面夹角的补角。面角恒等是晶体格子构造的必然结果。同种晶体具有完全相同的格子构造，同种面网构成晶体外形上的同种晶面。在晶体生长过程中，晶面平行向外推移。所以不论晶面大小形态如何，对应晶面间夹角恒定不变。图 1-4 中的石英晶体的晶面形态大小不同，晶体外形也不同，但它们具有相同格子构造，具有相同的晶面夹角。

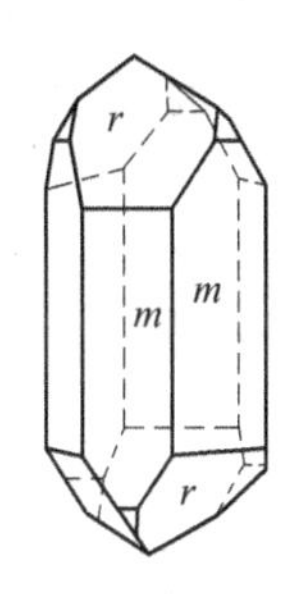

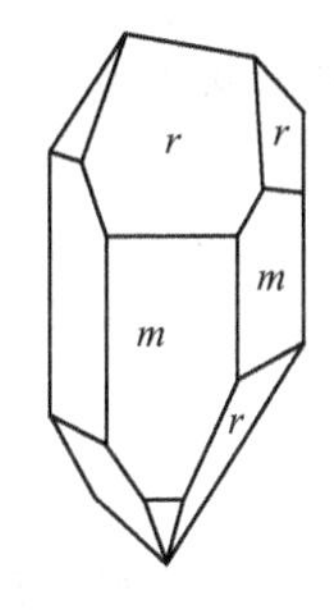

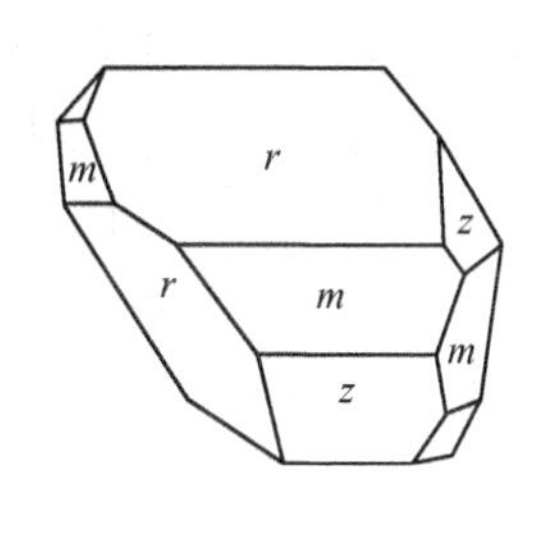

图 1-4　石英晶体相应面角相等

$r \wedge m = 141°47'$，$m \wedge m = 120°$，$r \wedge z = 134°$

（2）均一性（homogeneity）。同一晶体的各个部分的物理性质与化学性质是相同的。晶体是具有格子构造的固体，在同一晶体的各个不同部分，质点的分布是相同。非晶质体具有统计均一性；液体和气体也具有统计均一性。如玻璃不同部分的折射率、膨胀系数、导热率等都是相同的。由于非晶质的质点排列不具有远程规律，故不具有格子构造。

（3）异向性（anisotropy）。晶体的性质随方向的不同而有所差异的性质。同一格子构造中，在不同方向的网面密度不同，不同方向的行列上质点排列一般是不一样的（结点间距不同），导致不同方向性质不同。如矿物蓝晶石在平行晶体延长方向（*AA*）上的硬度低于垂直晶体延长方向（*BB*）上的硬度（图 1-5）。像云母、方解石等矿物晶体，在一定结晶学方向上具有完好的解理，而沿其他方向则不发育解理。矿物晶体的力学、光学、热学、电学等性质，都体现出明显的异向性。晶体的多面体形态也是异向性的一种表现。无异向性的外形应该是球形。非晶质体一般是具等向性的，性质不因方向而有所差别。

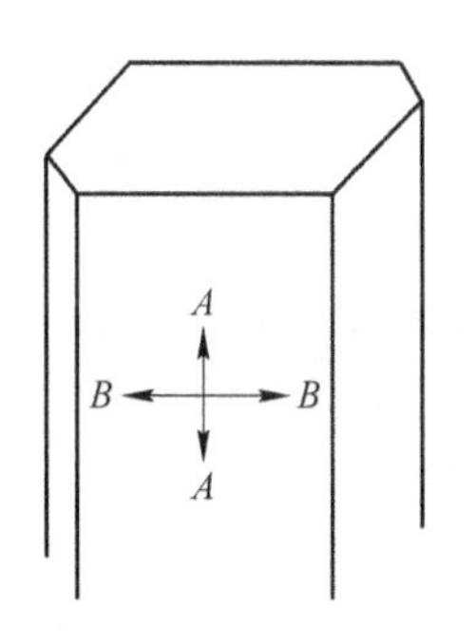

图 1-5　蓝晶石晶体的硬度的异向性

（*AA* 与 *BB* 方向硬度不同）

（4）对称性。晶体相同的性质有规律地重现。晶体的对称性既指晶体结构的对称性，也指晶体上有相等的晶面、晶棱和角顶，晶体的物理化学性质有规律地重复出现。晶体的对称性是晶体格子构造质点重复规律的体现。晶体的对称具有三个特征：1）所有的晶体结构都是对称的。晶体内部的格子构造本身就是质点在三维空间周期性排列的体现，通过对称操作，可使相同质点重复出现。也称晶体微观对称性。2）晶体的对称既有几何意义，也有物理性质意义。晶体对称表现在晶体相同晶面、晶棱、角顶和物理化学性质有规律重复，也称晶体宏观对称。3）晶体的对称是有限的。晶体的对称受格子构造规律限制，只有符合格子构造规律的对称才能在晶体上出现。

（5）最小内能性（minimum internal energy）。在相同的热力学条件下，同种物质的晶体与非晶质体、液体、气体相比，晶体的内能最小。晶体是具有格子构造的固体，其内部质点作有规律的排列，是质点间的引力与斥力达到平衡的结果。在这种情况下，无论是质点间的距离增大或缩小，都将导致质点的相对势能增加。非晶质体、液体、气体的内部质点排列是不规律的，质点间的距离不可能是平衡距离，它们的势能也较晶体为大。在相同的热力学条件下，它们的内能都较晶体为大。

（6）稳定性（stability）。在相同的热力学条件下，具有相同化学成分的晶体比非晶体稳定，非晶质体有自发转变为晶体的必然趋势，晶体不会自发地转变为非晶质体。晶体的稳定性是晶体具有最小内能的必然结果。

1.2　晶体宏观对称要素与对称操作

晶体的对称性是晶体的固有性质之一。晶体的宏观对称，是指晶体相同部分（晶面、晶棱、角顶以及物理性质等）有规律重复的现象。对晶体相同部分重复出现的操作称为晶体对称操作（symmetry operation），在进行操作时应用的辅助几何要素称为对称要素（symmetry element）。晶体宏观对称操作有反映、旋转、反伸和旋转反伸。相对应的对称要素有对称面、对称轴、对称中心、旋转反伸轴和旋转反映轴。

1.2.1　对称面

对称面（symmetry plane）是晶体中的一个假想的平面，通过对此平面的反映，不可将图形平分为互为镜像的两个相等部分（图 1-6）。对称面以 p 表示。非对称面也把图形平分为两个相等部分，但这两者并不互为镜像（图 1-7）。在晶体中可以没有对称面，也可以有一个或若干个对称面，最多不超过 9 个。对称面出现在晶体的垂直且平分晶面、垂直且平分晶棱和包含晶棱的位置。

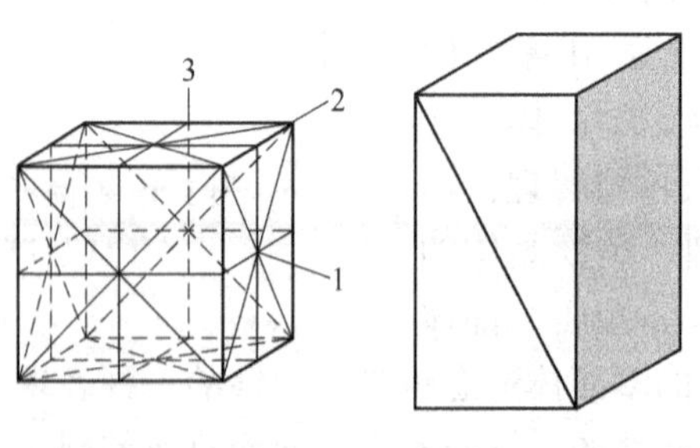

(a) 立方体中的对称面　　(b) 四方柱中的非对称面

图 1-6　对称面的特点与可能出现的位置

1—平分晶面；2—包含晶棱；3—垂直且平分晶棱

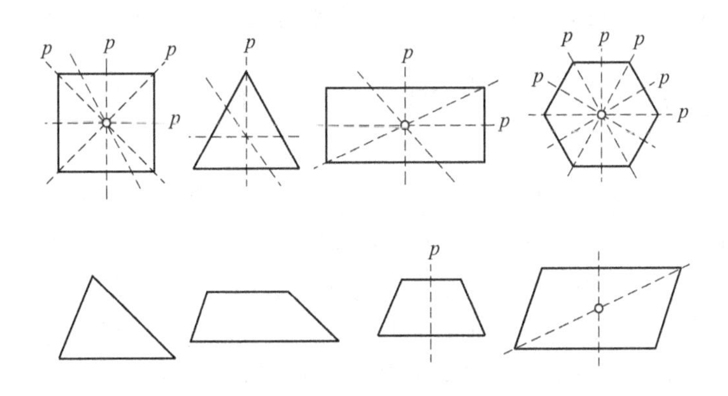

图 1-7 对称面（p）与非对称面的比较

1.2.2 对称轴

对称轴（symmetryaxis）是一假想的直线，晶体围绕此直线旋转一定的角度可使相同部分重复。对称轴以 L^n 表示，n 为旋转 360°相同部分重复的次数，即轴次；将重复时所旋转的最小角度称基转角 α。两者之间的关系为 $n=\dfrac{360°}{\alpha}$。对称轴出现在晶体的晶面中心、晶棱中点和角顶的位置（图 1-8）。

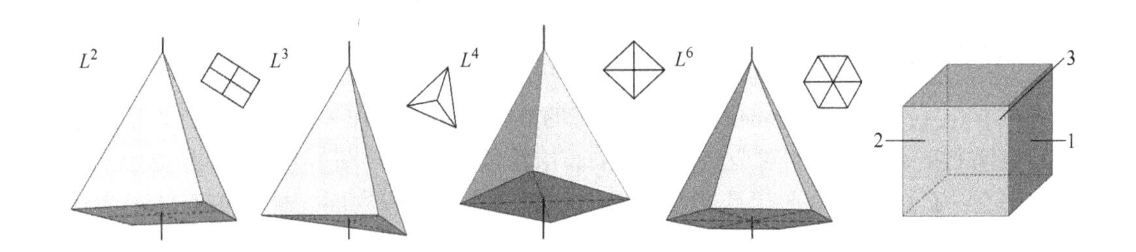

图 1-8 各种对称轴、横断面与可能出现位置

1—晶面中心；2—晶棱中点；3—角顶

晶体对称定律（Law of crystal symmetry）：晶体中出现的对称轴是一次轴、二次轴、三次轴、四次轴和六次轴，不能出现五次轴及高于六次轴的对称轴。

数学证明：在空间格子中，结点间距 a。两个结点 A_1、A_4 分别以 A_2 A_3 在旋转操作或反向旋转一个角度 α 得到两个新点 B_1、B_2，它们也是结点，有 B_1B_2 平行于 $A_1A_2A_3A_4$，要求 B_1B_2 间的距离是基本平移单位的整数倍 ma（m 为某一整数）。从图 1-9 中可以得到：$ma=-2a\cos\alpha+a$；$-2a\cos\alpha=ma-a=(m-1)a$；$\cos\alpha=$

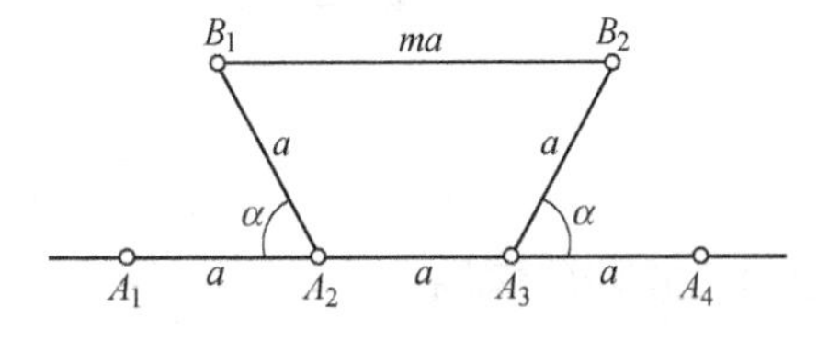

图 1-9 空间格子排列与对称轴

$\left(\frac{1-m}{2}\right)\leqslant 1$，即不等式：$-2\leqslant(m-1)\leqslant 2$。由于平行行列的结点间距相等，$m$ 只能取整数 $m=3$，2，1，0，-1；$\alpha=\frac{\pi}{3}$，$\frac{\pi}{2}$，$\frac{2\pi}{3}$，120°，π，2π；轴次 $n=360°/\alpha$。所以 $n=6$，4，3，2，1。

在晶体结构中，垂直对称轴一定有面网存在，面网上结点分布所形成的网孔符合晶体对称规律。由于围绕 L^2、L^3、L^4、L^6 所形成的矩形、三角形、正方形、正六边形网孔，可以无间隙地布满整个平面，能量上是稳定的（图 1-10）；而围绕五次轴所形成的正五边形网孔，以及围绕高于六次轴所形成的正七边形、正八边形等，都不能毫无间隙地布满整个平面，从能量上也是不稳定的，这些多边形网孔不符合面网上结点所围成的网孔，故在晶体中不可能存在五次及高于六次的对称轴。

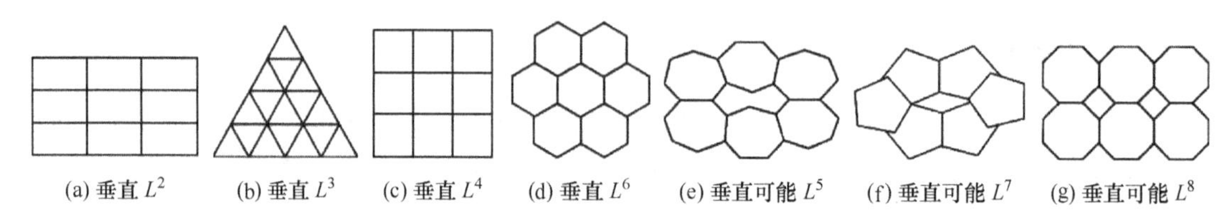

(a) 垂直 L^2　(b) 垂直 L^3　(c) 垂直 L^4　(d) 垂直 L^6　(e) 垂直可能 L^5　(f) 垂直可能 L^7　(g) 垂直可能 L^8

图 1-10　垂直于各种轴次的面网

一个晶体中，可以没有对称轴，也可以有一种或几种对称轴，而每一种对称轴也可以有一个或多个。如在一个晶体中有 6 个二次轴、3 个四次轴，分别写为 $6L^2$、$3L^2$。

1.2.3　对称中心

对称中心（center of symmetry）是一假想的点，通过该点作一直线，则在此直线上等距离的位置上必定可以找到对应点。对称中心用符号 C 表示（图 1-11）。在晶体中，若存在对称中心，必然有两两平行且同形等大的晶面，其相对应的面、棱、角都体现为反向平行。

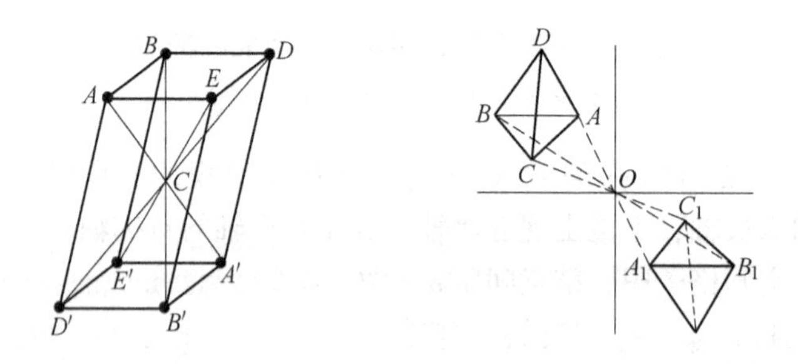

图 1-11　对称中心的操作

1.2.4　旋转反伸轴

旋转反伸轴（roto-inversionaxis）。是一假想的直线，晶体绕该直线旋转一定角度（$\alpha=60°$、90°、120°、180°、360°）后，再对此直线上的一点进行反伸，可使相同部分重复，所对应的操作是旋转+反伸的复合操作。旋转反伸轴以 L_i^n 表示。轴次 $n=1,2,3,4,6$。具有旋转反伸轴的晶体没有对称中心。图 1-12 显示旋转反伸轴 L_i^4 的操作是旋转 90°倒转反伸，相同部分重复出现。旋转 360°，倒转反伸 4 次，相同部分重复出现 4 次。L_i^6 的操作是旋转 60°倒转反伸，相同部分重复出现。旋转 360°，倒转反伸 6 次，相同部分重复出现 6 次（图 1-13）。除 L_i^4 单独出现，其余各种旋转反伸轴可用其他对称要素或组合代替。可以证明，$L_i^1=C$，$L_i^2=P$，$L_i^3=L^3+C$，$L_i^6=L^3+P_{\perp}$。

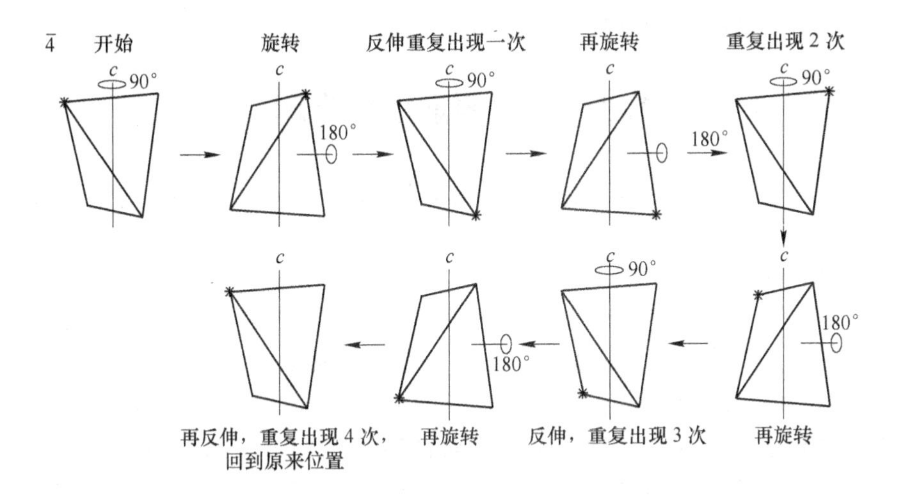

图 1-12 四次旋转反伸轴（L_i^4）操作过程

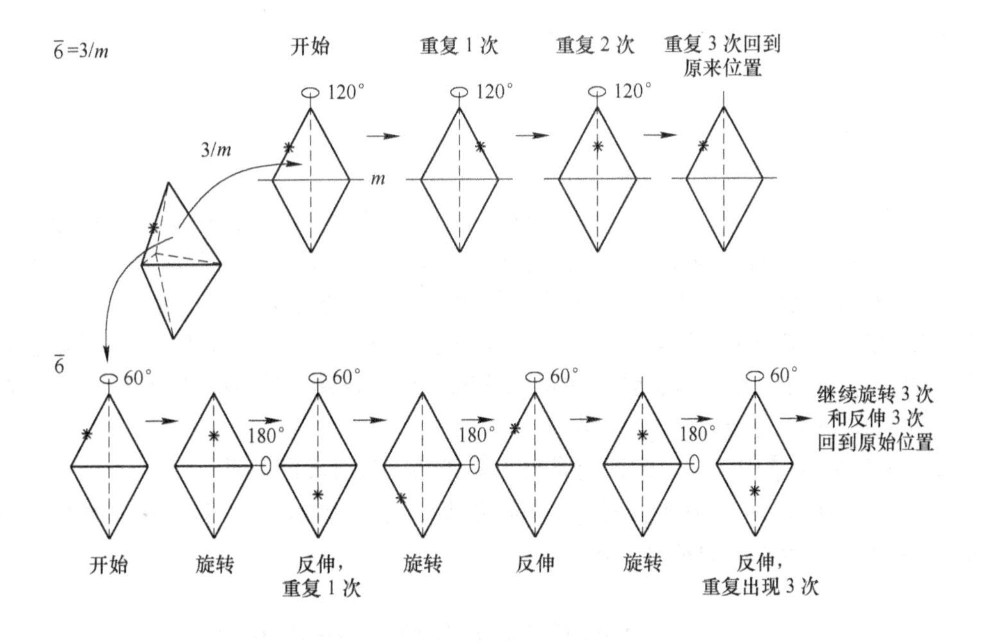

图 1-13 六次旋转反伸轴（L_i^6）操作过程

1.2.5 旋转反映轴

旋转反映轴（roto-reflection axis）为一假想直线，相应的对称操作是旋转与反映的复合操作。图形围绕该直线旋转一定角度后，并对垂直它的一个平面进行反映，可使图形的相等部分重复。旋转反映轴用 L_s^n，s 代表反映，n 代表轴次。也有用 L_{2n}^n 表示，其中 n 为简单轴次，$2n$ 代表本身的轴次，$L_s^4=L_4^2$。旋转反映轴有 L_s^1，L_s^2，L_s^3，$L_s^4(L_4^2)$，$L_s^6(L_6^3)$，相应的基转角为 360°、180°、120°、90°、60°。旋转反映轴可被其他对称要素或组合代替：$L_s^1=P$，$L_s^2=C$，$L_s^3=L^3+P$，$L_s^4=L_i^4$，$L_s^6=L_i^3=L^3+C$。

1.3 对称要素组合定理

在晶体中对称要素并不是孤立存在的，对称要素的组合也可导出新的对称要素。对称要素的组合服从以下定理：

【定理 1-1】 如果有一个二次对称轴（L^2）垂直 n 次对称轴（L^n），则：(1) 必有 n 个 L^2 垂直 L^n，即 $L^n \times L^2_{(\perp)} \to L^n nL^2$；(2) 相邻两个 L^2 的夹角为 L^n 的基转角的一半。

【定理 1-2】 如果有一个对称面 P 垂直于偶次对称轴 L^n，则在其交点存在对称中心 C。$L^n \times P_{(\perp)}=L^n \times C \to L^n PC$（$n=2$，4，6）。

【定理 1-3】 如果有一个对称面 P 包含对称轴 L^n，则：(1) 必有 n 个 P 包含 L^n；(2)相邻两个 P 的夹角为 L^n 的基转角的一半。$L^n \times P_{(/\!/)} \to L^n nP$。

【定理 1-4】 如果有一个二次对称轴 L^2 垂直于旋转反伸轴 L_i^n，或者有一个对称面 P 包含 L_i^n，当 n 为奇数（$n=3$）时必有 n 个 L^2 垂直 L_i^n 和 n 个 P 包含 L_i^n；即 $L_i^n \times P_{(/\!/)}=L_i^n \times L^2_{(\perp)} \to L_i^n nL^2 nP$。当 n 为偶数（4、6）时必有 $\frac{n}{2}$ 个 L^2 垂直 L_i^n 和 $\frac{n}{2}$ 个 P 包含 L_i^n，即 $L_i^n \times P_{(/\!/)}=L_i^n \times L^2_{(\perp)} \to L_i^n \frac{n}{2}L^2 \frac{n}{2}P$。

在对称操作中出现的复合操作，可用公式来表示：

(1) $L^2 \times P_\perp=C$，$L^2 \times C=P_\perp$，$C \times P_\perp=L^2$。公式的意义在于：其一是式中等号左边的“×”代表两种操作复合的最终结果为右边的一种操作，而不是左边两种对称要素等效于右边的一种对称要素。等号两边不可取代。例如有对称中心 C 的不一定有 L^2 和对称面 P。其二是式中的 3 个操作中，如果有两个是对称操作（即有两个对称要素存在），则必导致第三个对称要素存在。如一个旋转 180°的操作和一个反映操作是对称操作（有 L^2 和 P 存在），必会产生一个 C，导致三者共存。

(2) 在 $L^3+C=L_i^3$ 中，式子的两边是可以取代的，具有等同关系。

(3) 在 $L^n \times P_{(/\!/)} \to L^n nP$ 中，对称要素能够共存且产生的结果，箭头表示左边的两个对称要素相组合产生右边的对称要素。

1.4 32 个对称型（点群）及其推导

对称型是晶体中全部对称要素的组合。在晶体形态中，全部对称要素相交于一点

(晶体中心)，在进行对称操作时至少有一点不移动，各对称操作可构成一个群，符合数学中群的概念，所以称为点群。一般来说，对称型强调的是对称要素，点群强调的对称操作，对称型与点群是互相对应的。根据晶体中可能存在的对称要素及其组合规律，推导晶体中可能出现的对称型（点群）。晶体上可能出现对称要素是：对称轴 L^1，L^2，L^3，L^4，L^6，对称面 P，对称中心 C，旋转反伸轴 $L_i^1=C$，$L_i^2=P$，$L_i^3=L^3+C$，L_i^4，$L_i^6=L^3+P_{(\perp)}$。将这些对称要素的组合分为两类，把高次轴不多于 1 个的组合称为 A 类，把高次轴多于 1 个的组合称为 B 类。

1.4.1 A 类对称型的推导

上述对称要素可能的组合有 7 种情况：

(1) 对称轴单独存在。L^1，L^2，L^3，L^4，L^6。

(2) 对称轴与对称轴组合。由于 A 类组合仅包括高次轴不多于 1 个的对称型，只考虑 L^n 与 L^2 的组合：1) 如果 L^2 与 L^n 斜交，L^n 围绕 L^2 旋转 180°，产生另一个的高次轴 L^n；2) L^2 与 L^n 垂直，根据组合定律有 $L^n \times L^2_{(\perp)} \rightarrow L^n nL^2$；可能对称型有 $L^1L^2=L^2$，$3L^2$，L^33L^2，L^44L^2，L^66L^2。

(3) 对称轴与垂直它的对称面的组合。根据组合定律，$L^n \times P_{(\perp)}=L^n \times C \rightarrow L^nPC$ ($n=$偶数)，可能的对称型为：$L^1P=P$，L^2PC，$L^3P=L_i^6$，L^4PC，L^6PC。

(4) 对称轴 L^n 与包含它的对称面组合。根据组合定律 $L^n \times P_{(/\!/)} \rightarrow L^nnP$，可能的对称型为 $L^1P=P$，L^22P，L^33P，L^44P，L^66P。

(5) 晶体中有一个 L^n 与垂直它的对称面以及包含它的对称面的组合。垂直 L^n 的 P 与包含 L^n 的 P 的交线为 L^2。$L^n \times P_{(/\!/)} \times P_{(\perp)} \rightarrow L^nnL^n(n+1)P(C)$ (C 只有在偶次轴垂直 P 时产生)。可能对称型有 $L^1L^22P=L^22P$，$3L^23PC$，L^44L^25PC，$L_i^63L^23P$，L^66L^27PC。

(6) 旋转反伸轴 L_i^n 单独存在。可能对称型有，$L_i^1=C$，$L_i^2=P$，$L_i^3=L^3C$，L_i^4，$L_i^6=L^3+P_{(\perp)}$。

(7) 旋转反伸轴与垂直它的 L^2 的组合。根据组合定律，当 n 为奇数时会产生 $L_i^nnL^2nP$，可能对称型有 $L_i^12L^2P=L^2PC$，$L_i^33L^23P=3L^33L^23PC$；当 n 为偶数时会产生 $L_i^2\frac{n}{2}L^2\frac{n}{2}P$，可能对称型有 $L_i^2L^2P=L^22P$，$L_i^42L^22P$，$L_i^63L^23P=L^33L^24P$。

由于对称面 $P=L_i^2$，对称中心 $C=L_i^1$，不单独列出。综合上述，可推导出 A 类对称型 27 种。

1.4.2 B 类对称型推导

高次轴 L^4 与 L^3 的组合两者相交于晶体中心，在 L^4 周围可有 4 个 L^3。在每个 L^3 上距晶体中心等距离的位置取一个点，连接这些点可以得到一个正四边形。L^4 出露于正四边形的中心，L^3 出露于四边形的角顶。由于 L^3 的作用在其周围可获得 3 个正四边形，从而得到一个由六个正方形和 8 个角顶（凸三角）组成的正多面体——立方体。高次轴 L^4 与 L^3 的组合相当于立方体中高次轴的组合。由此可知，在 B 类对称型中，高次轴 L^n，L^m 的组合相当于由正多边形组成的正多面体中的高次轴的组合。

立体几何学中已经证明一个凸多面角至少须由 3 个面组成，且其面角之和小于 360°。因此围成的正多面体的正多边形只可能是正三角形（内角 60°）、正方形（内角 90°）、正五边形（内角 108°）。它们可能围成的正多面体及其所具有的对称轴的组合，见表 1-1。

表 1-1 高级晶族对称型推导

正多边形形状	正三角形			正四边形	正五边形
正多面体形状	四面体	八面体	正三角二十面体	立方体	正五角十二面体
面	4	8	20	6	12
棱	6	12	30	12	30
角	4	6	12	8	20
可能对称组合	$3L^2 4L^3$	$3L^4 4L^3 6L^2$		$3L^4 4L^3 6L^2$	

由于正三角二十面体和正五角十二面体可能有五次轴出现，与晶体对称不符，不予以考虑。其余 3 种多面体中对称轴、对称面的组合可得到 B 类的 5 种对称型：

（1）立方体、八面体具有 $3L^4 4L^3 6L^2$。

（2）四面体具有 $3L^2 4L^3$。

（3）在（1）中加入一个不产生对称轴的对称面，可获得对称组合 $3L^4 4L^3 6L^2 9PC$。

（4）在（2）中加入不产生新的对称轴的对称面，即垂直 L^2 的对称面，产生对称组合为 $3L^2 4L^3 3PC$。

（5）在（2）中加入不产生新对称轴的对称面——与两个 L^2 等角度（45°）斜交的对称面，产生对称组合为 $3L_i^4 4L^3 6P$。

综合 A、B 两类对称型，晶体中可能出现的对称型有 32 种。

1.5 晶体的对称分类

在晶体的 32 种对称型中，没有高于二次轴的对称型为低级晶族；有一个高次轴的对称型为中级晶族；有多个高次轴的对称型为高级晶族。进一步划分出七个晶系。低级晶族有三斜晶系、单斜晶系、斜方晶系；中级晶族有三方晶系、四方晶系、六方晶系；高级晶族有等轴晶系。各晶族、晶系的对称特点见表 1-2。

表 1-2 32 种对称型及其圣弗里斯符号和国际符号

晶族	晶系	对称特点	对称要素组合	对称型符号		晶类名称	代表性矿物
				圣弗里斯符号	国际符号		
低级晶族	三斜晶系	无 L^2 无 P	1. L^1	C_1	1	单面晶类	高岭石
			2. C	$C_i=S_2$	$\bar{1}$	平行双面晶类	钙长石
	单斜晶系	L^2 或 P 不多于1个	3. L^2	C_2	2	轴双面晶类	铅矾
			4. P	$C_{1h}=C_s$	m	反映双面晶类	斜晶石
			5. L^2PC	C_{2h}	$\frac{2}{m}$	斜方柱晶类	石膏
	斜方晶系	L^2 或 P 多于一个	6. $3L^2$	$D_2=V$	222	斜方四面体晶类	泻利盐
			7. $L^2 2P$	C_{2v}	$2mm$	斜方单锥晶类	异极矿
			8. $3L^2 3PC$	$D_{2h}=V_h$	mmm	斜方双锥晶类	重晶石

续表 1-2

晶族	晶系	对称特点	对称要素组合	对称型符号		晶类名称	代表性矿物
				圣弗里斯符号	国际符号		
中级晶族	四方晶系	有一个 L^4 或 L_i^4	9. L^4	C_4	4	四方单锥晶类	彩钼铅矿
			10 . $L^4 4L^2$	D_4	42（422）	四方偏方面体晶类	镍矾
			11. $L^4 PC$	C_{4h}	$\frac{4}{m}$	四方双锥晶类	白钨矿
			12 . $L^4 4P$	C_{4D}	$4mm$	复四方单锥晶类	羟铜铅矿
			13. $L^4 4L^2 5PC$	D_{4h}	$\frac{4}{m}mm$	复四方双锥晶类	锆石
			14. L_i^4	S_4	$\bar{4}$	四方四面体晶类	叶碲金矿
			15. $L_i^4 2L^2 2P$	$D_{2d}=V_4$	$\bar{4}mm$	复四方偏三角面体晶类	黄铜矿
	三方晶系	有一个 L^3	16. L^3	C_3	3	三方单锥晶类	硫砷铅矿
			17. $L^3 3L^2$	D_3	32	三方偏方面体晶类	α-石英
			18. $L^3 3P$	C_{3m}	$3mm$	复三方单锥晶类	电气石
			19. $L^3 C=L_i^3$	$C_{3i}=S_6$	$\bar{3}$	菱面体晶类	白云石
			20. $L_i^3 3L^2 3P$	D_{3d}	$\bar{3}m$	复三方偏三角面体晶类	方解石
	六方晶系	有一个 L^6 或 L_i^6	21. L_i^6	C_{3h}	$\bar{6}$	三方双锥晶类	磷酸氢银
			22. $L_i^6 3L^2 3P$	D_{3h}	$\bar{6}mm$	复三方双锥晶类	蓝锥矿
			23. L^6	C_6	6	六方双锥晶类	霞石
			24. $L^6 6L^2$	D_6	62（622）	六方偏方面体晶类	高温石英
			25. $L^6 PC$	C_{6h}	$\frac{6}{m}$	六方双锥晶类	磷灰石
			26. $L^6 6P$	C_{6d}	$6mm$	复六方单锥晶类	红锌矿
			27. $L^6 6L^2 7PC$	D_{6h}	$\frac{6}{m}mm$	复六方双锥晶类	辉钼矿
高级晶族	等轴晶系	有 4 个 L^3	28. $3L^2 4L^3$	T	23	五角三四面体晶类	香花石
			29. $3L^2 4L^3 3PC$	T_h	$m3\left(\frac{2}{m}\bar{3}\right)$	偏方复十二面体晶类	黄铁矿
			30. $3L_i^4 4L^3 6P$	T_d	$\bar{4}3m$	六四面体晶类	黝铜矿
			31. $3L^4 4L^3 6L^2$	O	43（432）	五角三八面体晶类	赤铜矿
			32. $3L^4 4L^3 6L^2 9PC$	O_h	$m3m$	六八面体晶类	方铅矿

晶体宏观对称具有外形对称，也体现在物理性质上，可根据电学性能对 32 个对称型进行分类（表 1-3）。

表 1-3　晶体对称按电学性质分类（赵珊茸，2004）

介电晶体（32 个对称型）	
压电晶体（不具对称中心，有多个极轴除 $3L^4 4L^3 6L^2$ 外，有 20 个对称型	有对称中心（11 个对称型）

续表 1-3

介电晶体（32个对称型）		
热释电晶体（具有单向极轴的极性晶体，10个对称型）L^1，L^2，L^3，L^4，L^6，P，$L^2 2P$，$L^4 4P$，$L^3 3P$，$L^6 6P$	$3L^2$，$L^3 3L^2$，$L^4 4L^2$，$L^6 6L^2$，$L_i^4 L_i^6$，$3L^2 4L^3$，$L_i^6 3L^2 3P$，$3L_i^4 4L^3 6P$，$L_i^4 2L^2 2P$	C，$L^2 PC$，$L^3 C$，$L^4 PC$，$L^6 PC$，$3L^2 3PC$，$L^4 4L^2 5PC$，$L^6 6L^2 7PC$，$3L^2 4L^3 3PC$，$3L^4 4L^3 6L^2 9PC$

1.6 晶体定向与晶面符号

晶体定向（crystal orientation）就是以晶体中心为原点建立一个由三根晶轴或四根晶轴组成的坐标系，选取轴单位和轴夹角，建立晶体坐标系统，从而对晶体中各个晶面、晶棱以及对称要素在坐标系统中标定方位。

1.6.1 晶体的三轴定向与四轴定向

在等轴晶系、四方晶系、斜方晶系、单斜晶系和三斜晶系中，采用三轴定向，即以晶体的中心为原点选择三根互相垂直或尽可能互相垂直的 x、y、z 轴，以 z 轴直立上方，x 轴前方、y 轴右方为正方向，三根晶轴正向之间的夹角分别表示为 $\alpha(y \wedge z)$、$\beta(z \wedge x)$、$\gamma(x \wedge y)$（图 1-14），七个晶系中 α、β、γ 不同（表 1-4）。

对于三方晶系、六方晶系的晶体采用四轴定向法，即以晶体的中心为原点选出四根晶轴，即 z 轴直立，在与 z 轴垂直的平面上选三根轴为 x、y、u 轴，正向的夹角 $\gamma=120°$，使 $\alpha(y \wedge z)$、$\beta(z \wedge x)$ 为 90°（图 1-15），这种定向也称为六角坐标系，即 H 坐标系，也称布拉维定向。在三方晶系也有用菱面体坐标系，称为 R 坐标系，采用 x、y、z 三轴定向，$\alpha=\beta=\gamma\neq90°$、60°、109°28′16″。

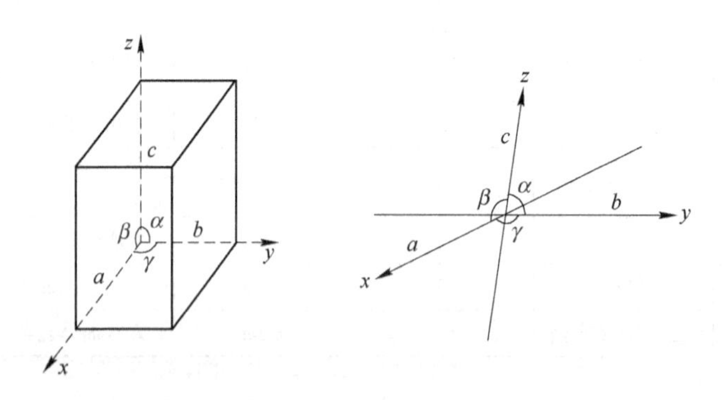

图 1-14 晶体三轴定向

晶轴的选择原则是：(1) 符合晶体的对称特点。晶轴选择在对称轴、对称面法线或平行晶棱的方向上。(2) 在遵循上述原则的基础上尽量使晶轴夹角等于 90°。七个晶系的晶轴选择与定向见表 1-4。

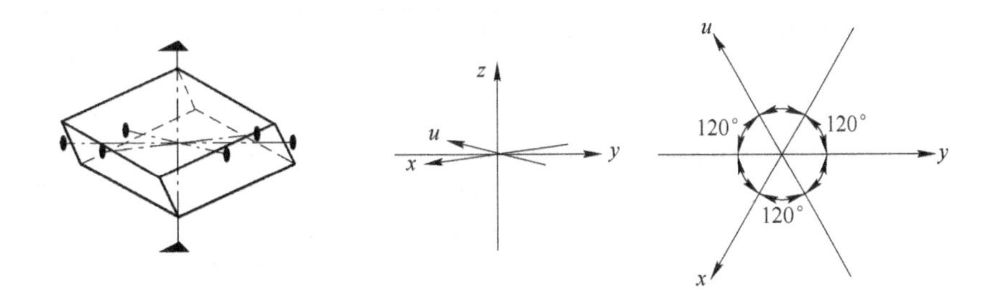

图 1-15 晶体四轴定向（$a=b\neq c$，$\alpha=\beta=90°$，$\gamma=120°$）

表 1-4 各晶系选择晶轴的具体方法及晶体常数特点

晶系	选轴原则	晶体几何常数特点	定向特征
等轴晶系	以三个互相垂直的 L^4 或 L_i^4 或 L^2 为 x、y、z 轴	$a=b=c$， $\alpha=\beta=\gamma=90°$	z u x y
四方晶系	以 L^4 或 L_i^4 为 z 轴，以垂直 z 轴的并互相垂直的两个 L^2、或对称面法线方向或互相垂直的晶棱方向（当无 L^2 或 P 时）为 x、y 轴。在 $L_i^4 2L^2 2P$ 中以两个 L^2 为 x、y 轴	$a=b\neq c$， $\alpha=\beta=\gamma=90°$	z x y
三方晶系	以 $L^3 L_i^3$ 为 z 轴，以垂直 z 轴的并彼此相交为 120°的 3 个 L^2 或 P 的法线或晶棱方向为 x、y、u 轴（四轴定向）。在三方晶系用菱面体坐标系，称为 R 坐标系，三轴定向	$a=b=c$， $\alpha=\beta=\gamma\neq 90°$、60°、109°28′16″	z u x y
六方晶系	以 L^6、L_i^6 为 z 轴，以垂直 z 轴的并彼此相交为 120°的 3 个 L^2 或 P 的法线或晶棱方向为 x、y、u 轴。在 $L_i^6 3L^2 3P$ 中以 3 个 L^2 为 x、y、u 轴	$a=b\neq c$， $\alpha=\beta=90°$， $\gamma=120°$	u 120° 120° y 120° x
斜方晶系	以互相垂直的 3 个 L^2 为 x、y、z 轴。在 $L^2 2P$ 中以 L^2 为 z 轴，P 的法线为 x、y 轴	$a\neq b\neq c$， $\alpha=\beta=\gamma=90°$	z x y

续表 1-4

晶系	选轴原则	晶体几何常数特点	定向特征
单斜晶系	以 L^2 或 P 的法线为 y 轴，以垂直 y 轴的晶棱方向为 z、x 轴	$a \neq b \neq c$，$\alpha = \gamma = 90° \beta > 90°$	z β y x
三斜晶系	以不在同一平面内的三个晶棱为 x、y、z 轴	$a \neq b \neq c$，$\alpha \neq \beta \neq \gamma \neq 90°$	β α γ z y x

1.6.2 晶体几何常数

把表征晶体坐标系统的轴角 α、β、γ 和轴率 a、b、c 称为晶体几何常数（crystal constants）（表 2-5）。在晶体坐标系统中，三根晶轴 x、y、z 正端之间的夹角 α、β、γ 称为轴角。在不同晶系中轴角不同。轴率 a、b、c 是表征三根晶轴轴单位之间的关系，是由三个晶轴轴长的比率 $a_0 : b_0 : c_0$ 得到的。

晶体几何常数特点体现了晶体的宏观对称规律。在晶体形态中按对称特点选出的晶轴，实际上与晶体内部结构中空间格子的行列方向一致。知道晶胞参数就可以知道晶胞大小与形状。尽管不同矿物晶体的晶胞大小形态不同，在同一晶系中晶胞的形态规律是相同的。晶体几何常数可以确定晶体的形状，同一晶系的晶体几何常数具有相同规律，不同晶系晶体几何常数不同，晶体形态特征也不同。以等轴晶系的晶体为例，晶轴 x、y、z 为彼此对称的行列，它们通过对称要素的作用可以相互重合，它们的轴长是相同的，即 $a_0 = b_0 = c_0$。所得轴率为 $a_0 : b_0 : c_0 = 1 : 1 : 1$；即三根晶轴的轴率相等，晶体几何常数为 $a = b = c$，$\alpha = \beta = \gamma = 90°$。如方铅矿的晶胞参数 $\alpha = \beta = \gamma = 90°$，$a_0 = b_0 = c_0 = 0.594\text{nm}$；闪锌矿晶胞参数为 $\alpha = \beta = \gamma = 90°$，$a_0 = b_0 = c_0 = 0.540\text{nm}$。作为等轴晶系的方铅矿、闪锌矿，两者的晶胞参数体现出等轴晶系晶胞的特点为：$\alpha = \beta = \gamma = 90°$，$a_0 = b_0 = c_0$。因晶体宏观对称，两者晶体具有相同晶体几何常数：$a = b = c$，$\alpha = \beta = \gamma = 90°$；晶体形态表现为三向等长的立方体，体现了等轴晶系晶体的对称规律。

1.6.3 晶面符号

通过晶体定向，晶体的晶面在空间的相对位置就可根据它与晶轴的关系予以确定。把用于表征晶面空间方位的符号，称为晶面符号（crystal symbol）。

米勒（W. H. Miller，1839）采用某晶面在三根晶轴上的截距系数的倒数比，得到了晶面在空间方位的一组无公约数的整数，称为米氏符号（Miller′s symbol）。获得晶面符号的具体方法如下：

设有一晶面 ABC 在 3 个结晶轴 x、y、z 轴上的截距分别为 OA、OB、OC，已知 3 个轴

的轴率分别为 a、b、c。晶面 ABC 在晶轴 x、y、z 上的截距系数 p、q、r 分别为 $p=\frac{OA}{a}$，$q=\frac{OB}{b}$，$r=\frac{OC}{c}$。根据米勒符号的定义，截距系数的倒数比为 $\frac{1}{p}:\frac{1}{q}:\frac{1}{r}=h:k:l$。去掉 $h:k:l$ 比例号，并置于圆括弧内，写为（hkl），就构成了晶面的米氏符号。h、k、l 为晶面指数。米氏符号按 x、y、z 顺序书写，不得颠倒。在图 1-16 中，一晶面在 x 轴截距为 $2a$，y 轴为 $3b$，z 轴为 $6c$，截距系数分别为 2、3、6，按照米勒符号的定义，有 $\frac{1}{2}:\frac{1}{3}:\frac{1}{6}=3:2:1$，用（321）表示该晶面的晶面符号，其结晶学意义表示该晶面截于三根晶轴的正方向。

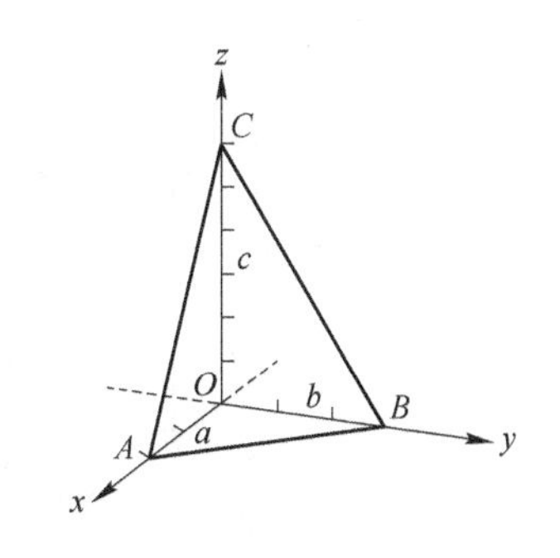

图 1-16　晶面的米氏符号（三轴定向）

晶面与晶轴的关系有多种位置：晶面与晶轴可平行、垂直、斜交。当晶面与晶轴相截时也有不同截距和角度。若晶面平行于某晶轴，则晶面在该晶轴的截距系数为∞，截距系数的倒数为 $\frac{1}{\infty}$。晶面截于晶轴正方向，晶面指数为正；截于晶轴负方向，晶面指数为负，负号写于上方，如（$\bar{h}kl$）表示该晶面截于 x 轴负向和 y、z 轴的正向。

立方体的晶面符号为（001）、（010）、（100）、（$00\bar{1}$）、（$0\bar{1}0$）、（$\bar{1}00$）（图 1-17（a））。从中可以判断出，（001）晶面与 z 轴垂直相交，与 xy 轴平行，（100）晶面则与 x 轴相垂直，与 yz 轴平行；（010）晶面与 y 轴垂直，与 xz 轴平行。八面体的晶面与三根晶轴斜交（图 1-17（b）），获得晶面符号（111）、（$\bar{1}11$）、（$1\bar{1}1$）、（$\bar{1}\bar{1}1$）、（$11\bar{1}$）、（$1\bar{1}\bar{1}$）、（$\bar{1}1\bar{1}$）、（$\bar{1}\bar{1}\bar{1}$）。从中可以看到，一个晶体的晶面指数的绝对值相等，但正负号相反。反映了晶体对称规律。

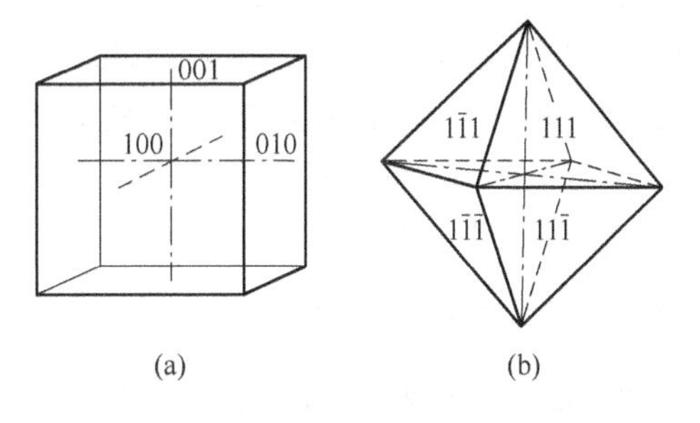

图 1-17　立方体（a）和八面体（b）的晶面符号

晶体四轴定向的晶面符号用（$hk\bar{i}l$）形式表达，指数以此与 x、y、u、z 轴相对应，并且存在 $h+k+\bar{i}=0$（图 1-18）。六方柱的四轴定向和三轴定向的晶面符号见图 1-18。

晶体晶面符号的晶面指数为简单整数比，称为整数定律（law of rational indices）。根据布拉维法则，晶体常常被网面密度较大的晶面所包围。晶面与晶轴交点一定是结点位置。截距是结点间距的倍数，截距系数倒数比是整数比。如图 1-19 所示为一系列平行于 z 轴，相截于 x 轴为（截距 $1a$）、y 轴（不同截距）的晶面。其中，a_1b_1 晶面的截距分别为 $1a$、$1b$，截距系数都为 1；晶面 a_1b_2 截距分别为 $1a$、$2b$，截距系数分别为 1、2；晶面 a_1b_3 截距分别为 $1a$、$3b$，截距系数分别为 1、3；…晶面 a_1、b_n 的截距为 $1a$、nb，截距系数为 1、n。相应晶面符号为（110），（210），（310），…（n10），都为简单整数比。

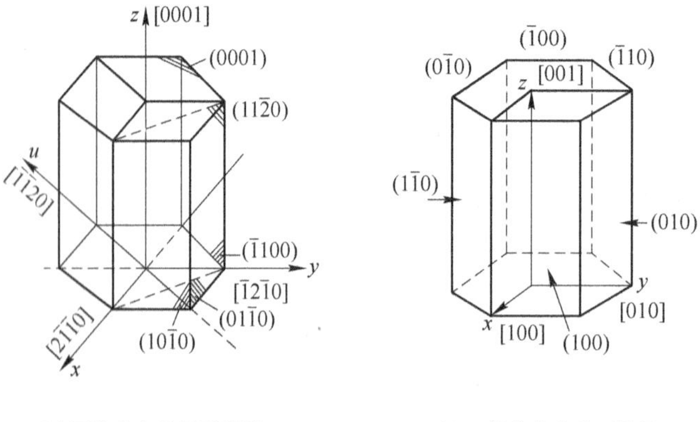

(a) 四轴定向的晶面符号　　(b) 三轴定向的晶面符号

图 1-18　六方柱的晶面符号
（（　）为晶面符号，[　] 为晶棱符号）

1.6.4　晶棱符号与晶带定律

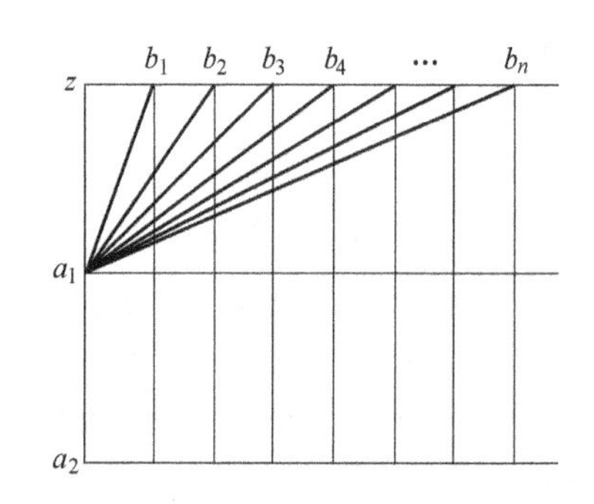

图 1-19　不同晶面在 x、y 轴的截距

晶棱符号是表征晶棱（直线）方向的符号，它不涉及晶棱的具体位置，即所有平行棱具有同一个晶棱符号。晶棱符号一般表达式为 [rst]，其中的数字称为晶棱指数。确定晶棱符号的方法如下：设晶体上有一晶棱 OP（图 1-20），将其平移，使通过晶轴的交点，并在其上任意取一点 M，M 点在三个晶轴上（x、y、z）的坐标分别为 $MR=1a$、$MK=2b$、$MF=3c$，三个轴的轴率分别为 a、b、c，则$\frac{MR}{a}:\frac{MK}{b}:\frac{MF}{c}=1:2:3$，去掉比例号，该晶棱符号为 [123]。

在晶体中交棱相互平行的一组晶面的组合称为一个晶带。表示晶带方向的一根直线，即该晶带中各晶面交棱方向直线，并移至晶体中心，称为晶带轴（zone axis）。晶带轴的符号就是晶棱符号。通常以晶带轴符号来表示晶带符号，如晶带 [001]，表示以 [001] 直线为晶带轴的一组交棱相互平行的晶带（图 1-21）。

在实际晶体上，晶面都是按晶带分布的、由网面密度较大的面网组成的。晶体上所出现的实际晶面数量是有限的。相应地，晶面的交棱是平行结点分布较密的行列，这种行列的方向也是为数不多的。所以，晶体上的许多晶棱常具有共同的方向且相互平行。

晶带定律（zone law）：任意两晶棱（晶带）相交必可决定一可能晶面，而任意两晶面相交必可决定一可能晶棱（晶带）。属于同一晶带 [uvw] 的晶面（hkl），必定存在以下关系：$hu+kv+lw=0$。该方程也称为晶带方程。

根据晶带定律，可由已知晶面和晶带推导晶体上一切可能的晶面位置。

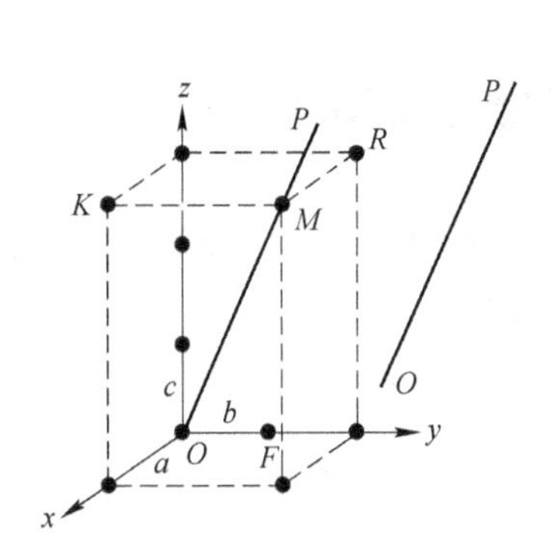

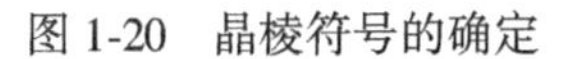
图 1-20　晶棱符号的确定

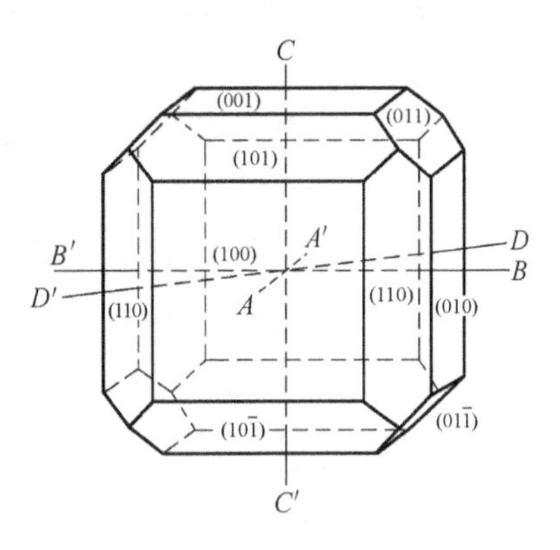

图 1-21　晶体形态上晶面组成的晶带

（1）若已知属于同一晶带的两个晶面为（$h_1k_1l_1$）和（$h_2k_2l_2$），求晶带符号。根据晶带方程：$hu+kv+lw=0$ 可以得到：

$$h_1u + k_1v + l_1w = 0$$

$$h_2u + k_2v + l_2w = 0$$

$$\begin{matrix} h1 \\ h2 \end{matrix}\begin{bmatrix} k2 & l1 & h1 & K1 \\ \times & \times & & \times \\ k2 & l2 & h2 & k2 \end{bmatrix}\begin{matrix} l_1 \\ l_2 \end{matrix}$$

即晶带符号：$[uvw] = u:v:w = (k_1l_2 - k_2l_1):(l_1h_2 - l_2h_1):(h_1k_2 - h_2k_1)$

（2）求某晶带［rst］和另一晶带［uvw］相交处的晶面（hkl）。

由 $hu+kv+lw=0$，$hr+ks+lt=0$，可用下式计算：

$$\begin{matrix} r \\ u \end{matrix}\begin{bmatrix} s & t & r & s \\ \times & & \times & \times \\ v & w & u & v \end{bmatrix}\begin{matrix} t \\ w \end{matrix}$$

例如，位于［010］和［001］两晶带相交处的晶面的晶面符号（hkl），

$$\begin{matrix} 0 \\ 0 \end{matrix}\begin{bmatrix} 1 & 0 & 0 & 1 \\ \times & & \times & \times \\ 0 & 1 & 0 & 0 \end{bmatrix}\begin{matrix} 0 \\ 1 \end{matrix}$$

$$h = 1 \times 1 - 0 \times 0 = 1,\ k = 0 \times 0 - 1 \times 0 = 0,\ l = 0 \times 0 - 0 \times 1 = 0$$

该晶面符号为（100）。

（3）已知晶面（hkl）和（mnp）在同一晶带上，求位于该晶带上介于此两晶面之间的另一晶面的符号。

由 $hr+ks+lt=0$，$mr+ns+pt=0$ 则有：$(h+m)r+(k+n)s+(l+p)t=0$

此晶带上介于（hkl）与（mnp）晶面间的另一晶面的指数为（$h+m$）（$k+n$）（$l+p$）。

例如，已知晶面（100）和（010）位于一晶带上，则此晶带上介于两晶面之间的另一晶面的指数为（1+0）、（0+1）、（0+0），即（110）。

1.7 对称型的圣弗里斯符号和国际符号

一个晶体的对称要素表示可采用对称轴次与数目、对称面数目、对称中心直接表述出来。如等轴晶系的 $3L^4 4L^3 6L^2 9PC$。表征晶体对称的符号还有圣弗里斯符号和国际符号（Schoenflies symbol and International symbol）。

1.7.1 圣弗里斯符号

根据对称要素组合规律建立的。相关符号的意义如下：

C_n（Cyklisch）指旋转轴；

n 表示旋转轴次；

D_n 表示有两组二次轴与一个 n 次轴垂直；

S（Spiegelaxe）代表反映；

T（tetraeder 四面体）表示四面体中对称轴的组合；

O（octaeder 八面体）表示八面体中对称轴的组合。

h（horizontal）：水平的，表示水平的对称面与对称轴相互垂直；

v（vertical）：直立的，表示对称面与对称轴平行；

i 表示反伸中心，一种指的是旋转反伸与反伸中心 L_i^3，另一种为对称集合产生的对称中心，通常加在符号的右上角。

d 指介于对称轴中间，而与垂直主轴平行的对称面。如 D_{2d} 等于 $42m$，指有两个平行于主轴同时位于二次轴中间的对称面。

将 C、D、S、T、O 与 n，h，i，v，d 进行组合，就形成了圣弗里斯符号。

C_n 表示 L^n 单独存在，有 C_1、C_2、C_3、C_4、C_6 五种，分别对应 L^1、L^2、L^3、L^4、L^6。

C_{nh} 表示有对称轴与对称面垂直，即 $L^n+P==L^nPC$。分别有 C_{1h}，C_{2h}、C_{3h}、C_{4h}、C_{6h} 五种。

C_{nv} 表示有对称面与对称轴平行关系，$L^n+P==L^n nP$。分别有 C_{2v}、C_{3v}、C_{4v}、C_{6v} 等四种。

D_n 表示 n 次对称轴与 L^2 垂直，即 $L^n+L^2==L^n nL^2$。分别有 $D_2=222$，$D_3=322$，$D_4=422$，$D_6=622$ 等四种。

D_{nh} 表示 $L^n+L^2+P=L^n nL^2(n+1)P$，分别有 D_{2h}、D_{3h}、D_{4h}、D_{6h} 四种。

D_{nd}（diagonal，对角线的）表示对称面不包含 L^2 而是处于平分 L^2 的夹角位置，有 D_{2d}、D_{3d}，分别为 $L_i^4 2L^2 2P$，L^3；$3L^2 3P$ 两种。

C_{i3}、C_{i4}、C_{i6} 分别代表 L_i^3、L_i^4、L_i^6。S_2 代表 $L_s^2=C$，S_4 代表 L_i^4。

1.7.2 国际符号

国际符号（International symbol）既能够表明晶体的对称要素组合，也能表明对称要素的方位。在国际符号中以 1、2、3、4、6 和 $\bar{1}$、$\bar{2}$、$\bar{3}$、$\bar{4}$、$\bar{6}$ 分别表示各种轴次的对称轴和旋转反伸轴。以 m 表示对称面。在国际符号中有 1~3 个序位，每一序位中的一个对称要素符号可代表一定方向的、可以互相派生（或复制）的多个对称要素，即在对称型的国际符号中凡是可以通过其他对称要素可以派生出来的对称要素都省略了。各晶系国际符号中各序位所代表的方向见表 1-5。

表 1-5　32 个点群的国际符号三个方向

晶系	符号位序	代表方向	图示
等轴晶系	1	立方体的棱（x、y、z 轴方向）	
	2	立方体的体对角线（x+y+z，三次轴方向）	
	3	立方体的面对角线（x、y，x、z，y、z 轴之间）	
六方晶系	1	6 次轴（z）	
	2	与 6 次轴垂直（x 或 y）	
	3	与 6 次轴垂直并与 x 交 30°（2x+y）	
四方晶系	1	4 次轴（z）	
	2	与 4 次轴垂直（x 或 y）	
	3	与 4 次轴垂直并与 x 成 45°（x+y）	
三方晶系	1	3 次轴（x+y+z）	
	2	与 3 次轴垂直（x−y）	
斜方晶系	1	2 次轴，x	
	2	2 次轴 y	
	3	2 次轴 z	
单斜晶系	1	2 次轴（y）	
三斜晶系	1	1 次轴（x）	

若对称面与对称轴垂直，对称轴与对称面垂直写成分数，如 L^2PC 以 $2/m$ 表示，L^4PC 以 $4/m$ 表示。对称轴与对称面 m 为包含关系，如 L^33p 写成 3mm，L^44P 写成 4mm 等，表示该对称轴是直立的主轴，各有两组的对称面和它平行。若有三轴方位存在对称轴，如 $3L^2$ 写成 222，$3L^44L^36L^2$ 写成 432 等，表示这三组轴彼此相交成一角度；二次轴通常是与垂直主轴正交，三次轴多为斜交。若有旋转反伸轴、对称轴和对称面一起写成乘数，如 $L_i^42L^22P$ 写成 42m，表示主轴 L_i^4 与一组二次轴垂直，与一组对称面平行。如 $3L_i^44L^36P$ 写成 43m，表示主轴 L_i^4 与一组三次轴斜交，与一组对称面平行。

对称型的圣弗里斯符号和国际符号见表 1-2。

2 单形和聚形

2.1 单形与单形符号

2.1.1 单形

单形（single form）是由对称要素联系起来的一组同形等大晶面组成。同一单形的所有晶面是同形等大，晶面性质是等同的，表现为各晶面物理性质、晶面花纹及蚀像相同。以单形中任意一个晶面作为原始晶面，通过对称型中对称要素的作用，会导出该单形的全部晶面，即一个晶面确定一个单形。在同一对称型中，由于晶面与对称要素之间的位置不同可以导出不同的单形。一个对称型可以确定 7 种单形。

在图 2-1 所示的立方体、八面体、菱形十二面体和四角三八面体中，四种单形的晶面形态不同，通过对称型 $m3m(3L^4 4L^3 6L^2 9PC)$ 各对称要素的联系获得不同的单形。同时这些单形的晶面与对称要素的关系不同，立方体的晶面垂直四次轴，八面体的晶面垂直三次轴，菱形十二面体的晶面垂直二次轴，四角三八面体的晶面则与所有的对称轴斜交。

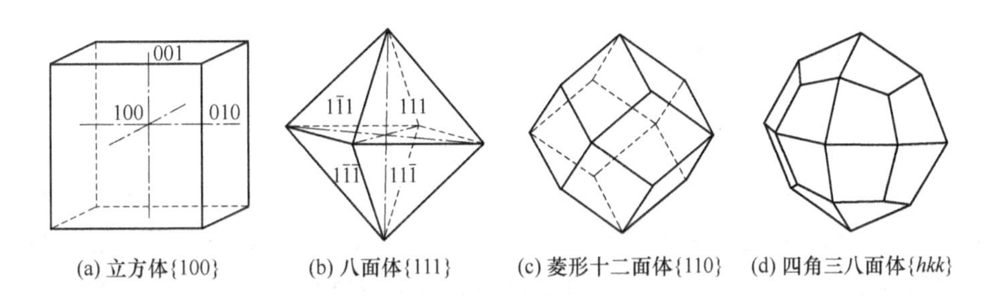

(a) 立方体{100}　(b) 八面体{111}　(c) 菱形十二面体{110}　(d) 四角三八面体{hkk}

图 2-1　对称型（m3m）的几种单形

2.1.2 单形符号

选择同一单形中某一晶面符号代表单形的符号，称为单形符号，简称形号，是用以表征组成该单形的一组晶面的结晶学取向的符号。为了与所选择的晶面符号相区别，规定用该晶面指数放在大括号｛｝中。同一个单形的晶面可以有多个，至少有一个，故晶面符号也就有一个或多个。选择单形符号的原则是：

（1）代表晶面应选择单形中正指数最多的晶面，优先选择第一象限内的晶面；

（2）在此前提下，要尽可能先前（x 轴），次右（y 轴），后上（z），即 $|h| \geqslant |k| \geqslant |l|$。

如在立方体的 6 个晶面符号中（100）位于第一象限，为正指数，那么就选择｛100｝

为立方体单形符号（图 2-2）；如八面体的 8 个晶面符号中（111）符合单形符号选择条件，则以 {111} 为八面体单形符号（图 2-2）。如四方双锥的 8 个晶面符号中符合选择单形条件的是（111），则选择四方双锥的单形符号为（111）（图 2-2），与八面体单形符号相似。由此可知，不同单形会有相同的符号，所以在确定单形符号时要确定晶系和晶类。

在六八面体单形中，正指数晶面有 6 个（图 2-3），但满足 $|h| \geqslant |k| \geqslant |l|$ 的只有（321），故六八面体的单形符号为 {321}。

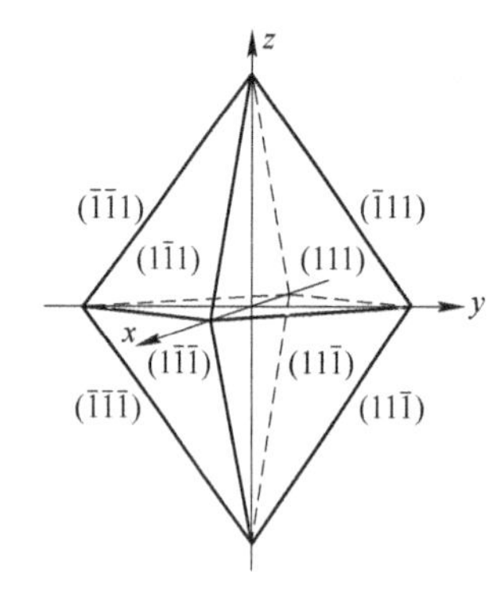

图 2-2　四方双锥的单形符号 {111}

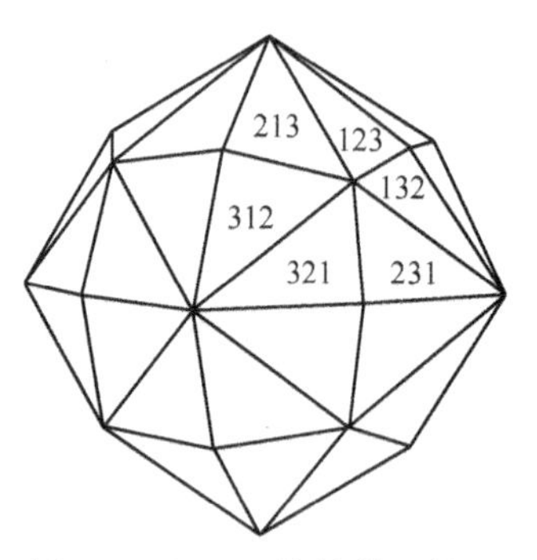

图 2-3　六八面体的单形符号

2.2　单形的推导

2.2.1　晶体的极射赤平投影

2.2.1.1　极射赤平投影

为了描述晶体晶面的空间位置与相互关系，采用极射赤平投影方法对晶体进行投影。极射赤平投影（stereographic projection）是取一点 O 为投影中心（球心），以一定的半径作一个投影球；通过投影中心（球心）作一个水平投影面 Q；投影面与投影球相交为一圆，它相当于地球的赤道，称为投影基圆；垂直投影面的直径 NS 称为投影轴；投影轴与投影球面的两个交点 N 和 S，分别称为上目测点和下目测点（图 2-4）。投影点的位置表征用方位角 φ 与极距角 ρ 来确定。极距角 ρ 是指该球面投影点与北极 N 之间的弧角，也即为投影轴与晶面法线之间的夹角，这个角度应在 0°~90°之间；如果在 90°~180°之间，意指该晶面位于下半球。方位角 φ 是指包含该球面投影点的子午面与 0°子午面的夹角。子午面是指包含投影轴的圆切面，它可以绕投影轴做 360°旋转，所以方位角应在 0°~360°之间。如图 2-4 中球面上的一个点 P 与下测点 S（南极）连线，就得到点 P 的极射赤平投影点 $P'(\rho,\ \varphi)$。

2.2.1.2　晶体的投影

首先设想将晶体置于投影球中心处，然后从球心出发，引每一晶面的法线，延长后各自交球面于一点，这些点就是相应晶面的球面投影点。其次将各晶面的球面投影点与下测点 S（或上测点 N）作连线，每条连线与投影面相交于一点，这些点就是相应晶面的极射赤平投影点。图 2-5 所示为菱形十二面体的投影，实心点由下测点获得，空心圈由上测点

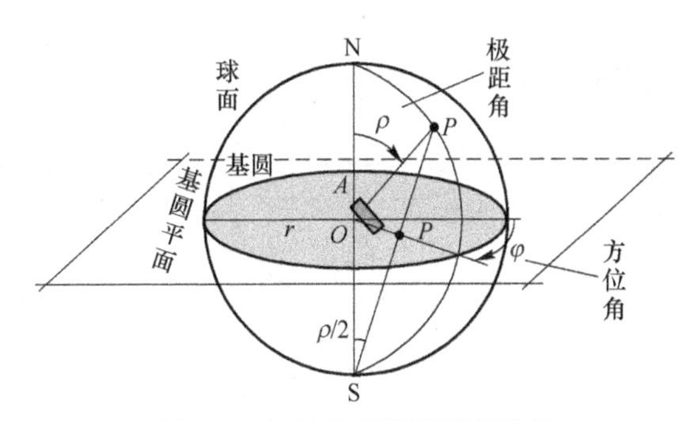

图 2-4 极射赤平投影原理示意

获得。在进行了极射赤平投影后，方位角可在基圆上量得，极距角表现为投影点距圆心的距离。设 h 为距圆心的距离，则其与极距角的关系为：$h=r\tan\frac{\rho}{2}$，其中 r 为基圆半径。

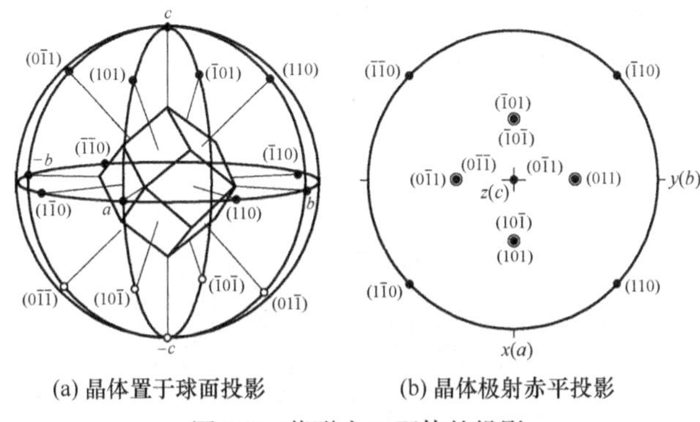
(a) 晶体置于球面投影 (b) 晶体极射赤平投影

图 2-5 菱形十二面体的投影

在晶体的极射赤平投影中，水平大圆（即圆的直径为球的直径）为基圆，直立大圆切球面在投影基圆上所得到的投影为直径；倾斜的大圆切球面在基圆上所得到投影为基圆直径为弦的大圆弧（图 2-6）。这三种大圆的投影特征与晶体不同位置的对称面投影相同。直立的晶体对称轴的投影在圆心上，水平对称轴投影在基圆上，倾斜对称轴投影在基圆内。不同轴次的对称轴用投影符号标出。晶体的晶面投影为法线投影。水平晶面投影在圆心上，水平晶面的投影在基圆上，倾斜晶面投影在基圆内。水平的小圆投影为同心圆，直立的小圆为小圆弧，倾斜小圆投影为椭圆（图 2-7）。

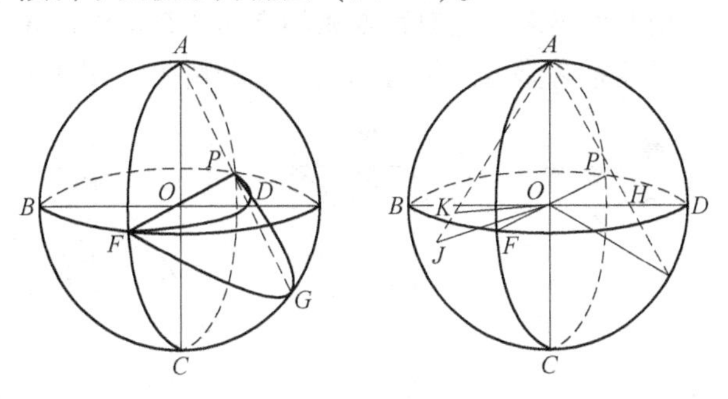

图 2-6 平面与直线投影

（1—直立大圆 *AFCP* 的投影为直径 *FP*；2—倾斜的大圆 *FGP* 的投影为 *FDP* 的圆弧；3—*AJ* 直线的投影为 *K*，*OE* 直线投影点为 *H*）

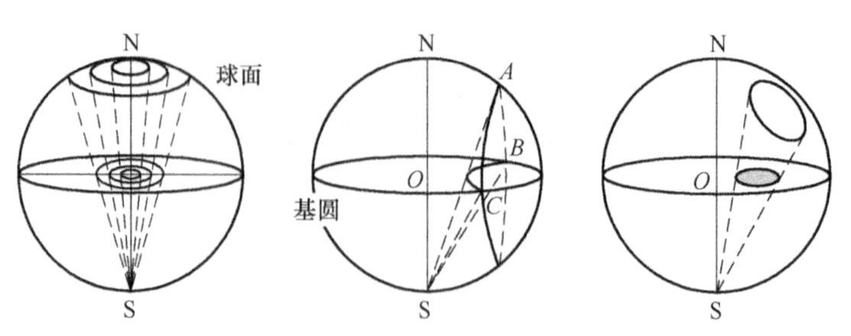

图 2-7 各种小圆切面的投影

2.2.1.3 吴氏网

根据极射赤平投影原理绘制的吴氏网见图 2-8。网面相当于极射赤平投影面，目测点投影于网的中心，圆周为投影球上的水平大圆，即基圆，两个直径相当于两个相互垂直且垂直于投影面的直立大圆的投影，大圆弧相当于球面上倾斜大圆的投影，小圆弧相当于球面上垂直投影面的直立小圆的投影。这样构成的吴氏网可以作为球面坐标的量角规，它的基圆上的刻度可以度量方位角 φ，它的直径上的刻度可以度量极距角 ρ。应用大圆弧上的刻度可以度量晶面的面角（即晶面法线的夹角）。

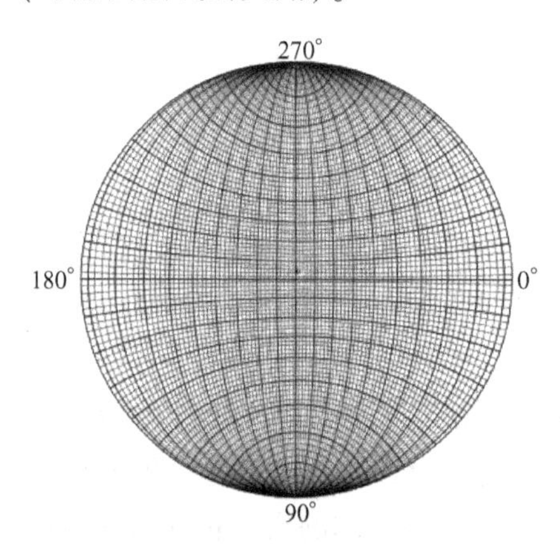

图 2-8 吴氏网的构成

2.2.2 单形推导

依据单形的概念，由晶面与对称型对称要素的空间关系可以推导出不同的单形。单形的晶面与对称要素的空间关系有垂直、平行和斜交三种情况（图 2-9）。

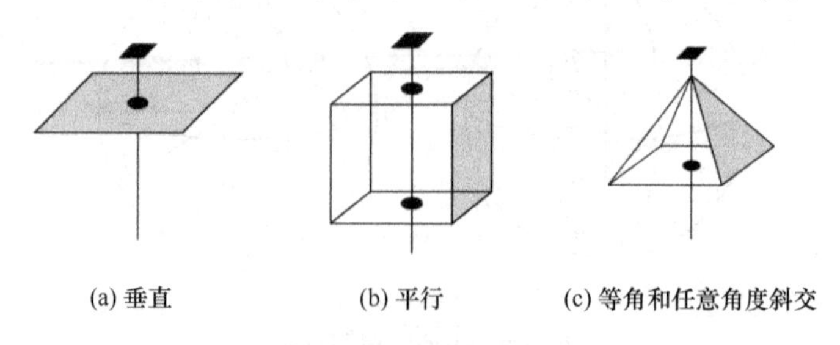

图 2-9 晶面与对称要素的空间关系

以四方晶系中的对称型 $L^4 4P$($4mm$) 为例说明单形推导。首先，将对称 $4mm$ 的对称要素进行极射赤平投影（图 2-10）。将 L^4 直立作为 z 轴，投影在圆心。四个对称面分别为基圆直径。以相互垂直对称面法线为 x、y 轴。可以看到对称型 $4mm$ 的对称要素将空间划分成 8 个部分，每一部分都可以借助对称型中的对称要素的作用与另一部分重复。由于这 8 个部分是等价的，只需要研究其中的一个部分，该部分可以称为该对称型的投影图中的最小重复单位。其后，确定原始晶面与对称要素之间的相对位置。单形原始晶面投影点有 7 种可能位置。位置 1：晶面与 z 轴垂直，投影在基圆中心，为单面 {100}；位置 2：与 x、y 轴相交，与 z 轴平行，投影在基圆与对称面的交点上，得到第一四方柱 {110}；位置 3：晶面与 x 轴垂直，与 z 轴平行，投影在基圆与对称面交点上，得到第二四方柱 {100}；位置 4，晶面与 z 轴平行，投影点在基圆上两对称面中点，得到复四方柱 {$hk0$}；位置 5：晶面与 z 轴斜交，位于 {100} 和 {001} 连线的中点，得到第二四方单锥 {$h0l$}；位置 6：晶面与 z 轴斜交，位于 {001} 与 {110} 连线的中点，得到第一四方单锥 {hhl}；位置 7：晶面投影点位于三角形的中，与 x、y、z 轴斜交，不与任何对称要素平行或垂直，得到复四方单锥 {hkl}。

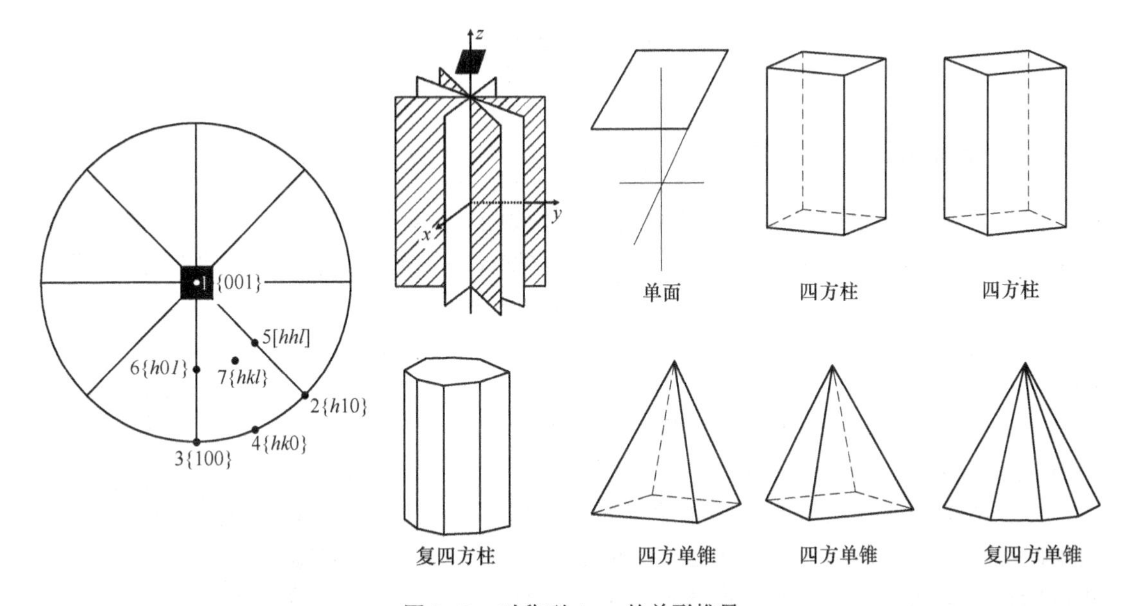

图 2-10 对称型 $4mm$ 的单形推导

由对称型 $4mm$ 导出七种单形（图 2-10）。在 7 种单型种位置 2，3 得到的都为四方柱，性质相同、方位不同，归为同一单形；在位置 5，6 得到四方单锥，也为同一种单形。因而对称型 $4mm$ 得到 5 种单形。把属于同一对称型的晶体归为一类，称为晶类：32 个对称型对应 32 个晶类，用一般形的单形命名。对称型 $4mm$ 的晶体称为复四方单锥晶类。

在对称型 $mm2$($L^2 2P$) 导出的 7 种单形（图 2-11）中，位置 2 与位置 3 都为平行双面，位置 4 与位置 5 都为双面。对称型 $mm2$ 共导出 5 种单形，为斜方单锥晶类（图 2-11）。

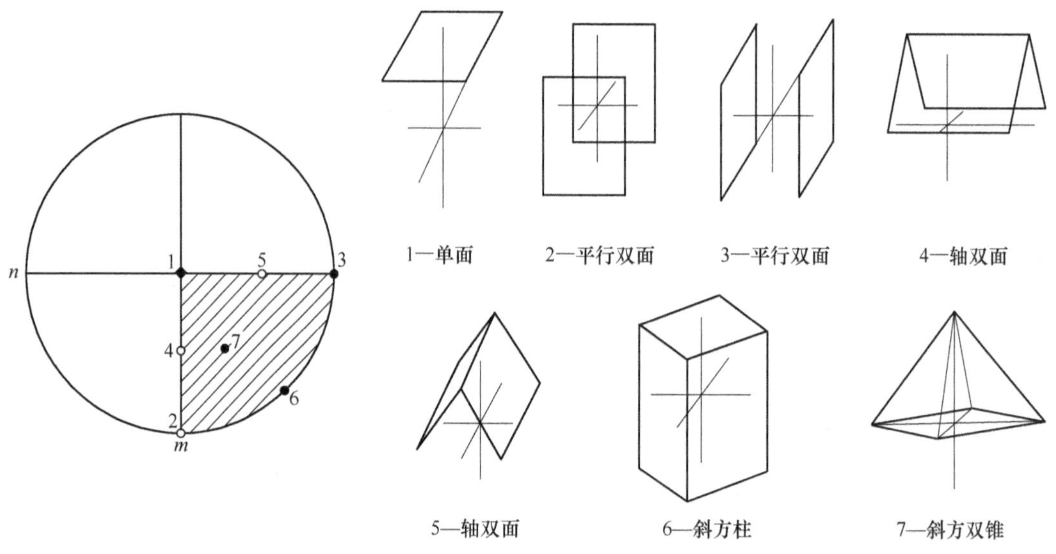

图 2-11 对称型 $mm2$ 的极射赤平投影及单形的推导

2.3 单形的分类与形态特征

2.3.1 结晶单形与几何单形

每一种对称型对称要素与单形晶面之间的空间相对位置最多有 7 种，即一个对称型最多能决定 7 种单形。按照上述的方法，32 种对称型最终导出结晶学上 146 种不同的单形，称为结晶单形（crystal lographic form）。在结晶单形中，具有完全相同的几何形态，可以属于相同的对称型，也可属于不同的对称型。不同的对称型推导出的单形也可以具有相同的几何形态。如果不考虑单形所属的对称型，只考虑单形的形状，则 146 种结晶单形可以归纳为 47 种几何单形（geometric form）。

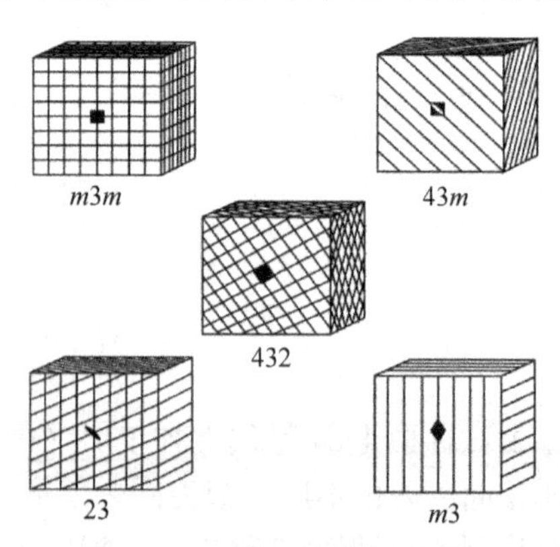

图 2-12 五种立方体结晶单形

区分结晶单形与几何单形是非常重要的。所有实际晶体上的单形都是结晶单形，都赋予一定内部结构的意义。一个几何单形从形态上对应有多个结晶单形。如一个立方体几何单形对应有 5 个结晶单形（图 2-12），所对应的对称型分别为 $m3m$（$3L^4 4L^3 6L^2 9PC$），$43m$（$3L_i^4 4L^3 6P$），432（$3L^4 4L^3 6L^2$），$m3$（$3L^2 4L^3 3PC$），23（$3L^2 4L^3$）。去掉各自晶面条纹，它们的几何单形都是立方体。

2.3.2 单形的形态特征

2.3.2.1 低级、中级晶族

在低级、中级晶族中的几何单形有以下几种：

（1）面类。包括单面、双面。平行双面是由一对互相平行的晶面组成。由二次轴联系起来两个相交的晶面称为轴双面；由对称面联系起来的两个晶面称为反映双面。

（2）柱类。包括斜方柱、三方柱、复三方柱、四方柱、复四方柱、六方柱，复六方柱。

（3）单锥类。包括斜方单锥、三方单锥、复三方单锥、四方单锥、复四方单锥、六方单锥、复六方单锥。

（4）双锥类。包括斜方双锥、三方双锥、复三方双锥、四方双锥、复四方双锥、六方双锥、复六方双锥。柱类、单锥类、双锥类的横截面特点如图 2-13 所示。

（5）面体类。包括斜方四面体、四方四面体、菱面体、复三方偏三角面体、复四方偏三角面体。这些单形的特点是：上部的面与下部的面错开分布，上部（或下部）晶面在下部（或上部）晶面的中间，无水平方向的对称面。除斜方四面体外，都有包含高次轴的对称面。

（6）偏方面体类。包括三方偏方面体、四方偏方面体、六方偏方面体。这些单形的特点：上部晶面与下部晶面错开的角度左右不等，导致偏方面体没有包含高次轴的直立对称面，有左右形之分。

2.3.2.2　高级晶族

高级晶族中的单形可分为 3 组：

（1）四面体组。分为 5 种：1）四面体：由四个等边三角形晶面组成。晶面与 L^3 垂直，晶棱的中点出露为 L_i^4。2）三角三四面体：四面体的每一个晶面突起分为 3 个等腰三角形晶面。3）四角三四面体：四面体的每一个晶面突起分为 3 个四角形晶面构成，四角形的 4 条边两两相等。4）五角三四面体：四面体的每个晶面突起分为 3 个偏五角形晶面构成。5）六四面体：四面体的每一个晶面突起分为 6 个不等边三角形晶面构成。

（2）八面体组。由 8 个等边三角形晶面组成，晶面垂直 L^3。在八面体每个晶面突起平分为 3 个晶面，根据晶面形态分为三角三八面体、四角三八面体、五角三八面体。在八面体的每一个晶面突起平分 6 个不等变三角形，则形成六八面体。

（3）立方体组。分为 5 种：1）立方体：由两两相互平行的 6 个正四边形晶面组成，相邻晶面间以直角相交。2）四六面体：是在立方体的每个晶面突起平分为 4 个等腰三角形晶面，共为 24 个晶面组成。3）五角十二面体犹如立方体，每个晶面突起平分为两个具有四个等边的五角形晶面，由 12 个晶面组成。4）偏方复十二面体：犹如五角十二面体的每个晶面突起平分为两个具两个等长邻边的偏四方形晶面，由 24 个晶面组成。5）菱形十二面体：由 12 个菱形晶面组成，晶面两两平行，相邻晶面间的夹角为 90°、120°。

47 种几何单形形态如图 2-13 所示。

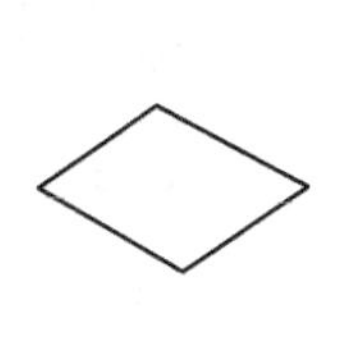
1. 单面

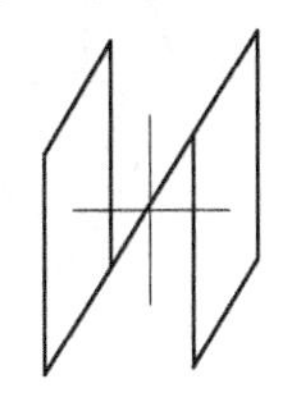
2. 平行双面

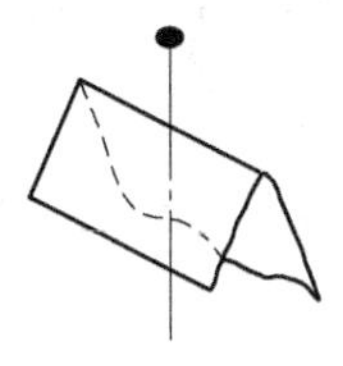
3. 轴双面

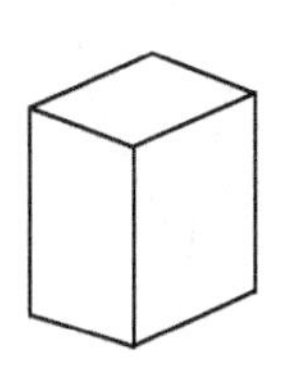
4. 斜方柱

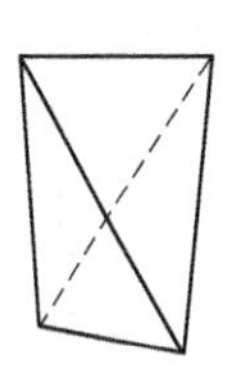
5. 斜方四面体

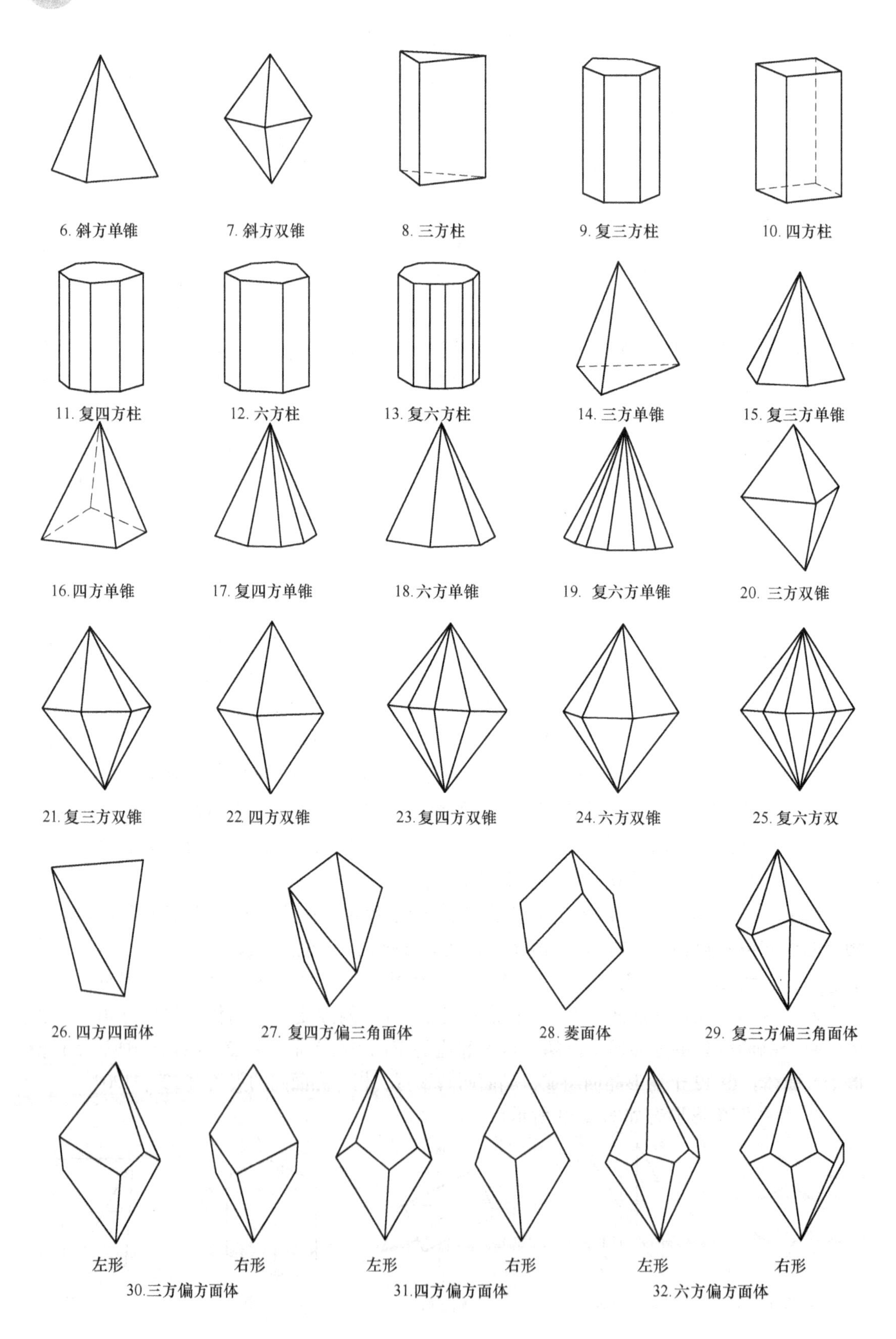

6. 斜方单锥　7. 斜方双锥　8. 三方柱　9. 复三方柱　10. 四方柱

11. 复四方柱　12. 六方柱　13. 复六方柱　14. 三方单锥　15. 复三方单锥

16. 四方单锥　17. 复四方单锥　18. 六方单锥　19. 复六方单锥　20. 三方双锥

21. 复三方双锥　22. 四方双锥　23. 复四方双锥　24. 六方双锥　25. 复六方双

26. 四方四面体　27. 复四方偏三角面体　28. 菱面体　29. 复三方偏三角面体

左形　右形　左形　右形　左形　右形

30. 三方偏方面体　31. 四方偏方面体　32. 六方偏方面体

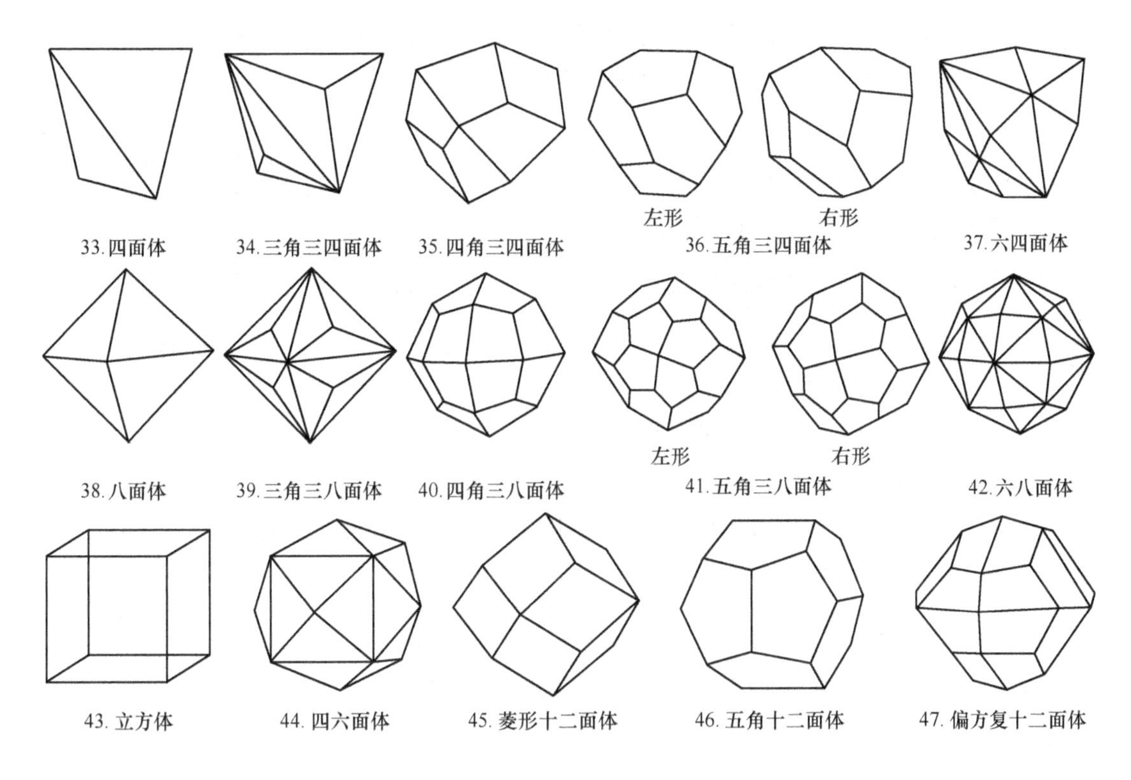

图 2-13 47 种几何单形的形态特征

2.3.3 单形的分类

2.3.3.1 特殊形和一般形

晶面处在垂直或平行于任何对称要素，或者与相同的对称要素以等角相交的单形，称为特殊形（special form）。单形的晶面处于不与任何对称要素垂直或平行的位置，称为一般形（general form）。一个对称型仅有一个一般形，该一般形的原始晶面都位于对称型的赤平投影图中的最小重复单位（似三角形）的中部，即图 2-11 中的位置 7。每个对称型的一般形都是不同的，但某个对称型的一般形可能与另一个对称型的特殊形的几何形态相同。

2.3.3.2 左形和右形

形态完全类同，在空间的取向上正好彼此相反的两个形体，它们互为镜像，但不能借助于旋转操作使之重合。这两个同形反向体构成了左右对映形，其中一个为左形（left-handform），另一个为右形（right-handform）。左右形出现在具有对称轴而不具有对称面、对称中心、旋转反伸轴的对称型中。有些单形根据几何特征就可区分左右形。对于中级晶族的单形，以偏方面体上部晶面的两个不等长的晶棱为判据，晶棱长者在左为左形，在右为右形。如三方偏方面体

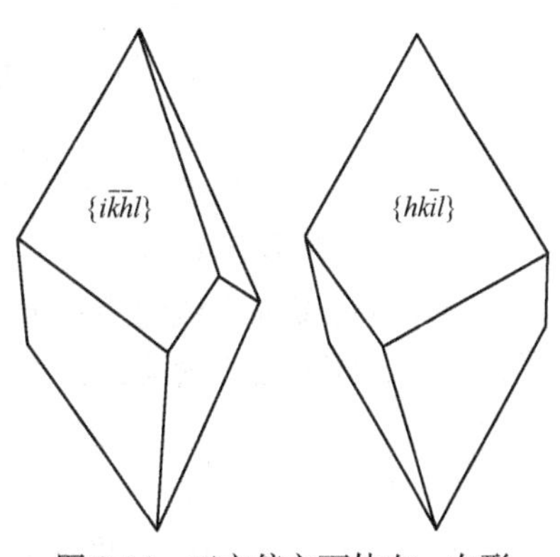

图 2-14 三方偏方面体左、右形

(图 2-14)。等轴晶系的五角三四面体、五角三八面体的左、右形的判断如图 2-15 所示。具有左、右形的晶体在结构、物理性质、晶面花纹等会显示出左、右形性质。

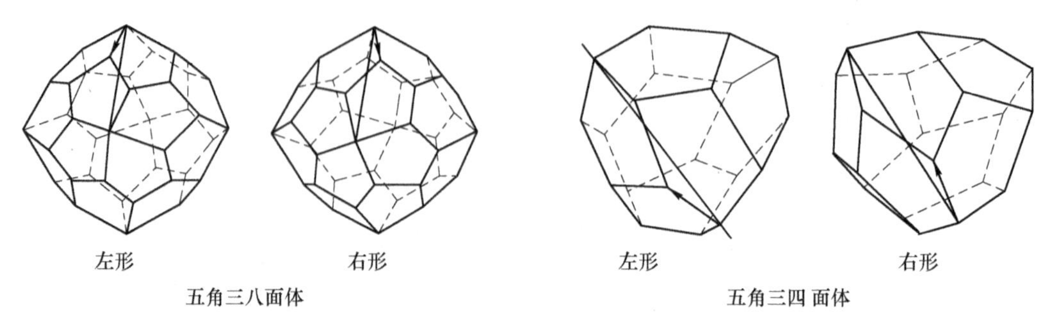

图 2-15 左形与右形的判别

2.3.3.3 正形和负形

取向不同的两个相同单形，如果相互之间能够借助于旋转操作彼此重合，则两者互为正、负形（positive、negativeform）。图 2-16 分别示出了四面体与五角十二面体的正负形，其正负形之间为旋转 90°的关系。互为正、负形的两个同种单形可以出现在同一晶体上，例如闪锌矿可发育一个四面体正形与一个四面体负形，但当它们发育的晶面大小也相等时，这两个单形形成的聚形表面，为一个假八面体（图 2-17）。

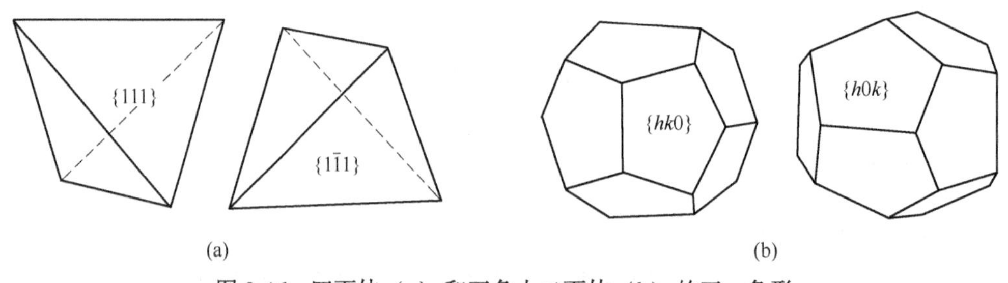

图 2-16 四面体（a）和五角十二面体（b）的正、负形

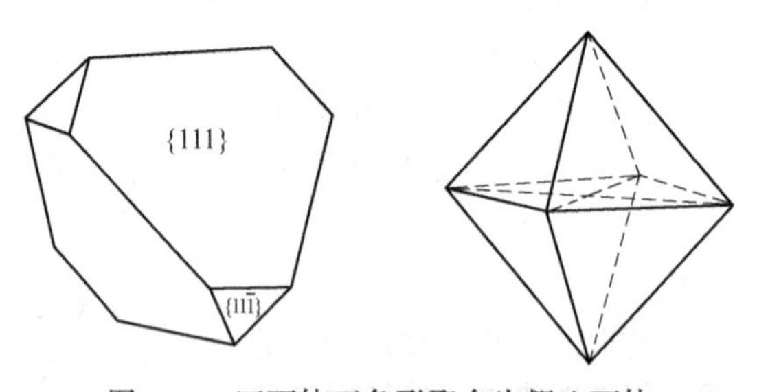

图 2-17 四面体正负形聚合为假八面体

2.3.3.4 开形和闭形

凡是单形的晶面不能封闭一定空间者，称为开形，例如平行双面、各种柱等；凡是单形晶面可以封闭一定空间者，称为闭形。例如等轴晶系的全部单形和各种双锥、偏方面体等单形。

2.3.3.5 定形和变形

一种单形其晶面间的角度为恒定者，称定形（constant form）；反之，称变形（variousform)。属于定形的单形有九种：单面、平行双面、三方柱、四方柱、六方柱、四面体、八面体、菱形十二面体和立方体；其余单形皆为变形（图 2-18）。定形与变形也可根据单形符号区分：在定形的单形符号中都为数字，如 {111}、{100}、{110} 等；变形的单形符号由字母组成，如 {*hkl*}、{*hk*0} 等。定形的赤平投影点应位于最小重复单位（似三角形）的 3 个角顶，即投影点是固定的；变形的投影点则位于最小重复单位的三条边与中部。

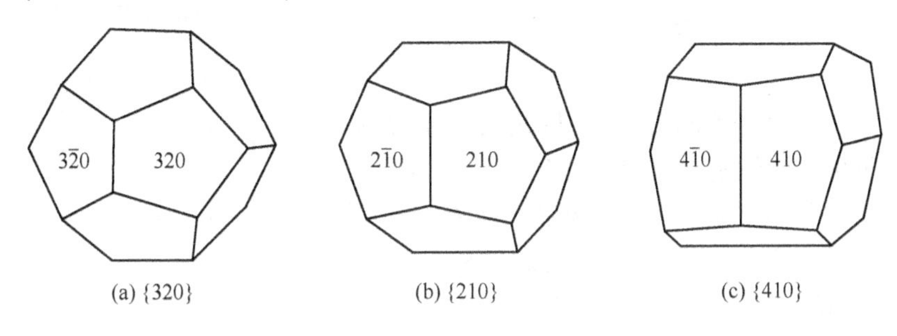

(a) {320}　　(b) {210}　　(c) {410}

图 2-18　五角十二面体 3 个变形

2.4 聚　　形

2.4.1 聚形条件

两个或两个以上的单形聚合在一起共同圈闭的空间外形称为聚形（combination form）。图 2-19（a）所示为一个四方柱和四方双锥形成的聚形，图 2-19（b）所示为立方体与菱形十二面体形成的聚形。

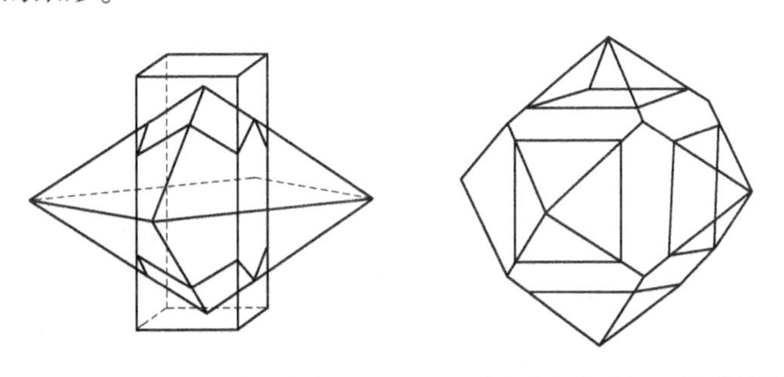

(a) 四方柱与四方双锥的聚形　　(b) 立方体与菱形十二面体的聚形

图 2-19　两个单形形成的聚形

聚形的必要条件是组成聚形的各个单形都必须属于同一对称型。这里的单形是指结晶单形。聚形所具有的对称型是组成聚形的所有单形的对称型。在理想情况下，属于同一单形的各晶面一定同形等大，不同单形的晶面，其形态、大小、性质等也不完全相同；有多少单形相聚，聚形上就会出现多少种不同形状和大小的晶面。

2.4.2 聚形分析

这里以橄榄石晶体形态为例进行聚形分析（图 2-20）：

（1）确定晶体所属的对称型。该晶体所属的对称型为斜方晶系 mmm（$3L^2 3PC$）。

（2）确定晶体的对称型，指明该晶体可能有哪几种单形。

（3）分析晶体上有几种形态的晶面，由此确定该聚形是由几种单形组成。该晶体有 a、b、c、d、e、m、k 等 7 种不同的晶面，相应有 7 种单形。

（4）选定晶体的定向坐标，确定各个晶面的符号以及各单形的符号。在该晶体选择 3 个 L^2 分别作为 x、y、z 轴。

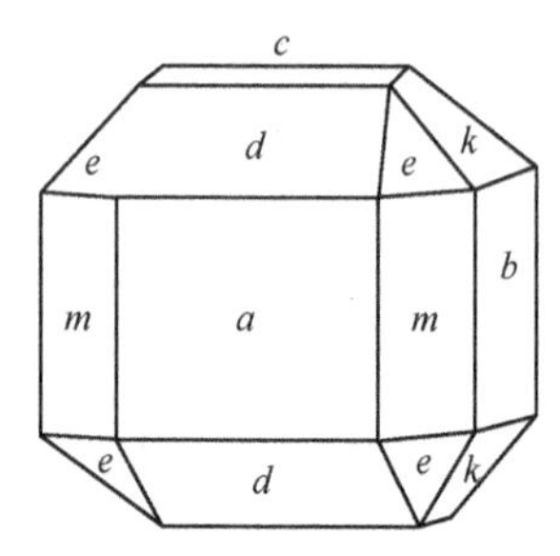

图 2-20　橄榄石晶体形态聚形分析

（5）逐一考察每一组同形等大的晶面的几何关系特征，将相同晶面扩展相交成单形几何形状，定出单形名称。该晶体的单形有：a 平行双面 {100}；b 平行双面 {010}；c 平行双面 {001}；d 斜方柱 {$h0l$}；e 斜方双锥 {hkl}；m：斜方柱 {$hk0$}；k 斜方柱 {$0kl$}。

（6）综合分析，最终得出聚形中各个单形的名称和单形符号，确定该晶体是由三个平行双面、三个斜方柱和一个斜方双锥组成的聚形。

上述的聚形分析过程是以理想晶体形态（即晶体模型）为基础的。在实际晶体形态上，由于出现歪晶，同一单形的晶面并不同形等大，需要根据晶面花纹、晶面的物理性质等确定是否为同一单形的晶面。

2.4.3　不同晶系晶体的聚形特征

聚形是具体矿物晶体常见的形态特征。不同晶系晶体的聚形有显著差异（图 2-21～图 2-26）。

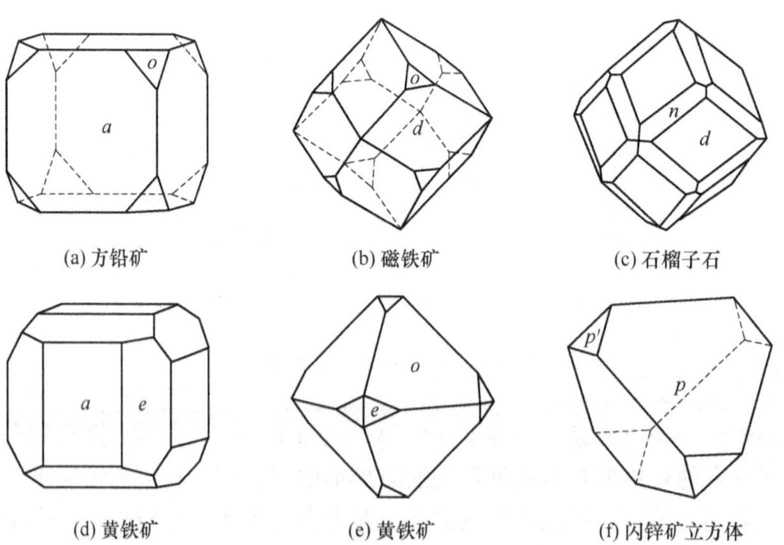

(a) 方铅矿　(b) 磁铁矿　(c) 石榴子石
(d) 黄铁矿　(e) 黄铁矿　(f) 闪锌矿立方体

图 2-21　等轴晶系聚形(引自潘兆橹等,1993)
(a{100},八面体 o{111},菱形十二面体 d{110},四角三八面体 n{hkk},
五角十二面体 e{$hk0$},四面体 p{111},p_1{$1\bar{1}1$})

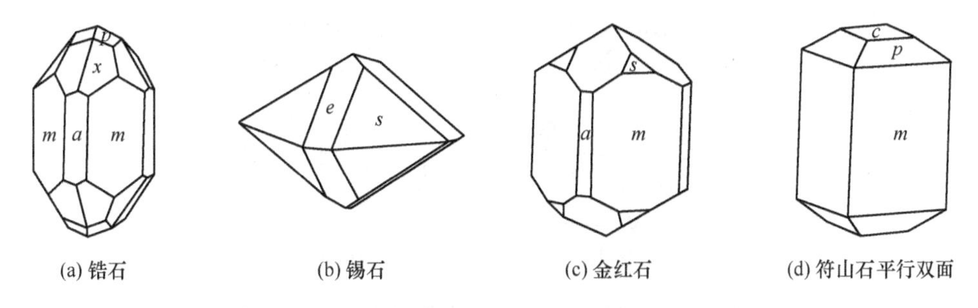

图 2-22 四方晶系聚形(引自潘兆橹等,1993)

(c{001};四方柱 a{100},m{110};四方双锥 s{111},p{111},e{101};复四方双锥 x{hkl})

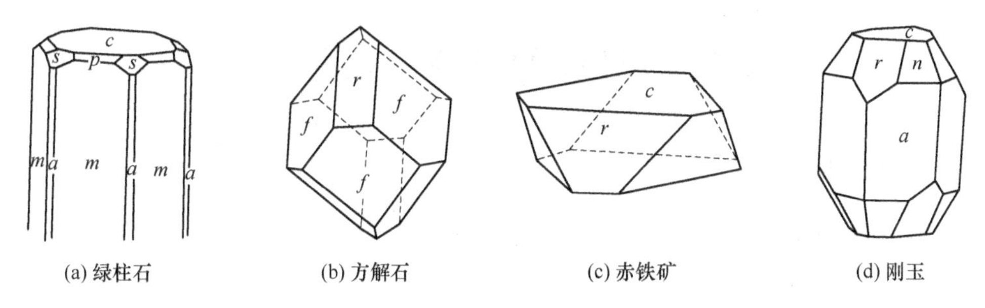

图 2-23 三方、六方晶系聚形举例(引自潘兆橹等,1993)

(平行双面 c{0001},六方柱 m{$10\bar{1}0$},a{$11\bar{2}0$},六方双锥 p{$10\bar{1}1$},

s{$11\bar{2}1$},n{$22\bar{4}3$},菱面体 r{$10\bar{1}1$},f{$02\bar{2}1$})

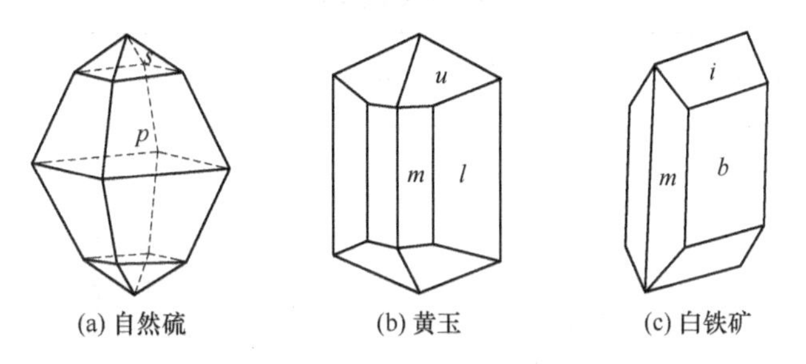

图 2-24 斜方晶系聚形举例(引自潘兆橹等,1993)

(斜方双锥 s{111},p{113},u{111};斜方柱 m{110},l{120},i{021};平行双面 b{010})

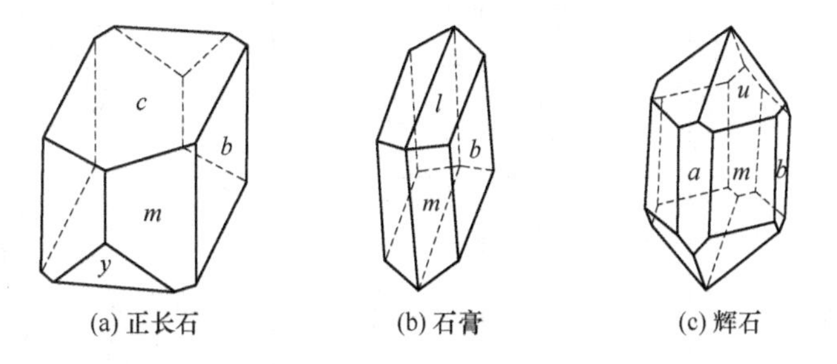

图 2-25 单斜晶系的聚形举例(引自潘兆橹等,1993)

(平行双面 a{100},b{010},c{001},y{$20\bar{1}$};斜方柱 m{110},l{111},u{111},o{$22\bar{1}$})

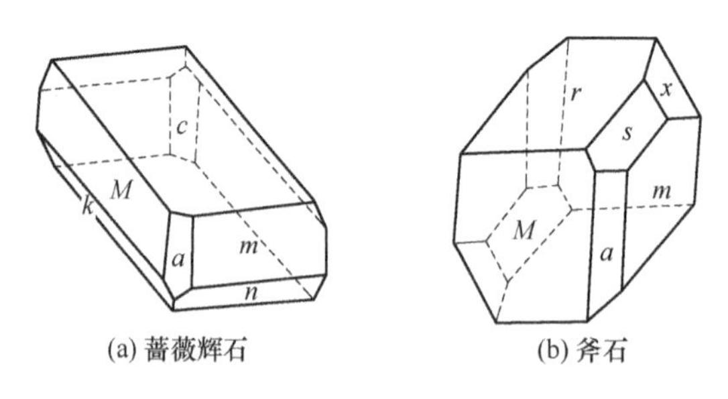

(a) 蔷薇辉石　　(b) 斧石

图 2-26　三斜晶系的聚形举例(引自潘兆橹等,1993)

(平行双面 $a\{100\}$,$c\{001\}$,$m\{110\}$,$M\{1\bar{1}0\}$,$n\{22\bar{1}\}$,$s\{201\}$,$x\{111\}$,$r\{1\bar{1}1\}$,$k\{2\bar{2}\bar{1}\}$)

2.5　各晶系单形特征、晶体投影

2.5.1　三斜晶系

三斜晶系对称型有一个对称中心（C）、一个对称轴（L^1）（表 2-1）。结晶轴三根长度不等，彼此相交互成。选不在一个平面上且近于垂直的 3 个晶棱的方向为 x、y、z 轴，x 轴为短轴，y 轴为长轴，z 轴垂直。晶体常数 $a \neq b \neq c$，$\alpha \neq \beta \neq \gamma \neq 90°$。单形有单面和平行双面。单面晶类仅从外形上看不对称，但其内部具有格子构造，还是具有对称性的，典型矿物有钠长石、斧石、蔷薇辉石等。

表 2-1　三斜晶系的单形

对称型单形符号	$1(L^1)$	$\bar{1}(C)$
$\{hkl\}$	1. 单面（1）	2. 平行双面（2）
$\{0kl\}$	单面（1）	平行双面（2）
$\{h0l\}$	单面（1）	平行双面（2）
$\{hk0\}$	单面（1）	平行双面（2）
$\{100\}$	单面（1）	平行双面（2）
$\{010\}$	单面（1）	平行双面（2）
$\{001\}$	单面（1）	平行双面（2）
一般形		
一般形投影	y x	y x

2.5.2 单斜晶系

单斜晶系有三个对称型 $L^2(2)$、$P(m)$，$L^2PC(2/m)$（表 2-2）。三根结晶轴长度不等。x 与 y、y 与 z 轴互相垂直，x 与 z 轴的夹角（β）不为直角。晶体常数为 $a \neq b \neq c$，$\alpha = \gamma = 90°$，$\beta > 90°$。单形有单面、双面和斜方柱类。在 L^2P 对称型中有多种方位的单面、双面、平行双面。在 L^2PC 对称型中有斜方柱和平行双面，常见矿物有石膏、高岭石、白云母、正长石、滑石、透闪石、透辉石、绿泥石、蓝铜矿、黑钨矿等。

表 2-2 单斜晶系的单形

单形符号	对称型		
	$2(L^2)$	$m(P)$	$2/m(L^2PC)$
{hkl}	3. 轴双面（2）	6. 反映双面（2）	9. 斜方柱（4）
{0kl}	轴双面（2）	反映双面（2）	斜方柱（4）
{h0l}	4. 平行双面（2）	7. 单面（1）	10 平行双面（2）
{hk0}	轴双面（2）	反映双面（2）	斜方柱（4）
{100}	平行双面（2）	单面（1）	平行双面（2）
{010}	5. 单面（1）	8. 平行双面（2）	11. 平行双面（2）
{001}	平行双面（2）	单面（1）	平行双面（2）
一般形			
一般形投影			

2.5.3 斜方晶系

斜方晶系无高次轴，在 $3L^2$ 对称型中以相互垂直的 $3L^2$ 为 x、y、z 轴，三根结晶轴互相垂直呈 90°，长度不等。对于 L^22P 对称型，以 L^2 为 Z 轴，$2P$ 的法线为 x、y 轴。$3L^23PC$ 对称型的定向有六种方式（图 2-27）。定向不同，a，b，c 发生变化，轴率数字不同（一般以 $b=1$），晶面符号各异。斜方晶系的晶体常数为 $a \neq b \neq c$，$\alpha = \beta = \gamma = 90°$。斜方晶系的晶体单形有单面、双面、斜方柱、斜方四面体、单锥和双锥类（表 2-3）。

斜方柱 {0hl}、{h0l}、{hk0} 可以平行于任意晶轴出现，在本晶系的晶类中都有出现。柱面角不定，相间地相等，横切面呈菱形。斜方双锥、斜方单锥、斜方四面体的单形符号都为 {hkl}，分别为斜方双锥晶类（mmm）、斜方单锥晶类（mm）、斜方四面体晶类（222）的一般形。

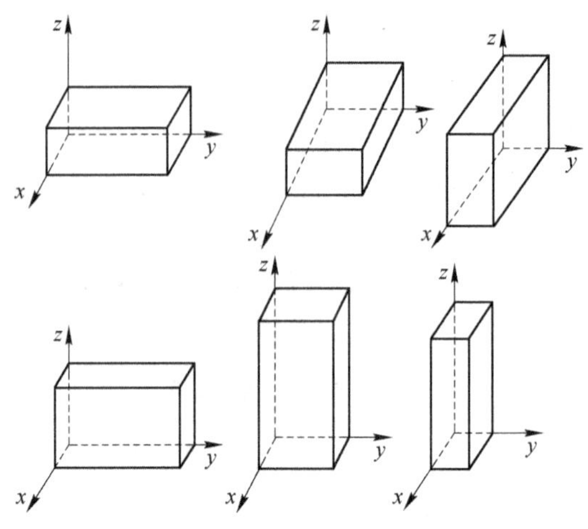

图 2-27 斜方晶系六种定向

表 2-3 斜方晶系的单形

单形符号	对称型		
	222（$3L^2$）	*mm*（L^22P）	*mmm*（$3L^23PC$）
{*hkl*}	12. 斜方四面体（4）	15. 斜方单锥（4）	20. 斜方双锥（8）
{0*kl*}	13. 斜方柱（4）	16. 反映双面（2）	21. 斜方柱（4）
{*h*0*l*}	斜方柱（4）	反映双面（2）	斜方柱（4）
{*hk*0}	斜方柱（4）	17. 斜方柱（4）	斜方柱（4）
{100}	14. 平行双面（2）	18. 平行双面（2）	22. 平行双面（2）
{010}	平行双面（2）	平行双面（2）	平行双面（2）
{001}	平行双面（2）	19. 单面（1）	平行双面（2）
一般形			
一般形投影	x	x	x

2.5.4 四方晶系

四方晶系以四次轴作 *z* 轴，以垂直 *z* 轴并相互垂直的二次轴或对称面法线或晶棱方向为 *x*、*y* 轴。晶体常数的特点 $a=b\neq c$，$\alpha=\beta=\gamma=90°$。四方晶系有复四方双锥晶类、四方偏方面体晶类、四方双锥晶类、四方单锥晶类、复四方单锥晶类、四方四面体晶类、四方偏三角面体晶类（表 2-4）。

表 2-4 四方晶系的单形与一般形投影

单形符号	对称型						
	$4(L^4)$	$42(L^4 4L^2)$	$4/m(L^4PC)$	$4mm(L^4 4P)$	$4/mmm(L^4 4L^2 5PC)$	L_i^4	$42m(L_i^4 2L^2 2P)$
{*hkl*}	23. 四方单锥(4)	26. 四方偏方面体(8)	31. 四方双锥(8)	34. 复四方单锥(8)	39. 复四方双锥(16)	44. 四方四面体(4)	47. 复四方偏三角面体(8)
{*hhl*}	四方单锥(4)	27. 四方双锥(8)	四方双锥(8)	35. 四方单锥(4)	40. 四方双锥(8)	四方四面体	48. 四方四面体(4)
{*h0l*}	四方单锥(4)	四方双锥(8)	四方双锥(8)	四方单锥	四方双锥	四方四面体	49. 四方双锥(8)
{*hk0*}	24. 四方柱(4)	28. 复四方柱(8)	32. 四方柱(4)	36. 复四方柱(8)	41. 复四方柱(8)	45. 四方柱(4)	50. 复四方柱(8)
{110}	四方柱(4)	29. 四方柱(4)	四方柱(4)	37. 四方柱(4)	42. 四方柱(4)	四方柱	51. 四方柱(4)
{100}	四方柱(4)	四方柱(4)	四方柱(4)	四方柱	四方柱	四方柱	52. 四方柱(4)
{001}	25. 单面(1)	30. 平行双面(2)	33. 平行双面(2)	38. 单面(1)	43. 平行双面(2)	46. 平行双面(2)	53. 平行双面(2)
一般形	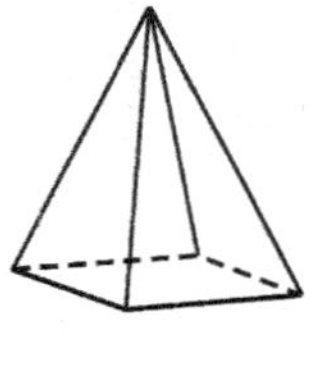	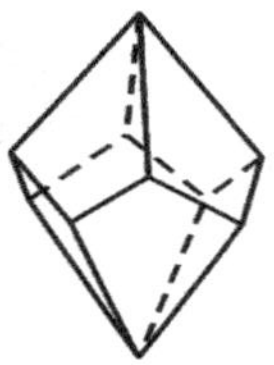	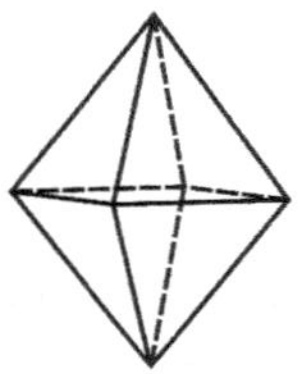	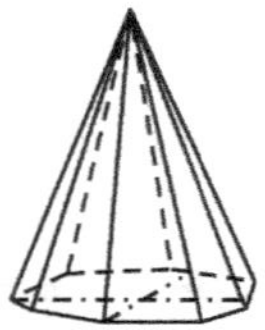	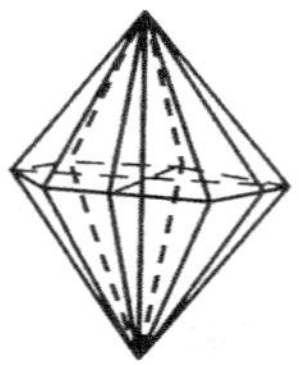	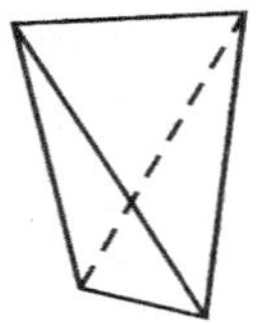	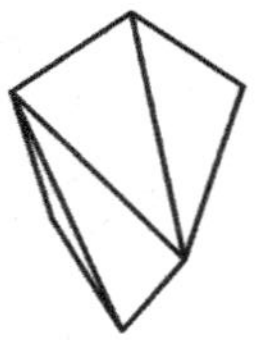
一般形的投影	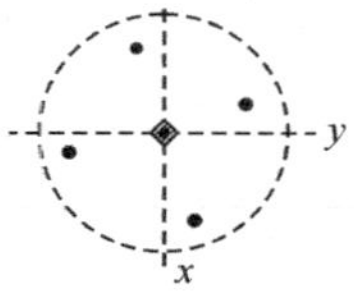 x, y	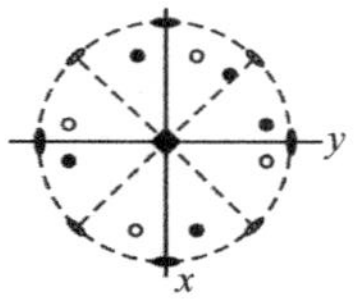 x, y	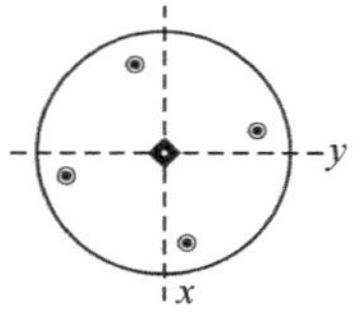 x, y	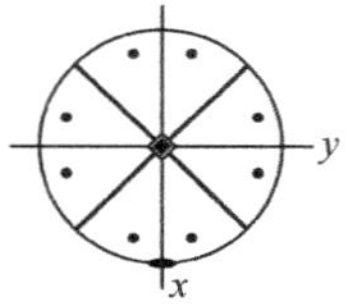 x, y	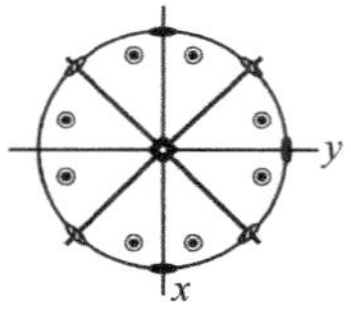 x, y	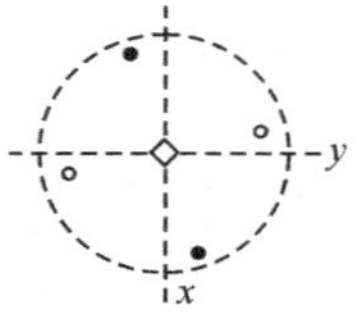 x, y	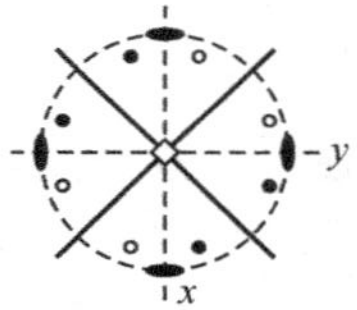 x, y

注：*h*, *k* 不相等，*l* 与 *h*、*l* 与 *k* 可等，也可不相等。

复四方双锥晶类（4/*mmm*）的对称要素和原始晶面投影如图2-28所示。以L^4和两个L^2的出露点为角顶的三角形作为最小重复单位。单形的原始晶面的投影点有7种可能位置：(1) 垂直*z*轴的晶面的投影点位于基圆中心，单形为平行双面｛001｝；(2) 垂直作*x*，*y*轴夹角分角线的L^2的晶面导出第一四方柱｛110｝；(3) 垂直*x*轴的晶面导出第二四方柱｛100｝。这三种单形固定在重复三角形顶点上为定形。(4) 平行*z*轴其投影点位于两四方柱之间的基圆上的晶面，导出复四方柱｛*hk*0｝；(5) 与*z*轴斜交，投影点位于第一四方柱和平行双面之间晶面，导出第一四方双锥｛111｝；(6) 与*z*轴斜交投影点位于第二四方柱和平行双面之间的直线上的晶面，导出的是第二四方双锥｛*h*0*l*｝。(7) 与*x*、*y*、*z*轴斜交，且不与任何对称要素平行或垂直且投影点位于重复三角形之内的晶面，导出单形复四方双锥｛*hkl*｝，由16个等腰三角形面组成，为本晶类的一般形（图2-29）。以上四种单形为变形。

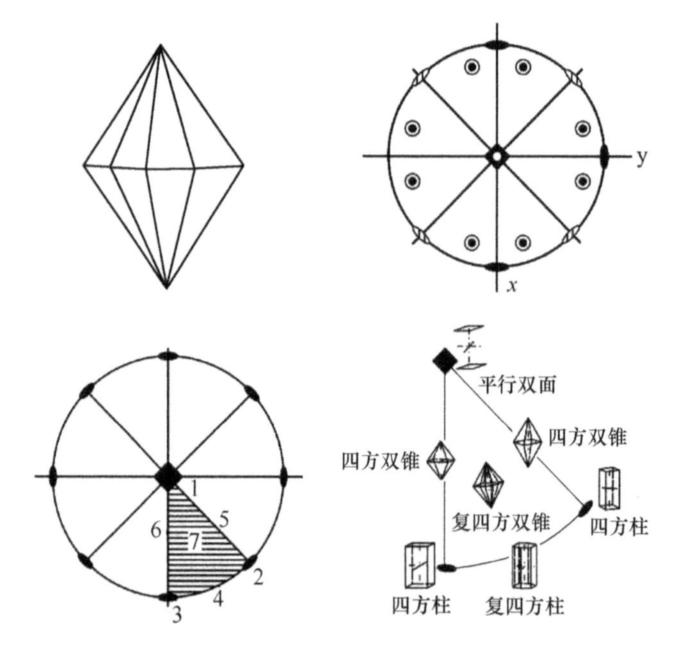

图2-28　对称型4/mm单形推导（复四方双锥晶类）

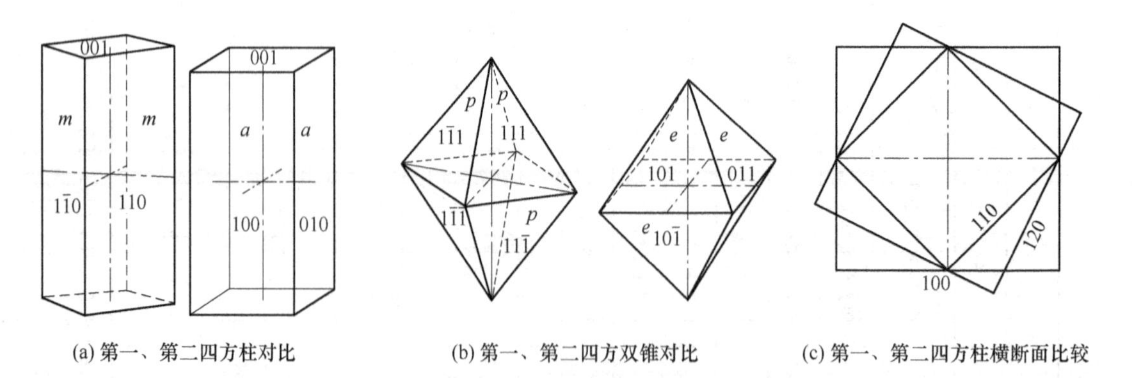

(a) 第一、第二四方柱对比　　(b) 第一、第二四方双锥对比　　(c) 第一、第二四方柱横断面比较

图2-29　第一、第二四方柱、四方双锥的比较

2.5.5 三方晶系和六方晶系

三方晶系对称特点是有一个 L^3 或 L_i^3。有三方单锥晶类 L^3、三方偏方面体晶类（L^33L^2），复三方单锥晶类（L^33P）、菱面体晶类（L^3C）、复三方偏三角面体晶类（L^33L^23PC）五个晶类（表2-5）。从晶体形态看，三方晶系的晶体菱面体明显，出现在有 L^3 的晶体有对称中心，可组合为三次旋转反伸轴（$L_i^3=L^3+C$）。

表 2-5　三方晶系单形与一般形投影

单形符号	对称型				
	3（L^3）	32（L^33L^2）	3m（L^33P）	$\bar{3}$（L_i^3）	32/m（$L_i^33L^23P$）
{$hk\bar{i}l$}	54. 三方单锥（3）	57. 三方偏方面体（6）	64. 复三方单锥（6）	71. 菱面体（6）	74. 复三方偏三角面体（12）
{$h0\bar{h}l$} {$0k\bar{k}l$}	三方单锥（3）	58. 菱面体（6）	65. 三方单锥（3）	菱面体（6）	75. 菱面体（6）
{$hh\bar{2h}l$}	三方单锥（3）	59. 三方双锥（6）	66. 六方单锥（6）	菱面体（6）	76. 六方双锥（12）
{$hk\bar{i}0$}	55. 三方柱（3）	60. 复三方柱（6）	67. 复三方柱（6）	72. 六方柱（6）	77. 复六方柱（12）
{$10\bar{1}0$}	三方柱（3）	61. 六方柱（6）	68. 三方柱（3）	六方柱（6）	78. 六方柱（6）
{$11\bar{2}0$}	三方柱（3）	62. 三方柱（3）	69. 六方柱（3）	六方柱（6）	79. 四方柱（6）
{0001}	56. 单面（1）	63. 平行双面（2）	70. 单面（1）	73. 平行双面（2）	80. 平行双面（2）
一般形	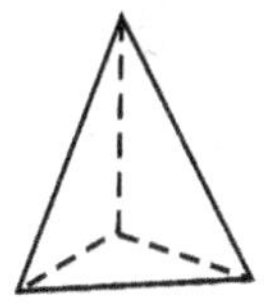	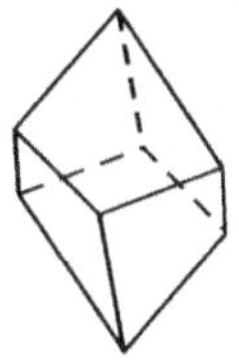	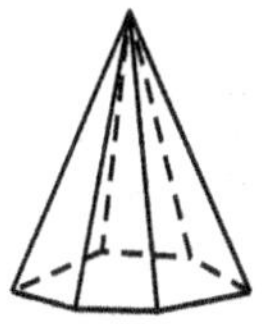	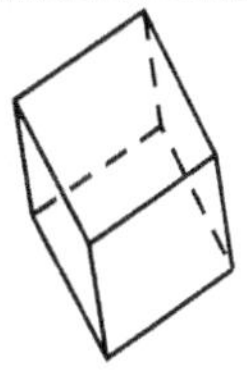	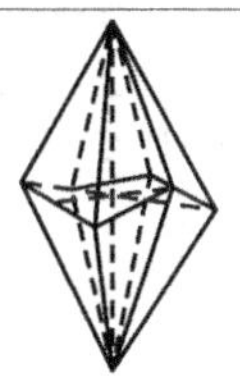
一般形投影	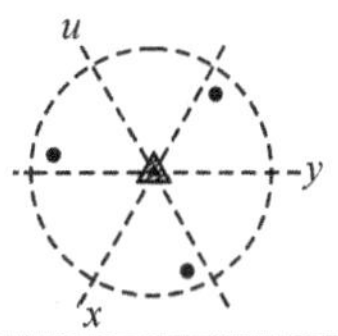	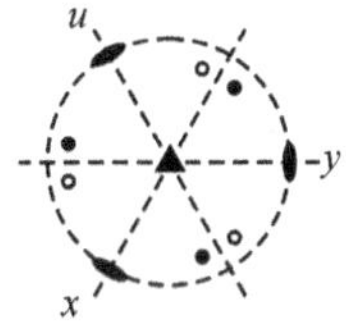	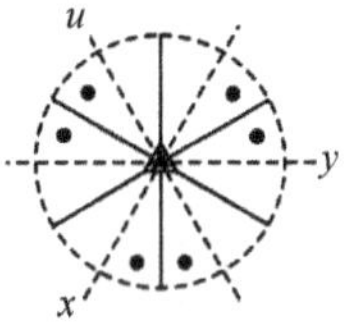	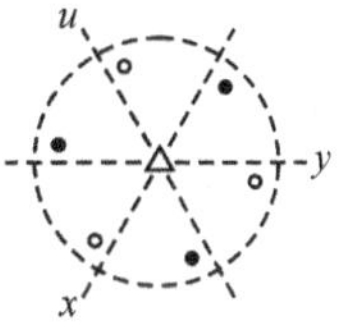	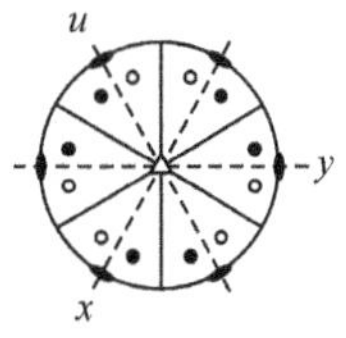

注：h、k、i 不相等，$i=-(h+k)$；l 与 h、l 与 k、l 与 i 彼此间则可等，可不等。

六方晶系的对称特点是有一个 L^6 或 L_i^6。有六方单锥晶类（L^6），六方偏方面体晶类（L^6L^2），六方双锥晶类（L^6PC），复六方单锥晶类（L^66P），复六方双锥晶类（L^66L^27PC），三方双锥晶类（L_i^6）和复三方双锥晶类（$L_i^63L^23P$）七个晶类（表2-6）。一个3次轴与一个对称面垂直的组合中可视为六次旋转反伸轴（$L_i^6=L^3+P$）。需要注意的是，对于三方晶系和六方晶系的晶形仅从外形还不能确定属于哪一个晶类，还要结合晶面的菱面或锥面判断。

三方晶系和六方晶系晶体常数为 $a=b\neq c$，$\alpha=\beta=90°$，$\gamma=120°$。采用四轴定向，即以唯一的高次轴作为 z 轴，以垂直 z 轴且在同一水平面内相交的二次轴或对称面法线为 x、y、u 轴。x、y、u 轴的轴长彼此相等，正方向互为120°相交。z 轴与其他3根轴垂直，轴长或长或短于其他3轴。晶面符号为4个数字，一般晶面符号是($hk\bar{i}l$)。当中 $h>k$，以正值为主。第三位 i 等于前面两个数字之和乘以−1，即 $h+k+(\bar{i})=0$。

表 2-6　六方晶系的单形与一般形投影

单形符号	对称型						
	$6(L^6)$	$62(L^6 6L^2)$	$6/m(L^6PC)$	$6mm(L^6 6P)$	$6/mmm(L^6 6L^2 7PC)$	$\bar{6}(L_i^6)$	$62m(L_i^6 3L^2 3P)$
$\{hk\bar{i}l\}$	81. 六方单锥(6)	84. 六方偏方面体(12)	89. 六方双锥(12)	82. 复六方单锥(12)	97. 复六方双锥(24)	102. 三方双锥(6)	105. 复三方双锥(12)
$\{h0\bar{h}l\}\{0k\bar{k}l\}$	六方单锥(6)	85. 六方双锥(12)	六方双锥(12)	93. 六方单锥(6)	98. 六方双锥(12)	三方双锥(6)	106 六方双锥(12))
$\{hh2\bar{h}l\}$	六方单锥(6)	六方双锥(12)	六方双锥(12)	六方单锥(6)	六方双锥(12)	三方双锥(6)	107 复三方双锥(12)
$\{hk\bar{i}0\}$	82. 六方柱(6)	86. 复六方柱(12)	90. 六方柱(6)	94. 复六方柱(12)	99. 复六方柱(12)	103. 三方柱(3)	108. 复三方柱(6)
$\{10\bar{1}0\}$	六方柱(6)	87. 六方柱(6)	六方柱(6)	95. 六方柱(6)	100. 六方柱(6)	三方柱(3)	109. 六方柱(6)
$\{11\bar{2}0\}$	六方柱(6)	六方柱(6)	六方柱(6)	六方柱(6)	六方柱(6)	三方柱(3)	110. 三方柱(3)
$\{0001\}$	83. 单面(1)	88. 平行双面(2)	91. 平行双面(2)	96. 单面(1)	101. 平行双面(2)	104. 平行双面(2)	111. 平行双面(2)
一般形	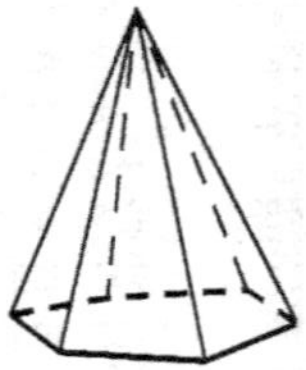	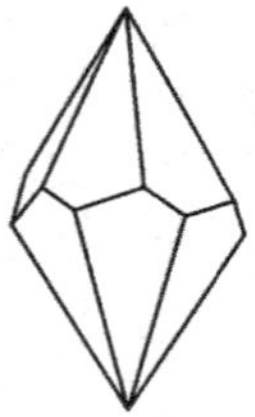	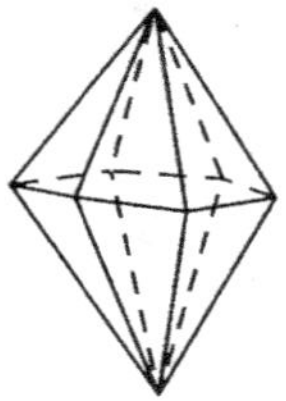	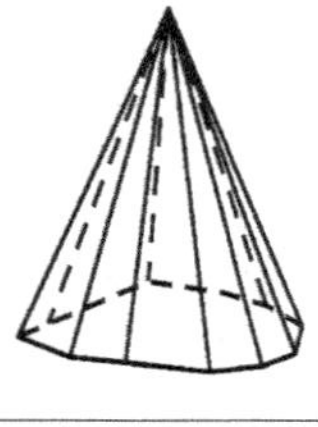	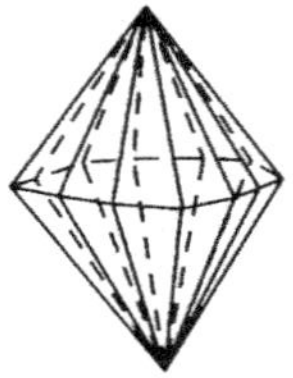	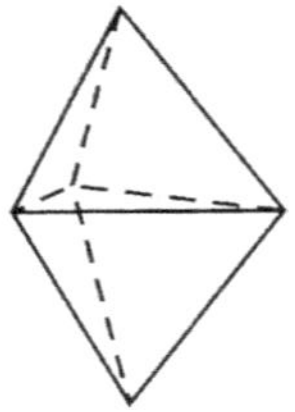	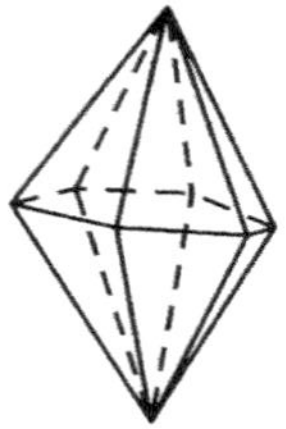
一般形投影	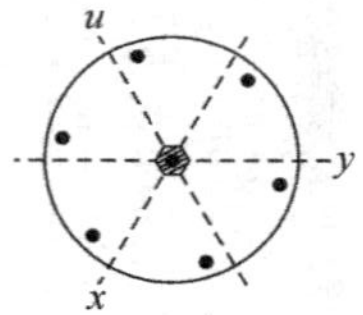	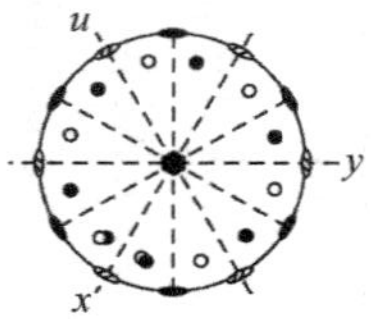	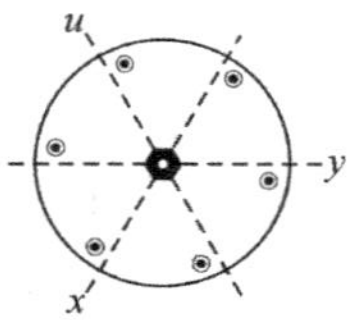	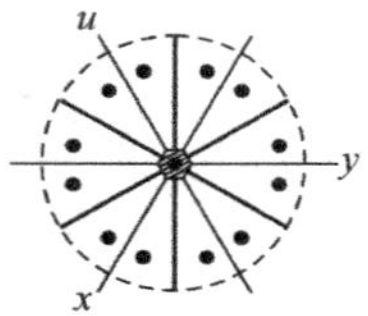	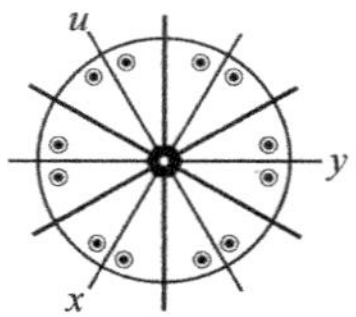	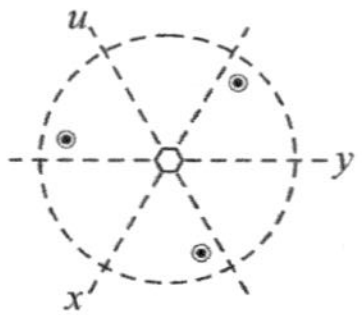	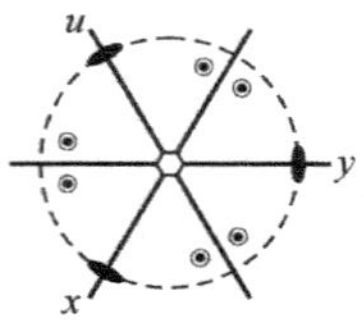

注：h、k、i 不相等，$i=-(h+k)$；l 与 h、l 与 k、l 与 i 彼此间则可等，可不等。

三方、六方晶系晶体极射赤平投影将高次轴投于基圆中心，二次轴投影点落在基圆上，对称面为直径或基圆。在三方和六方晶系中，对称型中有高次轴与垂直它的对称面或二次轴组合时，可以导出双锥；当高次轴单独出现或与平行它的对称轴组合时，可以导出单锥；若高次轴只与垂直它的二次轴组合将导出偏方面体；在含有 L_i^3 的对称型中会出现菱面体。若有对称面包含 L_i^3 可导出复三方偏方三角面体。三方晶系、六方晶系对称型与单形情况见表 2-5，表 2-6。

三方偏方面体是由 6 个相同任意四边形围成（图 2-30）。有正左形、正右形和负左形、负右形四种。复三方偏三角面体晶类的极射赤平投影一般形为复三方偏三角面体，有正负形之分，正形晶体符号 $\{hkil\}$，负形是 $\{hk\bar{i}l\}$，各含有同样的任意三角形面 12 个，相当于复三方双锥的晶面交互面对发展而成，中间的线为曲折形状，四面隅角的位置是一高一低交互出现。当长棱对着观察者时，隅角位置低的情况为正形；反之，短棱对着观察者，隅角位置高的为负形。特殊形中菱面体是由 6 个菱形面包围而成，有正、负形。正形符号 $\{10\bar{1}1\}$，负形符号 $\{01\bar{1}1\}$。正负形在外形上并无分别，所差的是方向。当菱形面的一个面对着观察者则为正形，一根棱对着观察者则为负形。在矿物晶体中，若只有一个菱面体出现，可定为正形。

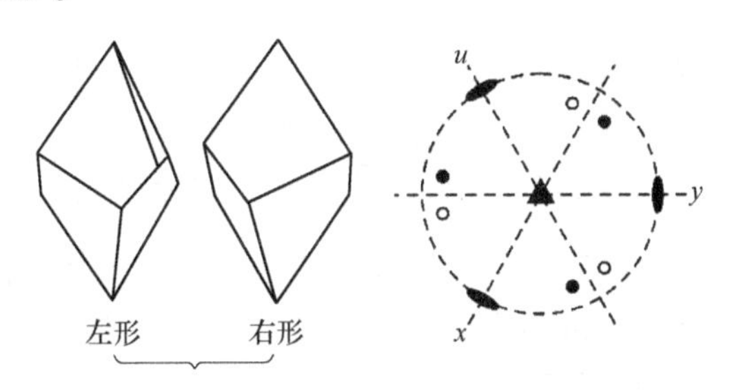

图 2-30　三方偏方面体晶类（32）对称要素形投影

复六方双锥晶类对称要素的投影是以晶轴 $u(L^2)$、$z(L^6)$ 和 x、u 轴夹角平分线 L^2 的出露点为角顶的重复最小三角形。根据原始晶面在三条边和三角形内的位置，获得该晶类七种单形。一般形为复六方双锥，特殊形有第一六方柱、第二六方柱、复六方柱、第一六方双锥、第二六方双锥、平行双面。六方柱的晶形是由 6 个长方形晶面组成，当中每一个晶面和两个水平晶轴以等距离相截，与另一个水平晶轴平行，三根轴出露于晶棱中点，单形符号为 $\{10\bar{1}0\}$。第二六方柱的三根晶轴是晶面的中点，与第一六方柱的旋转了 30°，单形符号为 $\{11\bar{2}0\}$。第一六方双锥有（$10\bar{1}1$）单形符号，第二六方双锥有 $\{11\bar{2}1\}$。六方偏方面体有左形右形。

三方、六方晶系的单形符号可能代表的单形有以下特点：

（1）晶面垂直 z 轴，有单形符号 $\{0001\}$，为单面或平行双面；

（2）晶面平行 z 轴的位置有 3 种，得到三种单形；1）晶面平行 z 轴和一个水平轴，此时晶面截另两个水平轴必定等长，单形符号为 $\{10\bar{1}0\}$。单形可能为第一六方柱、第一三方柱；2）晶面平行 z 轴并垂直一个水平轴，此时晶面截另两水平轴必定等长，单形符号为 $\{11\bar{2}0\}$，导出单形为第二六方柱、第二三方柱；3）晶面平行 z 轴并截 3 个水平不等长，单形符号为 $\{hk\bar{i}0\}$，可能导出单形为第三六方柱、第三三方柱、复六方柱、复三方柱；

（3）晶面与 z 轴斜交，也有三种位置：1）晶面与 z 斜交，与一水平轴平行，此时晶面截另两个水平轴必定等长，单形符号为 $\{h0\bar{h}l\}$，可能单形为第一六方双锥、第一六方单锥、第一三方双锥、第一三方单锥、第一菱面体；2）晶面与 z 轴斜交，截两水平轴相等，设其截距为 1，截另一水平轴的截距为 $\frac{1}{2}$，单形符号为 $\{hh\bar{2}l\}$，可能单形为第二六方双锥、第二六方单锥、第二三方单锥、第二三方双锥、第二菱面体；3）晶面与 z 轴斜交，与 3 根水平轴不等长，单形符号为 $\{hk\bar{i}l\}$，可能单形为第三六方双锥、第三六方单锥、第三三方双锥、第三三方单锥、第三菱面体、复六方双锥、复六方单锥、复三方双锥、复三方单锥、复三方偏三角面体、六方偏方面体、三方偏方面体等 12 个一般形。

2.5.6 等轴晶系

等轴晶系晶体常数为 $a=b=c$，$\alpha=\beta=\gamma=90°$。在对称要素上有 4 个 L^3 和 3 个垂直的 L^4 或 L_i^4、L^2。等轴晶系有六八面体晶类（$3L^44L^36L^29PC$）、五角三八面体晶类（$3L^44L^36L^2$）、六四面体晶类（$3L_i^44L^36P$）、偏方复十二面体晶类（$3L^24L^33PC$）、五角三四面体晶类（$3L^24L^3$）等五个晶类。等轴晶系的晶体常显示正方形或等边三角形、菱形、五边形等相似的晶面。等轴晶系的晶体为闭形。在等轴晶系的立方体的晶面(100)∧(010)=90°，八面体的晶面(111)∧($\bar{1}$11)=70°32′；菱形十二面体晶面(011)∧(101)=60°；立方体(100)∧八面体(111)=54°44′；立方体(100)∧菱形十二面体(110)=45°；八面体(111)∧菱形十二面体(110)=35°16′等。在不同晶类中的不同晶形，常具有相同的晶面符号，如六八面体晶类中的八面体和六四面体晶类的四面体的单形符号都为 {111}，在应用时，要标明属于哪个晶类（表 2-7）。

表 2-7 等轴晶系单形与一般形投影

单形符号	对称型				
	23($3L^24L^3$)	m3($3L^24L^33PC$)	$\bar{4}3m$($3L_i^44L^36P$)	433($3L^44L^36L^2$)	m3m($3L^44L^36L^29PC$)
{hkl}	112. 五角三四面体（12）	119. 偏方复十二面体（24）	126. 六四面体（24）	133. 五角三八面体（24）	140. 六八面体（48）
{hhl}	113. 四角三四面体（12）	120. 三角三八面体（24）	127. 四角三四面体（12）	134. 三角三八面体（24）	141. 三角三八面体（24）
{hkk}	114. 三角三四面体（12）	121. 四角三八面体（24）	128. 三角三四面体（12）	135. 四角三八面体（24）	142. 四角三八面体（24）
{111}	115. 四面体（4）	122. 八面体（8）	129. 四面体（4）	136. 八面体（8）	143. 八面体（8）
{hk0}	116. 五角十二面体（12）	123. 五角十二面体（12）	130. 四六面体（24）	137. 四六面体（24）	144. 四六面体（24）
{110}	117. 菱形十二面体（12）	124. 菱形十二面体（12）	131. 菱形十二面体（12）	138. 菱形十二面体（12）	145. 菱形十二面体（12）
{100}	118. 立方体	125. 立方体（6）	132. 立方体（6）	139. 立方体（6）	146. 立方体（6）

续表 2-7

单形符号	对称型				
	$23(3L^2 4L^3)$	$m3(3L^2 4L^3 3PC)$	$\bar{4}3m(3L_i^4 4L^3 6P)$	$433(3L^4 4L^3 6L^2)$	$m3m(3L^4 4L^3 6L^2 9PC)$
一般形					
一般形投影					

注：*h*、*k*、*l* 均不相等。

六八面体晶类（*m*3*m*）的对称要素（$3L^4 4L^3 6L^2 9PC$）的投影如图 2-31 所示。投影的最小重复单位是以 L^4、L^3、L^2 为角顶的三角形，单形原始晶面与对称要素、晶轴的相对位置共有七种，在三角形的 3 个顶点、3 条边上和三角形内，可导出 7 种单形。

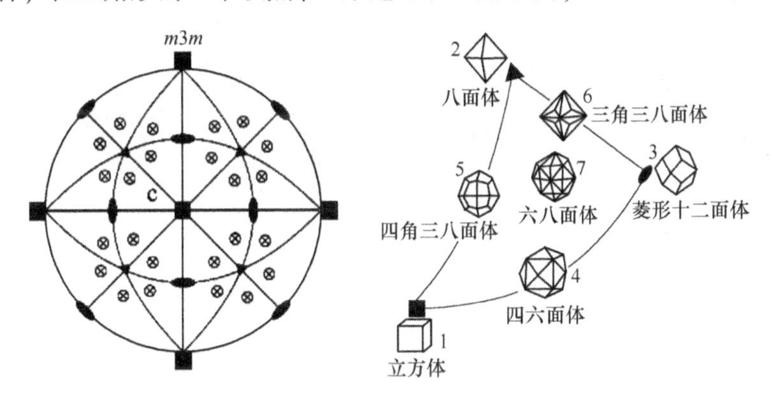

图 2-31　*m*3*m* 对称要素投影和 7 种单形推导

当原始晶面垂直 L^4 时导出立方体｛100｝；当原始晶面垂直 L^3 时导出八面体｛111｝；当原始晶面垂直 L^2 时导出菱形十二面体｛110｝。这三个单形具有固定的晶面指数，为定形。原始晶面垂直一个对称面时，其位置有 3 种，投影点分别位于三角形的三条边上。在 L^4 与 L^2 的边上导出的单形为四六面体［*hk*0］；在 L^4 与 L^3 的边上导出的单形为四角三八面体［*hkk*］；在 L^3 与 L^2 边上导出的单形为三角三八面体｛*hhl*｝。这三种单形的投影点的位置可沿最小重复三角形的 3 条边移动，使单形的面角和晶面指数也相应改变，为变形。如四角三八面体［*hkk*］的投影点可以沿着 L^4 与 L^3 为端点的三角形边移动，晶面指数有 (211)、(311) 等，面角也相应发生变化，如 $(211)\wedge(21\bar{1})=48°11'30''$。$(211)\wedge(121)=33°33'30''$；$(311)\wedge(31\bar{1})=35°5'45''$，$(311)\wedge(131)=50°28'45''$。晶面指数（*hkk*）和形态变化介于立方体｛100｝和八面体｛111｝之间。当指数 *k* 逐渐增加到 $h=k$ 时，单形符号变为

{111}，即八面体。当 k 逐渐变小至 $k=0$ 时，单形符号变成 {100}，为立方体。同理，三角三八面体 {hhl} 在菱形十二面体 {110} 和八面体 {111} 之间变化，四六面体 {$hk0$} 在立方体 {100} 和菱形十二面体 {110} 变化。投影点位于三角形内的六八面体 {hkl} 是变形。其晶面指数和夹角在更广范围变化，晶面不与任何对称要素垂直或平行，为本晶类的一般形。

六四面体晶类（43m）对称要素的极射赤平投影（图 2-32），由于减少了 3 个对称面，由它们分割成的 8 个象限的晶面将相间发育。除投影点位于 L_i^4 与 L^2 的连线（缺少垂直晶面的对称面）的 3 处单形分别是立方体 {100}、菱形十二面体 {110} 和四六面体 {$hk0$}，其余四种单形都发育为半面形态。{111} 为四面体，{hkk} 为四角三四面体，{hhk} 为三角三四面体，{hkl} 为六四面体，可看分别作为八面体、四角三八面体、三角三八面体、六八面体的半面体形态。并有正、负形之分。如八面体 {111} 有 8 个晶面，正四面体 {111} 和负四面体 {11$\bar{1}$} 则各有 4 个晶面。在同一晶体上可有正形、负形四面体同时存在组成聚形，两者晶面性质不同不能等同于八面体，是一个假八面体。六四面体则是一个有 24 个同样的任意三角形面围成的晶形。外表看像四面体，但每个晶面分别由 6 个相同的任意三角形面组成。六四面体的每一个晶面和 3 根结晶轴相截的距离各不相等。

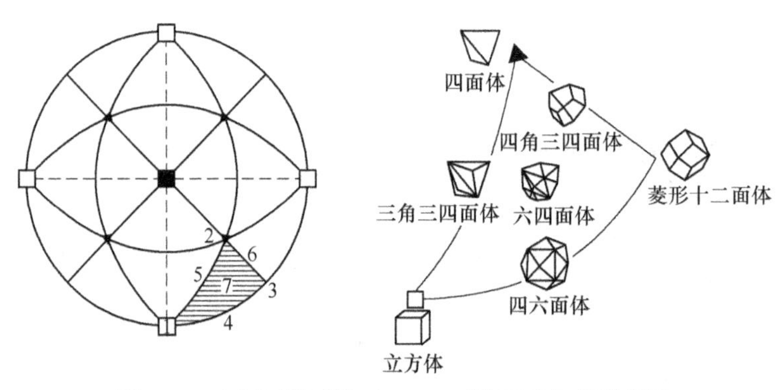

图 2-32　六四面体晶类（43m）对称要素与单形投影

偏方复十二面体晶类（m3）含有 1 个对称中心、3 个 L^2、4 个 L^3 和 3 个对称面。极射赤平投影（图 2-33）与八面体晶类相比，少了 6 个对称轴间的对称面，3 根晶轴为 3 根 2 次轴。单形有立方体 {100}、八面体 {111}、菱形十二面体 {110}、四角三八面体 {hkk} 和三角三八面体 {hhl}，没有变。出现五角十二面体 {$hk0$}，偏方复十二面体 {hkl}，它们都有正、负形之分。五角十二面体 {$hk0$} 含有 12 个五角形的晶面，每个面有 5 个边。晶面以单位距离与一结晶轴相截，以单位距离的 n 倍与第二根轴相截，与第三根晶轴平行。偏方复十二面体单形由 24 个相同的任意四边形面组成，也可看做是一个五角形面被分为两个四边形面，共有 12 个五角形，故称为偏方复十二面体。结晶轴为二次轴，各晶面与结晶轴截距不同。

五角三四面体晶类（23）含有 3 个 L^2、4 个 L^3，没有对称面和对称中心（图 2-34）。在最小三角形的 3 个端点晶面导出单形有立方体 {100}、四面体 {111}、菱形十二面体 {110}；在 3 条边上晶面分别导出五角十二面体 {$hk0$}、四角三四面体 {hhl}、三角三四面体 {hkk}。在三角形内晶面导出五角三四面体 {hkl}。

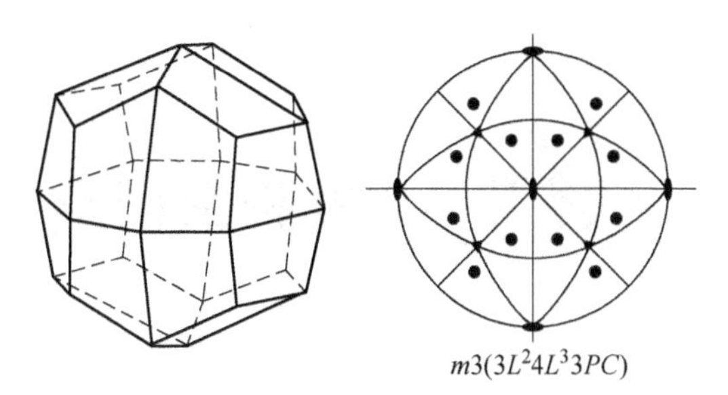

图 2-33　偏方复十二面体晶类投影

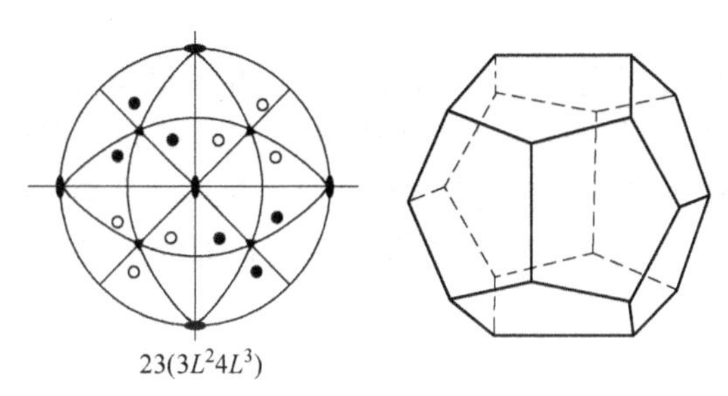

图 2-34　五角三四面体晶类的投影

230 种空间群

3.1 空间格子

晶体内部质点（原子、离子、离子团或分子）在三维空间作周期性排列是客观存在的。空间格子（空间点阵）是表示这种周期性重复规律的几何图形。如在 NaCl 晶体结构中的所有 Na^+和 Cl^-分别在三维空间上有规律重复，用 Na^+或 Cl^-在三维空间的排列可构成三维空间格子（图 3-1），显示晶体结构中质点重复排列的几何规律。

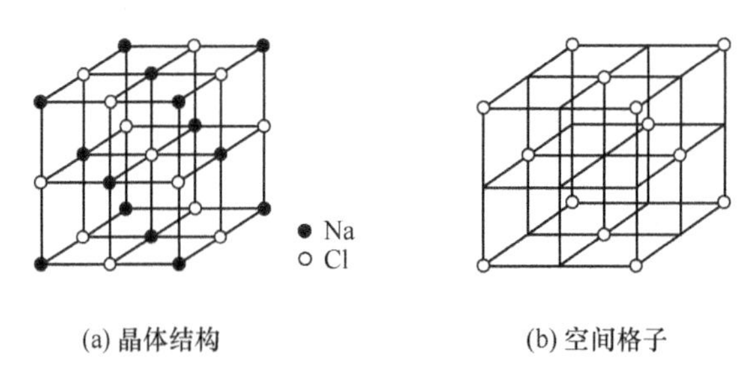

图 3-1　NaCl 晶体结构和空间格子

空间格子要素包括：

（1）结点（node），是空间格子中的几何点，在实际晶体中结点代表着类型相同、周围环境和位置相同的点（相当点）。如石盐晶体结构中的所有 Na^+的种类相同、位置相同，除去其具体的物质属性，是一组几何点——结点。而 Cl^-所占据的位置为另一组结点。

（2）行列（row），是结点在直线上的排列。任意两个结点连接起来就是一条行列。从图 3-1 的 NaCl 结构空间图形中，任意选择一个点（Na、Cl 均可），然后在结构中找出此点的相当点，将这套相当点抽取出来，即为一行列（图 3-2）。一条行列中相邻结点间的距离称为该行列的结点间距。在同一行列中结点间距是相等的，平行的行列上结点间距也是相等的，不同方向的行列其结点间距一般是不相等的。

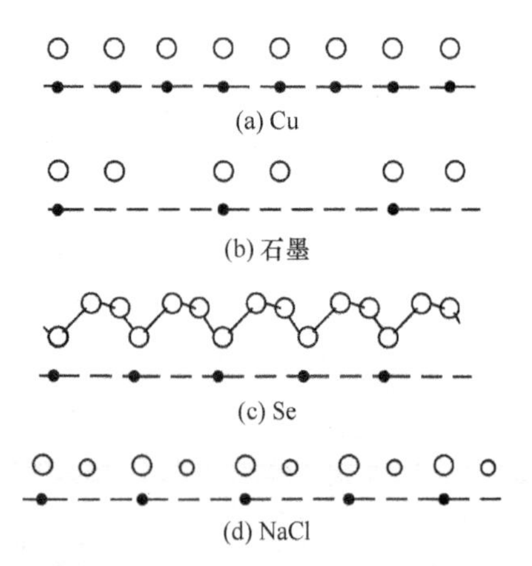

图 3-2　不同矿物晶体结构中的行列
（一维周期排列的结构及其行列（黑点代表点阵点））

（3）面网（net），结点在平面上的分布构成面网。空间格子中不在同一行列上的任意3个结点就可联结成一个面网，即任意两个相交的行列就可决定一个面网（图3-3）。单位网面积内的结点数称为网面密度。两相邻面网间的垂直距离为面网间距。相互平行的面网，网面密度相同，面网间距必定相等；互不平行的面网，面网密度及面网间距一般不同。网面密度大的面网其面网间距亦大；反之，密度小，间距亦小，如图3-4所示，其中 AA'、BB'、CC'、DD'的面网密度依次减小，它们的面网间距 d_1、d_2、d_3、d_4 也依次减小。

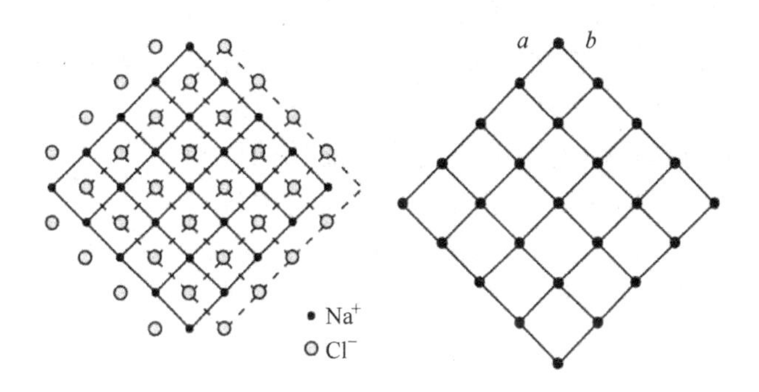

图3-3　NaCl结构中抽象出的Na、Cl面网

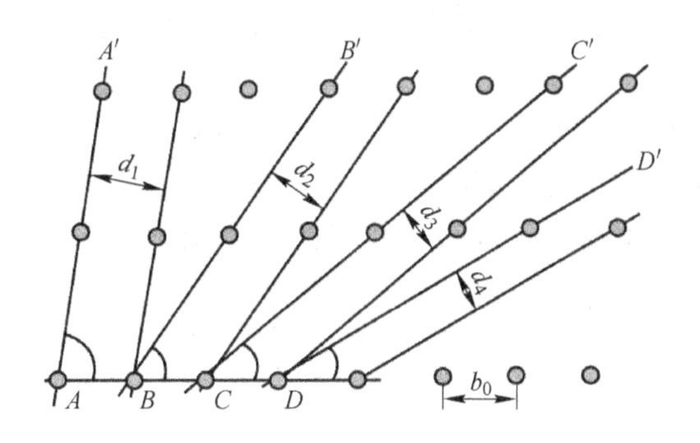

图3-4　面网密度与面网间距的关系的示意图

（4）平行六面体（parallel hexahedron），是由三组两两平行的面网构成的三维空间图形，是空间格子的最小重复单位。在NaCl晶体结构中按相当点连接的平行六面体以一定规则相连形成空间格子，如图3-5所示。

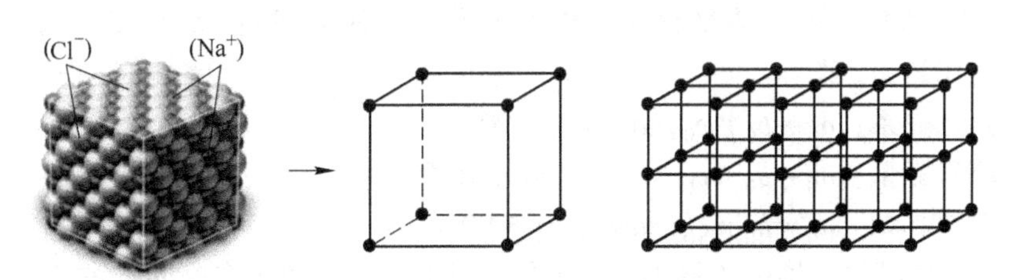

图3-5　晶体结构中的空间格子
（NaCl中Na、Cl的排列，抽象出平行六面体构成的三维空间格子）

同一晶体中以不同套相当点画出的空间格子是完全相同的，如在NaCl中以钠离子或氯离子作为相当点都会得到相同的空间格子。对于矿物的晶体结构，只要找出相当点，确定行列、面网和平行六面体，抽象出空间格子（点阵），晶体结构的重复规律就清晰表达

出来了。

在晶体结构中，空间格子是描述格子构造的几何图形。平行六面体是格子构造的最小重复单位。结构中质点（或相当点）的分布是客观存在的，平行六面体的选择须遵循一定的原则：(1) 所选取的平行六面体应能反映结点分布整体所固有的对称性；(2) 在上述前提下，所选取的平行六面体中棱与棱之间的直角关系力求最多；(3) 在满足以上两个条件的基础上，所选取的平行六面体的体积力求最小。图 3-6 中只有 1 的选择符合三原则。

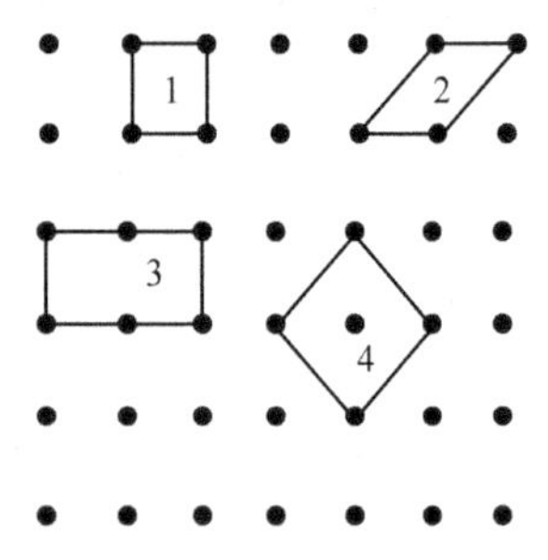

图 3-6 质点排列的格子选择

上述条件实质上与在晶体宏观形态上选择晶轴的原则是一致的。在宏观晶体上选晶轴和在内部晶体结构中选空间格子 3 个方向的行列，都是要符合晶体所固有的对称性，而晶体宏观对称与内部微观对称是统一的，所以选择的原则就是一致的。这也就导致了宏观形态上选出的晶轴（x、y、z）恰好与内部结构空间格子中选出的平行六面体三根棱（行列）相一致。

3.2 晶胞参数与结晶系统

在实际晶体结构中的最小重复单位称为晶胞（unit cell）。其大小形状相当于空间格子中的平行六面体。晶体结构可看成晶胞在三维空间平行地、毫无间隙地重复累叠而成。晶胞的形状与大小是由 3 个彼此相交的行列结点间距 a_0、b_0、c_0 和它们之间的夹角 α、β、γ 确定，称为晶胞参数（图 3-7）。根据晶胞参数（a_0、b_0、c_0；α、β、γ）不同，可划分七个晶系：

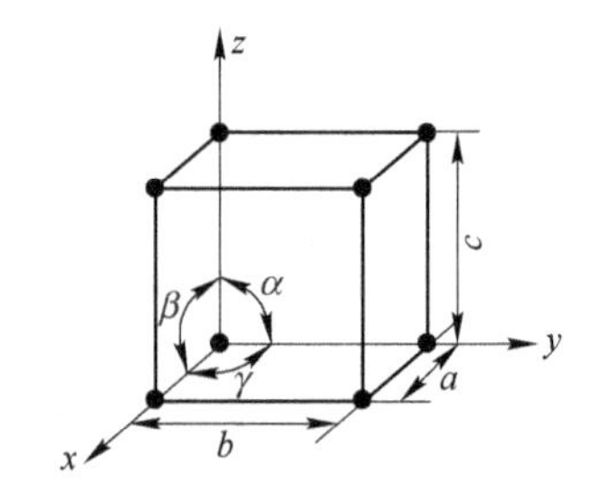

图 3-7 晶胞参数

(1) 等轴晶系：$a_0=b_0=c_0$，$\alpha=\beta=\gamma=90°$；

(2) 四方晶系：$a_0=b_0\neq c_0$，$\alpha=\beta=\gamma=90°$；

(3) 六方晶系、三方晶系（采用六角坐标，即 H 坐标系，四轴定向，布拉维定向）：$a_0=b_0\neq c_0$，$\alpha=\beta=90°\gamma=120°$；

(4) 三方晶系（菱面体坐标系，R 坐标系，三轴定向）：$a_{rh}=b_{rh}=c_{rh}$，$\alpha=\beta=\gamma\neq 90°$，$60°$，$109°28'16''$；

(5) 斜方晶系：$a_0\neq b_0\neq c_0$，$\alpha=\beta=\gamma=90°$；

(6) 单斜晶系：$a_0\neq b_0\neq c_0$，$\alpha=\gamma=90°$，$\beta>90°$；

(7) 三斜晶系：$a_0\neq b_0\neq c_0$，$\alpha\neq\beta\neq\gamma\neq 90°$。

晶胞是矿物晶体结构中的最小重复单位，具有原子、离子在空间的占位。每一种晶体都有自身的晶胞参数。

3.3 十四种布拉维格子

在晶体结构中，结点（相当点）有规律的排列构成了空间格子。结点分布有四种可能的情况，与其对应可分为四种格子类型（图 3-8）。

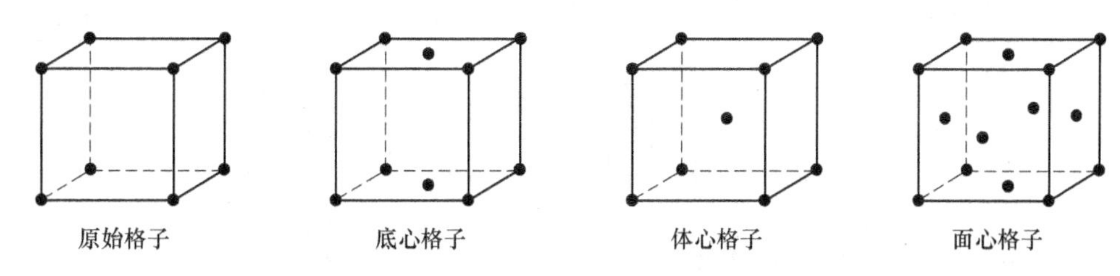

图 3-8　四种空间格子类型

（1）原始格子（primitive lattice，*P*）。结点分布于平行六面体的 8 个角顶上。7 个晶系的空间格子的形状和大小可有 7 种原始形状，也称为原始格子。

（2）底心格子（base centred lattice，*C*）。结点分布于平行六面体的角顶及某一对面的中心。有 *A* 心格子、*B* 心格子、*C* 心格子，分别为垂直 *x* 轴的一对面心、垂直 *y* 轴的一对面心和垂直 *z* 轴的一对面心。

（3）体心格子（body-centered，*I*）。结点分布于平行六面体的角顶和体中心。

（4）面心格子（face-centered，*F*）。结点分布于平行六面体的角顶和三对面的中心。

综合考虑空间格子的形状及结点的分布情况，布拉维（A. Bravais，1848）最先推导出在矿物晶体结构中只能出现 14 种不同形式的空间格子，称为 14 种布拉维格子（表 3-1）。

表 3-1　14 种空间格子在各晶系的分布

晶系	晶胞参数	原始格子（P）	底心格子（C）	体心格子（I）	面心格子（F）
三斜晶系	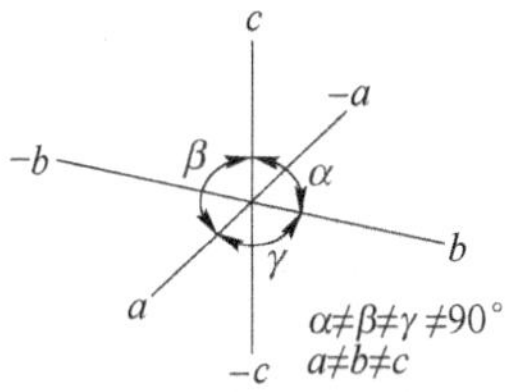 $\alpha\neq\beta\neq\gamma\neq90°$ $a\neq b\neq c$	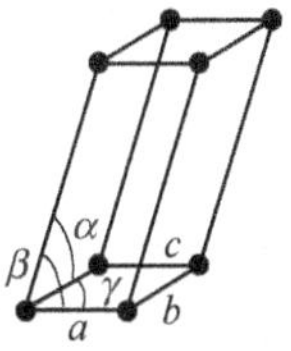	$C=P$	$I=P$	$F=P$
单斜晶系	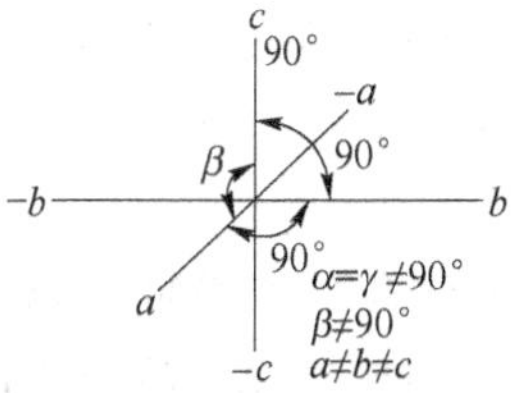 $\alpha=\gamma\neq90°$ $\beta\neq90°$ $a\neq b\neq c$	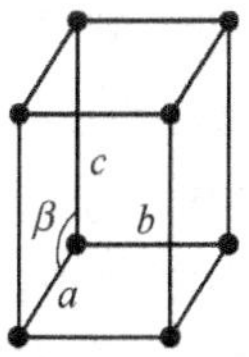	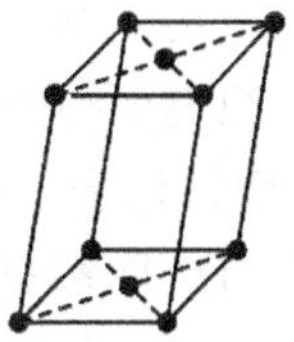	$I=C$	$F=C$
斜方晶系	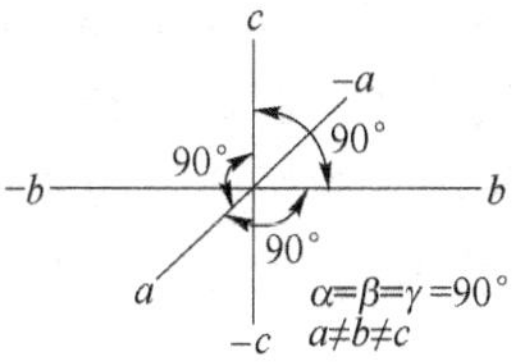 $\alpha=\beta=\gamma=90°$ $a\neq b\neq c$	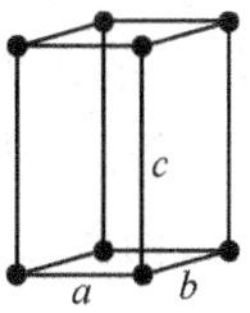	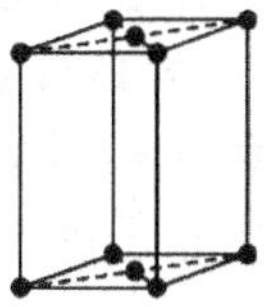	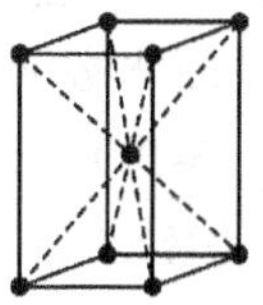	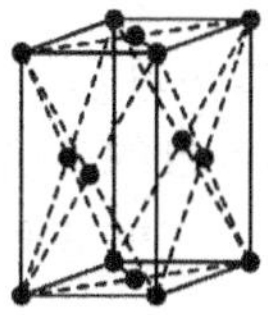

续表 3-1

晶系	晶胞参数	原始格子（P）	底心格子（C）	体心格子（I）	面心格子（F）
四方晶系	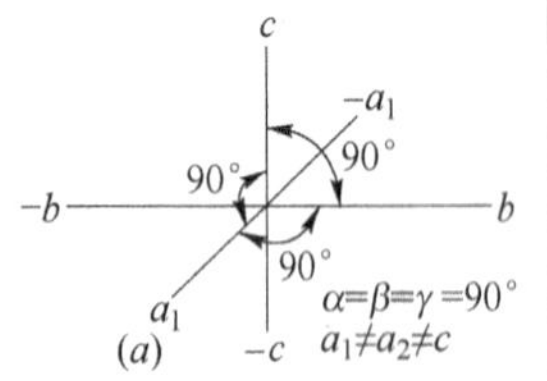c −a₁ 90° 90° −b b 90° α=β=γ=90° a₁ (a) −c a₁≠a₂≠c	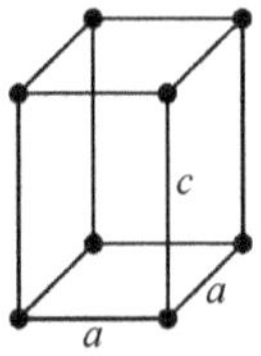c a a	C=P	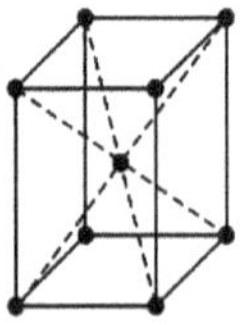	F=I
三方晶系	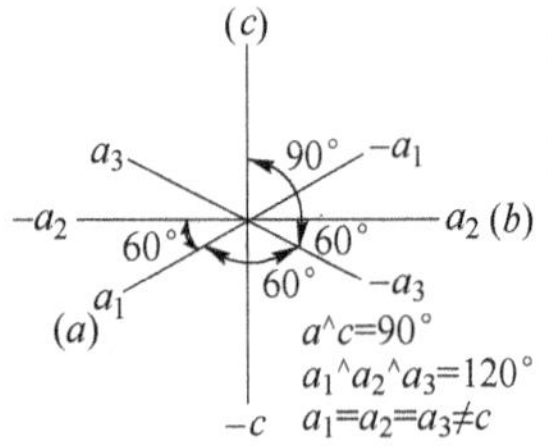(c) a₃ 90° −a₁ −a₂ a₂ (b) 60° 60° 60° −a₃ a₁ (a) a^c=90° a₁^a₂^a₃=120° −c a₁=a₂=a₃≠c	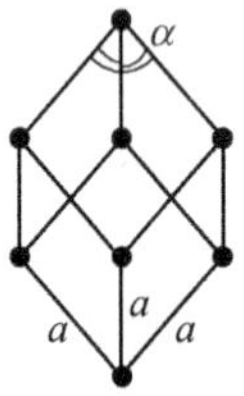α a a a	不符合对称	I=R	F=R
六方晶系	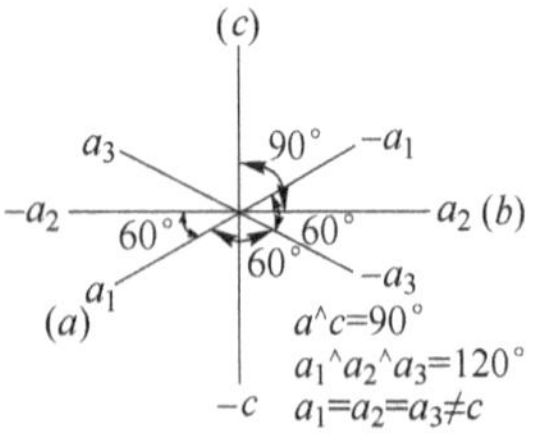(c) a₃ 90° −a₁ −a₂ a₂ (b) 60° 60° 60° −a₃ a₁ (a) a^c=90° a₁^a₂^a₃=120° −c a₁=a₂=a₃≠c	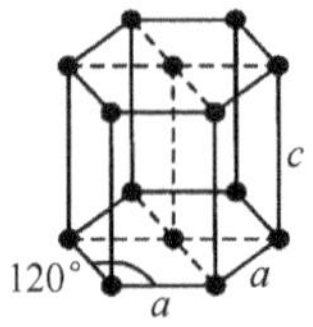c 120° a a	不符合对称	不符合空间格子条件	不符合空间格子条件
等轴晶系	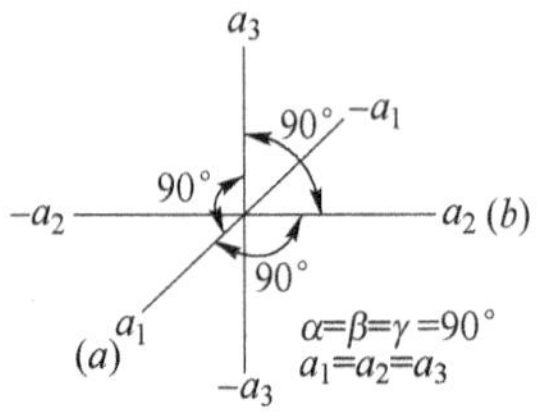a₃ 90° −a₁ 90° −a₂ a₂ (b) 90° a₁ (a) α=β=γ=90° a₁=a₂=a₃ −a₃	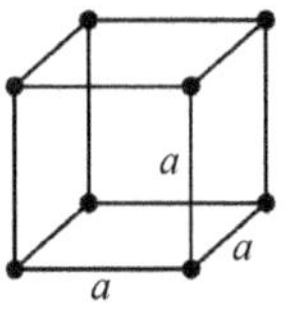a a a	不符合对称	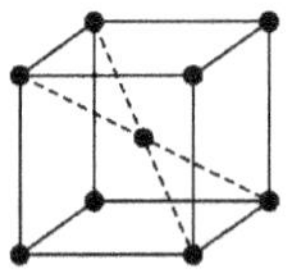	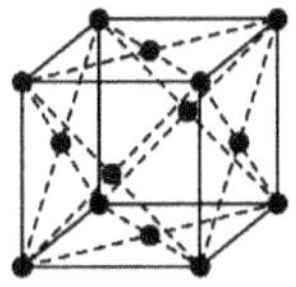

简单地看，平行六面体有 7 种形状和 4 种结点分布类型，为什么空间格子只有 14 种，而不是 7×4=28 种或更多呢？究其原因有两点：

（1）某些类型的格子彼此重复并可转换；如三斜底心格子转换为原始格子（图 3-9（a）），四方底心格子可转变为体积更小的四方原始格子（图 3-9（b）），三方面心菱面体可转变为体积更小的三方原始菱面体格子（图 3-9（c））。

（2）一些格子不符合某晶系的对称特点而不能在该晶系中存在。如等轴晶系的立方格子中的一对面中心安置结点，完全不符合等轴晶系具有 $4L^3$ 的对称特点，故不可能存在立方底心格子（图 3-10）。

六方原始格子可以转换为双重体心的菱面体格子，其体积相当于六方原始格子的 3 倍（图 3-11）；三方菱面体格子可转换为具有双重体心的六方原始格子，其体积相当于菱面体各自的 3 倍（图 3-12）。这两种转换后的格子不符合选择原则。为适应布拉维四轴定向，三方菱面体原始格子常按六方格子进行转换，前者晶胞棱长用 α_{rh} 表示，后者用 α_h 和 c_h 表示。

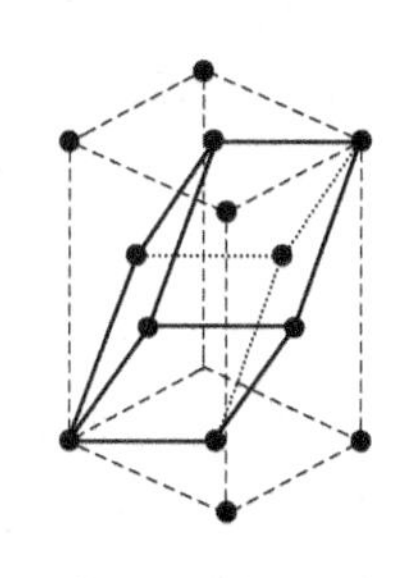
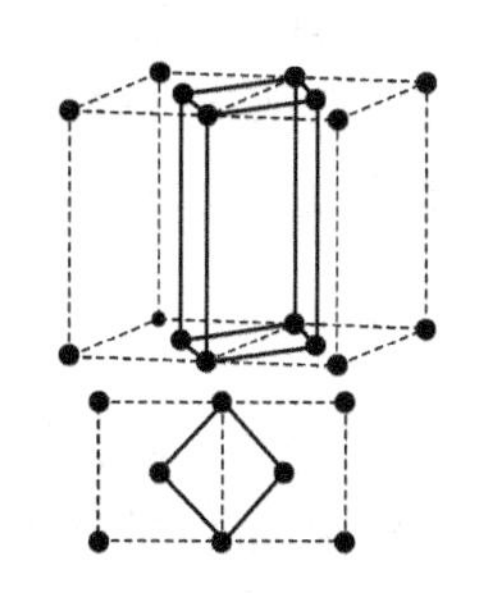
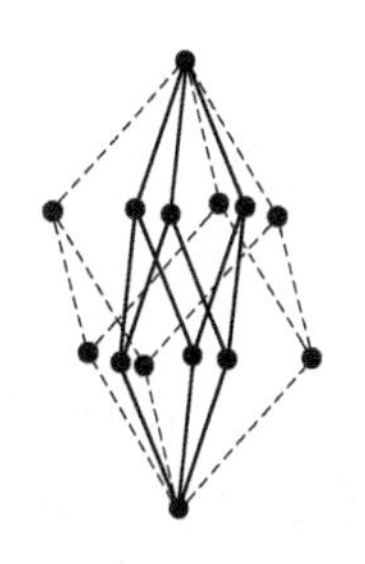

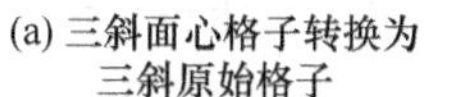
(a) 三斜面心格子转换为三斜原始格子　(b) 四方底心格子转化为四方原始格子　(c) 三方菱面体面心格子转换为三方菱面体格子

图 3-9　不同类型格子的转变与转换

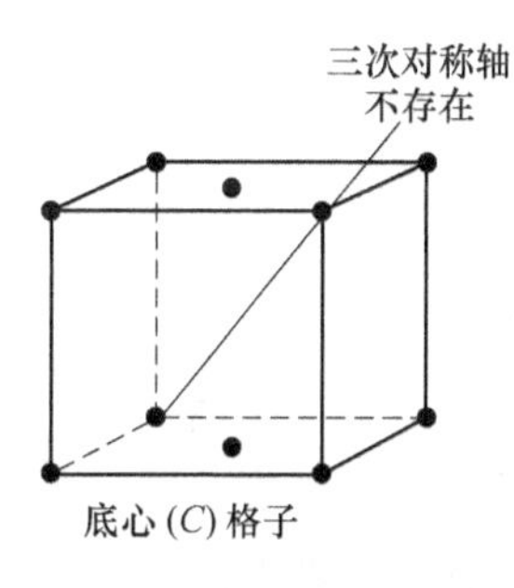

图 3-10　立方底心格子不符合等轴晶系对称

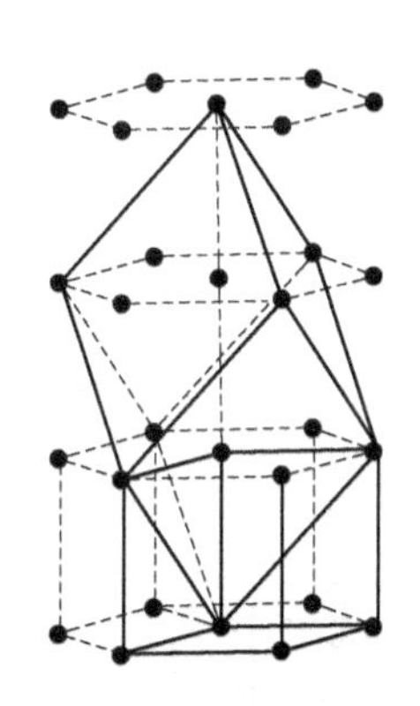

图 3-11　六方原始格子转换为双重体心菱面体格子

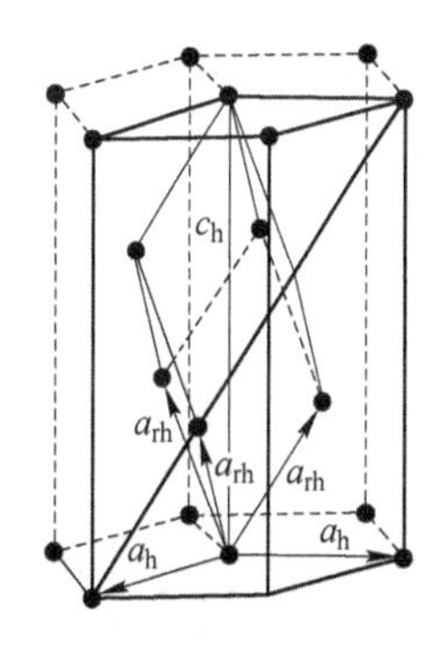

图 3-12　三方菱面体原始格子转换为双重体心的六方格子

3.4　晶体内部微观对称

晶体内部微观对称是空间格子的质点在三维空间周期性排列的体现，通过对称操作，可使相同质点重复出现。晶体宏观对称与晶体内部微观结构对称具有统一性，晶体宏观的对称要素在晶体内部结构微观对称同样出现。晶体微观对称也具有其特殊性。首先，在晶体结构中平行于任何一个对称要素有无穷多的和它相同的或相似的对称要素。其次，在晶体结构中出现了一种在晶体外形上不可能有的对称操作——平移操作。晶体微观对称特有的对称要素有平移轴、螺旋轴和滑移面，对应对称操作有平移、螺旋、滑移反映。最后，晶体宏观对称要素交于一点，微观对称对称要素不须交于一点，可在三维空间无限分布。

3.4.1　平移轴

平移轴（translation axis）为晶体结构中一条假想直线，图形沿此直线移动一定距离，可使相等部分重合。在晶体结构中沿着空间格子中的任意一条行列移动一个或若干个结点间距，可使每一质点与其相同的质点重合。因此，空间格子中的任一行列就是代表平移对称的平移轴，空间格子即为晶体内部结构在三维空间呈平移对称规律的几何图形。

3.4.2　螺旋轴（screwrotation axis）

螺旋轴为晶体结构中一条假想直线，当结构围绕此直线旋转一定角度，并平行此直线移动一定距离后，结构中的每一质点都与其相同的质点重合，整个结构自相重合。螺旋轴的国际符号一般写成 n_s。n 为轴次，只能有 1，2，3，4，6；相应的基转角 $\alpha=360°$、180°、120°、90°、60°。s 为小于 n 的自然数，若沿螺旋轴方向的结点间距为 T，质点平移距离（螺距）$t=(s/n)T$。例如六次螺旋轴 6_1，6 表示为 6 次螺旋轴，质点旋转 60°后，沿螺旋轴方向质点再平移螺距 $t=\dfrac{1}{6}T$。当 $s=n$ 时，平移距离 t=结点间距，相当于在一行列上平移一个周期 T，肯定有相同质点重合，不需要发生螺旋 t 的平移，相当于对称轴。螺旋轴据其轴次和螺距可分为 2_1；3_1、3_2；4_1、4_2、4_3；6_1、6_2、6_3、6_4、6_5 共 11 种（图 3-13～图 3-16）。

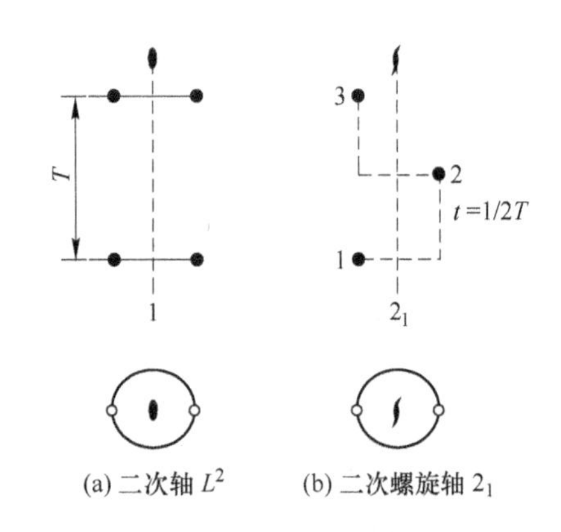

(a) 二次轴 L^2　　(b) 二次螺旋轴 2_1

图 3-13　二次轴与二次螺旋轴

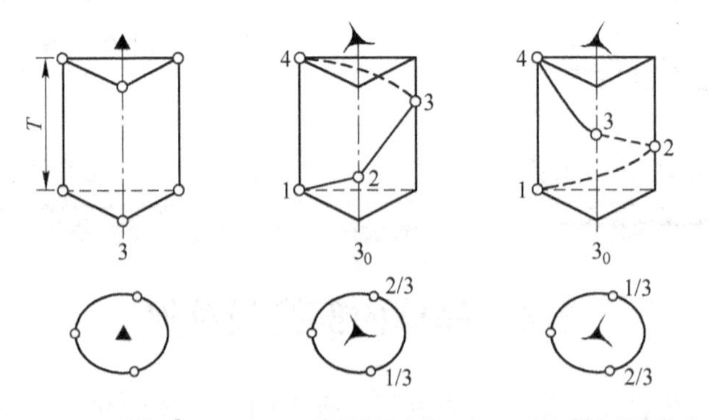

(a) 三次轴 L^3　　(b) 三次螺旋轴右旋 3_1　(c) 三次螺旋轴左旋 3_2

图 3-14　三次轴与三次螺旋轴

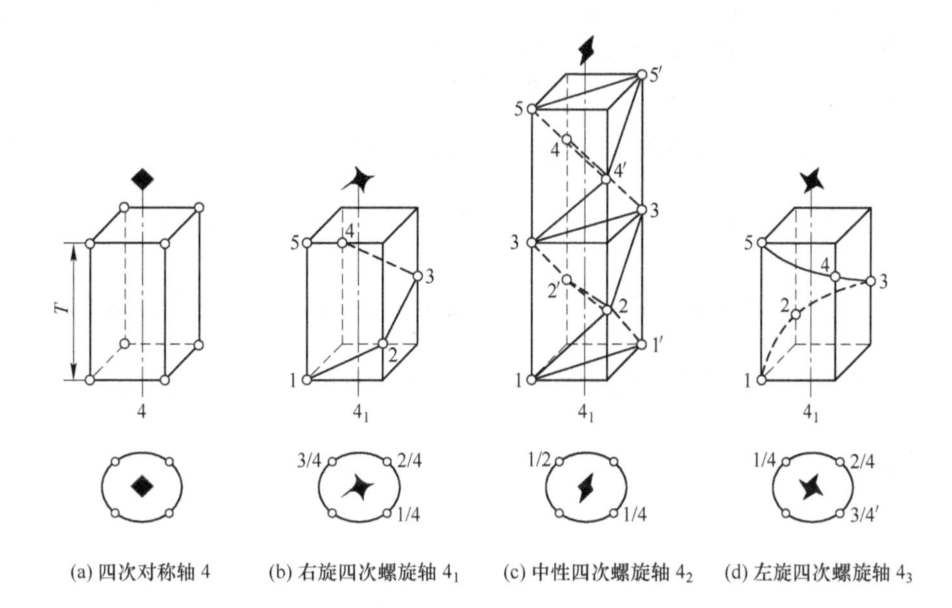

(a) 四次对称轴 4　(b) 右旋四次螺旋轴 4_1　(c) 中性四次螺旋轴 4_2　(d) 左旋四次螺旋轴 4_3

图 3-15　四次对称轴 L^4 和四次螺旋轴

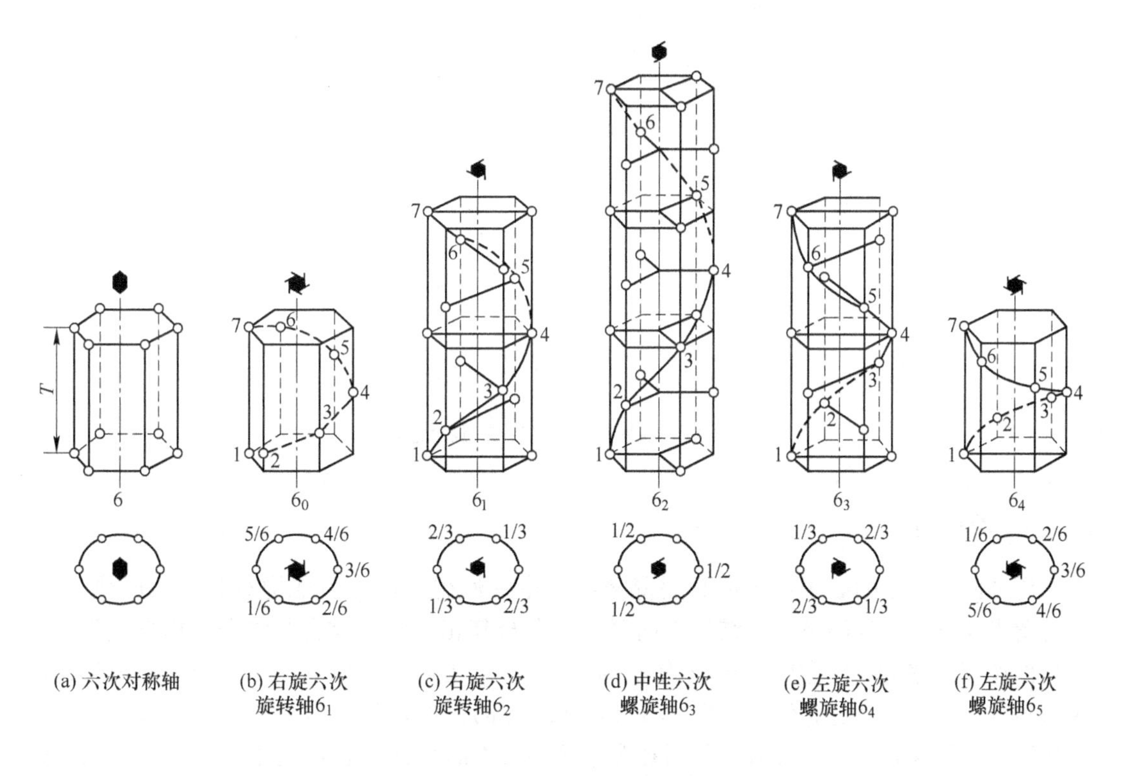

(a) 六次对称轴　(b) 右旋六次旋转轴6_1　(c) 右旋六次旋转轴6_2　(d) 中性六次螺旋轴6_3　(e) 左旋六次螺旋轴6_4　(f) 左旋六次螺旋轴6_5

图 3-16　六次对称轴和六次螺旋轴

螺旋轴据其旋转的方向可有右旋螺旋轴（逆时针旋转，旋进方向与右手系相同，将右手大拇指伸直，其余四指并拢弯曲，则大拇指指向平移方向，四指指向旋转方向）和左旋螺旋轴（顺时针旋转，旋进方向与左手系相同）及中性螺旋轴（顺、逆时针旋转均可）之分。螺旋轴 n_s的下标 s 是以右旋螺旋的螺距来标定的，如 4_1 意指按右旋方向旋转 90°，螺距 $t=\frac{1}{4}T$；如 4_3 意指按右旋方向旋转 90°，螺距 $t=\frac{3}{4}T$，但如果按左旋方向旋转 90°，螺距就变为$\frac{1}{4}T$。所以称 4_1 为右旋螺旋轴，而 4_3 为左旋螺旋轴。$0<s<\frac{n}{2}$（包括 3_1、4_1、6_1、6_2）为右旋螺旋轴；在$\frac{2}{n}<s<n$，（包括 3_2、4_3、6_4、6_5）为左旋螺旋轴；2_1、4_2、6_3 为中性螺旋轴。如 4_2 为中性螺旋轴，它按右旋方向旋转 90°，螺距 $t=\frac{2}{4}T=\frac{1}{2}T$。按左旋方向旋转 90°螺距 $t=\frac{2}{4}T=\frac{1}{2}T$ 如图 3-17 所示。

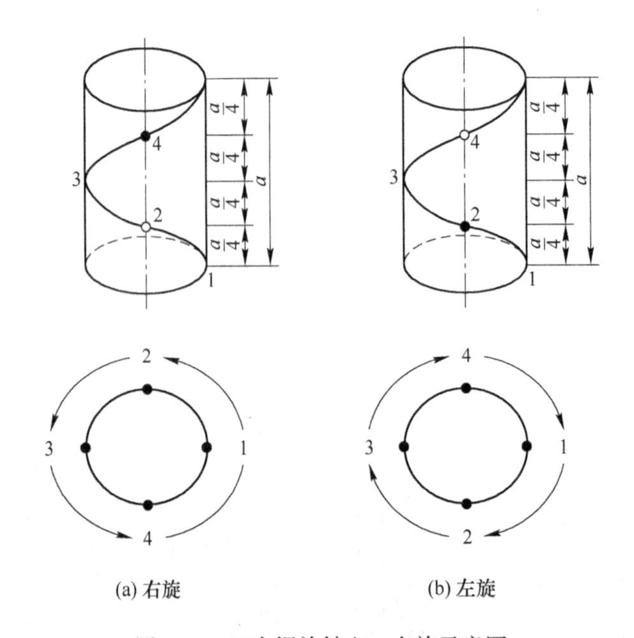

图 3-17　四次螺旋轴左、右旋示意图

3.4.3　滑移面

滑移面（glid reflection plane）是晶体结构中一假想平面，当结构对此平面反映，并平行此平面移动一定距离后，结构中的每一个点与其相同的点重合，整个结构自相重合。滑移面按其滑移的方向和距离可分为 a、b、c、n、d 五种。其中 a、b、c 为轴向滑移，n 为对角线滑移，d 为金刚石型滑移。与滑移面对应的操作是反映与平移组成的滑移反映。动作进行时先通过一平面反映，然后在此平面平行方向平移（也可先平移，后反映），该平面为滑移面，整个动作进行中每一个点都动。滑移反映操作使等同而不相等的图形重合，进行一次滑移反映不能使相等图形重合，这是对称面与滑移面的区别，也是在平面图上区别二次螺旋轴与滑移面的关键（图 3-18）。

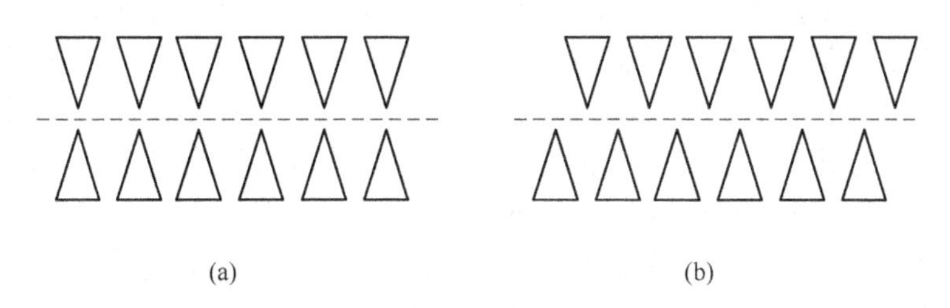

图 3-18　对称面（a）与滑移面（b）的区别

（1）a 滑移面。平行于（010）或（001），或结晶轴 a 在滑移面内，质点经镜面反映后，沿 a 轴移动 a 轴结点间距的 1/2。

（2）b 滑移面。平行于（100）或（001），或结晶轴 b 在滑移面内，质点经镜面反映后，沿 b 轴移动 b 轴结点间距的 1/2。

（3）c 滑移（面）。滑移面平行于（100）或（010），或结晶轴 c 在滑移面内，质点经镜面反映后，沿 c 轴移动 c 轴结点间距的 1/2。

如图 3-19 所示各质点在立方体的顶点和面心，1 点经过所给平面操作再沿 c 轴滑移 $1/2c$ 可以与 2 处原子重合，其他各质点经过操作也可以和相应的质点重合。这样滑移面为 c 滑移面。

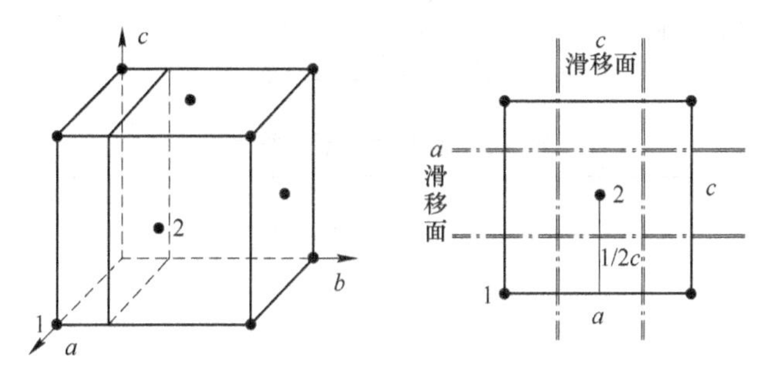

图 3-19　a，b，c 滑移面（图中黑点在纸面上）

（4）n 滑移（面）。为对角线方向的滑移面。质点经镜面反映后，平行于镜面滑移，滑移距离为晶格的 2 个或 3 个基本矢量的矢量和的 1/2 平移距离，$(1/2)(a+b)$、$(1/2)(b+c)$、$(1/2)(a+c)$、$(1/2)(a+b+c)$、$(1/2)(a+b+2c)$ 等，结构自行重合。n 滑移面如图 3-20所示，n 的各点位于立方体角顶和体心，1 点经过所给平面操作到 1′位置，再与该平面平行滑移 $(1/2)(a+c)$ 可以和 2 点重合，这样的滑移面为 n 滑移面。

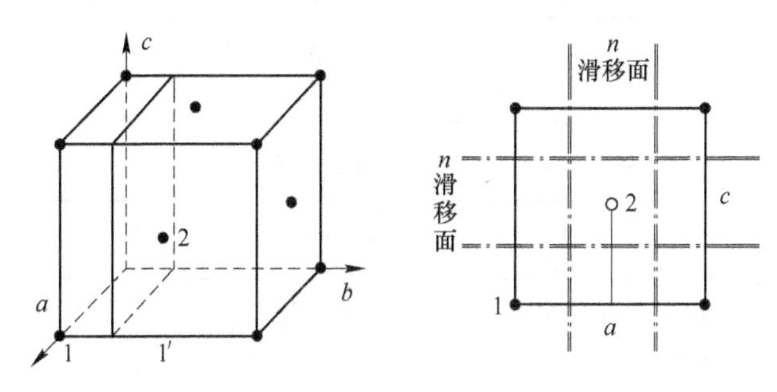

图 3-20　n 滑移面（图中黑点在纸面上，空心圆在距纸面 $1/2a$ 距离）

（5）d 滑移面。也称金刚石滑移面。质点经镜面反映后，平行于镜面滑移，滑移距离为晶格的 2 个或 3 个基本矢量（晶胞的 2 个或 3 个棱）的矢量和的 1/4 平移距离，（1/4）（$a+b$）、（1/4）（$b+c$）、（1/4）（$a+c$）、（1/4）（$a+b+c$）。这种形式的滑移面只出现在以斜方面心格子、正方体心格子和立方面心格子或立方体心格子为基础的空间群中。如图 3-21（a）各点位于立方体的角顶、面心和体内，图 3-21（b）表示点 1 经过平面操作，再与该平面滑移（1/4）（$a+b$）可以和 2 点重合。这个滑移面为 d 滑移面。

晶体对称面、各种对称轴、螺旋轴、滑移面的图示符号见表 3-2。

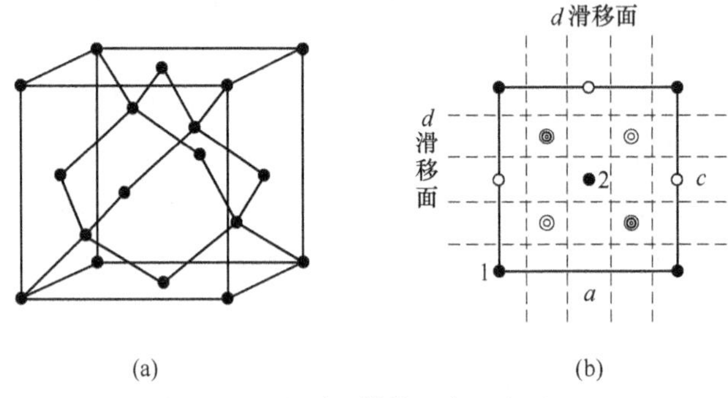

图 3-21　金刚石结构具有 d 滑移面

（（a）中黑点在纸面上，空心圆在距纸面 1/2a 位置，双圈圆在距纸面 1/4a 位置，三圈圆在距纸面 3/4a 位置）

表 3-2　重要对称要素符号

对称元素类型	书写记号	图示记号	
		垂直于纸面	在纸面内
平移向量	a，b，c		
倒反中心	$\bar{1}$	○	○
对称轴	2		→
	3		
	4		
	6		
旋转反伸轴	$\bar{3}$，$\bar{4}$，$\bar{6}$		
螺旋轴	2_1		
	3_1，3_2		
	4_1，4_2，4_3		
	6_1，6_2，6_3，6_4，6_5		
对称面	m		

续表 3-2

对称元素类型	书写记号	图示记号	
		垂直于纸面	在纸面内
滑移面	*a*，*b*，*c*	在纸面内滑移-- 离开纸面滑移…	
	n		
	d		

3.5　空　间　群

空间群（space group）为晶体内部结构的对称要素（操作）的组合。晶体外形为有限图形，其对称要素组合为对称型，共有 32 个。晶体的内部结构被看作无限图形，除能出现晶体外形上的对称要素之外，还可出现平移轴、滑移面、螺旋轴等包含有平移操作的对称要素。

费多罗夫（1889）推导出的 230 种空间群，是将空间格子的各个结点上放置对称型。这些处于空间格子的对称要素通过空间格子的平移操作相互作用，产生出另外一些对称要素，形成一部分空间群，为点式空间群。在点式空间群基础上用螺旋轴、滑移面代替对称轴、对称面，又可以产生另一些非点式空间群。每一个对称型可产生多个空间群，32 个对称型可产生 230 种空间群。

对称型和空间群体现了晶体外形对称与晶体内部结构对称的统一。如在晶体外形的某一方向上有四次对称轴，则在晶体内部结构中相应的方向可能有 4、4_1、4_2、4_3，也有可能有 2、2_1。如果在外形上有对称面，则在内部相应的方向可能有滑移面。通过空间群可以知道晶体结构形态的来源，正确判断结构中每个原子或原子团的位置。

空间群采用圣弗里斯符号和国际符号表示。空间群的圣弗里斯符号是在其对称型圣弗里斯符号的右上角加上序号即可。如对称型 4(L^4) 的圣弗里斯符号为 C_4，对应的 6 个空间群的圣弗里斯符号为 C_4^1、C_4^2、C_4^3、C_4^4、C_4^5、C_4^6。该符号不能表达空间格子的形式以及对称要素的方向。

空间群的国际符号包括两个组成部分，前一部分为开头处的大写英文字母，表示格子类型（P、C（A、B）、I、F）；后一部分与对称型（点群）的国际符号基本相同，只是其中晶体的某些宏观对称要素的符号需写成相应的内部结构对称要素的符号。如对称型（点群）4（L^4）相应的 6 个空间群的国际符号分别为 P_4、P_{41}、$P4_2$、$P4_3$、$I4$、$I4_1$（见表 3-3，230 个空间群国际符号）。该符号的缺点是同一种空间群由于不同的定向以及其他因素可写成不同的国际符号。通常表示一个空间群时把圣弗里斯符号和国际符号并用。如金刚石具有 $m3m$ 对称型，其空间群为 O_h^7-Fd3m，O_h 表示对称型（$3L^44L^36L^2p9PC$）。F 为立方面心格子，$d3m$ 表示存在 d 滑移面（图 3-21）。230 种空间群见表 3-3。

表 3-3　230 种空间群

晶系	对称型	空间群序号	空间群圣弗利斯符号	空间群国际符号	备注
三斜	$1(C_1)$	1	C_1^1	$P1$	手性
	$\bar{1}(C_i)$	2	C_i^1	$P1$	中心
单斜	$2(C_2)$	3	C_2^1	$P2$	手性
		4	C_2^2	$P2_1$	手性
		5	C_2^3	$C2$	手性
	$m(C_s)$	6	C_s^1	Pm	非心
		7	C_s^2	Pc	非心
		8	C_s^3	Cm	非心
		9	C_s^4	Cc	非心
	$\frac{2}{m}(C_{2h})$	10	C_{2h}^1	$P2/m$	中心
		11	C_{2h}^2	$P2_1/m$	中心
		12	C_{2h}^3	$C2/m$	中心
		13	C_{2h}^4	$P2/c$	中心
		14	C_{2h}^5	$P2_1/c$	中心*
		15	C_{2h}^6	$C2/c$	中心
斜方	$222(D_2)$	16	D_2^1	$P222$	手性
		17	D_2^2	$P222_1$	手性*
		18	D_2^3	$P2_12_12$	手性*
		19	D_2^4	$P2_12_12_1$	手性*
		20	D_2^5	$C222_1$	手性*
		21	D_2^6	$C222$	手性
		22	D_2^7	$F222$	手性
		23	D_2^8	$I222$	手性
		24	D_2^9	$I2_12_12_1$	手性
	$mm2(C_{2v})$	25	C_{2v}^1	$Pmm2$	非心
		26	C_{2v}^2	$Pcm2_1$	非心
		27	C_{2v}^3	$Pcc2$	非心
		28	C_{2v}^4	$Pma2$	非心
		29	C_{2v}^5	$Pca2_1$	非心
		30	C_{2v}^6	$Pnc2$	非心
		31	C_{2v}^7	$Pmn2_1$	非心
		32	C_{2v}^8	$Pba2$	非心
		33	C_{2v}^9	$Pna2_1$	非心
		34	C_{2v}^{10}	$Pnn2$	非心
		35	C_{2v}^{11}	$Cmm2$	非心
		36	C_{2v}^{12}	$Cmc2_1$	非心

续表3-3

晶系	对称型	空间群序号	空间群圣弗利斯符号	空间群国际符号	备注
斜方	$mm2(C_{2v})$	37	C_{2v}^{13}	*Ccc*2	非心
		38	C_{2v}^{14}	*Amm*2	非心
		39	C_{2v}^{15}	*Abm*2	非心
		40	C_{2v}^{16}	*Ama*2	非心
		41	C_{2v}^{17}	*Aba*2	非心
		42	C_{2v}^{18}	*Fmm*2	非心
		43	C_{2v}^{19}	*Fdd*2	非心*
		44	C_{2v}^{20}	*Imm*2	非心
		45	C_{2v}^{21}	*Iba*2	非心
		46	C_{2v}^{22}	*Ima*2	非心
	$mmm(D_{2h})$	47	D_{2h}^{1}	*Pmmm*	中心
		48	D_{2h}^{2}	*Pnnn*	中心
		49	D_{2h}^{3}	*Pccm*	中心
		50	D_{2h}^{4}	*Pban*	中心
		51	D_{2h}^{5}	*Pmma*	中心
		52	D_{2h}^{6}	*Pnna*	中心
		53	D_{2h}^{7}	*Pmna*	中心
		54	D_{2h}^{8}	*Pcca*	中心
		55	D_{2h}^{9}	*Pbam*	中心
		56	D_{2h}^{10}	*Pccn*	中心
		57	D_{2h}^{11}	*Pbcm*	中心
		58	D_{2h}^{12}	*Pnnm*	中心
		59	D_{2h}^{13}	*Pmmn*	中心
		60	D_{2h}^{14}	*Pbcn*	中心
		61	D_{2h}^{15}	*Pbca*	中心
		62	D_{2h}^{16}	*Pnma*	中心
		63	D_{2h}^{17}	*Cmcm*	中心
		64	D_{2h}^{18}	*Cmca*	中心
		65	D_{2h}^{19}	*Cmmm*	中心
		66	D_{2h}^{20}	*Cccm*	中心
		67	D_{2h}^{21}	*Cmma*	中心
		68	D_{2h}^{22}	*Ccca*	中心
		69	D_{2h}^{23}	*Fmmm*	中心
		70	D_{2h}^{24}	*Fddd*	中心
		71	D_{2h}^{25}	*Immm*	中心
		72	D_{2h}^{26}	*Ibam*	中心
		73	D_{2h}^{27}	*Ibca*	中心
		74	D_{2h}^{28}	*Imma*	中心

续表 3-3

晶系	对称型	空间群序号	空间群圣弗利斯符号	空间群国际符号	备注
四方	$4(C_4)$	75	C_4^1	$P4$	手性
		76	C_4^2	$P4_1$	手性
		77	C_4^3	$P4_2$	手性
		78	C_4^4	$P4_3$	手性
		79	C_4^5	$I4$	手性
		80	C_4^6	$I4_1$	手性
	$\bar{4}(S_4)$	81	S_4^1	$P\bar{4}$	非心
		82	S_4^2	$I\bar{4}$	非心
	$\frac{4}{m}(C_{4h})$	83	C_{4h}^1	$P4/\mathrm{m}$	中心
		84	C_{4h}^2	$P4_2/\mathrm{m}$	中心
		85	C_{4h}^3	$P4/\mathrm{n}$	中心*
		86	C_{4h}^4	$P4_2/\mathrm{n}$	中心*
		87	C_{4h}^5	$I4/\mathrm{m}$	中心
		88	C_{4h}^6	$I4_1/\mathrm{a}$	中心*
	$422(D_4)$	89	D_4^1	$P422$	手性
		90	D_4^2	$P42_12$	手性*
		91	D_4^3	$P4_122$	手性
		92	D_4^4	$P4_12_12$	手性*
		93	D_4^5	$P4_222$	手性*
		94	D_4^6	$P4_22_12$	手性*
		95	D_4^7	$P4_322$	手性*
		96	D_4^8	$P4_32_12$	手性*
		97	D_4^9	$I422$	手性
		98	D_4^{10}	$I4_122$	手性*
	$4mm(C_{4v})$	99	C_{4v}^1	$P4mm$	非心
		100	C_{4v}^2	$P4bm$	非心
		101	C_{4v}^3	$P4_2cm$	非心
		102	C_{4v}^4	$P4_2nm$	非心
		103	C_{4v}^5	$P4cc$	非心
		104	C_{4v}^6	$P4nc$	非心
		105	C_{4v}^7	$P4_2mc$	非心
		106	C_{4v}^8	$P4_2bc$	非心
		107	C_{4v}^9	$I4mm$	非心
		108	C_{4v}^{10}	$I4cm$	非心
		109	C_{4v}^{11}	$I4_1md$	非心
		110	C_{4v}^{12}	$I4_1cd$	非心*

续表 3-3

晶系	对称型	空间群序号	空间群圣弗利斯符号	空间群国际符号	备注
四方	$\bar{4}2m(D_{2d})$	111	D_{2d}^1	$P\bar{4}2m$	非心
		112	D_{2d}^2	$P\bar{4}2c$	非心
		113	D_{2d}^3	$P\bar{4}2_1m$	非心
		114	D_{2d}^4	$P\bar{4}2_1c$	非心*
		115	D_{2d}^5	$P\bar{4}m2$	非心
		116	D_{2d}^6	$P\bar{4}c2$	非心
		117	D_{2d}^7	$P\bar{4}b2$	非心
		118	D_{2d}^8	$P\bar{4}n2$	非心
		119	D_{2d}^9	$I\bar{4}m2$	非心
		120	D_{2d}^{10}	$I\bar{4}c2$	非心
		121	D_{2d}^{11}	$I\bar{4}2m$	非心
		122	D_{2d}^{12}	$I\bar{4}2d$	非心
	$\frac{4}{m}mm(D_{4h})$	123	D_{4h}^1	$P4/mmm$	中心
		124	D_{4h}^2	$P4/mcc$	中心
		125	D_{4h}^3	$P4/nbm$	中心*
		126	D_{4h}^4	$P4/nnc$	中心*
		127	D_{4h}^5	$P4/mbm$	中心
		128	D_{4h}^6	$P4/mnc$	中心
		129	D_{4h}^7	$P4/nmm$	中心*
		130	D_{4h}^8	$P4/ncc$	中心*
		131	D_{4h}^9	$P4_2/mmc$	中心
		132	D_{4h}^{10}	$P4_2/mcm$	中心
		133	D_{4h}^{11}	$P4_2/nbc$	中心*
		134	D_{4h}^{12}	$P4_2/nnm$	中心*
		135	D_{4h}^{13}	$P4_2/mbc$	中心
		136	D_{4h}^{14}	$P4_2/mnm$	中心
		137	D_{4h}^{15}	$P4_2/nmc$	中心*
		138	D_{4h}^{16}	$P4_2/ncm$	中心*
		139	D_{4h}^{17}	$I4/mmm$	中心
		140	D_{4h}^{18}	$I4/mcm$	中心
		141	D_{4h}^{19}	$I4_1/amd$	中心*
		142	D_{4h}^{20}	$I4_1/acd$	中心*
三方	$3(C_3)$	143	C_3^1	$P3$	手性
		144	C_3^2	$P3_1$	手性
		145	C_3^3	$P3_2$	手性
		146	C_3^4	$R3$	手性

续表 3-3

晶系	对称型	空间群序号	空间群圣弗利斯符号	空间群国际符号	备注
三方	$\bar{3}(C_{3i})$	147	C_{3i}^1	$R\bar{3}$	中心
		148	C_{3i}^2	$R\bar{3}$	中心
	$32(D_3)$	149	D_3^1	$P312$	手性
		150	D_3^2	$P321$	手性
		151	D_3^3	$P3_112$	手性*
		152	D_3^4	$P3_121$	手性*
		153	D_3^5	$P3_212$	手性*
		154	D_3^6	$P3_221$	手性*
		155	D_3^7	$R32$	手性
	$3m(C_{3v})$	156	C_{3v}^1	$P3m1$	非心
		157	C_{3v}^2	$P31m$	非心
		158	C_{3v}^3	$P3c1$	非心
		159	C_{3v}^4	$P31c$	非心
		160	C_{3v}^5	$R3m$	非心
		161	C_{3v}^6	$R3c$	非心
	$\bar{3}m(D_{3d})$	162	D_{3d}^1	$P\bar{3}1m$	中心
		163	D_{3d}^2	$P\bar{3}1c$	中心
		164	D_{3d}^3	$P\bar{3}m1$	中心
		165	D_{3d}^4	$P\bar{3}c1$	中心
		166	D_{3d}^5	$P\bar{3}m$	中心
		167	D_{3d}^6	$P\bar{3}c$	中心
六方	$6(C_6)$	168	C_6^1	$P6$	手性
		169	C_6^2	$P6_1$	手性*
		170	C_6^3	$P6_5$	手性*
		171	C_6^4	$P6_2$	手性*
		172	C_6^5	$P6_4$	手性*
		173	C_6^6	$P6_3$	手性
	$\bar{6}(C_{3h})$	174	C_{3h}^1	$P\bar{6}$	非心
	$\frac{6}{m}(C_{6h})$	175	C_{6h}^1	$P6/m$	中心
		176	C_{6h}^2	$P6_3/m$	中心
	$622(D_6)$	177	D_6^1	$P622$	手性
		178	D_6^2	$P6_122$	手性*
		179	D_6^3	$P6_522$	手性*
		180	D_6^4	$P6_222$	手性*
		181	D_6^5	$P6_422$	手性*
		182	D_6^6	$P6_322$	手性*

续表 3-3

晶系	对称型	空间群序号	空间群圣弗利斯符号	空间群国际符号	备注
六方	6mm(C_{6v})	183	C_{6v}^{1}	$P6mm$	非心
		184	C_{6v}^{2}	$P6cc$	非心
		185	C_{6v}^{3}	$P6_3cm$	非心
		186	C_{6v}^{4}	$P6_3mc$	非心
	$\bar{6}$2m(D_{3h})	187	D_{3h}^{1}	$P\bar{6}m^2$	非心
		188	D_{3h}^{2}	$P\bar{6}c^2$	非心
		189	D_{3h}^{3}	$P\bar{6}2m$	非心
		190	D_{3H}^{4}	$P\bar{6}2c$	非心
	$\frac{6}{m}$mm(D_{6h})	191	D_{6h}^{1}	$P6/mmm$	中心
		192	D_{6h}^{2}	$P6/mcc$	中心
		193	D_{6h}^{3}	$P6_3/mcm$	中心
		194	D_{6h}^{4}	$P6_3/mmc$	中心
等轴	23(T)	195	T^1	$P23$	手性
		196	T^2	$F23$	手性
		197	T^3	$I23$	手性
		198	T^4	$P2_13$	手性*
		199	T^5	$I2_13$	手性
	m$\bar{3}$(T_h)	200	T_h^1	$Pm\bar{3}$	中心
		201	T_h^2	$Pn\bar{3}$	中心*
		202	T_h^3	$Fm\bar{3}$	中心
		203	T_h^4	$Fd\bar{3}$	中心*
		204	T_h^5	$Im\bar{3}$	中心
		205	T_h^6	$Ia\bar{3}$	中心*
		206	T_h^7	$Pa\bar{3}$	中心*
	432(O)	207	O^1	$P432$	手性
		208	O^2	$P4_232$	手性*
		209	O^3	$F432$	手性
		210	O^3	$F4_132$	手性*
		211	O^4	$I432$	手性
		212	O^5	$F4_332$	手性*
		213	O^6	$P4_132$	手性*
		214	O^7	$I4_132$	手性
	$\bar{4}$3n(T_d)	215	T_d^1	$P\bar{4}3m$	非心
		216	T_d^2	$F\bar{4}3m$	非心
		217	T_d^3	$I\bar{4}3m$	非心
		218	T_d^4	$P\bar{4}3m$	非心

续表 3-3

晶系	对称型	空间群序号	空间群圣弗利斯符号	空间群国际符号	备注
等轴	$\bar{4}3m(T_d)$	219	T_d^5	$F\bar{4}3c$	非心
		220	T_d^6	$I\bar{4}3d$	非心*
	$m3m(O_h)$	221	O_h^1	$Pm3m$	中心
		222	O_h^2	$Pn3n$	中心*
		223	O_h^3	$Pm3n$	中心
		224	O_h^4	$Pn3m$	中心*
		225	O_h^5	$Fm3m$	中心
		226	O_h^6	$Fm3c$	中心
		227	O_h^7	$Fd3m$	中心*
		228	O_h^8	$Fd3c$	中心*
		229	O_h^9	$Im3m$	中心
		230	O_h^{10}	$Ia3d$	中心*

注：表中手性、非心、中心分别指该空间群属于手性、非中心对称或中心对称空间群。星号表示该空间群可以由系统消光规律唯一确定。

3.6　等效点系

等效点系（equivalent pointsy stem）是指晶体结构中由一原始点经空间群中所有对称要素操作推导出来的一套规则点系。等效点系与空间群的关系，相当于单形与对称型（点群）的关系。单形是由一原始晶面经对称型中所有对称要素操作推导出来的一组晶面；一个原始点经过空间群对称要素能推导出一套等效点系。等效点系的特点为：

（1）晶体结构中，质点只能按等效点的位置分布。单位晶胞内，属于同一套等效点系的质点数量称为该套等效点系的重复点数。

（2）原始点位置的对称性即为该等效点系中质点的对称。

（3）同一种质点可占一组，或几组等效位置，但不同种质点不能占同一套等效点系（类质同象例外）。

（4）单位晶胞内，同一套等效点系的质点都有确定的坐标。等效点为空间群的对称要素作用得到的一组相同的质点。具体到晶体结构它们是同种原子或离子。晶体的微观结构是由几套等效点系而成。等效点排列的规律性就是晶体结构微观对称性。

一般等效点系是对于给定的不处于非平移对称要素（对称面、对称轴、对称中心、旋转反伸轴）上的点，经过空间群的全部对称要素作用得到的一套点系。特殊等效点系是对于给定的处于特殊位置上的点，经过空间群对称要素作用得到的一套点系。简单格子的空间群的一般等效点系的点数目与对称型一般形的晶面数相同。复杂格子的空间群一般等效点系的点数目等于它所属对称型一般形的晶面数与空间格子点数的乘积。如 $C2_1/c$ 的一般等效点系的点数目为 8。$I4_2/ncm$ 为 32，$Ia3m$ 为 96，$Fd3c$ 为 192。

在空间群 C_{2v}^1—$Pmm2$ 中的各种等效点系（图 3-22），其中斜纹部分代表一个晶胞范围，在这个范围内可以设置各种不同的原始点，相当于对称型中的不同原始晶面。点 a、b、c、d 位于二次轴，其通过空间群中对称要素的操作不产生新的点，点 a、b、c、d 重复点数为 1；e、f、g、h 位于对称面上，其通过空间群中对称要素的操作还会产生新的点，重复点数为 2；原始晶面 i 不位于任何对称要素上，重复点数有 4。与一般单形和特殊单形类似，原始点 i 推导出来的等效点系为一般等效点系，原始点 a、b、c、d、e、f、g、h 推导出来的是特殊等效点系。

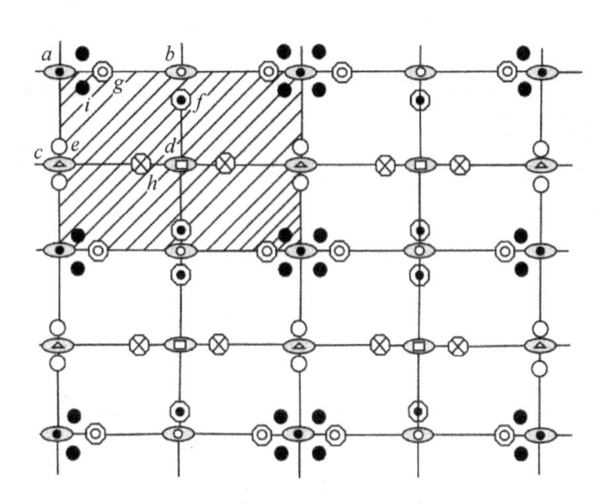

图 3-22　空间群 $Pmm2$ 的等效点系

等效点系用魏考夫符号（Wyckoff）表示：对于每个空间群，按原始点的位置由特殊位到一般位排序，用英文字母按数序表示（先用小写字母 a，b，c，…。如不够，再用大写字母 A，B，C，…），按此规律形成的字母即为 Wyckoff 符号。

空间群 $Pmm2$ 的等效点系的 Wyckoff 符号表达见表 3-4。其中第一列代表重复点数，即某套等效点系在单位晶胞范围内总共有几个等同位置；第 2 列代表 Wyckoff 符号；第 3 列代表该等效点系位置的对称性（按描述晶体对称的 3 个方位表示）；第 4 列为这套等效点系在单位晶胞中全部点的分数坐标。经常用重复点数和 Wyckoff 符号来描述原子或质点在单位晶胞中的占位，如 1a、1b、1c、1d 分别在 $mm2$ 的位置，重复数为 1。2e、2f、2g、2h 分别在对称面 m_1、m_2、m_3、m_4 的位置，重复数为 2。4i 在一般位置上，重复数为 4。

表 3-4　空间群 $Pmm2$ 的等效点系

重复数	Wyckoff	点的对称性	等效点系的坐标
1	a	$mm2$	$(0, 0, z)$
1	b	$mm2$	$(0, \frac{1}{2}, z)$
1	c	$mm2$	$(\frac{1}{2}, 0, z)$
1	d	$mm2$	$(\frac{1}{2}, \frac{1}{2}, z)$
2	e	m	$(0, y, z), (0, \bar{y}, z)$
2	f	m	$(\frac{1}{2}, y, z), (\frac{1}{2}, \bar{y}, z)$

续表 3-4

重复数	Wyckoff	点的对称性	等效点系的坐标
2	g	m	$(x, 0, z), (\bar{x}, 0, z)$
2	h	m	$(x, \frac{1}{2}, z), (\bar{x}, \frac{1}{2}, z)$
4	i	i	$(x, y, z), (\bar{x}, y, z), (x, \bar{y}, z)$ $(\bar{x}, \bar{y}, z)$

晶体结构中，质点按等效点系分布，不同种类型的质点不能占据同一套等效点系，同种类型的质点可以属于同一套等效点系，也可不属于同一套等效点系，即同种类型的质点并不一定就是一套等效点，可以有多套等效点系。例如在β-钨晶体结构中，有两类钨原子的配位数不同，无论采用何种对称操作都不能把 $W_Ⅰ$ 和 $W_Ⅱ$ 联系起来，它们分属两套等效点系（图 3-23）。每个晶胞中有 8 个钨原子：2 个 $W_Ⅱ$：$(0, 0, 0)$，$\left(\frac{1}{2}, \frac{1}{2}, \frac{1}{2}\right)$；6 个 $W_Ⅰ$：$\left(0, \frac{1}{4}, \frac{1}{2}\right)$，$\left(0, \frac{3}{4}, \frac{1}{2}\right)$，$\left(\frac{1}{2}, 0, \frac{1}{4}\right)$，$\left(\frac{1}{4}, \frac{1}{2}, 0\right)$，$\left(\frac{3}{4}, \frac{1}{2}, 0\right)$。晶体结构属于 $Pm3n$ 空间群。

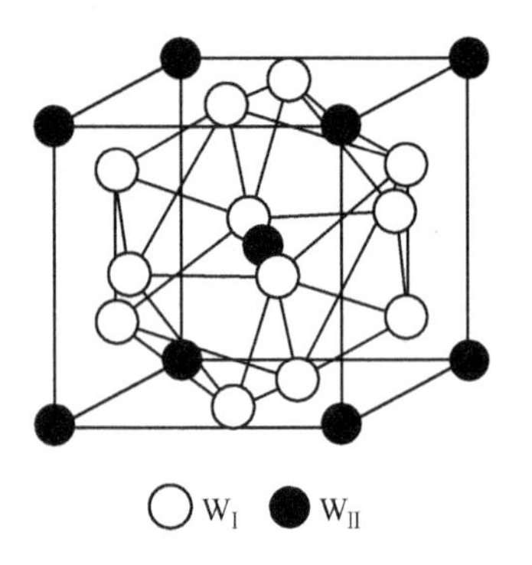

图 3-23　β-钨的晶体结构

等效点并不一定是相当点。相当点一定是等效点。相当点彼此之间是通过空间格子平移作用而相互重复的。此外，在底心、体心、面心格子中的底心、体心、面心上的点，与其空间格子上角顶上的点也是相当点（虽然这些点与角顶上的点并不是通过平移作用重复的）；但等效点是通过晶体内部对称要素而相互重复的点。

第Ⅱ篇

晶体化学与晶体生长

4 晶体化学

4.1 元素的电化学性质

4.1.1 原子结构

原子（atoms）是物质的最小组成单位，是由质子（protons）、中子（neutrons）和电子（electrons）构成（图 4-1）。质子带正电荷，质量为 1.672×10^{-24}g；中子不带电荷，质量为 1.675×10^{-24}g。质子和中子构成原子核，原子核半径在 10^{-12} cm，质量几乎集中了原子的全部质量。电子是绕原子核运动的带负电荷的微粒子，质量为 9.107×10^{-29}g。其电量为 1.602×10^{-19}库伦（4.8×10^{10}静电单位，是目前能够存在的最小电荷，称为单位电荷，符号 e）。任何原子的核外电子数等于它的核内质子数，原子呈中性。一原子质量单位相当于 C^{12}原子质量的 1/12。具有相同质子数的一类原子称为元素。依照原子核质子数增加排列构成原子序数（actomic number，Z）。元素周期表是按照原子序数有规律排列的。在同一元素中，具有相同质子数、不同中子数的不同核素互为同位素。如氧有三种同位素：$8O^{16}$、$8O^{17}$、$8O^{18}$。所有已知的元素都具有两种或两种以上的同位素，但只有一种同位素稳定存在于大自然中，其他的则不稳定。

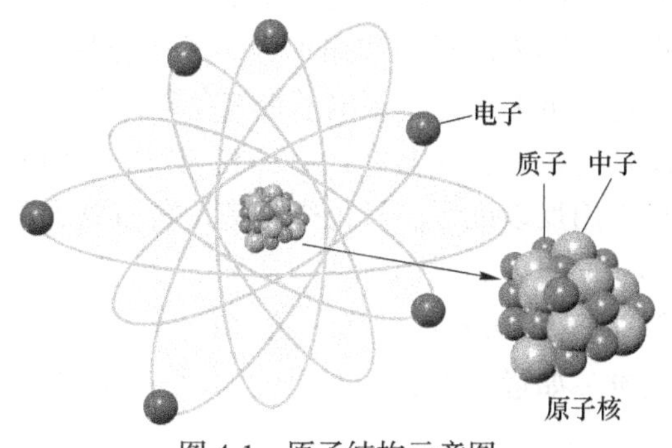

图 4-1　原子结构示意图

电子是质量极小、运动速度极大的微粒。电子在空间出现的几率的图形称为电子云。

电子在此界面内出现的几率很大，而在界面外发现电子的几率则很小。微粒运动的另一个特征是电子具有的能量的不连续性，即能量是量子化的。量子力学用主量子数（principal quantum number，n）、角量子数（azimuthal quantum number，l）、磁量子数（magnetic quantum number，m）、自旋量子数（spin quantum number，m_s），表示原子具有的相应的电子层数与电子能量高低、原子轨道或电子云的形状、原子轨道或电子云在空间的伸展方向、轨道电子极高速度在核外空间运动具有顺时针方向和逆时针方向的自旋等性质（表4-1）。

表 4-1　原子的电子层结构（K ~N）

主量子数 n	电子层	角量子数 l	轨道符号	磁量子数 m	轨道数	自旋量子数 m_s	每一轨道电子数	各能级电子数	各电子层电子数
1	K	0	1s	0	1	±1/2	2	2	2
2	L	0，1	2s2p	0、0，±1	1，3	±1/2±1/2	2，2	2，6	8
3	M	0，1，2	3s3p3d	0、0，±1、0，±1、±2	1，3，5	±1/2±1/2 ±1/2	2，2，2	2，6，10	18
4	N	0，1，2，3	4s4p4d4f	0、0，±1、0，±1，±2、0，±1、±2、±3	1，3，5，7	±1/2±1/2 ±1/2±1/2	2，2，2，2	2，6，10，14	32

波里不共容理论（the Pauli exclusion principle）指出，在任何原子系统中的任何两个电子不能具有完全相同的量子数。例如，在同一轨道上不可能有两个量子数完全相同的同方向旋转地电子，一电子会将另一个具有相同方向旋转的电子从其所占据轨道中排斥出去。若有两个电子自旋方向彼此相反，便可以占据相同的轨道。能量最低原理指出，核外电子会尽可能处在能量最低的状态，能量越低越稳定。新增加的电子总是尽先排布在能量最低的轨道上。电子轨道的能量高低主要是由 n 决定的，与 l 也有关。n 越大能量越高；n 相同时 l 越大能量也越高。有 $E_{ns}>E_{(n-1)s}>Es>E(n-2)\ s>\cdots$；$E_{nd}>E_{np}>E_{ns}\cdots$。当 n、l 不相同时，以（$n+l$）判断，其数值大者能量越高。若几个能级的 $n+l$ 值相等，其中 n 大者能量较大。原子轨道按照能量由低到高排出能级顺序。

一个原子失去或获得电子形成离子的作用称为离子化作用（ionization）。最外层的电子是最易于失去的电子，称为价电子。得到电子带有负电荷的为阴离子，失去电子而带有正电荷为阳离子。离子所带电荷数值为电价，如 NaCl 中 Na^+ 为正一价，Cl^- 为负一价。电价的改变可以用氧化还原作用加以说明。氧化作用是元素的原子失去电子作用，还原作用的元素的原子得到电子的作用。如铁（Fe^0）从零价到正二价（Fe^{2+}）、再到正三价（Fe^{3+}），是氧化作用；氯（Cl^0）从零价到负一价（Cl^-）是还原作用。一种元素可能有一种电价，也可有多种电价。如锰有 Mn^{2+}、Mn^{3+}、Mn^{4+}、Mn^{7+} 等。

4.1.2　电离能

电离能（ionization energy）也称电离势（ionization potential），是基态原子失去电子所

需要的能量（用符号 I 表示。单位为 kJ/mol）。处于基态的原子失去一个电子生成+1 价的阳离子所需要的能量称为第一电离能（I_{e_1}）（图 4-2）。由+1 价阳离子再失去一个电子形成+2 价阳离子时所需能量称为元素的第二电离能（I_{e_2}）。第三、四电离能依此类推，且一般地 $I_{e_1}<I_{e_2}<I_{e_3}\cdots$。由于原子失去电子必须消耗能量克服原子核对外层电子的引力，所以电离能总为正值。电离能越大，原子越难失去电子，其还原性越弱；反之金属性越强。碱金属元素的电离能小，稀有气体由于具有稳定的电子层结构，其电离能最大。元素的电离能受电子构型影响较大。钠(Na) 的第二电离能远大于它的第一电离能，在矿物中以失去 $3s^1$ 的 Na^+存在（Na^+构型 $2s^22p^8$）。镁(Mg)、铝(Al) 的第三电离能、第四电离能突然增高，自然界看到的是 Mg^{2+}、Al^{3+}。金的第一电离能为 9.22eV，比同族银(Ag，7.57eV) 和铜(Cu，7.72eV) 都大，三者相比金的活动性最差，不容易失去电子成为离子，在自然界中多看到是金的单质。

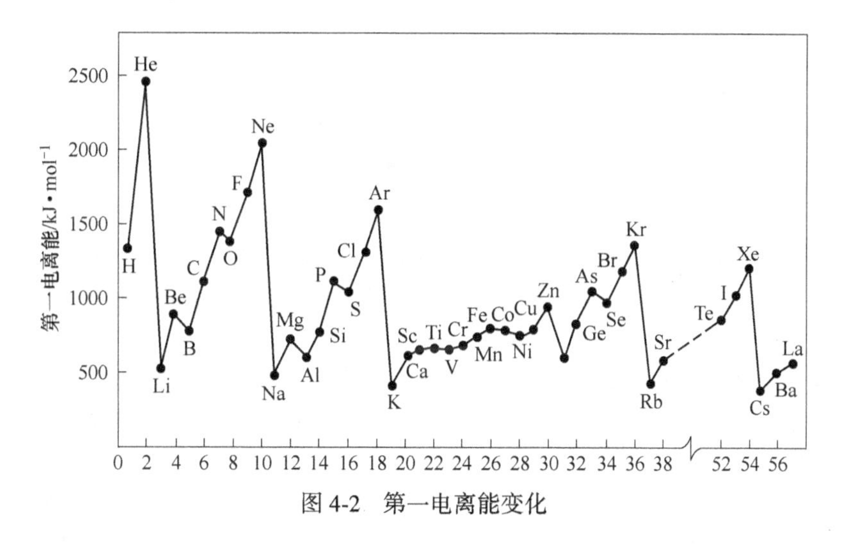

图 4-2 第一电离能变化

4.1.3 电子亲和能

一个基态原子得到一个电子形成负一价离子所放出的能量称为第一电子亲和能（用 E_{a_1}表示，单位为电子伏特（eV)），依次也有 E_{a_2}、E_{a_3}，等等。电子亲和能（electronic affinity）越大，表明该原子越易于和电子结合成阴离子；反之，电子亲和能越小，该原子的金属性越强。电子亲和能很小或为负值的元素倾向于形成阳离子。元素氟的电子构型为 $1s^22s^22p^5$，元素氯的电子构型为 $1s^22s^22p^63p^5$，每个原子要充满它的 $2p$ 或 $3p$ 壳层都需要一个电子，F 、Cl 对这一电子有很大的引力，具有较大的电子亲和能，形成一价阴离子。

4.1.4 电负性

电负性（electronegativity）表示原子在分子中对成键电子的吸引能力。元素电负性数值越大，原子在形成化学键时对成键电子的吸引力越强。任一原子失去电子的能力由它的电离能衡量，而获得电子的能力可依它的电子亲和能来衡量。电子转移的方向是由原子的电离能和亲和能之和的对比来决定的。某元素的电负性值（以符号 x 表示）是该元素电离能（I_e）与电子亲和能（E_a）之和。电子由原子 A 转移到原子 B 的条件是：B 电负性>

A 电负性，即 B 原子的亲和能与电离能之和大于 A 原子电离能与亲和能之和。总的化学反应是向着减少整个体系的内能，使体系趋向于稳定。

元素的电负性呈现周期性变化。同一周期从左到右，元素电负性递增；同一主族自上而下，元素电负性递减。电负性大的元素集中在元素周期表的右上角，电负性小的元素集中在左下角。应用电负性可以判断元素的金属性与非金属性。一般认为，电负性大于 1.8 的为非金属元素，小于 1.8 的为金属元素，在 1.8 左右的元素既有金属性又有非金属性。电负性数值小的元素在化合物吸引电子的能力弱，元素的化合价为正值；电负性大的元素在化合物中吸引电子的能力强，元素的化合价为负值。电负性相同的非金属元素化合形成化合物时，形成非极性共价键，其分子都是非极性分子；电负性差值小于 1.7 的两种元素的原子之间形成极性共价键，相应的化合物是共价化合物；电负性差值大于 1.7 的两种元素化合时，形成离子键，相应的化合物为离子化合物。

4.1.5　离子极化

当离子中本已重合的正负电荷中心被分开时，产生正和负两个极（偶极化），对异电荷离子产生新的作用力，使阴阳离子更为靠近，将原来的电子的是关系变为接近共用关系，导致键型的过渡和转化。离子使异号离子极化而变形的作用，称为该离子的“极化作用”；被异号离子极化而发生离子电子云变形的性能，称为该离子的“变形性”。阳离子具有多余的正电荷，半径较小，对相邻的阴离子起诱导作用显著，极化作用占主要地位；阴离子半径较大，在外层上有较多的电子容易变形，易被诱导产生诱导偶极，变形性占主要地位。

影响离子极化作用的主要因素有：

（1）离子壳层的电子构型相同、半径相近，正电荷高的阳离子有较强的极化作用，变形性越小。

（2）不同电子构型的阳离子，半径相近，电荷相等，其极化作用大小顺序如下：电子构型为 18 和 18+2 以及氦型离子。（如 Ag^+、Pb^{2+}、Li^+等）大于电子构型 9 ~17 的离子（如 Fe^{2+}、Ni^{2+}、Cr^{3+}等）大于电子构型 8 的离子（如 Na^+、Ca^{2+}、Mg^{2+}等）。变形性顺序与此相反。

（3）离子的构型相同，电荷相等，半径越小，离子的极化作用越大。

（4）离子的电子层构型相同，半径越大，变形性越大。例如：$F^- < Cl^- < Br^- < I^-$。

（5）复杂阴离子的变形性通常不大，而且复杂阴离子中心原子氧化数越高，其变形性越小。例如：　$ClO_4^- < F^- < NO_3^- < H_2O < OH^- < CN^- < Cl^- < Br^- < I^-$；$SO_4^{2-} < H_2O < CO_3^{2-} < O^{2-} < S^{2-}$；最容易变形的离子是体积大的阴离子（如 I^-、S^{2-}等）和 18 电子层或不规则电子层的少电荷的阳离子（如 Ag^+、Hg^{2+}等）；最不容易变形的离子是半径小、电荷高、8 电子构型的阳离子（如 Be^{2+}、Al^{3+}、Si^{4+}等）。

离子极化对化学键性质、晶格、矿物溶解度有较大影响。离子极化后离子键向共价键过渡，使矿物结构中化学键的特征不再作用于各个方向而是具有一定的方向性和饱和性，具有共价键性质，在晶体结构中离子排列不再遵循紧密堆积原理。离子极化对矿物溶解度的有较大的影响，极化作用弱的离子型化合物，如石盐或钾盐（KCl），是易溶于水的。但是，若将 Na^+、K^+离子代之以电荷相同的 Ag^+，得到的 AgCl（ 角银矿）却难溶于水

(溶解度为 1.54×10^{-4}g/100g)。Ag^+是 18 电子构型，极化力强，Cl^-的极化作用变形也强。若 Cl^-换成变形性更大的 I^-，AgI（碘化银）是共价化合物，溶解度降低为 2.5×10^{-7}/100g；若将 Cl^-换成变形性小的 F^-离子形成氟化银（AgF），由于 Ag^+与 F^-之间极化作用极弱，溶解度增加到135/100。氟化银溶解度大，在自然界看不到 AgF 矿物的存在。Cl 离子半径比 F 离子半径大 0.054nm，比 I 离子半径小 0.039nm，尽管差别很小，但导致极化作用的原因显著不同，使键型发生过渡和转化，溶解度相差千倍或百万倍。

离子极化作用对于硫化物矿物形成和富集具有重要作用。Hg^+、Ag^+、Pb^{2+}、Zn^{2+}等离子极化力强，变形性大的 S^{2-}离子的极化作用强烈，这些硫化物较难溶于水，易于从热液中析出；具有 18 或 18+2 电子构型的离子，其极化作用更强，形成的硫化物溶解度更小。离子极化使化合物的颜色从无色向有色，由浅色向深色变化。

4.2 化学键与晶格类型

在自然界矿物以化合物或单质形式存在。化合物或单质的形成是一个化学键合过程。把两个原子结合起来的作用力称为化学键。在一种晶体结构中，当某种键性占主导地位时，就把它归属为相应的某种晶格类型。化学键与晶格类型主要有离子键与离子晶格、共价键与原子晶格、金属键与金属晶格、分子键与分子晶格、氢键与氢键晶格（图 4-3）。

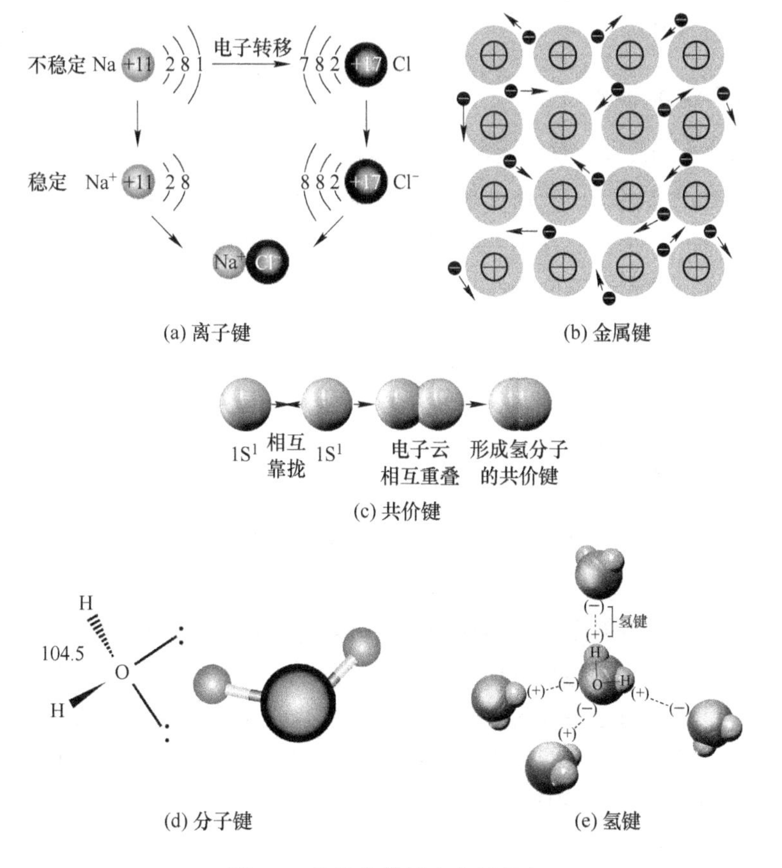

图 4-3 各种化学键中电子分布

4.2.1　离子键与离子晶格

离子键（ionic bond）是由原子得失电子形成的阳离子和阴离子之间通过静电引力作用所形成的化学键。离子既可以是单离子，如 Na^{+}、Cl^{-}形成的 NaCl（石盐），也可以由络阴离子团与阳离子形成，如方解石 $CaCO_3$ 中 ${CO_3}^{2-}$ 与 Ca^{2+}、石膏 $CaSO_4$ 中的 ${SO_4}^{2-}$ 与 Ca^{2+-}等。离子键的作用力强，无饱和性，无方向性。

在离子晶格中，一个离子可以同时与若干异号离子相结合，在哪个方向都有可能相互吸引。离子键的作用力比较强。离子键中的电子皆属于一定的离子，质点间电子密度小，对光的吸收少，其晶体具有透明到半透明，不良导体，熔化后导电，硬度和熔点变化范围较大等特点。

4.2.2　共价键与原子晶格

共价键（covalent bond）是两个原子通过共用电子对形成的化学键。共用电子对使两原子核间的电子云密度增大，增加了对两核的吸引力。共价键作用力强，具有饱和性和方向性。原子晶格由电负性接近或较大的同一种元素或不同元素遵守定比、倍比定律结合而成。晶格中原子间的排列方式主要受键的取向控制，一般不形成最紧密堆积结构，配位数较低。原子晶格的晶体具硬度高、熔点高、不导电、透明至半透明，玻璃-金刚光泽等物理性质。如金刚石（C）。

4.2.3　金属键与金属晶格

金属键（metallic bond）是原属于各原子的价电子不再束缚在个别原子上，而是作为自由电子弥漫在整个晶格中。这些共用自由电子把多个原子结合起来。运动着的自由电子在某一瞬间属于某一原子，而在另一瞬间属于另一原子。在任一瞬间，晶体中原子、阳离子、自由电子共存。原子电离能越小自由电子密度越大，原子间的引力越强，金属键强度越大。金属键没有方向性和饱和性，形成等大球最紧密堆积，具较高配位数。金属晶格的晶体为良导体，不透明、高反射率、金属光泽，具高密度和延展性，硬度一般较低。如自然金（Au）。

4.2.4　分子键与分子晶格

分子键亦称范德华键，是由于分子电荷分布不均匀使分子形成偶极，在分子间形成的作用力。分子间的作用力有：极性分子偶极间的互相吸引的取向力；非极性分子在极性分子偶极矩电场诱导下产生的极化，形成诱导偶极矩并发生作用的诱导力；分子具有瞬间的周期变化的偶极矩所伴有的同步电场，可使邻近分子极化并使其瞬变偶极矩的变化幅度增加的色散力。分子键普遍存在和占主要地位的是色散力。分子键无饱和性和方向性，分子的形状虽然不一定是球形的，但趋于最紧密堆积结构。在矿物分子晶格中，分子内部通常以共价键结合，分子间以分子键结合。如自然硫（S）中，8 个 S 原子以共价形式形成 S_8 分子，分子间以分子键相连。分子键的作用力是很弱的，分子晶格的晶体一般熔点低、可压缩性大、热膨胀率大、导热率小、硬度低、透明、不导电。

4.2.5 氢键与氢键晶格

氢键是氢原子与电负性较大的 X 原子（F、O、N）以共价键结合后，共用电子对强烈偏向 X 原子，使氢核还能吸引另一个电负性较大的 Y 原子（F、O、N）中的独对电子云而形成氢键。结合形式为 X—H⋯Y（X，Y 通常为 O、N、F 等）。氢键性质介于共价键与分子键之间。氢键具有方向性和饱和性；其键强虽比分子键强，但仍与一般分子键属于同一数量级。氢键型晶格主要存在有机化合物。在矿物中有冰和草酸铵石 $(NH_4)_2C_2O_4.H_2O$）等少数矿物。但含氢键的矿物晶格却较多，如一些氢氧化物（如三水铝石 Al $(OH)_3H_2O$）、含水化合物、层状结构硅酸盐矿物（高岭石 $Al_4[Si_4O_{10}](OH)_8$）等。

氢键对物质的性质产生明显的影响，分子间形成氢键会使物质的熔点、沸点增高，熔化热、汽化热、表明张力、黏度增大；分子内形成氢键则会使物质的熔点、沸点降低。一般来说氢键晶格的晶体具有配位数低、熔点低、密度小的特征。

在实际矿物晶格中存在着离子键-共价键、共价键-金属键之间的过渡键性。在矿物晶格中，离子键与共价键所占百分比的多少，可以用元素的电负性 x 及其差值 Δx 来判断（表 4-2）。

表 4-2 元素结合时形成离子键性的比例（%）与其电负性差值间的关系

电负性差 Δx（x_A-x_B）	含离子键的百分数	电负性差 Δx（x_A-x_B）	含离子键的百分数
0.2	1	2.0	63
0.4	4	2.2	70
0.6	9	2.4	76
0.8	15	2.6	82
1.0	22	2.8	86
12	30	3.0	89
1.6	47	3.2	92
1.8	55		

石盐（NaCl）晶格通常被认为是典型的离子晶格。Na 的电负性（x_{-Na}）为 0.93；Cl 的电负性（x_{-Cl}）为 3.16，两者的电负性差值 $\Delta x=2.23$。由表 4-2 可知，Na 与 Cl 之间的化学键其离子键成分占 71%，从这个意义上讲，NaCl 晶体并非为典型的离子晶格。

在矿物晶格中能够明确地划分出包含两种或两种以上的化学键，称为多键型晶格。例如方解石 Ca (CO_3) 晶体结构中，C-O 为共价键结合成 $(CO_3)^{-2}$，$(CO_3)^{-2}$ 与 Ca^{2+} 以离子键联结。方解石为多键型晶格。

4.3 最紧密堆积

4.3.1 原子、离子半径

在矿物晶体结构中各个原子或离子中心保持一定间距，表明原子或离子具有一个其他原子或离子不能侵入的作用范围。这个范围被视为球形，其半径称为原子半径或离子半径

(图 4-4)。原子半径通常指原子的尺寸，在不同的环境下，其数值也不相同。两原子之间(原子可以相同也可以不相同）以共价键结合时的共价半径为原子核间距的一半，实际上核间距离即是共价键的键长。金属晶体中相邻两金属原子间距离的一半为金属半径。离子半径指的是原子获得或失去电子成为离子的有效半径。得到电子的阴离子半径大于原子半径，失去电子的阳离子半径一般小于原子半径。

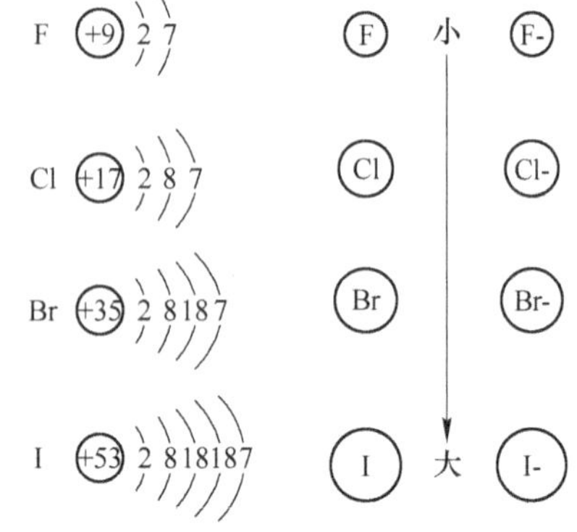

图 4-4　原子半径与离子半径示意

原子半径变化规律为：

(1）对于同种元素的原子半径而言，共价半径总小于金属半径和范德华半径。

(2）在元素周期表中同周期的原子随着电子数的递增半径自左向右减小；同一族元素的原子半径由于电子层的逐次增加而自上而下增大。同一周期的元素中，随着原子序数 Z 的增加，原子核电荷增加，而新增加的电子在同一层里，导致电子层的半径减小，从而影响到原子半径的减小。

(3）在镧系和锕系元素中，其原于和离子半径在总的趋势上，随原子序数的增加而逐渐缩小，这种现象称为镧系、锕系收缩；并导致第六周期镧系以后的所有元素，包括从铪（Hf）到汞（Hg)，原子半径和第五周期中对应的同族元素的半径相差较小，甚至相等（金与银)。这一现象是造成对应元素在自然界共生的原因之一。如铂族元素共生、金银共生、铪、锆共生等。

(4）同种元素，电价相同的情况下，原子和离子半径随配位数的增高而增大。

(5）过渡元素离子半径的变化趋势较为复杂，有其独特的规律性，运用晶体场理论可给予解释。

4.3.2　最紧密堆积

在矿物晶体结构中的原子或离子可看作等大球最紧密堆积。等大球在一层内的堆积方式只有一种（图 4-5（a)），这时每个球周围都围绕着另外 6 个球，并在球与球之间形成三角状的空隙，其中一半的三角状空隙的尖端指向上方，另一半的三角状空隙的尖端指向下方，而球所在位置标定为 A。

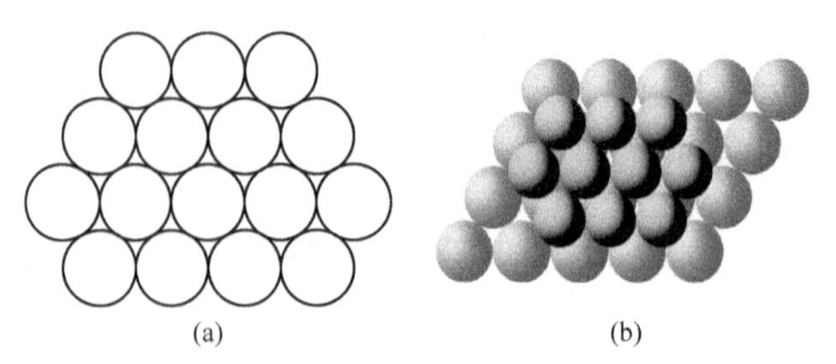

图 4-5　一层等大球的堆积方式及空隙

继续堆积第二层球时，球只能置于第一层球的三角状空隙上才是最紧密的（图 4-6)，即置于第一层的 B 处或 C 处（图 4-7、4-8)。置于 B 处所形成的两层最紧密堆积 AB 与置

于 C 处所形成的两层最紧密堆积 AC，结构是一样，只是方位不同，其中 AB 旋转 180°即与 AC 完全相同。两层球作最紧密堆积的方式依然只有一种形式。

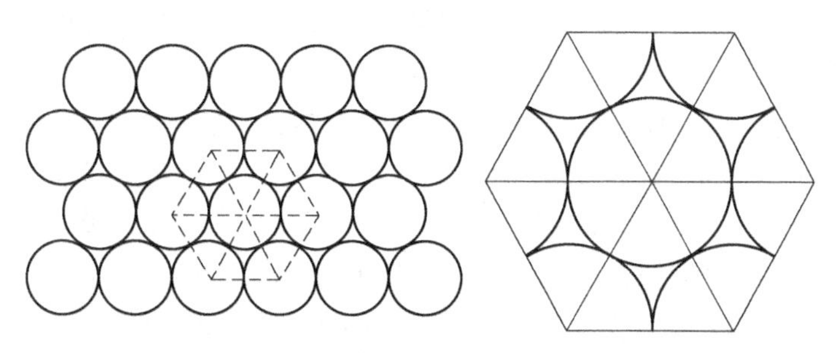

图 4-6　二层等大球的堆积方式及空隙

再继续堆积第三层时同样也只能将球置于第二层球所形成的三角状空隙中，而第二层球形成的三角状空隙所对应的位置为 A 位和 C 位（设第二层球的位置为 B 位），这时就形成两种不同的方式：第一种方式是 ABA，即第三层球的中心与第一层球的中心相对，即第三层球重复了第一层球的位置。即按 $ABABAB$…两层重复一次的规律进行堆积，结果球在空间的分布将与六方原始格子相对应，这种堆积方式称为六方最紧密堆积（hexagonal closest packing），如图 4-7 所示。

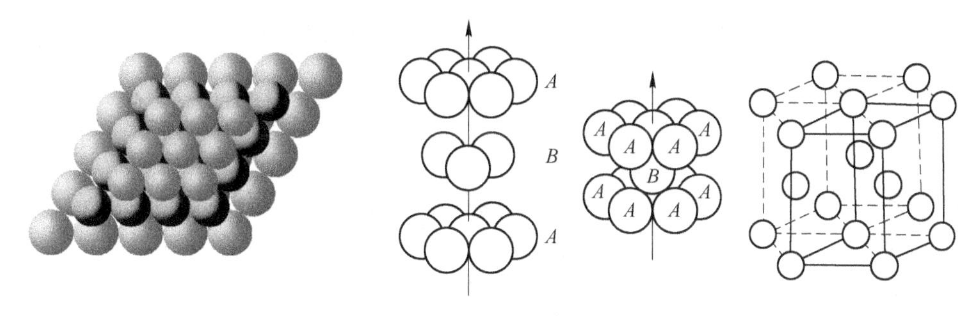

图 4-7　六方最紧密堆积

另一种方式是第三层球置于第一层和第二层重叠的三角状空隙之上，即第三层球不重复第一层和第二层球的位置，即按 ABC-ABC-ABC…三层重复一次的规律堆积，则球在空间分布规律与立方面心格子一致，这种堆积方式为立方最紧密堆积（cubic closest packing），如图 4-8 所示。

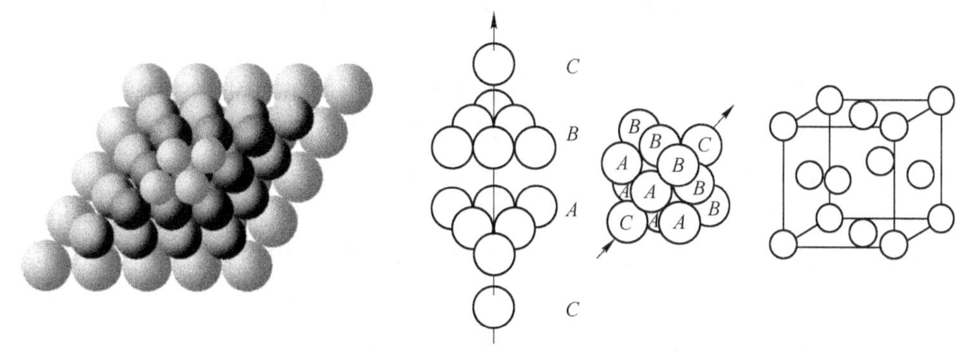

图 4-8　立方最紧密堆积

还可以有四层一重复（如 *ABAC*、*ABAC*…），五层一重复（如 *ABABC*、*ABABC*…）等堆积方式。从数学上分析，这种堆积的重复方式是无穷多的，可以证明，其中的立方最紧密堆积和六方最紧密堆积是最基本、最常见的两种堆积方式。其他堆积都可看成是这两种基本形式的组合。

在等大球最紧密堆积中球体之间仍然存在着空隙，空隙占整个堆积空间的 25.95%。空隙有两种：一种是由 4 个球围成的空隙，将这 4 个球的中心连接起来可以构成一个四面体，称为四面体空隙（tetrahedral void）（图 4-9（a））；另一种空隙是由 6 个球围成的，其中 3 个球在下层，3 个球在上层，上下层球错开 60°，将这 6 个球的中心连接起来可以构成一个八面体，称为八面体空隙（octahedral void）（图 4-9（b））。

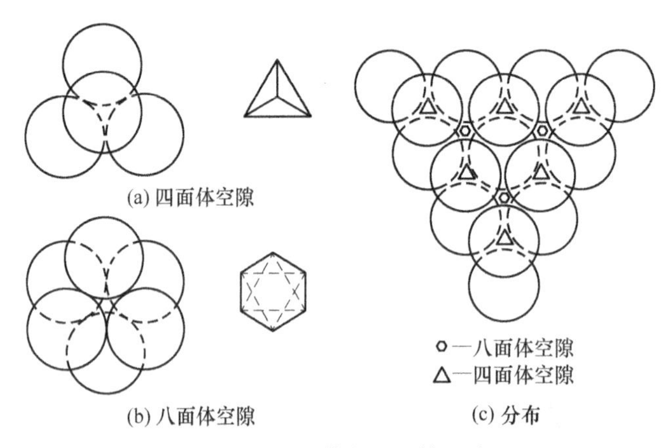

图 4-9　四面体与八面体空隙

在六方和立方最紧密堆积中，一个球周围分布的四面体空隙和八面体空隙的数目是一样的，都为 8 个四面体空隙和 6 个八面体空隙。可以计算得出：n 个球作最紧密堆积形成的八面体空隙数为 n 个，四面体空隙数为 $2n$ 个。

在具体矿物中，金属键晶体中金属原子是等大球的最紧密堆积；在离子键晶体中，可看成半径较大的阴离子做最紧密堆积，半径较小的阳离子充填其空隙。如 NaCl，Cl^-的半径为 0.181nm，Na^+的半径为 0.102nm，可视为 Cl^-做立方最紧密堆积，Na^+充填八面体空隙。在刚玉 Al_2O_3 的晶体结构中，O^{2-}成六方紧密堆积，Al^{3+}充填八面体空隙。

4.4　配位数和配位多面体

在晶体结构中，原子和离子是按照一定的方式与周围的原子和离子相接触的。每个原子或离子周围最邻近的原子或异号离子的数目称为该原子或离子的配位数（coordination number，CN）。在晶体结构中，以一个原子或离子为中心，与之成配位关系的周围原子或阴离子的中心连结起来，所获得的多面体称为配位多面体（coordination polyhedron）。配位多面体有多种形式，晶体结构通常可以看成是由配位多面体连接而成的一种结构体系。影响配位数的因素主要有化学键、原子半径、堆积紧密程度等。

在金属晶体中，金属原子都形成了这样的等大球最紧密堆积及配位形式。当配位数为 12 时，配位多面体为立方八面体；当配位数为 8 时，配位多面体为立方体。在离子键晶体中，由于阴、阳离子的半径不同，形成了非等大球的堆积。这种情况下，只有当异号离子相互接触时才是稳定的。从平面上来看，虽然阳离子半径变小到与阴离子相互接触时，结构仍是稳定的，但已达到了极限。如果阳离子更小，则可能在阴离子中间移动，这样的结构是不稳定的，将引起配位数的改变。对于离子晶体来说，阳离子半径 R_c 和阴离子半径 R_a 的大小决定了它们的配位数和配位体形式以及稳定性（表 4-3）。

表 4-3　配位数与配位多面体

半径比值 R_c/R_a	配位数（CN）	配位多面体	配位多面体形状	矿物实例
≤0.155	2	哑铃形		二氧化碳［CO_2］$^{2-}$在对硫中 S—S 107. 8°
0.155~0.225	3	三角形		方解石中［CO_3^{2-}］
0.255~0.414	4	四面体		硅酸盐中［SiO_4］
0.414~0.732	6	八面体		萤石 CaF_2
0.732~1	8	立方体		自然铜 Cu
1	10 12	立方八面体		

在离子晶格中，可通过阴离子半径（R_a）、阳离子半径（R_c）计算出配位数的下限。三次配位的下限计算如图 4-10 所示。设 $R_a=0.5$，三角形一边 y 为（R_a+R_c），另一边为 1。$2R_a\sin 60°\times 2/3 = R_c + R_a$；两端同除以 R_a，得 $R_c/R_a = 2\sin60°\times2/3-1=0.155$，即阳离子要形成三次配位结构，其最小半径应为阴离子半径的 0.155 倍以上（图 4-10）。

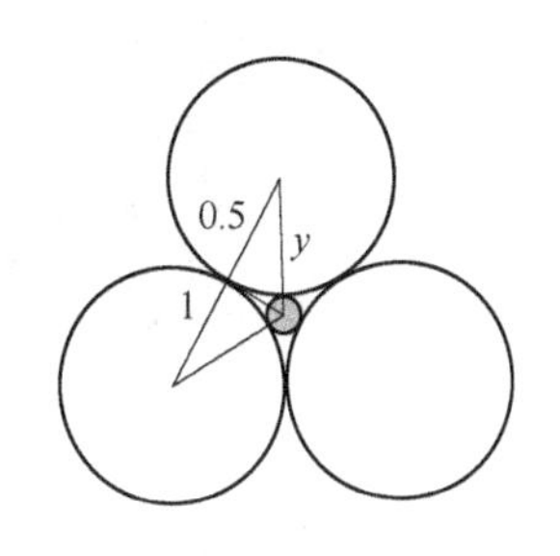

图 4-10　三次配位计算模型

对于四次配位，可依四面体画一立方体，立方体的对角线长度为 $2R_c$，立方体的体对角线长度为 2（R_a+R_c）（图

4-11)。设立方体的边长为 a，则有 $2R_a=\sqrt{2}\times a$；$2\ (R_c+R_a)\ =\sqrt{3}\times a$。即$\sqrt{2}R_a=\frac{2\sqrt{3}R_c}{3}+\frac{2\sqrt{3}R_a}{3}$；两端同除 R_a，得到：$\sqrt{2}=\frac{2\sqrt{3}}{3}+\frac{2\sqrt{3}}{3}\times R_c/R_a$，则 $R_c/R_a=\ (\sqrt{2}-\frac{2\sqrt{3}}{3})/2\sqrt{3}/3)\ =(\sqrt{2}/\frac{2\sqrt{3}}{3})\ -1\ (\frac{3\sqrt{2}}{2\sqrt{3}}-1=0.225$；即阳离子要形成四次配位，其最小半径应为阴离子半径的 0.225 倍以上（图 4-11）。

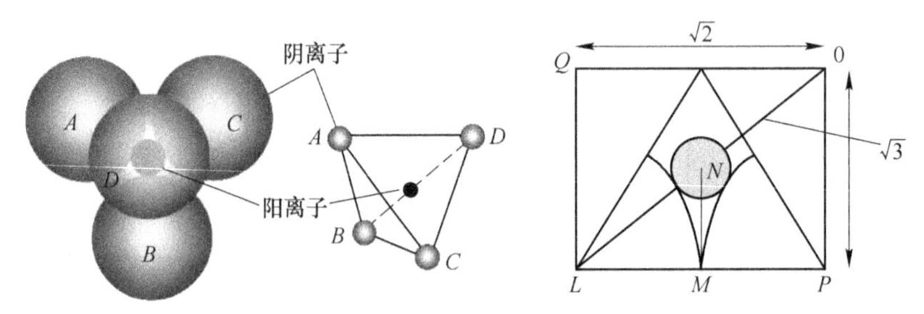

图 4-11　四次配位计算模型

对于六次配位，有 $2(R_c+R_a)\ =2\sqrt{2}R_c$，两端同除 R_a，得 $R_c/R_a=\sqrt{2}-1=0.414$。即阳离子要形成六次配位结构，其最小半径为阴离子半径的 0.414 倍（图 4-12）。

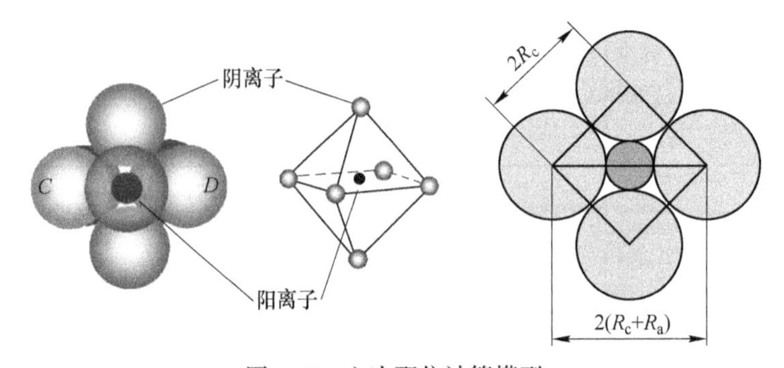

图 4-12　六次配位计算模型

对于八次配位，根据立体几何得到：$2(R_c+R_a)/=2\sqrt{3}R_a$，$R_c/R_a=\sqrt{2}-1=0.732$，即阳离子要形成八次配位结构，其离子最小半径应为阴离子半径的 0.732 倍以上（图4-13）。

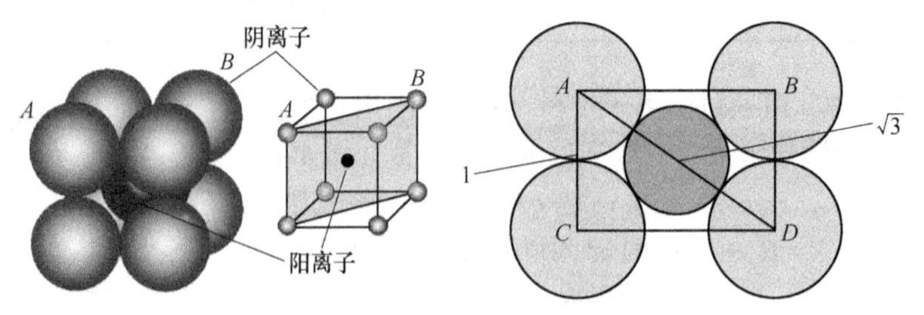

图 4-13　八次配位计算模型

影响实际配位关系的因素有：

(1) 离子的极化导致离子的变形和离子间距的缩短，可使配位数降低。受离子极化影响，离子变形后，晶体中离子的排列不再受离子半径比（R_c/R_a）的限制。如闪锌矿型的结构按照离子半径比配位数大于4，但由于Zn、Hg、Cd离子和S离子的极化作用很强，因此闪锌矿、辰砂、硫镉矿为配位数4的四面体结构。

（2）具有共价键的晶体，配位数和配位形式取决于共价键的方向性和饱和性，而与元素的原子或离子的半径大小及其比值无直接关系。

（3）就同一元素的离子来说，在不同的外界条件（温度、压力、介质条件等）下形成的晶体也可具不同的配位数。

某些具共价键的矿物晶体中原子的杂化轨道类型、配位数和配位多面体见表4-4。

表4-4　某些具共价键的矿物晶体中原子的杂化轨道类型、配位数和配位多面体

配位数（CN）	配位多面体形状	杂化轨道类型	举　例
2	哑铃状	sp，dp	辰砂(HgS)中的Hg
2	折线状	P^2，ds	自然硫(S)中的S
3	三角形	sp^2，dsp	石墨(C)中的C
3	三方单锥	$p^3 4^2 p$	雌黄(As_2S_3)中的As
4	正方形	dsp^2，d^2p^2	兰铜矿($Cu)_3[CO_3]_2(OH)_2$)中的Cu
4	四面体	sp^3，d^2s	闪锌矿(ZnS)中的Zn
5	四方单锥	d^2sp^2，d^4s	孔雀石($Cu_2[CO_3](OH)_2$)中的Cu
5	三方双锥	d^3sp	钒铅矿($Pb_5[VO_4]_2Cl$)中的V
6	三方柱	d^4sp，d^3p	辉钼矿(MoS_2)中的Mo
6	八面体	d^2sp^3，sp^3d^2，f^2sp^3	锡石(SnO_2)中的Sn

4.5 鲍林法则

鲍林法则（Pauling's rules）共有5条。

【法则1】　围绕每个阳离子形成一个阴离子配位体，阴、阳离子的间距取决于它们的半径之和，阳离子的配位数取决于它们的半径之比（表4-3）。

【法则2】　一个稳定的晶体结构中，从所有相邻接的阳离子到达一个阴离子的静电键之总强度等于阴离子的电荷，即：

$$S = \sum S_i = \sum \frac{W_i}{V_i}$$

式中，S为某阴离子的电价；S_i为第i种阳离子至阴离子的静电键强度（键强）；W_i为第i种阳离子的电价；V_i为第i种阳离子的配位数。

鲍林法则2实际上描述的是晶体结构中局部电性中和的问题。例如：在硅酸盐中，Si^{4+}与O^{2-}形成四面体配位，Si—O键强＝Si的电价/Si的配位数，即4/4＝1。若两个$[SiO_4]$四面体共角顶相连，则共角顶处的O^{2-}分别与两个Si^{4+}配位，所以O^{2-}离子的电价必等于每个Si^{4+}至O^{2-}的键强总和，即等于2。$[SiO_4]$四面体共角顶相连是符合鲍林法则的，是稳定的。在铝硅酸盐中，存在$[AlO_4]$四面体，Al—O键强等于3/4，如果两个

[AlO_4] 四面体共角顶相连，则每个 Al^{3+} 至共角顶处的 O^{2-} 的键强总和 $1.5<O^{2-}$ 的电价，所以 [AlO_4] 共角顶相连是不稳定的。

【法则 3】 在配位结构中，两个阴离子多面体以共棱，特别是共面的方式存在时，结构的稳定性便降低。

对于高电价、低配位数的阳离子来说，这个效应尤为明显。这一法则的实质在于，随相邻两配位多面体从共用一个角顶到共用一条棱再到共用一个平面，其中心阳离子之间距离逐渐变小，库仑斥力迅速增大，导致结构趋向不稳定。

晶体结构常可视为由配位多面体相互联结而成的体系（图 4-14）。如金红石（TiO_2）的晶体结构可视为由 [TiO_6] 八面体以共棱的方式联结成平行 Z 轴延伸的“链”，而这些同一方向平行排列的链再以共角顶方式相联结而成的一种配位多面体体系（图 4-15）。

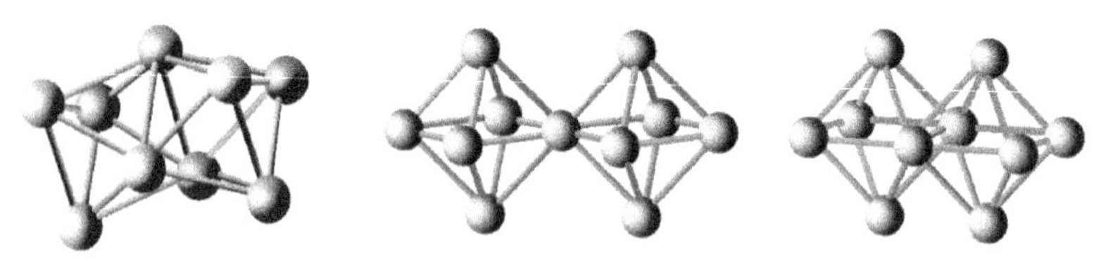

图 4-14　配位多面体联结方式（共角顶、共棱、共面联结）

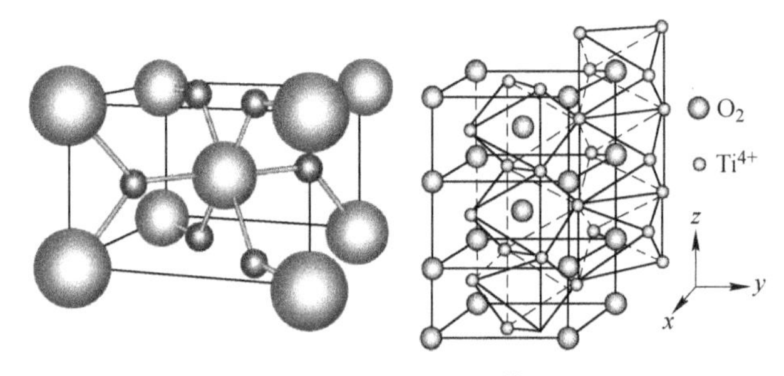

图 4-15　金红石结构中八面体共棱联结

【法则 4】 在含有多种阳离子的晶体结构中，电价高、配位数低的阳离子倾向于相互不共用其配位多面体的几何要素。

这一法则实际上是第三法则的推论。它意味着在有多种阳离子的晶体结构中，高电价、低配位数的阳离子各配位多面体，趋向于尽量互不直接相连，中间由其他阳离子的配位多面体予以分隔，彼此间尽可能远离一些，至多相互间共用角顶。

【法则 5】 在晶体结构中，本质不同的结构组元的种数倾向于最小限度。

本质不同的结构组元的种类是指晶体化学性质上差别很大的结构位置和配位位置。这条法则意味着如果阴离子在晶体结构中具有相似的晶体化学环境，按电价规则可允许在阴离子周围有若干种安排阳离子的方式，但按第 5 条法则，其中可以实现的只趋向于一种方式，且阳离子仅以这一种方式的配置关系贯穿于整个晶体结构中。

4.6　晶体结构

晶体结构是指晶体中实际质点（原子、离子或分子）的具体排列情况。晶体以其内部原子、离子、分子在空间作三维周期性的规则排列为其最基本的结构特征。任一晶体总可找到一套与三维周期性对应的基向量及与之相应的晶胞，因此可以将晶体结构看作是由内含相同的具平行六面体形状的晶胞，按前后左右上下方向彼此相邻并置而组成的一个集合。

晶体结构参数有晶系与晶胞参数、空间格子类型，晶胞中的分子数（Z）、原子或离子的配位数（CN）及其连接方式，原子或离子的坐标，化学键等。在 NaCl 晶体结构中（图 4-16），Na 或 Cl 构成立方面心格子。晶胞参数 $a_0=b_0=c_0$。$NaCl_6$ 构成八面体配位，Na 配位数为 6。

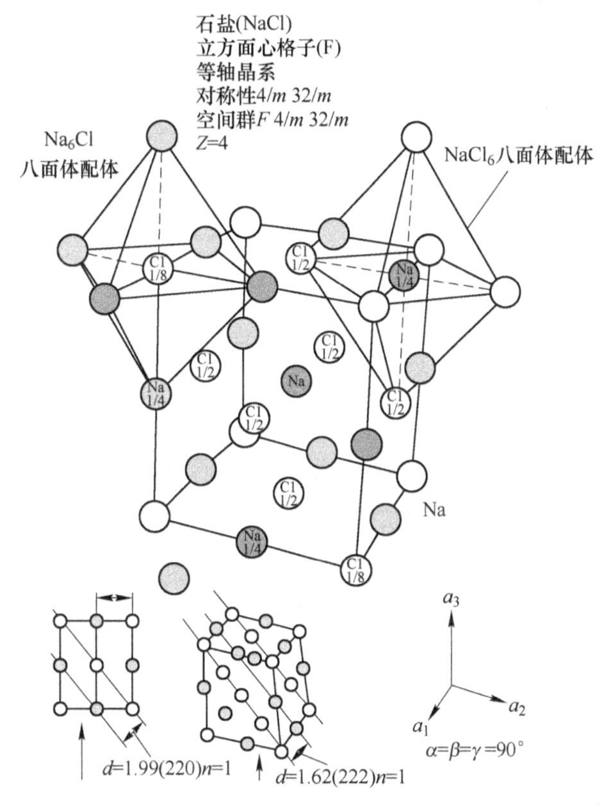

图 4-16　石盐（NaCl）晶体结构的立方面心格子与八面体配位方式

Z 数的确定。在单位晶胞中所含有的相当于化学式的“分子数”称为“Z 数”。实际上就是用来表明一个晶胞是由多少个原子、离子或分子组成的。对于结构简单的晶胞 Z 数，可以直观地计算出来。如在立方面心格子的晶胞，在角顶上的质点为相邻 8 个晶胞共用，在晶棱为相邻 4 个晶胞共用，在面心为相邻 2 个晶胞共用，在中心点属于单一晶胞。如石盐（NaCl）晶胞中，分布在立方面心格子的 8 个角顶上的 Cl，属于该晶胞为 $1/8\times8=1$；在面心分布 6 个 Cl 属于该晶胞为 $1/2\times6=3$，有 4 个 Cl 离子。采用 Na^+ 计算也得 4，表明在单位晶胞中存在着 4 个 Na^+ 和 4 个 Cl^+，即在 NaCl 单位晶胞中存在 4 个 NaCl 分子。

不同矿物晶胞的 Z 数不同。水镁石 $Mg[OH]_2$ 的 Mg^{2+} 分布在空间格子的角顶上，为原始格子，$Z=1/8\times8=1$，即在单位晶胞内有一个 $Mg[OH]_2$ 分子。$a_0=b_0=0.3148$，$c_0=0.4769$nm；$\alpha=\beta=90°$，$\gamma=120°$。六方晶系。$Mg[OH]_2$ 呈八面体成层状排列。

简单结构晶胞中的 Z 数可以分析出来，而复杂结构的晶胞可采用计算获得，参见表

4-5。决定 Z 数的主要因素有晶胞大小、密度和单位质量。一个给定矿物的晶体晶胞的 Z 数近似计算公式可以写成：

$$Z=\frac{V\times D\times A}{n}$$

式中，V 为晶胞体积；D 为密度；A 为单位质量；n 为物质的量。

表 4-5　不同晶系晶体格子的 V 计算（引自 M. J. Hibbard，2002）

等轴晶系	$V=a_0^3$
六方晶系	$V=\frac{\sqrt{3ac^3}}{2}$
三方晶系	$V=a_0^3 1-3\cos^2\alpha+\cos^2\alpha$
四方晶系	$V=a_0^2 c$
斜方晶系	$V=a_0 b_0 c_0$
单斜晶系	$V=a_0 b_0 c_0\ \sqrt{\sin\beta}$
三斜晶系	$V=a_0 b_0 c_0\ \sqrt{1-\cos^2\alpha-\cos^2\beta-\cos^2\gamma+2\cos\alpha\cos\beta\cos\gamma}$

不同晶体的结构，若其对应质点的排列方式相同，则称它们的结构是等型结构。在等型结构中，常以其中的某一种晶体为代表命名这一结构，称为典型结构（typic structure）。如石盐（NaCl）、方铅矿（PbS）、方镁石（M_gO）等晶体的结构等型，以其中的 NaCl 晶体作为代表命名为 NaCl 型结构，即 NaCl 型结构为一典型结构，而方铅矿、方镁石等晶体具“NaCl 型”结构。

4.6.1　原子型结构

由自然元素构成的晶体结构，有自然铜型（Cu）、金刚石型（C）、石墨型（C）、自然硫型（S）等结构。

（1）自然铜型结构（图 4-17）。等轴晶系，空间群为 O_h^5-Fm3m，对称型 $3L^4 4L^3 6L^2 9PC$，立方面心格子，原子占据立方体的角顶和面心，呈立方最紧密堆积，配位数 $CN=12$，$Z=4$，具有金属键。具有铜型结构的矿物有自然金、自然银、自然铁、自然铂等。

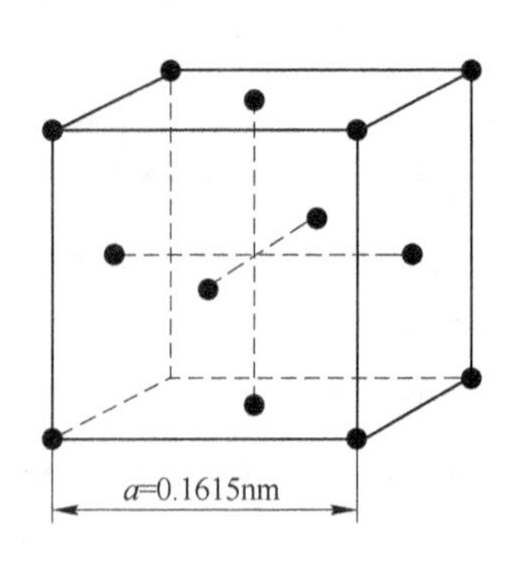

图 4-17　自然铜型结构

（2）金刚石型结构（图 4-18）。等轴晶系，空间群为 O_h^7-Fd3m，对称型为 $3L^4 4L^3 6L^2 9PC$。立方面心格子。原子分布在立方体的角顶和面心外，在将立方体分成 8 个小立方体，在相间排列的小立方体中心还存在一个原子，形成四面体配位。$CN=4$。$Z=8$。化学键为共价键。

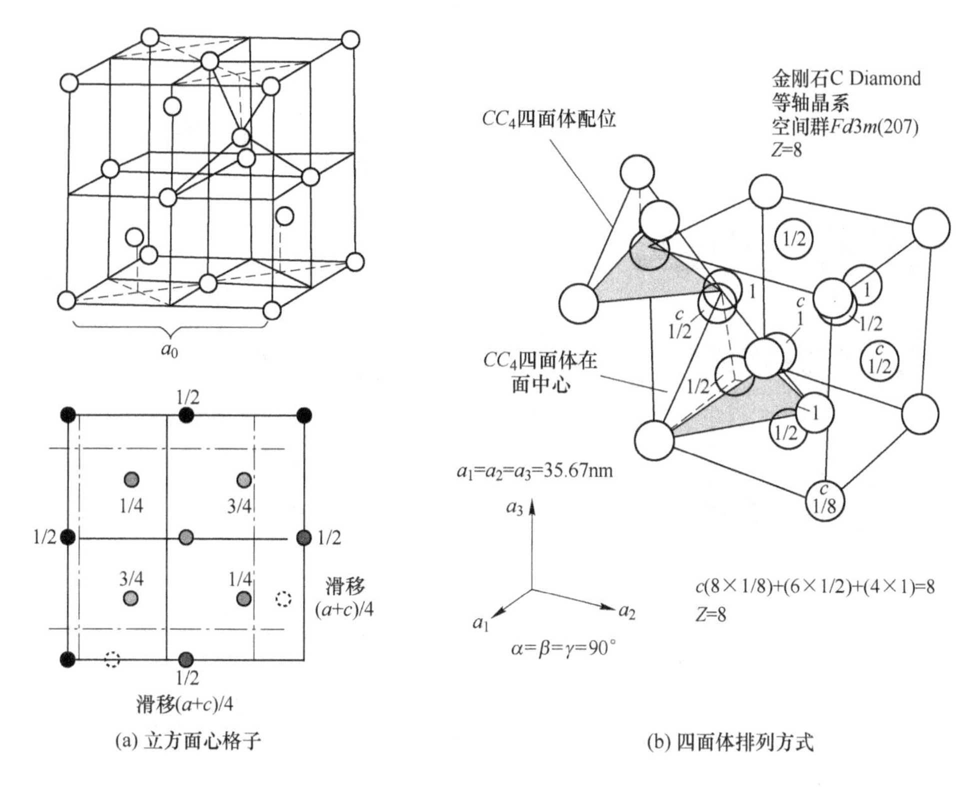

(a) 立方面心格子　　　　(b) 四面体排列方式

图 4-18　金刚石型结构

(3) 石墨型结构 (图4-19)。六方晶系，空间群为 D_{6h}^4-$P6_3/mmm$。对称型为 L^66L^27PC，典型的层状结构。原子成层排列，每个原子 (C) 与相邻的原子 (C) 之间等距相连，每一层中的原子按六方环状排列，上下相邻层的六方环通过平行网面方向相互位移后再叠置形成层状结构，位移的方位和距离不同导致不同的多型结构。石墨结构中层内 C 原子的配位数 $CN=3$，$Z=6$。上下两层的碳原子之间距离比同一层内的碳之间的距离大得多，层内 C-C 间距 = 0. 142nm，层间 C-C 间距 = 0. 340nm。层内为共价键。有金属键存在，层间为分子键。

4. 6. 2　AX 型结构

AX 型离子晶体是一种阴离子与一种阳离子结合的化合物。有氯化钠型 NaCl、氯化铯 CsNa、闪锌矿型 ZnS、氧化镁型 MgO、纤锌矿型 (ZnS) 结构。特征是阴离子做紧密堆积，阳离子充填其空隙中。

(1) 氯化钠型结构 NaCl (图 4-20 (a))。等轴晶系，空间群为 F-m3m，对称型为 $3L^44L^36L^29PC$。立方面心格子；阴离子 Cl^-分布在立方体的角顶和面心位置，阳离子 Na^+分布在立方体的棱中点位置。从 Na^+作为相当点可划分出立方面心格子；如以 Cl^-为相当点也可划出立方面心格子。Cl^-呈立方最紧密堆积，Na^+充填八面体空隙。配位数 $CN=6$。$Z=4$。化学键为离子键。

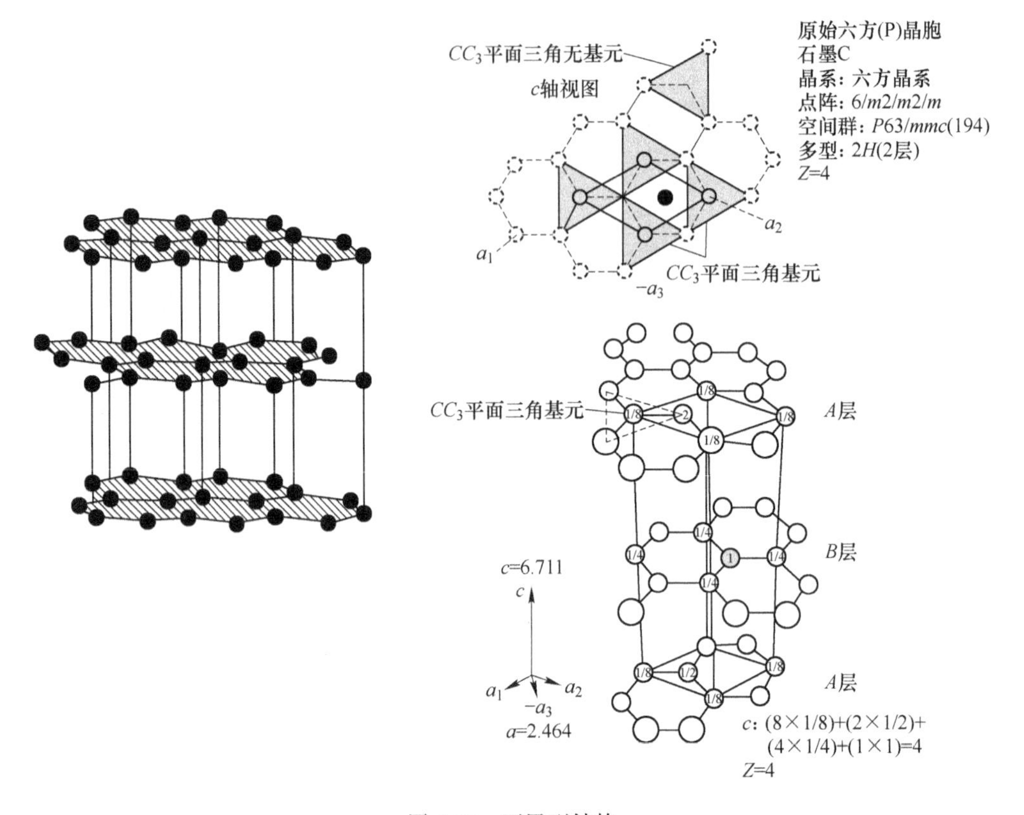

图 4-19　石墨型结构

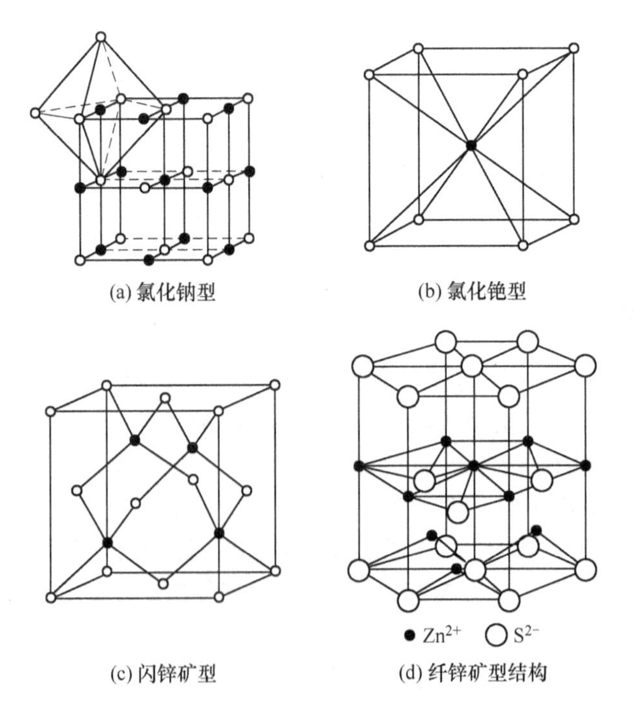

图 4-20　AX 型晶体结构结构

（2）氯化铯型结构（CsCl）（图4-20(b)）。等轴晶系，空间群 O_h^5-$Fm3m$，对称型为 $3L^44L^36L^29PC$，立方面心格子。阴离子（Cl^-）作最紧密堆积，阳离子（Cs^+）充填立方体空隙。配位数 $CN=8$，$Z=8$。化学键为离子键。

（3）闪锌矿型结构（ZnS）(图4-20(c))。等轴晶系，空间群 T_α^2-$F3m$，对称型（$3L_i^44L^36P$），立方面心格子。阴离子（S^2）$^-$分布在立方体的角顶和面心。将立方体划分为 8 个小立方体，阳离子（Zn^{2+}）分布在立方体内的 4 个小立方体内。从最紧密堆积原理分析，S^{-2-}呈立方紧密堆积；Zn^{2-}分布在立方体，内占据一半四面体空隙。配位数 $CN=4$，$Z=4$。化学键为离子键、共价键。

（4）纤锌矿型（ZnS）（图 4-20(d)）。六方晶系，空间群 C_{6v}^4-$P6_3mc$，对称型 L^66P。S^{2-}在垂直 L^6 方向上成六方网层，沿 L^6 方向呈六方紧密堆积；Zn^{2+}占据一半的四面体空隙。配位数 $CN=4$。化学键为离子键、分子键。

（5）砷化镍型（NiAs）。六方晶系，空间群 C_{6v}^4-$P6_3mc$，对称型 L^66L^27PC。As 做六方紧密堆积，Ni 占据全部八面体空隙。

AX 型结构在硫化物、氧化物、卤化物矿物中具有典型意义。大多数 AX 型的氧化物、硫化物具有氯化钠型结构（表 4-6）。

表 4-6　AX 型硫化物、氧化物、卤化物矿物的晶体结构

矿物	结构				
	氯化钠型构	氯化铯型	闪锌矿型	纤锌矿型	砷化镍型
硫化物	SnS、BaS、MnS 、PbS		ZnS、HgS 、CdS	MnS	FeS、CoS 、Nis
氧化物	MgO 、CaO 、BaO		BeO	ZnO	
卤化物	NaCl、LiF、LiCl、LiBr、NaF、NaBr、KFKCl、AgCl、AgF、AgBr	CsCl、CsBr、CsI、CaCl、RbCl	CuF、CuCl CuBr、CuI、AgI		

4.6.3　AX_2 型结构

AX_2 型离子晶体结构有萤石型（CaF_2）、金红石型（TiO_2）、β-方石英型（SiO_2）。它们共同的特点是阴离子做紧密堆积，阳离子充填在空隙中。可根据阳阴离子半径比值判断 AX_2 结构。$R^+/R^->0.732$，为萤石型结构；$R^+/R^-=0.732-0.414$ 为金红石型结构；$R^+/R^-<0.414$ 为 β-石英型结构。

（1）萤石型结构（图 4-21）。等轴晶系，空间群 O_n^5-$Fm3m$。阳离子（Ca^{2+}）分布在立方晶胞的角顶和面心，将立方晶胞划分为 8 个小立方体，阴离子（F^-）分布在 8 个立方体中心位置。也可看作钙离子作立方最紧密堆积，氟离子占据所有四面体空间。钙离子的配位数为 8，氟离子配位数为 4，$Z=4$（图 4-21）。反萤石型结构，即阴阳离子在晶胞中的位置与萤石结构相反，阳离子配位数为 8，阴离子配位数为 4。

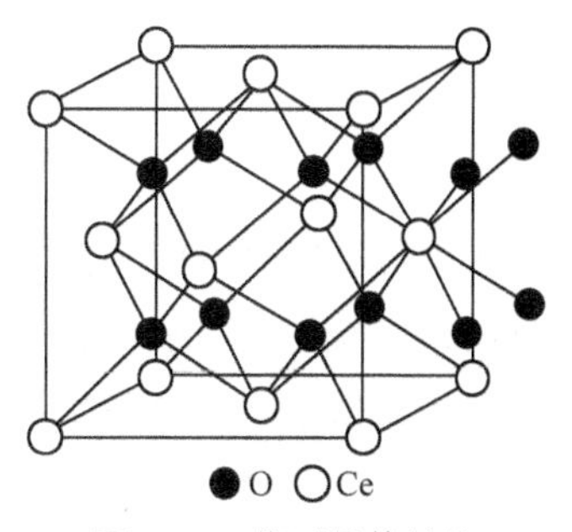

图 4-21　萤石晶体结构

（2）金红石型结构（图 4-22）。（TiO_2）四方晶系，空间群 $D_{1h}^{14}-P4_2/mnm$，对称型 L^44L^25PC。在金红石的晶体结构中，阳离子（Ti^{4+}）位于单位晶胞的角顶和体心，位于晶胞角顶上的一套 Ti^{4+} 组成一套四方原始格子，而位于体心的另一套 Ti^{4+} 组成另一套四方原始格子。金红石的空间格子就是原始格子而不是体心格子。O^{2-} 呈近似于六方最紧密堆积，O^{2-} 位于以 Ti^{4+} 为角顶组成的平面三角形的中心，$CN=3$。Ti^{4+} 位于八面体空隙中，配位数（CN）$=6$；［TiO_6］八面体以上下共棱的方式沿 c 轴联结成链，链间八面体共角顶相连。因此结构属链状型。$Z=2$。

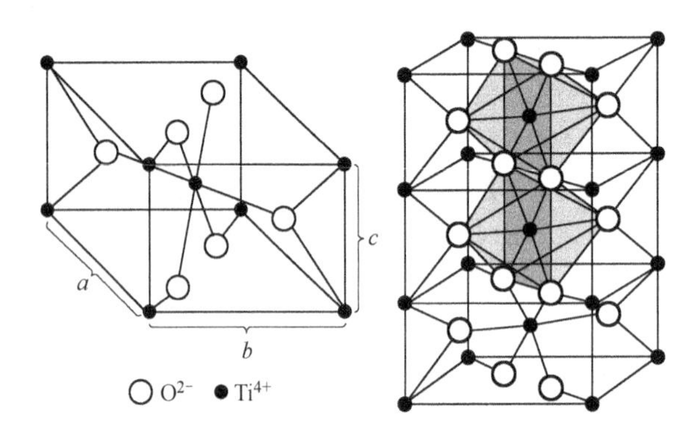

图 4-22　金红石结构及其空间格子

（3）β-方石英型结构（图 4-23）（SiO_2）等轴晶系，空间群 O_h^6-Fm3m。晶体结构基础是［SiO_4］四面体的 4 个角顶相连成立方格架（图 4-23）。Si 在立方晶胞中的位置类似于金刚石结构中的 C 的位置，每个 Si 被 4 个位于四面体顶点上的 O 包围，O 为排列在径向相对的两个硅近邻位置。硅的配位数（CN）$=4$，氧的配位数 $CN=2$。$Z=4$。

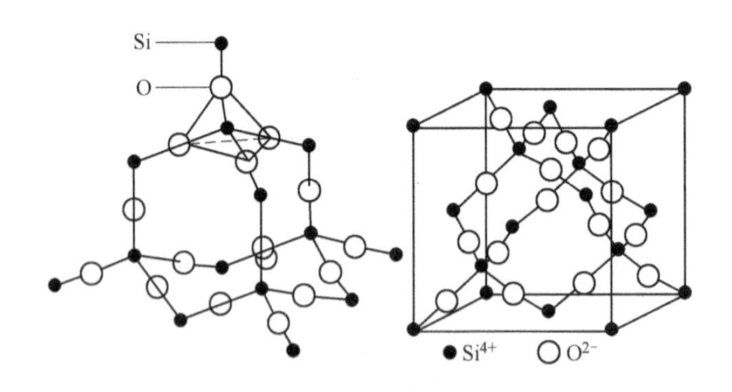

图 4-23　β-方石英型结构

大多数 AX_2 型的氟化物、氧化物属于萤石型或金红石型结构，仅有少数属于 β-方石英型结构。有许多的氧化物、硫化物、硒化物、碲化物具有反萤石型结构。该类型的矿物受离子极化影响时，会发生型变。

AX_2 型氧化物、氯化物矿物的结构类型见表 4-7。

表 4-7 AX_2 型氧化物、氯化物矿物的结构类型

矿物	结构		
	萤石型（R+/R$^-$ ≈0.732）	金红石型（R^+/R^- =0.732-0.414）	β-方石英型（R^+/R^- <0.414）
氧化物	CeO_2（0.72）、ThO_2（0.68） UO_2（0.64）、ZrO_2（0.57）	PbO_2（0.60）、SnO_2（0.51）、TiO_2（0.49） WO_2（0.47）、CrO_2（0.40）MnO_2（0.39）	GeO_2（0.38）SiO_2（0.29）
卤化物	BaF_2（0.99）、PbF_2（0.88） SrF_2（0.83）、CaF_2（0.73）	MnF_2（0.59）、PdF_2（0.59）、ZnF_2（0.54） CoF_2（0.53）、NiF_2（0.51）、MgF_2（0.51）	BeF_2（0.23）

AB_2 型矿物的型变如图 4-24 所示。

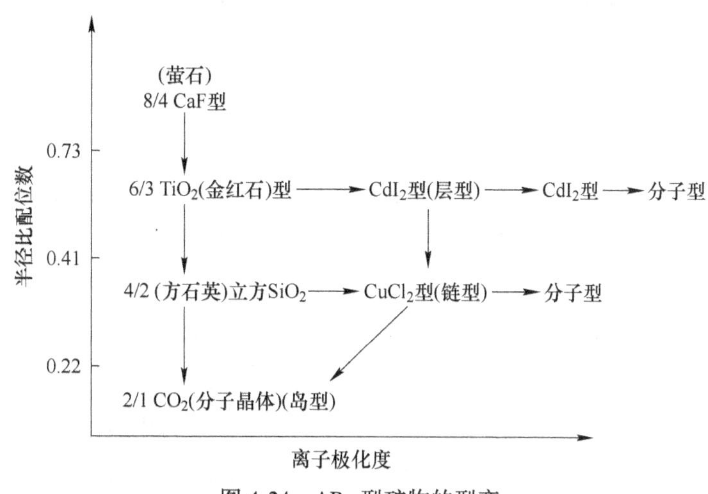

图 4-24 AB_2 型矿物的型变

4.6.4 A_2X_3 型矿物晶体结构

A_2X_3 型矿物晶体结构常见的是刚玉型结构（Al_2O_3），有些结构可以由此衍生而成，如 Fe_2O_3 结构。

刚玉型结构属三方晶系，空间群 $D_{3d}^6-R\bar{3}c$，对称型（$L_i^3 3L_2 3P$）。O^{2-}沿垂直三次轴方向成六方最紧密堆积，Al^{3+} 在两 O^{2-} 层之间，充填八面体空隙（2/3）。八面体在平行{0001} 方向上共棱成层。在平行 c 轴方向上，共面联结构成两个实心的［AlO_6］八面体和一空心由 O^{2-} 围成的八面体相间排列的柱体。［AlO_6］八面体成对沿 c 轴呈三次螺旋对称（图 4-25）。Al 为 6 次配位，O 为 4 次配位。由于 Al-O 键具离子键向共价键过渡的性质，从而使刚玉具共价键化合物的特征。

4.6.5 ABX_3 型矿物晶体结构

在这类矿物晶体结构中，A、B 都为阳离子，典型结构为钙钛矿（$CaTiO_3$）和方解石（$CaCO_3$）。

（1）钙钛矿型结构（图 4-26）。等轴晶系，空间群 O_h-$Pm3m$，由 O 离子和半径较大的 A 组阳离子共同组成立方最紧密堆积，而半径较小的 B 组阳离子则填于 1/4 的八面体空隙中。在钙钛矿矿晶体结构中，钛离子位于立方晶胞的中心，为 12 个氧离子包围成配

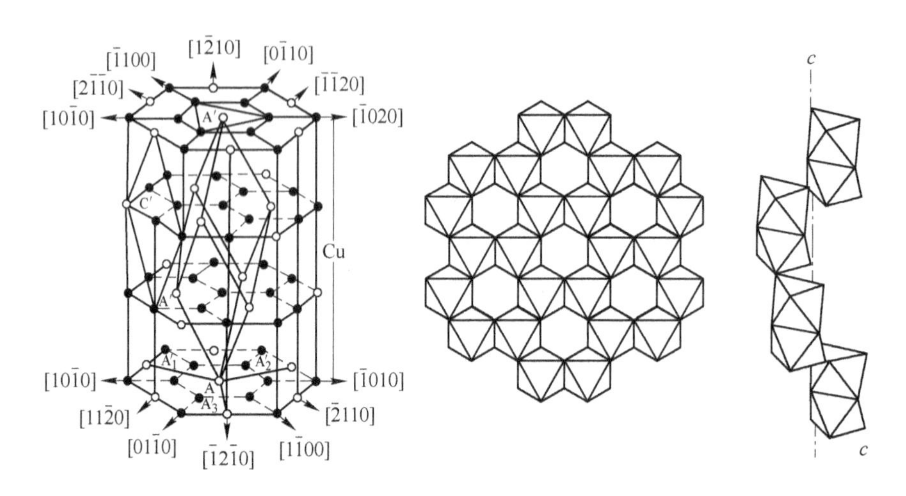

图 4-25　刚玉型结构

位立方-八面体，配位数为 12；钙离子位于立方晶胞的角顶，为 6 个氧离子围成配位八面体（图 4-26），配位数为 6。$Z=1$。在 600℃以下转变为斜方晶系，空间群 $Pcmm$，$Z=4$。

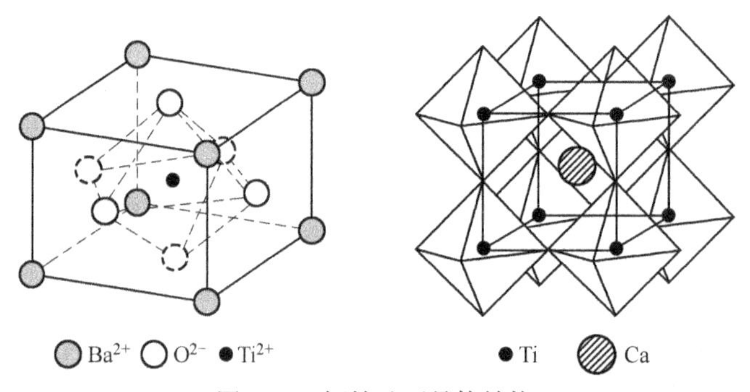

图 4-26　钙钛矿型晶体结构

具有钙钛矿型结构的氧化物矿物较多。一般情况下，A 组离子的半径大（0.10～0.14nm），与氧离子半径接近，并与氧离子一起构成紧密堆积；B 组阳离子半径小（0.045～0.075nm），与氧离子的六次配位相适应。钙钛矿型结构不仅仅限于 A 组阳离子为正二价和 B 组阳离子为正四价。若一对阳离子半径适合配位条件，而它们的原子价总和为正六价，也能形成钙钛矿型结构，如 $KNbO_3$。一些具有 ABX_3 型氧化物矿物的晶体结构也属于钙钛矿型结构的变形或衍生而成，离子有较小的位移，并导致晶胞有较小的变形，对称程度降低。

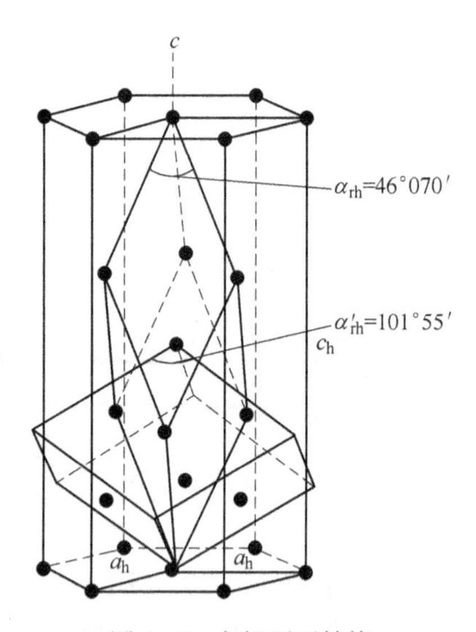

图 4-27　方解石型结构

（2）方解石型结构（图 4-27）。三方晶系，空间群 $D_{3d}^{6}-R\bar{3}c$；对称型 $L_i^3 3L^3 3P$；菱面体晶胞。可以视为 NaCl 型结构的衍生结构。将立方面心格子结构沿某个三次对称轴压扁后成菱面体晶胞。Ca^{2+}分布在菱面体格子的角顶，$[CO_3]^{2-}$平面三角形垂直某三次轴成层排列（图 4-27）。Ca^{2+}和$[CO_3]^{2-}$都按最紧密堆积的规律排列。Ca^{2+}与O^{2-}的配位数为 6。$a_{rh}=0.637nm$，$\alpha=46°11'$，$Z=2$。

4.6.6 AB_2X_4 型矿物晶体结构

尖晶石型结构等轴晶系，空间群 O_h^7-Fd3m，对称型 $3L^44L^36L^29PC$；立方面心格子。O^{2-}呈立方紧密堆积，单位晶胞中有 64 个四面体空隙（A 的可能位置）和 32 个八面体空隙（B 的可能位置）。只有 8 个四面体空隙和 16 个八面体空隙被占据。整个结构可视为$[AO_4]$四面体和$[BO_6]$八面体连接而成（图 4-28）。

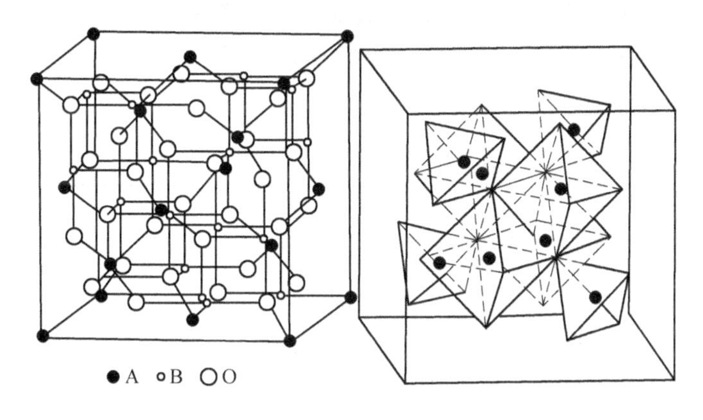

图 4-28 尖晶石型晶体结构

如图 4-29 所示，在单位晶胞中 8 个 A 组二价阳离子占据四面体位置，16 个 B 组三价阳离子占据八面体位置（[ ] 内为八面体配位，下同）的为正尖晶石型，如铬铁矿 $Fe[Cr_2]O_4$；在单位晶胞中 1/2 的 B 组三价阳离子（8 个）占据四面体空隙。1/2B 组三价阳离子（8 个）和全部的 A 组二价阳离子（8 个）共同占据八面体位置的为反尖晶石型，如磁铁矿 $Fe^{3+}[Fe^{3+}Fe^{2+}]O_4$；介于两者之间者为混合型（4-29）。

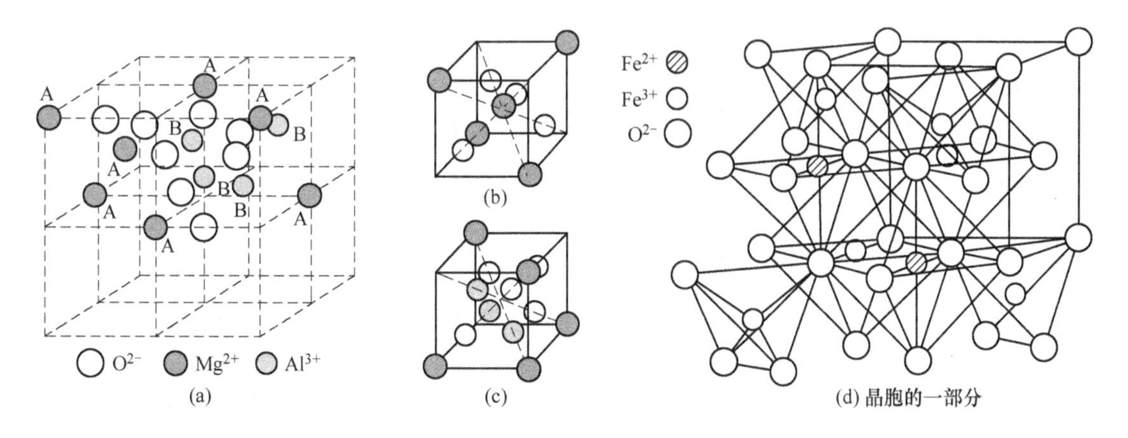

图 4-29 正尖晶石结构与反尖晶石结构（磁铁矿）

在矿物晶体结构中存在着复杂化合物的晶体结构。比较典型的是硅酸盐晶体结构、硼酸盐晶体结构。在硅酸盐矿物晶体结构中，络阴离子团［SiO_4］四面体可以岛状、环状、链状、层状、架状等形式出现，与阳离子形成硅酸盐矿物。在硼酸盐晶体结构中，存在［BO_3］、［BO_4］络阴离子团，它们可以独立或联合形成岛状、链状、层状、架状结构（这部分内容详见第 14 章硅酸盐矿物和第 15 章硼酸盐矿物）。

4.7 同质多象

同种化学成分的物质，在不同的物理化学条件（温度、压力、介质）下，形成不同结构晶体的现象，称为同质多象（polymorphism）。这些不同结构的晶体，称为该成分的同质多象变体。金刚石和石墨是碳（C）的两个同质多象变体，在结构特征、物理化学性质上都有差别（表 4-8）。

表 4-8 金刚石和石墨的对比

项目	金刚石（C）	石墨（C）
晶系	等轴晶系	六方晶系
空间群	Fd3m	$P6_3/mmc$
配位数	4	3
原子间距	0. 154nm	层内 0. 142nm，层间 0. 340
键性	共价键	层内共价键，层间分子键
形态	八面体	六方片状
颜色	无色或浅色	黑色
透明度	透明	不透明
光泽	金刚光泽	金属光泽
解理	//{111} 中等	//{0001} 完全
硬度	10	1
相对密度	3. 55	2. 23
导电性	不良导体	良导体
晶体结构特征	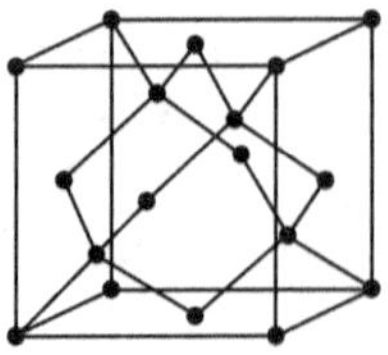	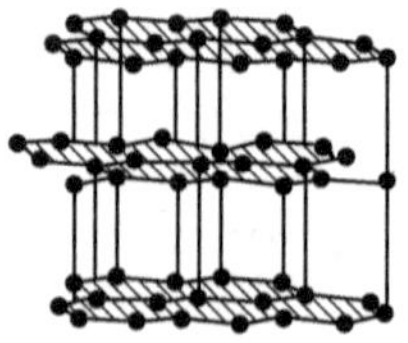

同质多象的每一种变体都有一定的热力学稳定范围，各具本身特有的形态和物理性

质，在矿物学中它们都是独立的矿物种。同质多象变体常根据它们的形成温度从低到高在其名称或成分之前冠以 α-(低温变体)、β-、γ-(高温变体) 等希腊字母，以示区别，如 α-石英、β-石英等。

同质多象的转变可分为可逆的（双向的）和不可逆的（单向的）两种类型。如 α-石英与 β-石英的转变在 573°C 时完成，而且可逆；$CaCO_3$ 的斜方变体文石在升温条件下转变为三方变体方解石，但温度降低则不再形成文石。

同质多象转变从晶体结构的变化来看，又可分为移位型转变和重建型转变。移位型转变是一变体转变为另一变体时，结构中仅质点位置稍有移动，键角有所改变等不大的变化，例如 α-石英与 β-石英之间的转变；重建型转变是结构发生了根本性变化，相当于重建结构，例如金刚石与石墨之间的转变。一种同质多象变体继承了另一种变体之晶形的现象，称为副像（paramorphism），它的存在是判断曾发生过同质多象转变的重要证据。

同质多象各变体在不同物理化学条件可发生相互的转变，主要影响因素有：

（1）温度。同质多象变体间的转变温度在一定压力下是固定的。在自然界矿物中某种变体的存在或某种转化过程可以推测该矿物形成温度，被称为“地质温度计”。通常对于同一物质而言，高温变体的对称程度较高。

（2）压力。压力的变化对同质多象转变有很大的影响。压力越大，转变越难，并且转变温度越高。在不同的压力条件下，α-石英与 β-石英的转变温度有较大变化。

（3）介质条件。介质的成分、杂质以及酸碱度等对同质多象变体的形成也会产生影响。

（4）晶体结构影响。同质多象转变与变体间结构差异有关，差异大转变难，且往往是不可逆的。

1）配位数不同，结构类型不同，如金刚石（等轴晶系，配位数 4、立方面心结构）与石墨（六方晶系、配位数 3，层状结构），此种类型转变需要在高温高压条件下进行。

2）配位数不同，结构类型相同；如 $CaCO_3$ 的两种变体方解石（三方晶系，配位数 6）和文石（斜方晶系、配位数位 9）。

3）配位数相同，结构类型不同，如 Sb_2O_3 的变体锑华和方锑矿，配位数相同，锑华为三方晶系，链状结构；方锑矿为等轴晶系，岛状结构。

4）配位数和结构类型相同，但在晶体结构上有某些差异，如 ZnS 的变体闪锌矿（等轴晶系、配位数为 4）和纤锌矿（六方晶系、配位数 4），两者在最紧密堆积形式不同，闪锌矿为立方最紧密堆积，纤锌矿为六方最紧密堆积。再如 SiO_2 的几种变体的晶体结构主要是［SiO_4］四面体之间 Si-O-Si 连接角度有所不同，所以变体转变易于发生。

根据同质多象转变温度、压力，可以判断地质环境。红柱石、蓝晶石、矽线石属于 Al_2SiO_3 同质多象变体，在变质作用中处于不同温度压力条件（图 4-30(a)、(b)）。$CaCO_3$ 的同质多象方解石、文石的转变温度压力如图 4-30(c)。

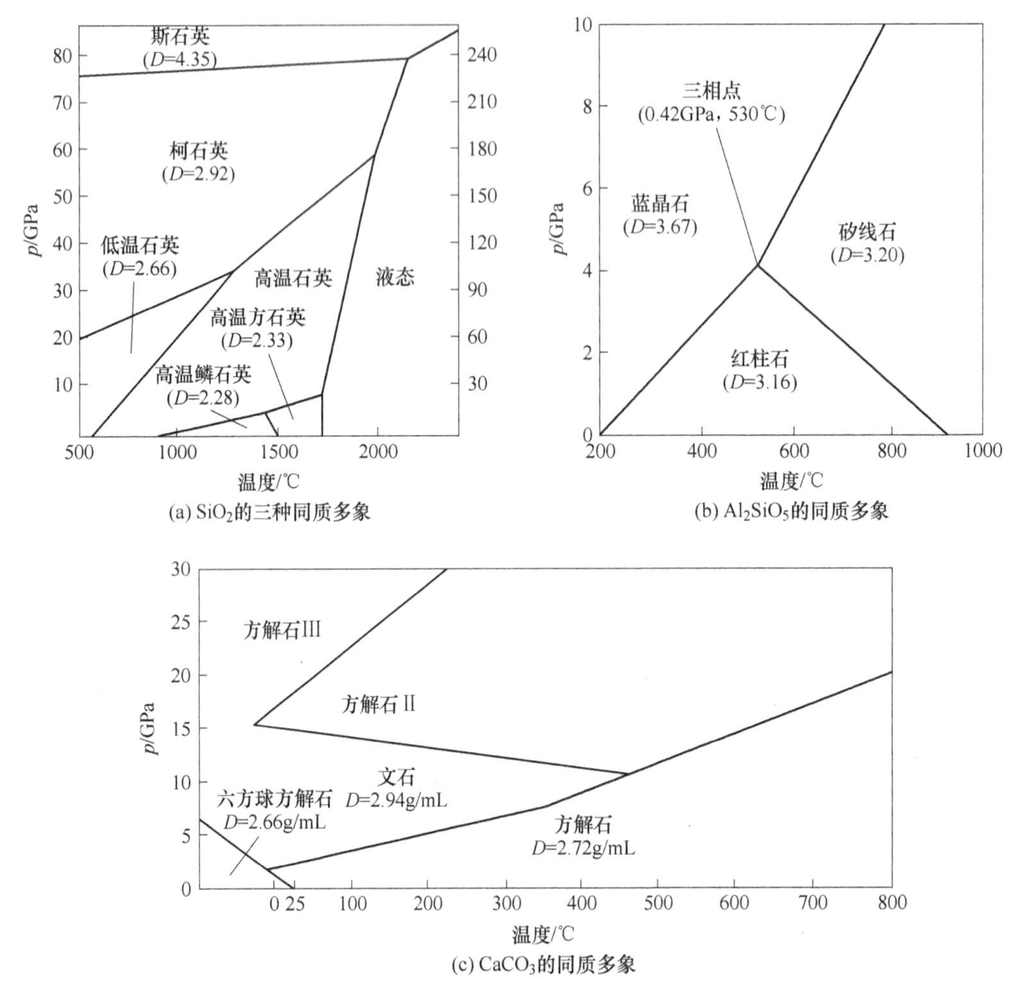

(a) SiO_2的三种同质多象

(b) Al_2SiO_5的同质多象

(c) $CaCO_3$的同质多象

图4-30　三种矿物（SiO_2，Ai_2SiO_5、$CaCO_3$）同质多象温度与压力变化

通常情况下，密度随着压力的增大而增加并随着温度的升高而减小（在红柱石-矽线石平衡中除外）。图4-30（a）为二氧化硅的六个多晶型体（SiO_2）；（b）为硅酸铝三种多晶型体（Al_2SiO_5）；（c）为碳酸钙的五个多晶型体（$CaCO_3$）。

4.8　多　　型

多型是一种元素或化合物以两种或两种以上层状结构存在的现象。多型可被看做是一种特殊形式的一维的同质多象。各种多型在平行结构单元层的方向上晶胞参数（a）相等，在垂直结构单元层的方向上晶胞参数（c）则相当于结构单元层厚度的整数倍。

多型间的差别仅在于结构单元层的叠置层序。就原子配位而言，其最邻近的第一级配位是相同的，只是较远的第二配位或更远的配位有些差别，所以不同多型变体之间内能是很相近的，化学成分基本相同。由此来看，多型虽被视为一种一维的同质多象，但它却具有本身的特殊性。所以，与把同质多象变体视为独立矿物种不同，一般把同一物质的各种多型看作是属于同一个相，即属于同一矿物种。不同的多型，其空间群可以是相同的，也可能是不同的。例如白云母的 2M、3T 等多型都是属于白云母这个矿物种。

表 4-9 为 ZnS 的同质多象与多型。

表 4-9 ZnS 的同质多象与多型

同质多象变体	多型①	堆积层的重复周期	空间群	晶胞参数	
				a_0/nm	c_0/nm
闪锌矿②	3C	ABC	*P*43*m*	0.381	0.936
纤维锌矿	2H	AB	*P*63*mc*	0.381	0.624
	4H	ABCB	*P*63*mc*	0.382	1.248
	6H	ABCACB	*P*63*mc*	0.381	1.472
	8H	ABC ABABC	*P*63*mc*	0.382	2.496
	10H	ABCABCBACB	*P*63*mc*	0.382	3.120
	9R	ABCBCACAB	*R*3*m*	0.382	2.808
	12R	ABACBCBACACB	*R*3*m*	0.382	3.744
	I5R	ABCACBCABAACABCB	*R*3*m*	0.382	4.680
	21R	ABCACACBCABABACABCBCB	*R*3*m*	0.382	6.552

①符号中数字表示周期重复层数，字母表示晶系。

②闪锌矿的立方晶胞 a_0 = 0.5 40nm，单位层（最紧密堆积层）平行（111）。

图 4-31 所示为石墨 2H 多型与 3R 多型结构。

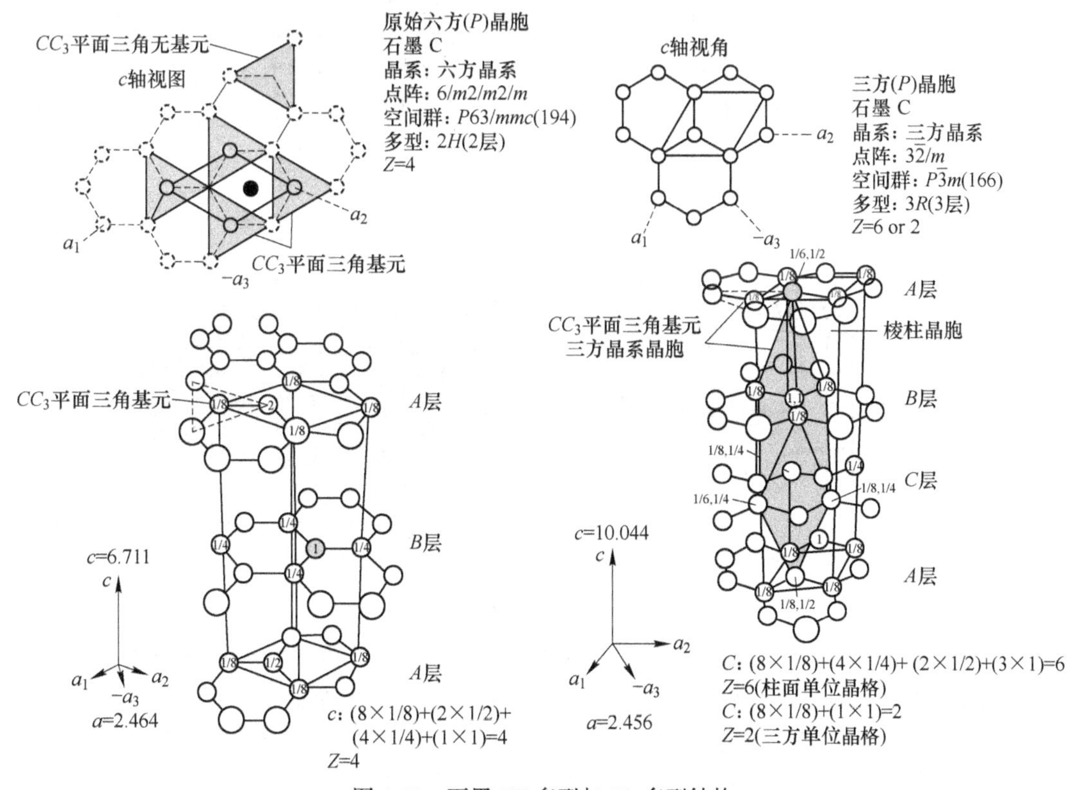

图 4-31 石墨 2H 多型与 3R 多型结构

多型的符号由一个数字和一个字母组成，数字代表一个重复周期内的结构单元层的层数，后边的字母则表示晶系，如 C(立方)、H(六方)、T(三方)、R(三方菱面体格子)、Q(四方)、O 或 OR(斜方)、M(单斜) 等。若有两个以上的多型，其重复周期内结构单元层数和晶系都相同时，则在字母的右下角加角码 1、2 等以资区别，如单斜晶系的云母有 $2M_1$、$2M_2$等多型。

4.9 型变与晶格缺陷

型变是指在化学式属同一类型的化合物中，随着化学成分的规律变化引起晶体结构形式明显有规律变化的现象。在碳酸盐矿物中，阳离子 Mg^{2+}、Zn^{2+}、Fe^{2+}、Mn^{2+}、Ca^{2+}、Sr^{2+}、Pb^{2+}、Ba^{2+}分别形成方解石型结构的菱镁矿、菱钴矿、菱锌矿、菱铁矿菱锰矿、方解石和文石型结构的文石、菱锶矿、白铅矿、碳酸钡矿。这种系列的成分与结构的变化即为型变。渐变相当于类质同象，突变相当于同质多象。

晶格缺陷是发生在晶体内部的质点周期排列中发生的位置缺失。按缺陷的几何形态可分为点缺陷、线缺陷和面缺陷三种（图 4-32）。晶体缺陷会造成晶格畸变，使变形抗力增大，从而提高矿物硬度。

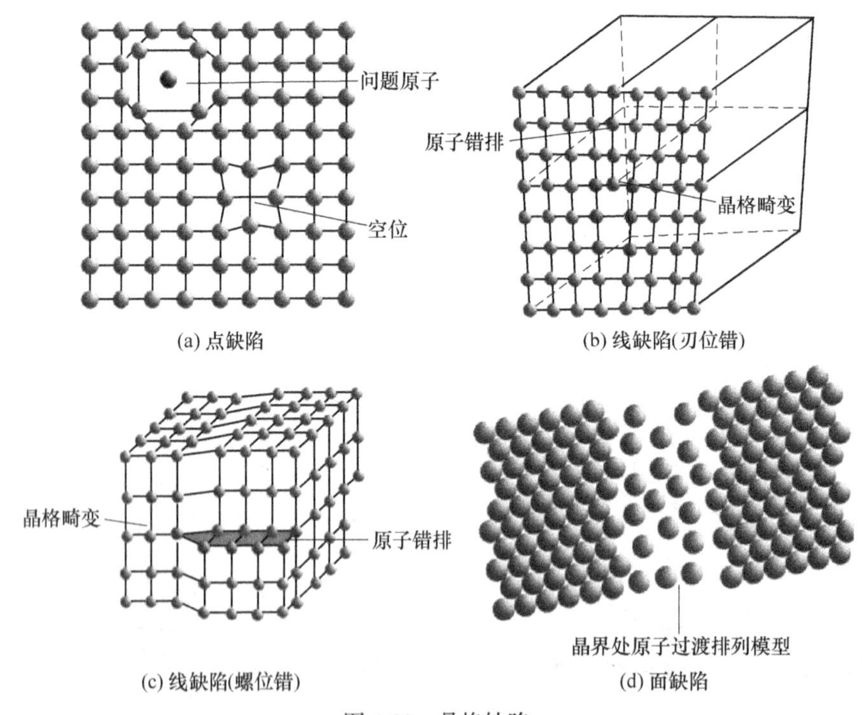

图 4-32 晶格缺陷

（1）点缺陷（空位、间隙原子）。在原子晶格中，晶格中原子周期排列发生了在几个原子的附近原子脱离了平衡位置，形成空结点，称为空位。某个晶格间隙挤进了原子，称为间隙原子。如果缺陷延伸到晶体的一个区域范围使得晶体格子构造发生不连续变化，为格子缺陷。电子缺陷是晶体内部由于存在变价元素所致。如在磁黄铁矿中存在 3 个 Fe^{2+}位置被2个Fe^{3+}占据，出现结构缺陷。

（2）线缺陷。在晶体中某处有一列或若干列原子发生了有规律的错排现象。晶体中最普通的线缺陷就是位错，是晶体内部局部滑移造成的。根据局部滑移的方式不同，可以分别形成螺型位错和刃型位错。刃型错位是某一原子面在晶体内部中断，这个原子平面中断处的边缘像刀刃一样将晶体上半部分切开，将切口处的原子列称为刀刃型位错。螺旋位错（burgers dislocation）是一个晶体的某一部分相对于其余部分发生滑移，原子平面沿着一根轴线盘旋上升，每绕轴线一周，原子面上升一个晶面间距，在中央轴线处即为一螺型位错。

面缺陷是发生在晶界或亚晶界的界面上的缺陷。晶界是晶粒与晶粒之间的界面。晶粒内部不是理想晶体，而是由位向差很小的嵌镶块所组成，称为亚晶粒。晶界处的原子需要同时适应相邻两个晶粒的位向，就必须从一种晶粒位向逐步过渡到另一种晶粒位向，成为不同晶粒之间的过渡层。因而晶界上的原子多处于无规则状态或两种晶粒位向的折中位置上。晶粒之间位向差较大（大于10°~15°）的晶界，称为大角度晶界；亚晶粒之间位向差较小。亚晶界是小角度晶界。面缺陷同样使晶格产生畸变。

4.10 晶体结构的有序-无序

4.10.1 有序-无序的概念

在某一临界温度以上，晶体结构中两种（或两种以上）原子或离子随机地分布于某一种（或几种）结构位置上，相互间排布没有一定规律性，这种结构称为无序结构（disorder structure）；在临界温度以下，这两种（或多种）原子或离子各自有选择地占据结构中特定的位置，相互间作有规则排列，这种结构称为有序结构（order structure）。

在$AuCu_3$晶体结构中，当常压下在395℃以上呈无序态时，表现为立方面心格子，Au、Cu两种原子都随机地分布在立方面心格子的各个结点位置上。Au原子在统计上占据任一位置的几率（称为占位率）均为1/4，Cu原子则为3/4（图4-33）。但当呈有序态时，Au原子只占据立方格子角顶上的特定位置，在此种位置上Au原子的占位率为1，而Cu原子为0；立方格子的面心位置则只为Cu原子所占有，Cu的占位率为1，而Au为0；晶格相应地转变为立方原始格子。原来只是一组的等效位置分裂成了互不等同的两组等效位置，Au、Cu两种原子分别各占一组（图4-33）。

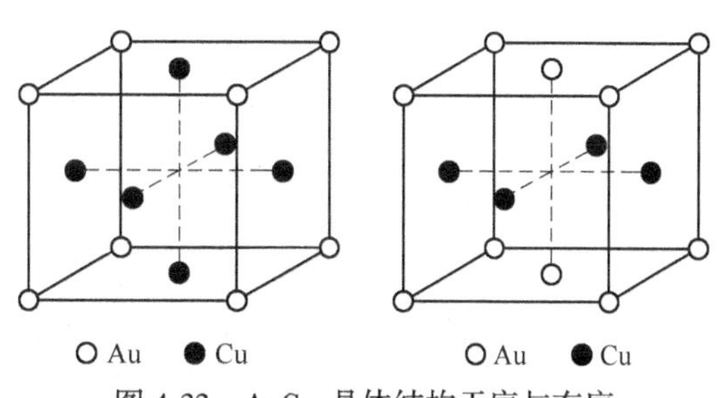

图4-33 $AuCu_3$晶体结构无序与有序

黄铜矿（$CuFeS_2$）在温度高于550℃具闪锌矿（ZnS）型结构（图4-34），此时Cu和Fe离子在闪锌矿（ZnS）型结构中的Zn离子所占据的位置上彼此任意地分布着，为立方晶胞（F-43m，$a_0=0.528$nm）。在形成温度低于550℃时，Cu和Fe离子将规律地相间分布，从而破坏了立方对称，形成犹如两个闪锌矿晶胞沿Z轴重叠而成的黄铜矿结构、四方晶胞（四方体心格子，$I4_2d$，$a_0=0.524$nm，$c_0=1.030$nm）。

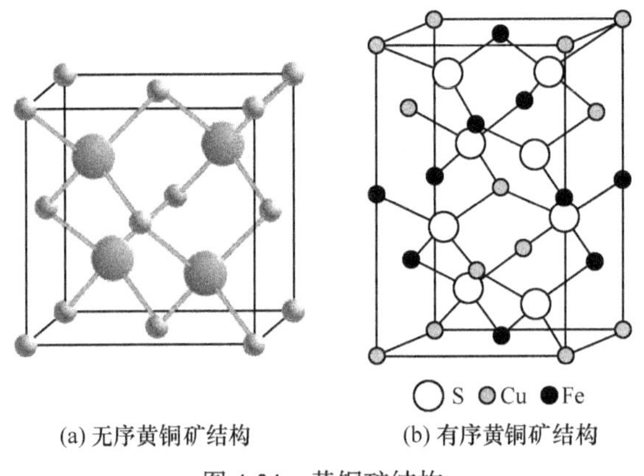

(a) 无序黄铜矿结构　　(b) 有序黄铜矿结构

图 4-34　黄铜矿结构

有序结构与无序结构是一种物质能够结晶成不同晶体结构的现象，即两个变体间不仅化学成分相同，而且结构的基本格架也一样，仅其中的两种或两种以上不同质点的相对排布方式不同。因此，这也是一种同质多象现象。晶体结构从无序转变为有序结构，其单位晶胞可能扩大，扩大了的晶胞称超晶胞（superlattice），或超结构（superstructure）。同时对称性也可能改变，有序变体的对称性总是低于无序变体。相应的晶体的物理性质也会产生某些变化。

4.10.2　有序-无序转变

有序-无序转变是有序变体和无序变体之间在一定的温度、压力条件下发生的同质多象转变。从无序态向有序态方向的转变作用特别称为有序化。与一般的同质多象转变不同的是，整个有序化过程是一个逐步递变的过程，从完全无序到完全有序，其间或长或短总是经过一个所谓部分有序的过渡状态。部分有序是对于能够占据晶体结构中某一种（或几种）结构位置的不同质点而言，每一种质点都只有一部分是有选择地占据各自的特定位置，而其余部分都随机地占据剩余的位置，占位率介于完全无序和完全有序的极限值之间。在结晶过程中，质点倾向于按照能量最低的结合方式，进入某种特定的位置，并尽可能地使此种方式贯穿整个晶体，形成有序结构。所以有序结构放热较多，能量较低、较稳定；而无序结构各处质点分布不同，能量有高有低，不是最稳定的状态。因此，温度升高，可促使晶体结构从有序向无序转变；而温度慢慢降低，则有利于无序结构的有序化。无序到完全有序结构的“质变”在一定的临界温度下产生，这一临界温度称为“居里点”。

有序态分为两种情况：一种是结构中有关原子之间的有序排布在整个晶粒范围内均无例外地周期性重复出现，称为长程有序；另一种是有序排布只局限于晶粒内的某个局部范围，称为短程有序或局域有序。某些矿物中存在有序-无序现象。如长石的 Si/Al 有序度明显地受环境温度的影响，形成不同的结构态和具有不同的有序度。在自然界，矿物晶体的有序化可以经历漫长的地质年代，可用作为追溯矿物演变史以及有关岩体热历史的依据。

矿物晶体生长与溶解

5.1 晶体生长理论

晶体生长理论有层生长理论、周期性键链理论、布拉维法则、Gibbs 生长理论、居里-伍尔夫（Curie-Wulff）晶体生长定律等。

5.1.1 层生长理论

晶体在理想状态下生长，先长一条行列，再长相邻行列；在长满一层面网后，再长第二层面网；晶面是平行向外推移而生长的。亦称为科塞尔-斯特兰斯基理论。图 5-1 所示为一个简单立方晶体在理想情况下生长状态。质点优先沿着三面凹角位（*K* 位）生长一条行列；当这一行列长满后，质点在二面凹角处（*S* 位）就位生长，这时又会产生三面凹角位，然后生长相邻的行列；在长满一层面网后，质点就只能在光滑表面（*P* 位）上生长，这一过程就相当于在光滑表面上形成一个二维核，来提供三面凹角和二面凹角，再开始生长第二层面网。这表明新质点在晶格上就位时，最先可能结合的位置是能量上最有利的位置。*K* 位具有三面凹角，结合成键数目最多、释放出能量最大，是最有利的生长位置；其次是阶梯面 *S*，具有二面凹角的位置；最不利的生长位置是 *P*。

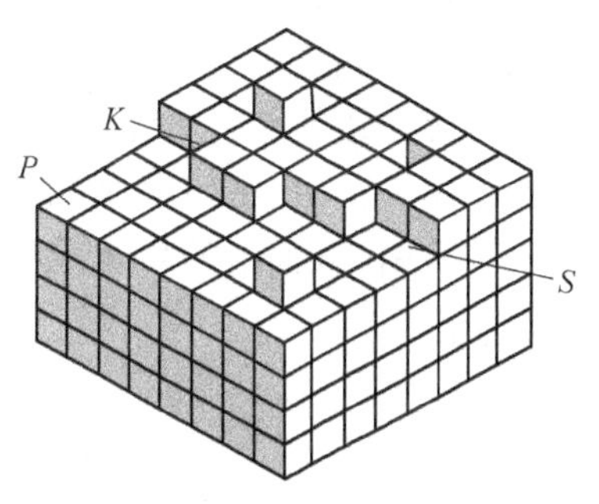

图 5-1 晶体生长过程中表面状态及层生长过程
P—平坦面；*S*—台阶（二面凹角位）；*K*—曲折面（三面凹角位）

晶体的层生长模型能解释一些晶体生长现象：

（1）晶体常生长成面平、棱直的多面体形态。

（2）在晶体生长的过程中，环境可能有所变化，不同时刻生成的晶体在物性（如颜色）和成分等方面可能有细微的变化，因而在晶体的断面上常常可以看到环带状构造（图 5-2）。它表明晶面是平行向外推移生长的。

（3）由于晶面是向外平行推移生长的，所以同种矿物不同晶体上对应晶面间的夹角不变。

（4）晶体由小长大，许多晶面向外平行移动的轨迹形成以晶体中心为顶点的锥状体，称为生长锥或砂钟状构造（图 5-3）。

（5）晶面上常见到阶梯状生长花纹。

5.1.2 螺旋生长理论模型

Burton、Cabrera、Frank 提出了晶体的螺旋生长模型（BCF 模型）：在晶体生长界面上

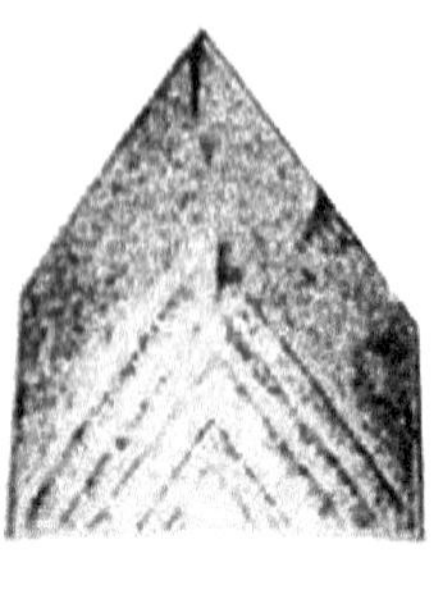

图 5-2　石英的带状构造

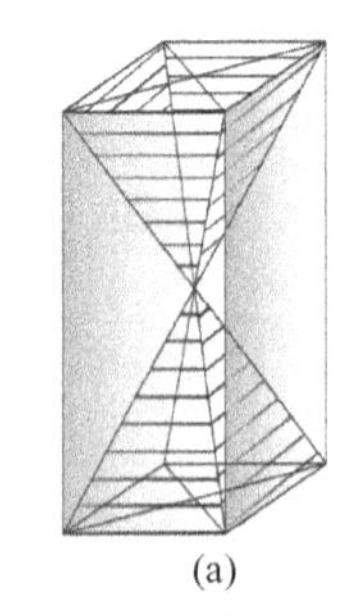
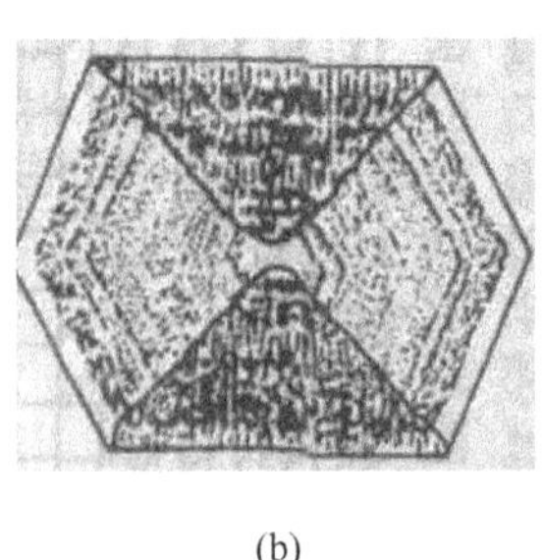

图 5-3　普通辉石的生长锥（a）和砂钟状构造（b）

螺旋位错露头点所出现的凹角及其延伸所形成的二面凹角（图 5-4）可作为晶体生长的台阶源，促进光滑界面上的生长。该模型解释了晶体在很低的过饱和度下能够生长的实际现象。由于实际晶体中经常存在着螺旋位错，使得晶格中出现凹角，从而质点优先在凹角处堆积。螺旋位错的晶格中台阶源不会因晶体的生长而消失，于是，在质点堆积过程中，随着晶体的生长，位错线不断螺旋上升，形成生长螺纹。螺旋生长不需要形成二维核。莫来石、SiC 等晶体表面上的生长螺旋纹证实了螺旋生长模型在晶体生长过程中的重要作用(图 5-4)。

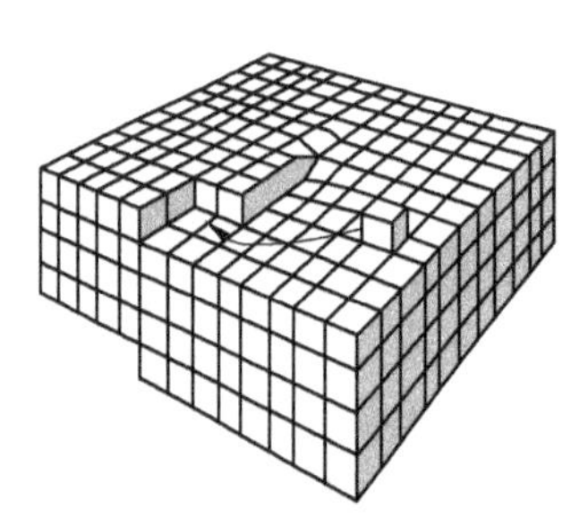

图 5-4　螺旋生长过程与莫来石晶体表面的生长螺旋

5.1.3　布拉维法则

布拉维（A. Bravis，1885）从晶体的格子构造几何概念出发，论证了实际晶面与空间格子中面网之间的关系。晶体上的实际晶面平行于面网密度大的面网，称为布拉维法则。

这一结论是根据晶体上不同晶面的相对生长速度与网面上结点的密度成反比的推论引导而出的。所谓晶面生长速度是指单位时间内晶面在其垂直方向上增长的厚度。图 5-5（a）所示为一晶体格子构造的一个切面，*AB*、*CD*、*BC* 为三个晶面的迹线，相应面网的面网密度是 $AB>CD>BC$；面网密度大的面网，面网间距也大，对外的质点吸引力就小，质点就不易生长上去，如图 5-5（a）所示。当晶体继续生长，质点将优先堆积 1 的位置，晶面 *BC* 将优先成长；其次是 2 的位置，晶面 *CD* 成长；最后是 3 的位置，晶面 *AB* 落在最后。这意味着，面网密度小的晶面将优先成长，面网密度大的则落后。在一个晶体上，各晶面间相对的生长速度与它们本身面网密度的大小成反比，即面网密度越大其生长速度越慢；反之，则快。生长速度快的晶面往往被尖灭掉，如图 5-5（b）所示。保留下来的实际晶面是生长速度慢的面网，即面网密度大的晶面。

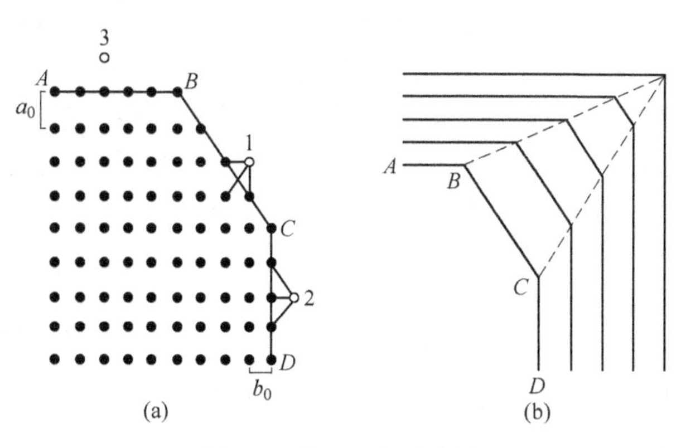

图 5-5　晶面生长示意图

Friedel、Donnay 和 Harker 等（1937）研究了晶体结构中螺旋轴和滑移面对晶体最终形态的影响，指出“不是面网密度最大的晶面但与螺旋轴或滑移面垂直时，也能成为重要的晶面”，并提出 Donnay-Harker 原理：晶体的最终外形应为面网密度最大的晶面所包围，晶面的法线方向生长速率反比于面网间距，生长速率快的晶面族在最终形态中消失。

5.1.4　吉布斯原理

吉布斯（J. W. Gibbs，1878）从热力学出发，提出了晶体生长最小表面能原理：晶体在恒温和等容的条件下，如果晶体的总表面能最小，则相应的形态为晶体的平衡形态。当晶体趋向于平衡态时，它将调整自己的形态，使其总表面自由能最小；反之，就不会形成平衡形态。由此可知某一晶面族的线性生长速率与该晶面族比表面自由能有关，这一关系称为 Gibbs 晶体生长定律。

5.1.5　居里-吴里弗原理

皮埃尔·居里（P. Curie，1885）提出：在晶体与其母液处于平衡的条件下，对于给定的体积而言，晶体发育的形状（平衡形）应使晶体本身具有最小的总表面自由能，这就是关于晶体生长的居里原理（Curie theory）。吴里弗（Г. В. Вупbф，1901 年）原理指出：对于平衡形态而言，从晶体中心到各晶面的距离与晶面本身的比表面能成正比。将两者结合，统称为居里-吴里弗原理（Curie-Wulff theory）：就晶体的平衡形态而言，各晶面的生长速度与各该晶面的比表面能成正比。网面上结点密度大的晶面比表面能小。居里-吴里弗原理与布拉维法则是基本一致的，其优点是从表面能出发，考虑了晶体和介质两个方面。但由于实际晶体多未能达到平衡形态，从而影响了这一原理的实际应用。

5.1.6　周期性键链理论

哈特曼（P. Hartman，1955）和珀多克（N. G. Perdok）等从晶体结构的几何特点和质点能量两方面探讨晶面的生长发育。在晶体结构中存在着一系列周期性重复的强键链，其重复特征与晶体中质点的周期性重复相一致，这样的强键链称为周期性键链（periodic bond chain，PBC）。晶体平行键链生长，键力最强的方向生长最快。据此可将晶体生长过程中所能出现的晶面划分为3种类型，这3种晶面与PBC的关系如图5-6所示。图中箭头指强键的方向，*A*、*B*、*C*指示PBC方向。*F*面：或称平坦面，有两个以上的PBC与之平行，网面密度最大，晶面生长速度慢，易形成晶体的主要晶面。*S*面：或称阶梯面，只有一个PBC与之平行，网面密度中等，质点易与不平行该面的PBC成键，晶面生长速度中等。*K*面：或称扭折面，不平行任何PBC，网面密度小，质点极易与不平行该晶面的所有PBC成键进入晶格，晶面生长速度快，是易消失的晶面。因此，晶体上*F*面为最常见且发育较大的面，*K*面经常缺失或罕见。PBC理论与布拉维法则也是相互符合的。

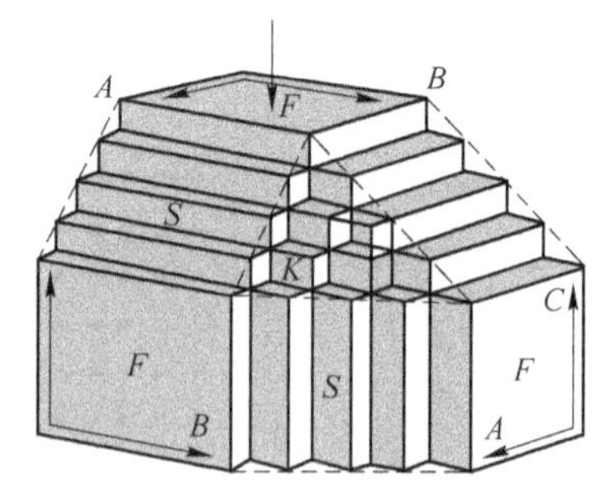

图5-6　PBC理论解释图示

5.2　晶体生长的方式

5.2.1　晶体形成的相态变化

(1) 气相→结晶固相。在有足够低蒸气压的条件下，在温度降低后，在蒸气中存在的未组合的原子或分子会彼此相结合，成为具有一定结晶构造的固体。如雪花的形成是直接从富含水蒸气的大气冷却过程中产生的；自然硫是从含硫的火山气体中直接升华的结晶体。

(2) 液相（溶液或熔体）→结晶固相。该转变是在温度降低足够低，分散介质达到过饱和、化学反应生成不溶物质等条件下形成的。如含有NaCl的水溶液受到缓慢的蒸发，导致溶液中的NaCl浓度逐渐增加，出现NaCl沉淀析出，表明溶液中Na^+、Cl^-离子相互吸引，使每一个Na^+为若干个Cl^-离子所包围，而Cl^-离子也为若干个Na^+离子所包围，这种规则排列，反复不已，结晶成固体NaCl所特有的构造形态与一定结晶外形。在高温的岩浆熔体冷却成火成岩的过程中，其中的很多元素都是处在未组合的分散状态之中。当岩浆冷却时，各种离子会发生结晶作用，形成不同矿物晶体，如石英、长石、角闪石、黑云母等。

导致发生第①、②种相变的热力学条件是过饱和（浓度大于溶解度）或过冷（温度低于熔点）。

(3) 非晶固相转变为结晶固相（脱玻化）。该转变可以自发进行，如火山玻璃质二氧化硅转变为石英晶体。

(4) 一种结晶固相转变为另一种结晶固相。例如同质多象转变，相变是因为外界温压条件发生改变使原来的结晶固相不稳定而形成另一种晶体，如α-石英→β-石英；细小结晶颗粒重结晶；固溶体分离等。

5.2.2　晶体成核与生长

5.2.2.1　晶体成核

晶体生长的第一步是成核（nucleation）。成核是一个相变过程，即在母液相中形成固相小晶胚，这一相变过程中体系自由能的变化：$\Delta G=\Delta G_v+\Delta G_s$，其中 ΔG_v 为新相形成的自由能变化；ΔG_s 为新相形成时新旧两相界面的表面能。该式可以形象地理解为：一方面由于体系从液相转变为内能更小的晶相而使体系自由能下降（称体自由能下降），另一方面又由于增加了液-固界面而使体系自由能升高（称界面能升高）。当体自由能下降大于界面能升高时，整个体系自由能是下降的，即 $\Delta G<0$，这时晶核就能稳定存在；反之，晶核不能形成。体系自由能由升高到降低时对应的晶核半径为称为临界半径（critical radius，r_c）。当体系中形成半径为 r 晶核时，在 $0<r<r_c$，晶核半径 r 增大，$\Delta G>0$，消失几率>长大几率，晶核不能生长；当 $r=r_c$，$\Delta G=\Delta G_s=\Delta G_v$，消失几率等于长大几率，处于临界状态；当 $r>r_c$时，$\Delta G<0$，晶核才能稳定存在（图 5-7）。

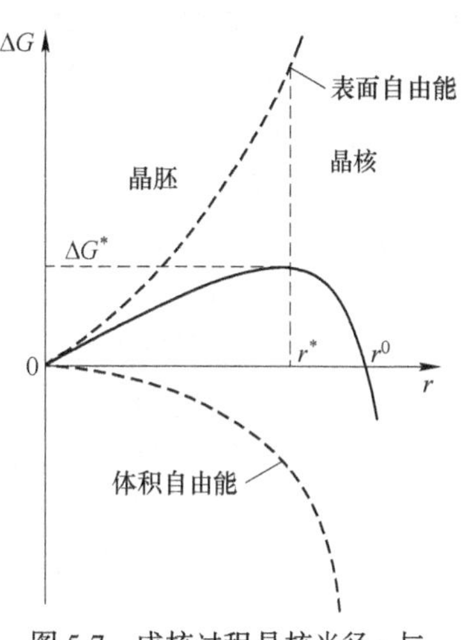

图 5-7　成核过程晶核半径 r 与体系自由能变化 ΔG 的关系

成核可分为均匀成核与非均匀成核。均匀成核（homogeneous nucleation）是在体系内任何部位成核率是相等的。均匀成核只有在非常理想的情况下才能发生。在单位体积、单位时间内形成的晶核数为成核率。新相在单位时间内的线性增长值称为成长率。均匀成核速率的影响因素是过饱和度或过冷度越大，晶核形成速度越快；黏度越大，晶核形成速度越慢。非均匀成核（heterogeneous nucleation）是在体系的某些部位的成核率高于另一些部位。非均匀成核体系里总是存在杂质、热流不均、周围环境（或容器壁）不平等不均匀的情况。影响非均匀成核的因素有过冷度大，越容易成核；外来物质表面结构、接触角越小容易成核；外来物质表面下凹容易成核。这些不均匀性有效地降低了成核时的表面能位垒，核就先在这些部位形成。所以人工合成晶体总是人为地制造不均匀性使成核容易发生，如放入籽晶、成核剂等。晶核形成后，进一步长大需要过冷度、温度、表面结构以及组分浓度等条件。

5.2.2.2　晶体生长方法

在生产实践中，晶体生长的方法有溶液生长、气相生长、固相生长、薄膜生长等。

（1）溶液生长法。溶液包括水溶液、有机和其他无机溶液、熔盐和在水热条件下的溶液等。从溶液中生长晶体的主要原理，是使溶液达到过饱和的状态而结晶。可根据溶液的溶解度曲线的特点，升高或降低其温度；采用蒸发等办法移去溶剂，使溶液浓度增高；还可以利用某些物质的稳定相和亚稳相的溶解度差别，控制一定的温度，使亚稳相不断地溶解、稳定相不断地生长等。

1）水溶液法。由水溶液中生长晶体需要一个水浴育晶装置，它包括一个既保证密封又能自转的掣晶杆，使结晶界面周围的溶液成分能保持均匀。在育晶器内装有溶液，它由水浴中水的温度来严格控制其温度并达到结晶。掌握合适的降温速度，使溶液处于亚稳态并维持适宜的过饱和度，是非常必要的。

2）水热法。在高温高压下，通过各种碱性或酸性的水溶液使材料溶解而达到过饱和进而析晶的生长晶体方法，也叫水热生长法。晶体的培养在高压釜内进行（图 5-9）。它通过自紧式或非自紧式的密封结构使水热生长保持在 200～1000℃的高温及 100～1000MPa

的高压下进行。高压釜内上部为结晶区，悬挂有籽晶；下部为溶解区，填装有培养晶体的原料。在溶解区温度高于结晶区温度产生对流，从而将高温饱和溶液带到结晶区形成过饱和析出溶质，使籽晶生长。被析出溶质的溶液又流向下部高温区而溶解培养料。水热合成就是通过这样的循环往复而生长晶体。如在 NaOH 水溶液中合成 α-石英的条件为培养料温度 400℃，籽晶温度 360℃（釜外测定），压力 1500MPa，填充度 80%。采用水热法可以合成水晶、刚玉（红、蓝宝石）、绿柱石（海蓝宝石）、石榴子石及其他多种硅酸盐、钨酸盐等百余种晶体。

3）助熔剂法。该法是指在高温下把晶体原材料溶解于能在较低温熔融的盐溶剂中，形成均匀的饱和溶液，故又称熔盐法。通过缓慢降温或其他办法，形成过饱和溶液而析出晶体。对很多高熔点的氧化物或具有高蒸发气压的材料，都可以用此方法来生长晶体。这方法的优点是生长时所需的温度较低。对一些具有非同成分熔化或由高温冷却时出现相变的材料，都可以用这方法长好晶体。

（2）熔体生长法。主要有提拉法（又称丘克拉斯基法）、坩埚下降法、区熔法、焰熔法（又成维尔纳吐叶法）等。

1）提拉法。这是直接从熔体生长单晶的方法。被加热的坩埚中盛着熔融的料，籽晶杆带着籽晶由上而下插入熔体，由于固-液界面附近的熔体维持一定的过冷度，使熔体沿籽晶结晶，并随籽晶的逐渐上升而生长成棒状单晶。坩埚可以由高频感应或电阻加热。应用此方法时控制晶体品质的主要因素是固-液界面的温度梯度、生长速率、晶转速率以及熔体的流体效应等。

2）焰熔法。这个方法的原理是利用氢和氧燃烧的火焰产生高温，使材料粉末通过火焰撒下熔融，并落在一个结晶杆或籽晶的头部。由于火焰在炉内形成一定的温度梯度，粉料熔体落在一个结晶杆上就能结晶。这个方法可以生长熔点高达 2500℃的晶体，如用来生长刚玉及红宝石。

（3）气相生长法。一般可用升华、化学气相凝聚法等过程来生长晶体。

1）升华法。指固体在升高温度后直接变成气相，而气相到达低温区又直接凝成晶体，整个过程不经过液态的晶体生长方式。有些元素如砷、磷及化合物 ZnS、CdS 等，可以应用升华法而得到单晶。

2）化学气相凝聚法。利用气相原料通过化学反应形成基本粒子并进行冷凝合成纳米晶体。以高纯惰性气体作为载体气体，携带有机金属前驱物充入电炉（钼丝炉等），炉温在 1100～1400℃，压力 100～1000Pa 状态下，原料热解成团簇，进而凝聚成纳米粒子。在充满液态氮的转动衬底上，经刮刀刮下进入纳米收集器，晶体慢慢长大（图 5-8）。该方法可合成粒径小、分布窄。无团簇的多种纳米晶粒。

（4）固相生长烧结法。固相物质在低于熔点温度下煅烧，形成新的晶体，可获得金属氧化物。

1）单元系固相烧结过程大致分 3 个阶段：低温阶段（$T_{烧}=0.25T_{熔点温度}$），主要发生物料吸附气体和水分的挥发、压坯内成形剂的分解和排除。在中温阶段（$T_{烧}=0.4\sim0.55T_{熔点温度}$），开始发生再结晶、粉末颗粒表面氧化物被完全还原，颗粒接触界面形成烧结颈，烧结体强度明显提高，而密度增加较慢。高温阶段（$T_{烧}=0.5\sim0.85T_{熔点温度}$）是单元系固相烧结的主要阶段。扩散和流动充分进行并接近完成，烧结体内的大量闭孔逐渐缩

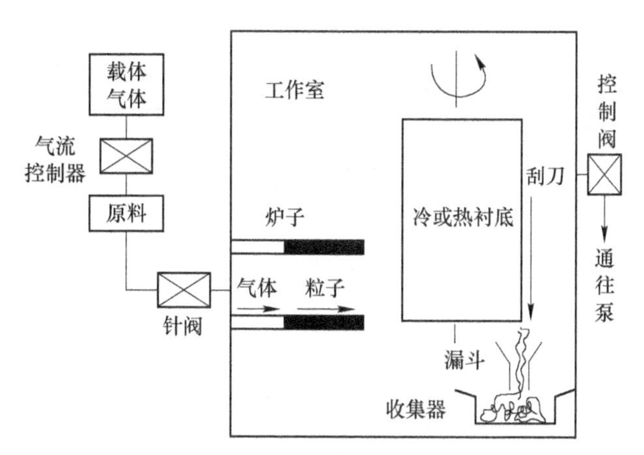

图 5-8　气相化学凝聚法

小，孔隙数量减少，烧结体密度明显增加。保温一定时间后，所有性能均达到稳定不变。

2）多元系固相烧结。两种组元以上的粉末体系在其中低熔组元的熔点以下温度进行的粉末烧结。多元系固相烧结除发生单元系固相烧结所发生的现象外，对于组元不相互固溶的多元系，其烧结行为主要由混合粉末中含量较多的粉末决定。对于能形成固溶体或化合物的多元系固相烧结，除发生同组元之间的烧结外，还发生异组元之间的互溶或化学反应。烧结体因组元体系不同有的发生收缩，有的出现膨胀，可采用较细的粉末，提高粉末混合均匀性，采用部分预合金化粉末，提高烧结温度，消除粉末颗粒表面的吸附气体和氧化膜等方法。多元系粉末固相烧结后，既可获得单相组织的晶体，也可获得多相组织的晶体。

5.3　矿物形成的物理化学

矿物是地质作用形成的化合物。方解石($CaCO_3$) 是由 C、Ca、O 三种元素组成的，是 CO_2、Ca^{2+}、$[CO_3]^{2-}$离子在水中的化合反应

$$Ca^{2+} + HCO_3 \longrightarrow CaCO_3 + H_2O + CO_2$$

其生长过程是复杂的（图 5-9）。

形成矿物的化学反应多是在溶液中进行，各种地质作用也需要借助溶液的参与得以实现。矿物的形成与溶解存在着电离、水解、沉淀、络合、氧化还原等平衡，并受到浓度、温度、压力等控制。

5.3.1　离子电位

离子在溶液中的化学性质取决于离子的电荷、半径和构型。离子电荷与半径之比（Z/r）称为离子电位。采用离子电位可标识出元素三个区块：（1）具有较大半径和低正电价，如 K、Na、Ca。（2）具有中等大小半径和 2 价，4 价的阳离子，如 Al^{3+}、Fe^{3+}；能够从水分子中强拉 OH，释放 H^+，沉淀出氢氧化物，这个过程是水解，如 Fe^{3+}的氢氧化物为针铁矿。$Fe^{3+}+3H_2O = Fe(OH)_3+3H^+$；碱性长石水解反应形成硅酸和铝钾离子，$KAlSi_3O_8+H_2O = Al^{3+}+K^++H_4SiO_4$；硅酸盐矿物的水解反应可使地下水呈弱碱性，使产生的 H 离子与硅酸键合。这是中酸性花岗岩和火山岩受到风化使地下水呈碱性的原因。（3）具有

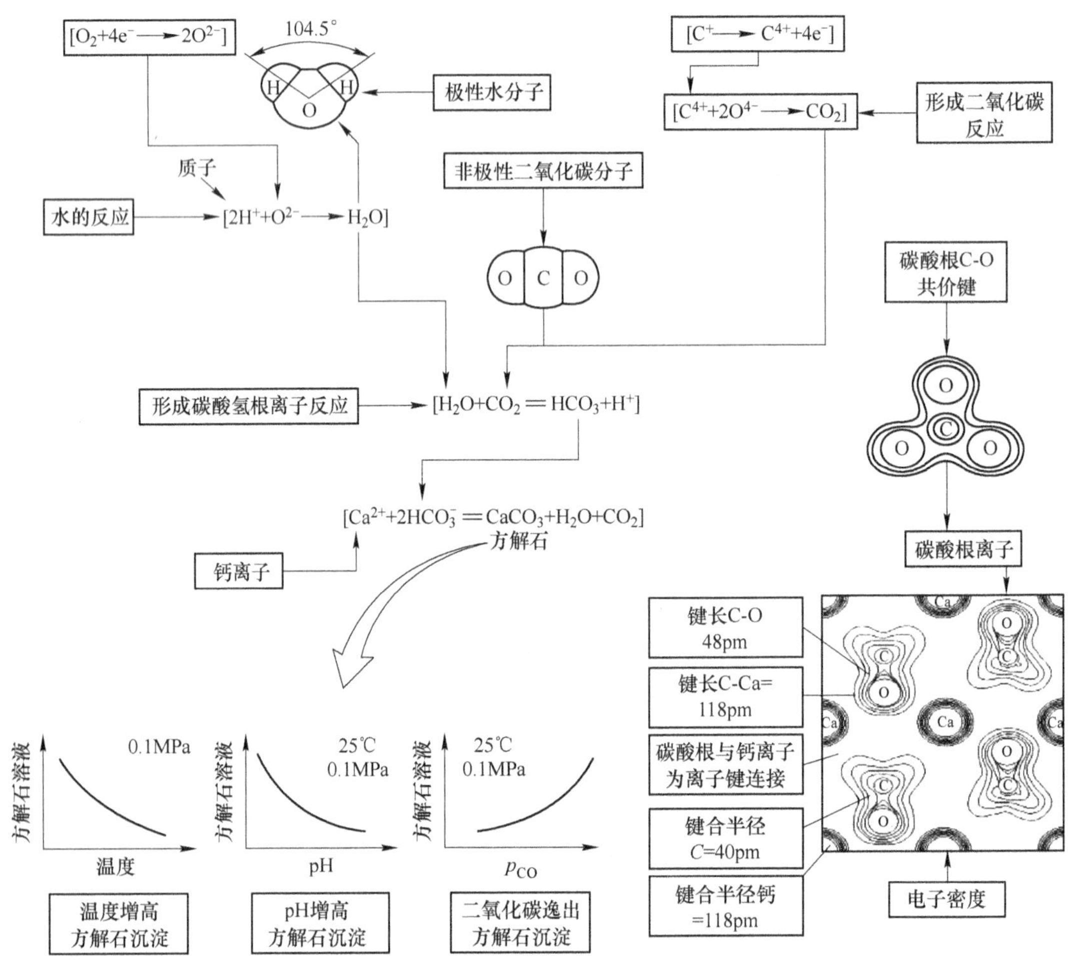

图 5-9　方解石晶体的形成过程（引自 M. J. Hibbard，2002）

小的半径和高电价（3 ~5），如 B、Si^{4+}、P^{5+}；趋向于形成络合物，如 $[SiO_4]$、$[CO_3]^{2-}$ 等（图 5-10）。

5.3.2　溶度积

在一定温度下，某固态物质在 100g 溶剂中达到饱和状态时所溶解的溶质的质量，称作这种物质在这种溶剂中的溶解度。溶解度往往取决于溶质在水中的溶解平衡常数（K），在水溶液中某组分未饱和就发生溶解，过饱和就会沉淀。如石盐在平衡状态下，有 $NaCl = Na^+ + Cl^-$；$K = c[Na^+]c[Cl^-]/c[NaCl]$（括弧中为浓度）。实验证明在标准状态下氯离子和钠离子浓度为 $10^{0.79}$mol/kg。平衡常数 $K = [10^{-0.79}][10^{+0.79}]/[1]$ 时，氯离子、钠离子和石盐处于平衡状态。在地质环境中以 25℃、0.1MPa 为标准溶解度，对比每一种矿物确定的溶解度。相同成分但形态不同的矿物有不同的溶解度。如无定形硅、方石英、玉髓和石英，在水中的溶解度是不同的（图 5-11）。

矿物为难溶电解质，在水溶液中总有很小一部分因水分子的作用以水化离子形式进入溶液，已溶解的阴阳离子与未溶解的矿物之间形成溶解平衡，其平衡常数叫溶度积常数，

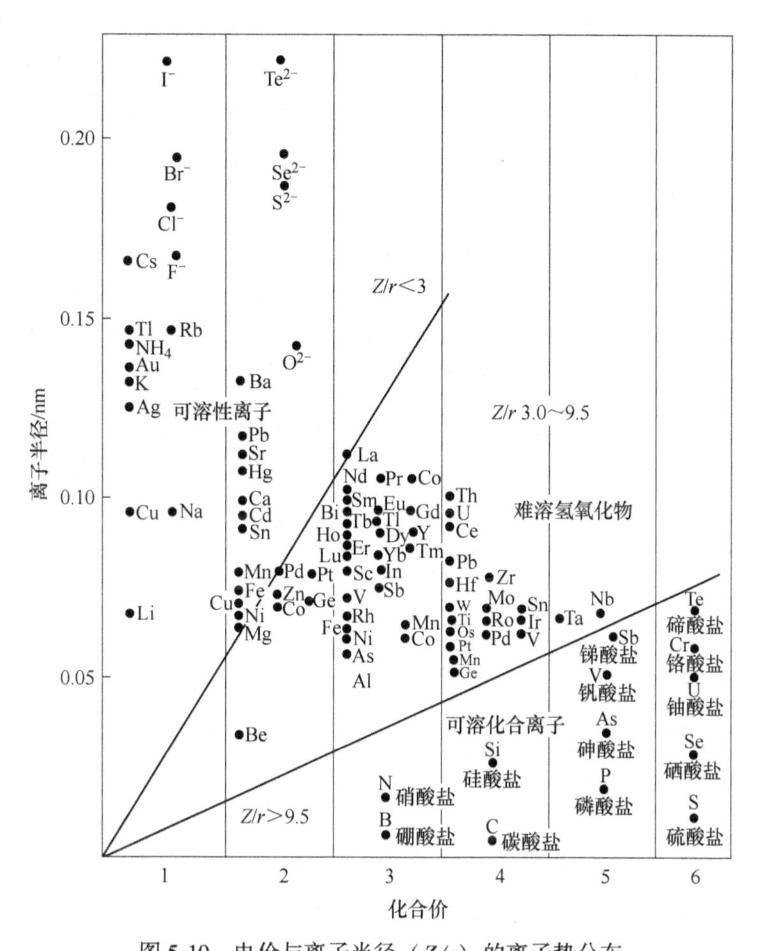

图 5-10 电价与离子半径（Z/r）的离子势分布

（1）可溶性离子（$Z/R<3$）；（2）难溶氢氧化物（$Z/r3\sim9.5$）；（3）可溶化合物离子（$Z/r>9.5$）

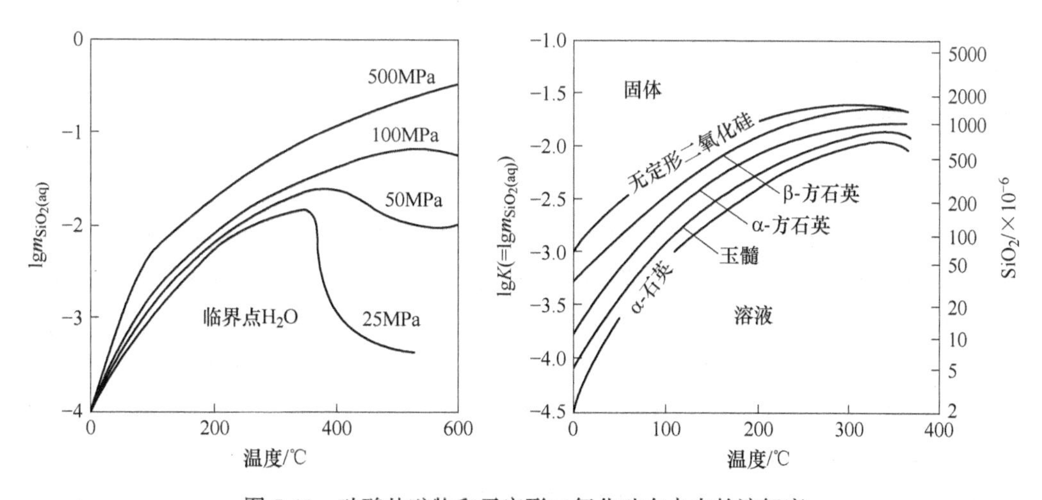

图 5-11 硅酸盐矿物和无定形二氧化硅在水中的溶解度

简称溶度积（K_{sp}）。在一定温度下的饱和溶液中，难溶电解质溶度积采用有关离子浓度的乘积，是一个常数。如角银矿 AgCl 在水中出现 Ag^+、Cl^-离子和 AgCl 固体，表明沉淀的速度与 AgCl 固相离子进入溶液的速度相等。实验证明，AgCl 的溶解速度与它的表面积 S 成正比，S 越大（颗粒越细），单位时间内溶解的数量越多。有 $v_{溶解}=K_1S$。AgCl 的沉淀速度与溶液中 Ag^+、Cl^-离子浓度以及固体与溶液接触的表面积 S 成正比，$c[Ag^+]c[Cl^-]$ 或 S 越大，沉淀的速度越高。有 $v_{沉淀}=K_2c[Ag^+]c[Cl^-]S$。当沉淀和溶解达到平衡时：$K_1S=K_2c[Ag^+]c[Cl^-]S$；$K_1/K_2=c[Ag^+]c[Cl^-]=K_{sp}$；由于 K_1/K_2是比例常数，故 K_{sp}也是常数。如在室温下 AgCl 的 $K_{sp}=1.56\times10^{-10}$。难溶电解质的溶度积数值越小，该物质越难溶解。根据溶度积可以判断某一溶液中沉淀物的生成与溶解状况。如在 AgCl 溶液中，当 $c[Ag^+]c[Cl^-]<K_{AgCl}$时为未饱和溶液，此时若放入少量 AgCl 则会溶解；$c[Ag^+]c[Cl^-]>K_{AgCl}$时为过饱和溶液，此时就会有 AgCl 沉淀。溶度积的数值很小，在计算或比较上采用 $pK_{sp}=-\lg K_{sp}$来标识溶度积。在表 5-1 列出常见矿物的溶度积，pK_{sp}数值越大，溶解度越小。

表 5-1　部分矿物的 pK_{sp}

矿物	pK_{sp}	矿物	pK_{sp}	矿物	pK_{sp}
方铅矿（PbS）	27.5	辰砂（HgS）	52.4	毒重石（$BaCO_3$）	8.8
闪锌矿（ZnS）	23.8	磁黄铁矿（Fes）	17.2	方解石（$CaCO_3$）	8.35
辉铜矿（Cu_2S）	48	硫镉矿（CdS）	27.6	文石（$CaCO_3$）	8.22
铜蓝（CuS）	36.3	萤石（CaF_2）	10.3	菱镁矿（$MgCO_3$）	5.1
辉锑矿（Sb_2S_3）	92.8	氟镁石（MgF_2）	8.2	重晶石（$BaSO_4$）	10.0
辉铋矿（Bi_2S_3）	96	石膏（$CaSO_42H_2O$）	4.6	磷灰石（$Ca_5[PO_4]_3F$）	60.4

同离子效应。在沉淀-溶解平衡中，加入含有同离子的另一电解质时，会使原有电解质的溶解度降低。若使某一物质沉淀完全（降低溶解度）就必须加入过量的沉淀剂。如在 AgCl 的饱和溶液中加入少量盐酸，HCl 电离出 H^+、Cl^-离子，导致溶液中［Cl^-］浓度增大，从而 $c[Ag^+]c[Cl^-]>K_{sp}$，饱和溶液平衡状态被破坏，向着沉淀方向移动，直至 $c[Ag^+]c[Cl^-]=K_{sp}$。

5.3.3　沉淀的生成与溶解

5.3.3.1　沉淀的生成

溶度积的大小决定沉淀的先后顺序。溶度积小的首先沉淀，溶度积大的最后沉淀。如在含有等量的 Cl^-、Br^-、I^-离子的溶液中加入 Ag^+离子，溶度积最小的 AgI 首先沉淀，其次是 AgBr，最后是 AgCl 沉淀。根据溶度积原理，生成 AgCl 所需要的 Ag^+离子浓度为：$c[Ag^+]c[Cl^-]=K_{sp(AgCl)}=1.56\times10^{-10}$；$c[Ag^+]_{(AgCl)}=1.56\times10^{-10}/c[Cl^-]$；生成 AgI 和 AgBr 的 Ag^+离子浓度分别是：$c[Ag^+]_{(AgI)}=8.5\times10^{-17}$，$c[Ag]_{(AgBr)}=5.0\times10^{-13}$。溶液中［$Cl^-$］、［$Br^-$］、［$I^-$］离子是等量。

可以看出沉淀 AgI 沉淀所需要的 Ag 离子浓度最低，最先沉淀 AgI，AgCl 只有在 Ag^+离子浓度 $c[Ag^+]_{(AgCl)}>1.56\times10^{-10}/c[Cl^-]$时才能沉淀。如果溶液中各离子的浓度不相等时，须按实际浓度分别计算［Ag^+］后判断其生成顺序。

在海水沉积环境中，假设只有［Cl^-］、［I^-］两种离子的溶液中（海水），当有 Ag 离子加入后，如何判断其沉淀顺序。在不考虑沉淀顺序，假定 AgCl、AgI 都沉淀了，溶液中必然存在着如下关系：

$$c[Ag^+]c[Cl^-] = 1.56 \times 10^{-10} \quad (5\text{-}1)$$

$$c[Ag^+]c[I] = 8.5 \times 10^{-17} \quad (5\text{-}2)$$

这时体系是两个固相和一个液相的平衡，溶液中的 Ag^+ 离子必须满足式（5-1）和式（5-2）。两式的 $c[Ag^+]$ 是相同的，这样式（5-1)/式（5-2）得到

$$c[Cl^-]/c[I^-] = K_{sp(AgCl)}/K_{sp(AgI)} = 2 \times 10^6$$

表明在原溶液中 Cl 浓度未超过 I 浓度的 200 万倍时，只有 AgI 沉淀。在 I 离子逐渐减少以至于 Cl 离子达到 I 离子的 200 万倍时，AgCl 沉淀。一种沉淀剂可以分别形成沉淀几种沉淀物，在自然界就形成层状堆积层。经过长期海水蒸发二形成的沉积物中，常常自下而上是光卤石（$KCl \cdot MgCl \cdot 6H_2O$）、石盐、硬石膏、方解石，也是由于它们的 K_{sp} 自上而下减小的缘故。

5.3.3.2 沉淀的溶解

许多难溶于水的沉淀物可以溶于酸。如磁黄铁矿 FeS 溶于 HCl：

$$FeS + 2HCl = FeCl + H_2S$$

生成的弱酸是较醋酸（HAc）还难于电离的弱酸，这个反应易进行到底。根据 $K_{sp(FeS)} = c[Fe^{+2}]c[S^{2-}] = 1\times10^{-19}$分析，在饱和溶液中

$$[Fe^{2+}] = [S^{-2}],\quad c[S^{-2}]_{(FeS)} = (1 \times 10^{-19})^{1/2} = 3 \times 10^{-10}$$

对于 H_2S 的电离平衡而言，S^{2-}离子是由二级电离生成的：

$$K_1 = c[H^+]c[HS^-]/c[H_2S] = 1.1 \times 10^{-7}$$

$$K_2 = c[S^{2-}]c[H^+]/c[HS^-] = 4 \times 10^{-13}$$

由于一级电离的 K_1 高于二级电离 K_2（约 25 万倍）。可近似认为溶液中的 H^+离子是由一级电离产生的。有 $c[H^+] = c[HS^-]$，$c[S^{2-}](H_2S) = K_2 = 4\times10^{-13}$。对比两个平衡浓度 $c[S^{-2}]$，$c[S^{-2}]_{(FeS)}$ 远大于 $c_{[S^{2-}](H_2S)}$，所以 FeS 溶于盐酸。

有些硫化物（如 CuS、HgS 等）却难溶于 HCl，平衡强烈移向左边：

$$CuS + 2HCl = CuCl + H_2S$$

$$HgS + 2HCl = HgCl + H_2S$$

这类体系的溶解能否进行完全取决于难溶物的溶解度和所形成的弱电解质的电离度何者占优势。若使难溶硫化物饱和溶液中 S^{2-} 离子浓度大于弱酸（HAc）电离生成的 S^{2-} 离子浓度，反应就向溶解方向进行；否则，平衡就强烈偏向左方，沉淀几乎不溶解。从

$$K_{sp(CuS)} = c[Cu^{2+}]c[S^{2-}] = 4 \times 10^{-38},\quad [Cu^{2+}] = [S^{2-}];$$

$$c[S^{2-}]_{(CuS)} = (4 \times 10^{-38})^{1/2} = 2 \times 10^{-19};\quad c[S^{2-}]_{(CuS)} \ll c[S^{2-}]_{(H_2S)}$$

所以，CuS 难溶于 HCl。

难溶物能溶于酸的原因从平衡原理看，减少生成物之一可使平衡向右移动。若将生成物之一排出溶液体系之外能使反应向溶解方向进行。

5.3.3.3 沉淀的转化

自然界中硫化物（方铅矿、闪锌矿等）通过交代作用生成次生硫化物（铜蓝、辉铜

矿等）是沉淀转化的一种类型。如黄铜矿经过氧化后形成易溶于水的硫酸盐：

$$CuFeS_2 + 4O_2 = CuSO_4 + FeSO_4$$

当 $CuSO_4$ 溶于水并淋滤到地下，和原生硫化物（如方铅矿）进行转化（交代）：

$$PbS + CuSO_4 = CuS + PbSO_4 \quad 或 \quad PbS + Cu^+ = CuS + Pb^{2+}$$

$$c[Cu^{2+}]c[S^{2-}] = 4 \times 10^{-38}, \; c[Pb^{2+}]c[S^{2-}] = 7 \times 10^{-29}$$

$$c[Cu^{2+}]/c[Pb^{2+}] = 5.7 \times 10^{-10} \approx 1/(2 \times 10^9)$$

转化后生成的每20亿个CuS，仅有一个未转化的PbS。另一个生成物 $PbSO_4$ 的 $K_{sp} = 1\times10^{-8}$，也使转化平衡趋向右进行。即使 Cu^{2+} 离子小于等当量时，在淋滤不间断进行和溶液对原生矿反复作用下，也会形成次生富集带。同样闪锌矿也可以转化铜蓝：

$$ZnS + CuSO_4 = CuS + ZnSO_4$$

ZnS 的 $K_{sp} = 1.6\times10^{-22}$ 比方铅矿的 K_{sp} 大得多。即ZnS与CuS的溶度积差比PbS与CuS溶度积差大得多，ZnS转化CuS完全，比PbS的转化更彻底。从 $c[Cu^{2+}]/c[Zn^{2+}] = (4\times10^{-38})/(1.6\times10^{-22}) = 1/(4\times10^{15})$ 中可以看出，各种矿物的溶度积差异越大沉淀的转化越完全。溶度积较大的矿物要被溶度积小的矿物代替。这是一个原生的方铅矿（PbS）或闪锌矿（ZnS）整个矿物逐渐溶解的过程和新矿物（CuS）逐渐增多的过程。将常见硫化物按其溶度积由大到小排列会得到次生硫化物的形成次序：

Hg—Ag—Cu—Bi—Cd—Pb—Zn—Ni—Co—Fe—Mn

位于次序前面的金属阳离子的溶液能够使后面的金属硫化物（原生）转化为该金属离子的硫化物。位置相隔越远，转化越容易发生，次生富集作用越大。如黄铁矿（FeS_2）和黄铜矿（$CuFeS_2$）生成次生铜蓝（CuS）和辉铜矿（辉铜矿）反应：

$$5CuFeS_2 + 11\,CuSO_4 + 8H_2O = Cu_2S + 5\,FeSO_2 + H_2SO_4$$

$$CuFeS_2 + CuSO_4 = 2CuS + FeSO_2$$

$$5FeS_2 + 14CuSO_4 + 12H_2O = 7Cu_2S + 5FeSO_4 + 12H_2SO_4$$

$$5FeS_2 + 7CuSO_4 + 4H_2O = 7CuS + 4FeSO_4 + 4H_2SO_4$$

由于Cu位于前端，在各种硫化物矿床中，以铜的次生富集作用明显。

辉银矿经过氧化得到硫酸银溶液可以交代方铅矿、闪锌矿、辉铜矿等形成次生辉银矿。

$$Cu_2S + Ag_2SO_4 = Ag_2S(辉银矿) + Cu_2SO_4$$

由于 $AgSO_4$ 的溶解度小（0.77g/100克水），银的次生硫化物的富集作用不如铜的次生富集带明显。在 Ag^+ 离子浓度较大时，由于Ag的电离势高于Cu极易还原，除生成辉银矿之外，还有部分 Ag^+ 离子还原成自然银。

$$Cu_2S + 2AgSO_4 \longrightarrow Ag_2S + 2Ag + 2CuSO_4 \quad (Cu^+ \longrightarrow Cu^{2+})$$

5.3.3.4　络合-离解平衡

络离子在水溶液中能够离解成中心离子和络阴离子构成的离解平衡。如

$$[Cu(NH_3)_4] = Cu^{2+} + 4NH_2$$

其离解常数 $K_d = c[Cu^{2+}]c[NH_3]^4/c[Cu(NH_3)_4]^{2+} = 4.6\times10^{-14}$。

这个常数越大，表明离解成 Cu^{2+} 离子和 NH_3 越多，这一络离子越不稳定，K_d 也是络离子的不稳定常数，以 $K_{不稳}$ 表示。

AgCl难溶于水，但能溶于氨水。生成了银氨络离子 $[Ag(NH_3)_2]^+$。这是沉淀-溶解

和络合-离解两种平衡互相影响的结果：

$$AgCl \rightleftharpoons Ag^{+} + Cl^{-} \downarrow + 2NH_3 \longrightarrow [Ag(NH_3)_2]^{+}$$

如果在上述溶液中加入少量的含有 S^{2-} 离子溶液，会产生黑色的 Ag_2S 沉淀。这是因为 Ag_2S 的溶度积（K_{sp}）比 AgCl 的溶度积（K_{sp}）小很多，即与络离子成平衡的［Ag^{+}］和加入的［S^{2-}］的乘积大于 Ag_2S 的溶度积（K_{sp}），有沉淀生成。这是络合物转化为沉淀的一种方式。

利用生成络合物也是将难溶沉淀溶解的一种方法。亲铜元素和过渡元素的硫化物或氧化物，易于在 Cl^{-}、F^{-}以及 HS^{-}、S^{2-}等配位阴离子存在时，自岩石矿物中以络合物形式存在于溶液。如$[Cu(HS)_2]^{-}$、$[Zn(HS)_2]^{-}$、$[Pb(HS)_2]^{-}$以及$[AgS]^{-}$、$[PbCl_4]^{3}$、$[AgCl_4]^{2-}$、$[Sn(F,OH)_6]$、$[WO_4]^{2-}$、$[UO_2(CO_3)_2]^{2-}$等。这些含有不同元素的多组分体系在不同环境条件下形成矿物。

在热液温度降低，引起 H_2S 的溶解度增大，S^{2-}浓度增高，或与其他含 S^{2-}溶液相混合，发生沉淀。如

$$[PbCl_4]^{2-} + S^{2-} = PbS + 4Cl$$

$$2[AgCl_4]^{3-} + S^{2-} = Ag_2S + 8Cl^{-}$$

在有其他离子存在时也发生沉淀：

$$[SbS_3]^{3-} + 3Ag^{+} = Ag_3SbS_3(\text{浓红银矿})$$

与岩石组分发生置换和复分解反应形成沉淀：

$$[MoS_4]^{2-} + FeCO_3 = MoS_2 + FeS_2 + CO_2$$

$$[WO_4]^{2-} + CaCO_3 = Ca[WO_4] + CO_2$$

氧化还原反应如

$$[Sb_2S_4]^{2-} + O_2 = Sb_2S_3 + 3HS^{-} + 3OH^{-}$$

$$[UO_2(CO_3)_2]^{2-} + 2FeCO_3 + 2OH^{-} = UO_2 + Fe_2O_3 + 4HCO_4^{-}$$

5.3.4 氧化还原反应

在化合物形成过程中，溶液的酸碱度和氧化还原电位是矿物形成与溶解的重要因素，也是衡量生成环境的指标。溶液的酸碱性是矿物溶解与沉淀的重要因素。溶液的酸碱性可用［H^{+}］或［OH^{-}］浓度变化予以表征，用 PH 代表，$pH=-\lg c[H^{+}]$。中性水的 $pH=-\lg c[H^{+}]=-\lg 10^{-14}/\lg c[OH^{-}]=7$。pH 小于 7 为酸性，pH 大于 7 为碱性。在酸性溶液中，是［H^{+}］离子浓度增加而［OH^{-}］离子减少；在碱性溶液中，则是 $c[H^{+}]$ 降低而$c[OH^{-}]$增加。

氧化还原电位（E_h）在矿物形成有原子电子转移或价态变化时，得到电子为还原，失去电子为氧化，其化学反应是氧化还原反应。氧化还原反应的特征是元素化合价的升降，实质是发生电子转移。

自然环境是一个复杂的 pH-E_h 体系，不仅有多种元素不同价态离子共存，也是 pH 变化范围大的体系。E_h-pH 能够对元素及其矿物在具体地球环境中的迁移或沉淀的可能性作出结论。在自然界 E_h-pH 相图中，按照 $E_h=0$，$pH=7$ 划分出四个区域，氧化-酸性区、氧化-碱性区、还原-酸性区和还原-碱性区。形成矿物的反应可以用一定的 E_h-pH 确定（图 5-12，图 5-13）。

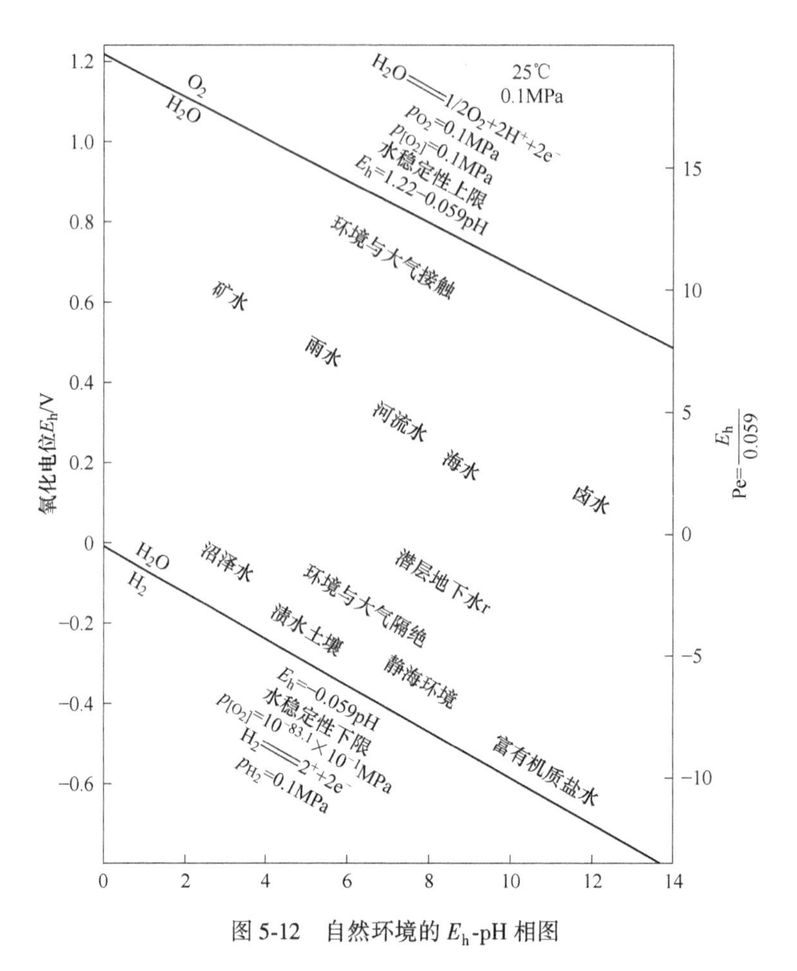

图 5-12 自然环境的 E_h-pH 相图

氧化还原反应对矿物形成和稳定具有明显的影响。如黄铁矿处于还原环境中 $Fe^{2+}S^{2-}$，黄铁矿的溶度积为 $10^{-42.5}$，在纯水（pH=7）情况下不会发生分解。当黄铁矿处于氧化的水中就会发生以下反应：

$$FeS_2 + O_2 + H_2O \longrightarrow Fe^{2+} + 4H^+ + 2SO_4^{2-}$$

有 $S^{2-} \longrightarrow S^{+6}+8e$(氧化)；$2O_2+8e \longrightarrow 4O^{2-}$(还原)；$Fe^{2+} \longrightarrow Fe^{2+}$(没有发生变化)。

在地下水位之上的氧化环境中，Fe^{2+}氧化为 Fe^{3+}，形成针铁矿（FeOOH)。其氧化还原简式：

$$2Fe^{2+} + \frac{1}{2}O_2 + H_2O \longrightarrow 2Fe^{3+} + 2O^{2-} + 2H^+$$

发生电子转移：

$$2Fe^{2+} \longrightarrow 2Fe^{3+} + 2e(\text{氧化}),\ O_2 + 2e \longrightarrow 2O^{2-}(\text{还原})$$

$$H_2O \longrightarrow O^{2-} + 2H^+(\text{没有变化})$$

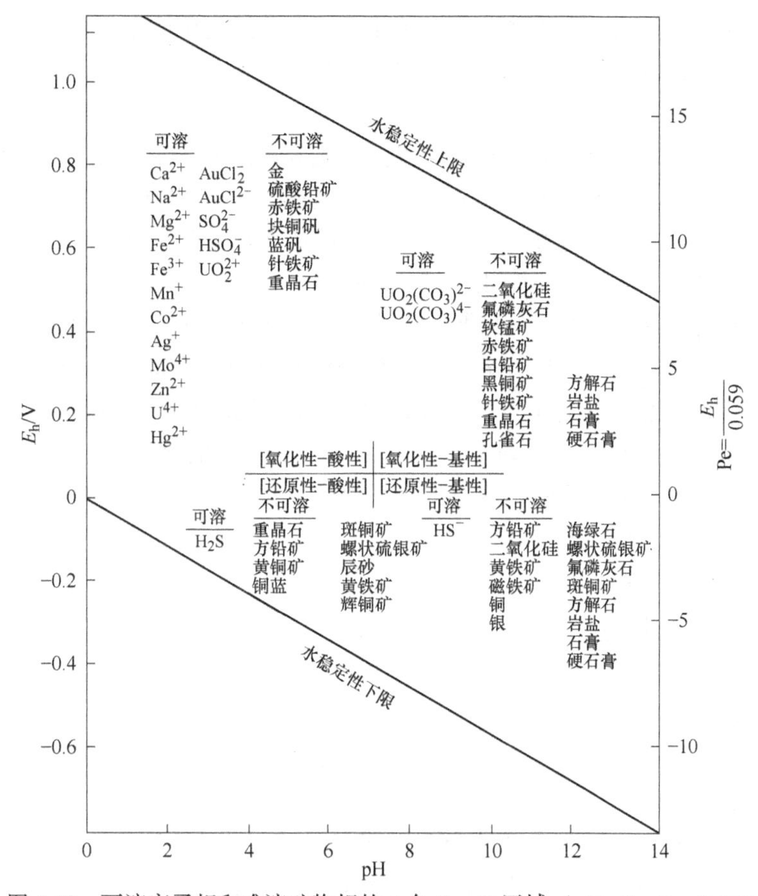

图 5-13 可溶离子相和难溶矿物相的 4 个 E_h-pH 区域（pH=7，E_h=0.00）

5.4 矿物化学热力学

矿物的形成是在某一地质环境的体系内进行的，其周围与之有互相影响的其他部分称为体系的环境。矿物形成因热力学体系处于地壳（岩石圈）的热力学体系中，由于地壳（岩石圈）各个部分因热力学条件差异而不断变化，矿物体系多数是开放体系，既有能量交换，又有物质交换；体系与环境之间只有能量交换，没有物质交换的体系为封闭系统；体系与环境之间既没有能量交换，也没有物质交换的为孤立体系（隔离体系）。在体系中物理性质和化学性质完全相同的均匀部分称为相，相与相之间存在着界面。在地壳中，矿物形成过程有向着平衡方向进行的趋势，当有局部地、暂时地达到动态平衡时，呈现相对稳定状态。状态是体系的各种物理性质和化学性质的综合表现。在热力学中，把用于确定体系的物理量（性质）称为状态函数。其量值取决于体系所处的状态；其变化值仅取决于体系的始态和终态，与变化的途径无关。

5.4.1 热力学定律与状态方程

5.4.1.1 热力学第一定律与焓

热力学第一定律表述：能量具有各种不同的形式，它能从一种形式转化为另一种形式，从一个物体传递给另一个物体，但在转化和传递的过程中能量的总值不变。热力学第一定律也称能量守恒定律。热力学第一定律表达式为：

$$\Delta U = Q + W$$

式中，U 表示内能，是系统内部能量的总和；Q 表示热，$Q>0$ 体系吸热，$Q<0$ 体系向环境放热；W 表示功，$W>0$ 环境，对系统做功，$W<0$ 系统对环境做功。

该式的意义是，在任何过程中，系统热力学能的增加等于系统从环境吸收的热与环境对系统所做的功之和。对于微小变化：$dU=\delta Q+\delta W$

焓（enthalpy，ΔH）是等压和只做体积功的特殊条件下反应的热量变化，作为热力学系统中的一个能量参数，用字母 H 表示，单位为焦耳（J）。系统的焓变 ΔH 在数值上等于热变化。由于焓是状态函数，其改变量 ΔH 只取决于系统的始态和终态，与实现变化的途径无关。标准态的焓（H_f）是标准状态下（25℃、1bar）的化合物、元素、离子、矿物和非晶质矿物的焓。一个物质的形成过程中，热容变化是能量转化，可以有条件地用于揭示在地壳中矿物形成过程的能量交换。

5.4.1.2 热力学第二定律与熵

热力学第二定律的表述：不可能把热从低温物体传到高温物体而不产生其他影响，或不可能从单一热源取热使之完全转换为有用的功而不产生其他影响，或不可逆热力过程中熵的微增量总是大于零。

热力学第二定律又称为“熵增定律”，表明在自然过程中，一个孤立系统的总混乱度（即“熵”）不会减小。

熵（entropy，ΔS）表述：热力学第二定律揭示了大量分子参与的反应过程的方向性。自然界中进行的涉及热现象的自然过程总是沿着分子热运动的无序性增大的方向进行。熵是系统混乱度的量度。混乱度是系统的不规则或无序的程度，系统混乱度越大，系统越无序。

熵变的计算：$\Delta S = \Delta S$(生成物) - ΔS(反应物)。

5.4.1.3 热力学第三定律

热力学第三定律通常表述为：绝对零度时，所有纯物质的完美晶体的熵值为零。

在标准状态下 1mol 物质的标准熵为标准摩尔熵（$S_m^{\ominus}$），单位为 J/(mol·K)。同一物质状态不同、温度不同，熵也不同。同种物质，温度越高，熵（S）越大。气态熵(S_g)>液态熵(S_l)>固态熵(S_s)。同类物质摩尔质量越大，熵 S 越大；摩尔质量相等或接近的物质，结构复杂熵（S）值越大。对于气态物质，压力增加，熵（S）值降低。

在孤立体系内的任何自发过程中，体系的熵总是增加的，即 $\Delta S \geqslant 0$，这是熵增加原理。在孤立体系中，$\Delta S>0$ 时为自发过程，$\Delta S=0$ 时为可逆过程，$\Delta S<0$ 时为非自发过程；在非孤立体系中，$\Delta S>0$ 时为自发过程，$\Delta S=0$ 时为平衡过程，$\Delta S<0$ 时为非自发过程。

5.4.2 化学反应能量变化

5.4.2.1 吉布斯自由能公式

吉布斯自由能（Gibbs free energy，G）指的是在某一个热力学过程中，系统减少的内能中可以转化为对外做功的部分。因为 H、T、S 均为状态函数，所以 G 为状态函数：

$$\Delta G = \Delta H - T\Delta S \quad (\mathrm{kJ/mol})$$

熵值的增大和能的减少这两个准则是等效的，能的减少趋向平衡态和可逆反应；熵值增大时趋向平衡态和不可逆过程。在恒温恒压条件下地球化学过程是向着自由能减少的方向进行的，为此自由能的减少（ΔG）是常用的判断准则。

在等温等压只做体积功的条件下，体系吉布斯自由能减少的过程自发进行。当体系由状态 A 转变到状态 B，吉布斯自由能 $G_B - G_A = \Delta G$ 与自发过程的关系式：$\Delta G>0$ 体系非自发，需要环境对体系做功；$\Delta G=0$，体系处于平衡态；$\Delta G<0$，体系过程自发进行，可做有用功。因而，自由能是体系中能转化为有用功的能量，是体系稳定性的量度。自由能越小，稳定性越大。

5.4.2.2 化学反应的标准生成吉布斯自由能

化学反应的标准生成吉布斯自由能（$\Delta G_m^\ominus$），是在标准状态下由单质生成 1mol 某物质的化学反应的标准摩尔自由能变化（温度 $T=298.15\mathrm{K}$，单位 kJ/mol），可用来判断化学反应自发进行的方向。对于给定的化学反应：$a\mathrm{A}+b\mathrm{B}=g\mathrm{G}+d\mathrm{D}$，$\Delta G_m^\ominus$（$T$/K）为该反应在标准状态下的标准吉布斯自由能变。$\Delta G_m^\ominus G>0$ 在 TK 下非自发反应；$\Delta G=0$，在 T/K 下处于平衡态；$\Delta G<0$ 在 TK 下自发进行。$\Delta G_m^\ominus$ 的数值与物质种类、形态（固、液、气）有关。

【例 5-1】 判断 $2CO(g)+O_2(g)=2CO_2(g)$ 在 $T=298.15\mathrm{K}$ 能否自发进行。

解： 查表得到各反应物、生成物的标准自由能（$\Delta G_m^\ominus$），（$T=298.15\mathrm{K}$）

$$G^\ominus_{m\,CO(g)} = -137.3;\ G^\ominus_{m O_{2(g)}} = 0;\ G^\ominus_{m\,CO_2(g)} = -394.4$$

$$\Delta G_m^\ominus = 2CO_2(\Delta G_m^\ominus) - [2CO(\Delta G_m^\ominus) + 1O_2(\Delta G_m^\ominus)]$$

$$= 2\times(-394.4) - [(-137.3) + 0] = -514.2\mathrm{kJ/mol}$$

计算结果 $\Delta G_m^\ominus<0$，故该反应可以自发进行。

在等温等压条件下，可以利用焓、熵、吉布斯自由能判断反应进行的方向（表 5-2）。

表 5-2 化学反应中的熵、焓、自由能变化

类型	ΔH	ΔS	ΔG	反应的自发性
1	−	+	永远−	任何温度都是自发
2	+	−	永远+	任何温度都不自发
3	−	−	+/−	低温自发
4	+	+	+/−	高温自发

【例 5-2】 以方解石的热解反应为例。$CaCO_3(s) = CaO(s) + CO_2(g)$。

解： 在 $T=298.5\mathrm{K}$ 标准状态下的摩尔反应焓变为：

$$\Delta H_m^\ominus = \sum \Delta H_m^\ominus = 178.2\mathrm{kJ/mol};\Delta H_m^\ominus>0,\text{吸热反应}$$

$$\Delta S_m^\ominus = \sum[S^\ominus_{(CaO)} + S^\ominus_{(CO_2)}] - [S^\ominus_{(CaCO_3)}]$$

$$= 39.75+213.64-92.9 = 160.5\mathrm{J\cdot mol}$$

$$\Delta S_m^\ominus>0$$

$$\Delta G_m^\ominus = \Delta H - T\Delta S = 178.2-(160.5\times298.15)/1000 = 130.34\mathrm{kJ/mol}$$

$$\Delta G_m^\ominus>0$$

计算表明，在常温条件下，方解石不能分解。

5.4.2.3　任意态反应自由能

对于任意态反应自由能：$\Delta G_{RTP} = \Delta G_{RT}^{\ominus} + \int_1^p \Delta V_{RP} dp + RT\ln K$。

当反应达到平衡时，有 $\Delta G_{RTP} = 0$。温度发生变化的反应自由能：$\Delta G_{RT} = \int_1^p \Delta V_{RP} dp + RT\ln K$。

设反应前后体积不变，$\Delta V=0$，得到：$\Delta G_{RTP} = RT\ln K$。

对于热力学状态函数，ΔH、ΔG、ΔS 等在反应过程中有加合性：对于反应 $aA+bB=cC+dD$

$$\Delta G_{R.T}^{\ominus} = (c\Delta G_{fcT}^{\ominus} + d\Delta G_{fdT}^{\ominus}) - (a\Delta G_{faT}^{\ominus} + b\Delta G_{fbT}^{\ominus})$$

$$\Delta G_{RT}^{u} = \sum V\Delta G_{fT生成物}^{u} - \sum V\Delta G_{fT反应物}^{u}$$

化合物的基本热力学状态函数 $\Delta H_f^{\ominus}$、$\Delta G_f^{\ominus}$、$\Delta S_f^{\ominus}$ 等数据，可在热力学手册中查到。

【例 5-3】 采用热力学数据判断 $CaCO_3(s) = CaO(s) + CO_2(g)$ 能否自发进行，自发进行的转变温度是多少？

解：根据计算，该反应的焓、熵、自由能分别为：

$$\Delta H_m^{\ominus} = \sum \Delta_f H_m^{\ominus} = 178.2\text{kJ/mol};\ \Delta S_m^{\ominus} = 160.5\times10^{-3}\text{kJ/mol};\ \Delta S_m^{\ominus} > 0$$

$$\Delta G_m^{\ominus} = \Delta H - T\Delta S = 178.2 - (160.5\times298.15)/1000 = 130.34\text{kJ/mol};\ \Delta G_m^{\ominus} > 0$$

计算表明该反应在 298K，1bar 下不能自发进行。

$T_m = \Delta_t H/\Delta_t S = 1112\text{K}$，即在高于此温度时，$CaCO_3$ 可自行分解。

【例 5-4】 进一步考察方解石形成过程中焓、熵、自由能的变化。

$$CaCO_3 \longrightarrow Ca^{2+} + CO_3^{2-}$$

$$\begin{aligned}\Delta H_R^{\ominus} &= \Delta H_R^{\ominus}(\text{生成物}) - \Delta H_R^{\ominus}(\text{反应物}) \\ &= [-129.7 + (-161.84)] - (-288.6) \\ &= -2.94\text{kcal/mol}(-12.3\text{kJ/mol})\quad(\text{反应是放热反应})\end{aligned}$$

$$\begin{aligned}\Delta S_R^{\ominus} &= \Delta S_R^{\ominus}(\text{生成物}) - \Delta S_R^{\ominus}(\text{反应物}) \\ &= [(-12.7) + 9 - 13.6] - [+22.2] \\ &= -48.5\text{cal/(mol}\cdot\text{K)}(-202.9\text{J/(mol}\cdot\text{K))}\end{aligned}$$

这表明产物比反应物有序。

$$\begin{aligned}\Delta G_R^{\ominus} &= \sum\Delta G_R^{\ominus}(\text{生成物}) - \sum\Delta G_R^{\ominus}(\text{反应物}) \\ &= [(-132.3)+(126.17)] - [(-269.8)] \\ &= +11.43\text{kcal/mol}(+47.4\text{kJ/mol})(25℃, 0.1\text{MPa})\end{aligned}$$

上述计算表明，在标准状态下（$T=298\text{K}$，0.1MPa）方解石的溶解将会不能自发进行。这也证明体系加热出现的反应：

$$CaCO_3 + H_2O + CO_2 \longrightarrow Ca^{2+} + 2HCO_3^-$$

二氧化碳从系统逃逸，促使方解石沉淀。

5.4.3　热力学平衡与矿物稳定性

（1）判断矿物形成条件例如矽卡岩形成硅灰石的化学反应。

$$CaCO_3 + SiO_2 = CaSiO_3 + CO_2(\text{在 }0.1\text{MPa、}298\text{K}(25℃))$$

通过计算，$\Delta G_R^\ominus=+40.987$kJ/mol，$\Delta G_R^\ominus>0$，反应不能自发向右进行。

若在 0.1MPa，800K（527℃），$\Delta G_R^\ominus=-39.892$kJ，$G_R^\ominus<0$，反应能向右进行，可生成硅灰石。

（2）矿物共生组合。矿物组合是地球化学过程进行的限度的一个表现，也是矿物平衡态。一定化学成分的矿物组合，也可随其形成条件而改变。

以橄榄石的热液变质为例（假设 T、p 保持不变，仅考虑热液中 CO_2浓度变化）（图 5-14），随着热液中 CO_2分压（浓度）的增大（$A\to B$），纯橄榄岩逐步转变为菱镁矿、蛇纹石、滑石、石英。图中圆点代表的矿物组合都反映着热液变质的一定阶段。从中可以获得结论是，当岩石的化学成分不变，环境物理化学条件发生变化时，矿物组合会发生规律变化。

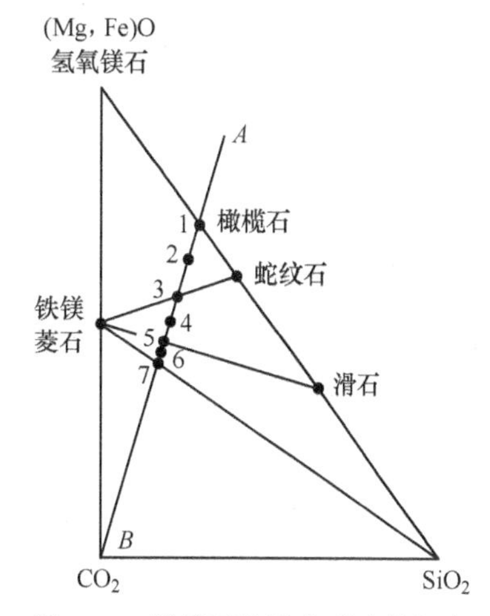

图 5-14　橄榄石热液变质矿物组合

（3）用矿物生成自由能判断元素的亲氧性和亲硫性。

例如

$$FeS+Cu_2O=\!=\!=FeO+Cu_2S$$

该反应式自由能：$\Delta G_R^\ominus=\Delta G_{R生成物}^\ominus-\Delta G_{R反应物}^\ominus=-81.91$kJ/mol。

热力学计算表明，该反应在自然体系中能自发向右进行；同时也表明在自然界中 FeO +Cu_2S 组合比 FeS+Cu_2O 组合更稳定。

（4）根据硫化物的生成自由能大小，判断元素的亲硫性强弱和沉淀结晶顺序。

$$Cu^{2+}+S^{2-}=\!=\!=CuS,\ \Delta G_m^\ominus CUS=-115.7(kJ/mol)$$

$$Pb^{2+}+S^{2-}=\!=\!=PbS,\ \Delta G_m^\ominus PBS=-74.47(kJ/mol)$$

$$Zn^{2+}+S^{2-}=\!=\!=ZnS,\ \Delta G_m^\ominus ZNS=-54.98(kJ/mol)$$

由此可知这三个硫化物的生成自由能 $\Delta G_{mCuS}^\ominus>\Delta G_{mPbS}^\ominus>\Delta G_{mZnS}^\ominus$，三者的亲硫性顺序为 Cu>Pb>Zn，结晶顺序为 CuS、PbS、ZnS。

（5）通过热力学计算获得相图，可确定矿物形成的条件。在自然界中，每种矿物或矿物组合都有一定热力学稳定范围（T、P、C、pH、E_h）。根据能斯特方程：

$$E_h=E_0+RT/nF\ln K_a$$

式中，E_0为标准氧化还原电位；R 为气体常数（8.314J/(K·mol)）；K_a 为反应平衡常数；T 为绝对温度（298K）；F 为法拉第常数（96485C·mol）；E_h 为体系的氧化还原电位（图 5-15）。

该方程只在氧化还原电位对中两种物质同时存在时才有意义。

已知 $\ln K_a=2.303\lg K_a$，$pH=-\lg[H^+]$；在常温（25℃）条件下，$RT/F=0.059$，带入能斯特方程，$E_h=E_0-0.059/(n\cdot pH)$；这是氧化还原反应的 E_h 与 pH 的关系。

从热力学可知，$E_0=\Delta G_{RT}^\ominus/nF$（$\Delta G_{RT}^\ominus$为标准反应自由能变化值）。

例如，在 Fe-O 体系化学反应平衡相图（图 5-16）列出所有的反应方程式：

$$Fe + \frac{1}{2}O_2 = FeO \tag{5-3}$$

$$3Fe + \frac{1}{2}O_2 = Fe_3O_4 \tag{5-4}$$

$$2Fe_3O_4 + \frac{1}{2}O_2 = 3Fe_2O_3 \tag{5-5}$$

每个反应中包含一个气相的体系。

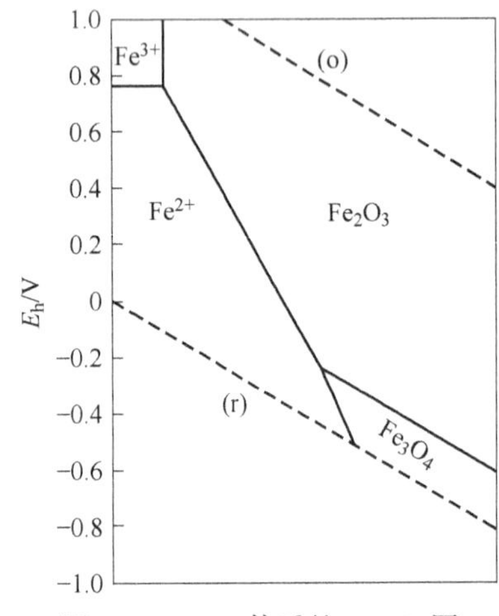

图 5-15　Fe-O 体系的 E_h-pH 图

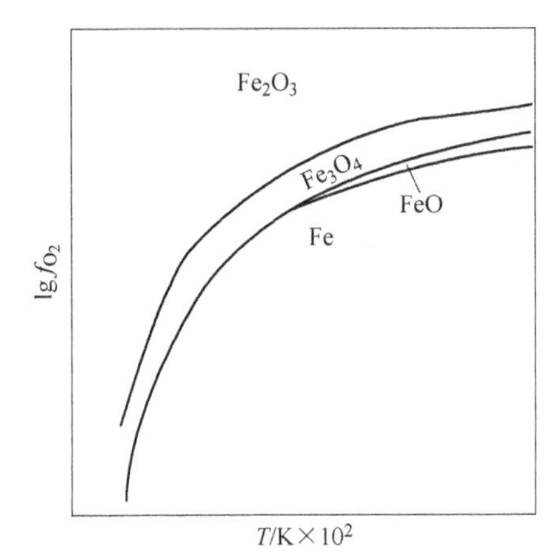

图 5-16　$Fe-O_2$体系的温度-氧逸度相图

自由能公式：

$$\Delta G_{RTP}^{\ominus} = \Delta G_{RT}^{\ominus} + \int_1^p \Delta V_{RP} dp + RT\ln K；达到平衡时有\ \Delta G_{RTP}^{\ominus} = 0$$

温压变化的反应自由能：

$$\Delta G_{RTP}^{\ominus} = -\int_1^p \Delta V_{RP} dp - RT\ln K$$

设反应前后体积不变，$\Delta V=0$，有 $\Delta G_{RTP}^{\ominus}=-RT\ln K=-19.1444T\lg K_f$。

对反应（5-5）：$K_{f,3} = a_{Fe_2O_3}^3/(a_{Fe_3O_4}^2 \cdot f_{O_2}^{1/2}) = 1/f_{O_2}^{1/2}$，代入上式，有

$$\Delta G_{RTP}^{\ominus} = -RT\ln K = -19.1444T\lg 1/(f_{O_2}^{1/2})$$

查表求得各化合物的生成自由能数据，用加合法计算 $\Delta G_{RTP}^{\ominus}$（$T=298K$）：

$$\Delta G_{RTP}^{\ominus} = (c\Delta G_{RTP}^{\ominus} + d\Delta G_{RTP}^{\ominus}) - (a\Delta G_{RTP}^{\ominus} + b\Delta G_{RTP}^{\ominus})$$

$$\Delta G_{R298}^{\ominus} = -3G_f^{\ominus} \cdot Fe_2O_3 - \left(\frac{1}{2}\Delta G_f^{\ominus} \cdot Fe_3O_4 + \frac{1}{2}\Delta G_f^{\ominus} \cdot O_2\right)$$

$$= 3(-742435) - 2(-1012634) - 1/2(0.0) = -202034 J/mol$$

$$\lg f_{O_2} = 2\Delta G_{RT}^{\ominus} = 2G_{RT}^{\ominus}/19.1444\ T = 2(-202034)/19.1444 \times 298 = -70.8$$

根据温度 T 变化，依次求出 $\lg f_{O_2}$（表 5-3）。采用同样方法，可算出反应（5-3）的 $\lg f_{O_2}$，投点编制 T-$\lg f_{O_2}$相图（图 5-16）。

表 5-3 不同温度下的 f_{O_2}

$\lg f_{O_2}$			$\lg f_{O_2}$		
T/K	式（5-5）	式（5-4）	T/K	式（5-5）	式（5-4）
298	-70.8	-96.3	1100	-8.2	-16.5
500	-36.4	-51.6	1300	-4.1	-12.2
700	-22.7	-32.8	1500	-1.1	-9.1
900	-13.6	-21.6	1700	+1.3	-6.5

（6）矿物相变的兰多理论（Landau theory）。采用矿物的有序参数 Q 和过剩热力学函数 G_e（过剩自由能）、S_e（过剩熵）和 H_e（过剩焓），讨论矿物因温度的变化所发生的相变规律。矿物的有序参数 Q 指的是矿物相变过程中，矿物某些宏观性质的变化程度。定义高温变体的有序参数 Q 为 0，低温变体的有序参数 Q 为 1，相变中间阶段的变体之有序参数则为介于 0~1 之间的数值，是一个小数。矿物的宏观性质可以是光学性质，也可以是某些原子或离子（如 Al/Si，Fe^{2+}/Mg 等）的占位性质，同样也可以是其他的物理性质和化学性质。例如，高温黑云母的颜色是棕黑色，低温黑云母的颜色为绿色。前者的有序参数 $Q=0$，后者 $Q=1$，颜色介于棕黑色与绿色之间者，其 Q 值为介于 0~1 之间的数值。又如，高温堇青石属六方晶系，其 xy 面上的双折率为 0；低温堇青石为斜方晶系，xy 面上的双折率（N_g-N_m）为 0.004。前者的 $Q=0$，后者的 $Q=1$，xy 面上的双折率（N_g-N_m）值介于 0 与 0.004 之间的堇青石，其有序参数 Q 为介于 0~1 之间的数值。

第Ⅲ篇

矿物性质及鉴定方法

6 矿物化学组成

6.1 地壳的元素分布特征

化学元素在一定自然体系（通常为地壳）中的相对平均含量也称元素丰度。元素丰度按照不同自然体系计算，有地壳元素丰度、地球元素丰度、太阳系元素丰度和宇宙元素丰度等。国际上把各种化学元素在地壳中的平均含量称为克拉克值（Clarke value），具体表示可用质量百分数（weight percent）、原子百分数（atom percent）等。在地壳中已经发现的元素有 90 余种，化学元素在地壳上的分布具有以下特征：

（1）元素分布具有明显的不均匀性。元素在地壳中的含量极不均匀，最高含量的氧为 46.6%，含量最低的氡（Ra）仅有 $1.6\times10^{-9}\%$，相差 10^{18} 倍。在地壳中，氧、硅、铝、铁、钙、钠、钾、镁、钛、氢、碳、氯等 10 种元素占地壳的 99%以上（图 6-1）。这是地壳中硅酸盐矿物、氧化物矿物含量高的物质基础。硅酸盐矿物占矿物种总数的 24%，占地壳总质量的 3/4；氧化物矿物占矿物种总数的 14%，占地壳的 17%。

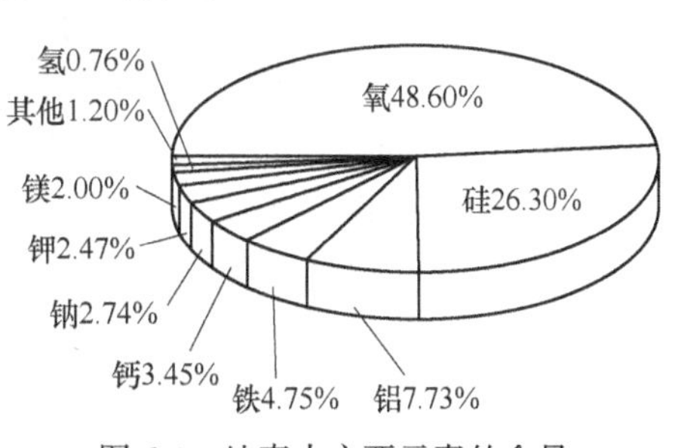

图 6-1　地壳中主要元素的含量

（2）地壳中化学元素分布量随原子序数的增大而降低，即元素递减规律。表明元素分布量的大小与原子核稳定性有关。

（3）原子序数为偶数的元素丰度高于相邻原子序数为奇数元素的丰度，即奇偶规则。从元素总量看，地壳中偶数元素的分布量占 86%，高于奇数元素。

（4）地壳元素的分布与宇宙演化、太阳系的形成具有密切关系，地壳中的元素与太阳系组成元素相近，但明显缺少 He、Kr、Ne、Ar、Xe 等元素。

（5）上部大陆地壳中挥发性元素及强不相容元素富集，下部大陆地壳富集过渡族元素，Wedepohl（1995 年）认为，元素的分异与地壳的形成与演化具有密切关系（图 6-2）。

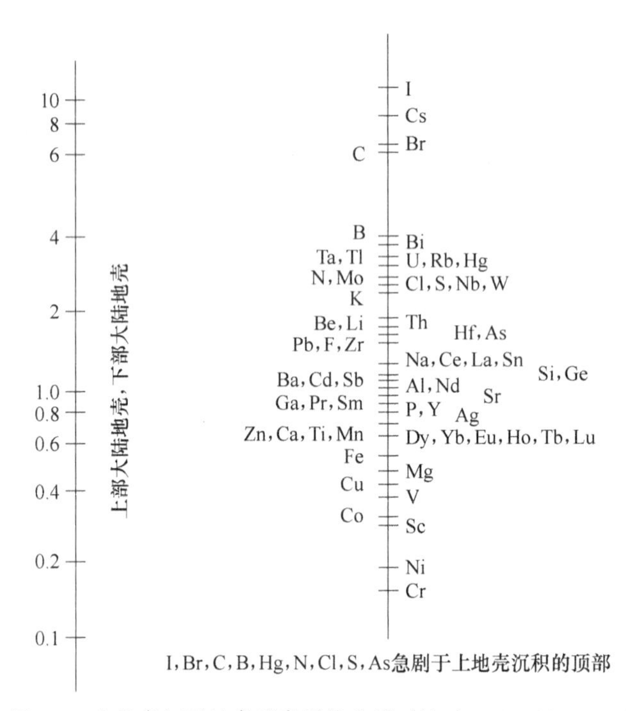

图 6-2 上地壳与下地壳元素平均含量对比（Wedepohl，1995）

（6）大陆地壳微量元素地幔标准化蛛网图显示，地壳以富集不相容元素（Cs、Rb、Ba、Sr）及产热元素（U、Th、K）、高场强元素（Zr、Hf）为特征。

矿物的形成不仅与元素的丰度有关，还取决于元素的地球化学性质。有些元素的克拉克值很低，但它们趋向于集中，可以形成独立矿物，甚至可以富集成矿床，称为聚集元素（aggregated elements）；如 Sb、Bi、Hg、Ag、Au 等。像金在地壳的克拉克值约为 4ppb，既可以形成独立矿物自然金和碲化物等矿物，也能形成大型、超大型矿床。另有一些元素的克拉克值较高，但趋向于分散，很少能形成独立的矿物种，只是作为微量的混入物赋存在其他元素组成的矿物中，称为分散元素（dispersed elements）。如 Rb、Cs、Ga、In、Se 等元素。

6.2 元素的地球化学分类

戈尔德施密特（V. M. Goldschmidt）根据化学元素的性质及其在各地球层圈内分配之间的关系，将元素分为 4 个地球化学组（表 6-1）。

（1）亲石元素（lithophile element），包括碱金属、碱土金属及一些非金属元素（表中蓝色元素）。碱金属、碱土金属元素的电离势较低，离子半径较大，与 O、F、Cl 亲和力强，自然界主要以氧化物或含氧盐，特别是硅酸盐，形成大部分造岩矿物，并主要集中在岩石圈中，也称为亲氧元素。亲石元素最外层具 8 个电子（ns^2np^6）或 2 个电子（$1s^2$）的电子构型，呈惰性气体型稳定结构，称为惰性气体型离子（inert gas type ion）。其中离子半径大的亲石元素称为大离子亲石元素（large-ion lithophile, element LIL），包括钾、铷、钙、锶、钡、铊等。

表 6-1 元素的地球化学分类

He	Li	Be		惰	性	气	体	型					B	C	N	O	F
Ne	Na	Mg											Al	Si	P	S	Cl
r	K	Ca	Sc	Ti	V	Cr	Mn	Fe	Co	Ni	Cu	Zn	Ga	Ge	As	Se	Br
Kr	Rb	Sr	Y	Zr	Nb	Mo	Tc	Ru	Rh	Pd	Ag	Cd	In	Sn	Sb	Te	I
Xe	Cs	Ba	TR	Hf	Ta	W	Re	Os	Ir	Pt	Au	Hg	Tl	Pb	Bi	Po	At
Rn	Fr	Ra	Ac	过	渡	型	离	子			铜	型	离	子			

镧系元素	La	Ce	Pr	Nd	Pm	Sm	Eu	Gd	Tb	Dy	Ho	Er	Tm	Yb	Lu
锕系元素	Ac	Th	Pa	U	Np	Pu	Am	Cm	Bk	Cf	Es	Fm	Md	No	Lr

碱土金属与碱金属元素都属于亲石元素，主要富集于地壳及酸碱性岩中，也称为造岩元素（如 O、Si、Al、K、Na、Ca、Mg、Li、Rb、Be、Sr、Ba 等）。Li、Be 产于伟晶岩中；Na、Mg、Al、Si、K、Ca 为一般岩石矿物的主要组成元素；Rb、Cs、Sr、Ba、稀有金属可以形成独立矿物。一些放射性元素 U、Th、Ra 也主要与亲石元素共生，尤其是与碱性岩元素共生。一些稀有元素，如 Sc、Y、Zr、Hf、Nb、Ta、W、Mo、REE，一般形成氧化物，可以形成独立矿物或作为伴生微量元素出现。

（2）亲硫元素，包括周期表中的ⅠB 族 Cu、Ag、Au；ⅡB 族：Zn、Cd、Hg；非变价亲硫元素 Ga、Ge、In、Sn、Tl、Pb 等，以及ⅡB 副族及其右邻的半金属元素。这些元素的电离势较高，离子半径较小，极化能力很强，与 S、Se、Te 亲和力强，通常主要以共价键与硫结合形成硫化物及其类似化合物和硫盐。亲硫元素外层具有 18 个电子（$ns^2np^6nd^{10}$）或（18+2）个电子（$ns^2np^6nd^{10}(n+1)s^2$）的离子，其电子构型与 Cu^+ 相似，称为铜型离子（chalcophile type ion）。

（3）亲铁元素，包括周期表中位于惰性气体型离子和铜型离子之间的各副族元素。此类离子的最外层电子数为 9～17（$ns^2np^6nd^{1\text{-}8}$），具有 8～18 个电子的过渡型结构离子最外层，也称过渡金属离子（siderophile type ion）。离子性质介于惰性气体型和铜型离子之间。最外层电子数接近 8 的亲氧性强，趋于形成氧化物和含氧盐；接近 18 的亲硫性强，易形成硫化物及类似化合物；居于中间位置的 Mn、Fe 具有明显两重性，受所处环境的氧化还原条件控制。亲铁元素在还原条件下与硫形成黄铁矿（FeS_2）或白铁矿、硫锰矿（MnS）；当氧浓度高时与 O 结合成软锰矿（MnO_2）、菱锰矿（$MnCO_3$）、赤铁矿（Fe_2O_3）、菱铁矿（$FeCO_3$）等。

（4）亲气元素，原子最外层具有 8 个电子，化学活动性较差，主要呈原子或分子状态集中在地球的大气圈中。

以气态为主要存在状态的元素，可形成易溶、易挥发的化合物。由于其较大的流动性，是有利于成矿元素的迁移富集的。亲气元素包括 B、C、N、O、F、P、S、Cl、F、Br、I，常与金属元素形成络合物或络阴离子。

通常将构成生命有机体的主要元素称为生命元素，与生命活动有关，主要有 C、H、O、N、P、S、Cl、Ca、Mg、K、Na 等。

6.3 元素结合的基本规律

自然界已知的矿物有 4000 余种，按矿物化学成分分类，以氧的化合物（氧化物、含氧盐）分布量最大，其次是硫化物、卤化物等。元素一般的结合规律表现在氧化物、含氧盐、卤化物对应的是亲氧元素、过渡元素；硫化物对应的是亲硫元素、过渡元素。

在自然界亲氧元素常与氧结合形成氧化物、氢氧化物和各种含氧盐矿物。氧具有高的电负性（3.5），以 O^{2-}形式存在矿物中。对于价电子的电离势小于氧电负性的元素，如 Li、Na、K、Mg、Ca、Mn^{2+}、Fe^{2+}，可形成离子键型的氧化物，与部分价电子的电离势低于氧的电负性的元素，如 C、P、S，可形成共价键型的氧化物，氧与硅可形成石英(SiO_2) 矿物。在含氧盐中，氧与电负性接近的元素硅、硼、碳、磷、硫可形成络阴离子团，如 [SiO_4]、[BO_4]、[CO_3]、[PO_4]、[SO_4] 等，与阳离子可形成硅酸盐、硼酸盐、硫酸盐、碳酸盐、磷酸盐等含氧盐矿物。稀有元素（钇、锆、铪、铌、钽等)、稀土元素等可形成氧化物、硅酸盐以及其他含氧盐矿物，既可以是矿物的主要化学组成，也可以类质同象形式存在。放射性元素如镭、铀、钍、镤、锕、钫等可形成氧化物、硅酸盐以及其他含氧盐（磷酸盐、砷酸盐、钒酸盐、硫酸盐等)。卤素元素氟、氯、溴、碘与钾、钠、钙、银等，可形成卤化物矿物。

氢在矿物中以 H^+、OH^-、H_2O 和 H_3O^+形式存在，在矿物结构中，可形成氢键、氢氧键、氢氧-氢键。氢键的常见形式为 O—H···O，键长 O-O 在 0.25~0.27nm，氢的配位数为 2。O—H 为共价键，H···O 为分子键，具有饱和性和方向性。氢氧键为在矿物中以 $(OH)^-$与阳离子结合。如水镁石 Mg[OH]$_2$。OH-OH 间距为 0.3~0.5nm，OH 的配位数大于 4。氢氧-氢键为氢氧键和氢键之间过渡类型的化学键，OH-OH 间距为 0.27~0.3nm，如三水铝石 $Al(OH)_3H_2O$。H_2O 分子在矿物中以结晶水的形式存在，占据矿物晶体结构中间位置。H^3O^+是以 *p*2 键结合的键状原子团，形成一个正电荷离子，作用相当于 Na^+、K^+离子，可以对 Na、K 进行类质同象置换。

亲硫元素铜、铅、锌、银、镉、汞、镓、铟、锗等元素的离子最外层具有 18 电子，强极化性，与硫形成硫化物。砷、铋、锑、硒、碲等与硫离子形成硫化物，也可与硫结合成络离子，然后再与铜、铅、银等阳离子结合成硫盐矿物。铁以硫化物出现，表现出过渡性质。金多呈单质出现，也以碲化物、硒化物形式出现。钌、铑、钯、锇、铱铂等元素呈自然金属出现，也可以呈硫化物、砷化物形式出现。

过渡元素 Fe、Co、Ni、Mn 常以氧化物、含氧盐形式出现，也有以硫化物形式出现的；Sc、Ti、V、Cr 倾向与氧结合，Sc 主要呈分散状态存在于硅酸盐矿物中。过渡金属阳离子在晶体结构中择位可用晶体场理论解释。

在晶体结构中，过渡元素阳离子处于一个以它为中心的晶体场中，主要有八面体配位的晶体场、四面体配位的晶体场、立方体配位的晶体场。当过渡元素离子进入到晶格中的某个配位位置时，由于周围带负电荷的配位体——阴离子或负极朝向中心阳离子的偶极分子与过渡元素离子的 *d* 层或 *f* 层电子相互作用的结果，过渡元素离子的总静电能将发生改变，与处于球形对称静电场中时相比，这一能量改变的负值称为该离子在此种配位情况下的晶体场稳定能（crystal field stalbilizationg energy，CFSE）。它代表被配位的离子与处于球形场中时相比，在能量上的降低，即晶体场所给予离子的一种额外的稳定作用。

在八面体配位的晶体场中，过渡元素的 5 个 d 轨道，属于 dr 组的两个轨道的轨道辫指向配位体，电子被排斥程度强烈；属于 de 组的 dxy、dyz、dxz 的轨道辫指向配位体之间。dr 轨道比 de 轨道的能量高，两组轨道之间产生能量间距，这一现象称为八面体晶体场分裂，分裂参数以 Δ_0表示。如果以分裂时 d 轨道的能量为 0，由于 dr 包括 2 个轨道 4 个电子，de 包括 3 个轨道 6 个电子，则有 $4E(dr)+6E(de)=0$，所以 $E(dr)=\frac{3}{5}\Delta_0$，$E(de)=-\frac{2}{5}\Delta_0$。即在 dr 轨道中每一个电子使过渡金属离子的稳定性降低$\frac{3}{5}\Delta_0$，在 de 轨道中每个电子使过渡金属稳定性增大$\frac{2}{5}\Delta_0$。

在第一过渡金属离子中，d 电子由两种相反的趋势控制。其一，根据洪特规则，电子要占据尽可能多的轨道；其二，晶体场分裂效应使电子倾向占据能量低的轨道。这两种趋势可能导致过渡金属离子在弱晶体场和强晶体场中分别具有高自旋和低自旋状态两种电子构型。具有 1、2、3 个和 8、9、10 个 d 电子的过渡金属离子只可能有一种电子层构型；具有 4、5、6、7 个 d 电子的过渡金属离子的电子层可能有高、低自旋两种状态。例如 Fe^{2+}有 6 个 d 电子，在高自旋（弱晶体场中）下，它们占据所有的 5 个 d 轨道。其中占据能量较低的 de 轨道的有 4 个电子，每个电子使金属离子的稳定性增加$\frac{2}{5}\Delta_0$，共增加了$\frac{2}{5}\Delta_0\times4=\frac{8}{5}\Delta_0$。占据能量较高的 dr 轨道的有两个电子，每个电子使金属离子的稳定性降低$\frac{3}{5}\Delta_0$，共降低$\frac{6}{5}\Delta_0$，两者相抵，八面体晶体场稳定能为$\frac{8}{5}\Delta_0-\frac{6}{5}\Delta_0=\frac{2}{5}\Delta_0$。若在低自旋状态下（强晶体场），6 个电子将全部集中在能量较低的 de 轨道，使晶体场稳定能达到$\frac{2}{5}\Delta_0\times6=\frac{12}{5}\Delta_0$。高自旋的 d^3、d^8及低自旋的 d^6构型的离子（Cr^{3+}、Ni^{2+}、Co^{3+}），因在八面体配位中获得较高的晶体场稳定能，故强烈地倾向选择八面体配位。

在四面体配位中的晶体场中，可把四面体配位看成是位于相间的立方体的顶点上，这种配位没有对称中心。在四面体配位中 de 组轨道的电子被配位体排斥的程度比 dr 组更厉害，其能级分裂与八面体配位恰好相反，其分裂的能量间距较八面体配位小。四面体晶体场参数用 Δ_t（$\Delta_t=\frac{4}{9}\Delta_0$）表示。$dr$ 轨道的每个电子使金属离子稳定性增加$\frac{3}{5}\Delta_t$，de 轨道的每个电子使金属离子的稳定性降低$\frac{2}{5}\Delta_t$。具有 d^3、d^7构型的电子（如 V^{3+}、Co^{2+}），在四面体配位中将获得较高的稳定能。

立方体配位中的晶体场分裂：在立方体配位中，配位体位于立方体的 8 个角顶上。dr 与 de 轨道分裂情况与四面体配位相同。其分裂参数 $\Delta_c=\frac{8}{9}\Delta_0$，比四面体配位分裂参数大。

姜-泰勒效应（Jahn-Teller effect）：如果过渡金属离子的一个 d 轨道是全空或全满的，另一个能量相同的 d 轨道是半满的，则过渡金属离子的环境会发生畸变，并导致 d 轨道的进一步分裂。由于 d 电子占据能量降低的轨道，使离子在畸变后的配位中更加稳定。

在氧化物结构的八面体配位中，易受到姜-泰勒畸变效应的过渡金属离子为 d^4、d^9 及低自旋 d^7 型离子，如 Cr^{2+}、Mn^{3+}、Cu^{2+}、Ni^{3+} 离子在畸变环境中稳定。在四面体配位中易受到畸变的是 d^3、d^4、d^8、d^9 构型离子，如 Cr^{3+}、Mn^{3+}、Ni^{4+}、Cu^{2+} 在四面体配位中稳定。

过渡金属离子还可能处于同八面体、四面体畸变的八面体和四面体以外的其他多种形式的配位多面体中。在更低对称（如单斜）的配位多面体中，d 轨道还可以进一步分裂为 5 个能级。晶体场理论较好地阐述了尖晶石族矿物中的阳离子择位、硅酸盐矿物中阳离子的分布与有序化等。

6.4　矿物的晶体化学式及其计算

6.4.1　矿物化学计量组分与非计量组分

自然界中矿物的化学组成遵守定比定律和倍比定律，各组分间有一定化合比，矿物的化学组成有确定的化学式表示。通常把在晶格位置上的组分之间遵守定比定律及严格化合比的矿物，称为化学计量矿物（stoichiometric mineral）。如石英的化学成分是 SiO_2。在矿物中存在着类质同象替代，导致化学组成在一定范围变化，但在晶体结构位置上成类质同象关系的各组分数量总和之间遵循定比定律，也可看作化学计量矿物，如铁闪锌矿 (Zn、Fe)S、橄榄石 $(Mg, Fe)_2 \cdot [SiO_4]$ 等。

矿物晶体内部存在的晶格缺陷导致化学组分偏离理想化合比，不遵循定比定律的矿物称为非化学计量矿物（non-stoichio metric mineral）。非化学计量矿物的形成主要是矿物组分中含有变价元素，在形成矿物时处于不同的氧化还原条件，其价态变化导致矿物晶格中出现缺陷（空位、填隙离子等点缺陷）。如 $Fe_{(1-x)}S$（磁黄铁矿），由于有部分 Fe^{3+} 存在，使得铁原子数总是少于硫原子数，晶格产生阳离子空位，其中 x 值取决于结构中 Fe^{3+} 离子数的多少。高温下 x 介于 0~0.125 之间，其阳离子空位随机分布，且为六方晶系。自然界许多矿物的非化学计量性具有成因意义。矿物化学组成受到阳离子交换、胶体吸附、矿物中水的形式与含量变化、包裹体等的影响。

矿物的化学成分的具体表示方法通常有实验式和晶体化学式。实验式（experimental formula）只表示矿物中各组分的种类及其数量比，这种化学式不能反映出矿物中各组分之间的相互关系。晶体化学式（crystallochemical formula）既可表明矿物中各组分的种类及其数量比，又可反映出它们在晶格中的相互关系及其存在形式。晶体化学式的表达方式为：

（1）晶体化学式中阳离子在前，阴离子或络阴离子在后。络阴离子需用 [ ] 括起来，如方解石 $Ca[CO_3]$。

（2）对复化合物，阳离子按其碱性由强至弱、价态从低到高的顺序排列。

（3）附加阴离子通常写在阴离子或络阴离子之后。

（4）矿物中的水分子写在化学式的最末尾，并用圆点将其与其他组分隔开。

（5）互为类质同象替代的离子，用圆括号括起来，并按含量由多到少的顺序排列，中间用逗号分开。

如白云母的晶体化学式 $K\{Al_2[(Si_3Al)O_{10}](OH)_2\}$，$[(Si_3Al)O_{10}]$表明 Al、Si 形成层状结构；$Al_2$表示 Al 以六次配位的形式存在于八面体空隙中，K 为补偿由 Al^{3+}替代 Si^{4+}所引起的层间电荷而进入结构层间；此外，白云母的组成中还有结构水。

6.4.2 矿物晶体化学式的计算步骤

（1）首先检查矿物的化学分析结果是否符合精度要求。表 6-2 中单斜辉石的各组分的百分含量总和（$\sum w_B/\%$）为 99.82%（去除了吸附水 H_2O^-），符合化学式计算的精度要求。

表 6-2　某单斜辉石晶体化学式的氧原子计算法

组分	质量分数/%	相对分子质量	物质的量	氧原子数	阳离子数	以 $O_{fU}=6$ 为基准的阳离子数（i_{fU}）
SiO_2	52.25	60.08	0.8697	1.7394	0.8697	$Z=2\begin{cases}1.920\\0.11\ (0.08,\ 0.03)\end{cases}$
Al_2O_3	2.54	101.96	0.0249	0.0747	0.498	
TiO_2	0.72	79.90	0.0090	0.0180	0.0090	$Y=1.00\begin{cases}0.02\\0.05\\0.06\\0.02\\0.820\end{cases}$
Fe_2O_3	1.81	159.68	0.113	0.0339	0.226	
FeO	1.95	71.85	0.0271	0.0271	0.0271	
MnO	0.64	70.94	0.0090	0.0090	0.0090	
MgO	14.97	40.30	0.3715	0.3715	0.3715	
CaO	24.38	56.08	0.4347	0.4347	0.4347	$X=1\begin{cases}0.960\\0.040\end{cases}$
Na_2O	0.56	61.98	0.0090	0.0090	0.18	
H_2O^-	0.11					
合计/%	99.93	$\sum O=2.7173$　换算系数$=O_{fU}/\sum O=6/2.7173=2.2081$				
去除 H_2O^- $\sum w_B/\%$	99.82	$\sum i_{fU}=4.00$,　$\sum(+)=12.00$				
晶体化学式：$(Ca_{0.980}Na_{0.120})(Mg_{0.820}Fe_{0.060}Fe_{0.050}Al_{0.030}Ti_{0.020})[Al_{0.080}Si_{1.920}]O_6$						

（2）查出各组分的分子量。

（3）将各组分质量百分数（$w_B/\%$）除以该组分的分子量，求出各组分的摩尔数。

（4）用各组分的摩尔数乘以其各自的氧原子系数得到各组分的氧原子数。

（5）将各组分的氧原子数加起来即得矿物中各组分的氧原子数总和$\sum O$。

（6）以矿物单位分子中的氧原子数 O_{fU}（如辉石的 $O_{fU}=6$）除以氧原子数总和$\sum O$，得到换算系数（即 $O_{fU}/\sum O$）。

（7）用各组分的摩尔数乘以其相应阳离子的系数，求得各组分的阳离子数。

（8）以各组分的阳离子数乘以换算系数得出矿物单位分子中的阳离子数（i_{fU}）。

(9) 依据晶体化学理论及晶体结构知识，按矿物的化学通式，将矿物中各阳离子尽可能合理地分配到晶格中相应的位置上。

(10) 按矿物的化学通式，检验矿物单位分子中的阳离子总数$\sum i_{fU}$及正电荷总数$\sum(+)$。

(11) 写出矿物的晶体化学式。

对于硫化物、氧化物等矿物晶体化学式计算，可通过质量/原子量获得原子数，计算阴阳离子的原子数比率，获得晶体化学式。表 6-3 为某地黄铁矿的晶体化学式计算过程。在计算过程中，要注意类质同象替代。

表 6-3 某地黄铁矿晶体化学式计算

组分	质量/%	修正后质量/%	相对原子质量	原子数	原子数比率
S	53.41	53.65	32.06	1.6734	2
Fe	46.11	46.32	55.84	0.8295	0.9914
Co	0.021	0.021	58.93	0.0004	0.0005
Ni	0.009	0.009	58.71	0.0002	0.0002
合计	99.55	100.00			
晶体化学：$(Fe_{0.9914}Co_{0.0005}Ni_{0.0002})S_2$					

以上计算步骤适用于矿物的阴离子基本不变的情况。如果某矿物阴离子可变而阳离子相对不变，则可采用以阳离子数为基准的计算方法。

6.5 类质同象

6.5.1 类质同象类型

类质同象（isomorphism）指矿物晶体结构中某种质点（原子、离子或分子）为其他类似的质点所代替，仅使晶格常数发生不大的变化，结构形式并不改变。即占据晶体结构位置的元素被相近半径、相同化学键、同一离子类型的其他元素所替代。类质同象是矿物中一个极为普遍的现象，它是引起矿物化学成分变化的一个主要原因。按类质同象质点相互替代的程度，可划分为完全类质同象和不完全类质同象。若相互替代的质点（两种或两种以上）可以任意比例相互取代，形成一个连续的类质同象系列，则称为完全类质同象系列。如橄榄石$(Fe,Mg)_2[SiO_4]$中，Fe^{2+}与Mg^{2+}就为相互代替的完全类质同象系列，在这个系列中矿物组成用原子百分数表示，如$Fe_{0.75}Mg_{0.25}SiO_4$，即该橄榄石中铁占75%，镁占25%。若相互代替的质点仅局限在一个有限的范围内，它们不能形成连续的系列，则称为不完全类质同象系列。如闪锌矿 ZnS 中的锌，可部分地（不超过40%）被铁所代替，在这种情况下，铁被称为类质同象混入物，富铁的闪锌矿被称为铁闪锌矿。在矿物晶体化学式中，凡相互间成类质同象替代关系的一组元素均写在同一圆括号内，彼此间用逗号隔开，按所含原子百分数由高而低的顺序排列。例如橄榄石$(Mg,Fe)_2[SiO_4]$、铁闪锌矿（Zn，Fe)S 以及普通辉石$(Ca,Na)(Mg,Fe^{2+},Fe^{3+},Al,Ti)[(Si,Al)_2O_6]$等。

6.5.2 影响类质同象的因素

形成类质同象代替的因素既取决于代替质点本身的性质，如原子或离子半径大小、电价、离子类型、化学键等；也取决于形成代替时的温度、压力、组分浓度等。

(1) 原子和离子半径。可以相互取代的原子或离子，其半径应当相近。可用相互替代的原子或离子半径差率 $X=\left(\frac{R_1-R_2}{R_1}\right)\times 100\%$ 予以判别。当 $X\leqslant 15\%$，可形成完全类质同象。$15<X\leqslant 25\%$，可形成不完全类质同象，在高温下形成完全类质同象；在温度下降时发生固溶体分离。$X>25\%$，不能形成类质同象。

(2) 总电价平衡。在离子化合物中，类质同象的代替必须保持总电价的平衡。根据相互取代的离子的电价相同或不同，分别称为等价的类质同象和异价的类质同象。等价类质同象中相互替代的离子具有相同的电价，代替的离子个数也相同，如在 $(Mg, Fe)_2[SiO_4]$ 的 Mg^{2+} 与 Fe^{2+} 之间的代替。在异价类质同象中相互代替离子的电价不同，需要通过阴阳离子的电价补偿达到平衡。电价补偿的方式主要有：

1) 电价较高的阳离子被多个低价阳离子代替，如在云母中的 3 个 Mg^{2+} 代替 2 个 Al^{3+}，磁黄铁矿中 2 个 Fe^{3+} 代替 3 个 Fe^{2+}。

2) 高价阳离子与低价阳离子成对代替另一对低价阳离子和高价阳离子，如在钠长石 $Na[AlSi_3O_8]$ 与钙长石 $Ca[Al_2Si_2O_6]$ 系列中，Na^{+} 和 Si^{4+} 与 Ca^{2+} 和 Al^{3+} 间的代替。

3) 高价阳离子代替低价阳离子伴随着高价阴离子代替低价阴离子，如磷灰石中 Ce^{3+} 代替 Ca^{2+} 伴随 O^{2-} 代替 F^{-}。

4) 低价阳离子代替高价阳离子，所亏损的电价由附加阳离子来补偿，如绿柱石中 Li^{+} 代替 Be^{2+}，所亏损的正电荷由附加阳离子 Cs^{1+} 来补偿。也有高价阳离子代替低价阳离子，所亏损的电价由附加阴离子补偿。在元素周期表中，从左上方到右下方的对角线方向，元素的阳离子半径相近，一般右下方的高价元素易代替左上方的低价元素，从而形成异价类质同象的对角线法则（表 6-4）。

表 6-4 元素异价类质同象

Ⅰ	Ⅱ	Ⅲ	Ⅳ	Ⅴ	Ⅵ	Ⅶ
Li 0.066(6) 0.092(8)						
Na 0.102(6) 0.118(8)	Mg 0.072(6) 0.089(8)	Al 0.039(4) 0.054(6)				
K 0.138(6) 0.151(8)	Ca 0.100(5) 0.112(9)	Sc 0.075(8) 0.087(8)	Ti 0.061(6) 0.074(8)			
Rb 0.152(6) 0.161(8)	Sr 0.118(6) 0.126(8)	Y 0.090(6) 0.108(8)	Zr 0.072(6) 0.084(8)	Nb 0.064(6) 0.074(8)	Mo 0.059(6) 0.073(7)	
Cs 0.167(8) 0.174(8)	Ba 0.135(6) 0.142(8)	TR 0.086−0.103(6) 0.098−0.116(8)	Hf 0.071(6) 0.083(8)	Ta 0.064(6) 0.074(8)	W 0.050(6)	Re 0.053(6)

（3）相似离子类型与化学键性。不同的离子类型和化学键不易实现类质同象代替。惰性气体型离子在化合物中一般以离子键结合，铜型离子在化合物中以共价键结合为主。这两种不同类型离子间的类质同象代替不易实现。在硅酸盐矿物中也较少发现铜、汞等元素，在铜、汞的硫化物中也不易发现钠、钙等元素。在金属键矿物中，金、银可形成完全类质同象。铂族元素钌、铑、钯、锇、铱、铂为金属键，且半径相近，它们广泛存在类质同象。

（4）配位数对类质同象代替的影响。配位数相同的阳离子具有相近的离子半径，在类质同象替代过程中易于调整。如 Al^{3+} 与 O^{2-} 半径之比近于四面体和八面体配位的临界值，可形成四面体配位和八面体配位；$Si^{4+}O^{2-}$ 半径之比则为四面体的比值，在硅酸盐中，AlO_4 可以代替［SiO_4］四面体，而［SiO_4］不能代替八面体中的 Al^{3+}。配位多面体的形状也影响类质同象代替，如辉钼矿、辰砂、辉铜矿、雌黄等只允许很少元素的类质同象。阴离子或络阴离子团也有类质同象代替，如 O^{2-}、F^-、OH^-；S^{2-}、Se^{2-}、Br^{2-}；Cl^-、I^-；［NO］、［CO_3］、［BO_3］；［SO_4］、［AsO_4］、［PO_4］、［VO_4］；［SiO_4］、［AlO_4］等。

（5）温度的影响。温度增高有利于类质同象的产生，温度降低将限制类质同象的范围。在高温条件下类质同象易于发生，形成完全类质同象系列或较高比例的代替。在高温条件下闪锌矿中 Fe 代替 Zn 可达到 45%，随着温度的降低，Fe 替代 Zn 的比例降低。在低温条件下形成的矿物化学成分相对较纯。

（6）压力的影响。一般来说，压力的增大将限制类质同象代替的范围并促使其离溶。但这一问题尚待进一步的研究。

（7）组分浓度的影响。一种矿物晶体，其组成组分间有一定的量比。当它从熔体或溶液中结晶时，介质中各组分若不能与上述量比相适应，即某种组分不足，则将有与之类似的组分以类质同象的方式混入晶格加以补偿。

固溶体（solid solution）是指在固态条件下，一种组分溶于另一种组分之中形成的均匀的固体。它既可通过质点的代替而形成类质同象混晶；也可通过某种质点侵入它种质点的晶格空隙形成“侵入固溶体”。固溶体离溶是指原来呈类质同象代替的多种组分发生分解，形成不同组分的多个物相。被分离出来的晶体常受到主晶体结构的控制而在主晶体中呈定向排列。温度降低促使类质同象混晶发生分解，即固溶体离溶。在高温碱性长石中的 K、Na 可以相互代替形成(K,Na)［$AlSi_3O_8$］或(Na,K)［$AlSi_3O_8$］完全类质同象混晶，温度降低发生出溶，形成钾长石 K［$AlSi_3O_8$］和钠长石 Na［$AlSi_3O_8$］两相组成的条纹长石。在热液条件下形成黄铜矿中有闪锌矿固溶体出溶等。

氧化还原电位的变化导致固溶体出溶。在类质同象混入物中的变价元素，当氧化电位增高时，该元素将从低价状态转变为高价状态，阳离子半径缩小，原矿物的晶格发生破坏，混入物从原矿物中析出。在岩浆作用中 V、Cr 呈三价离子与 Fe^{3+}、Ti^{3+} 相互代替。在外生条件下铬、钒转变为高价 Cr^{6+}、V^{5+}，与铁、钛分离，与氧结合成［CrO_4］、［VO_4］，与其他阳离子形成铬酸盐矿物、钒酸盐矿物。

6.5.3　研究类质同象的实际意义

研究矿物类质同象有助于阐明元素赋存状态，进行综合利用。地壳中有许多元素很少或不形成独立矿物，主要是以类质同象混入物的形式赋存于一定矿物的晶格中。稀土元素在矿物中类质同象非常显著。通常分为两组：钇组稀土元素——Y、Tb、Dy、Ho、Er、Tb、Lu（阳离子电价为正三价，配位数为6，离子半径在0.94~1.02nm之间）；铈组稀土元素——La、Ce、Pr、Nb、Pm、Eu（阳离子电价为正三价，配位数为6，离子半径在1.03~1.13nm之间。由于两组中稀土元素的离子电价相同，外层电子结构相同，半径相近，故在矿物中可互相代替，密切共生。Re与Mo的半径相近，性质相同，经常赋存于辉钼矿中。Cd、In、Ga经常存在于闪锌矿中。

掌握类质同象混入物分解的知识对于了解矿床氧化带和原生矿床的关系，从而对进一步寻找原生矿床有很大帮助。类质同象混入物的分解能造成某些元素的集中。在外生作用中超基性岩中所含的类质同象混入物在氧化和分离后有时会形成铁、锰、镍、钴的次生矿床。

研究矿物类质同象有助于了解矿物形成地质环境，如闪锌矿中铁含量的变化，反映了矿物形成温度的变化。类质同象对矿物化学成分的规律变化有较大影响，也导致矿物的物理性质如颜色、光泽、折射率、硬度、密度等的变化。

6.6　矿物中的水

水是很多矿物中重要的化学组成之一，也影响着矿物的许多性质。根据矿物中水的存在形式及其在晶体结构中的作用，可分为吸附水、结晶水和结构水三种基本类型，性质介于结晶水与吸附水之间有层间水和沸石水两种过渡类型。

（1）吸附水（hydroscopic water）。是呈中性水分子 H_2O 状态存在于矿物中的水。吸附水不直接参与组成矿物的晶体结构，不属于矿物的化学成分，不写入化学式。它被吸附于矿物的表面上或裂隙中，随着外界温度、湿度条件而变化。在常压下，当温度上升至110℃时，吸附水会全部逸出，但并不破坏晶格。薄膜水和毛细管水都属于吸附水。水胶凝体中的胶体水是吸附水的一种特殊类型，它是胶体矿物本身固有特征，故应作为重要组分列入矿物的化学式，但其含量不固定，如蛋白石的化学式是 $SiO_2 \cdot nH_2O$。

（2）结晶水（crystallization water）。是以中性水分子 H_2O 的形式存在于矿物中的水，它在矿物晶体结构中占有固定的位置，并且水分子的数量也是固定的。结晶水多出现在具有大半径络阴离子的含氧盐矿物中，例如石膏 $CaSO_4 \cdot 2H_2O$。结晶水受晶格的束缚，结构比较牢固。但在不同矿物中结晶水与晶格联系的牢固程度又有差别。要使结晶水从矿物中脱出，通常需要100~200℃的温度，结合最牢固的要加温至600℃水才逸出。当矿物脱出结晶水后，晶体结构被破坏，重建为新的晶格，如石膏脱水后形成硬石膏（图6-3）。含结晶水的矿物失水温度是一定的，据此可以作为鉴定矿物的一项标志。

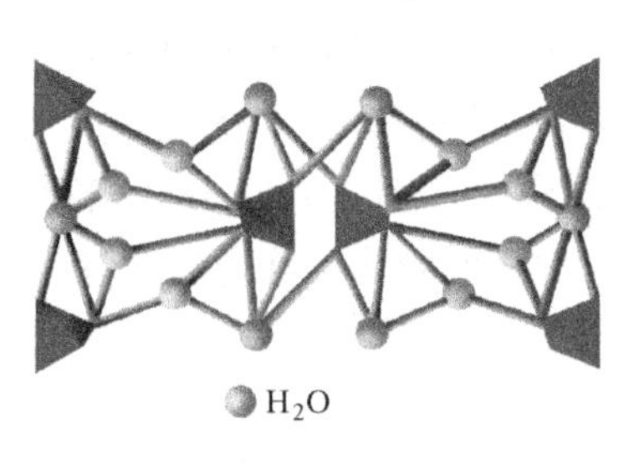

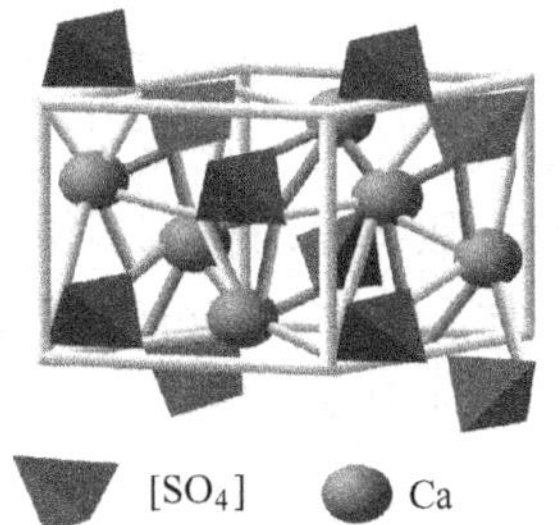

图6-3　石膏中的结晶水与脱水后形成的硬石膏

（3）结构水（constitution water）。是呈 H^+、$(OH)^-$或（$H_3O)^+$等离子状态存在于矿物晶格中的水。如在高岭石 $Al_4[Si_4O_{10}](H_2O)_8$和水云母$(K,H_3O)Al_2[AlSi_3O_{10}](OH)_2$中都含有结构水。结构水在晶格中占有固定的位置，在含量上有确定的比例。它们在晶格中靠较强的键力联系着，因此，结构牢固，要在高温（约600~1000℃）作用下，晶格遭到破坏时水才会逸出（图6-4）。

（4）沸石水（zeolitic water）。是存在于沸石族矿物晶格中的大空腔或通道中的中性水分子，其性质介于结晶水与吸附水之间。对矿物加热至80~400℃时，水会大量逸出；脱水后的沸石又可重新吸水。水的含量有确定的上下限范围，在此范围内水的逸出和吸入不破坏晶格，只引起矿物物理性质的变化（图6-5）。

（5）层间水（interlayer water）。是存在于层状构造硅酸盐结构层之间的中性水分子，其性质介于结晶水与吸附水之间。如在蒙脱石中，其结构层表面有过剩负电荷，它要吸附金属阳离子及水分子，从而在相邻的结构层中间形成水分子层。层间水的数量受阳离子种类、温度及湿度变化的影响。加热至110℃时，水大量逸出，而在潮湿环境又可重新吸水。水含量的改变不破坏晶体结构，但会影响结构层的间距，即晶胞轴 c_0的大小，及相对密度、折光率等矿物物理性质；也会影响金属阳离子的数量和种类（图6-6）。

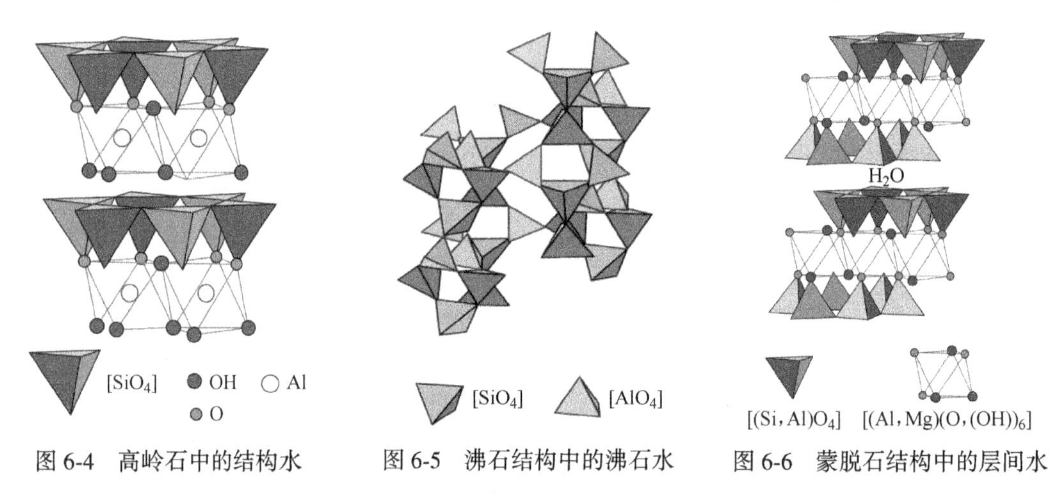

图6-4　高岭石中的结构水　　图6-5　沸石结构中的沸石水　　图6-6　蒙脱石结构中的层间水

6.7　胶体矿物的化学成分

6.7.1　胶体及其性质

胶体（colloid）是一种或多种物质的微粒（粒径一般介于1~100nm之间）分散在另一种物质之中形成的不均匀的细分散系。前者称为分散相（分散质），后者称为分散媒（分散剂）。显然，胶体是两相或多相物质的混合物（图6-7）。分散相和分散媒均可以是固体、液体或气体。其中，若分散媒远多于分散相的胶体，称为胶溶体；而分散相远多于分散媒的胶体，则称为胶凝体。

胶体的性质：

（1）胶体质点带有电荷。胶体质点带有电荷主要是由于破键机理。多数无机胶体的分散相质点是晶质的，其表面电荷不饱和，这个微粒叫胶核。胶核要吸附一些存在于介质中且为胶核成分中所含有的某种离子，在胶体外面形成一个吸附层，构成带一定电荷的胶粒。为了平衡吸附层的电荷，带电的胶粒还要吸附介质中其他离子团，这种离子被吸附得比较松，在介质中有一定的自由移动能力，形成一个扩散层。按胶体带有正负电荷的不同，可将胶体分为正胶体和负胶体。正胶体有 Zr、Ti、Th、Ce、Cr、Al、Fe^{3+} 的氢氧化物；负胶体有 H_2SiO_3，As、Sb、Cd、Cu、Pb 的氢氧化物，Mn^{4+}、U^{6+}、V^{5+}、Sn^{4+}、Mo^{5+}、W^{5+}的氢氧化物等。在硅酸盐矿物中存在 Al^{3+}代替 Si^{4+}，有 $MgFe^{2+}$被 Al^{3+}、Fe^{3+}等代替使胶核带有负电荷。

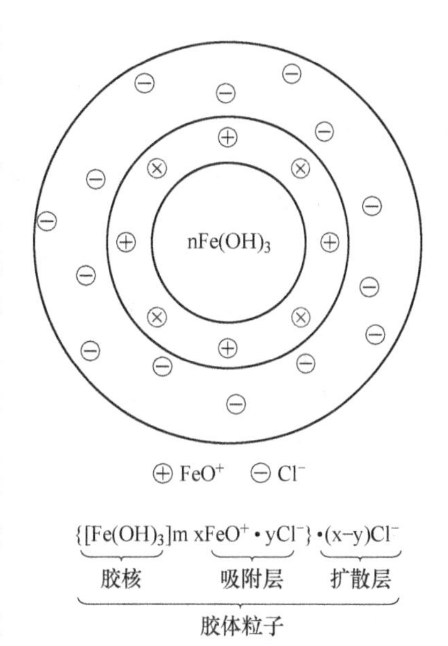

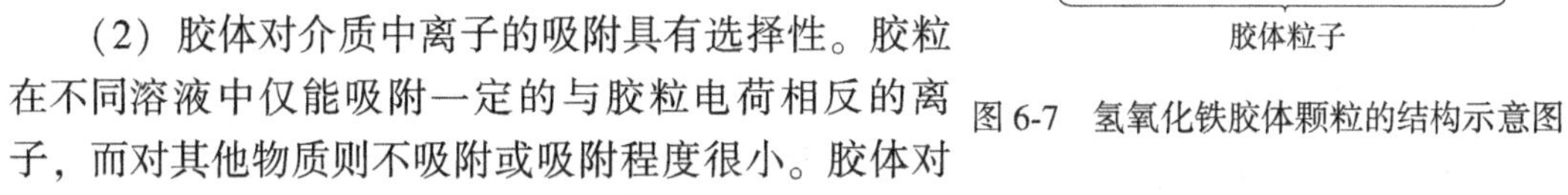

图 6-7 氢氧化铁胶体颗粒的结构示意图

（2）胶体对介质中离子的吸附具有选择性。胶粒在不同溶液中仅能吸附一定的与胶粒电荷相反的离子，而对其他物质则不吸附或吸附程度很小。胶体对离子的选择性，还表现在对一些离子吸附的难易程度不同，进而表现为被吸附离子之间的交换。通常，阳离子电价越高，置换能力越强，一旦被胶体吸附，就难被置换；在电价相等时，置换能力随离子半径增大而增强。金属阳离子置换能力按下列顺序递减：H>Al>Ba>Sr>Ca>Mg>NH_4>K>Na>Li。

（3）胶体微粒具有巨大的表面能。晶质的胶体微粒内部原子排列是有序和周期重复的，每个原子的力场是对称的，但表面边界上原子力场的对称性被破坏，出现剩余键力，即表面能。胶体矿物微粒表现的静电力和吸附现象就是这种表面能的表现和作用。胶体的吸附就是一个降低表面能的过程。具有巨大表面能的胶体矿物，总是要把能量传给周围物质，使其能量降低到与周围物质相平衡的状态，也即从无序向有序过渡，最后形成矿物结晶相的趋势。这表现为胶体微粒的凝聚，分散相与分散媒分离，即脱水作用。

6.7.2 胶体矿物的形成

6.7.2.1 胶体矿物

胶体矿物（colloidal mineral）是指由以水为分散媒、以固相为分散相的水胶凝体形成的非晶质或超显微（纳米-微米级）的隐晶质矿物。前者如蛋白石（$SiO_2 \cdot nH_2O$），后者如大多数黏土矿物。严格地说，胶体矿物是含吸附水的纳微米多晶矿物。

地壳中的水胶凝体矿物绝大部分都形成于表生作用中，表生作用中形成的胶体矿物，大体上经历了两个阶段：

（1）形成胶体溶液。原生矿物、岩石经过 物理风化作用形成含有胶体微粒的溶液；原生矿物、岩石经过化学风化分解形成含有离子或分子的溶液。这些物质进一步饱和聚集，形成胶体溶液，它是形成胶体矿物的物质基础。

（2）胶体溶液的凝聚。胶体溶液在迁移过程中或汇聚于水盆地后，或因不同电荷质点发生电性中和而沉淀，或因水分蒸发而凝聚，从而形成各种胶体矿物。

已经形成的胶体矿物，随着时间的推移或热力学因素的改变，胶粒会自发地凝聚，并进一步发生脱水作用，颗粒逐渐增大而成为隐晶质，最终可转变为显晶质矿物，这种自发转变过程称为胶体的老化或陈化（ageing）。由胶体矿物老化形成的隐晶质或显晶质矿物称为变胶体矿物（meta-colloidal mineral）。

由于胶体的特殊性质，决定了胶体矿物的化学成分具有可变性和复杂性的特点。首先，胶体矿物的分散相与分散媒的量比不固定，即其含水量是可变的；其次，胶体微粒表面具有很强的吸附性，致使胶体矿物可吸附介质中的杂质离子和其他成分，其吸附量有时相当可观，甚至可富集形成有工业价值的矿床。例如，MnO_2负胶体可以吸附 Li、K、Ba、Cu、Pb、Zn、Co、Ni 等 40 余种元素的离子，其中 Co、Ni、Pb、Zn 等有时可达工业品位，可以开采。可见，胶体矿物的化学成分复杂且变化大。

6.7.2.2　黏土矿物

黏土矿物是指颗粒细小（≤2μm）具有层状结构的硅酸盐矿物。主要包括高岭石族、伊利石族、蒙脱石族、蛭石族以及海泡石族等矿物。黏土矿物的化学成分主要是含铝、镁等为主的含水硅酸盐矿物。黏土矿物具有较大吸附性、离子交换性能，矿物化学成分比较复杂。黏土矿物的粒度细小，在电子显微镜下观察黏土矿物是一种微小的晶体。多数黏土矿物，如伊利石等呈鳞片状，结晶良好的高岭石则呈完整的假六方片状；少数黏土矿物呈管状（埃洛石）或纤维状（坡缕石和海泡石）。黏土矿物除海泡石、坡缕石具链层状结构外，其余均具层状结构。同时，研究发现，黏土矿物晶体中存在一种缺陷结构，可保存相当多的信息，从而决定晶体生长的取向和构型。

黏土矿物的形成方式主要有三种：

（1）与风化作用有关。由岩浆作用形成的长石等硅酸盐矿物，经风化作用形成黏土矿物。如 $NaAlSi_3O_8$(钠长石)+H_2O+O_2→Al $AlSi_3O_{10}(H_2O)$(高岭土)。

（2）热液和温泉水作用于围岩，可以形成黏土矿物的蚀变富集带。

（3）由沉积作用、成岩作用生成黏土矿物。主要用作陶瓷和耐火材料，并用于石油、建筑、纺织、造纸、油漆等产业。

7　矿物形态

矿物的形态是指矿物单体、矿物规则连生体及同种矿物集合体的形态。它是矿物化学成分、晶体结构和形成环境综合作用的结果，是矿物的重要鉴定特征。实际晶体的内部结构不是绝对均匀的整体，内部质点在局部范围内会出现不符合格子构造规律，如空位、错位、镶嵌等晶格缺陷。实际晶体形态与理想形态有所差异，各晶面发育不平衡，会出现歪晶和晶面花纹、蚀像等。

7.1　矿物单晶体的形态

矿物单晶体的形态包括晶体的形状、结晶习性、晶体的大小及晶面花纹等。

7.1.1　晶体习性

矿物的晶体习性（crystal habit）是指矿物晶体在一定的外界条件下，常常趋向于形成某种特定的结晶形态，也称结晶习性。单晶体根据在三度空间发育程度，可分为：

（1）三向等长。晶体几何常数具有 $a=b=c$ 或三者近似相等，矿物单晶体呈等轴粒状，如石榴子石、黄铁矿、方铅矿等。

（2）二向延长。晶体几何常数 $a=b\gg c$ 或 $a\approx b\gg c$。矿物晶体在两个方向上发育均等，另一个方向发育缓慢。有薄片状、片状、板状、鳞片状等，如云母、绿泥石、重晶石等。

（3）一向延长。晶体几何常数 $a=b\ll c$ 或 $a\approx b\ll c$。矿物单晶体在一个方向特别发育，其他两个方向发育程度均等，呈柱状、针状、纤维状，如辉锑矿、电气石、绿柱石等。

表 7-1 为矿物晶体结晶习性类型。

晶体习性主要与内部结构和化学成分、形成环境有关。在理想环境中，晶体生长遵循布拉维法则，面网密度大、生长缓慢的晶面保留下来。晶面往往平行化学键最强方向发育，使得晶体在一定外界条件下发育成特有的形态。如金红石、辉石和角闪石等链状结构的矿物呈现柱状、针状晶习；云母、石墨等层状结构的矿物则呈片状、鳞片状晶习。化学成分简单，结构对称程度高的晶体，一般呈等轴状，如自然金（Au）和石盐（NaCl）等。

7.1.2　晶面条纹

晶面条纹（striations）是指由于不同单形的细窄晶面反复相聚、交替生长而在晶面上出现的一系列直线状平行条纹，也称聚形条纹（combination striations），见于晶面上，也称生长条纹（growth striations）。它是晶体中的面网密度大的晶面与面网密度较小的晶面

表 7-1 矿物晶体结晶习性类型

类型	三向等长	二向延长		一向延长
晶体习性				
参数特征	$a=b=c$	$a\neq b<c$	$a=b>c$	$a=b<c$
实际形态	粒状	片状、鳞片状	板状、薄板状等	柱状、针状等

间形成狭窄条带呈阶梯状交替组成的。例如，黄铁矿的立方体及五角十二面体的晶面上常可出现三组相互垂直的条纹，它是由上述两种单形的晶面交替生长所致（图 7-1）。晶面条纹平行于晶棱，具有单方向、双方向或多方向。α-石英晶体的六方柱晶面上常见有六方柱与菱面体的细窄晶面交替发育而成的聚形横纹（图 7-2）。具有阶梯从晶体的尾端向顶端单方向下降的特点，显示晶面平行生长特征。

图 7-1 黄铁矿的晶面条纹

图 7-2 α-石英的柱面横纹

晶体出现晶面螺纹，这是在由层生长或螺旋生长机制形成的晶面上有层状台阶或螺旋状台阶，也称为晶面台阶（steps）（图 7-3，图 7-4）。晶面台阶是最常见的晶面花纹，肉眼较难看到，借助显微镜，就能看到很漂亮的花纹。

图 7-3 莫来石的螺旋状台阶

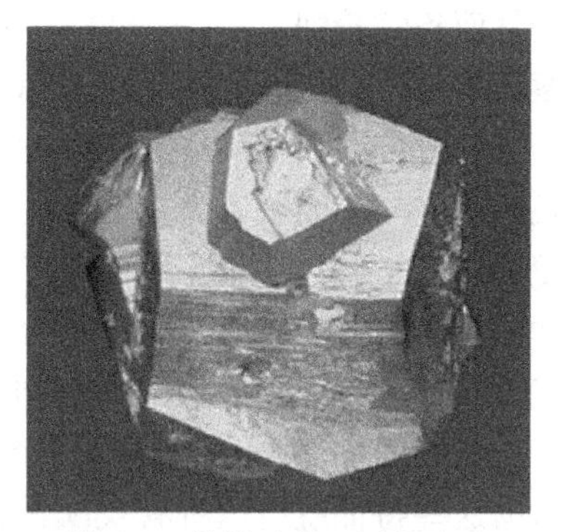

图 7-4 黄铁矿晶面层状台阶

在晶体生长过程中形成的、略凸出于晶面之上的丘状体，称为生长丘（图 7-5）。晶体形成后，晶面因受溶蚀而留下的一定形状的蚀像。蚀像受晶面内质点的排列方式控制。不同矿物的晶体，乃至同一晶体不同单形的晶面上，其蚀像的形状和取向各不相同，只有同一晶体上同一单形的晶面上的蚀像才相同。可利用蚀像来鉴定矿物、判识晶面是否属于同一单形，确定晶体的真实对称，以及区分晶体的左右形。

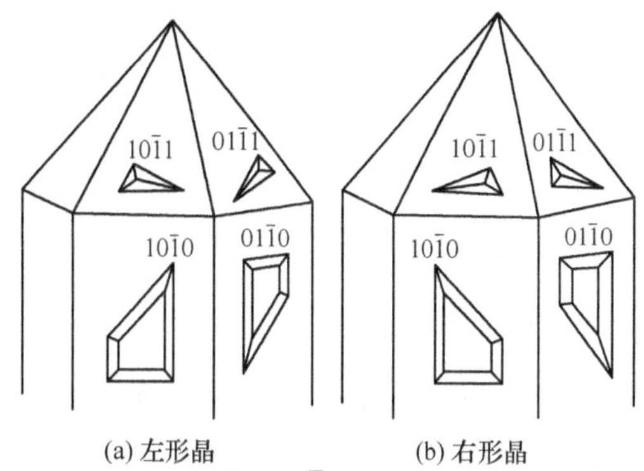

图 7-5 α-石英 $\{10\bar{1}1\}$ 的晶面上之生长丘

7.1.3 实际晶体的对称及其分析

实际晶体的对称，是晶体本身的对称和外界生长环境对称性的总和。实际晶体由于受环境影响形成歪晶，掩盖了真实对称性。所以，在分析实际晶体对称性时，要排除生长环境造成的影响，确定晶体的真实对称性。

确定实际晶体对称的一般方法是观察实际晶体各晶面特征，分析晶面形态、数目、相对位置，借助测量面角和晶面投影等方法确定晶体所具有的单形的个数及其单形名称，确定单形的对称性。值得注意的是只要确定了一种单形的对称型也就确定了晶体的对称型。如 α-石英的实际晶体呈多种形态（图 7-6），仔细观察石英晶面的微细特征，就可判别它的单形和对称型。石英常见单形有六方柱（*m*）、菱面体（*r*）、（*R*）、三方双锥（*s*）、三方偏方面体（*x*）五种组成，这五种单形晶面条纹特点不同：

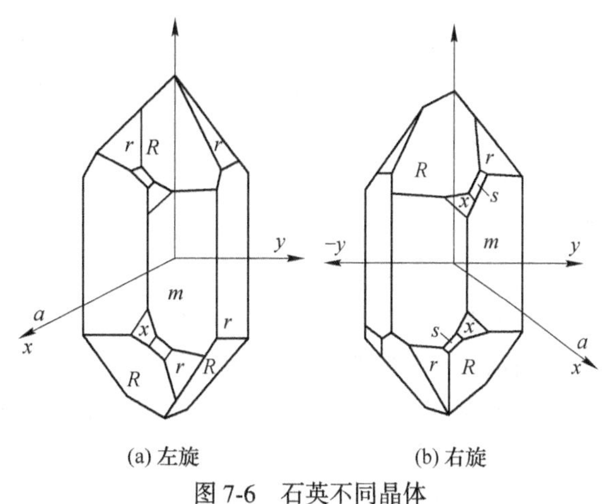

图 7-6 石英不同晶体

六方柱（*m*）具有一组相互平行的水平纹（聚形纹）。一般与（*z*）面相对应的柱面条纹较粗，与（*r*）面对应的柱面条纹较细。

菱面体（*r*）常有不等边的三角形生长锥，三角形两边分别平行于（*m*）与（*r*）、（*r*）与（*z*）的交棱，第三边稍微弯曲，向左弯曲为左形，向右弯曲为右形。蚀像为三角形，长边由左向右倾斜者为左形，反之为右形。

菱面体（*R*）生长锥近似等腰三角形，底边平行于（*m*）与（*z*）的交棱，有一条边是弯曲的，向右弯为右形，向左弯为左形。

三方双锥（*s*）晶面上具有一组平行的斜纹，生长锥呈曲尺状。

三方偏方面体（*x*）具有特征的鳞片状生长锥。

根据这些特征就可以将石英实际晶体的各种单形及其对称确定下来。还可以借助X射线分析、对晶体的物理性质分析进一步确定晶体的对称。

7.2　矿物规则连生体形态

规则连生是按结晶学方向彼此联结生长在一起的晶体。分为同种晶体的平行连生，双晶和异质晶体的定向连生。

7.2.1　平行连生

平行连生（parallel grouping）是由若干个同种的单晶体，彼此之间所有的结晶方向（包括各个对应的晶轴、对称要素、晶面及晶棱的方向）都一一对应、相互平行而组成的连生体。如树枝状的自然铜就是沿立方体角顶的方向（L^3）或晶棱方向（L^2）平行连生的（图7-7）。

平行连晶中各单体间的内部格子构造是连续的。在平行连生的晶体内部的晶体结构是完全平行且连续的，属于单晶体。平行连生以双晶形式出现，如石英石膏燕尾双晶、斜长石聚片双晶等，都是平行连生的产物。如果在晶体生长过程中外界条件发生变化使后生晶体的形态与原来不同，就会形成异型的连生体。这种连生体也是同种晶体的连生，这是与浮生的不同之处。

7.2.2　双晶

双晶（twinned crystal）是两个以上的同种单体，彼此间按一定的对称关系相互取向组成的规则连生晶体，也叫孪晶，是晶体常见的形态。构成双晶的两个单体的格子构造是互不平行连续的。两个单体之间相应的结晶方向（包括各个对应的晶轴、对称要素、晶面及晶棱的方向）并非完全平行，但它们可以借助于双晶要素，使两个个体彼此重合或达到完全平行一致的方位。

7.2.2.1　双晶要素

双晶要素，是使组成双晶的个体之间彼此重合或方位一致而设想的几何图形，有双晶面、双晶轴、双晶中心。

（1）双晶面（twinning plane）。为一假想的平面，可使构成双晶的两个单体中的一个通过它的反映变换后与另一个单体重合或平行。在实际双晶中，双晶面平行于单晶体中具简单指数的晶面，或是垂直于重要的晶棱。双晶面的方向均采用平行于某晶面或垂直于某

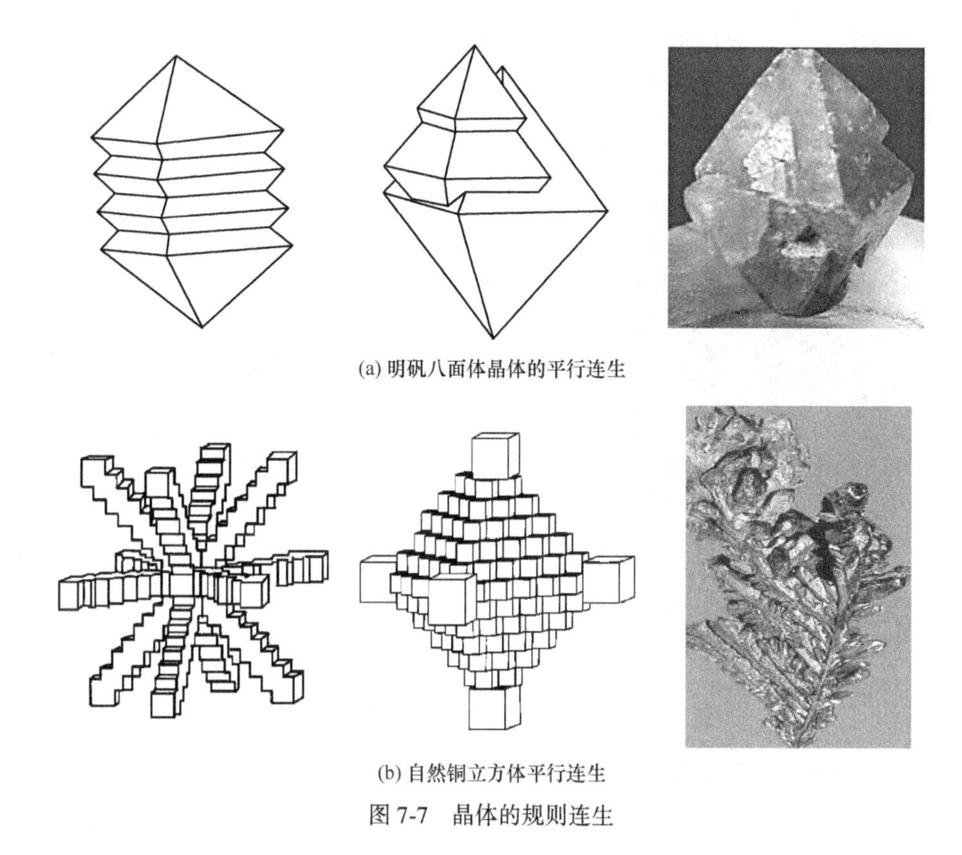

(a) 明矾八面体晶体的平行连生

(b) 自然铜立方体平行连生

图 7-7　晶体的规则连生

晶棱方式来表示，如双晶面∥(111)或⊥[111]。

(2) 双晶轴 (twinning axis)。为一假想直线，双晶中一单体围绕它旋转 180°角度后，可与另一单体重合或平行。双晶轴采用平行于某晶棱或垂直于某晶面的方式来表示，如图 7-8 所示的双晶轴为 t_1∥[100]或 t_1⊥(100)。

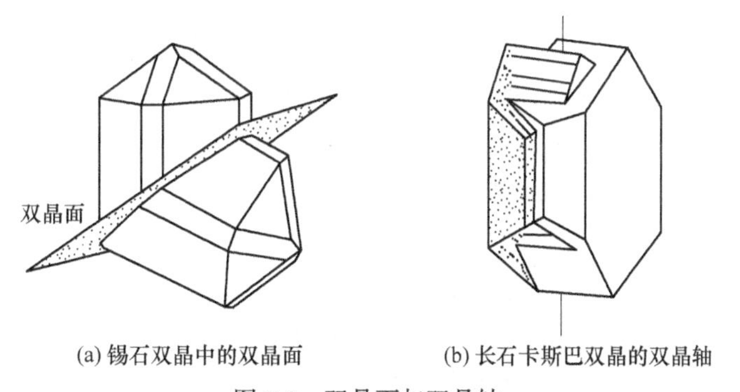

(a) 锡石双晶中的双晶面　　(b) 长石卡斯巴双晶的双晶轴

图 7-8　双晶面与双晶轴

(3) 双晶中心 (twinning centren)。为一假想的点，通过该点的反伸，可使双晶的单体彼此重合。

(4) 双晶接合面 (composition plane)。是指双晶中相邻单体间彼此接合的实际界面。有些双晶接合面为极不规则且复杂的曲折面，其两侧的单体晶格互不平行连续。有些双晶接合面为一平面，两单体中有一个共格面网 (common net)，这个共格面网平行于单晶体中具简单指数的晶面，故可用相应的晶面符号来表示接合面的方向。此外，接合面常与双晶面重合，或平行于双晶轴，或垂直双晶轴。例如尖晶石双晶和石膏双晶的接合面都与它们的双晶面重合（图 7-9）。

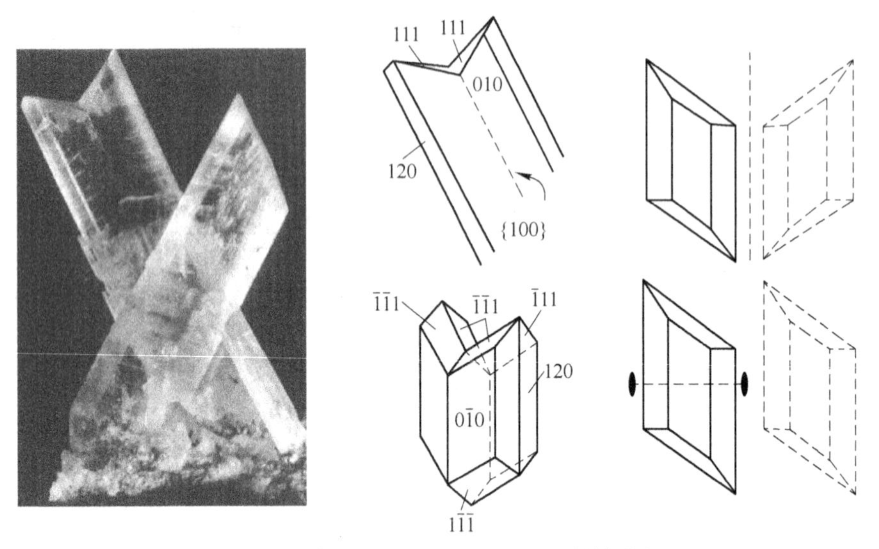

图 7-9　石膏燕尾双晶、双晶面、双晶轴分析

双晶要素间存在以下关系：

1）双晶面不能平行于单晶体中的对称面，双晶轴不可能平行于单晶体中的偶次对称轴（因为双晶轴一般都为二次轴），否则就形成平行连晶。

2）组成双晶的单晶体具有对称中心时，双晶面和双晶轴可以同时存在，否则将只有双晶面或双晶轴。

3）当双晶面和双晶轴共同存在时，两者可呈彼此平行和垂直关系。锡石（$4/mmm$，$L^4 4L^2 5PC$）双晶面与双晶轴相互平行，方解石（$\bar{3}m$，$L^3 3L^2 3PC$）双晶轴垂直双晶面。

4）双晶中心不可能是对称中心，没有对称中心的晶体才出现双晶中心。

5）双晶接合面一般与双晶面重合，但不是必须重合。如云母晶体为单斜晶系，单体由平行双面｛001｝和｛010｝、斜方柱｛110｝所组成，双晶接合面平行于（001）。双晶面不与接合面重合，而是垂直于（001）。

7.2.2.2　双晶律

双晶的两个体间结合的规律称为双晶律（twin law）。双晶律的命名原则为：

（1）以作为双晶特征的矿物来命名，如尖晶石律双晶和云母律双晶等。对于同一晶系的不同晶体的双晶如遵循这种双晶律也用此命名。如萤石、闪锌矿的双晶面亦为（111），也称为尖晶石律双晶。

（2）以双晶的形状来命名。如石膏双晶命名为燕尾双晶（因为形似燕尾），锡石的膝状双晶等。

（3）以原始发现的地名来命名，如长石卡斯巴律双晶是该双晶最初在捷克斯洛伐克的卡斯巴（Carlsbad，Bohemia，Czechoslovakia）发现而命名。还有石英的巴西双晶律、道芬双晶律、巴维诺双晶律等。

（4）以双晶面或接合面命名。如正长石的曼尼巴双晶，即底面双晶，是双晶面和接合面平行底面（001）的双晶。方解石的负菱面双晶是指双晶面及接合面都平行于菱面体（0112）的双晶。此外，贯穿双晶也可以由不同的多个双晶律组成。例如，十字石复杂贯穿双晶，个体 A 与 B 之间是一个双晶律，个体 C 与 A、B 之间是另一种双晶律（图 7-10）。

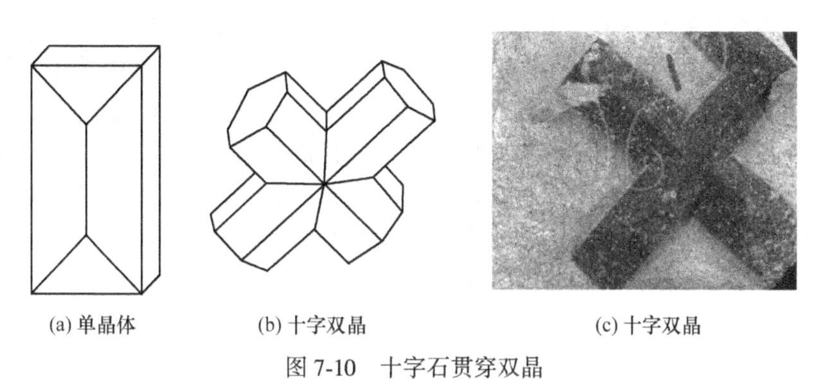

(a) 单晶体　(b) 十字双晶　(c) 十字双晶

图 7-10　十字石贯穿双晶

7.2.2.3　双晶类型

双晶的类型比较复杂，根据个体连生方式可划分为接触双晶（contact twin）、穿插双晶（Penetration twin）两类。

（1）接触双晶。由两个单体以简单的平面相接触构成的双晶。其中又可分为：

1）简单接触双晶。两个单体间只以一个明显而规则的接合面相接触。如尖晶石双晶、石膏双晶（图 7-9）。

2）聚片双晶（polysynthetic twin）。由两个以上晶体薄片以互相平行的晶面接触聚合组成，所有接合面均相互平行（图 7-11）。相邻单体间均呈双晶关系，而相间的各单体，彼此的结晶方向全都平行。在聚片双晶中，由一系列相互平行的接合面在双晶缝合线构成的直线条纹称为聚片双晶纹（twinning lamellae）。如斜长石的聚片双晶。

3）环状双晶（cyclic twin）。由两个以上的单体按同一种双晶律组成，表现为若干呈接触双晶的单晶体的组合，各接合面依次呈等角度相交，双晶总体呈环状，环不一定封闭，可以是开口的（图 7-12）。

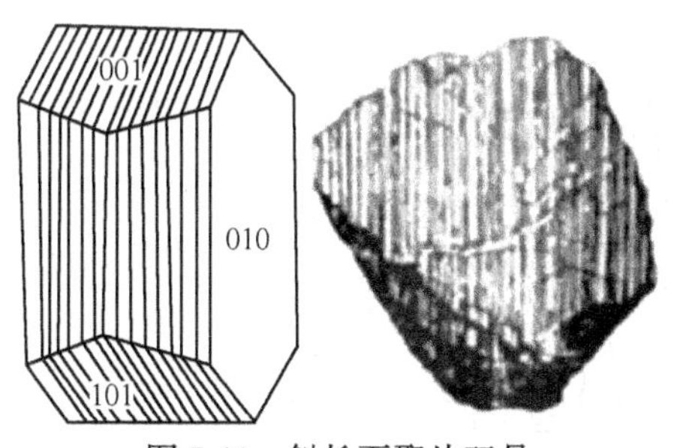

图 7-11　斜长石聚片双晶

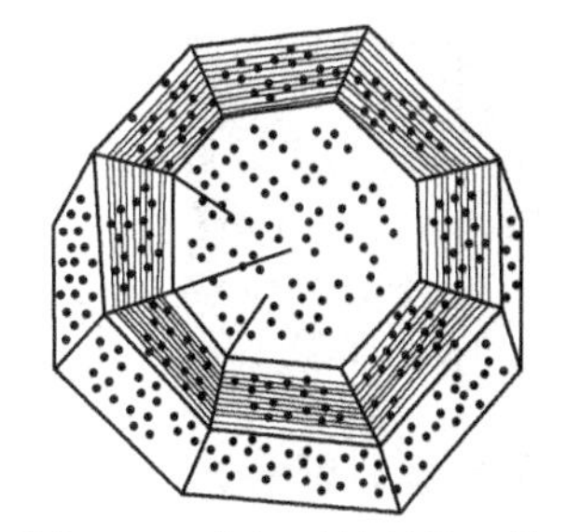

图 7-12　金红石的环状双晶

（2）穿插双晶（penetrate twin，interpenetrate twin）。亦称贯穿双晶，由两个或多个单体相互穿插而成，接合面常曲折而复杂（图 7-13）。根据双晶轴和接合面的关系，可分为两个类型：

1）面型。双晶轴垂直接合面用⊥（*hkl*）的符号表示。如萤石穿插双晶。

2）轴型。双晶轴平行接合面，同时又平行于可能晶棱［*mnp*］，用∥［*mnp*］（*hkl*）的符号来表示。如十字石双晶。

3）复合双晶（compound twin）。由两个以上的单体彼此间按不同的双晶律组成的双晶。双晶轴平行于接合面（*hkl*），又垂直可能的晶棱［*mnp*］，用⊥［*mnp*］∥（*hkl*）的符号表示。这种双晶在三斜晶系的晶体中较多，常见的斜长石的卡-钠复合双晶（图 7-14），就是按 3 种不同的双晶律结合在一起而成的，接合面均为（010），其中单体 1 和 2 以及单体 3 和 4 彼此间按钠长石律接合，双晶轴⊥（010）；单体 2 和 3 之间按卡斯巴律接合（图 7-15），双晶轴∥*c* 轴，单体 1 和 4 之间也成卡斯巴律的关系。单体 1 和 3、2 和 4 虽然都未直接相连，但它们之间的相对方位都构成了由钠长石律与卡斯巴复合双晶律，称为钠长石-卡斯巴律复合双晶律（简称卡-钠复合律）。该复合双晶律的双晶轴位于（010）面内且垂直于 *c* 轴。这样 3 种双晶律共同组成的复合双晶，称为卡-钠复合双晶。3 种双晶律的 3 根双晶轴相互垂直。

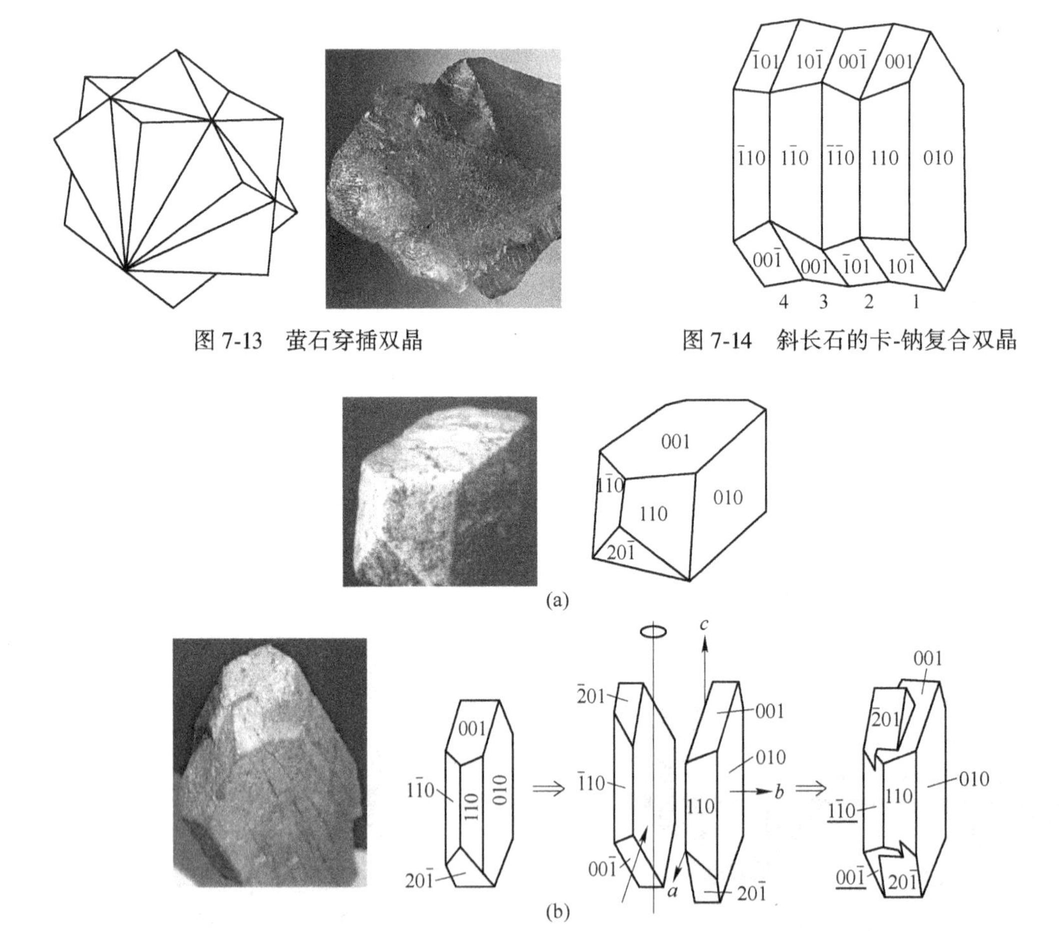

图 7-13　萤石穿插双晶

图 7-14　斜长石的卡-钠复合双晶

图 7-15　正长石单晶体（a）与正长石 Carsbad 双晶（b）

7.2.2.4　双晶的形成

双晶的形成有以下三种不同的成因类型：

（1）生长双晶（growth twin）。在晶体生长的过程中，晶核或小晶体按照双晶关系连生，然后成长为双晶。晶核或小晶体以双晶方位相连接时，界面是相同的面网（共格面网）。生长双晶属于原生双晶。

（2）转变双晶（transformation twin）。在同质多象转变及无序-有序转变过程中产生的双晶。如六方晶系的β-石英在温度下降转变为三方晶系的α-石英时，结构转变有两种取向选择，这两种取向之间为二次轴关系。在结构转变过程中一部分为第一种变形，另一部分为第二种变形，这两部分道芬双晶。转变双晶一般是次生双晶。对于转变后的结晶相，双晶则是与晶体同时形成的。

（3）机械双晶（mechanical twin）。为晶体受到应力的作用导致晶格发生均匀滑移，已滑移部分与未滑移部分的晶格间处于双晶的相互取向关系，形成双晶，如方解石晶体的机械双晶（图 7-16）。机械双晶属于典型的次生双晶。

7.2.2.5 双晶的识别

双晶的识别方法有以下 4 种：

（1）凹入角。通过确定凹入角两侧单体间的相互取向关系，最终确定是否为双晶。

（2）假对称。有的双晶不产生凹入角，外形上好像是一个单晶体。但整个双晶外形上所表现出来的对称性与单晶体所固有的对称性不同，是一种假对称。如α-石英在双晶却产生了垂直柱面的 L^2。这就表明，该α-石英晶体实际上不是单晶而是双晶（图 7-17（a））。

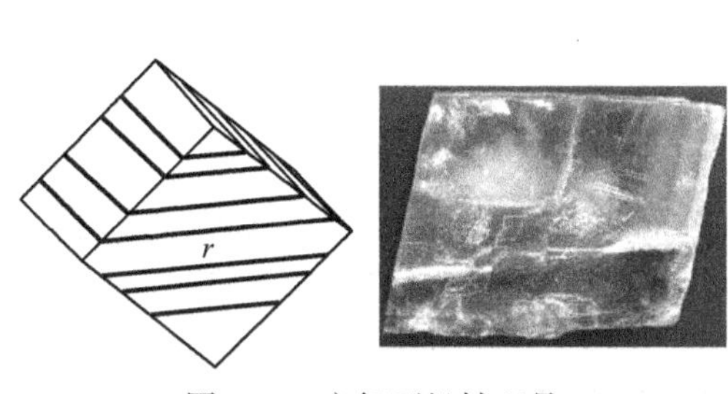

图 7-16 方解石机械双晶

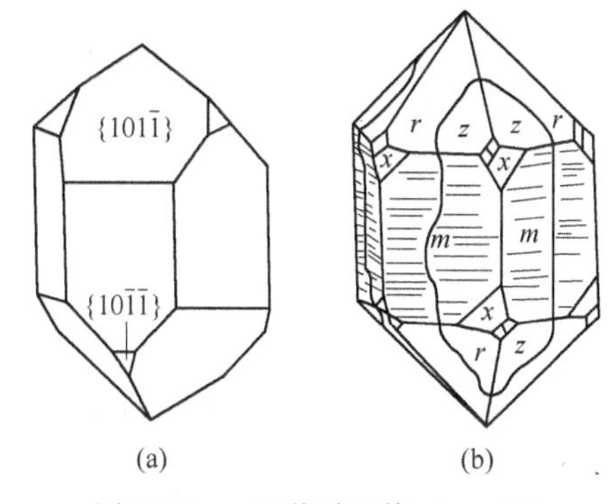

图 7-17 α-石英单晶体（a，32）和道芬双晶（b，622）

（3）双晶缝合线。双晶接合面在双晶表面上或断面上的迹线，如α-石英道芬双晶的双晶缝合线将其柱面（m）上的晶面横纹切断而不相连续（图 7-17（b））。

（4）蚀像。如α-石英在（0001）切面上缝合线蚀像：曲线状为道芬双晶；折线状为巴西双晶（图 7-18）。

7.2.3 不同矿物晶体的定向连生

定向连生指不同矿物晶体按一定结晶学方向的规律连生。形成连生的两种晶体必须具有相近似的面网，在连生过程中类似的面网是重合的，也称浮生（overgrowth）。如赤铁矿与磁铁矿浮生（图 7-19）。

(a) 道芬双晶

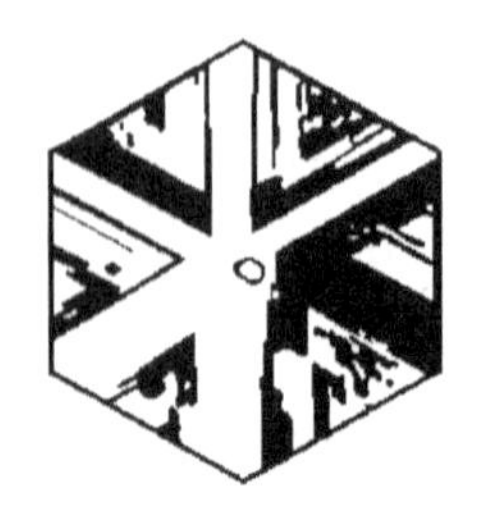

(b) 巴西双晶

图 7-18　α-石英（0001）切面上的蚀像

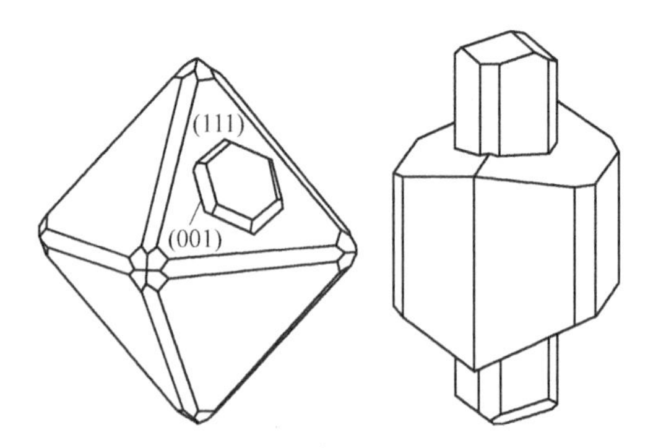

图 7-19　晶体浮生与交生

不同矿物晶体的定向连生（浮生）的方式有：

（1）两种不同晶体以相似面网接触，以某一结晶要素相互平行的关系连生，如十字石（斜方晶系）的（010）面网与蓝晶石（三斜晶系）的（100）面网在结构及成分上都相近，十字石以（010）面浮生于蓝晶石（100）面上（图 7-19），两者的 c 轴相互平行。

（2）围生。两个不同晶体以某一结晶要素相互平行的围生关系相连接。如铌铁矿围绕着褐铌铁矿生长。两个矿物的 3 个晶轴相互平行。

（3）交生（intergrowth）。两种不同的晶体彼此间以一定的结晶学取向关系交互连生，或一种晶体嵌生于另一种晶体之中的现象，称为交生，亦称互生。如辉石与角闪石的交生（图 7-19）。石英与正长石的文像结构、Au-Ag-Te 矿物交生现象、钠长石嵌生于钾长石晶体中的条纹长石等，都是交生现象的实例。

不同矿物晶体的定向连生形成有三种成因：

（1）在晶体生长过程中按连生位置共同生长而成；

（2）固溶体分解时形成，如高温生成的钾钠长石在温度降低形成条纹长石连生体，闪锌矿中黄铜矿显微包裹体等；

（3）在交代作用过程中形成，如白云母与黑云母平行底面（001）的连生，或白云母围绕黑云母［001］将黑云母包围在其中的连生，是白云母交代黑云母时形成的。

7.3　矿物集合体形态

同种矿物晶体不按一定结晶学方向形成的不规则连生体，称为矿物集合体。它是同种矿物的多个单体聚集在一起的整体，其形态取决于单体的形态及集合方式，与矿物的内部结构和生成环境密切相关。根据集合体中矿物颗粒大小可分为显晶集合体、隐晶集合体和胶态集合体。

7.3.1　显晶集合体形态

显晶集合体是肉眼可辨别出矿物颗粒。按单体形态和集合方式取名为粒状、柱状、针状、放射状、纤维状、板状、片状、晶簇状集合体等；并根据矿物颗粒大小、长短、厚薄等，进一步描述为粗粒、细粒、长柱、短柱、厚板、薄板状等。

常见的矿物集合体形态如图 7-20 所示。

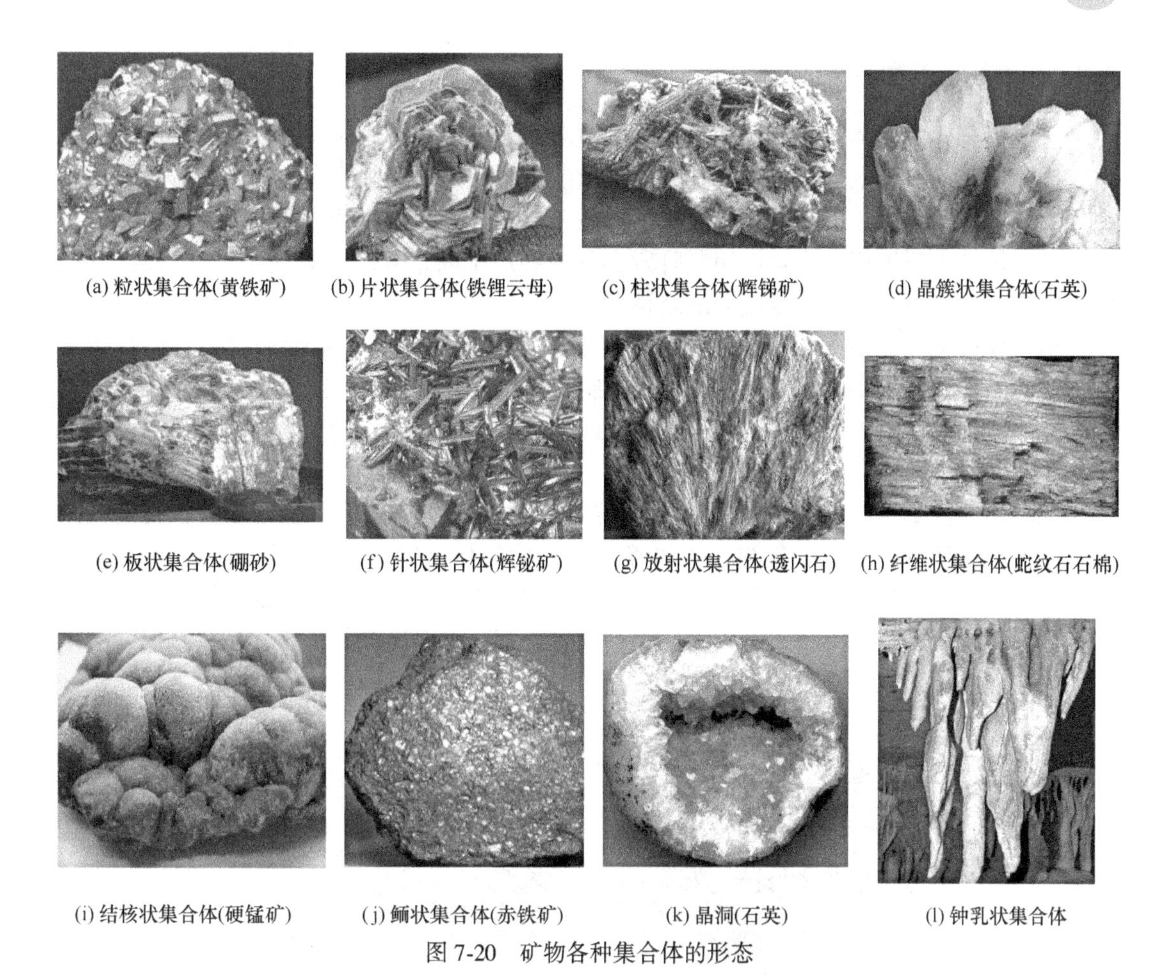

(a) 粒状集合体(黄铁矿)　(b) 片状集合体(铁锂云母)　(c) 柱状集合体(辉锑矿)　(d) 晶簇状集合体(石英)

(e) 板状集合体(硼砂)　(f) 针状集合体(辉铋矿)　(g) 放射状集合体(透闪石)　(h) 纤维状集合体(蛇纹石石棉)

(i) 结核状集合体(硬锰矿)　(j) 鲕状集合体(赤铁矿)　(k) 晶洞(石英)　(l) 钟乳状集合体

图 7-20　矿物各种集合体的形态

(1) 粒状集合体（granular aggregate)。这类集合体分布广泛，由矿物单晶体颗粒聚集而成。颗粒的形态多近于三向等长形。按矿物单体颗粒大小可划分为粗粒（颗粒直径>5mm)、中粒（1~5mm）和细粒（<1mm）三级。在集合体中矿物颗粒细小，肉眼不能分辨颗粒间的界线，在手标本描述中称为致密块状。

(2) 片状集合体（schistic aggregate)。集合体中矿物颗粒为两向伸长形，按由大到小、由厚到薄的不同，可分别构成板状、片状、鳞片状集合体。

(3) 柱状集合体（volumnar aggregate)。颗粒为一向延长形，形成柱状、针状、毛发状、纤维状或束状、放射状集合体。

(4) 晶簇状（druse）集合体。是矿物柱状晶体在同一基底上生长而成。晶簇形成经历三个阶段：

1）初始阶段。晶芽列规则地定向分布，在裂隙壁上互不接触，单个裂生长。单个晶体生长的时候，各方向生长的速度是不一样的，垂直于基底表面方向的晶体生长最快。

2）晶簇生长阶段。当各晶体生长到相互接触时进入，平行基底生长的晶体受到垂直基底生长晶体的影响，逐渐被淘汰，停止其生长。

3）平行柱状生长阶段。垂直于基底的晶体逐渐占据其他方向晶体生长的空间，继续生长成大的晶体，最后形成隐晶、胶体集合体。

7.3.2　隐晶、胶态集合体

隐晶集合体的个体是结晶质的，只是颗粒小，需用显微镜才能观察其形态。胶态集合体是胶体沉积而成，在形态上呈胶状、粉末状等。常见的隐晶、胶态集合体的形态有：

（1）结核体（concretion）。结核体是物质围绕某一中心向外围逐渐沉淀形成的矿物体。结核体产生于沉积岩成岩作用各阶段，其中有产于尚未固结的软泥中、沉积岩层中。常见的有含磷灰石、黄铁矿等成分的结核体。

结核体球粒直径小于2mm，并形成许多形状大小如鱼卵者，称为鲕状集合体（oolitic aggregates），如鲕状赤铁矿（图7-20）；当结核体球粒直径稍大、形成如豌豆般的结核体集合体时，称为豆状集合体（pisolitic aggregates）；球粒直径更大时，称肾状集合体（reniform aggregates）。

结核体的内部具有放射状、同心层状和致密状构造（图7-21）。呈同心圆状的鲕粒体常围绕某一物质（如矿物、气泡、生物碎片等）为鲕核而成。结核体的同心层构造是由成层沉积而成。结核中的韵律变化是在生长过程中从溶液中有韵律地吸附不同物质所致。具有放射纤维状构造的结核体，称为球状结核体。其既可由围绕某中心物质按几何淘汰律向四周放射生长而成，也可由晶体分裂生长而成。

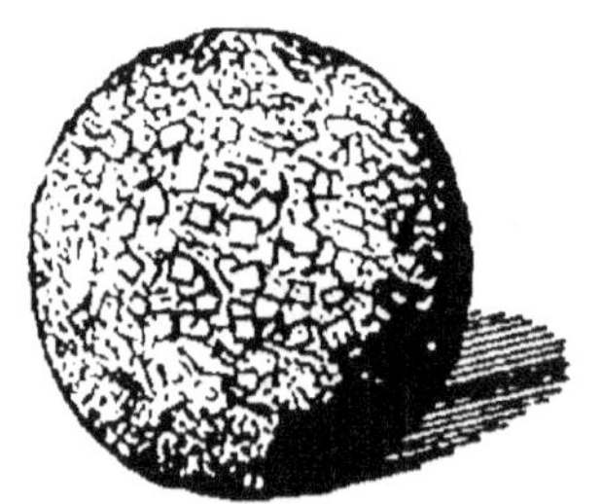

图7-21　黄铁矿结核体（左）和鲕状赤铁矿（右）内部结构

（2）分泌体（secretion）。分泌体又称晶腺，是岩石中的空洞被结晶质或胶体充填而成的矿物集合体。这种充填是从洞壁开始逐渐向中心沉淀形成的。在沉淀过程中，充填物质的成分变化致使分泌体具有同心层状构造（图7-22）。直径小于1cm的分泌体又叫杏仁体（图7-23）。火山喷出岩的气孔常被次生充填，从而使岩石具杏仁构造。分泌体中常见有玛瑙条带状色环。按照分泌成因观点，玛瑙的条带状构造是由于溶液断续供给，使二氧化硅凝胶在空洞中断续沉积而成的。条带状色环反映溶液性质。也有人认为是氧化硅凝胶存在韵律式的铁盐的氧化与水解作用。如果二氧化硅凝胶含有低价铁化合物，则氧化作用

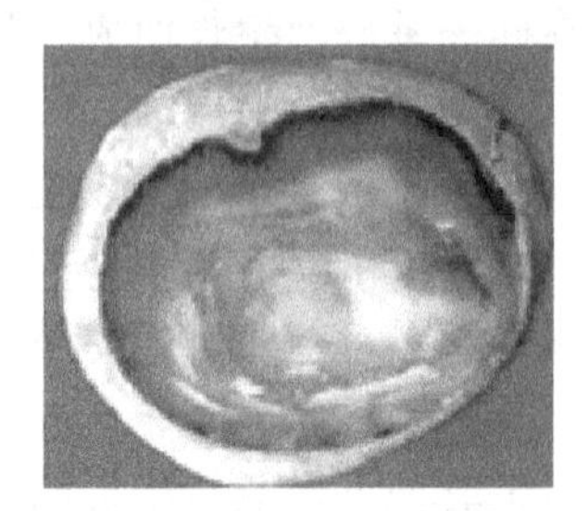

图7-22　玛瑙晶腺

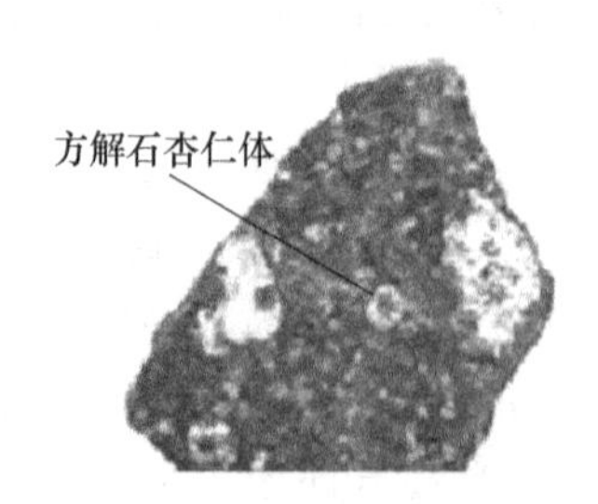

图7-23　火山岩中的方解石杏仁体

是由外向内进行，使低价铁氧化为高价铁，随着水解作用析出氢氧化铁形成条带状色环。如果在含二氧化硅凝胶中渗入低铁化合物，则在氧化及水解作用条件下形成氢氧化铁而呈条带状色环。

（3）钟乳状体（stalactitic）。是由真溶液蒸发或胶体凝聚，使沉淀物逐层堆积而成的矿物集合体。在石灰岩洞穴中，由含碳酸钙溶液结晶沉积而成钟乳石和石笋（图 7-24）。钟乳石和石笋的生长速度与空气的湿度、溶液供给速度、溶解物质的浓度以及温度有关。有些矿物胶态集合体形如葡萄状或半球状、肾状的个体堆积而成的肾状集合体。

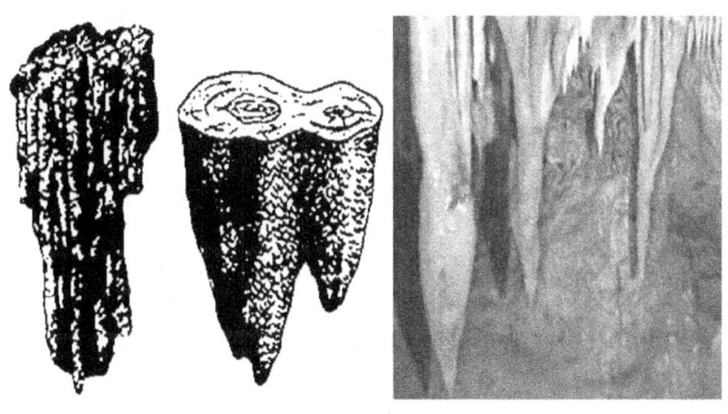

图 7-24 方解石钟乳状集合体

由于隐晶及非晶质体内能高，会自发地向内能低的晶态物质转化，在隐晶及非晶集合体中可晶化形成放射状构造。如黄铁矿结核体横截面上的放射状构造。放射状构造是由无数细小的针状晶体呈放射状排列而成。

常见矿物集合体的形态还有粉末状、土状、树枝状等。

7.4 影响矿物晶体形态的因素

影响矿物形态变化的因素主要有化学成分、晶体结构和生长环境。

7.4.1 矿物晶体结构与矿物形态

在理想环境中晶体生长遵循布拉维法则：晶体上保留下来的晶面是网面密度大、生长速度慢的晶面。所以，晶体表面被网面密度大的晶面所包围。从等轴晶系的三种格子类型看，其对应的网面密度不同，若按布拉维法则生长出的形态与原始格子对应的是立方体，则体心格子为菱形十二面体，面心格子为八面体。如金刚石晶体，八面体和菱形十二面体占优势，立方体次之。唐内-哈克（Donnay-Harker）原理指出，不是面网密度最大的晶面但与螺旋轴或滑移面垂直时，也能成为重要的晶面。如萤石（CaF_2）存在面网性质的异向性，决定了在特定条件下会形成各种不同形态（图 7-25）。

晶体形态与晶体晶胞的形状有明显的相反关系，低级晶族的晶体形态与晶胞形状之间的关系具有晶体的形态向着最小轴长的方向延伸（轴型）和最大轴长的方向缩扁（面型）的特征，可用以描述除等轴晶系外的各晶系的晶体习性。如针镍矿，$R\bar{3}m$，轴率 $c/a=0.328$，为沿着 c 轴发育的长柱状、针状晶体习性；辉钼矿，$P6/mmc$，轴率 $c/a=3.899$，为平行 {0001} 发育的片状晶体习性。当轴率接近或等于 1 时，晶体习性趋向于等轴状，

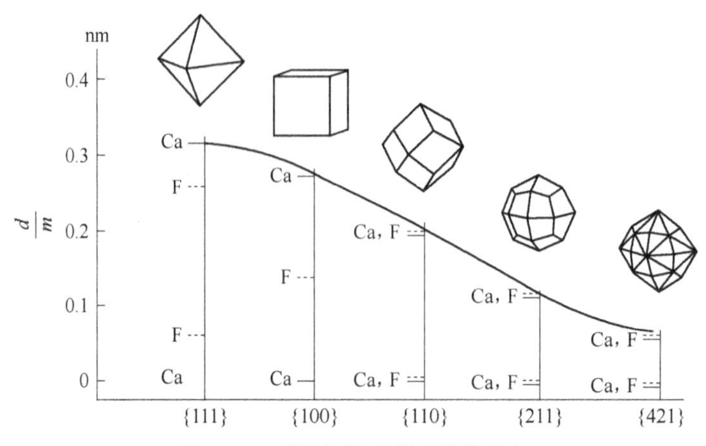

图 7-25 不同条件下萤石晶体形态

适合于等轴晶系的晶体。

晶体形态受化学键的影响。晶面向平行晶体结构中化学键最强的方向发育。如辉锑矿晶面平行于 c 轴延伸的键。

在硅酸盐矿物中，硅氧四面体的连接方式对矿物晶体形态的影响最为明显。例如，具有环状结构的硅酸盐矿物具有柱状结晶习性，具有链状结构的硅酸盐矿物具有柱状结晶习性，具有层状结构的硅酸盐矿物具有片状结晶习性，具有架状结构的硅酸盐矿物具有短柱状、放射状结晶习性。

晶体结构中阳离子配位数对于晶体形态影响较大。在辉石和角闪石的链状结构中，阳离子配位体链与硅氧四面体链平行于 c 轴延伸，由于辉石和角闪石晶体［001］晶带发育，使晶体具有沿 c 轴发育的柱状、针状晶体习性。若结构中存在铝氧四面体代替硅氧四面体，则富铝的普通角闪石呈短柱状，贫铝的阳起石等呈纤维状、针状。在层状结构中，硅氧层与阳离子八面体层的大小不同，造成两者平移位置周期不同，以使晶体结构层弯曲达到两种结构层连接时相适应。如蛇纹石呈卷曲纤维筒状晶体习性。

晶胞大小与元素电负性差值也反映出晶体结构的类型对晶体结晶习性所起的作用。研究 NaCl 型结构的晶体习性发现，氧化物晶体（方镁石 MgO、方锰矿 MnO、绿镍矿 NiO、方镉矿 CdO 等）的晶胞小、电负性差值大，晶体习性为八面体为主；卤化物（石盐 NaCl、钾盐 KCl）晶胞大、电负性差值也大，晶体结晶习性为立方体；硫化物及其类似化合物（方铅矿 PbS、硒铅矿 PbSe 等）晶胞大而电负性差值小，晶体结晶习性为立方体和立方八面体。如黄铁矿（FeS_2）和方硫锰矿（MnS_2）同属 AX_2 型黄铁矿型结构，黄铁矿晶胞 $a_0=0.542$nm，硫、铁电负性差值 0.7，晶体结晶习性为立方体、五角十二面体为主，八面体次之（图 7-26）。方硫锰矿晶胞 $a_0=0.610$nm，硫、锰电负性差值 1.0，晶体结晶习性为八面体为主，五角十二面体、立方体次之。

晶体结构的缺陷会导致晶面镶嵌图案以及形成螺旋生长纹。内部最紧密堆积方式也对晶体习性有影响。对于同种矿物来说，按立方最紧密堆积形成的晶体双晶面，与最紧密堆积面重合；按六方最紧密堆积形成的晶体双晶面，与结合面重合，双晶轴在结合面内。

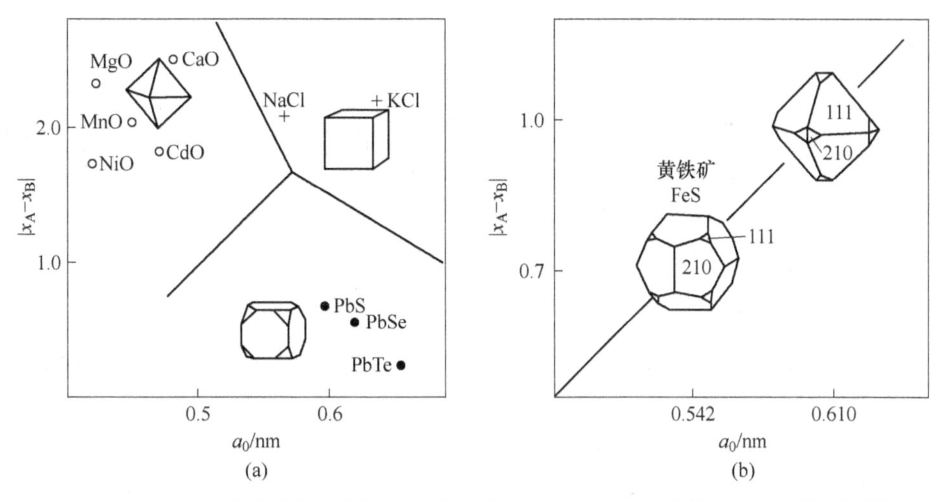

图 7-26　晶胞大小和电负性差值对氯化钠晶体（a）和黄铁矿晶体（b）结晶习性影响

7.4.2　矿物形态与生长环境关系

矿物形成的地质环境不是晶体理想生长环境，晶体生长亦不能完全遵循布拉维法则。晶体会出现歪晶、弯曲晶体、骸晶等。说明晶体生长条件的变化使同种晶体表现出不同结晶习性，从而能够利用晶体形态判断晶体的生长条件。地质环境对晶体形态的影响因素有介质组分、过饱和度、温度、压力、杂质以及环境对称的程度等：

（1）介质组分对晶体形态的影响。晶体内部结构的面网可由同种或不同种质点构成，性质不同的面网对外界条件的反应性能不同。在介质中阴阳离子组分基本平衡条件下较易发生由阴阳离子共同组成的面网密度大的晶面，如石盐 NaCl 的立方体晶面（100）、闪锌矿的菱形十二面体晶面（110）等；当介质中阴阳离子组分不平衡时，则发育由某种离子组成的面网密度大的晶面，如石盐的八面体晶面（111）、闪锌矿的立方体晶面（100）和四面体晶面（111）；在富含铁的深色闪锌矿形成时，介质中除 Zn^{2+} 外，还有大量 Fe^{2+} 存在，介质是不均衡的，于是发育由一种离子（Zn^{2+}、Fe^{2+}）所组成的四面体和立方体晶面；在浅色的闪锌矿中，则发育菱形十二面晶面，表明随着温度下降 Fe^{2+} 等阳离子基本析出，使介质中阴阳离子（S^{2-}、Zn^{2+}）趋于平衡，发育阴阳离子共同组成的菱形十二面体的晶面。

（2）结晶速度或过饱和度大小的影响。在结晶速度慢或过饱和度较低的条件下生长的晶体形态完整性好，在结晶速度快和过饱和度高的条件下生长的晶体形态特殊。快速生长的晶体一般呈细长的针状或弯曲的片状，粒度小，甚至会长成如树枝状、骸晶等特殊形态。如电气石晶体具有柱状、针状的轴型和板状面型晶体。轴型晶体是在温度高、过饱和度较小的条件下生成的，面型晶体是在温度低、过饱和度较大的条件下生成的。具有立方面心格子的磁铁矿，从空间格子类型应发育八面体晶形，实际上还有立方体和菱形十二面体晶形。八面体→菱形十二面体→立方体的变化可能是过饱和度减小的过程。在不同溶液中，萤石晶体形态与过饱和度之间也存在着密切关系（图 7-27）。

（3）温度和压力对晶体形态的影响。结晶温度对矿物晶体形态影响较大，在保持过

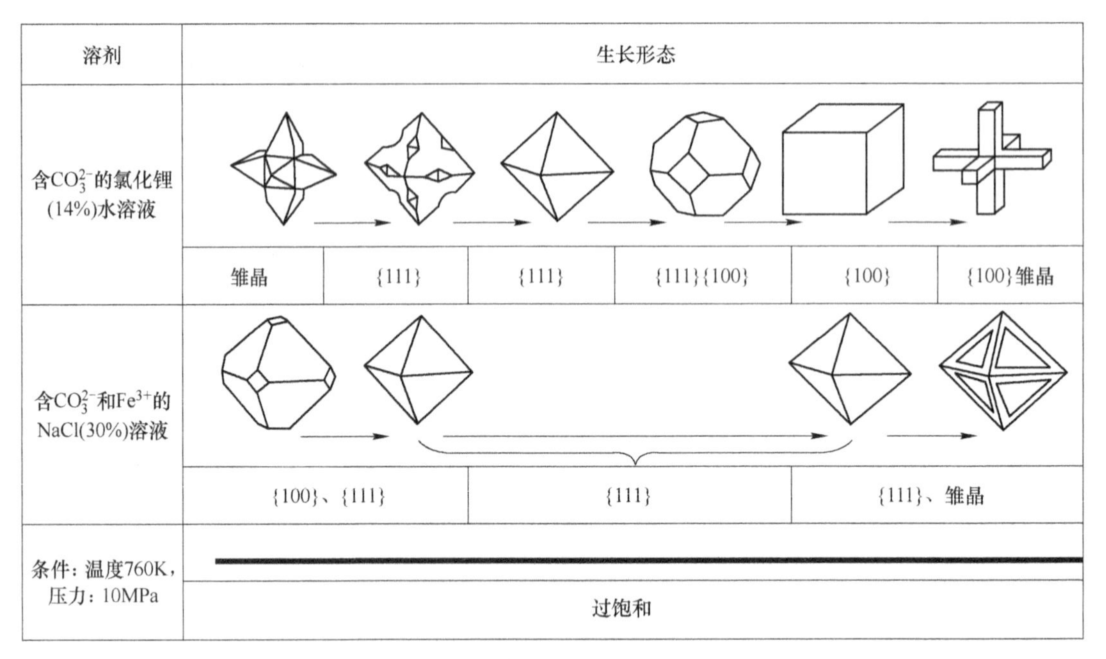

图 7-27 萤石晶体形态与过饱和度的关系
（箭头方向为过饱和度方向）

饱和度条件下，温度增高会使整个晶体的生长速度变慢、质点活动性增大、各个晶面生长速度的差异相对减少、侧向生长速度相对增大，形成短粗晶体。像石英、长石、萤石、方解石等常见矿物在不同温度条件下生长的形态都不同。温度明显影响双晶生长。β-石英冷却至 573℃转化为 α-石英时，能形成道芬双晶。α-石英在低于 200℃不出现道芬双晶，达到 200℃仅出现很少量的双晶薄片，加热超过 320℃快速冷却时得到的双晶最多，若缓慢冷却则少，低于 550℃缓慢冷却未见到双晶。缓慢冷却能使双晶数量增多、裂隙减少，快速冷却使双晶减少、裂隙增多。

（4）杂质对晶体形态的影响。溶液中的杂质影响晶面的相对生长速度，使晶体具有不同形态。如明矾在过饱和溶液中长成八面体，当溶液加入硼砂时则在八面体基础上出现立方体，随着硼砂量增加立方体晶体占优势。杂质影响晶体习性的原因可能是由于不同面网性质的晶面具有不同比表面能，在生长过程中吸附杂质的能力不同。对杂质吸附能力大的面网与杂质附着成层，起到阻碍该晶面生长的作用，从而造成晶形的歪曲。

（5）生长环境的对称程度。指晶体在介质中位置是否能够获得均匀的溶液供给、适当温度变化等。如一个菱形十二面体的晶芽悬浮于溶液中，如果各方向溶液供给程度是均匀的，处于理想条件下，就可形成理想的菱形十二面体形态；如果处于溶液供给方向是单方向、不均匀的条件下，晶体生长必然在一定方向发育成歪晶；如果晶芽处于裂隙或压力状态下，也会出现歪晶。

8 矿物的物理性质

矿物的物理性质（physical properties）主要指矿物的光学性质、力学性质等，取决于其本身的化学成分和内部结构。矿物的物理性质是鉴别晶体矿物的主要依据。矿物的物理性质与其形成环境密切相关，同种矿物由于形成条件的不同，其成分和结构在一定程度上随之产生相应的变化，必然要反映到物理性质上。研究矿物的物理性质可以提供矿物的成因信息。矿物因其具有的特殊物理性质，可直接应用于工业生产。

8.1　矿物的光学性质

矿物的光学性质（optical properties of minerals）是指矿物对可见光波透过、选择性吸收和综合性吸收、表面反射、散射与透射等所表现出来的各种性质，有矿物颜色、光泽、透明度、发光性等（图 8-1）。

8.1.1　矿物的颜色

矿物的颜色（color of mineral）是矿物对入射的可见光区域中（390~770nm）不同波长的光波吸收后，透射和反射出其他波长光的混合色。光具有波粒二象性，即既可把光看作是一种频率很高的电磁波，也可把光看成是一个粒子，即光量子。电磁波谱包括了无线电波、红外线、紫外线以及 X 射线等，其中波长在 400~760nm 之间的为可见光。自然光呈白色，它是由红、橙、黄、绿、蓝、青、紫七种颜色的光波组成。不同的色光，波长各不相同。光波波长由大到小相应的颜色由红色（780~630nm）、橙色（630~590nm）、黄色（590~550nm）、绿色（550~490nm）、蓝色（490~440nm）到紫色（440~380nm）。不同颜色的互补关系如图 8-2 所示，对角扇形区为互补的颜色。

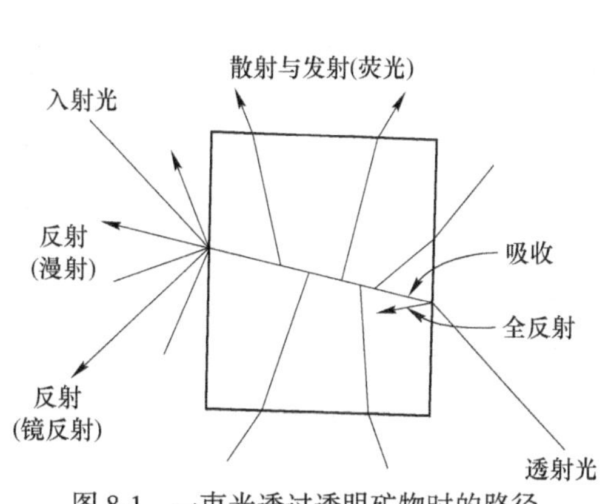

图 8-1　一束光透过透明矿物时的路径

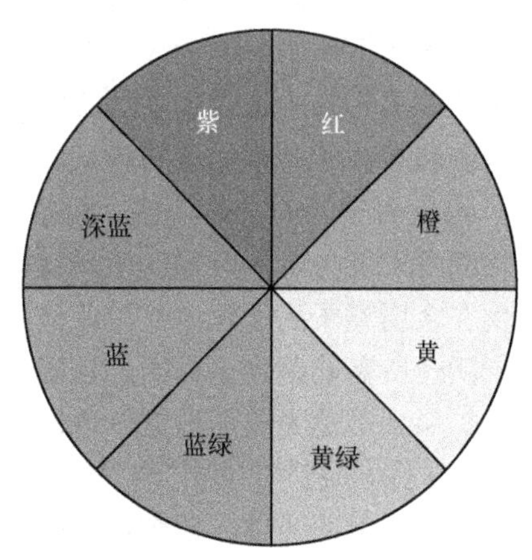

图 8-2　可见光的互补关系

当矿物对白光中的不同波长的光波同等程度地均匀吸收时，矿物所呈现的颜色取决于吸收程度，如果是均匀地全部吸收，矿物即呈黑色；若基本上都不吸收，则为无色或白色；若各色光皆被均匀地吸收了一部分，则视其吸收量的多少，而呈现出不同浓度的灰色。如果矿物只是选择性地吸收某种波长的色光，则矿物呈现出被吸收的色光的补色。

矿物的颜色是由矿物化学成分与内部结构决定的。决定矿物颜色的重要因素有：矿物组成中含有能使矿物呈色的离子，称为色素离子（chromophoric ion）。主要有过渡型离子、铜型离子、稀有元素离子等，是产生矿物颜色的物质基础。元素周期表中ⅠA、ⅡA族的惰性气体型离子所构成的矿物通常为无色。色素离子在不同矿物晶体中会产生不同的颜色（表8-1）。

表8-1　部分过渡金属离子呈现不同颜色

离子	颜色	矿物举例	离子	颜色	矿物举例
Cr^{3+}	红色	刚玉（红宝石）	Fe^{3+}	黄绿色	绿帘石
	绿色	钙铬榴石		红色	赤铁矿
Mn^{2+}	玫瑰色	菱锰矿、蔷薇辉石	Fe^{2+}	绿色	阳起石、绿泥石
Mn^{4+}	黑色	软锰矿	Cu^{2+}	蓝色	蓝铜矿
[UO_2]	黄色	钙铀云母		绿色	孔雀石

从内部物理机制来看，矿物的颜色是由于组成矿物的原子或离子受可见光的激发，发生电子跃迁、电荷转移造成的，其呈色机理主要有以下四种：

（1）离子内部电子跃迁。电子跃迁本质上是组成物质的原子、离子或分子中电子的一种能量变化。外层电子在从低能级转移到高能级的过程中会吸收能量；从高能级转移到低能级则会释放能量。能量为两个轨道能量之差的绝对值（ΔE）。过渡金属元素具有未满的外电子层结构，受配位体的作用 d 轨道或 f 轨道会发生能级分裂，其能量差 ΔE 大约在 400～714.3nm（25000～14000cm^{-1}）范围，与电磁波谱的可见光或近可见光区的光能量相同。当 d 轨道或 f 轨道的电子吸收一定能量被激发而跃迁到较高能量轨道时，发生 d-d 跃迁或 f-f 跃迁。当某波长可见光的能量转移给被激发电子时，此光波被吸收，矿物将吸收这部分色光而呈现其补色。与 ΔE 值能量不同的光继续透射或反射，混合构成矿物的颜色。惰性气体型离子的 p 轨道同其最邻近的空轨道间能量差远比可见光的能量大，其电子在可见光能量作用下不能被激发，不发生跃迁，可见光不被吸收，矿物呈无色。镧系元素离子在许多矿物中是通过 $4f$ 轨道间的电子跃迁而呈颜色的，如磷铈镧矿、氟碳铈矿、磷钇镧矿和某些含镧族元素的磷灰石、萤石等。

（2）离子间的电荷转移。在外加能量的激发下，矿物晶体结构中变价元素的相邻离子之间可以发生电荷转移，使矿物产生颜色。这种转移既可以发生在金属离子间，也可以发生在金属离子到配位体或配位体到金属离子之间。造成离子间电子转移所需要的能量比电子跃迁所需能量大千百倍。在矿物中是由高能量的紫外线诱发的，所产生的紫外区吸收带壳扩展到可见光区而造成带色的透射光，使矿物呈现颜色。许多过渡金属离子具有多价态，如 Fe^{2+} 与 Fe^{3+}、Mn^{2+} 与 Mn^{3+} 或 Ti^{3+} 与 Ti^{4+} 等，在晶体结构中具有不同价态的离子之间最易发生电荷转移，使矿物产生颜色。同一种元素的不同价态离子可呈现不同的颜色。

（3）晶体结构缺陷造成电子转移。在碱金属和碱土金属元素组成的矿物晶体结构中出现未被离子占据而形成的空位（缺席构造），是一种能选择性吸收可见光波的晶格缺陷，能引起相应的电子跃迁而使矿物呈色。这个空位称为色心（color centers）。常见的色心有两种：1）F色心。为一电子占据了阴离子空位，如KCl在X光照射下呈现蓝色是由于Cl^-吸收X光能量放出一电子为阴离子空位所捕获，Cl^-离子变成中性原子。如加热KCl，占据空位的电子又返回到Cl原子变成Cl^-，颜色消失。2）F′色心。是电子占据到晶格间隙之中。当矿物中某种元素的含量过剩或存在杂质离子以及晶格的机械变形等，均可形成色心。

（4）能带间电子跃迁。量子力学理论证明，晶体中各原子间的相互影响，可使原来各原子中能量相近的能级分裂成一系列与原能级接近的新能级。这些能级基本上连成一片，形成能带。能带的宽度为ΔE(eV)，能带中相邻能级的能带差为10^{-22}eV。晶体中的一个电子只能处在某个能带中的某条能级上。孤立原子的能级最多能容纳$2(2l+1)$个电子。这一能级分裂成由N条能级组成能带后，最多能容纳$2N(2l+1)$个电子。如1s、2s能带最多容纳2N个电子。2p、3p能带最多能容纳6N个电子。能带中各能级都被电子充满，即为满带，满带的电子不能起导电作用；被部分电子充填的能带为导带。在外电场作用下，电子可向带内未填充的高能级转移；由价电子能级分裂后形成的能带为价带，价带可能是满带，也可能是导带；所有能级均未被电子充填的能带为空带。在能带之间的能量间隙区，电子不能充填为禁带。当有激发因素（热、光激发）时，价带中电子可被激发进入空带。若禁带宽度与可见光中某种色光的能量相当，则矿物可吸收能量高于该色光能量的光波，使电子越过禁带从价带跃迁到导带，导致矿物呈色。许多硫化物矿物的颜色与晶体结构中电子在价带和导带间的转移有关。在紫外或红外光的吸收边缘扩展到可见光区，呈现出颜色。像辰砂的朱红色就是由于紫外吸收边缘扩展到可见光区，只有红光透射出来的结果。有些硫化物的颜色缘于S或Se、Te的活动电子与过渡金属离子形成π键。这种键的电子近似于典型金属键的自由电子，可以吸收部分可见光，使矿物呈现颜色。

根据颜色产生的原因，矿物的颜色通常可分为自色、他色和假色3种（图8-3）：

（1）自色（idiochromatic color），是由矿物本身固有的化学成分和内部结构所决定的颜色。对同种矿物来说，自色一般相当固定，是鉴定矿物的重要依据之一，如橄榄石的橄榄绿、自然金的金黄色、辰砂红色等。

（2）他色（allochromatic color），是指矿物因含外来带色的杂质、气液包裹体等所引起的颜色，不是矿物固有的颜色。

（3）假色（pseudochromatic color），是自然光照射在矿物表面或进入到矿物内部所产生的干涉、衍射、散射等引起的颜色。假色对个别矿物有辅助鉴定意义，矿物中常见的假色主要有：

1）锖色（tarnish）。由金属硫化物、金属氧化物矿物表面的氧化薄膜引起的反射光干涉作用，导致矿物表面呈现斑斓的彩色。如斑铜矿的蓝、靛紫、红等锖色。

2）晕色（iridescence）。透明矿物具有一系列平行密集的解理面或裂隙面，对光连续反射、干涉，使矿物表面出现彩虹般的色带。在白云母、冰洲石、透石膏、长石、方解石等无色透明矿物晶体解理面上常见晕色。

3）变彩（chatoyance）。某些透明矿物内部存在微细叶片状或层状结构引起光的干涉、衍射作用，造成不同方向上出现不同颜色变换的现象。像拉长石在不同方向上具有蓝绿、金黄、红紫等连续变换的变彩；贵蛋白石具有蓝、绿、紫、红等颜色的变彩。

4）乳光（也称蛋白光，opalescence）。在矿物中出现的类似蛋清般柔和呈淡蓝色调的乳白色光。这是由矿物内部含有的许多比可见光波长更小的其他矿物或超显微晶质或胶体微粒，使入射光发生漫反射引起的，如月光石和蛋白石可见到乳光。

(a) 橄榄石自色　(b) 斑铜矿的锖色

(c) 方解石晕色　(d) 蛋白石变彩

图 8-3　矿物的各种颜色

矿物的条痕（streak of minerals）是矿物粉末的颜色。通常是指矿物在白色无釉瓷板上擦划所留下的粉末的颜色。

矿物的条痕能消除假色、减弱他色、突出自色，它比矿物颗粒的颜色更为稳定，更有鉴定意义。例如不同成因不同形态的赤铁矿可呈钢灰、铁黑、褐红等色，但其条痕总是呈特征的红棕色（或樱红色）。

8.1.2　矿物的透明度

矿物的透明度（tne diaphaneity of minerals）是指矿物允许可见光透过的程度。光波进入矿物后会发生传播速度和方向的变化（折射）。在矿物内部传播的过程中，除了向各个方向散射很小一部分光能外，大部分光能将克服前进阻力转化为热能（吸收），光波穿透矿物越深，衰减越甚。矿物透明度的大小可用矿物透射系数 $Q=\dfrac{I}{I_0}$表示，是透过矿物的光

线强度 I 与进入矿物（厚度 1cm）的光线强度 I_0 的比值。矿物透射系数越小，越不透明。

矿物透明度受矿物化学成分和晶体结构的影响。具有金属键的矿物（自然金、自然铜等）由于含有较多的自由电子，对光波的吸收较多、透过的光少，透明度低。有离子键、共价键的矿物（如金刚石、萤石等）不存在自由电子，可透过大量的光，透明度高。

根据矿物在专门磨制的岩石薄片（厚度约为 0.03mm）中的透明程度，矿物的透明度划分为 3 个等级（图 8-4）。

（1）透明（transparent 或 diaphanous）。能允许大部分光透过，透过矿物薄片可清晰看到对面物体轮廓。透明矿物的条痕常为无色或白色，或略呈浅色，如石英、长石、方解石、石膏等。

(a) 透明矿物——方解石　(b) 透明矿物——金刚石

(c) 半透明矿物——雌黄　(d) 不透明矿物——黄铁矿

图 8-4　矿物透明度比较

（2）半透明（translucent）。允许部分光透过。半透明矿物条痕呈各种彩色（如红、褐等色），如辰砂、雌黄等。

（3）不透明（opaque）。光不透过。不透明矿物条痕具黑色或金属色。如磁铁矿、黄铁矿、方铅矿、石墨等。

同一种矿物的透明度受到矿物杂质、包裹体、气泡、裂隙等影响，以及集合体方式的不同，存在差异。

矿物的折射率（index of refraction，N），是指光线进入不同介质时角度发生改变的现象，是透明矿物的一个重要光学常数。折射率等于光在真空中的速度 v_v 和光在矿物晶体

中速度 v_m 之比，$N=\frac{v_v}{v_m}$。在可见光范围内，光在真空中传播的速度最大，光在晶体中的传播速度小于真空中的传播速度。矿物晶体的折射率都大于 1。如在钠黄光（波长 5893×10^{-10}m）水晶折射率为 1.55，金刚石为 2.42。折射率与电子层结构、化学键、离子堆积程度有关：

（1）离子电子层构型与折射率的关系表现为离子随着电子层数增多，离子半径增大，折射率增大的趋势。

（2）阴离子比阳离子对折射率起更为重要作用。在简单成分的矿物中，电子层数少、电负性大的阴离子，即周期表右上方的阴离子的矿物，其折射率要比左下方阴离子的矿物折射率小。如氟化物的折射率比氧化物、氢氧化物的折射率小。

（3）过渡元素电子层构型的离子，特别是具有 3d 的第一过渡元素金属离子，折射率增高。

（4）透明矿物的化学键一般具有离子-共价键的性质，共价键成分较大的晶体具有较大的折射率。

（5）构成矿物的离子在电子层构型和化学键性质相似的情况下，离子堆积的紧密程度越高，特别是阴离子的堆积越紧密，折射率越高。

成分复杂，化学键性多于两种或两种以上，存在的络阴离子的形式，如配位多面体形状、大小、键性、连接方式以及与金属阳离子连接等，对折射率的影响也是复杂的。在结构中，质点对称性因素对于非等轴对称的矿物晶体，必然使折射率出现各向异性。

8.1.3　矿物的光泽

矿物的光泽（the luster　of mineral）是指矿物表面对可见光的反射能力。反射率是反射光强度与入射光强度的比值，不同矿物的表面具有不同反射率，其数值多以百分数表示。同一矿物对不同波长的光可有不同的反射率，这个现象称为选择反射。例如，玻璃对可见光的反射率约为 4%；金在绿光附近的反射率为 50%，对红外光的反射率可达 96%以上。具有离子键、共价键、分子键的矿物晶格，电子围绕离子固定在一定晶格位置上，电子的基态和激发态具一定的能级，大多数能级间的能量差比各种可见光光子能量大，故对绝大部分可见光透射，反射光很弱，并呈非金属光泽。具有金属键的矿物晶格，电子能量间隔比可见光能量小得多，存在较多的激发态，其能量差与可见光子能量相当者较多，当可见光撞击到金属键或部分金属键矿物表面时激发基态电子到激发态，可见光本身能量被吸收，大部分能量当激发态电子重返基态时再发射出来成为发射光，使矿物呈金属光泽。

矿物的光泽强弱与矿物的折射率（N）、反射率（R）和吸收率（K）有关。对于吸收系数大的不透明矿物有函数关系式：$R=[(N-1)^2+K^2]\div[(N+1)^2+K^2]$。对于吸收系数小或透明矿物可简化为：$R=[(N-1)^2]\div[(N+1)^2]$。折射及吸收越强，矿物反光能力越大，光泽越强；反之则光泽弱。矿物光泽与反射率、折射率的关系见表 8-2。但它们之间没有严格的界限。

通常用肉眼鉴定矿物时，根据矿物新鲜平滑的晶面、解理面或磨光面上反光能力的强弱，同时常配合矿物的条痕和透明度，将矿物的光泽分为 3 个等级。

表 8-2 矿物光泽、折射率（N）、反射率（R）的相互关系

项目	玻璃光泽	金刚光泽	半金属光泽	金属光泽
折射率 N	1.3~1.8	1.8~3.4	1.83~2.4	>2.4
反射率 R/%	2~10	10~20	3~20	20~93
矿物实例	萤石、石英、多数含氧盐矿物	锆石、锡石、金刚石、闪锌矿等	赤铜矿、赤铁矿、辰砂等	辉钼矿、辉锑矿、方铅矿、毒砂等

（1）金属光泽（metallic luster，反射率大于 25%）。反光能力很强，似金属磨光面的反光。矿物具金属色，条痕呈黑色或金属色，不透明。如方铅矿、黄铁矿和自然金等。

（2）半金属光泽（submetallic luster，反射率 25%~19%）。反光能力较强，似未经磨光的金属表面的反光。矿物呈金属色，条痕为深彩色（如棕色、褐色等），不透明~半透明。如赤铁矿、铁闪锌矿和黑钨矿等。

（3）非金属光泽（nonmetallic luster，反射率 19%~4%）。分为 8 种：

1）金刚光泽（Adamantine luster）。反光较强，似金刚石般明亮耀眼的反光。矿物的颜色和条痕均为浅色（如浅黄、橘红、浅绿等）、白色或无色，半透明~透明。如浅色闪锌矿、雄黄和金刚石等。

2）玻璃光泽（Vitreous luster）。反光能力相对较弱，呈普通平板玻璃表面的反光。矿物为无色、白色或浅色，透明。如方解石、石英和萤石等。

3）油脂光泽（greasy luster）。某些具玻璃光泽或金刚光泽、解理不发育的浅色透明矿物，在其不平坦的断口上呈现如同油脂般的光泽。

4）树脂光泽（resinous luster）。在某些具金刚光泽的黄、褐或棕色透明矿物的不平坦的断口上，可见到似松香般的光泽。如浅色闪锌矿和雄黄等。

5）蜡状光泽（waxy luster）。某些透明矿物的隐晶质或非晶质致密块体上，呈现有如蜡烛表面的光泽。如块状叶蜡石、蛇纹石及很粗糙的玉髓等。

6）珍珠光泽（pearly luster）。浅色透明矿物的极完全的解理面上呈现出如同珍珠表面或蚌壳内壁那种柔和而多彩的光泽。如白云母和透石膏等。

7）丝绢光泽（silky luster）。无色或浅色、具玻璃光泽的透明矿物的纤维状集合体表面常呈蚕丝或丝织品状的光亮。如纤维石膏和石棉等。

8）土状光泽（earthy luster）。呈土状、粉末状或疏松多孔状集合体的矿物，表面如土块般暗淡无光。如块状高岭石和褐铁矿等。

此外，沥青光泽是指解理不发育的半透明或不透明黑色矿物，其不平坦的断口上具乌亮沥青状光亮。如沥青铀矿、硬锰矿，以及富含 Nb、Ta 的锡石等。

矿物的各种光泽如图 8-5 所示。

8.1.4 矿物的发光性

矿物在外加能量（像紫光、紫外线和 X 射线等）照射下引起发光的现象，称为矿物发光性（luminescence of minerals）。当外加能量停止后仍能发光到持续衰退的发光为磷光性；当外界激发能量停止作用后，矿物便停止发光，称为荧光性。当矿物被加热时，被抑制的激发电子活化，突破能量屏障降落回到基态，从而发射出某种可见光，称为热发光

(a) 强金属光泽—方铅矿　(b) 金属光泽—自然金　(c) 半金属光泽—赤铁矿

(d) 玻璃光泽—石英　(e) 金刚光泽—金刚石　(f) 丝绢光泽—石膏

(g) 沥青光泽—硬锰矿　(h) 油脂光泽—雄黄　(i) 土状光泽—褐铁矿

图 8-5　矿物的各种光泽

性。常见具有发光性的矿物有金刚石、白钨矿、萤石等（表 8-3）。发光性是矿物的鉴定特征之一，可用于找矿和选矿。

表 8-3　具有发光性的部分矿物

矿物	激发源						备注
	阴极射线		X 射线		紫外		
	颜色	强度	颜色	强度	颜色	强度	
金刚石	绿、蓝	强	天蓝	中	天蓝、橙	弱～强	磷光
重晶石	紫	中	绿	弱	紫、黄	中	荧光
萤石	紫、绿	中	绿	弱	紫、蓝白	弱～强	荧光
闪锌矿	红	中			红	中	磷光
锆石	黄	中	绿	弱	黄	中	荧光
白钨矿	天蓝	强	天蓝	强	天蓝	强	荧光

续表 8-3

矿物	激发源						备注
	阴极射线		X 射线		紫外		
	颜色	强度	颜色	强度	颜色	强度	
白云石	橙、黄	强	玫瑰、红	中	橙红、绿	中	荧光
锰方解石	橙~红	中	红	中	紫、黄	中	荧光
磷灰石	黄绿、红	强	黄、天蓝	中	玫瑰	中	磷光

发光性实质上是矿物晶体中的原子、离子受外来能量的激发，外层电子产生跃迁，再从高能级跳回低能级的空位时，释放出多余能量，并以一定波长的可见光的形式出现。其发生机理为：可见紫光、紫外光和 X 射线的光量子具有较高的能量，能够把矿物晶格中原子或离子的外层电子从基态激发到能量较高的激发态。如果激发态与基态间有另外一些激发态存在，当被激发到能量较高激发态的电子落到较低激发态时，就发出光子。如果两激发态的能量差相当于某可见光子的能量，则发射出具有该能量差的可见光，并呈现一定的颜色。

矿物发光性以及发射光的颜色、强度主要与矿物成分中含有的过渡元素、稀土元素的种类和数量有关。含有稀土元素的方解石，产生荧光；磷酸盐中含有的镧族元素代替钙时，常发磷光。

8.2 矿物的力学性质

矿物的力学性质（mechanical properties of minerals）是指矿物在外力作用下（如敲打、挤压、拉引和刻划等）表现出来的性质，主要有解理、裂开、断口、硬度等。

8.2.1 矿物的解理、裂开

解理（cleavage of minerals）是指矿物晶体受应力作用而超过弹性限度时，沿一定结晶学方向破裂成一系列光滑平面的固有特性。光滑的平面称为解理面。解理是晶质矿物才具有的特性，受其晶体结构及化学键类型及其强度和分布的控制，解理面常沿晶体结构中化学键力最弱的面网产生。

在原子晶格中，各方向化学键均等，解理面一般在平行面网密度大、面网间距也大的面网产生。如金刚石平行 {100}、{110}、{111} 的面网间距分别为 0.089nm、0.126nm、0.154nm，其解理沿 {111} 面网产生（图 8-6）。在石墨晶体结构中，由 C 组成的层间 C-C 间距＝0.340nm，层间为分子间连接；层内 C-C 间距＝0.142nm，为共价键和金属键，联结紧密，解理沿层间产生，形成 {0001} 一组解理。

离子晶格矿物的解理产生在：(1) 由异号离子组成且面网间距大的电性中和面网之间。在电性中和面内部电性平衡，与相邻面网的引力弱。如石盐在 {100} 面网为中和面网，解理平行该面网发育。(2) 在平行同号离子层相邻的面网发育解理。同号离子层面网间引力更弱。如在萤石结构中 {111} 面网由 F-Ca-F，F-Ca-F 的离子层按序分布的组成相邻面网，由于静电斥力使同号离子面网间联结力弱，导致解理沿 {111} 面网产生（图 8-7）。

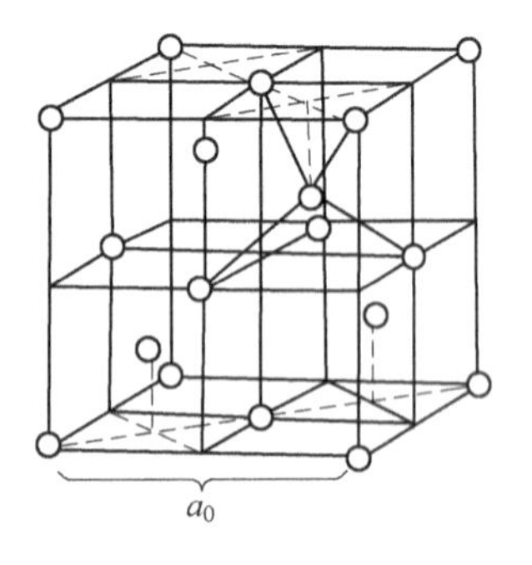

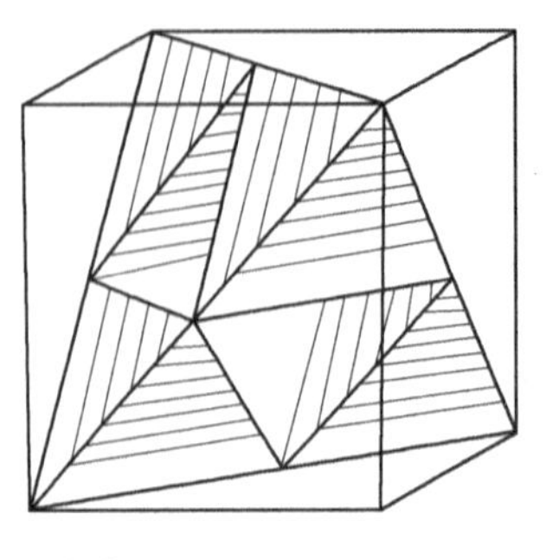

(a) 金刚石解理沿(111)面网产生

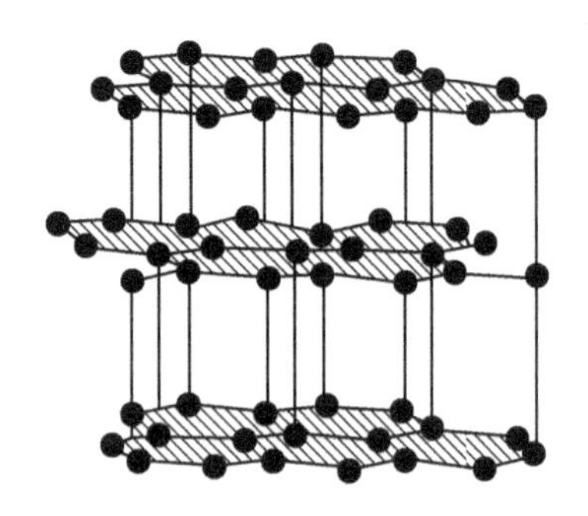

(b) 石墨解理沿(0001)面网产生

图 8-6　原子晶格的解理

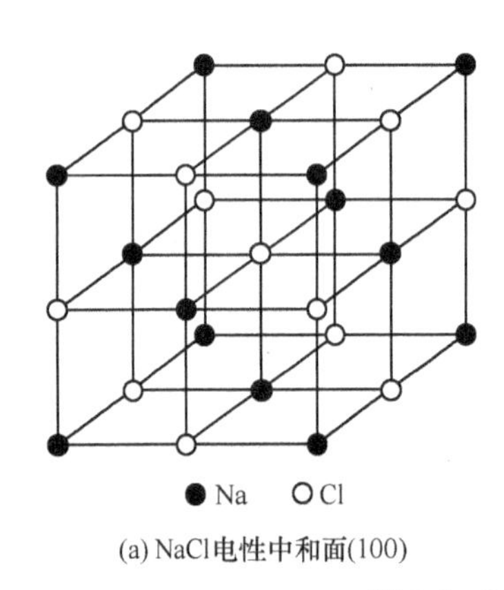

(a) NaCl电性中和面(100)

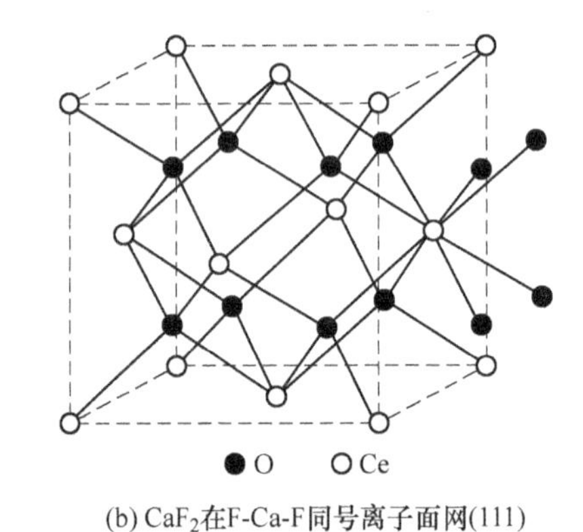

(b) CaF_2在F-Ca-F同号离子面网(111)

图 8-7　离子晶格矿物的解理

在多键型的矿物中，解理与化学键最弱分布方位有关。在云母结构中，由 Si-O 层和 Mg-O 八面体层构成的结构单元层内化学键力强，平行单元层之间以弱的化学键力连接，发育有平行 {001} 的解理。在金属键晶格中，金属阳离子弥漫于整个晶格，当晶格受力时易发生晶格滑移而不引起键的断裂，故金属晶格具延展性而无解理。

解理体现晶体的对称性，在晶体结构中成对称关系的平面，都应发育相同的解理。解理也是晶体的异向性的具体体现，不同方向面网性质不同，在晶体不同方向上发育有解理。一个晶体中同一方向的解理为一组解理，有多个方向的解理为多组解理，称为解理组数。具有对称关系的不同解理应具有完全相同的等级与性质，不具有对称关系的解理一般具有不同的等级与性质。解理用单形及其符号表示，它既表示了解理面的方向，又表示了解理的组数及解理夹角。例如，石盐、方铅矿的解理∥{100}，表示具有三组互相垂直解理面，呈立方体解理，解理夹角为 90°。萤石的解理∥{111}，表示具有四组解理面，呈八面体解理；闪锌矿解理∥{110}，具有六组解理面，呈菱形十二面体解理，解理夹角为 120°；方解石解理∥{$10\bar{1}1$}，具有三组平行菱面体的解理；重晶石具有两组平行斜方柱 {210} 的解理及一组平行双面 {001} 解理；石墨具有平行单面 {0001} 的一组解理。解理的组数和夹角可从解理面上的解理纹得到反映（图 8-8）。

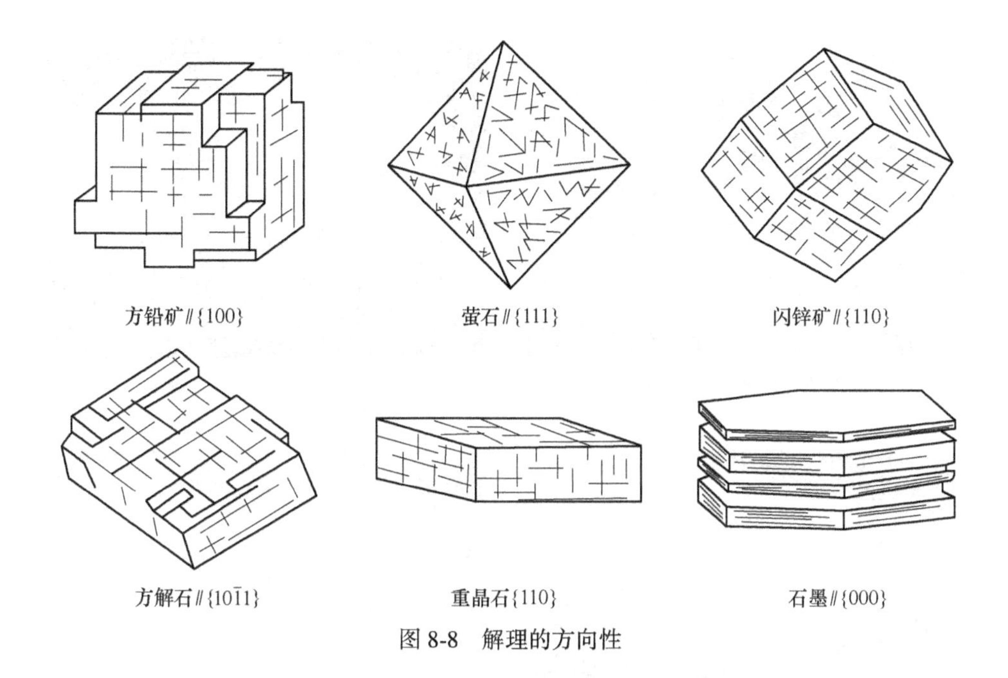

图 8-8 解理的方向性

根据解理产生的难易程度及其完好性，通常将解理划分为 5 个等级：

（1）极完全解理（eminent cleavage）。矿物受力后极易裂成薄片，解理面平整而光滑，如云母∥{001}、石墨∥{0001} 的一组极完全解理（图 8-9）。

（2）完全解理（perfect cleavage）。矿物受力后易裂成光滑的平面或规则的解理块，解理面显著而平滑，常见平行解理面的阶梯。如方铅矿∥{100} 三组完全解理和方解石∥{10$\bar{1}$1} 三组完全解理。

（3）中等解理（good or fair cleavage）。矿物受力后，常沿解理面破裂，解理面较小，不很平滑且不太连续，常呈阶梯状，却仍闪亮清晰可见。如蓝晶石、角闪石、辉石∥{110} 两组中等解理。

（4）不完全解理（poor or imperfect cleavage）。矿物受力后，不易裂出解理面，仅断续可见小而不平滑的解理面。如磷灰石、橄榄石、石英的解理。

（5）极不完全解理（cleavage in traces）。矿物受力后很难出现解理面，仅在显微镜下偶尔可见不规则裂缝，也称为无解理。如石榴子石、黄铁矿等。

对于不完全解理和极不完全解理，在肉眼上都很难看到解理面，常以“解理不发育”或“无解理”来描述。

裂开（parting）是指矿物晶体在某些特殊条件下（如杂质的夹层及机械双晶等），受应力作用后沿着晶格内一定的结晶方向破裂成平面的性质。裂开的平面称为裂开面（parting plane）。

裂开不直接受晶体结构控制，而取决于杂质的夹层及机械双晶等结构以外的非固有因素。裂开面往往沿定向排列的外来微细包裹体或固溶体离溶物的夹层及由应力作用造成的聚片双晶的接合面产生。当这些因素不存在时，矿物则不具裂开性。如在某些磁铁矿可见裂开，是由于其含有沿某个结晶学方向分布的显微状钛铁矿、钛铁晶石出溶片晶所致（图 8-10）。方解石在应力作用下，常沿聚片双晶的接合面方向滑移产生裂开。

(a) 极完全解理 —— 白云母

(b) 完全解理 —— 方解石

(c) 中等解理 —— 正长石

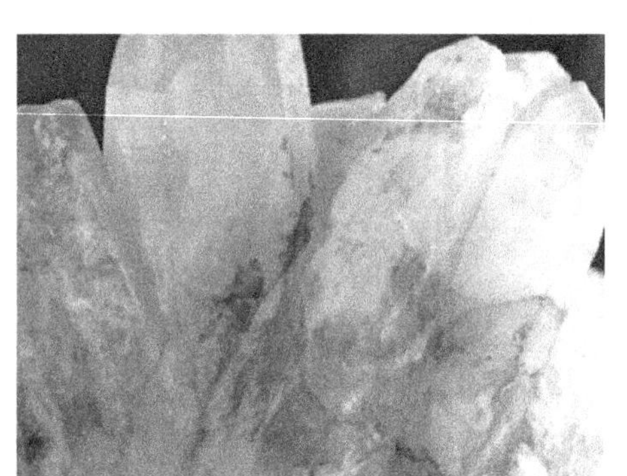

(d) 极不完全解理 ——石英

图 8-9　矿物的解理等级

8.2.2　矿物的断口

图 8-10　钛磁铁矿（111）裂开

断口（fracture of minerals）是指矿物晶体受力后将沿任意方向破裂，形成各种不平整的断面。显然，矿物的解理与断口产生的难易程度是互为消长的。晶格内各个方向的化学键强度近于相等的矿物晶体，受力后形成一定形状的断口，则难以产生解理。断口不仅见于矿物单晶体上，也出现在同种矿物的集合体中。断口形状常呈一些特征，但它不具对称性，并不反映矿物的任何内部特征。因此，断口仅作为鉴定矿物的辅助依据。矿物的断口主要借助于其形状来描述，常见的有：

（1）贝壳状断口（conchoidal fracture）。呈圆形或椭圆形的光滑曲面，并有不规则的同心圆波纹，形似贝壳。如石英的断口。

（2）锯齿状断口（hackly fracture）。呈尖锐锯齿状，见于强延展性的自然金属元素矿物，如自然金等。

（3）参差状断口（uneven fracture）。断面呈参差不平状，大多数脆性矿物（以及呈块状或粒状集合体）具此种断口，如磷灰石、石榴子石等。

（4）平坦状断口（even fracture）。断面较平坦，见于块状矿物，如块状高岭石。

（5）土状断口（earthy fracture）。断面粗糙、呈细粉状，为土状矿物特有。

（6）纤维状断口（fibrous fracture）。断面呈纤维丝状，如石棉纤维状矿物集合体。

8.2.3　矿物的硬度

矿物的硬度（hardness）是指矿物抵抗外来机械作用（如刻划、压入或研磨等）的能力。它是鉴定矿物的重要特征之一。矿物的硬度是矿物成分及内部结构牢固性的具体表现之一。影响矿物硬度的主要因素有化学键、原子性质、配位数等。

（1）矿物的硬度主要取决于其内部结构中质点间联结力的强弱，即化学键的类型及强度。典型原子晶格（如金刚石）具有很高的硬度，对于具有以配位键为主的原子晶格的大多数硫化物矿物，由于其键力不太强，故硬度并不高；离子晶格矿物的硬度通常较高，随离子性质的不同而变化较大；金属晶格矿物的硬度比较低（某些过渡金属除外）；分子晶格因分子间键力极微弱，其硬度最低。

绝大多数矿物中存在着化学键为离子键、共价键的过渡类型，化学键的强度随共价性程度增大而增强，矿物硬度与此一致。即在其他影响因素相近条件下，当矿物化学键的共价性较大时，矿物的硬度也增高。

（2）原子的性质。在晶体结构中原子的价态和原子间距也是决定矿物硬度大小的重要因素。矿物的硬度随组成矿物的原子或离子电价的增高而增大，与原子间距离的平方成反比。

（3）配位数的影响。在化学键、原子价态间距相近的情况下，矿物硬度随配位数增加而增高；从配位数增加看，原子的晶格中堆积或填充密度增大。配位数增加会影响化学键的强度。

（4）原子的电子构型对硬度的影响。将一些结构相同、原子间距相近、电价相同、配位数相同的矿物进行对比，发现惰性气体型离子的矿物硬度大于铜型离子、过渡型离子的矿物硬度。在晶格中原子或离子间存在的斥力也影响矿物的硬度。

矿物的硬度也体现了晶体的异向性，同一矿物晶体的不同晶面硬度不同，同一晶面在不同方向上的硬度会有差异。如蓝晶石的硬度，在平行柱体方向上，小钢刀能刻划形成沟槽（<5.5）；在垂直柱体方向上，小钢刀刻不动（>5.5）。在多键性矿物中，硬度的异向性突出表现为沿着最弱化学键分布方向上硬度小。

矿物硬度可采用两种方法测定：一种方法是以 10 种硬度递增的矿物为标准，测定矿物的相对硬度，称为摩斯硬度计（Mohs scale of hardness）。根据矿物与标准矿物相互刻划比对测定的硬度为摩斯硬度（表 8-4）。

另一种测定硬度的方法是利用显微硬度仪，通过测定矿物晶面的压入的深度、面积来测定，称为显微硬度或绝对硬度，单位为 kg/mm^2。这种方法比刻划方法精确。摩斯硬度与绝对硬度等级对比见表 8-4。矿物硬度在生产中具有实用价值，可根据矿物硬度大小选择润滑剂、磨光剂、研磨材料等。

表 8-4　摩斯硬度计与绝对硬度对比

摩斯硬度	矿物	化学式	绝对硬度/kg·mm^2	图片
1	滑石	$Mg_3Si_4O_{10}(OH)_2$	1	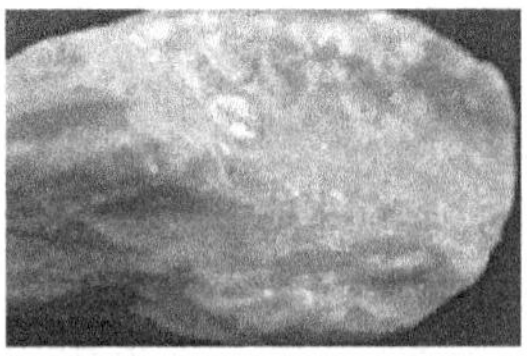
2	石膏	$CaSO_4 \cdot 2H_2O$	2	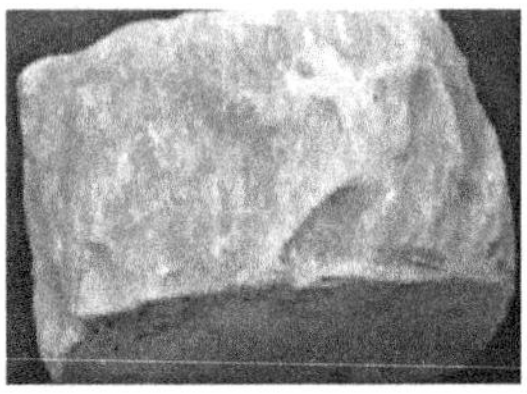
3	方解石	$CaCO_3$	9	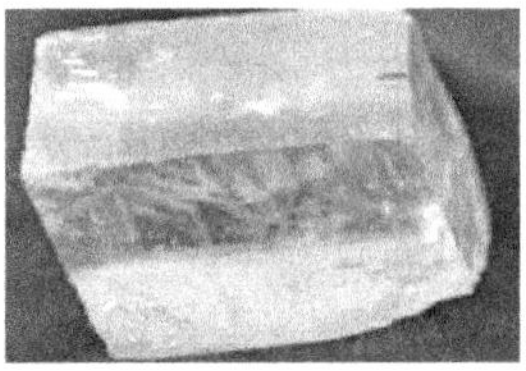
4	萤石	CaF_2	21	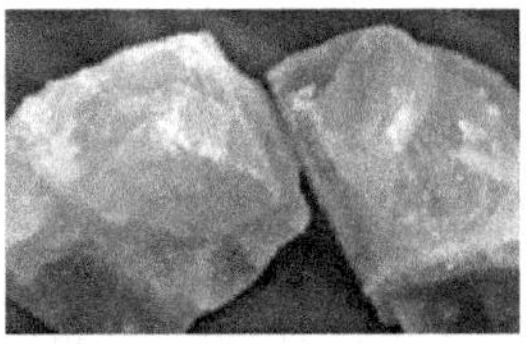
5	磷灰石	$Ca_5(PO_4)_3(OH,Cl,F)$	48	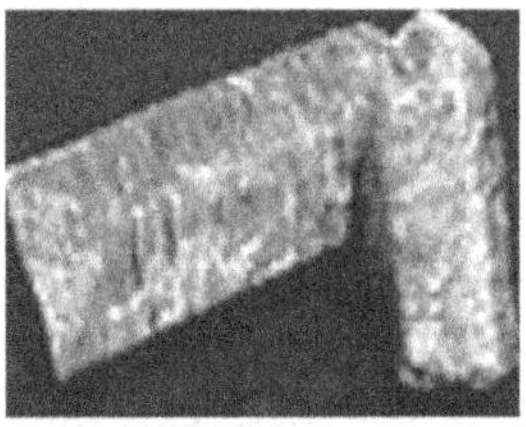
6	正长石	$KAlSi_3O_8$	72	
7	石英	SiO_2	100	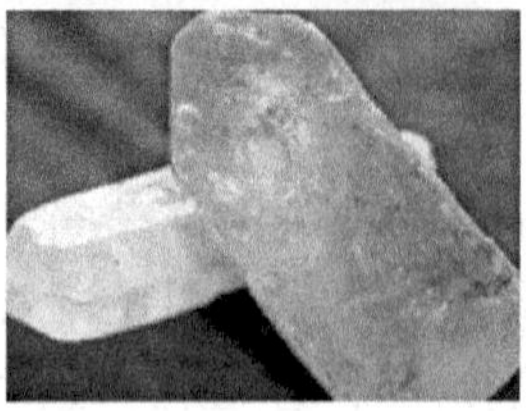

续表 8-4

摩斯硬度	矿物	化学式	绝对硬度	图片
8	黄玉	$Al_2SiO_4(OH^-, F^-)_2$	200	
9	刚玉	Al_2O_3	400	
10	金刚石	C	1600	

8.2.4 矿物的弹性与挠性

矿物的弹性（elasticity）是指矿物在外力作用下发生弯曲形变，当外力撤除后，在弹性限度内能够自行恢复原状的性质；矿物的挠性（flexibility）是指某些层状结构的矿物，在撤除使其发生弯曲形变的外力后，不能恢复原状。云母片一般呈弹性，而滑石、绿泥石、石墨片呈挠性。

矿物的弹性和挠性取决于矿物晶格内结构层间键力的强弱。如果键力很微弱，受力时，层间或链间可发生相对位移而弯曲，由于基本上不产生内应力，故形变后内部无力促使晶格恢复到原状，故表现出挠性。若层间或链间以一定强度的离子键联结，受力时发生相对晶格位移，同时所产生的内应力能在外力撤除后使形变迅速复原，则表现出弹性（图 8-11）。如白云母在其层状结构中有钾离子，化学键较大，白云母的弹性系数为1475~2092.7×10^6Pa（15050~23140kg/cm^2），当外力撤除后，白云母薄片在弹性限度内能够自行恢复原状，故呈弹性；而滑石呈挠性。

8.2.5 矿物的脆性与延展性

矿物的脆性（brittleness）是指矿物受外力作用时易发生碎裂的性质。自然界绝大多数非金属晶格矿物都具有脆性，如自然硫、萤石、黄铁矿、石榴子石和金刚石。矿物的脆性与硬度无关，有些矿物虽然脆性大但硬度还挺高。

矿物的延展性（ductility）是指矿物受外力拉引时易成为细丝、在锤击或碾压下易形变成薄片的性质，它是矿物受外力作用发生晶格滑移形变的一种表现，是金属键矿物的一

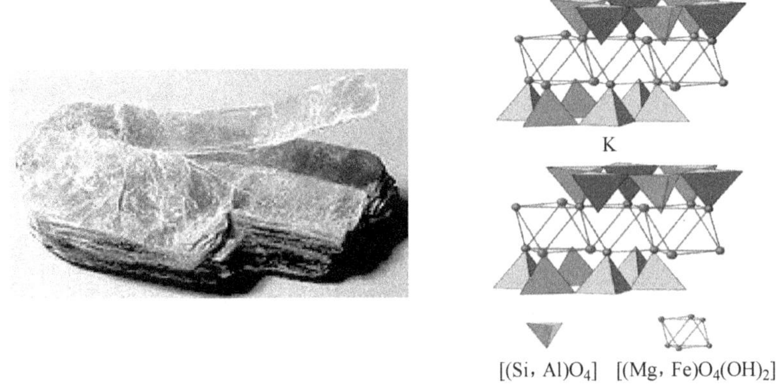

图 8-11　云母弹性与结构

种特性。如自然金和自然铜等均具强延展性。某些硫化物矿物，如辉铜矿等有一定的延展性。肉眼鉴定矿物时，用小刀刻划矿物表面若留下光亮的沟痕，则矿物具延展性，可借此区别于脆性矿物。

8.3　矿物的其他性质

8.3.1　矿物的密度和相对密度

矿物的密度（density）是指矿物单位体积的质量，单位为 g/cm^3，可以根据矿物的晶胞大小及其所含的分子数和分子量计算得出。矿物的相对密度（relative density）是指纯净的单矿物在空气中的质量与4℃时同体积的水的质量之比。其数值与密度相同，但它更易测定。通常将矿物的相对密度分为3级：

（1）轻的。相对密度小于2.5，如石墨。（2）中等的。相对密度在2.5~4之间，如石英。（3）重的。相对密度大于4，如黄铁矿、和重晶石等。

矿物的相对密度是矿物晶体化学特点在物理性质上的又一反映，它主要取决于其组成元素的原子量、原子或离子的半径及结构的紧密程度。矿物的形成环境对相对密度也有影响。高压环境下形成的矿物的相对密度，较低压环境的同质多象变体为大；温度升高，有利于形成配位数较低、相对密度较小的变体。

8.3.2　矿物的磁性

矿物的磁性（the magnetism of minerals）是指矿物在外磁场作用下被磁化时所表现出能被外磁场吸引、排斥或对外界产生磁场的性质。矿物的磁性主要是由组成矿物的元素的电子构型和磁性结构决定。矿物晶格中的过渡型离子中未成对的电子的磁场在一定程度上统一取向时，就表现出强磁性，因此，含V、Cr、Fe、Mn、Cu等离子的矿物常具磁性。磁化率（κ）是矿物的磁化强度 M 与磁场强度 H 的比值$\left(\kappa=\frac{M}{H}\right)$。$\kappa$ 值越大表明该物质容易被磁化。对于弱磁性物质 κ 是个常数。强磁性物质 κ 值不是常数。比磁化率（x）是物质磁化率与本身密度（δ）的比值，$x=\frac{k}{\delta}$，表示单位体积物质在标准磁场内受力的大小。

肉眼鉴定矿物时，一般以马蹄形磁铁或磁化小刀来测试矿物的磁性，常粗略地分为3级：（1）强磁性。矿物块体或较大的颗粒能被吸引。比磁化率在 $600\times10^{-6}cm^3/g$；如磁铁矿。（2）弱磁性。矿物粉末能被吸引。比磁化率在 $150\sim600\times10^{-5}cm^3/g$，如铬铁矿。（3）无磁性。矿物粉末也不能被吸引。比磁化率率小于 $15\times10^{-6}cm^3/g$，如金刚石、方铅矿等。可利用矿物磁性找矿和选矿。

8.3.3　矿物的电学性质

（1）矿物的导电性（electric conductivity of minerals）。是指矿物对电流的传导能力，它主要取决于化学键类型及内部能带结构特征。具有金属键的自然元素矿物和某些金属硫化物的矿物晶体结构中有自由电子，故导电性强；离子键或共价键矿物，则具弱导电性或不导电。矿物依导电性分为良导体（如金属自然元素矿物的自然铂、自然金、自然铜等，石墨及部分金属硫化物，如磁黄铁矿）、半导体（如金刚石、金红石、自然硫等）和绝缘体（如白云母等）。矿物的导电性具有异向性。如赤铁矿垂直于三次轴方向的导电率比平行三次轴方向大得多。矿物的导电性可以用矿物的电阻率或电导率进行对比研究。

（2）矿物的介电性（dielectricity of minerals）。是指不导电的或导电性极弱的矿物在外电场中被极化产生感应电荷的性质，常用介电常数表示。矿物介电常数反映矿物在外加电场中的极化作用。极化作用越大，介电常数越大。将矿物样品放在介电常数适当大小的某种电介质液体中，在外电场作用下，介电常数大于电介质液体的矿物将向电极集中，小于电介质液体的矿物则被电极排斥，由此可将不同介电常数的矿物分离开。由于介电液为已知数，矿物介电常数（表 8-5）便可测定。利用矿物的介电性可分离矿物。

表 8-5　部分矿物的介电常数

电磁性矿物		重矿物（相对密度>2.9）		轻矿物（相对密度<2.9）	
矿物	介电常数	矿物	介电常数	矿物	介电常数
榍　石	4.4	闪锌矿	4.9	石　英	6.1~8.7
镁铝榴石	5.2	黄　玉	5.2	钠长石	4.7
烧绿石	5.2	锆　石	5.3	方解石	7.9~8.1
电气石	5.6	萤　石	5.4	白云母	9.5
角闪石	5.8	磷灰石	6.0	黑云母	11
绿帘石	6.2	辉铋矿	6.6		
独居石	6.9	辰　砂	6.7		
金红石	10	锡　石	13		
铬铁矿	10.4	方铅矿	>33.7		
铌铁矿	11.5	辉钼矿	>33.7		
黑钨矿	12	毒　砂	>33.7		
锡　石	14	黄铁矿	>33.7		

(3) 矿物的压电性（piezoelectricity of minerals)。指矿物晶体受到定向压力或张力作用时，能使晶体垂直于应力的两侧表面上分别带有等量的相反电荷的性质。矿物晶体产生的电荷，随作用力的变向，两侧表面上的电荷易号。晶体在机械压、张应力不断交替作用下，压缩形成“+”极，拉伸形成“-”极，即可产生一个交变电场。这种效应称为压电效应（piezoelectric effect)。将压电矿物晶体置于交变电场中，则产生伸、缩机械振动，形成“超声波”。压电性矿物晶体有石英、电气石等。石英的对称型为 D_3-$\bar{3}2$（$L_i^3 3L^2 3p$），无对称中心，三次轴为极轴。在垂直于（L_i^3）的石英切片上，垂直切片平面压缩时，切片两相对平面产生不同符号电荷，拉伸时电荷符号相反。晶体的压电性广泛应用于无线电、雷达及超声波探测等现代工业中，用作谐振片、滤波器和超声波发生器等。

(4) 矿物的热电性（pyroelectricity of minerals)。指某些电介质晶体在加热或冷却时，其一定结晶学方向的两端会产生相反电荷的性质。实验证明，热电效应源于晶体的自发极化。电气石的三次轴为极轴，当加热电气石时，晶体三次轴的一端会产生正电荷，另一端产生负电荷。热电晶体可同时具有压电性，而压电晶体却不一定具热电性。热释晶体主要用来作红外探测器和热电摄像管，广泛应用于红外探测技术和红外热成像技术等领域；还可以用于制冷业。

热电效应表征矿物受到温度变化的影响，在冷热两端点产生热电动势的现象，通常用热电系数表示。大部分深色的氧化物、硫化物为半导体。当矿物成分中有某些离子或原子的缺失或过剩，晶格间隙因额外充填而引起成分变化、晶格局部价键轨道畸变时，半导体矿物导电性增大，出现电子型与空穴型的导电类型。电子型（n 型）是在晶体能带结构中，具有较高价的离子替换了较低价的离子，其能级处于禁带的上部或接近导带，在外来能量（热、光、辐射、电场等）作用下，释放出活跃的价电子并进入导带，形成导电性。在温差条件下，电子由热端向冷端扩散，使冷端自由电子过剩，冷端呈现负极，热电系数为负值，形成 n 型半导体。空穴型（p 型）是在晶体的能带结构中，较低价离子代替较高价离子，处于禁带的下部或接近满带，外界能量将使离子从邻近的价带中取得电子，而满足其配位体应有的电子数，在价带中留下了电子空穴。在温差影响下，空穴换位表现为正电荷流动。空穴由热端向冷端扩散，冷端空穴过剩，相对呈现正极，热电系数为正值，形成 p 型半导体。在一般情况下估计热电系数的正负的规则：阳离子或金属原子过剩常引起电子导电型（n 型），热电系数为负值；阴离子或非金属原子过剩时，常为空穴导电性（p 型），热电系数为正值。

8.3.4　矿物的放射性

含有放射性元素的矿物为放射性矿物。放射性元素能自发地从原子核内部放出粒子或射线，同时释放能量。这种现象称为矿物的放射性（the isotope of minarels)。原子序数在 84 以上的元素都具有放射性，原子序数在 83 以下的，如钾、铷等，也有放射性。在含有轻放射元素的矿物中，如 K40、Rb87 等离子经衰变后，所产生的稳定元素离子的大小和电价发生变化，使矿物的结构发生变化。在含有重放射性元素的矿物中，放射性元素原子核的衰变由于离子大小和电价变化较大，矿物晶格发生完全改变。如 U^{238}，放射性元素的原子核衰变到 Pb^{4+}，常使晶格破坏而成非晶体。化学组成中主要为 U、Th 的矿物会完全变为非晶体，如沥青铀矿。当 U、Th 呈少量类质同象存在时，经过漫长地质时代也会部分变成非晶体，如前寒武纪变质岩中的锆石。在放射性矿物中，原子核放出的 α 粒子，即 He^{2+}，具有很强的电子亲和性，为强氧化剂。这种衰变可使矿物中或相邻矿物中所含的过渡金属离子氧化成高价离子，使晶体发生破坏。常见具有放射性的矿物有晶质铀矿、沥青铀矿、钛铀矿、硅钙铀矿、铜铀云母、钙铀云母、钒钾铀矿等以及磷钇矿、铌钇矿、复稀金矿、铌钙矿、易解石、独居石、烧绿石、钍石等。

矿物还具有导热性、热膨胀性、熔点、易燃性、挥发性、吸水性、可塑性，以及嗅觉、味觉和触觉等，它们在矿物鉴定、应用及找矿上也具有重要的意义。

9 矿物鉴定研究方法

矿物的鉴定和研究的方法有手标本鉴定、常规的测试手段和现代化的仪器分析。根据矿物鉴定与研究的内容，可分为化学成分分析、晶体结构分析、晶体形貌分析、物理性质分析四个方面。

9.1　野外采集矿物样品与手标本鉴定

在野外采集样品要注意其目的性、典型性、代表性及系统性。通过对矿物在地质体的产出特征，在岩、矿石中的分布进行观察后，依据研究目的进行剖面、定点或随机采集样品。做好采集地点、地质产状、标本简单描述、标号等记录。对晶形完整或有特殊意义的珍贵矿物样品，应小心采集，妥善保管。对于鉴定矿物的各种测试分析，要求一定数量的新鲜纯净的单矿物样品，需要进行矿物的分离挑选工作。矿物分选的流程一般为：破碎，筛分，淘洗，物理分选方法（如重力分选、磁力分选、浮游分选和介电分选等），使之富集；在双目立体显微镜下严格检查和挑纯。

在矿物手标本鉴定中，矿物形态鉴定的重点是矿物单体形态，观察晶体习性为一向、两向还是三向延长，并相应划分出柱状、针状、板状、片状、粒状等。同时要根据晶面特征确定单形。对于矿物集合体形态要观察同一矿物单体颗粒间的大小、多少以及与其他矿物之间嵌布关系等特征。对矿物物理性质鉴定主要是颜色、条痕、光泽、透明度、硬度、解理、断口等。矿物颜色要注意观察矿物自色，并辅以条痕予以确定。硬度以摩斯硬度矿物为参照，在野外也可用指甲（≤2.5）、小刀或钢针（≈5.5），同时辅以简易化学试验等方法。

9.2　矿物化学成分分析

矿物化学成分的分析方法，主要包括化学法、原子吸收光谱法等6种。

（1）化学分析法（chemical analysis）。将矿物样品采用化学溶剂溶解后分析其中的化学组成。一般需要质量500mg的纯度高的单矿物粉末。该方法准确度高，灵敏度不高。适用于矿物常量组分的定性与定量分析，新矿物种的化学成分的确定和组成可变的矿物成分变化规律的研究；不适用稀土元素的分析。

（2）原子吸收光谱分析（atomic absorption spectrum，AAS）。基于试样蒸气相中被测元素的基态原子对由光源发出的该原子的特征性窄频辐射产生共振吸收，其吸光度在一定范围内与蒸气相中被测元素的基态原子浓度成正比，测定试样中该元素含量的一种仪器分析方法。所用仪器为原子吸收谱仪。样品用量仅需数毫克。具有灵敏度高、干扰少、快速准确的优点。可测试70余种元素。主要用于10^{-6}数量级微量元素和10^{-9}数量级痕量元素的定量测定。对稀土元素和Th、Zr、Hf、Nb、Ta、W、U、B等元素的测定灵敏度较低，对卤素元素、P、S、O、N、C、H 等还不能测定或效果不佳。

（3）X 射线荧光光谱（X-Ray fluorescence，XRF）。利用原级 X 射线光子或其他微观粒子激发待测物质中的原子，使之产生次级的特征 X 射线（X 光荧光）进行物质成分分析和化学态研究的方法。不同元素具有波长不同的特征 X 射线谱，各谱线的荧光强度又与元素的浓度呈一定关系，测定待测元素特征 X 射线谱线的波长和强度可对元素进行定性和定量分析。X 射线荧光分析可分为能量色散和波长色散两类。通过测定荧光 X 射线的能量实现对被测样品的分析的方式称为能量色散 X 射线荧光分析，相应的仪器为能谱仪；通过测定荧光 X 射线的波长实现对被测样品分析的方式称为波长色散 X 射线荧光分析，相应的仪器为光谱仪。本法具有谱线简单、准确度高、分析速度快、测量元素多、能进行多元素同时分析、不破坏样品等优点。可分析元素的范围为 $^{9}F\sim{}^{92}U$。样品要求 10g 以下较纯单矿物粉末。可用于常量元素和微量元素的定性和定量分析。对稀土元素、稀有元素的定量分析有效。

（4）等离子体发射光谱（inductively coupled plasma-atomic emission spectrometer，ICP-AES）。等离子体（plasma）是一种由自由电子、离子、中性原子与分子组成的在总体上呈中性的气体。电感耦合等离子体（inductive coupled plasma，ICP）是由高频电流经感应线圈产生高频电磁场，使工作气体形成等离子体，并呈现火焰状放电（等离子体焰炬），达到 10000K 的高温，具有良好的蒸发—原子化—激发—电离性能的光谱光源。等离子体焰炬呈环状结构，有利于从等离子体中心通道进样并维持火焰的稳定；只须较低的载气流速（低于 1L/min）便可穿透 ICP，使样品在中心通道停留时间达 2~3ms，完全蒸发、原子化。ICP 环状结构的中心通道的高温高于任何火焰或电弧火花的温度，是原子、离子最佳激发温度。分析物在中心通道内被间接加热，对 ICP 放电性质影响小；自吸现象小，且系无电极放电，无电极沾污。ICP-AES 法是一种发射光谱分析方法，可同时测定多元素，可分析的元素除 He、Ne、Ar、Kr、Xe 惰性气体外可达 78 个。检测下限 $1\times10^{-10}\sim10\times10^{-9}$。样品可以为数毫微克粉末，或液态样品。适用于矿物常量元素、微量元素、痕量元素的定性或定量分析。

（5）激光显微光谱（laser micro spectrography，LMS）。用激光作为光源的微区光谱分析技术。仪器主要由激光器、显微镜和摄谱仪三部分组成。分析时，用显微镜对准所要分析的部位（如矿物小颗粒），再用激光和辅助电极对样品进行蒸发和激发。对所发射的光谱，用摄谱仪摄谱。由于激光显微分析需要的试样少（可少至 1 微克），破坏样品的面积也很小，绝对灵敏度又很高（$10^{-12}\sim10^{-10}$g），可测定 70 余种元素，故适用于微粒、微量、微区的成分分析测定。可用于研究矿物的化学成分及元素赋存状态，鉴定微细疑难矿物，对岩矿鉴定有重要的意义。

（6）质谱分析（mass-spectrometric analysis）。用电场和磁场将运动的离子（带电荷的原子、分子或分子碎片，有分子离子、同位素离子、碎片离子、重排离子、多电荷离子、亚稳离子、负离子和离子-分子相互作用产生的离子）按它们的质荷比分离后进行检测的方法。测出离子准确质量即可确定离子的化合物组成。具有灵敏度和准确度高、分析速度快的特点。以纯度≥98%，粒径<0.5mm 的单矿物为样品。硫化物需 0.1~0.2 g，硫酸盐需 2~5g，避免了用化学、浮选等方法处理分离矿物造成的污染。质谱分析为 10^{-6}数量级定量分析，常用于准确测定各种矿物中元素的同位素组成。

9.3　矿物晶体结构分析方法

用于研究矿物晶体结构、分子结构、原子中电子状态的精细结构等。

9.3.1　X 射线衍射分析

X 射线衍射分析（X-ray diffraction analysis，XRD）：以 X 射线为辐射源的分析方法统称为 X 射线分析（X-ray analysis）。其中用于成分分析的 X 射线荧光法和用于结构分析的 X 射线衍射法应用较为广泛。X 射线衍射分析是基于 X 射线与晶体物质相遇时能发生衍射现象的一种分析方法。

Laue 实现了利用 X 射线在晶体中的衍射精确测定晶体结构。用于晶体结构测定的 X 射线波长 50~250pm，与晶体内部原子间距大致相当。这种 X 射线是在真空度约 10^{-4}Pa 的 X 射线管内，用高压加速的电子冲击阳极金属靶，常用的靶材有 Cu 靶、Mo 靶、Fe 靶。以 Cu 靶为例，当电压达到 35~40kV 时，X 管内加速电子将 Cu 原子最内层的 1*s* 电子轰击出来，次内层 2*s*2*p* 电子补入内层。2*s*2*p* 电子能级与 1*s* 能级间隔是固定的，发射的 X 射线有固定波长，故称为特征射线，如 CuKα = 0.154nm，MoKγ = 0.070nm，FeKγ = 0.19373nm。当 X 射线射到晶体上时，大部分透过，小部分被吸收散射。晶体衍射的方向就是 X 射线射入周期性排列的晶体中的原子、分子，产生散射后，次生 X 射线干涉、叠加相互增强的方向。

晶体的衍射方向与晶体结构的形状和大小有关，有两个基本方程—— Laue 方程和 Bragg 方程。Laue 方程确定了直线点阵衍射的条件。设由原子组成的点阵相邻两原子间的距离为 a，X 射线入射方向 S_0与直线点阵的交角为 α_0。若在与直线点阵交成 α 角的方向 S_1发生衍射，则相邻列的光程差 Δ 应为波长 λ 的整数倍。Laue 方程的表达式为：

$$a(S-S_0)=h\lambda,\ a(\cos\alpha-\cos\alpha_0)=h\lambda;$$
$$b(S-S_0)=k\lambda,\ b(\cos\beta-\cos\beta_0)=k\lambda;$$
$$c(S-S_0)=l\lambda,\ c(\cos\gamma-\cos\gamma_0)=l\lambda$$

式中，h，k，l=0，±1，±2，…，均为整数，称为衍射指标；λ 为波长。

Bragg 方程从空间格子的面网（平面点阵）衍射出发。根据 Laue 方程可以证明，在 $h=nh^*$，$k=nk^*$，$l=nl^*$ 的衍射中，晶面指数为（$h^*k^*l^*$）的面网组中的每一个面网都是反射面，而且其中两相邻面网上的原子所衍射 X 射线的光程等于波长的整数倍 $n\lambda$（图 9-1）。

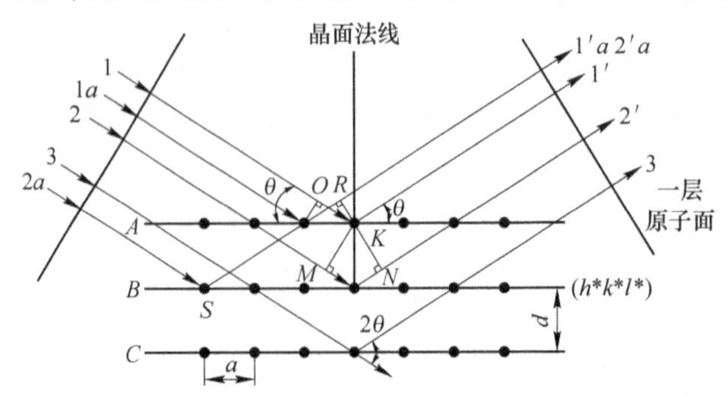

图 9-1　相邻面网间 d，衍射角

可用两相邻面网（平面点阵）间的距离 d_{hkl} 和衍射角 θ_n 来表示两相邻面网所衍射 X 射线的光程差。得到 Bragg 方程：

$$2d_{(hkl)}\sin\theta_n = n\lambda$$

式中，n 为整数；λ 为波长；θ_n 为衍射角；hkl 为衍射指数，不加括号表示这 3 个整数不必互质；d_{hkl} 为衍射面网间距，等于 $d_{(hkl)}/n$。

Laue 方程和 Bragg 方程都是联系 X 射线入射方向、衍射方向、波长和晶胞常数的关系式，两者是等效的。前者是基本式，后者提供了衍射方向计算晶胞大小的原理。从晶体 X 衍射的原理可知，晶体结构中原子的排列及数量决定了衍射线条的位置和相对强度。即晶体结构决定了该晶体的 X 射线衍射花样。采用晶体衍射线条的位置 θ（2θ）角的大小和强度，可以推断晶体的结构。国际上已建立五大晶体学数据库：（1）剑桥结构数据库（The Cambridge Structural Database，CSD）（英国）；（2）蛋白质数据库（The Protein Data Bcmk，PDB）（美国）；（3）无机晶体结构数据库（The Inorganic Structure Database ICSD）（德国）；（4）金属晶体学数据库（NRCC）（加拿大）；（5）粉末衍射文件数据库（JCPDS-ICDD）（美国）。

X 射线衍射晶体结构测定有三个主要内容：（1）通过 X 射线衍射数据，根据衍射线的位置（θ 角），对每一条衍射线或衍射花样进行指标化，以确定晶体所属晶系，推算出单位晶胞的形状和大小；（2）根据单位晶胞形状大小、矿物化学成分、体积密度，计算单位晶胞的原子数；（3）根据衍射强度、衍射花样，推断各原子在单位晶胞中的位置。

测定方法一般有单晶法和粉晶法。

（1）单晶法。也称为 X 射线结构分析。要求矿物单晶体无包裹体、无双晶、无连晶、无裂纹，颗粒在 0.1～0.5mm。将选好的单晶体用胶液粘在玻璃顶端，放置在测角位置上，收集衍射强度数据。主要用于确定晶体的空间群、测定晶胞参数、各原子或离子在单位晶胞内坐标、键长和键角等。单晶法又分为 Laue 法和衍射仪法。Laue 法是在连续 X 射线照射下，对矿物单晶体衍射花图谱用底片记录，并逐一指标化，可以测定晶体的对称性、晶体的取向和晶胞常数等；衍射仪法是用光子计数器在各个衍射方向逐点收集衍射光束的光子数来确定其衍射强度，常用四圆单晶衍射仪法（图 9-2），自动化程度高，快速准确。

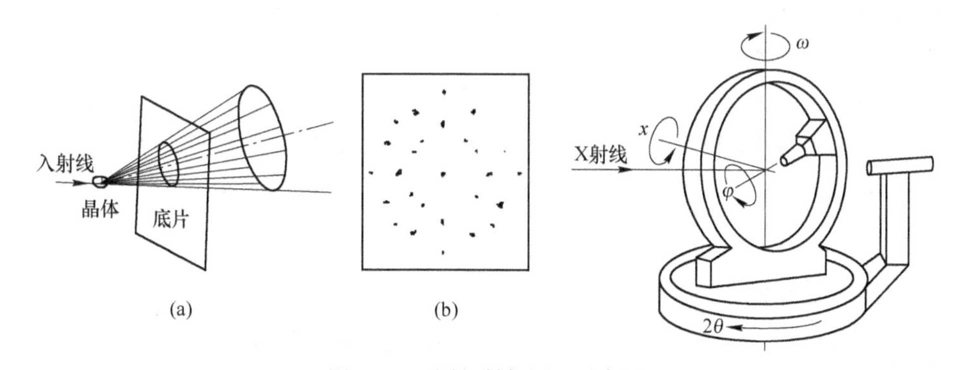

图 9-2　四圆衍射仪原理示意图

（2）粉晶法是以结晶质粉末为样品，可以是含少量几种矿物的混合样品，粒径 1～10μm，样品用量少且不破坏样品。根据计数器自动记录的衍射图，能够较快地查出面网间距 d 和直接得出衍射强度；可以确定混合样品中存在的结晶矿物相的种类与百分含量

(图9-3)；测定晶胞常数。对于鉴定黏土矿物、同质多象变体、多型、结构的有序与无序等，效果较好。

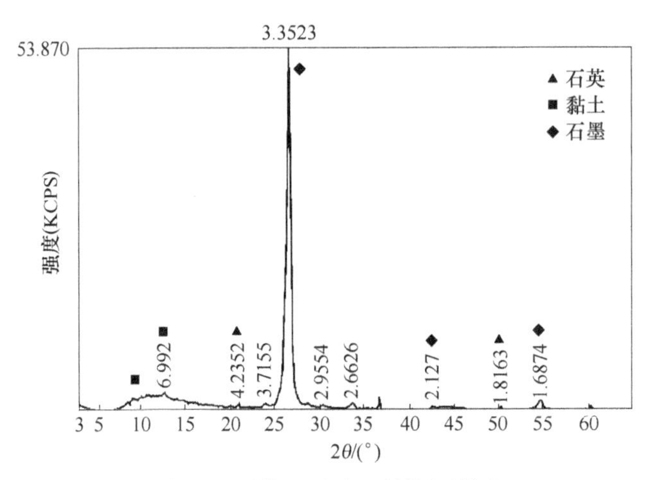

图9-3　石英、石墨X射线衍射图

9.3.2　红外吸收光谱

红外吸收光谱（infrared spectra analysis，ISA）是利用物质对红外辐射吸收后所产生的红外吸收光谱，对物质的组成、结构及含量进行分析测定的方法。习惯上将红外光谱分为远、中、近红外三个区，红外光谱一般用的是中红外区，波长2.5~25μm（波数为4000~400cm^{-1}）。当一束具有连续波长的红外光通过物质，物质分子中某个基团的振动频率或转动频率和红外光的频率一样时，分子就吸收能量，由原来的基态振（转）动能级跃迁到能量较高的振（转）动能级，分子吸收红外辐射后发生振动和转动能级的跃迁，该处波长的光就被物质吸收。红外光谱法实质上是一种根据分子内部原子间的相对振动和分子转动等信息确定物质分子结构和鉴别化合物的分析方法。红外光谱产生的条件是，红外光谱的频率等于分子某个基团的振动频率，$V_{红外}=V_{振动}$；引起偶极矩变化的振动形式，非极性双原子分子 H_2、O_2、N_2的$\mu=0$；极性双原子分子HCl的$\mu=0$。

红外吸收光谱分析可测定分子的键长、键角、偶极矩等参数，推断矿物结构，鉴定矿物相。对研究矿物中水的存在形式、络阴离子团、类质同象混入物的细微变化、相变、有序-无序等有效，可用于黏土矿物、沸石族矿物的鉴定与研究。样品可以是液态、固态、结晶质、非晶质或有机化合物。干燥样品一般1~2mg，并研磨成2μm左右的粉末，用红外光谱仪测定。

9.3.3　激光拉曼光谱

激光拉曼光谱（LRS）：拉曼光谱分析法是基于印度科学家C. V. 拉曼（Raman）发现的拉曼散射效应，对与入射光频率不同的散射光谱进行分析，得到分子振动、转动方面信息，并应用于分子结构研究的一种分析方法。拉曼光谱（Raman spectra）是一种散射光谱，是由分子振动、固体中光学声子等激发与激光相互作用产生的非弹性散射。与分子红外光谱不同，极性分子和非极性分子都能产生拉曼光谱。激光器的问世，提供了优质高强度单色光。该方法测谱速度快，谱图简单，谱带尖锐，易于解释。几乎在任何物理条件（高温、高压、低温）下对矿物均可测得其拉曼光谱。样品可以是粉末或单晶，不需特殊制备。

9.3.4　可见光吸收光谱

光透过某一物质时，某些波长的光被该物质吸收，因此在连续光谱中有一段或几段波长的光减弱或消失了，这种光谱称为可见光吸收光谱（visible adsorption spectrum）。不同物质的吸收光谱不同，这取决于物质的分子、原子和原子团，因此可用吸收光谱来鉴别矿物和推测样品的结构；同时吸收光谱的强弱和物质的浓度有关，这个性质可用来做定量分析。任何矿物只要它有吸收光谱，就可以用来做定性和定量分析。主要用于研究物质中过渡元素离子的电子构型、配位态、晶体场参数和色心、颜色定量等。适于研究细小矿物颗粒（1~5mm）。

可见光吸收光谱定性分析，是根据样品吸收曲线的形状，与已知物质吸收光谱进行对比，以知其是否为同一物质。定量分析是根据测量到的样品的光吸收值和已知的样品消光系数，计算出样品的单组分定量。如果样品是混合物，其中含有两种或两种以上的吸收物质，这些物质之间不起化学反应，其吸收光谱虽然互相重叠，但各自的吸收峰和峰谷是不同的，这样就可以不经分离直接用光谱法对各个组分进行定量测定。

紫外可见吸收光谱应用广泛，分子的紫外-可见吸收光谱是基于分子内电子跃迁产生的吸收光谱进行分析的一种常用的光谱分析方法。不仅可进行定量分析，还可利用吸收峰的特性进行定性分析和简单的结构分析，测定一些平衡常数、配合物配位比等；也可用于无机化合物和有机化合物的分析，对于常量、微量、多组分都可测定。

9.3.5　穆斯堡尔谱

穆斯堡尔谱（Mössbauer Spectroscopy），是利用 γ 射线的无反冲核共振吸收效应（即穆斯鲍尔效应），测试物质微观结构的方法。目前可测 40 余种元素，近 90 种同位素；分析准确灵敏快速，谱图清晰易解。穆斯堡尔谱的宽度非常窄，因此具有极高的能量分辨本领。穆斯堡尔谱学中最常用的是 ^{57}Fe 的能量为 14.4 keV 的 γ 射线，能量分辨率可以达到 10^{-13}；^{119}Sn 也经常用到。穆斯堡尔谱学在物理学、化学、生物学、地质学、冶金学、矿物学等领域都得到了广泛应用，主要研究 ^{57}Fe 和 ^{119}Sn 元素离子的价态、配位态、自旋态、键性、磁性状态、占位情况，以及物质的有序-无序和相变等。

9.3.6　电子顺磁共振

电子顺磁共振（electron paramagnetic resonance，EPR）是由不配对电子的磁矩发源的一种磁共振技术，可用于从定性和定量方面检测物质原子或分子中所含的不配对电子，并探索其周围环境的结构特性。对自由基而言，轨道磁矩几乎不起作用，总磁矩的绝大部分（99%以上）的贡献来自电子自旋，所以电子顺磁共振亦称电子自旋共振（electron spin resonance，ESR）。EPR 主要用于研究矿物中微量的过渡金属离子（包括稀土元素离子）的价态、键性、电子结构、赋存状态、配位态、占位情况、类质同象、结构的有序-无序、相变等。适用于研究顺磁磁性离子，室温下能测定 V^{4+}、Cr^{3+}、Mn^{2+}、Fe^{3+}、Ni^{2+}、Cu^{2+}、

Eu^{2+}、Gd^{3+}等；在低温下能测定稀土元素离子、Ti^{3+}、V^{3+}、Fe^{2+}、Co^{2+}等。可分析固体、液体。对单晶（2~9mm）的分析效果好，样品中顺磁性离子的浓度不宜超过1%，以0.001%~0.1%为宜。

9.4　矿物形貌分析

矿物形貌分析方法用于研究矿物的形态、相互关系、微细结构等。

9.4.1　显微镜分析

显微镜分析也称镜下鉴定，是利用矿物的光学性质，使用显微镜鉴定矿物的方法。绝大多数的岩石、矿石是多种矿物紧密结合在一起的，一般用肉眼难以清晰鉴别，矿物的鉴定、粒度、岩石与矿石的结构等都可采用显微鉴定完成。矿物显微镜下鉴定是依据矿物的光学性质进行的。

光是一种电磁波，其传播方向与振动方向互相垂直。从光源直接发出的自然光，是由无数方向横振动合成的复杂混合波（太阳光、灯光等）。在垂直光波传播方向的平面内，任意方向上都有振幅相等的光振动。只有垂直传播方向上的某一固定方向上振动的光波称为偏振光，偏光振动方向与传播方向所构成的平面称为振动面（图9-4）。自然光经过反射、折射、双折射及选择吸收作用可成为偏振光。根据矿物晶体的光学性质特征，可将矿物分为光性均质体、非均质体。

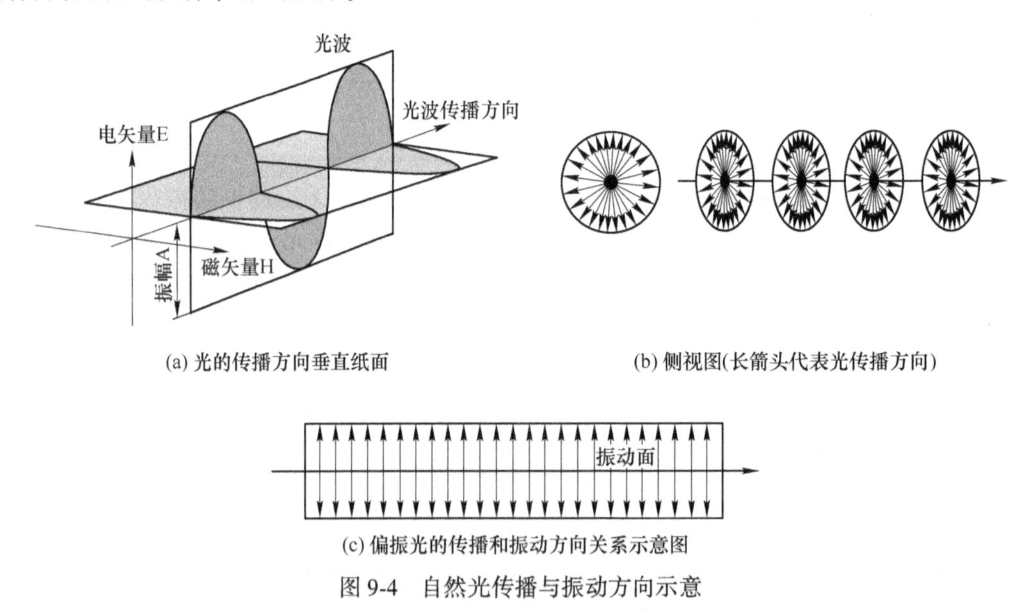

(a) 光的传播方向垂直纸面　　(b) 侧视图(长箭头代表光传播方向)

(c) 偏振光的传播和振动方向关系示意图

图9-4　自然光传播与振动方向示意

9.4.1.1　光性均质体

光性均质体指矿物晶体的光学性质各方向相同（传播速度、折射率、光的振动性质、颜色、光泽等）。有等轴晶系的矿物、非晶质物质。均质体的折射率不因光波在晶体中振动方向不同而改变，折射率只有一个。均质光率体是一个球体，球体半径代表该晶体的折射率（图9-5）。不同的均质体的光学性质差异主要表现在球体半径不同，如金刚石、石榴子石、萤石、自然金等。

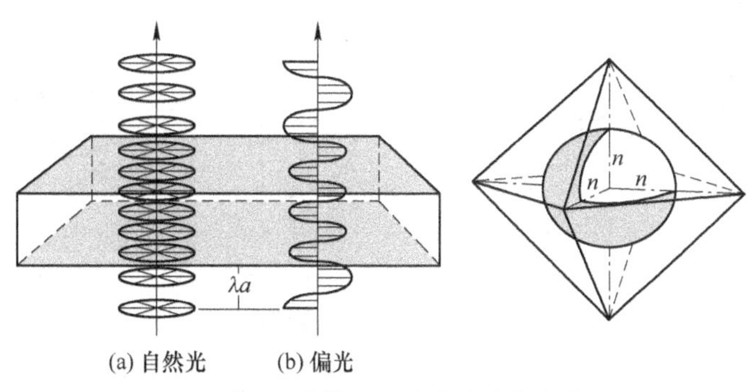

(a) 自然光 (b) 偏光

图 9-5 均质光率体与光波在均质体中传播图

9.4.1.2 光性非均质体

光性非均质体，是指矿物晶体的光学性质因方向不同而变化，包括中级晶族（一轴晶）和低级晶族（二轴晶）的矿物晶体。光波传播速度因在晶体中的振动方向不同而发生改变，折射率也因光波在晶体中的振动方向不同而变化。非均质体的折射率有多个。光波入射非均质体除特殊方向外，都要分解为振动方向互相垂直、传播速度不同、折射率不等的两种偏光，这种现象称为双折射。双折射是非均质介质的普遍特征。两列振动面互相正交的偏振光之折射率的差值为双折射率，也称重折射率。因而有一轴晶光率体和二轴晶光率体之分。

（1）一轴晶光率体。光波沿 c 轴方向射入晶体，得到一个半径为 N_o 的圆切面；光波垂直 c 轴射入晶体，得到一个包含 c 轴且半径分别为 N_e、N_o 的横切圆；联系上面两个切面特征可以得到一轴晶光率体的构成。当光垂直于这类矿物的 c 轴（光轴）正入射时，折射形成的振动面互相垂直的两列偏光，一为常光 o，折射率为 N_o；另一为非常光 e，折射率为 N_e，它们分别为该矿物折射率的最大值（或最小值），其他方向的非常光的折射率值递变在两者之间，记为 N_e'。一轴晶的光率体为一旋转椭球体。$N_o>N_e$，为正光性；反之，为负光性（图 9-6、图 9-7）。

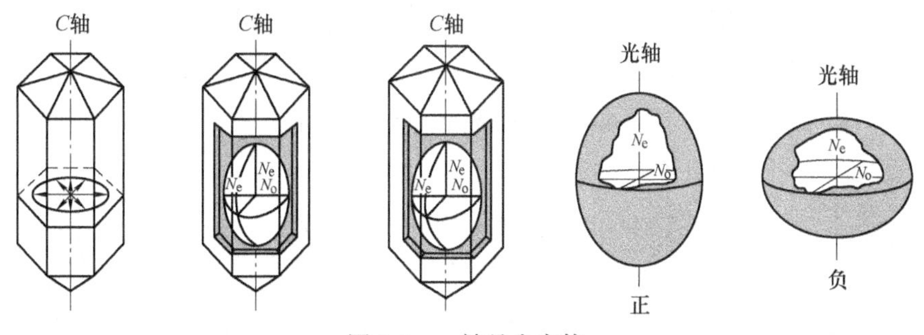

图 9-6 一轴晶光率体

（2）二轴晶的光率体。是 3 轴不等长椭球体（图 9-8），长轴、中轴、短轴分别为 N_g、N_m、N_p，决定着光率体的形状与大小，也称为二轴晶的光学主轴，且三者之间互相垂直，与所属晶系无关。3 个主折射率有 $N_g>N_m>N_p$；3 个主轴面包含主轴，彼此之间互

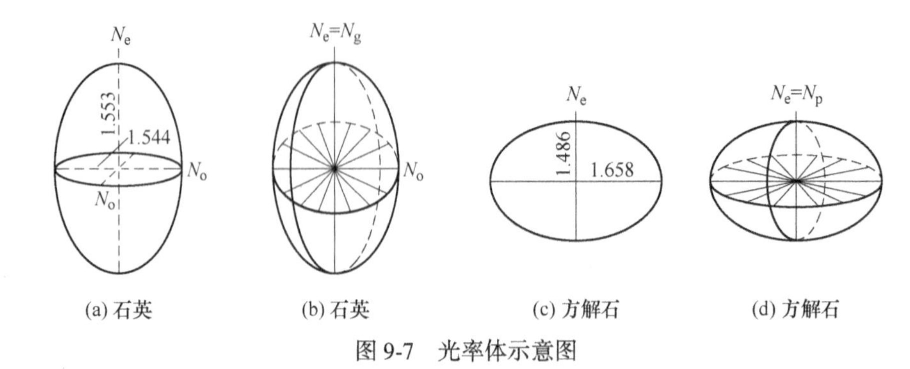

图 9-7 光率体示意图

相垂直。两根光轴 OA；光轴面（AP）为包含两根光轴的切面；光轴角（$2V$）为两根光轴所夹的锐角，$V<45°$ 为正光性。

锐角等分线（Bxa）：两光轴所夹锐角的等分线；

钝角等分线（Bxo）：两光轴所夹钝角的等分线；

正光性（+）：N_g-N_m>N_m-N_p 或 $Bxa=N_g$；

负光性（-）：N_g-N_m<N_m-N_p 或 $Bxo=N_g$。

二轴晶晶体的 3 个光轴长度不同代表了不同方向折射率不同，从而显示出矿物晶体的不同光学特征（图 9-9）。如橄榄石二轴晶主切面不同，显示不同的颜色、突起等光学性质（图 9-10）。

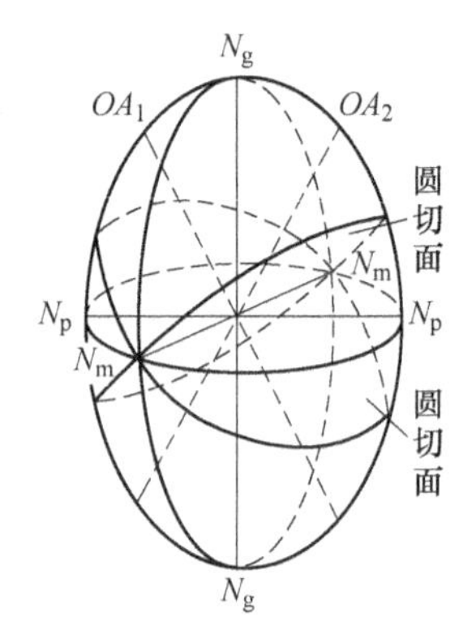

图 9-8 二轴晶光率体示意图

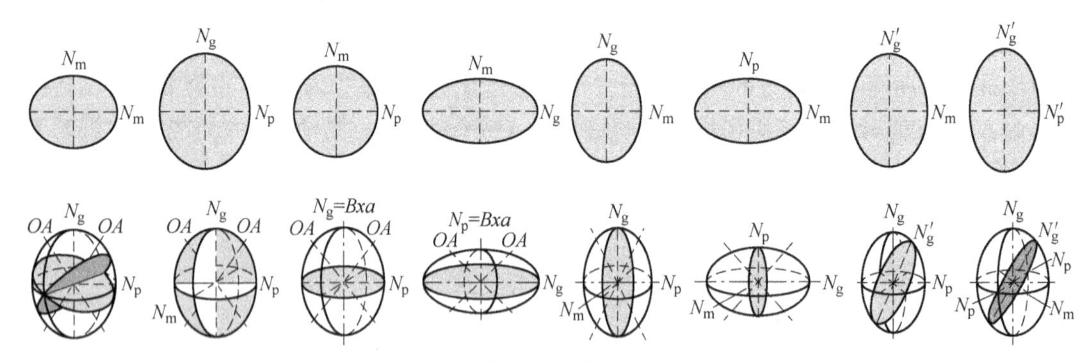

图 9-9 二轴晶光率体主切面特征

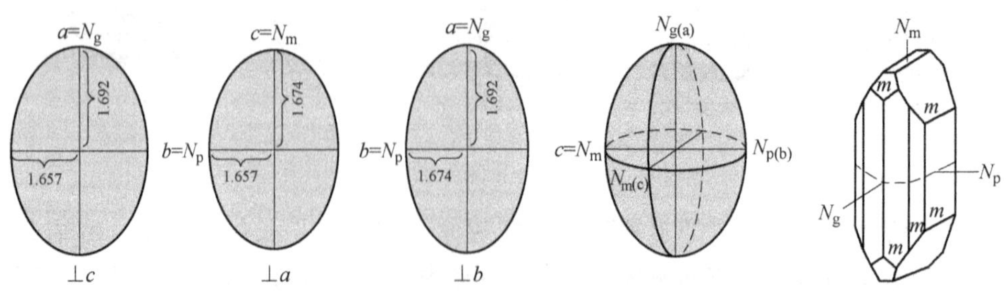

图 9-10 橄榄石二轴晶光率体主切面特征

（3）透明矿物显微鉴定。透明矿物多数为含氧盐大类、硅酸盐类矿物、碳酸盐类矿物、硫酸盐类矿物、氧化物石英族、尖晶石族等。将磨制的矿物薄片（25mm×50mm、厚0.03mm）置于偏光显微镜下，观察矿物形态，包括晶形、解理、双晶等，如角闪石和辉石解理及其夹角等（图9-11）；光学性质如颜色、多色性、吸收性以及折射率（突起、边缘、贝克线、色散）等。其中光波在不同方向上振动方向不同。矿物薄片颜色发生改变的现象为多色性；颜色深浅变化为吸收性。通过单偏光和正交光下的上述光学特征确定矿物种类。如橄榄石的偏光显微镜特征（图9-12）：无色、正突起、无解理，最高干涉色为二级初到三级末，平行消光，$2V$ 近于90°等。

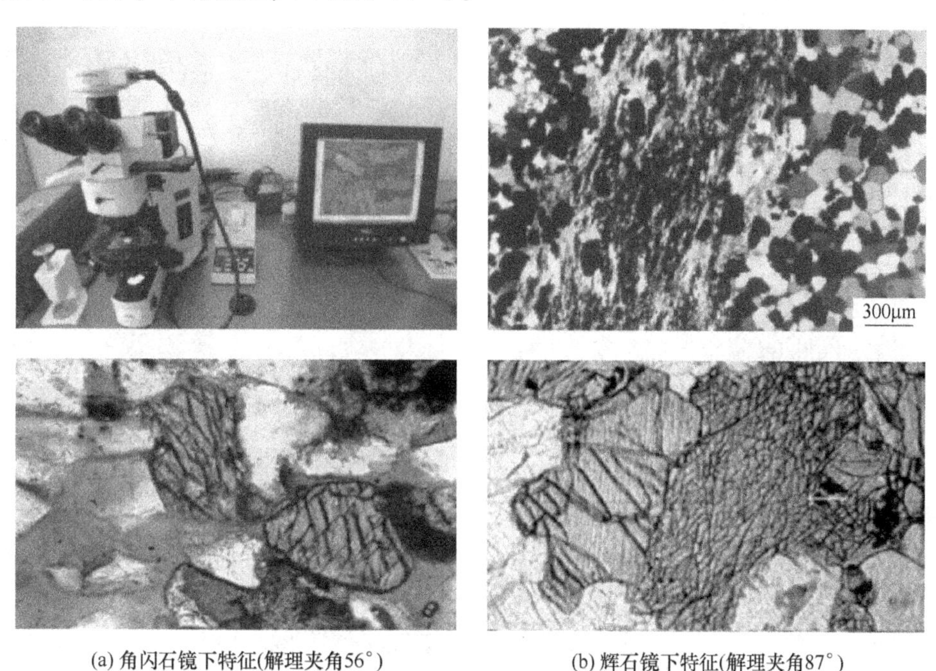

(a) 角闪石镜下特征(解理夹角56°)　　(b) 辉石镜下特征(解理夹角87°)

图9-11　透明矿物镜下鉴定

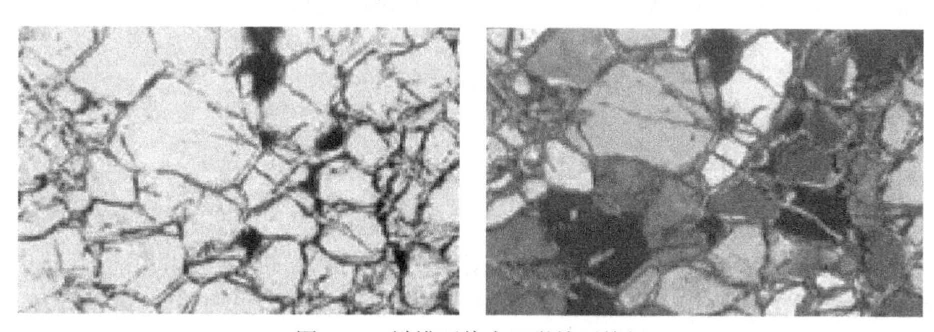

图9-12　橄榄石偏光显微镜下特征

（4）不透明矿物鉴定。不透明矿物为金属矿物，有自然金属元素、硫化物及其类似化合物、金属氧化物等。将磨制的光片置于反射镜下，观察矿物的晶体形态和结晶习性、解理、颜色等；同时要观察不透明矿的光学性质：1）反射率。矿物光面对垂直入射光线的反射能力的值。即矿物光面在矿相显微镜下的光亮程度（图9-13（a））。2）反射色。矿物光片在单偏光镜下呈现的颜色（图9-13（b））。它与矿物的“表色”（由矿物磨光面对镜下光线直射时的选择性反射作用造成）相近。3）反射多色性。反射色随矿物方位而变化的现象称为~。是主反射率及其色散曲线不同造成的。4）矿物的双反射。矿物的反射率（亮度）随矿物方向而变化的现象（图 9-13（c））。是矿物主反射率不同引起的。矿物的双反射和反射多色性的观察受视觉灵敏度的影响，两者呈消长关系。5）内反射。白光射向矿物光片表面，除反射光外，一部分光线折射透入矿物内部，当遇到矿物内部的解理、裂隙、空洞、晶粒界面、包裹体等不同介质分界面时，光线会被反射出来或散射开，这就是内反射。若内反射出来的光线没有色散现象则仍是白光；若发生色散则显示颜色，即为内反射色。内反射色是矿物的透射色，即体色（图 9-13（d））。

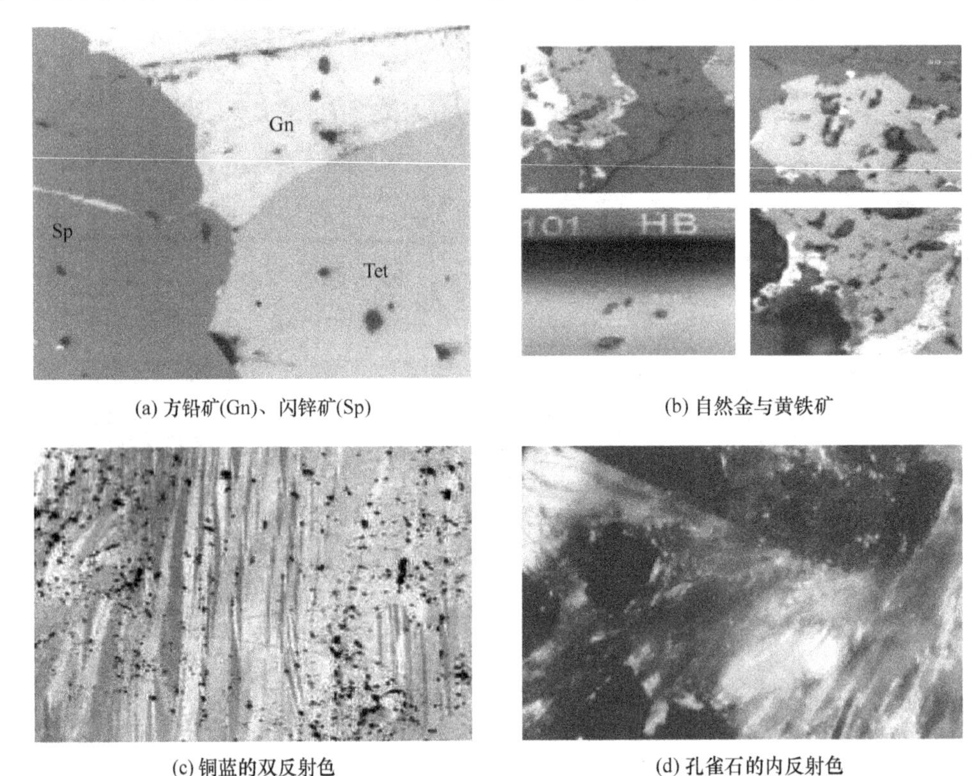

(a) 方铅矿(Gn)、闪锌矿(Sp)　　(b) 自然金与黄铁矿

(c) 铜蓝的双反射色　　(d) 孔雀石的内反射色

图 9-13　不透明矿物的光学性质

9.4.2　透射电子显微镜

透射电子显微镜（transmission electron microscope，TEM），采用电子束作光源，用电磁场作透镜，可以看到小于 0.2μm 的细微结构，这些结构称为亚显微结构或超微结构。透射电子显微镜的工作原理是一单色、单向、均匀而高速的微电子束与薄试样相互作用时，束中的部分电子激发出与试样相关的二次电子、背散射电子、特征 X 射线和俄歇电子等信息。穿过试样的电子束，被散射偏离原有方向的叫散射电子束，未被散射的叫透射电子束。这两类电子束皆可用于成像，能获得衬度完全相反的两种像（透射电子束经过物镜聚焦的像叫明场像；散射电子束经过物镜聚焦的像叫暗场像），再经过中间镜和投影镜的多级放大，最终将欲观测的图像呈现在荧光屏上（图 9-14）。

大型透射电镜一般采用 80~300kV 电子束加速电压，不同型号对应不同的电子束加速

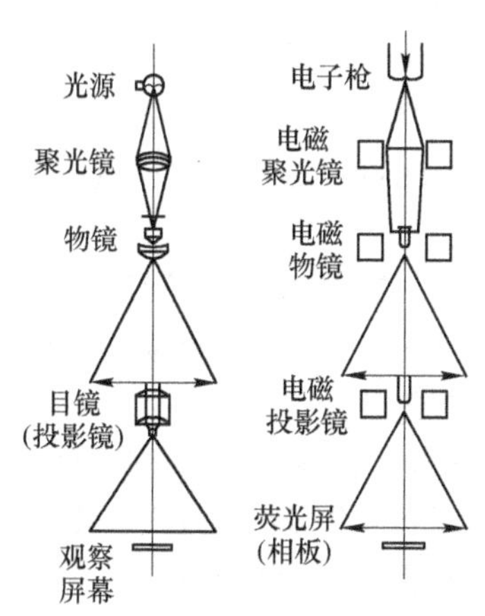

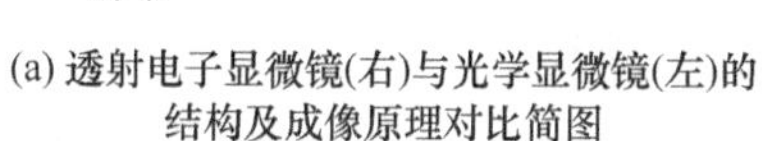
(a) 透射电子显微镜(右)与光学显微镜(左)的结构及成像原理对比简图

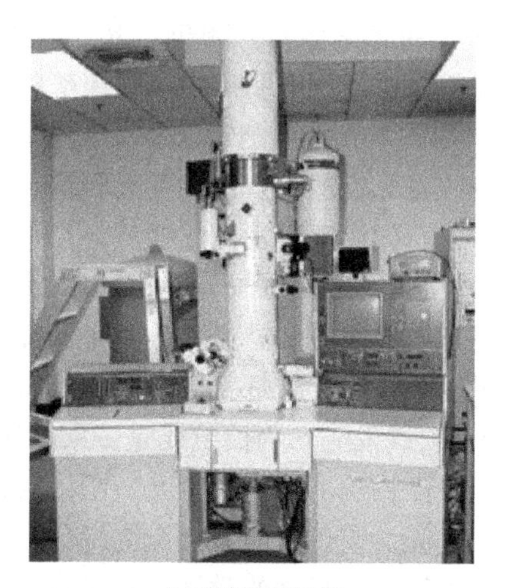
(b) 透射电镜外观

图 9-14 透射电镜工作原理

电压，其分辨率与电子束加速电压相关，可达 0.2~0.1nm，高端机型可实现原子级分辨。利用透射电子显微镜进行高分辨矿物图像观察，可以研究矿物的形貌、晶格缺陷、超显微结构等。配有能谱仪或波谱仪的透射电显微镜，可以进行微区元素成分分析，同时用电子衍射花样标定晶体的结构参数和晶体取向等。

9.4.3 扫描电子显微镜

扫描电子显微镜（scanning electron microscope，SEM）主要是利用二次电子信号成像来观察样品的表面形态，即用极狭窄的电子束去扫描样品，通过电子束与样品的相互作用产生各种效应，其中主要是样品的二次电子发射。二次电子能够产生样品表面放大的形貌像，这个像是在样品被扫描时按时序建立起来的，即使用逐点成像的方法获得放大像。当一束高能的入射电子轰击物质表面时，被激发的区域将产生二次电子、俄歇电子、特征 X 射线和连续谱 X 射线、背散射电子、透射电子，以及在可见、紫外、红外光区域产生电磁辐射；同时，也可产生电子-空穴对、晶格振动（声子）、电子振荡（等离子体）。扫描电子显微镜正是根据上述不同信息产生的机理，采用不同的信息检测器，使选择检测得以实现。对二次电子、背散射电子的采集，可以得到有关物质微观形貌的信息；对 X 射线的采集，可得到物质化学成分的信息。扫描电子显微镜的主要功能是利用二次电子进行高分辨的表面微观形貌观察，并进行微区的常量元素的点、线、面扫描定性和定量分析，查明元素赋存状态。SEM 分辨率高（5nm），放大倍数为 10 倍~30 万倍，样品可以是光片、薄片、粉末。

9.5 矿物物理性质研究方法

矿物的物理性质与晶体结构、化学成分密切相关，采用前面的各种方法，也能够测定相应的物理性质。

（1）矿物的光学性质。颜色、光泽、透明度、折射率、反射率、多色性等。透明矿物采用偏光显微镜，不透明矿物、金属矿物用反光显微镜测定。

（2）矿物的发光性。测定矿物发光性时，要保持矿物为天然颗粒，根据不同粒度分别测定。按照发光机理，有紫外发光测量、阴极发光测量、热释发光测量，测量发光的颜色、光通量、不同温度下发光曲线等。

1）紫外发光。根据紫外光对不同矿物激发，可以使它们发出不同颜色（波长）的荧光，可使用不同波长的紫外光鉴定矿物。如使用波长为253.7nm的紫外光可使白钨矿得到很好的激发。采用紫外灯直接照射，获得相应的颜色及其参数。

2）阴极射线发光。阴极射线是一束高速的电子流，在真空中轰击矿物表面时，使矿物晶格产生强烈振动从而引起发光。阴极射线发光的颜色与紫外线不尽一致，如 ZnS：Cu 的阴极射线发光为蓝色，而紫外光为绿色。许多紫外线不能激发或不能完好激发的物质在阴极射线下都能得到很好的激发，给矿物鉴定提供依据。

3）矿物的热发光性。测量石英、方解石、正长石、萤石等矿物在不同温度下的热发光强度，可获得热发光曲线。矿物被加热激发而发光，若光通量较小，检测光信号微弱，可采用光电探测方法。矿物中的稀土元素发光性特征明显。在同一矿床中，不同深度的石英、方解石等具有不同热发光强度，可以作为深部成矿预测的一个标志。

部分矿物在紫外光照射下的荧光特征见表9-1。

表9-1　部分矿物在紫外光照射下的荧光特征

矿物	荧光颜色	矿物	荧光颜色	矿物	荧光颜色
白钨矿	纯白色	锆石	橙黄色	锂云母	绿色
萤石（块状）	玫瑰红色	方解石	黄色	蛋白石	绿色
萤石（八面体）	暗紫色	白云母	紫色	磷灰石	橙红色
微斜长石	暗玫瑰红色	重晶石	玫瑰红色	独居石	深紫色
人造金刚石	淡黄色	金刚石	浅黄绿色	黄玉	深玫瑰红色

（3）矿物的介电常数。矿物的介电性以矿物介电常数 ε（也称电容率）表征，为电位移 D 与电场强度 E 之比，$\varepsilon=D/E$。介电常数小的矿物为非极性或弱极性，介电常数大的为极性或强极性结构矿物。矿物低频介电常数测量方法有电桥法（0.01Hz～150MHz）、谐振回路法（40kHz～200MHz）、阻抗矢量法（0.01Hz～200MHz）。测量仪器为介电测试仪。

（4）矿物的电性、磁性。采用电阻率仪或电导率仪可测量矿物的电性参数，磁化率仪可测量不同矿物的磁性。

矿物鉴定与研究的主要方法见表9-2。

表9-2　矿物鉴定与研究的主要方法

研究内容测试方法	化学成分	晶体结构	晶体形貌	物理性质
化学分析光谱分析	√√√			
原子吸收光谱	√√√			
X射线荧光光谱	√√√			

续表 9-2

研究内容测试方法	化学成分	晶体结构	晶体形貌	物理性质
激光剥蚀电感耦合等离子质谱技术（LA-ICPMS）	√√√			
激光显微光谱	√			
原子荧光光谱	√√			
极谱分析	√√	√		
质谱分析				
中子活化分析		√		
电子探针分析		√√√		
扫描电镜分析	√	√√√	√√	√
透射电镜分析		√	√√	√
X 射线分析	√	√√√		
红外吸收光谱分析		√		√
激光拉曼光谱分析		√√		
可见光吸收光谱	√	√√		√
穆斯鲍尔谱		√√		
电子顺磁共振		√		√
核磁共振		√		
光学显微镜鉴定			√√√	
微分干涉显微镜			√	
热重分析				
差热分析				√
热发光性分析				√
热电性分析				√√√
介电性分析				√
包裹体分析	√			
显微硬度测试				√√
面角测量法			√	√
激光粒度测量				√
矿物比磁化率测量				√
矿物放射性测量	√			√
化学染色分析	√			

第Ⅳ篇

矿 物 各 论

10 矿物分类与命名

10.1 矿 物 分 类

截至2018年11月底，国际矿物协会新矿物及矿物命名委员会批准的独立新矿物累计达到5413种。对矿物进行科学的分类，可系统全面地研究矿物。以前人们曾采用过单纯的以化学成分为依据的化学成分分类、以元素的地球化学特征为依据的地球化学分类和以矿物成因为依据的成因分类等方法。随着精细结构测试和成分分析精度的提高，以矿物的化学成分和晶体结构为依据的晶体化学分类方法，目前被广泛采用（表10-1）。

表10-1 矿物的晶体化学分类体系

类别	划 分 依 据	矿 物 实 例
大类	化合物类型	含氧盐
类	阴离子或络阴离子团	硅酸盐 $[SiO_4]$
亚类	络阴离子团结构种类	架状硅酸盐 $[Si_{n-}Al_xO_{2n}]^{-x}$
族	晶体结构形式（化学成分类似、晶体结构类似）	长石族$(Na,K)[Si_3AlO_8]$-$Ca[Si_2Al_2O_8]$
亚族	阳离子种类	正长石亚族$(Na,K)[Si_3AlO_8]$
种	一定晶体结构和一定化学组成	钠长石 $Na[Si_3AlO_8]$
亚种	化学组成、物理性质、形态有所差异	肖钠长石（具有双晶）

矿物分类的基本单位是“种”（species），是指具有确定的晶体结构和相对固定的化学成分的化合物或单质。

对于同一物质的各同质多象变体，虽然化学成分相同，但其晶体结构明显不同，性质各异，故应视为各自独立的矿物种；而对同种矿物的不同多型，由于其成分相同，结构和性质上的差异很小，因此，尽管可能属于不同的晶系，但仍视之为同一矿物种。例如石墨-2H和石墨-3R均属同一矿物种——石墨。

类质同象系列的矿物，其化学组成可在一定的范围内变化。国际新矿物及矿物命名委员会规定，只有端员组分的矿物才可作为矿物种而独立命名，通常是以 50% 为界按二分法将一个完全类质同象系列划分为两个矿物种，例如 $Mg[CO_3]$-$Fe[CO_3]$ 系列，凡 $w(Mg[CO_3])>50\%$ 者为菱镁矿，而 $w(Fe[CO_3])>50\%$ 者则为菱铁矿。类质同象系列的中间成分（50%）者，可作为矿物种之下的亚种（subspecies）。

在同一矿物种中，对于在次要化学成分或物理性质、形态上呈现出较明显差异的矿物，称为变种（variety，或称异种）。例如，铁闪锌矿（Zn，Fe）S 是闪锌矿富铁的变种，紫水晶是紫色的石英变种，镜铁矿是呈片状或鳞片状、具金属光泽的赤铁矿变种。

根据上述分类原则，采用表 10-2 对矿物进行分类。

表 10-2 矿物分类

大类	类	络阴离子	元素种类	矿物实例
自然元素矿物	自然金属元素矿物，自然半金属元素矿物，自然非金属矿物，金属互化物		亲硫元素、过渡元素	自然金、自然铜、自然铋，金刚石，自然硫，藏布矿
硫化物及其类似化合物矿物	硫化物矿物 砷化物、锑化物矿物 铋化物矿物 碲化物、硒化物矿物 硫盐矿物	S^{2-}、S_2^{2-} As、Sb BiTe Se AsS	亲硫元素、过渡元素	方铅矿、黄铁矿，碲金矿、砷钴矿，硒铅矿、车轮矿黝铜矿、脆硫锑铅矿
氧化物和氢氧化物矿物	氧化物矿物 氢氧化物矿物	O^{2-} OH^-	亲氧元素、过渡元素	磁铁矿、石英水镁石、针铁矿
含氧盐矿物	硅酸盐矿物 硼酸盐矿物 碳酸盐矿物 硫酸盐矿物 磷酸盐矿物 钒酸盐、砷酸盐矿物 钼酸盐、钨酸盐矿物 硝酸盐矿物	$[SiO_4]^{4-}$ $[BO_3]$、$[BO_4]$ $[CO_3]^{2-}$ $[SO_4]$ $[PO_4]$ $[VO_4][AsO_4]$ $[MoO_3]$、$[WO_3]$ $[NO_3]$	亲氧元素、过渡元素、亲硫元素	橄榄石、长石，硼砂、硼镁铁矿，方解石、白云石，石膏、重晶石，磷灰石，白钨矿
卤化物矿物	氯化物矿物 氟化物矿物	Cl^-、F^-、 Br^-、I^-	亲氧元素、亲硫元素	石盐，角银矿

10.2 矿物的命名

每个矿物物种有其固定的名称。我国新矿物及矿物命名委员会于 1981 年末开始着手对近 3100 种矿物和少数矿物族的中文名称进行了全面的整理和修正，并出版了《英汉矿物种名称》（科学出版社，1984），使矿物名称使用规范化。矿物命名的依据为：

（1）根据矿物本身的特征，如化学成分、形态、物理性质等命名。如自然金（化学成分）、石榴子石（形态）、方解石（物理性质）等。

（2）沿用我国传统的某些矿物名称以及传统的命名习惯：呈金属光泽或主要用于提炼金属的矿物称为××矿，如方铅矿、磁铁矿等；具非金属光泽者称为××石，如辉石、长石等；特定的颜色，如孔雀石等；宝玉石类矿物常称为×玉，如刚玉、黄玉、硬玉等；具透明晶体者称×晶，如水晶等；常以细小颗粒产出的矿物称×砂，如辰砂、毒砂等；地表次生的并呈松散状的矿物称×华，如钴华、钼华等；易溶于水的硫酸盐矿物常称为×矾，如胆矾、黄钾铁矾等。

（3）由外文翻译而来的，大多数是据其化学成分（间或也考虑形态、物理性质特征）转译而来，少数属音译名。

（4）以发现该矿物的地点、人或研究学者的名字而命名。

总体上看，多以矿物的特征来命名，这有助于熟悉矿物的主要成分和性质。

10.3 我国发现的新矿物

从1958年中国第一个新矿物香花石被发现至今，在我国发现的新矿物有142种，获IMA批准的有133种（表10-3）。发现新矿物属于矿物学领域重要的基础性研究工作，可为人们认知与利用自然界中新物质提供新的科学依据，为合成制备新材料提供技术支撑。

表10-3 1958~2017年在中国发现的新矿物

序号	中文名称（英文名称）	化学式	产地产状	发现者
1	香花石（Hsianghualite）	$Ca_3Li_2[BeSiO_4]_3F_2$	湖南临武香花岭花岗岩与灰岩接触交代带白色条纹岩中	黄蕴慧，杜绍华，王孔海，赵春林，于正治
2	钡铁钛石（Bafertisite）	$BaFe_2[Ti(Si_2O_7)]O(OH)_2$	内蒙古白云鄂博稀土铁矿床	E. N. 谢苗诺夫，张培善
3	包头矿（Baotite）	$Ba_4[(Ti, Nb, Fe)_8(Si_4O_{12})O_{16}]Cl$	内蒙古白云鄂博稀土铁矿床	E. N. 谢苗诺夫，洪文兴
4	黄河矿（Huanghoite）	$BaCe[CO_3]_2F$	内蒙古白云鄂博稀土铁矿床	E. N. 谢苗诺夫，张培善
5	顾家石（Gugiaite）	$Ca_2Be[Si_2O_7]$	辽宁凤凰碱性正长岩与灰岩接触带夕卡岩中	彭琪瑞，曹荣龙，邹祖荣，张兰娟，尹树森，丁奎首
6	锌赤铁矾（Zincobotryogen）	$(Zn, Mg, Mn)Fe^{3+}[SO_4]_2(OH)\cdot 7H_2O$	青海柴达木锡铁山铅锌矿氧化带	涂光炽，李锡林，谢先德，尹树森
7	锌叶绿矾（Zincocopiapite）	$ZnFe_4^{3+}[SO](OH)\cdot 18H_2O$	青海柴达木锡铁山铅锌矿氧化带	涂光炽，李锡林，谢先德，尹树森
8	锂铍石（Liberite）	$Li[BeSiO_4]$	湖南临武香花岭花岗岩与灰岩接触交代带白色条纹岩中	赵春林
9	章氏硼镁石（Hungchaoite）	$Mg[B_4O_5](OH)_4\cdot 7H_2O$	青海盐湖	曲一华，谢先德，钱自强，刘来宝

续表 10-3

序号	中文名称（英文名称）	化学式	产地产状	发现者
10	水碳硼石（Carboborite）	$Ca_2Mg[CO_3]_2[B(OH)_4]_2 \cdot 4H_2O$	青海盐湖	谢先德，钱自强，刘来宝
11	索伦石（Suolunite）	$Ca_2[Si_2O_5(OH)_2] \cdot H_2O$	内蒙古超基性岩体	黄蕴慧
12	多水氯硼钙石（Zincocopiapite）	$Ca_4B_8O_{15}Cl \cdot 22H_2O$	中国北方第三纪含硼泥岩上部盐壳中	钱自强，陈树珍，马世年，刘训键
13	硅镁钡石（Magbasite）	$KBa(Al, Sc)(Mg, Fe^{2+})_6Si_6O_{20}F_2$	内蒙古白云鄂博稀土铁矿床	E. N. 谢苗诺夫，A. H. 霍姆雅科夫，A. B. 贝科娃
14	氟碳铈钡矿（Cebaite-（Ce））	$Ba_3(Ce, La)_2(CO_3)_5F_2$	内蒙古白云鄂博稀土铁矿床	中国科学院地球化学研究所稀有元素矿物研究组
15	褐铈铌矿-β（Fergusonite-beta-（Ce））	$(Ce, La, Nd)NbO_4$	内蒙古白云鄂博稀土铁矿床	郭其悌，王一先，王贤觉，王中刚，侯鸿泉
16	水星叶石（Hydroastrophyllite）	$(H_3O, K, Ca)_3(Fe^{3+}, Mn^{4+})_7(Ti, Nb)_2(Si, Al)_8(O, OH, F)_{31}$	四川碱性花岗伟晶岩	武汉地质学院X光室
17	红石矿（Hongshiite）	CuPt	河北凤宁砂矿	於祖相，林树人，赵宝，方青松，黄其顺
18	伊逊矿（Yixunite）	Pt_3In	河北滦河支流伊逊河砂矿	於祖相
19	道马矿（Daomanite）	$(Cu, Pt)_2AsS_2$	河北滦平三道村含铂岩体	於祖相，林树人，赵宝，方青松，黄其顺；於祖相，丁奎首，周剑雄
20	兴中矿（Xingzhongite）	$(Pb, Cu)Ir_2S_4$	河北某基性-超基性岩体	於祖相
21	六方碲锑钯镍矿（Hexatestibiopanickelite）	$(Ni, Pd)(Te, Sb)$	中国西南地区某含铂岩体	於祖相，林树人，赵宝，方青松，黄其顺
22	碲锑钯矿（Testibiopalladite）	PdSbTe	中国东北、西南某基性-超基性岩体有关铜镍硫化物矿床	中国科学院贵阳地球化学研究所铂矿研究组
23	纤钡锂石（Balipholite）	$BaMg_2LiAl_3[Si_2O_6]_2(OH, F)_8$	湖南临武香花岭黑云母花岗岩含铁锂云母石英脉中	武汉地质学院X光室，湖南654地质队，湖南地质实验室
24	芙蓉铀矿（Furongite）	$Al_2(UO_2)[PO_4]_2(OH)_2 \cdot 8H_2O$	湖南芙蓉下寒武系黑色页岩淋积型铀矿床氧化带	湖南230研究所，湖南305队，武汉地质学院X光室

续表 10-3

序号	中文名称（英文名称）	化学式	产地产状	发现者
25	莱河矿（Laihunite）	$Fe^{2+}Fe_2^{3+}[SiO_4]_2$	辽宁鞍山莱河村似鞍山式磁铁矿床中	中国科学院贵阳地球化学研究所，辽宁冶金 101 队
26	南岭石（Nanlingite）	$Na(Ca_5Li)_6Mg_{12}(AsO_3)_2[Fe_2^{2+}(AsO_3)_6]$	湖南南岭地区花岗岩与泥盆系白云质灰岩外接触带	顾雄飞，丁奎首，徐英年
27	长白矿（Changbaiite）	$PbNb_2O_6$	吉林通化岗山燕山期花岗岩裂隙带中	通化地区综合地质大队八分队，吉林省地质科学研究所岩矿室
28	湘江铀矿（Xiangjiangite）	$(Fe, Al)(UO_2)_4[PO_4]_2(SO_4)_2(OH) \cdot 22H_2O$	湖南某铀矿氧化带	湖南 230 所，武汉地质学院 X 光室
29	斜方钛铀矿（Orthobrannerite）	$U^{4+}U^{6+}Ti_4O_{12}(OH)_2$	云南某黑云母辉石正长岩体	北京铀矿地质研究所 X 光实验室，武汉地质学院 X 光实验室
30	峨眉矿（Omeiite）	$(Os, Ru)As_2$	四川某铜镍硫化物型铂矿	任迎新，胡钦德，徐进高
31	蓟县矿（Jixianite）	$Pb(W, Fe^{3+})_2(O, OH)_7$	河北蓟县盘山沿河钨矿床	刘建昌
32	硫砷钌矿（Ruarsite）	$RuAsS$	西藏北部含铬超基性岩体	中国地质科学院地质研究所、综合所，中国科学院地质研究所，武汉地质学院 X 光室
33	安多矿（Anduoite）	$RuAs_2$	西藏与斜辉辉橄岩和纯橄榄岩有关的铬矿床	中国地质科学院综合所、地质研究所，武汉地质学院，中国科学院地质研究所
34	斜蓝硒铜矿（Clinochalcomenite）	$CuSeO_3 \cdot 2H_2O$	甘肃某铀矿	雒克定，魏均，张静宜，顾绮芳
35	富铜泡石（Tangdanite）	$Ca_2Cu_9[AsO_4](SO_4)_{0.5}(OH)_9 \cdot 9H_2O$	云南东川铜矿东南汤丹烂泥坪铜矿	马喆生，钱荣耀，彭志忠
36	金沙江石（Jinshajiangite）	$(Na, K)_5(Ba, Ca)_4(Fe^{2+}, Mn)_{15}(Ti, Fe^{3+}, Nb, Zr)_8Si_{15}O_{64}(F, OH)_6$	四川会理红格路枯村	洪文兴，傅平秋
37	汞铅矿（Leadamalgam）	$Pb_{0.7}Hg_{0.3}$	内蒙古小南山含铂铜镍矿床	陈克樵，杨慧芳，马乐田，彭志忠
38	兴安石（Hingganite-(Y)）	$(Y, Ce)BeSiO_4(OH)$	黑龙江大兴安岭花岗斑岩型稀有金属矿床	丁孝石，白鸽，袁忠信，孙鲁仁
39	中华铈矿（Zhonghuacerite-(Ce)）	$Ba_2Ce(CO_3)_3F$	内蒙古白云鄂博西矿	张培善，陶克捷

续表 10-3

序号	中文名称（英文名称）	化学式	产地产状	发现者
40	自然铬（Chromium）	Cr	藏北某镁质超基性岩铬铁矿石中	朱明玉，柳云仙，周学粹，毛水和；岳树勤，王文瑛，孙淑琼
41	四方铜金矿（Tetraauricupride）	CuAu	新疆玛纳斯县含铂超基性岩体	陈克樵，虞庭高，张永革，彭志忠
42	锡铁山石（Xitieshanite）	$Fe^{3+}[SO_4]Cl \cdot 6H_2O$	青海柴达木锡铁山铅锌矿氧化带	李锡林，周景良，李家驹
43	大青山矿（Daqingshanite-(Ce)）	$(Sr, Ca, Ba)_3(Ce, La, Pr, Nd)(PO_4)(CO_3)_{3-x}(OH, F)_x$	内蒙古白云鄂博（大青山）西矿	任英忱，西门露露，彭志忠
44	锡林郭勒矿（Xilingolite）	$Pb_3Bi_2S_6$	内蒙古锡林郭勒盟东乌旗朝不楞矿区夕卡岩铁矿中	洪慧第，王相文，施倪承，彭志忠
45	丹巴矿（Danbaite）	$CuZn_2$	四川丹巴含铂铜镍硫化物矿床	岳树勤，王文瑛，刘金定，孙淑琼，陈殿芬
46	钕易解石（Aeschynite-（Nd））	$(Nd,Ce,Ca,Th)(Ti,Nb)_2(O,OH)_6$	内蒙古古白云鄂博稀土铁矿床中	张培善，陶克捷
47	铋细晶石（Natrobistantite）	$(Na, Cs)Bi(Ta, Nb, Sb)_4O_{12}$	新疆阿尔泰山伟晶岩	A. B. 瓦罗申等
48	褐钕铌矿-β（Fergusonite-beta-(Nd)）	$(Nd, Ce)NbO_4$	内蒙古古白云鄂博西矿	孙未君，马凤俊，庄世杰
49	青河石（Qingheiite）	$Na_2Na(Mn,Mg,Fe^{2+})_6(Al,Fe)[PO_4]_6$	新疆青河白云母伟晶岩	虞庭高，马喆生，王文瑛，吴幕
50	桐柏矿（Tongbaite）	Cr_3C_2	河南桐柏柳庄	陈克樵，田培学，施倪承，彭志忠
51	沂蒙矿（Yimengite）	$K(Cr^{3+}, Ti, Fe^{3+}, Mg)_{12}O_{19}$	山东蒙阴金伯利岩	董振信，周剑雄，陆琦，彭志忠
52	滦河矿（Luanheite）	Ag_3Hg	河北滦河砂金矿	邵殿信，周剑雄，张建洪，鲍大喜
53	围山矿（Weishanite）	$(Au, Ag)_{1.2}Hg_{0.8}$	河南桐柏围山城金银矿床	李玉衡，欧阳三，田培学
54	赣南矿（Gananite）	BiF_3	江西赣县赖坑钨矿	成隆才，胡宗绍，潘世伟，黄荣胜，过叔良
55	古北矿（Gupeiite）	Fe_3Si	河北燕山滦河潮河水系砂矿	於祖相
56	喜峰矿（Xifengite）	Fe_5Si_3	河北燕山滦河潮河水系砂矿	於祖相

续表 10-3

序号	中文名称（英文名称）	化学式	产地产状	发现者
57	黑硼锡镁矿（Magnesiohulsite）	$(Mg,Fe^{2+})_2(Fe^{3+},Sn,Mg)[BO_3]O_2$	湖南常宁大义山七里坪黑云母花岗岩与白云质灰岩接触带镁夕卡岩硼矿床	杨光明，彭志忠，潘兆橹
58	骑田岭矿（Qitianlingite）	$(Fe, Mn)_2(Nb, Ta)_2WO_{10}$	湖南骑田岭花岗岩体东南钾长石化铁锂云母花岗伟晶岩	杨光明，汪苏，彭志忠，卜静贞
59	额尔齐斯石（Ertixiite）	$Na_2Si_4O_9$	新疆富云阿尔泰区伟晶岩	张如柏，韩凤鸣，杜崇良
60	腾冲铀矿（Tengchongite）	$Ca(UO_2)_6[MoO_4]_2O_5 \cdot 12H_2O$	云南腾冲眼球状混合岩与黑云母石英片岩接触带晶质铀矿氧化带	陈璋如，雒克定，谭发兰，张宜，顾孝发
61	柴达木石（Chaidamuite）	$ZnFe^{3+}[SO_4]_2(OH) \cdot 4H_2O$	青海柴达木锡铁山铅锌矿氧化带	李万茂，陈国英，彭志忠
62	钓鱼岛石（Diaoyudaoite）	$NaAl_{11}O_{17}$	中国台湾钓鱼岛区域海底表层沉积物中	申顺喜，陈丽蓉，李安春，董太禄，黄求获，徐文强
63	张衡矿（Zhanghengite）	CuZn	安徽亳县陨石	王奎仁
64	钕氟碳钙铈矿（Parisite-（Nd））	$Ca(Nd, Ce, La)_2(CO_3)_3F_2$	内蒙古白云鄂博稀土铁矿床中	张培善，陶克捷
65	二连石（Erlianite）	$(Fe^{2+}, Mg)_4(Fe^{3+}, V^{3+})_2[Si_6O_{15}](OH, O)_8$	内蒙古温都尔汗式铁矿	冯显灿，杨瑞迎，宋桂森，李成贵，刘国均
66	扎布耶石（Zabuyelite）	$Li_2[CO_3]$	西藏阿里扎布耶盐湖	郑绵平，刘文高
67	锌绿钾铁矾（Zincovoltaite）	$K_2Zn_5Fe_3^{3+}Al[SO_4]_{12} \cdot 18H_2O$	青海柴达木锡铁山铅锌矿氧化带	李万茂，陈国英，孙淑蓉
68	南平石（Nanpingite）	$CsAl_2[AlSi_3O_{10}](OH, F)_2$	福建南平白云母钠长石锂辉石伟晶岩	杨岳清，倪云祥，王立本，王文瑛，张亚萍，陈成湖
69	安康矿（Ankangite）	$Ba(Ti, V, Cr)_8O_{16}$	陕西安康石梯重晶石矿	熊明，马喆生，彭志忠
70	孟宪民石（Mengxianminite）	$(Ca, Na)_4(Mg, Fe, Zn)_5Sn_4Al_{16}O_{41}$	湖南临武香花岭花岗岩与灰岩接触交代带白色条纹岩中	黄蕴慧
71	西盟石（Ximengite）	$Bi[PO_4] \cdot 0.5H_2O$	云南西盟锡矿区	施加辛
72	赤路矿（Chiluite）	$Bi_6Te_2Mo_2O_{21}$	福建福安赤路钼矿床	杨秀珍，李德忍，王冠鑫，邓梦祥，陈南生，王淑珍

续表 10-3

序号	中文名称（英文名称）	化学式	产地产状	发现者
73	镁尼日利亚石-2N1S（彭志忠石-6T）（Magnesionigerite-6N6S）	$(Mg,Ti^{2+})_{\Sigma 4}(Al_{10}Sn_2)_{\Sigma 12}O_{22}(OH)_2$	湖南安化白钨矿区	陈敬中，杨光明，潘兆橹，施倪承，彭志忠
74	镁尼日利亚石-6N6S（彭志忠石-24T）（Magnesionigerite-6N6S）	$(Mg,\ Ti^{2+})_{\Sigma 18}(Al_{10}Sn_2)_{\Sigma 48}O_{90}(OH)_6$	湖南安化白钨矿区	陈敬中，杨光明，潘兆橹，施倪承，彭志忠
75	盈江铀矿（Yingjiangite）	$K_2Ca(UO_2)_7[PO_4]_4(OH)_6 \cdot 6H_2O$	云南盈江铜壁关村铀矿	陈璋如，黄裕柱，顾孝发
76	绿泥间蜡石（Lunijianlaite）	$Li_{0.5}Al_{3.5}[Si_{3.5}O_{10}](OH)_5$	浙江青田叶蜡石矿床	孔祐华，彭秀文，田德辉
77	李时珍石（Lishizhenite）	$ZnFe_2^{3+}[SO_4]_4 \cdot 14H_2O$	青海柴达木锡铁山铅锌矿氧化带	李万茂，陈国荣
78	建水矿（Jianshuiite）	$(Mg,\ Mn,\ Ca)Mn_3^{4+}O_7 \cdot 3H_2O$	云南建水白显锰矿床	严桂英，张尚华，赵明开，丁建平，李德宇
79	珲春矿（Hunchunite）	Au_2Pb	吉林延边珲春河砂金矿	吴尚全，秧翼，宋群
80	硒锑矿（Antimonselite）	Sb_2Se_3	贵州$_{504}$铀汞钼多金属矿	陈露明，李德忍，张启发，王冠鑫
81	祁连山石（Qilianshanite）	$NaHCO_3 \cdot H_3BO_3 \cdot 2H_2O$	青海居红图硼矿床	罗世清，卢建安，王立本，朱镜清
82	沅江矿（Yuanjiangite）	AuSn	湖南沅陵西南中更新世砂砾层中与砂金连生	陈立昌，唐翠青，张建洪，刘振云
83	平谷矿（Pingguite）	$Bi_6^{3+}Te_2^{4+}O_{13}$	北京平谷杨家洼金矿氧化带	孙志富，雒克定，谭发兰，张静宜
84	袁复礼石（Yuanfuliite）	$(Mg,\ Fe^{2+})(Fe^{3+},\ Al^{3+},\ Mg,\ Ti^{4+},\ Fe^{2+})[BO_3]O$	辽宁宽甸砖庙硼矿区产于早元古代宽甸群与遂安石等共生	黄作良，王濮
85	双峰矿（Shuangfengite）	$IrTe_2$	河北滦河高台铂砂矿	於祖相
86	马营矿（Mayingite）	IrBiTe	河北滦河高台铂砂矿	於祖相
87	高台矿（Gaotaiite）	Ir_3Te_8	河北滦河高台铂砂矿	於祖相
88	承德矿（Chengdeite）	Ir_3Fe	河北滦河高台铂砂矿	於祖相

续表 10-3

序号	中文名称（英文名称）	化学式	产地产状	发现者
89	马兰矿（Malanite）	$Cu(Pt, Ir)_2S_4$	河北遵化县马兰峪	於祖相
90	铬铋矿（Chrombismite）	$Bi_{16}CrO_{27}$	陕西洛南驾鹿金矿	周新春，炎金才，王冠鑫，王世忠，刘良，舒桂明
91	长城矿（Changchengite）	IrBiS	河北滦河支流产于纯橄榄岩铬铁矿体及邻近铂砂矿中	於祖相
92	大庙矿（Damiaoite）	$PtIn_2$	河北滦平大庙村石榴石辉石岩含钴铜铂矿脉中与伊逊矿紧密共生	於祖相
93	氟铁云母（Fluorannite）	$KFe_3^{2+}[AlSi_3O_{10}]F_2$	江苏苏州 A 型花岗岩	沈敢富，陆琦，徐金沙
94	铊明矾（Lanmuchangite）	$TlAl(SO_4)_2 \cdot 12H_2O$	贵州兴仁回龙镇滥木厂铊（汞）矿床	陈代演，王冠鑫，邹振西，陈郁明
95	湖北石（Hubeite）	$Ca_2Mn^{2+}Fe^{3+}[Si_4O_{12}(OH)] \cdot 2H_2O$	湖北大冶铁矿	F. C. Hawthone，M. A. Cooper，J. D. Grice，A. C. Roberts，W. R. Cook Jr.，R. J. Lauf
96	氟尼伯石（Fluoronyböite）	$NaNa_2(Al_2Mg_3)(Si_7Al)O_{22}F_2$	江苏东海苏鲁柯石英-榴辉岩带	R. Oberti，M. Boiocchi，D. C. Smith
97	涂氏磷钙石（Tuite）	$Ca_3(PO_4)_2$	湖北随州陨石	谢先德，M. E. Minetti，陈鸣，毛河光，王德强，束今赋，费英伟
98	碲锌石（Zincospiroffite）	$Zn_2Te_3O_8$	河北崇礼中山沟金矿床	Peihua Zhang，Jinchu Zhu，Zhenhua Zhao，Xiangping Gu，Jinfu Lin
99	牦牛坪矿（Maoniupingite-(Ce)）	$(REE, Ca)_4(Fe^{3+}, Ti, Fe^{2+})(Ti, Fe^{3+}, Fe^{2+}, Nb)_4(Si_4O_{22})$	四川冕宁牦牛坪碱性岩稀土矿床	沈敢富，杨光明，徐金沙
100	罗布莎矿（Luobushaite）	$Fe_{0.84}Si_2$	西藏曲松罗布莎铬铁矿区	白文吉，施倪承，方青松，李国武，杨经绥，熊明，戎合
101	“欧特恩矿”（Ottensite）	$Na_3(Sb_2O_3)_3(SbS_3) \cdot 3H_2O$	贵州晴隆锑矿氧化带	Jirí Sejkor，Jaroslav Hyrsl

续表 10-3

序号	中文名称 （英文名称）	化学式	产地产状	发现者
102	陈国达矿 （Chenguodaite）	$Ag_9FeTe_2S_4$	山东胶东金矿区埠南金矿的含金-银的黄铜矿石英脉中	谷湘平，Watanabe Makoto，谢先德，彭省临，Nakamuta Yoshihiro，等
103	“氟铝镁绿闪石” （Fluoro-alumino-magnesiotaramite	$Na(Ca, Na)(Mg_3, Al_2)(Si_6Al_2)O_{22}F_2$	江苏东海苏鲁柯石英-榴辉岩	Roberta Oberti, Massimo Boiocchi, David C. S-mith, Olaf Medenbach
104	丁道衡矿 （Dingdaohengite-(Ce)）	$Ce_4Fe^{2+}(Ti, Fe^{2+})_2Ti_2Si_4O_{22}$	内蒙古白云鄂博稀土铁矿	徐金沙，杨光明，李国武，鄢志亮，沈敢富
105	张培善石 （Zhangpeishanite）	BaFCl	内蒙古白云鄂博东矿在萤石中呈包裹体产出	Hidehiko Shimazaki, Ritsuro Miyawaki, Kazumi Yokoyama, Satoshi Matsubara，杨主明
106	谢氏超晶石 （Xieite）	$FeCr_2O_4$	湖北随州陨石	陈鸣，束今赋，毛河光
107	曲松矿 （Qusongite）	WC	西藏曲松罗布莎铬铁矿区	方青松，白文吉，杨经绥，徐向珍，李国武，熊明，戎合
108	雅鲁矿 （Yarlongite）	$(Cr, Fe, Ni)_9C_4$	西藏曲松罗布莎铬铁矿区	施倪承，白文吉，李国武，熊明，方青松，杨经绥，马喆生，戎合
109	藏布矿 （Zangboite）	$TiFeSi_2$	西藏曲松罗布莎铬铁矿区	李国武，方青松，施倪承，白文吉，杨经绥，熊明，戎合
110	李四光矿 （Lisiguangite）	$CuPtBiS_3$	河北滦平三道村石榴石辉石岩体含铂钴铜硫化物脉中	於祖相
111	杨主明石 （Yangzhumingite）	$KMg_{2.5}Si_4O_{10}F_2$	内蒙古白云鄂博稀土铁矿	Ritsuro Miyawaki, Hid-Ehiko Shimazaki, Masako Shigeoka, Kazumi Yokoyama, Satoshi Ma-Tsubara, Hisayoshi Yurimoto
112	汉江石 （Hanjiangite）	$Ba_2(Ca, Mg)(V^{3+}, Al)_2(Si_4O_{10})(OH, F)_2O(CO_3)_2$	陕西安康石梯重晶石矿区	刘家军，李国武，毛谦，吴胜华，刘振江，苏尚国，熊明

续表 10-3

序号	中文名称（英文名称）	化学式	产地产状	发现者
113	“氟钡镁脆云母”（Fluorokinoshitalite）	$BaMg_3[Al_2Si_2O_{10}]F_2$	内蒙古白云鄂博东矿	Ritsuro Miyawaki，Hidehiko Shimazaki，Masako Shigeoka，Kazumi Yokoyama，Satoshi Ma-Tsubara，杨主明
114	“氟高铁金云母”（Fluorotetra ferriphlogopite）	$KMg_3[Fe^{3+}Si_3O_{10}]F_2$	内蒙古白云鄂博东矿	Ritsuro Miyawaki，Hidehiko Shimazaki，Masako Shigeoka，Kazumi Yokoyama，Satoshi Ma Tsubara，Hisayoshi Yurimoto，杨主明
115	那曲矿（Naquite）	FeSi	西藏曲松罗布莎铬铁矿区	施倪承，李国武，白文吉，熊明，杨经绥，方青松，马喆生，戎合
116	林芝矿（Linzhiite）	$FeSi_2$	西藏曲松罗布莎铬铁矿区	李国武，施倪承，白文吉，熊明，方青松，马喆生
117	自然钛（Titanium）	Ti	西藏曲松罗布莎铬铁矿区	方青松，施倪承，李国武，白文吉，杨经绥，熊明，戎合，马喆生
118	铁海泡石（Ferrosepiolite）	$(Fe^{3+}, Fe^{2+}, Mg)_4[(Si, Fe^{3+})_6O_{15}](O, OH)_2$ $6H_2O$	青海兴海 Saishitang 夕卡岩铜矿床	谷湘平，谢先，Xiang-bin Wu，Jianqing Lai，Hoshino Kenich，Guchang Zhu
119	何作霖石（Hezuolinite）	$(Sr, REE)_4Zr(Ti, Fe)_4Si_4O_{22}$	辽宁凤城赛马碱性岩体	杨主明，丁奎首，Ger-AldGiester，Ekkehart Tillmanns
120	铁塔菲石（Ferrotaaffeite-2N2S）	$Be(Fe, Mg, Zn)_3Al_8O_{16}$	湖南临武香花岭矿田	杨主明，丁奎首，Jeffrey de Fourestier，Qian Mao，He Li
121	羟钙烧绿石（Hydroxycal ciopyrochlore）	$(Ca, Na, U)_2(Nb, Ti)_2O_6(OH)$	四川冕宁牦牛坪稀土矿床	杨光明，李国武，熊明，潘宝明，彦晨杰
122	凤城石（Fengchengite）	$Na_{12}O_3(Ca, Sr)_6Fe_3^{3+}Zr_3Si(Si_{25}O_{73})(H_2O, OH)_3(OH, Cl)_2$	辽宁凤城赛马碱性岩体	沈敢富，徐金沙，姚鹏，李国武
123	栾氏锂云母（Luanshiweiite-2M_1）	$KLiAl_{1.5}(Si_{3.5}Al_{0.5})O_{10}(OH)_2$	河南庐氏官坡 No. 309 伟晶岩脉	范光，李国武，沈敢富，徐金沙，戴洁

续表 10-3

序号	中文名称（英文名称）	化学式	产地产状	发现者
124	“磷锶铍石”（Strontiohurlbutite）	$SrBe_2(PO_4)_2$	福建南平 No. 31 伟晶岩脉	CanRao，Rucheng Wang，谷湘平，Huan Hu，Chuannwan Dong
125	闽江石（Minjiangite）	$Ba[Be_2P_2O_8]$	福建南平 31 号伟晶岩脉	饶灿，王汝城，谷湘平，等
126	青松矿（Qingsongite）	BN		中国地质科学院
127	氟钙烧绿石	$Ca_2(Nb, Ti)_2O_6F$	四川冕宁牦牛坪稀土矿床	李国武，杨光明，等
128	氟钠烧绿石（Fluomatropyrochlore）	$(Na, Pb)_2(Nb, Ti)_2O_6F$	四川冕宁牦牛坪稀土矿床	杨光明，李国武，等
129	氧钠细晶石（Oxynatromicrolite）	$(Na, Ca, U)_2(Ta, Na)_2O_6F$	河南卢氏县管城花岗伟晶岩中	范光，葛祥坤，李国武，等
130	碲钨矿（Tewite）	$(K_{1.5\text{-}0.5})_{\Sigma 2}(Te_{1.25}W_{0.25\text{-}0.5})_{\Sigma 2}W_5O_{19}$	四川攀枝花	李国武
131	冕宁铀矿（Mianningite）	$(Pb, Ce, Na)(U^{4+}, Mn, U^{6+})Fe^{3+}_2(Ti, Fe^{3+})_{18=}O_{38}$	四川冕宁牦牛坪稀土矿煌斑岩破碎带中	核工业研究院，中国地质大学，成都地质学院
132	孟宪民石（Mengxianminite）	$(Ca, Na)_2Sn_2(Mg, Fe)_3Al_8[(BO_3)(BeO_4)O_6]_2$	湖南香花岭含铍条纹岩	
133	锌赤铁矾（Zincobotryogen）	$(Zn, Mg, Mn^{2+})Fe^{3+}[OH \mid (SO_4)_2]7H_2O$	中国西北某铅锌矿床氧化带，与镁明矾密切共生	中国学者
134	王氏钛铁矿（Wangdaodeite）	$FeTiO_3$	湖北随州陨石	
135	毛河光矿（Maohokite）	$MgFe_2O_4$	在我国岫岩陨石坑的冲击变质岩石中	中国科学院广州地球化学研究所、上海高压先进科研中心的科研人员合作研究发现
136	吴延之矿（Wuyanzhite）	Cu_2S	湖南省柏坊铜矿	谷湘平，等
137	乌木石（Wumuite）	$Al_{0.33}W_{2.67}O_9$	云南省华坪县境内，攀西地区新元古代结晶基底的半风化石英二长岩中	李国武，等
138	沈庄石（Shenzhuangite）	$NiFeS_2$	湖北随州陨石	
139	海姆石（Hemleyite）	$(Fe_{0.48}Mg_{0.37}Ca_{0.03}Na_{0.03}Mn_{0.03}Al_{0.03}Cr_{0.01})SiO_3$	湖北随州陨石	

续表 10-3

序号	中文名称（英文名称）	化学式	产地产状	发现者
140	红河石（Hongheite）	$Ca_{19}Fe^{2+}Al_4$（Fe^{3+}，Mg，Al）$_8$（B）$_4$ $BSi_{18}O_{69}$（O，OH）$_9$	云南个旧北沙冲矽卡岩	徐金沙、李国武，等
141	锌尼日利亚石-2N1S	$(Zn_{1.19}Mg_{0.53}Mn_{0.41}Fe_{0.59}Al_{1/09}Si_{0.19})_4(Sn_{1.51}Fe_{1.49})_2(Al_{10})O_{22}(OH)_2$	湖南柿竹园	陈敬中，等
142	（Asimowite）	Fe_2SiO_4O		

11 第一大类 自然元素矿物

自然元素矿物是指元素呈单质状态组成的矿物。它们除了形成单一元素矿物外，还可形成两种或多种元素组成的金属互化物。自然界中目前已发现的这类矿物超过 50 种。自然元素矿的组成元素见表 11-1。本大类矿物可进一步划分为自然金属元素矿物类、自然半金属元素矿物类、自然非金属元素矿物类、金属互化物矿物类。

表 11-1 自然元素矿物的组成元素

ⅠA																	0
	ⅡA											ⅢA	ⅣA	ⅤA	ⅥA	ⅦA	
													C				
		ⅢB	ⅣB	ⅤB	ⅥB	ⅦB	ⅧB			ⅠB	ⅡB				S		
						Mn	Fe	Co	Ni	Cu	Zn			As	Se		
						Tc	Ru	Rh	Pd	Ag	Cd	In	Sn	Sb	Te		
				Ta	W	Re	Os	Ir	Pt	Au	Hg		Pb	Bi			

自然元素矿物大类与主要矿物种见表 11-2。

表 11-2 自然元素矿物大类与主要矿物种

类	族	主要矿物种
自然金属元素矿物	铜族	自然铜、自然金、自然银、金铜矿、铜金矿
	铂族	自然铂、自然钯、
	铁族	自然铁
	锇族	自然锇、自然铱
	锡族	自然锡、自然铟
	锌族	自然锌、自然汞
	银汞矿族	银汞矿、金汞齐、斜方汞银矿
自然半金属元素矿物	碲族、铋族、砷族	自然碲、自然铋、自然砷
自然非金属元素矿物	金刚石族	金刚石
	石墨族	石墨
	自然硫族	自然硫
金属互化物矿物	硅化物，碳化物，氮化物	藏布矿、罗布莎矿、陨碳铁矿

自然元素矿物在成因上差别很大。铂族自然元素矿物主要出现于岩浆矿床中，在基

性、超基性岩浆岩中的铜镍硫化物矿床和铬铁矿矿床中常见。自然金及半金属矿物往往为热液作用的产物。自然铜和自然银除了热液成因以外，还见于硫化物矿床的氧化带中，由含铜或含银硫化物氧化后形成的硫酸铜或硫酸银溶液，被其他硫酸盐或硫化物所还原而形成。金刚石主要与超基性岩（金伯利岩）有关，石墨主要是变质作用的产物，自然硫主要形成于火山作用。

11.1　第一类　自然金属元素矿物

常见的自然金属元素矿物类有铜族元素（Cu、Au、Ag）和铂族元素（Pt、Ru、Rh、Pd、Os、Ir）偶见 Pb、Zn、Sn 等。Fe、Co、Ni 的单质形式主要见于铁陨石中。该类矿物中金属元素的原子呈最紧密堆积，其中多数为立方最紧密堆积，具立方面心格子，如自然金、自然银、自然铜、自然铂等；少数为六方最紧密堆积，具六方格子结构，如自然锇。与之对应，矿物形态为等轴粒状或六方板状。自然元素矿物具金属键，矿物在物理性质上表现出不透明、金属光泽、硬度低、相对密度大、延展性强、导电导热性能好等金属键的特性。自然金属元素矿物有自然铜族、自然铂族、自然铁族等。

自 然 铜 族

自然铜族矿物的组成是金属元素 Cu、Au、Ag。晶体结构为铜型结构。矿物有自然金、自然银、自然铜。

自然铜（Native Copper）

【化学成分】 Cu，含有 Au、Ag、Fe、Hg、Bi、Sb、V 等元素。

【晶体结构】 等轴晶系，O_h^5-$Fm3m$。a_0 = 0.361nm，Z = 4。主要粉晶谱线：2.085（90）、1.806（60）、1.276（100）、1.0887（90）。晶体结构为铜型结构（图 11-1（a）），铜原子占据立方体的角顶和面心形成立方面心格子。具有金属键。

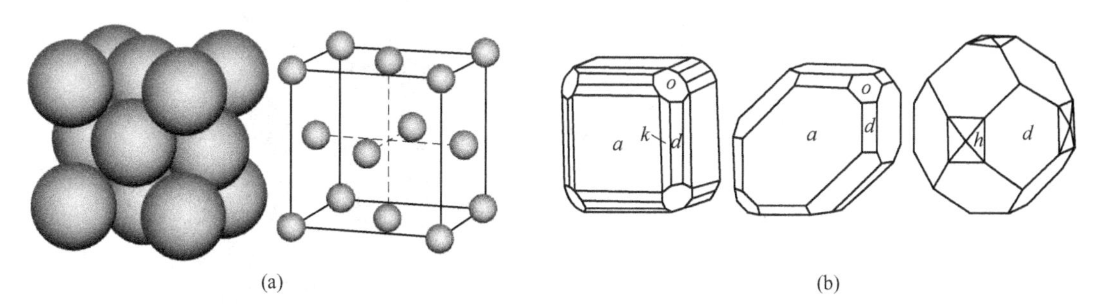

图 11-1　自然铜晶体结构（a）与形态（b）

【形态】 六八面体晶类，O_h-$m3m$($3L^4 4L^3 6L^2 9PC$)。完好晶体少见。主要单形有立方体 a\{100\}、八面体 o\{111\}、菱形十二面体 d\{110\}（图 11-1b）。集合体成树枝状、片状等。

【物理性质】 铜红色、金属光泽、锯齿状断口。无解理。硬度为 2.5~3，具有良好的延展性、导电性、导热性。

【显微镜下特征】 玫瑰色、铜红色。反射率 R：61(绿)、83(橙)、89(红)。

【简易化学试验】 在吹管焰中易熔，火焰呈绿色；溶于稀硝酸；加氨水溶液呈天蓝色。

【成因产状】 产于含铜硫化物氧化带。

【用途】 大量堆积可作为铜矿石开采。

自然金（Native Gold）

【化学组成】 Au，含有 Ag、Cu、Pb、Fe 等混入物。金与银形成完全类质同象：自然金（Au：≥95%，Ag：≤5%）、含银自然金（Au：95%～85%，Ag：5%～15%）、银金矿（Au：85%～50%，Ag：15%～50%）、金银矿（Au：50%～15%，Ag：50%～85%）、含金自然银（Au：15%～5%，Ag：5%～95%）、自然银（Au：≤5%，Ag：≥95%）。含铜达到20%者称铜金矿，含钯（5%～1%）称钯金矿，含铋（4%）称铋金矿。

【晶体结构】 等轴晶系，O_h^5-$Fm3m$；a_0 = 0.4078nm；Z = 4。主要粉晶谱线：2.35（100）、2.03（90）、1.43（80）、1.226（90）。晶胞参数 a_0 随 Ag 代替量增加而增大。晶体结构为铜型结构。

【晶体形态】 六八面体晶类，O_h-$m3m$($3L^4 4L^3 6L^2 9PC$)。完好晶体，常见单形：立方体 a{100}、菱形十二面体 d{110}、八面体 o{111} 以及四六面体 {210}、四角三八面体 {311}。常依（111）成双晶。可见平行连生晶形。集合体呈不规则粒状，片状、树枝状（图 11-2）。通常把大于 1g 的自然金称为狗头金，世界上超过 10kg 的自然金有 8000 多块（已知最大金块重达 285kg）。我国黑龙江呼玛曾采到 5.35kg 重的金块，青海雅沙图采到 3.6kg。自然金也以裂隙、包裹等形式赋存在黄铁矿、石英等载金矿物中。金的颗粒为微细粒（表 11-3）。

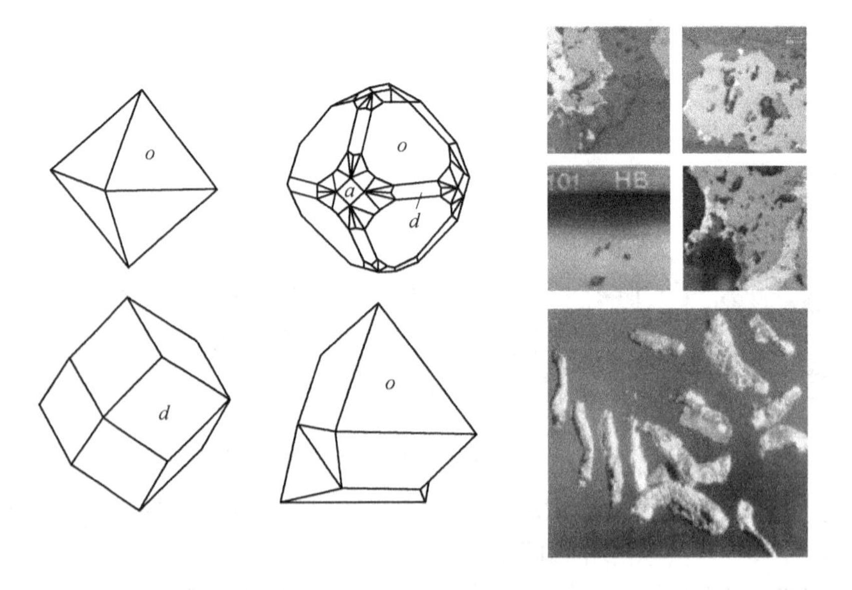

图 11-2 自然金晶体形态

表 11-3　自然金颗粒大小分级

可见金		次显微金（电子显微镜下可见）/μm	超次显微金（超高压电子显微镜下可见）/10^{-10}m	晶格金 /10^{-10}m	资料来源
明金/μm	显微金/μm				
>100	100~0.2	<0.2	1~10000	<2.878	张振儒
>100	100~0.2	<0.2~0.02	1.44~1000	<1.44	姚敬劬
>100	100~0.01	<0.01			普拉克辛
>2000	2000~0.5	<0.5			克列依捷尔
>100	100~0.2	0.2~0.02	0.02~2.88	2.88	蔡长金，1992

【物理性质】 金黄色的颜色和条痕，含银者为淡黄-乳黄色。不透明，金属光泽。硬度 2~3。无解理。相对密度 19.3。延展性强，可以拉成小于 2μm 的细丝，还可以压成 1/10000mm 厚的薄片。化学性质稳定。不溶于酸，溶于王水及氰化钾、氰化钠溶液，遇汞生成金汞齐。无磁性，熔点介于 1063.69~1069.74℃之间，沸点 2600℃。

【显微镜下特征】 反射光下金黄色。反射率 R：47.0（绿）、82.5（橙）、86（红）。均质体，无内反射。

【成因产状】 自然金可以由岩浆、沉积、变质、风化和生物作用形成。世界范围内金矿床主要有岩浆热液型、浅成低湿热液型、变质热液型、沉积型、风化壳型、砂金型以及伴生金。

【用途】 贵重首饰制品，在 20 世纪前作为国际货币。用于电子元件、宇航材料等。

自然银（Native Silver）

【化学组成】 化学组分为 Ag，与金形成完全类质同象。含有 Hg、As、Cu、Sb、Bi 等混入物。汞代替银可达 50%，称为汞银矿（kongsbergite）。

【晶体结构】 等轴晶系，O_h^5-$Fm3m$。a_0 = 0.4085nm，Z = 4。主要粉晶谱线：2.370(100)、2.050(80)、1.436(80)、1.232(90)、0.936(60)、0.912(6)。晶体结构属铜型结构。

【晶体形态】 六八面体晶类，O_h-$m3m$($3L^4 4L^3 6L^2 9PC$)。完整的单晶体成立方体｛100｝和八面体｛111｝或两者的聚形。常见晶体常呈一个方向延伸。集合体呈树枝状、不规则薄片状、粒状或块状（图 11-3）。

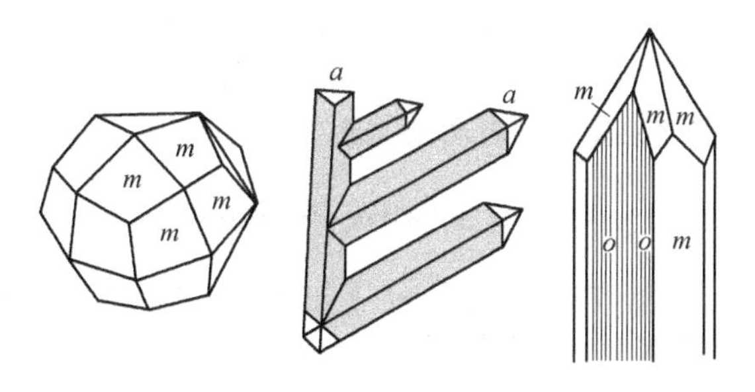

图 11-3　自然银晶形

【物理性质】 自然银的颜色与条痕均为银白色，表面氧化后具灰黑色被膜。遇含硫气体会起化学作用，变为灰或黑色的硫化银。金属光泽，不透明。无解理，断口锯齿状。硬度 2.5，相对密度 10.5。电和热的最良导体，当 Au 和其他元素含量增高时，导电性减弱。高延展性。

【显微镜下特征】 反射光下银白色。反射率 R：93.5（绿）、94（橙）、93（红）。

【简易化学试验】 在吹管焰中易熔，在银的硝酸溶液中加盐酸可生成氯化银白色沉淀。

【成因产状】 自然银见于一些中低温热液矿床，与自然金、方铅矿等共生。呈显微粒状分布于铅锌热液矿床的硫化物中。含有机质的方解石脉内常有自然银的富集，在其成分中含汞。在硫化物矿床氧化带可见自然银。

【用途】 常作为货币、贵重的装饰品、照相材料等。常用的银主要是由辉银矿（Argentite）等含银矿物提炼而来。银的导电性、导热性及延展性极佳。

自 然 铂 族

铂族矿物是由铂族元素（Os、Ir、Pt、Ru、Rh、Pd）组成的矿物。铂族元素具有高电离势，易形成单质，即自然元素矿物，包括自然铂（Pt）、自然钯（Pd）、自然铱（Ir）、自然锇（Os）、自然钌（Ru）。受镧系收缩的影响，使 Ru、Rh、Pd 与 Os、Ir、Pt 原子半径相近，它们与 Fe、Co、Ni、Cu、Au、Ag 的原子半径相差不大，电负性和电子层构型相似，因此铂族元素之间，铂族元素与 Fe、Co、Ni、Cu、Au、Ag 可形成类质同象或金属互化物，铂族元素可以失去电子，具有形成化合物的能力。铂族元素可以硫化物、砷化物、锑化物、铋化物、碲化物等形式出现。由于铂族元素原子序数高、电荷多、离子半径不大，极化能力强，故可与具有半径大易被极化的阴离子（S、Te、As、Sb、Bi 等）结合形成化合物。铂、钯易与 S、Te、As、Sb、Bi 结合，Ru 以硫化物形式。铂族元素的氧化物仅见钯华（PdO）。

铂族元素矿物的晶体结构主要为铜型结构和锇型结构。铂族化合物的晶体结构有黄铁矿型、红砷镍矿型、碘化镉型等。铂族元素矿物为金属键，而化合物以共价键为主。

铂族矿物的形态多为不规则粒状、柱状、板状等。颜色为银白色、洗白色、铅灰色等金属色，金属光泽为主。不透明、相对密度大。延展性强。熔点高（最高 Os 的熔点：3000℃，Ir：2410℃，Ru：2250℃，Rh：1966℃，Pt：1769℃，Pd：1552℃）

铂族矿物与基性超基性岩密切相关。产于铬铁矿型矿床、铜镍硫化物矿床、铜硫化物型矿床、铜硫化物-钛磁铁矿型矿床以及铂族矿床、砂铂矿。

铂族元素矿物分为自然铂亚族和自然锇亚族。

自然铂（Native Platinum）

【化学组成】 Pt，含有 Fe(20%)、Ir($<$ 28%)、Pd(37%)、Rh($<$ 7%)、Cu($<$ 13%)，Ni($<$ 3%) 等类质同象混入物。

【晶体结构】 等轴晶系，O_h^5-$Fm3m$，立方面心铜型结构，a_0 = 0.3913 ~ 0.3924nm，Z = 4。主要粉晶谱线：2.228(100)、1.93(70)、1.367(60)、1.169(100)、1.117(60)。晶

体结构为立方面心铜型结构。

【晶体形态】 六八面体晶类；O_h-$m3m$($3L^44^36L^29PC$)，单晶体少见，偶见立方体晶形，常呈不规则细小粒状，大者可达8~9kg。

【物理性质】 锡白至钢灰色（铁含量高），金属光泽，无解理，硬度4~4.5，相对密度21.5，熔点1771℃。含铁时微具磁性，是电和热的良导体。化学性质稳定。溶于王水。具延展性。

【显微镜下特征】 亮白色微带黄色调（含钯变种位带粉蓝色调，含金变种带微蓝色调）。

【成因】 主要产在与橄榄辉长岩、辉石岩、橄榄岩和纯橄榄岩有关的铂矿床，矽卡岩含黄铁矿床中，共生矿物有橄榄石、铬铁矿、辉石和磁铁矿、铬尖晶石等。在含有自然铂的火成岩附近，常形成含铂的残积矿床或砂积矿床。

【用途】 主要用于电气和电子工业、汽车工业、化学工业、航空航天和首饰制造等。

自然钯（Native Palladium）

【化学组成】 Pd(86.2 ~ 100)。常含Pt(0 ~ 1.6%)、Rh(0 ~ 3%)、Os(0 ~ 7%)、Ir(0 ~ 0.2%)、Ru(0 ~ 0.2%) 以及Au、Ag、Cu等。甘肃金川产出的金自然钯含Pd 43.65%、Pt 19.9%、Au 32.4%。

【晶体结构】 等轴晶系，O_h^5-$Fm3m$；a_0 = 0.3859 ~ 0.3891nm。Z = 4。主要粉晶谱线：2.246(100)、1.945(42)、1.376(25)、1.1730(24)、1.162(100)、2.21(90)、1.923(90)、1.362(80)。晶体结构为铜型结构。

【晶体形态】 六八面体晶类，O_h-$m3m$($3L^44^36L^29PC$)。晶体为八面体晶形。通常呈粒状产出，有时呈放射纤维状、钟乳状、板状。

【物化性质】 颜色银白色，带白的钢灰色，条痕灰色，金属光泽，不透明，无解理，硬度4.5~5，相对密度10.84~11.97，熔点为1555℃。具延展性。化学性质较稳定，不溶于有机酸、冷硫酸或盐酸，但溶于硝酸和王水。

【矿相显微镜下特征】 呈亮白色微带黄色调。

【成因】 自然钯产于与超基性岩有关的铂矿床及其砂矿中，也产于铜镍硫化物矿床的氧化带中，与自然铂、锑钯矿、铂的硫化物、铜铁镍的硫化物及铬尖晶石等共同产出。

【用途】 航天、航空等高科技领域以及汽车制造业重要材料，也作首饰制品。

自然铱（Native Iridium）

【化学组成】 Ir含量在100%~85%，成分中含有Rh、Pt、Fe、Cu等。锇（Rh）可呈不完全类质同象代替铱（Os），最高达38%。当Rh≥10%~20%时成为等轴锇铱矿（osmiridium）。其中含有Au或Pt时，可称为金-等轴锇铱矿（Os：25.5%，Ir：51.7%，Au：19.3%）或铂-等轴锇铱矿（Os：10.6%~35.6%，Ir：59.1%~66.8%，Pt：8.9%~25%）。

【晶体结构】 等轴晶系，O_h^5-$Fm3m$；a_0 = 0.3839nm(合成)，a_0 = 0.3858nm。Z = 4。主要粉晶谱线：2.21(100)、1.915(60)、1.360(80)、1.112(50)。

【形态与物理性质】 六八面体晶类，O_h-$m3m$($3L^44L^36L^29PC$)。晶体呈八面体{111}晶形。在自然铂中呈固溶体分离的蠕虫状分布。银白色，不透明，强金属光泽。硬度7，相对密度22.6。在矿相显微镜下呈白色~白色带乳黄色调。

【成因产状】 铱在地壳中的含量为千万分之一，常与铂族元素产于超基性岩铬铁矿型铂矿床或冲积矿床中。与自然铂、锇铱矿、铬尖晶石等共生。

【用途】 铱具有高熔点、高硬度和抗腐蚀性质，是一种在1600℃以上的空气中仍保持优良力学性质的金属。其沸点极高。

自然铁族

自然铁（Native Iron）

【化学组成】 Fe，含有类质同象混入物Ni（<20%），含镍高者称为镍自然铁。此外还含有Co(<0.3%)、Cu(<0.4%)、Pt(<0.1%) 等。

【晶体结构】 自然铁具有同质多象变体。906℃以下为稳定的α-铁，906~1401℃为γ-铁。α-铁为等轴晶系，O_h^5 - $Im3m$。a_0 = 0.287nm，Z = 2。主要粉晶谱线：2.0263（100）、1.1702（30）、1.4332（20）。金属钼型结构，立方体心格子。铁原子位于立方体的角顶和中心，CN=8，原子间距0.248nm。γ-铁为等轴晶系，O_h^5-$Fm3m$，a_0=0.3596nm，Z=4，铜型结构，CN=12。

【晶体形态】 六八面体晶类，O_h-$m3m$($3L^44L^36L^29PC$)，立方体或八面体晶体，呈不规则粒状。陨石中自然铁磨光面经腐蚀后出现格子状蚀像。

【物理性质】 钢灰色至铁黑色，条痕钢灰色。金属光泽。不透明。解理｛100｝中等。硬度4，相对密度7.3~7.67。具有延展性和强磁性。能溶于盐酸和硝酸。在空气中易被氧化。矿相显微镜下呈白色。

【成因】 主要产于超基性、基性岩中。也可由铁矿物经还原作用形成。与磁黄铁矿、陨硫铁矿伴生。

11.2　第二类　自然半金属元素矿物

半金属元素包括As、Te、Bi三个自然元素，同为V_A族元素。矿物晶体三方晶系，晶体结构是具有歪曲的NaCl型晶胞，形成略具层状的菱面体晶格，层内为共价键-金属键。矿物为锡白色或银白色，金属光泽。具有平行｛0001｝一组完全解理。As、Te、Bi在化学性质上具有相同点，但金属性依次增强，原子量依次增大，所形成的矿物也由砷到铋金属性增强，相对密度增大。自然砷不具有延展性。矿物有自然砷族、自然碲族、自然铋族。

自然铋族

自然铋（Native Bismuth）

【化学组成】 Bi含有Fe、Pb、Te、S等。与Sb形成类质同象。

【晶体结构】 三方晶系，D_{3d}^5-$R\bar{3}m$，晶胞参数：a_h=0.456nm，c_h=1.187nm，α=87°34′，Z = 6；a'_{rh} = 0.4745nm，α' = 57°14′，Z = 2。主要粉晶谱线：3.21(100)、

1.423(100)、2.28(90)、2.37(80)、1.87(80)、1.645(80)、1.138(80)。晶体结构为每一个 Bi 原子周围有 6 个其他的 Bi 原子相邻，其中的 3 个原子靠的比较近，而另外其余 3 个 Bi 原子则较远（图 11-4）。

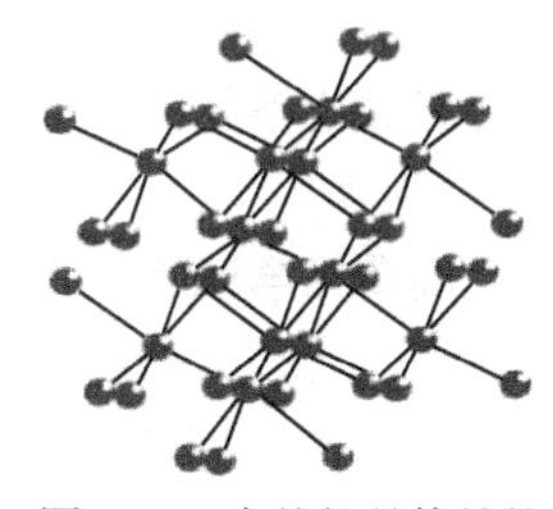
图 11-4 自然铋晶体结构

【晶体形态】 复三方偏三角面体晶类，D_{3d}-$\bar{3}m$-($L_i^3 3L^2 3P$)，集合体为树枝状、片状、粒状、块状、致密状或羽毛状等。

【物理性质】 银白色，在空气中很快变成特有的浅红锖色。条痕银白色。一组完全解理∥{0001}，解理∥{10$\bar{1}$1} 中等。硬度在 2~2.5。相对密度为 9.7~9.8，熔点 271℃，具脆性，延展性均不良，具导电性和逆磁性。

【矿相显微镜下特征】 反射色为玫瑰奶油色。反射率：67.5(绿光)、62(橙光)、65(红光)。双反射很弱。强非均质性。

【简易化学试验】 吹管焰极易熔化，继续吹烧挥发，置木炭上形成氧化铋薄膜，此膜加热呈橘黄色，冷却后呈柠檬黄色。以硝酸溶矿所得溶液置于玻璃片上，加微量固态碘化钾变为亮黄色，逐渐变为黑色；再加入微量氯化铯，在氯化铯周边形成深砖红色六边形结晶物。

【成因】 主要产在高温热液钨锡矿床中，也产在伟晶花岗岩内，与锡石、辉钼矿、辉铋矿、黑钨矿等共生，在缺硫环境中形成。在热液型金矿床中有产出，在地表氧化形成铋华等。

【用途】 铋主要用途是以金属形态用于配制易熔合金，以化合物形态用于医药。也广泛应用于半导体、超导体、阻燃剂、颜料、化妆品、化学试剂、电子陶瓷等领域。

自然碲族

该族有自然碲、自然硒。两者的晶体结构相同。原子以 p^2 杂化键相连，沿 c 轴呈螺旋状链，链与链之间以分子键相连。螺旋链有左右旋之分。

自然硒（Native Selenium）

【化学组成】 Se，含有微量的硫。

【晶体结构】 三方晶系，$D_3^4 - P3_12$；$a_0 = 0.4366$nm，$c = 0.4954$nm。$Z = 3$。主要粉晶谱线：2.975(100)、2.06(100)、1.986(80)、1.755(100)、1.642(80)、1.634(80)、1.424(80)、1.317(80)、1.178(80)、1.08(100)。

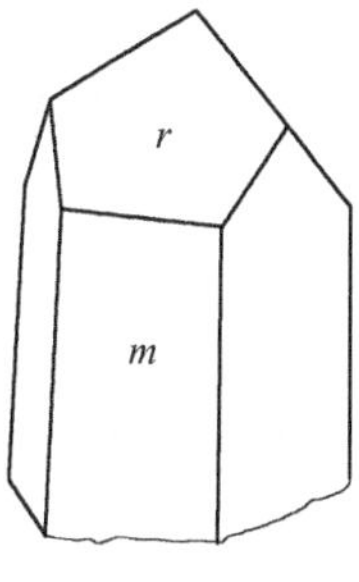

【晶体形态】 晶类 D_3-32($L^3 3L^2$)。晶体沿 c 轴延长呈针状、柱状，有时呈薄板状集合体。常见单形为：六方柱 m{10$\bar{1}$0}，菱面体 r{10$\bar{1}$1}（图 11-5）。晶体易弯曲。

【物理性质】 灰色、灰紫色或微红色，红色条痕。半金属光泽，不透明。解理∥{10$\bar{1}$0} 完全。具有挠性。硬度 2.25~3。相

r
m
图 11-5 自然硒晶体形态

对密度 4.8。具挠性。溶于硝酸。

【显微镜下特征】 透射光下一轴晶（+），N_g=4.04，N_m=3.00。反射光下呈灰白色。明显多色性。

【简易化学试验】 将矿物碎片置于玻片，用 1∶1 硝酸加热溶解，蒸干渣用一滴 1∶5 盐酸浸取，加入硫出现红色非晶质沉淀，长时间后变成黑色。

【成因】 自然硒为硒化物风化产物，常由硒铅矿风化形成。在褐铁矿、沥青铀矿中存在。

【用途】 用于制作光电磁，使玻璃变红色，提高橡胶的抗热、抗氧化及耐磨性等。硒元素具有医用价值。

11.3 第三类 自然非金属元素矿物

自然非金属元素矿物以 C 和 S 为最常见。其中，C 有金刚石和石墨两种常见的同质多象变体。由于两者的矿物结构及其中的 C 以不同的化学键形式相结合，因而，两者的物性表现出极大的差异。此外，20 世纪 80 年代在人工合成化合物中又发现了 C 的其他同质多象变体，如呈笼状结构的 C_{60}、C_{70}等，称富勒烯，还有呈管状结构的纳米碳管。S 有多种同质多象变体，以自然硫（α-硫）最为常见。它由 8 个 S 原子以共价键连成环状分子，环间以分子键相连，所以其硬度低、熔点低、导热导电性也差。矿物有金刚石族、石墨族、自然硫族等。

金 刚 石 族

金刚石（Diamond）

【化学组成】 C，含有 Si、Al、Ca、Mg、Mn、Ti、Cr、N 等杂质。除 N 外，多以包体形式存在。如磁铁矿、钛铁矿、镁铝榴石、铬透辉石、绿泥石、黑云母、橄榄石以及石墨等。

【晶体结构】 等轴晶系，O_h^7-$Fd3m$，a_0=0.35595nm，Z=8。粉晶谱线：2.05(100)、1.26(80)、0.72(90)、0.358(90)。晶体结构为立方面心格子（图 11-6），C 分布在立方体的角顶和面心外，再将立方体分成 8 个小立方体，在相间排列的小立方体中心还存在 C，形成四面体配位，CN=4。具有四面体状的 sp^3 型共价键。C-C 间距为 0.154nm。由于 sp^3 型共价键的四面体构型，可使金刚石具有四种类型的空间定向，其中两种属于四面体（T_d）类，另两种属于八面体（O_h）晶类。

【晶体形态】 六八面体晶类，O_h-$m3m(3L^44L^36L^29PC)$ 或六四面体晶类 T_d-$\bar{4}3m(3L^24L^36P)$。常见单晶体，单形有八面体 o{111}、菱形十二面体 e{110}、立方体 a{100} 及其聚形。还有四六面体和六八面体或与四面体、六四面体的聚形。在八面体晶面上常有三角形蚀像，立方体晶面有四边形蚀像或叠置的网格状花纹。双晶依（111）普遍，有接触双晶、星状穿插双晶和轮式双晶。单晶的颗粒大小不一，直径<1mm~数 mm。也有大颗粒产出。如我国山东临沂发现的常林钻石、非洲发现的库里南等。

【物理性质】 质地纯净的金刚石为无色透明。由于所含杂质元素的种类和含量不同，

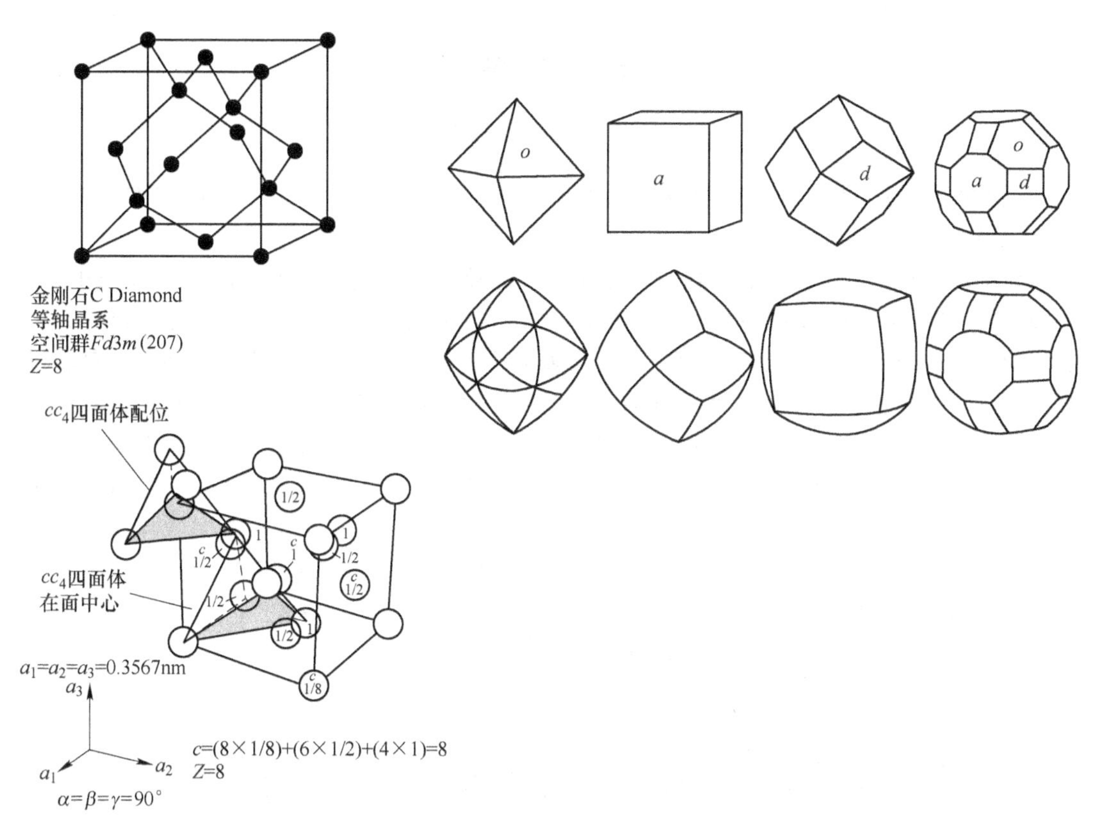

图 11-6 金刚石晶体结构与晶体形态

一般多呈不同程度的黄、褐、灰、绿、蓝、乳白和紫色等；多数金刚石略带黄色。含石墨包体呈黑色。纯净者透明，含杂质的半透明或不透明。强金刚光泽。解理//{111} 中等，//{110} 不完全。贝壳状断口。硬度 10，显微硬度比石英高 1000 倍，比刚玉高 150 倍。硬度具有方向性，八面体晶面上的硬度>菱面体晶面上的硬度>立方体晶面上的硬度。相对密度在 3.47~3.56。具有良好的导热性（导热率=0.35kal/(cm·s·℃)）。热膨胀系数小。熔点在 4000℃。在空气中燃烧温度为 950~1000℃。发出蓝色火焰，变成 CO_2。在绝氧条件下，金刚石加热到 2000~3000℃缓慢变成石墨。具有脆性、抗磨性。化学性质稳定，抗酸碱。具有发光性，在 X 射线照射下发蓝绿色荧光。在日光曝晒后至暗室内发淡青蓝色磷光。

【显微镜下特征】 透射光下一般为无色，也有白、黄、红、绿、蓝、黑色等。少数呈弱非均质性，干涉色低，极少数一轴晶。折射率 N=2.4~2.48。折射率高、色散强，就是金刚石能够反射出五彩缤纷闪光的原因。

【成因】 金刚石产出于金伯利岩筒中。典型共生矿物有橄榄石、金云母、镁铝榴石、铬透辉石、镁钛铁矿、镁铬铁矿、铬尖晶石、钙钛矿。世界著名金刚石产地有南非的金伯利、俄罗斯的雅库提，以及印度、巴西、安哥拉等。我国辽宁、山东有金刚石产出。在外生条件下，内生矿床经过风化、搬运可以形成金刚石砂矿。

【用途】 可作为钻石原料和研磨材料。钻石级的金刚石要求：颗粒大、颜色美丽、透明度高、切工好。

石 墨 族

石墨（Graphite）

【化学组成】 C，含有各种杂质。主要有 SiO_2、Al_2O_3、FeO、MgO、CaO、P_2O_5、CuO 以及水、沥青和黏土等。

【晶体结构】 六方晶系，D_{6h}^4-$P6_3/mmm$。晶胞参数：$a_0=0.246$nm，$c_0=0.670$nm，$Z=4$。主要粉晶谱线：3.692(80)、3.352(100)、1.675(80)、1.230(90)、1.1543(90)、0.9913(80)。典型的层状结构（图 11-7），碳原子成层排列，每一层中的碳按六方环状排列，上下相邻层的碳六方环通过平行网面方向相互位移后再叠置形成层状结构，位移的方位和距离不同导致不同的多型结构。石墨结构中层内 C 原子的配位数为 3。上下两层的碳原子之间距离比同一层内的碳之间的距离大得多。层内 C-C 间距＝0.142nm，层间 C-C 间距＝0.340nm。层内为共价键。每个碳原子均会放出一个电子，致使有金属键存在，石墨属于导电体。层间为分子键。重复层数为 2 则为 2*H* 多型；若重复层为 3 属于 3*R* 多型，称为石墨-3*R*。空间群为 D_{3d}^5-$R3m$。$a_0=0.246$，$c_0=1.003$nm，$Z=6$。石墨的层状结构和化学键性决定了石墨物理性质的特殊性。

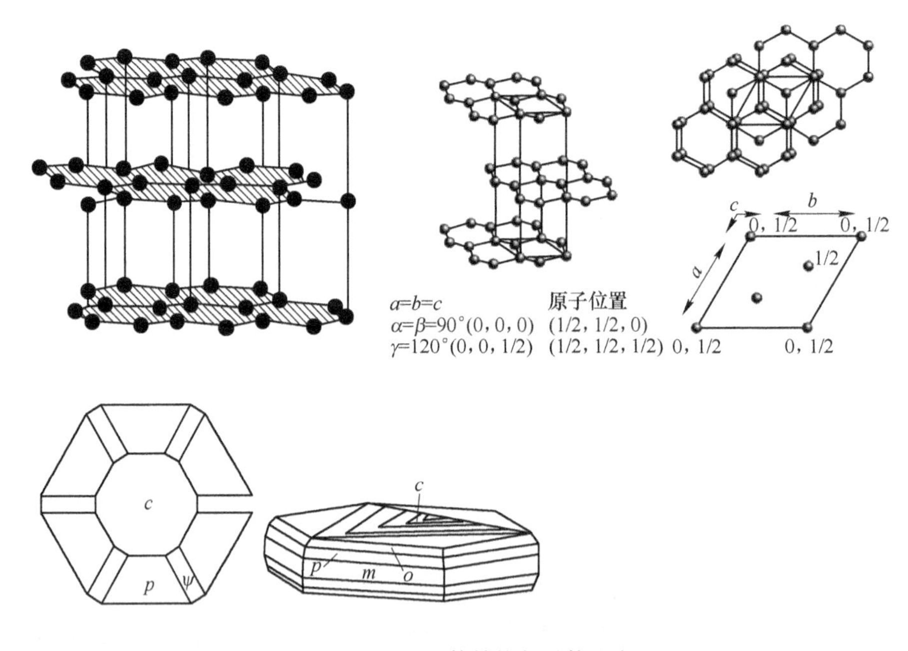

图 11-7 石墨晶体结构与晶体形态

【晶体形态】 复六方双锥晶类，D_{6h}-$6/mmm(L^6 6L^2 7PC)$。单晶体为片状或板状，主要单形有平行双面 $c\{0001\}$、六方双锥 $p\{10\bar{1}1\}$、$o\{10\bar{1}2\}$、六方柱 $m\{10\bar{1}0\}$。底面常见三角纹。常见鳞片状、土状、条纹状、块状集合体。以 $\{11\bar{2}1\}$ 成双晶。

【物理性质】 颜色由铁黑到钢灰色，条痕为黑色，半金属光泽。不透明。极完全解理// $\{0001\}$，薄片具挠性，有滑腻感，可污染纸张。硬度 1～2，沿垂直方向随杂质的增加其硬度可增至3~5。密度2.09~2.23。在隔绝氧气条件下，其熔点在3000℃以上，是最耐温的矿物之一。具良好导电性和导热性。

【显微镜下特征】 透射光下不透明，极薄片透光呈浅绿灰色。一轴晶（-）折射率为1.93~2.07。反射光下呈浅棕灰色，反射色明显，R_o 灰色带棕色调，R_e 深蓝灰色。反射率 $R_o=23$（红），$R_e=5.5$（红），反射色、双反射均显著。非均质性强，偏光色为稻草黄。

【成因】 石墨是在高温还原条件下形成的。在区域变质和接触变质作用中产生。高温热液作用于煤层或碳质沉积岩亦可形成石墨。

【用途】 石墨用途广泛，如冶金工业用的石墨坩埚，机械工业的润滑剂，原子工业的减速剂、制造涂料、染料等。目前是石墨烯的主要原料。石墨质量评价指标有：1）有益组分碳的含量；2）有害组分、挥发分、水分、全硫、氧化亚铁的含量；3）导电性、熔点及粒度。

自然硫族

自然界中硫有三种同质多象变体。即α-自然硫，为斜方晶系；β-自然硫和γ-自然硫，属于单斜晶系。在自然条件下稳定的是α-自然硫。当温度≥95.6℃时，α-自然硫转变为β-自然硫。当温度≤95.6℃又转变成α-自然硫。γ-自然硫在常温下极不稳定，会转变为α-自然硫。

自然硫（Sulfur）

【化学组成】 S。自然硫一般不纯净，火山作用成因的自然硫往往含少量的Se、As、Te，其他矿床产出常夹有黏土、有机质、沥青和机械混入物等。

【晶体结构】 α-自然硫为斜方晶系 D_{2h}^{24}-$Fddd$，晶胞参数：$a_0=1.0437$nm，$b_0=1.2845$nm，$c_0=2.4369$nm。$Z=16$。主要粉晶谱线：3.85(100)、3.21(70)、3.10(60)、2.85(60)、2.10(60)、1.90(60)、1.78(60)、1.62(60)。自然硫为分子结构（图11-8）。S分子由8个硫原子以共价键上下交替排列成环状结构原子，在平面呈环状。环间为分子键。S—S间距为2.037Å，平均S—S—S键角为107°48′。单位晶胞16原子（图11-8）。

β-自然硫为单斜晶系 C_{2h}^{5}-$P2_1/a$。$a_0=1.092$，$b_0=1.098$，$c_0=1.104$nm。$\beta=96°44'$。$Z=6$。主要粉晶谱线：3.29（100）、6.65（25）、3.74（20）。

【晶体形态】 斜方双锥晶类 D_{3h}-$mmm(3L^2 3PC)$。晶体呈双锥状或厚板状，主要单形有平行双面 $c\{001\}$，斜方双锥 $p\{111\}$，斜方柱 $n\{011\}$ 等。双晶依（101）、（011）、（110），通常为块状、粉末状集合体。

【物质性质】 硫呈黄色到淡黄色。含有杂质者带有不同色调，如红色、绿色、灰色、黑色等。条痕灰白至淡黄色。晶面呈金刚光泽，断口油脂光泽。贝壳状断口，解理∥{001}、{110}、{111}不完全。相对密度2左右，硬度为1~2，性脆，易熔。不导电，摩擦带负电。不溶于水、盐酸和硫酸，但溶于二硫化碳、苯、苛性碱中，在硝酸和王水中被氧化成硫酸。熔点112.8℃，易燃（270℃）。

【成因】 火山热液和生物化学成因。由硫蒸气直接升华或硫化物矿床与高温水蒸气

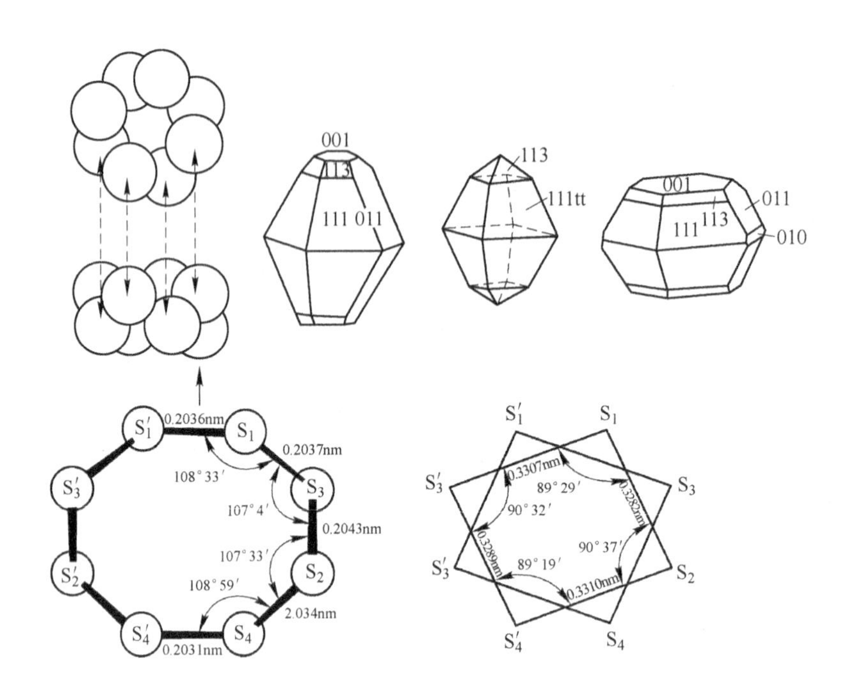

图 11-8　自然硫晶体结构与形态

作用生成 H_2S，经不完全氧化或与二氧化硫反应而成自然硫：

$$2H_2S + O_2 = 2S + 2H_2O$$

$$2H_2S + SO_2 = 3S + 2H_2O$$

沉积成因的自然硫与生物化学作用有关。一般是硫酸盐类物质在封闭条件下经菌解作用生成自然硫，或者硫酸盐的水溶液在煤系地层中经还原作用生成大量的 H_2S，H_2S 在弱氧化条件下，经物理化学作用而沉积自然硫。此类自然硫产于石灰岩、泥灰岩、白云岩、粉砂岩和砂岩等有大量有机物质互层的岩层内，与方解石、白云石、硬石膏、石膏、沥青、文石等一起出现（图 10-10）。

风化成因的自然硫主要由黄铁矿等金属硫化物或硫酸盐氧化分解而成，在硫化物矿床氧化带中出现。FeS_2(黄铁矿) → $FeSO_4$ → $Fe_2(SO_4)_3$，$Fe_2(SO_4)_3$ + FeS_2 → $3FeSO_4$ + 2S(自然硫)。

【用途】 硫是化学工业的重要原料。主要用于制造硫酸，也用于造纸工业、纺织工业、食品工业、以及农药等；还用于沥青加工、泡沫剂、陶瓷材料等。

11.4　第四类　金属互化物矿物

金属互化物矿物是由两种或两种以上金属或半金属元素以金属键和一定比例各自占据一定结构位置形成的天然合金类矿物。该类矿物不到 20 种。金属元素中最主要的有 Fe、Co、Ni、W、Mn、Cr、V、Ti 等；少见 Pd 和 Ir 等；非金属元素有 C，Si，N 等，与金属形成硅化物、碳化物、氮化物等矿物。

金属互化物矿物晶体结构是以等大球紧密堆积为基本特征，以立方面心结构、立方体心结构和六方结构为主。金属原子最紧密堆积，碳、硅等原子充填空隙中，具有较高对称型。金属原子半径小于0.131nm，与碳原子半径相近，形成复杂的晶体结构。如碳硅石SiC为四面体配位型层状结构，陨碳铁矿Fe_3C为架状结构等。金属互化物矿物对称以三方、斜方晶系为主，少数为六方晶系或等轴晶系。由于类型相同且半径相近，同质多象变体较常见。金属互化物矿物通常表现出金属键+共价键的多键型特征。

金属互化物矿物一般呈现金属特性，如金属色、金属光泽、不透明、低硬度（锇、铱例外）、无解理、大密度、导热性等。

金属互化物矿物为高温高压条件下形成的。多出现在地幔岩石和地外天体中。依地幔矿物学模型，金属互化物应位于地核或地幔边界处。在我国西藏罗布莎铬铁矿床中，发现了金属碳化物矿物。

目前已发现的金属硅化物有古北矿（Gubeiite，Fe_3Si）、喜峰矿（Xifengite，Fe_5Si_3）、罗布莎矿（Luobushaite，$\beta FeSi_2$）、硅三铁矿（Suessite，Fe_3Si）、硅三铁镍矿（Hapeite，$(Fe, Ni)_3Si$）、藏布矿（zangboite，$TiFeSi_2$）。在一些陨石中，也发现了多种Fe_xSi_y矿物，尚待国际新矿物委员会认可。

已发现的金属碳化物矿有陨碳铁矿（Cohenite，Fe_3C）、桐柏矿（Tongbaite，Cr_3C_2）、碳硅石（Moissanite，SiC）、曲松矿（Qusongite，WC），雅鲁矿（Yarlongite，$(Cr_4Fe_4Ni)_9C_4$）、碳铁矿（Haxonite，$(Fe, Ni)_{23}C_6$）、碳钛矿（Khamrabavite，TiC）、钽碳矿（Tantalcarbite，TaC）、Isovite（Cr，Fe）$_{23}C_6$等。

罗布莎矿族

罗布莎矿（Luobushaite）

【化学组成】 $FeSi_2$，Fe：43.077%~45.14%，Si：54.167%~56.465%。

【晶体结构】 斜方晶系，空间群D_{2h}^{18}-*Cmca*。a=0.9874nm，b=0.7784，c=0.7829nm；Z=16。Fe Si原子在*b-c*面方向呈互层状分布，Si堆积层较紧密，Fe堆积层存在空隙。

【晶体形态】 斜方双锥晶类，D_{2h}-*mmm*-($3L^2 3PC$)。晶体呈板状。集合体呈包裹体分布在铬铁矿中。

【物理性质】 钢灰色，黑色条痕，金属光泽，不透明。硬度7，相对密度4.55（计算）。无解理，脆性，贝壳状断口。

【显微镜下特征】 反光镜镜下呈白色，无双反射，无反射多色性，无内反射，强非均质性。

【成因】 我国学者白文吉等（2006）在西藏罗布莎地幔岩相中的豆荚状铬铁矿床中发现该矿，属于古洋壳和大洋地幔成因。

藏布矿族

藏布矿（Zangboite）

【化学组成】 $TiFeSi_2$，Ti：27.52%~29.74%，Fe：33.49%~36.22%，Si：33.45%~

34.10%。含少量 Cr、Mn、Zn 等元素。

【晶体结构】 斜方晶系，空间群 D_{2h}^{9}-$pbam$，a = 0.86053 nm，b = 0.9521 nm，c = 0.76436nm；Z=12。晶体结构中 Fe、Si 构成八面体［$FeSi_6$］共棱连接，沿 c 轴形成孔道，Ti 充填孔道中。

【晶体形态】 斜方双锥晶类，D_{2h}-$mmm(3L^2 3PC)$。晶体呈板状集合体，呈包体分布在铬铁矿中。

【物理性质】 钢灰色，黑色条痕，金属光泽，不透明。硬度 5.5，相对密度 5.31（计算）。无解理，脆性，贝壳状断口。

【显微镜下特征】 反光镜镜下呈白色，无双反射，无反射多色性，无内反射，强非均质性。

【成因】 在西藏罗布莎地幔岩相中的豆荚状铬铁矿床中发现。与其他 FeSi 矿物密切共生，属大洋地幔成因。

桐柏矿族

桐柏矿（Tongbaite）

【化学组成】 Cr_3C_2。Cr：86.33%，C：7.23%，Ni：4.12%，Fe：1.40%，含少量 Mn、Zn 等。

【晶体结构】 斜方晶系，空间群 D_{2h}^{16}-$Pnam$，a = 0.5525nm，b = 1.1468nm，c = 0.2827nm；Z=4。原子 Cr 与 C 呈非等大球紧密堆积，C 原子与最近邻的 6 个 Cr 原子配位呈三方柱配位多面体，配位多面体以共棱和共面方式连接。

【晶体形态】 斜方双锥晶类，D_{2h}-$mmm(3L^2 3PC)$。晶体呈板状。

【物理性质】 浅棕黄色，暗灰色条痕，金属光泽，不透明。硬度 8.5，相对密度 6.65（计算）。无解理，脆性，贝壳状断口。

【显微镜下特征】 反光镜下呈浅黄色，双反射和反射多色性清楚，非均质性。

【成因】 我国 1983 年于河南桐柏柳庄超基性岩石中发现，在西藏罗布莎地幔岩相中豆荚状铬铁矿床中也有发现。与其他种类的碳化物矿物密切共生，属于地幔成因。

陨碳铁矿族

陨碳铁矿（Cohenite）

【化学组成】 Fe_3C，含有微量 Ni、Co 等。

【晶体结构】 斜方晶系，空间群 D_{2h}^{9}-$pbam$；a_0 = 0.453nm，b_0 = 0.508nm，c_0 = 0.675nm；Z=4nm。Fe_6呈似三方柱型多面体，彼此以共两棱和角顶相连成架状结构。

【晶体形态】 斜方双锥晶类，D_{2h}-$mmm(3L^2 3PC)$。晶体呈板状。

【物理性质】 锡白色，表面带有青铜色或金黄色，不透明，解理//{100}、{010}、{001}。硬度 6~6.5，性脆。相对密度 7.20~7.65，强磁性。

【成因】 发现于格陵兰和德国玄武岩内的自然铁、南非金刚石矿床中。在铁陨石中出现，为地幔成因。

12 第二大类 硫化物及其类似化合物矿物

硫化物及其类似化合物大类是指金属阳离子与阴离子 S 及其 Se、Te、As、Sb、Bi 等结合形成的化合物。自然界中已发现的该大类矿物种超过 370 种，其中以硫化物矿物种类最多，占该大类总量的 2/3 以上，而其中又以 Fe 的硫化物占了绝大部分。该大类矿物是工业上有色金属和稀有分散元素矿产的重要来源，根据阴离子的种类和性质，划分为硫化物矿物类、硒化物、砷化物、锑化物、铋化物矿物类、碲化物矿物类、硫盐矿物类。

12.1 第一类 硫化物矿物

12.1.1 晶体化学特征

组成硫化物矿物的阴离子为 S^{2-}、S_2^{2-}。阳离子主要为铜型离子（Cu、Pb、Zn、Ag、Hg 等）及过渡型离子（Fe、Co、Ni 等）。

硫化物矿物组成及其类似化合物矿物的组成元素见表 12-1。

表 12-1 硫化物及其类似化合物矿物的组成元素

ⅠA																	0
	ⅡA											ⅢA	ⅣA	ⅤA	ⅥA	ⅦA	
		ⅢB	ⅣB	ⅤB	ⅥB	ⅦB	ⅧB	ⅠB	ⅡB				S				
				V		Mn	Fe	Co	Ni	Cu	Zn	Ga	Ge	As	Se		
					Mo		Ru	Rh	Pd	Ag	Cd	In	Sn	Sb	Te		
						Re	Os	Ir	Pt	Au	Hg	Tl	Pb	Bi			

除铁之外，组成硫化物的元素在地壳中含量小于 0.1%。本类矿物类质同象代替普遍。阳离子之间 Co-Ni、As-Sb、Ge-Sn 和 As-V 形成的完全类质同象。阴离子之间的类质同象 Se、Te 代替 S，可形成完全的或不完全的类质同象系列，如方铅矿中 Se 代替 S，可形成方铅矿（PbS）-硒铅矿（PbSe）的完全类质同象系列；辉钼矿（MoS）中 Se 代替 S 可达 25%。硫化物中阳离子的主要类质同象具有等价类质同象代替和异价类质同象代替（表 12-2）。

表 12-2 硫化物主要类质同象系列

等价类质同象系列	异价类质同象系列
（1）Cu^+，Ag^+，Tl^+；（2）Ag^+，Au^+；	（1）Cu^{1+}，Cu^{2+}

续表 12-2

等价类质同象系列	异价类质同象系列
(3) Zn^{2+}, Fe^{2+}, Mn^{2+}; (4) Fe^{2+}, Co^{2+}, Ni^{2+}	(2) Zn, Ga, In, Tl
(5) Pd^{2+}、Pt^{2+}、Ni^{2+}; (6) Ru、Os	(3) Cd, In
(7) AS^{3+}, Sb^{3+}; (8) Ge^{4+}, Sn^{4+}; (9) Mo^{4+}, Re^{4+}	(4) Fe^{2+}, Fe^{3+}
(10) As^{3+}, V^{3+}	(5) Ni^{2+}, Ni^{3+}

等价类质同象经常在正常结构中出现，异价类质同象经常在缺陷结构中出现。后者以磁黄铁矿、斑铜矿、β-硒镍矿、蓝辉铜矿最为特征。

稀有元素与S很少形成独立硫化物矿物，而是呈类质同象混入物存在，可作为有益组分利用。如元素Re很少呈独立矿物，在辉钼矿中作为类质同象混入物代替Mo。

大多数硫化物的晶体结构常可看作硫离子作最紧密堆积，阳离子充填于四面体或八面体空隙中。阳离子配位多面体为八面体、四面体或由此畸变的多面体。从质点堆积特点来看有立方紧密堆积和六方紧密堆积。硫化物晶体结构有方铅矿型、闪锌矿型、黄铁矿型以及层状辉钼矿型、链状的辉锑矿型等（表12-3）。硫化物及其类似化合物中会出现复杂的化学键，晶体中不仅表现离子键性，还显示共价键性和金属键性。硫化物晶体化学键的复杂性在于，铜型和过渡型离子极化力强，电负性中等；阴离子S易被极化，电负性（相对氧）较小；阴阳离子电负性差较小，致使硫化物的化学键出现多键性。

表 12-3　硫化物的主要晶体结构类型

类型	立方紧密堆积	六方紧密堆积	其　他
M_2S	反萤石型：简单的（辉银矿），缺席构造（蓝辉银矿），复杂的缺席衍生结构（斑铜矿）	六方辉铜矿	
MS	方铅矿型：简单的（方铅矿），畸变的（辰砂） 闪锌矿型：简单的（闪锌矿），复杂衍生（黄铜矿）	红砷镍矿型（简单红砷镍矿），缺席构造（磁黄铁矿），纤维锌矿型（纤维锌矿）	铜蓝型（铜蓝） 环状结构（雄黄）
M_2S_3			链状结构（辉锑矿） 层状结构（雌黄）
MS_2	黄铁矿型（黄铁矿）	层状结构（辉钼矿）	白铁矿型：简单（白铁矿），复杂衍生（毒砂）

12.1.2　形态与物理性质

硫化物矿物的形态变化表现出一定的特征性。成分简单的硫化物常可呈现对称程度高，如许多矿物具有等轴晶系或六方晶系的形态。大多数硫化物晶形较好，特别是复硫化物黄铁矿、毒砂等，常见完好晶形。

绝大多数硫化物矿物呈金属色、金属光泽，不透明；仅少数硫化物具金刚光泽、半透明。部分矿物具完好的解理。硫化物矿物的硬度变化较大。其中简单硫化物和硫盐矿物硬度低，介于2~4之间。对阴离子 $[S_2]^{2-}$、$[Te_2]^{2-}$、$[AsS]^{2-}$等复硫化物及其类似化合物的硬度增高至5~6.5左右。矿物的熔点低。组成硫化物矿物的元素具有较大的原子质量，相对密度在4以上。

12.1.3 成因及产状

硫化物绝大部分矿物主要是热液作用的产物，形成的温度范围很大。在内生岩浆作用的晚期，可形成Fe、Ni、Cu的硫化物，如由基性、超基性岩中的磁黄铁矿、黄铜矿、镍黄铁矿组成铜镍硫化物矿床。在高温热液阶段主要形成辉钼矿、辉铋矿、磁黄铁矿、毒砂等；在中温热液阶段形成黄铜矿、闪锌矿、方铅矿、黄铁矿等；在低温热液阶段形成雄黄、雌黄、辉锑矿、辰砂等。硫化物也形成于沉积作用和变质作用中。

硫化物矿物在地表氧化环境中被氧化、分解，最初形成易溶于水的硫酸盐，然后形成氧化物（如赤铁矿）、氢氧化物（如针铁矿）、碳酸盐（如孔雀石）和其他含氧盐矿物，形成硫化物矿床氧化带。当硫酸盐溶液（主要是硫酸铜，偶尔为硫酸银溶液）下渗至氧化带的深部（地下水面附近）时，在氧不足的还原条件下，硫酸铜、硫酸银溶液会与原生硫化物相作用，形成次生的铜或银的硫化物（次生辉铜矿、螺硫银矿、铜蓝），从而形成硫化物矿床的次生富集带。

12.1.4 硫化物分类

硫化物矿物类可分为简单硫化物亚类和复杂硫化物亚类。简单硫化物亚类是由阴离子S^{2-}与阳离子（主要为Cu、Pb、Zn、Ag、Hg、Fe、Co、Ni）结合而成。常见的有辉铜矿族CuS_2、方铅矿族（PbS）、闪锌矿族（ZnS）、黄铜矿黝锡矿族（$CuFeS$-Cu_2FeSnS_4）、磁黄铁矿族（FeS）、红砷镍矿（NiS）、铜蓝族CuS、辰砂族HgS、辉锑矿族SbS、雌黄族As_3S_2、雄黄族AsS、辉钼矿族Mos、斑铜矿族Cu_4FeS_5、辉银矿族（AgS）、辉铋矿（BiS）等。

复杂硫化物亚类是由复硫阴离子S^{2-}与阳离子结合而成。阴离子为哑铃型对硫$[S_2]^{2-}$及$[AsS]^{2-}$与阳离子（主要为Fe、Co、Ni等过渡型离子）结合而成。在化学键上，对硫离子中S-S有强烈的共价键，相应地使金属阳离子与阴离子之间的距离缩短，使晶体结构趋于紧密。阳离子与阴离子团之间为离子键及金属键。在晶体结构上，复硫化物矿物往往是由哑铃状对阴离子近似于呈立方最紧密堆积而成。在物性上，复硫化物矿物常见完好的晶形，硬度显著增大，解理不完全，金属光泽，性脆，导电性能差，加热局部分解。常见的有黄铁矿族、毒砂族等。

辉 铜 矿 族

辉铜矿（Chalcocite）

【化学组成】 Cu_2S，Cu：79.86%，S：20.14%，其中含有Ag、Fe、Co、Ni、Au等。

【晶体结构】 斜方晶系，空间群C_{2v}^{15}-$Abm2$。晶胞参数：$a_0=0.1192$nm，$b_0=0.2733$nm，$c_0=0.1344$nm，$Z=2$。主要粉晶谱线：1.88(1)、1.9746(0.7)、2.403(0.7)。辉铜矿高温变体有六方辉铜矿和等轴辉铜矿。有Cu^+代替Cu^{2+}，使结构出现缺席构造，成为$Cu_{2-x}S$，($x=0.1\sim0.2$)，具有反萤石型结构，称为蓝辉铜矿。

【晶体形态】 斜方双锥晶类 C_{2v}-$mm2$（$L^2 2P$）单晶体少见，常见单形有平行双面{100}、斜方柱{110}、斜方双锥{111}等。常见致密块状、粉末状。

【物理性质】 铅灰色，风化表面为黑色，带锖色，不透明，金属光泽。硬度3。解理//{110}不完全，贝壳状断口。具延展性，小刀刻划时不成粉末而留下光亮刻痕；良导体。

【显微镜下特征】 反射光下白色带蓝。非均质性弱，绿色至浅粉红色偏光色。反射率 R：22.5(绿色)、16(橙色)、15(红色)。

【简易化学试验】 呈铜的蓝色焰色反应。溶于 HNO_3 中，呈绿色，将小刀置于其中可镀上铜膜。

【成因】 热液成因和风化成因。热液成因辉铜矿是构成富铜贫硫矿石的主要成分，常与斑铜矿共生；外生辉铜矿见于含铜硫化物矿床氧化带次生富集带。

【用途】 重要铜矿石矿物。

辉银矿族

辉银矿族 Ag_2S 有两种变体：β-Ag_2S，是在179℃以上稳定的高温等轴变体，称为辉银矿；α-Ag_2S 是在179℃以下形成的单斜晶系低温变体，并称为螺旋银矿。矿物学上用“辉银矿”这一名称泛指两变体的总称。

辉银矿（Argentite）

【化学组成】 Ag_2S，Ag：87.06%，S：12.94%；存在少量Pb、Fe、Cu混入物。其中Cu为常见类质同象混入物（可达1.5%）；Se替代S（可达14%）；含Rh、Ir、Pt等。

【晶体结构】 高温变体（在170℃以上稳定）为等轴晶系，空间群 $O_h^9 O_h$-$Im3m$；a_0 = 0.489nm；Z=2。粉晶数据：3.17(100)、2.24(100)、1.189(100)。赤铜矿型结构：S离子位于立方晶胞的角顶及中心，形成立方体体心格子。Ag位于两个S离子之间，配位数为2，S的配位数为4。低温变体为单斜晶系，C_{2h}^5-$P2_1/n$。a_0 = 0.423nm，b_0 = 0.691nm，c_0 = 0.787nm。β = 99°35′。Z = 4。主要粉晶谱线：3.07(80)、2.81(80)、2.58(100)、2.44(100)、2.37(90)、2.08(80)。

【晶体形态】 六八面体晶类，O_h-$m3m$（$3L^4 4L^3 6L^2 9PC$）。晶体常呈等轴状（图12-1）。常见单形：立方体 a{100}、八面体 o{111}、菱形十二面体 d{110}、四角三八面体 n{211}。多呈浸染状、细脉状、被膜状、网状、树枝状、毛发状及致密块状。双晶面平

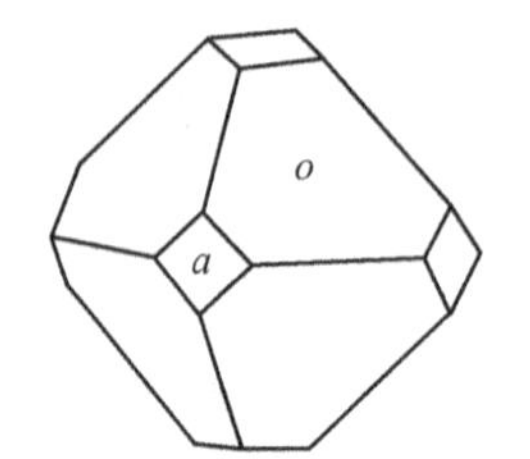

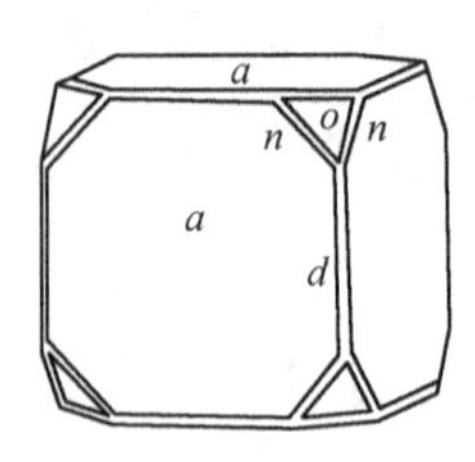

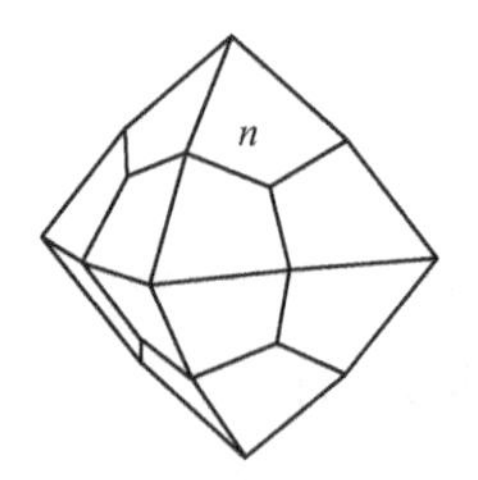

图12-1　辉银矿晶体形态

行（111）。辉银矿呈极细粒包体（0.001～0.1mm）于方铅矿或黄铁矿中，富含辉银矿包体的方铅矿，其晶面比较弯曲。

【物理性质】 银灰色至铁黑色。亮铅灰色条痕。新鲜断口为金属光泽，不新鲜表面为暗淡或无光泽。解理//{110} 和 {100} 不安全。贝壳状断口。硬度2～2.5。相对密度7.2～7.4。具有挠性和延展性。电的良导体，180℃时辉银矿的电阻比80℃时的螺状硫银矿小1000倍。差热分析曲线在670℃和950℃处有明显的热效应。加热到670℃时，分解产生Ag和SO_2气体。

【显微镜下特征】 反射色为灰色；反射率R：36.57（白）、30.43（绿）、27.20（橙）、24.48（红），弱非均质性；弱双反射：灰～灰白。无内反射。

【简易化学试验】 溶于硝酸，并析出硫；加盐酸产生氯化银沉淀，再加氨水溶解。用标准试剂作用，除氢氧化钾之外都起反应。吹管焰中膨胀、熔化；在木炭上形成具有延展性的金属银球。在开管中析出二氧化硫。

【成因产状】 主要产于含银硫化物的中低温热液型的矿床中，与自然银、自然金、方铅矿、闪锌矿、黄铜矿、石英、方解石等共生。辉银矿在地表不稳定，氧化转变为自然银。

【用途】 重要的银矿物。银广泛用于电子工业、医药、化工以及工艺品等。

方 铅 矿 族

方铅矿（Galena）

【化学组成】 PbS，Pb：86.6%，S：13.4%。常含Ag、Cu、Zn、Tl、As、Bi、Sb、Se等，Se以类质同象置换S形成PbS-PbSe完全类质同象系列。

【晶体结构】 等轴晶系；O_h^5-$Fm3m$，a_0 = 0.594nm。Z = 4。主要粉晶谱线：3.429(80)、2.969(100)、2.090(60)、1.790(32)。晶体结构为NaCl型立方面心格子（图12-2），S^{2-}分布在立方体的角顶和面心，呈立方最紧密堆积。Pb^{2+}充填于八面体空隙中，配位数均为6。在[100] 面网为电性中和面，在该方向上发育三组完全解理。

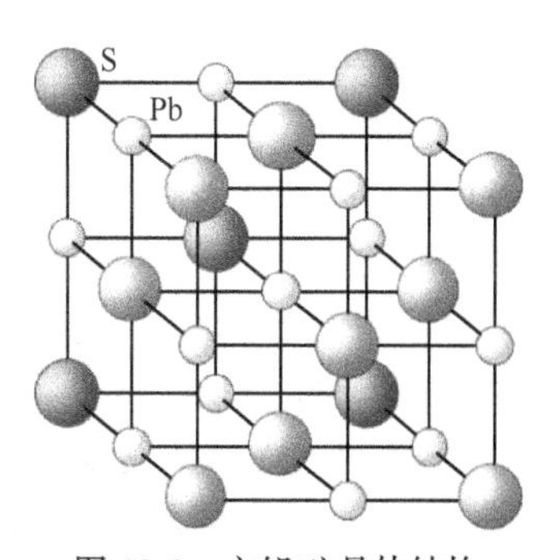

图12-2 方铅矿晶体结构

【晶体形态】 六八面体晶类，O_h-$m3m$（$3L^4 4L^3 6L^2 9PC$）。晶体呈立方体、八面体状（图12-3）。主要单形：立方体a{100}、菱形十二面体d{110}、八面体o{111}、三角三八面体p{212} 及其聚形。含Ag高时晶面往往弯曲。常依（111）呈接触双晶，依（441）呈聚片双晶。集合体呈粒状或致密块状。高温热液阶段发育立方体或立方体与八面体聚形，低温热液阶段以八面体为主。

【物理性质】 铅灰色，条痕灰黑色。强金属光泽，不透明。解理//{100} 完全。含Bi的亚种，有//{111} 裂开。硬度2～3。密度7.4～7.6。具弱导电性，晶体具良好检波性。

【显微镜下特征】 透射光下不透明，N=3.91，反射光下白色。均质性。反射率R：43（白光）。

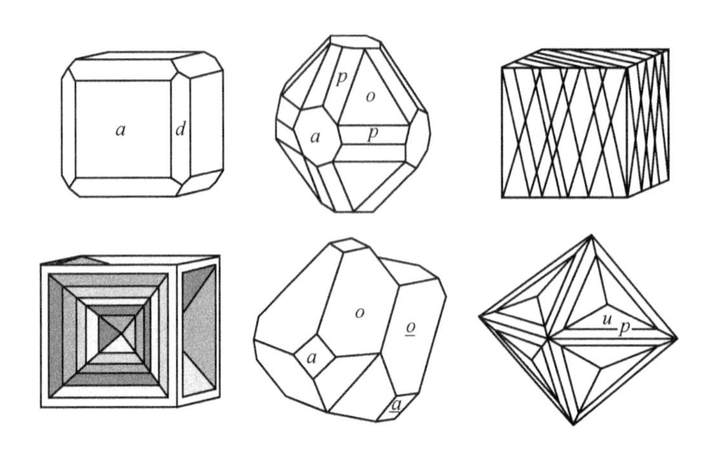

图 12-3 方铅矿晶体形态

【简易化学试验】 粉末研磨有 H_2S 气体。加入碘化钾研磨出现黄色碘化铅。吹管焰易熔，呈铅的被摸反映。溶于 HNO_3 并有白色沉淀。

【成因】 主要为热液作用、沉积作用的产物。在接触交代矿床中方铅矿与闪锌矿、黄铁矿、黄铜矿、磁黄铁矿、磁铁矿等共生。在中低温热液矿床中，方铅矿与闪锌矿、黄铜矿、黄铁矿、石英、重晶石、自然金、辉银矿等共生。沉积作用中与方解石、闪锌矿、石英等共生。

【用途】 铅、硫的矿物原料，含银、镉、铟等，可综合利用。

硫锰矿（Alabandite）

【化学组成】 MnS，Mn：63.14%，S：36.86%。成分中有 Fe、Mg 呈类质同象混入。

【晶体结构】 等轴晶系，O_h^5-$Fm3m$。a_0=0.523nm。Z=4。主要粉晶谱线：2.612(100)、1.847(50)、1.509(20)。晶体结构为氯化钠型。

【晶体形态】 六八面体晶类，O_h-$m3m$（$3L^4 4L^3 6L^2 9PC$）。晶体常见的单形有立方体{100}、八面体{111}、菱形十二面体{110}等。依（111）成双晶，有时呈复合双晶。集合体为粒状或块状。

【物理性质】 钢灰至铁黑色，风化面变为褐色。条痕暗绿色。半金属光泽。解理//{100}完全。断口不平坦。脆性。硬度 3.5~4。密度 3.9~4.1。

【显微镜下特征】 薄片中为绿色。折射率 N=2.70。均质体。反射光下白色，内反射为暗绿色（油浸法）。反射率 R：24(绿)、21(橙)、20(红)。

【成因产状】 硫锰矿产在富锰的热液矿床中，常与闪锌矿、方铅矿、黄铁矿和脉石矿物菱锰矿、方解石、石英等共生。

闪锌矿族

闪锌矿（Sphalerite）

【化学成分】 ZnS，Zn：67.1%，S：32.90%。有 Fe、Mn、In、Tl、Ag、Ga、Ge 等

类质同象混入物。其中 Fe 替代 Zn 可达 26.2%。富铁的变种称为铁闪锌矿，富镉的变种称为镉闪锌矿。

【晶体结构】 等轴晶系；空间群 $T_d^2\text{-}F\bar{4}3m$；$a_0=0.5440\text{nm}$（纯闪锌矿），$Z=4$。粉晶数据：3.123(100)、1.912(51)、1.633(30)。在闪锌矿中铁代替锌导致晶胞增大。闪锌矿型结构（图 12-4），Zn^{2+}分布于单位晶胞的角顶及面心，如将晶胞分为 8 个小的立方体，则 S^{2-}分布在相间的 4 个小立方体的中心。Zn 的配位数为 4。面网｛110｝为 Zn^{2+}和 S^{2-}的电性中和面，闪锌矿具有∥｛110｝的 6 组完全解理。

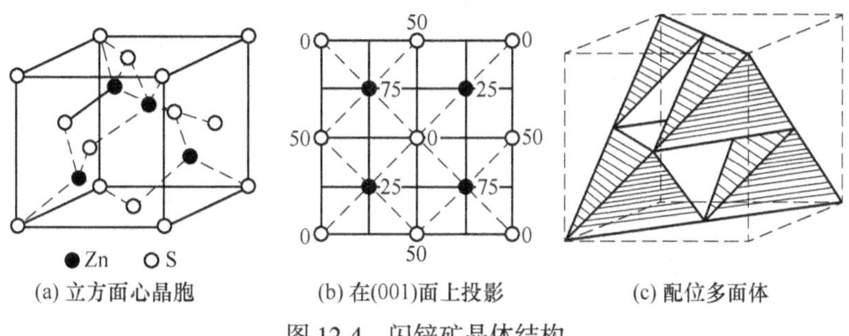

(a) 立方面心晶胞 (b) 在(001)面上投影 (c) 配位多面体

图 12-4 闪锌矿晶体结构

【晶体形态】 六四面体晶类。$T_d\text{-}\bar{4}3m(3L_i^4 4L^3 6P)$。主要单形：四面体 $o(111)$ 或立方体$a(100)$、菱形十二面体 $d(110)$ 以及 $n(112]$ 等（图 12-5）。以｛111｝为接合面成双晶，双晶轴平行［111］，有时成聚片双晶。高温下主要呈四面体和立方体；中低温下以菱形十二面体为主。呈粒状集合体。

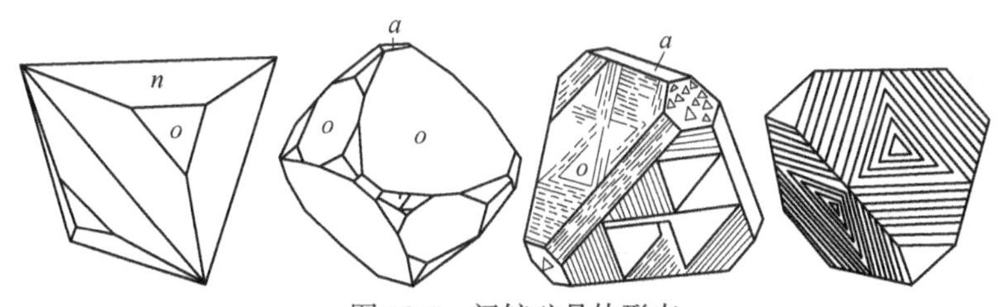

图 12-5 闪锌矿晶体形态

【物理性质】 以棕黄色为主。当含 Fe 量增多时，颜色为浅黄、棕褐直至黑色（铁闪锌矿）；条痕由白色至褐色；光泽由树脂光泽至半金属光泽；透明至半透明。解理∥｛110｝完全。硬度 3.5~4。相对密度 3.9~4.1，随含 Fe 量的增加而降低。具荧光性和摩擦磷光。不导电。

【显微镜下特征】 透射光下浅黄、浅褐或无色。折射率 $N=2.37$。均质体。反射光下灰色，内反射为不同程度的褐黄色。反射率 $R=17.5$（白色）。折射率和反射率随铁含量增加而增加。

【简易化学试验】 浅色闪锌矿可用硝酸钴试验出现林曼绿色。

【成因】 中、低温热液作用的产物，在接触交代矿床、中低温热液矿床中分布最广的锌矿物，与方铅矿、黄铁矿、黄铜矿、石英等共生。

【用途】 重要的锌矿石矿物。含有 Cd、In、Ga、Ge 等稀有元素，是重要的现代工业原料，可综合利用。

纤锌矿（Wurtzite）

【化学组成】 ZnS，Zn：67.10%，S：32.90%。为闪锌矿的同质多象变体。成分中锌可被铁、锰和镉类质同象代替。纤锌矿常含较多的镉。

【晶体结构】 六方晶系 C_{6v}^4-$P6_3mc$。a_0 = 0.381nm，c_0 = 0.626nm。Z = 2。主要粉晶谱线：3.107(100)、1.902(100)、1.625(90)、1.106(80)、1.044(80)。纤锌矿的晶胞参数 a_0 和 c_0 随铁代替锌的数量增加而增大。纤锌矿型结构（图 12-6）：S 为六方紧密堆积，Zn 充填半数的四面体空隙，Zn 的配位数为 4。ZnS_4 四面体彼此以 4 个角顶相连，每层（平行于底面）四面体的方位相同，端顶皆向上。纤锌矿多型：2H、4H、6H、8H、3R、9R、12R、15R 和 21R。它们的晶胞参数和形态有所不同。最普遍的多型为 2H。

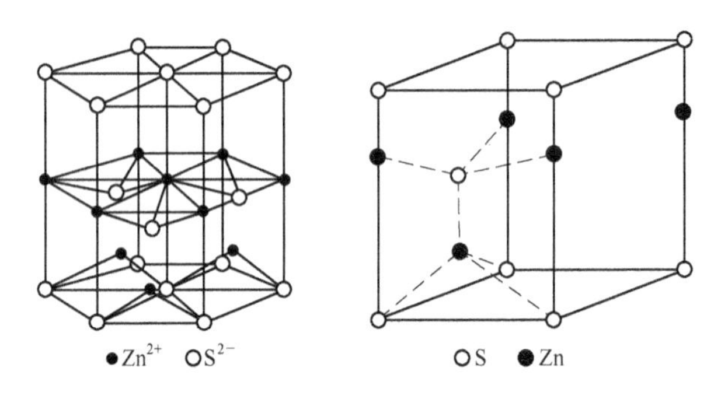

图 12-6 纤锌矿晶体结构

【晶体形态】 复六方单锥晶类，C_{6v}-6mm（$L^6 6P$）。晶体呈单锥体，短柱状或沿 {0001} 呈板状，通常底面 {000$\bar{1}$} 很发育，而 {0001} 不发育，晶面上有水平方向的聚形纹。常见为纤维状、柱状、皮壳状集合体。

【物理性质】 浅色至棕色和浅褐黑色（随铁含量而变化）。白色至褐色条痕。松脂光泽。性脆。解理∥{11$\bar{2}$0} 完全，{0001} 不完全。硬度 3.5~4。相对密度 4.0~4.1。热分析：在 780℃时熔化，在氮气中 980℃升华。

【显微镜下特征】 透射光下红到蓝色。一轴晶（+）。折射率 N_e = 2.378，N_o = 2.356（钠光）；N_e = 2，350，N_o = 2.330。（锂光）。反射光下白色，内反射淡黄色。反射率 R：18.3(红)、18.8(橙)、20.1(绿)。

【成因】 纤锌矿在低温条件下从酸性溶液中结晶。偶尔见于某些低温热液矿床中，与闪锌矿、白铁矿和其他硫化物一起产出。

【用途】 富集可作为锌矿石矿物。

辰 砂 族

辰砂（Cinnabar）

【化学组成】 HgS，Hg：86.21%，S：13.79%，含有少量的 Se、Te 等。

【晶体结构】　三方晶系，D_3^4-$P3_12_1$。$a_{rh}=0.397$nm，$\alpha=62°58'$。$Z=1$。$a_h=0.415$nm，$c_0=0.950$nm。$Z=3$。晶体结构中—Hg—S—Hg—螺旋状链（左旋或右旋）平行 c 轴无限延伸（图 12-7）。Hg 的配位数为 2。

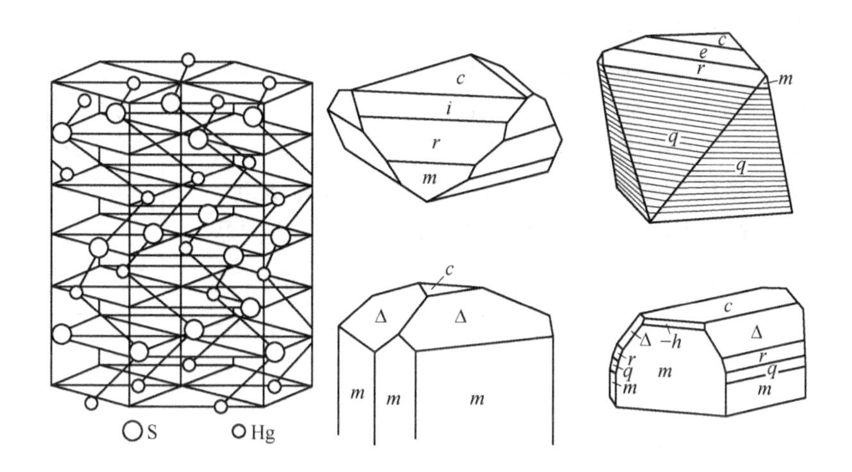

图 12-7　辰砂晶体结构与晶体形态

【晶体形态】　三方偏方面体晶类，D_3-32(L^33L^2)。晶体常见菱面体、板状。主要单形：平行双面 $c\{0001\}$、六方柱 $m\{10\bar{1}0\}$、菱面体 $r\{10\bar{1}1\}$、$q\{20\bar{2}1\}$ 等。集合体呈粒状或致密块状、片状。

【物理性质】　鲜红色或暗红色，条痕红色至褐红色，金刚光泽、半透明。解理 //$\{10\bar{1}0\}$完全，断口呈贝壳状或参差状。硬度 2~2.5。相对密度 8.09~8.2。不导电。性脆，片状者易破碎，粉末状者有闪烁的光泽。

【显微镜下特征】　透射光下红色，多色性，一轴晶（+）。$N_e=3.273$，$N_o=2.913$。旋光性比石英强 15 倍。在反射光下为白色，具亮血红色到朱红色的内反射。

【简易化学试验】　用盐酸湿润后，在光洁的铜片上摩擦，铜片表面显银白色光泽，加热烘烤后，银白色即消失。

【成因】　低温热液产物。产于火山岩、热泉沉积物、低温热液矿床等。与石英、雄黄、雌黄、方解石、辉锑矿、黄铁矿等共生。

【用途】　炼汞的矿物原料。其晶体可作为激光材料。作为药用具镇静、安神和杀菌等功效。鸡血石的主要组成矿物是辰砂、迪开石、高岭石等。辰砂呈隐晶质浸染状分布，呈色泽艳丽的红色，因色如鸡血而得名。

黄铜矿族

该族矿物包括黄铜矿亚族、黝锡矿亚族、六方黝锡矿亚族、硫铜铁矿亚族等。

黄铜矿亚族

黄铜矿（Chalcopyrite）

【化学组成】 $CuFeS_2$，Cu：34.56%，Fe：30.52%，S：34.92%。其成分中可有 Mn、As、Sb、Ag、Au、Zn、In、Bi、Se、Te 以及 Ge、Ga、In、Sn、Ni、Ti、铂族元素等混入。

【晶体结构】 有三种同质多象变体。高温等轴晶系，在550℃以上稳定，呈闪锌矿型结构（图 12-8）。温度在 550～213℃时为四方晶系。当温度低于 213℃时为斜方变体。四方晶系；D_{2d}^{12}-$I\bar{4}2d$；a_0 = 0.524nm，c_0 = 1.032nm；Z = 4。主要粉晶谱线：3.03（100）、1，855（100）、1.586（100）、1.205（80）、1.07（80）。晶体结构为闪锌矿型结构的衍生结构，即单位晶胞类似于两个闪锌矿晶胞叠置而成。每一金属离子（Cu^{2+}和 Fe^{2+}）的位置均相当于闪锌矿中 Zn^{2+} 的位置。由于 Zn^{2+}位置被 Cu^{2+}和 Fe^{2+}两种离子代替并有序分布，使对称由闪锌矿结构的等轴晶系下降为四方晶系。在高温时 Cu、Fe 离子在结构中的分布为无序排列，呈等轴晶系闪锌矿型结构。

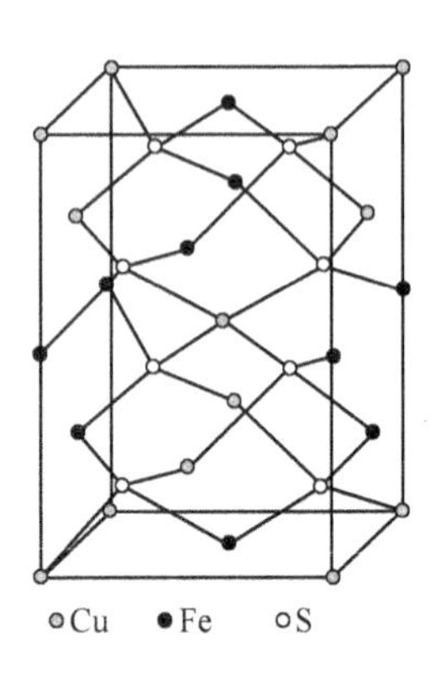

图 12-8 黄铜矿晶体结构

【晶体形态】 四方偏方面体晶类，D_{2d}-$\bar{4}2m$($L_i^4 2L^2 2P$)。晶体少见。常见单形（图 12-9）：四方四面体 $p\{111\}$、$-p\{1\bar{1}2\}$、$r\{332\}$、$d\{118\}$、四方双锥 $z\{201\}$、四方偏方面体 $w\{756\}$。双晶以（112）为双晶面或依［112］为双晶轴呈简单双晶。与闪锌矿规则连生体。

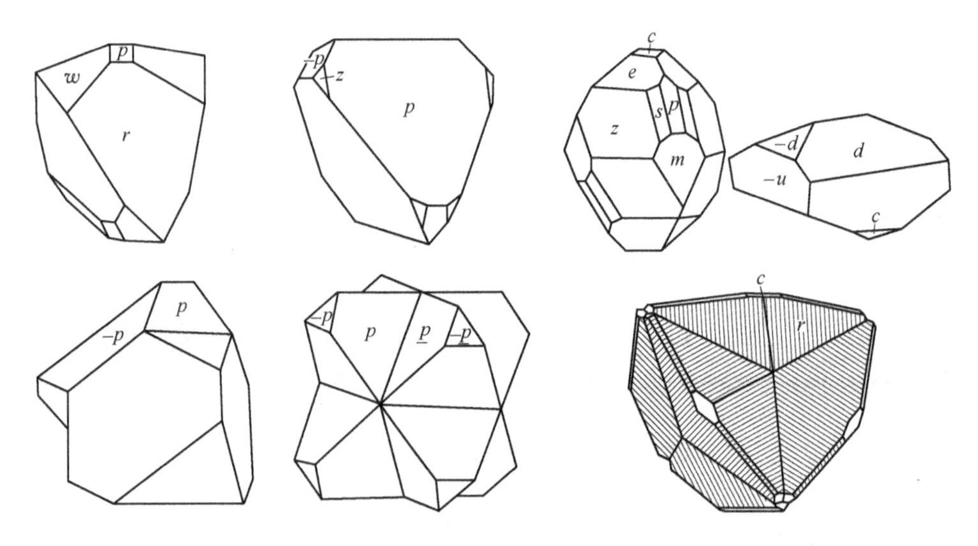

图 12-9 黄铜矿晶体形态

【物理性质】 颜色为铜黄色，常带有暗黄或斑状锖色；条痕绿黑色；金属光泽；不透明。解理不发育。硬度3~4。相对密度4.1~4.3。性脆。导电。

【显微镜下特征】 反射光下呈黄色，反射率R：4.15（绿）、4.5（橙）、4.9（红）。双反射不明显。均质体。

【简易化学试验】 溶于硝酸时析出硫。吹管焰中碎裂，熔出磁性金属球。闭管产生硫的升华物。

【成因产状】 形成于岩浆作用、热液作用、变质作用、沉积作用中。在基性、超基性岩有关的铜镍硫化物矿床、钒钛磁铁矿床、接触交代型矿床、热液型矿床火山块状硫化物矿床中常见黄铜矿，与辉钼矿、黄铁矿、斑铜矿、辉铜矿、石英等共生。在沉积含铜砾岩中、变质矿床中黄铜矿出现。黄铜矿在表生环境氧化形成孔雀石、蓝铜矿等。

【用途】 主要的铜矿石矿物。

方黄铜矿（Cubanite）

【化学组成】 $CuFeFeS_3$。Cu：23.4%，Fe：41.2%，S：35.4%。成分比较稳定，铁有两种价态（Fe^{2+}和Fe^{3+}），有时含少量镍、锌等混入物。

【晶体结构】 斜方晶系D_{2h}^{16}-$Pcmn$。$a_0=0.646$nm，$b_0=1.112$nm，$c_0=0.623$nm。$Z=4$。主要粉晶谱线：3.07（80）、3.21、2.12、1.937、1.890、1.858、1.745（60）。沿C〔001〕具假六方对称，与纤锌矿结构近似，可视为由纤锌矿结构板块组成（图12-10）。S作六方紧密堆积，Fe和Cu充填于四面体空隙。S的配位数等于4，但$S_{Ⅰ}$位于两个Fe组成的四面体中；$S_{Ⅱ}$位于3个Fe和1个Cu组成的歪曲四面体中。推测结构中有成对Fe的存在，可能是矿物铁磁性的原因。

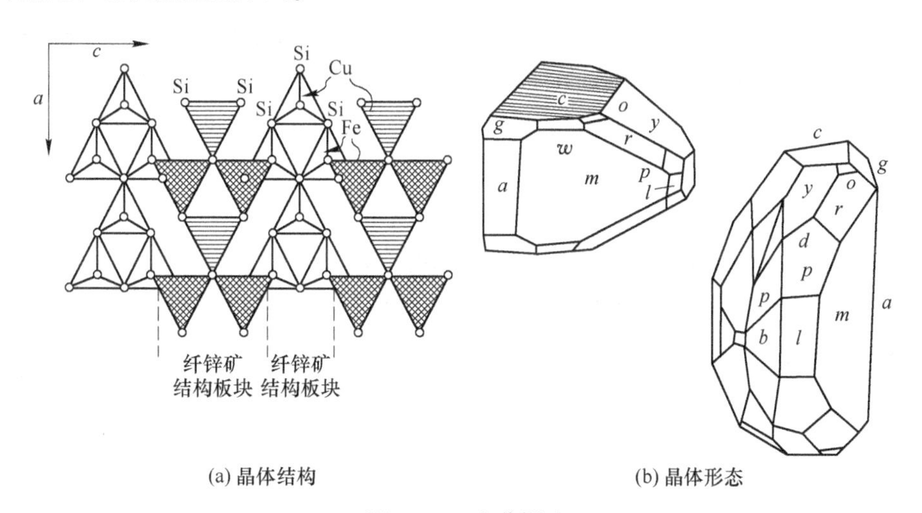

图12-10　方黄铜矿

【晶体形态】 斜方双锥晶类，D_{2h}-mmm（$3L^23PC$）。晶体细小（0.5mm），粒状或叶片状。常见单形：$c\{001\}$，斜方柱$m\{110\}$、$y\{011\}$，平行双面$b\{010\}$、$a\{100\}$，斜方柱$l\{130\}$、$e\{012\}$、$h\{032\}$、$f\{102\}$、$g\{101\}$、$d\{201\}$，斜方双锥$t\{112\}$、$w\{111\}$、$s\{221\}$、$p\{131\}$、$o\{122\}$、$r\{121\}$。在$c\{001\}$晶面上，具有平行b轴的晶面花纹。通常平行（110）或（130）形成双晶。与黄铜矿紧密共生或成连晶。

【物理性质】 青铜黄色。黑色条痕。金属光泽。不透明。解理∥{001}或{110}。

贝壳状断口，硬度3.5~4。弱可塑性。密度4.03~4.169（实测），4.003（计算）。b轴方向的磁化率强。在黄铜矿中（有时在磁黄铁矿中）呈固溶体分离的叶片状双晶或包体出现。

【显微镜下特征】 反射光下呈乳黄色带玫瑰紫的色调。反射率R：41（绿）、41（橙）、39（红）、44（白）。可见双反射。强非均质性，R_e-灰绿色，R_o-棕色；偏光色为紫红~蓝绿色。

【简易化学试验】 用硝酸浸蚀光片，可产生浅棕褐色薄膜。在氢氧化钾长时间作用下，缓慢而微弱地起变化。$K_2Cr_2O_7+H_2SO_4$长期浸蚀之后起作用。在吹管焰下煅烧呈磁性金属球。同碱熔合有铜和铁的反应。

【成因产状】 产于基性、超基性岩体铜镍矿床、接触变质型的黄铁矿矿床、中温热液硫化物矿床，与黄铜矿、磁黄铁矿等共生。随着成矿晚期物理化学条件的变化，方黄铜矿可分解成磁黄铁矿和黄铜矿、黄铁矿和铜蓝。在表生条件下，能转变成各种铜、铁的次生矿物。

黝锡矿亚族

黝锡矿（Stannite）

【化学组成】 Cu_2FeSnS_4。Cu：29.58%，Fe：12.99%，Sn：27.61%，S：29.82%。Fe被Zn代替成为完全类质同象，形成锌黄锡矿Cu(Zn，Fe)SnS_4。成分中含有Cd、Pb、Ag、Sb、In等。

【晶体结构】 四方晶系，D_{2d}^{22}-I$\bar{4}$2d；$a_0=0.547$nm，$c_0=1.074$nm，$Z=2$。黝锡矿晶体结构与黄铜矿相同。主要粉晶谱线：1.888(100)、3.064、1.103(80)、1.618(70)。晶体结构与黄铜矿完全相似；黄铜矿的铁-铜原子层在垂直于c方向分布，黝锡矿的铁-锡原子层和铜原子层相排列。黝锡矿在高温条件下，铜、锡、铁原子完全无序，形成等轴黝锡矿（$a_0=1.035$nm）。

【晶体形态】 四方偏三角面体晶类，D_{2d}-$\bar{4}2m$($L_i^4 2L^2 2P$)。晶体少见，呈假四面体、假八面体、板状等形态（图12-11），主要单形：平行双面$c\{001\}$，四方柱$m\{110\}$，四方双锥$e\{102\}$、$z\{101\}$，四方四面体$n\{114\}$、$p\{112\}$。由$p\{112\}$、$p\{\bar{1}12\}$和$c\{001\}$组成

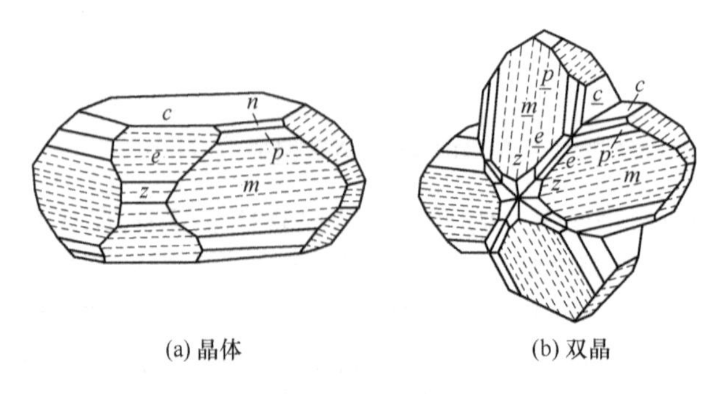

图12-11　黝锡矿

的聚形，呈沿着〔110〕方向伸长的形态。晶面上有显著的花纹。依（111）形成接触双晶，或依（102）形成穿插双晶。通常呈粒状块体或不规则粒状，与黄铜矿连生。

【物理性质】 微带橄榄绿色调的钢灰色，含较多黄铜矿包体时，呈黄灰色；有时呈铁黑色及带蓝的锖色。黑色条痕。金属光泽。不透明。解理∥{110}和{001}不完全。性脆。不平坦状断口。硬度3~4。相对密度4.30~4.52。

【显微镜下特征】 反射光下，呈带橄榄绿色调的亮灰色或灰白色。反射率 R：21（绿）、21（橙）、19（红）。双反射不显著。无内反射。斜交偏光位置表现出明显的紫色、绿色和灰色效应。常见叶片状和聚片状的双晶，偶见极细微的格子状双晶。

【简易化学试验】 溶于 $HCl+KClO_3$。在硝酸中分解，析出硫和二氧化锡，呈蓝色溶液，以此与黝铜矿相区别。置于炭板、吹管焰下熔化，颗粒表面形成二氧化锡的白色薄层。

【成因产状】 黝锡矿是典型的热液矿物，见于高温钨锡矿床、锡石硫化物矿床及高中温多金属矿床中。与闪锌矿、黄铜矿以及磁黄铁矿、方铅矿共生。黝锡矿也有胶体成因，是黝锡矿凝胶结晶作用的产物。在氧化带分解后经脱水作用形成表生锡石或各种锡的氢氧化物。

硫钴矿（Linnaeite）

【化学组成】 $(Co_{>0.5}Ni_{>0.5})(Co_{>0.5}Ni_{>0.5})_2S_4$ 或 $CoCo_2S_4$，化学组成为Co：57.96、S：42.02%。化学组成中，Co-Ni呈完全类质同象，Co>Ni，并常含有Fe和Cu。化学分析资料：Co：48.07、40.71；Ni：4.75、7.35；Cu；2.40、8.79；Fe；2.36、1.30，S；41.70、41.43；不溶物0.40、0.14；总计100.31、99.72。

【晶体结构】 等轴晶系，O_h^7—$Fd3m$。a_0 = 0.9401nm。Z = 8。主要粉晶谱线：2.83(100)、1.67(80)、2.36(70)。尖晶石型结构。

【晶体形态】 六八面体晶类，O_h—$m3m$($3L^4 4L^3 6L^2 9PC$)。可见八面体晶体。依（111）成双晶。常呈粒状集合体，呈致密块状。

【物理性质】 浅灰至钢灰色，通常具铜红至紫灰的锖色。金属光泽。不透明。解理∥{100}不完全。具不平坦状断口。硬度4.5~5.5。相对密度4.8~5.0（实测），4.88（计算）。

【矿相显微镜下】 均质。反射率 R：46.5(绿)、44(橙)。

【成因产状】 产于热液矿床。

【用途】 提取钴的矿物原料。

硫镍矿（Polydymite）

【化学组成】 $(Co, Ni)_2S_4$。Ni：57.86%，S：42.14%。通常含有混入物钴和铁。镍-钴为完全的类质同象，镍>钴。镍和钴可部分被铁所替代。硒代替硫可达10%。

【晶体结构】 等轴晶系，O_h^7-$Fd3m$。a_0=94.4nm。Z=8。主要粉晶谱线：2.85(100)、1.82(80)、1.67(70)、2.36(50)、3.33、1.114、1.012(40)。尖晶石型结构。

【晶体形态】 六八面体晶类，O_h-$m3m$（$3L^4 4L^3 6L^2 9PC$）。主要单形；立方体 a{100}、八面体 o{111}、四角三八面体 m{311}、三角三八面体 q{311}。依(111)形成聚片双晶（图 12-12）。多数为致密粒状集合体，少数呈钟乳状。

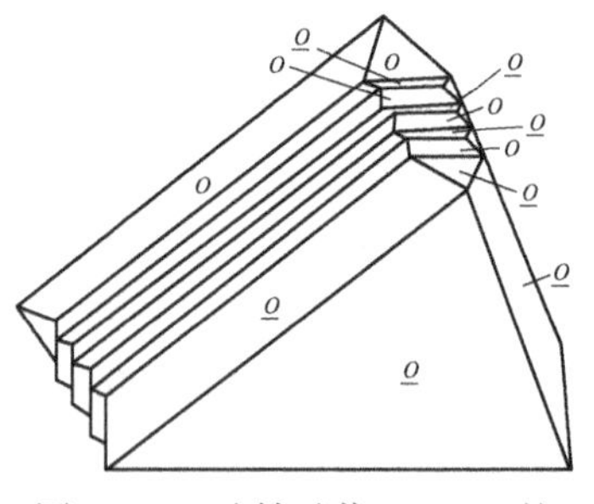

图 12-12 硫镍矿依（111）的聚片双晶

【物理性质】 浅灰至钢灰色，常具有暗锖色。金属光泽。不透明。解理//{100} 不完全。具不平坦状或贝壳状断口。硬度 4.5~5（显微硬度 285~375kg/mm^2）。弱延展性。相对密度 4.5~5.0。

【显微镜下特征】 反射光下，反射色带玫瑰色或黄色色调的灰白色。反射率在空气中：44（绿）、44.92（橙）、38.44（红）；在浸油中：37.69（绿）、42.51（橙）、38.44（红）。均质。

【成因产状】 出现于风化的泥岩化角砾岩或第三纪含褐煤的黏土岩里，与针镍矿、由铁矿紧密共生。热液硫化物矿床中，与针镍矿、黄铜矿、闪锌矿、辉锑矿等共生。在氧化带里硫镍矿转变为镍的硫酸盐（翠矾）等。

斑铜矿族

斑铜矿（Bornite）

【化学组成】 Cu_5FeS_4，Cu：63.33%，Fe：11.12%，S：25.55%。在高温时(>400℃)，斑铜矿与黄铜矿、辉铜矿呈固溶体，低温时发生固溶体离溶。

【晶体结构】 等轴晶系（高温变体），$-O_h^7$-$Fd3m$；a_0 = 0.55nm；Z = 1。四方晶系，空间群 D_{2d}^4—$P42_1c$；晶胞参数：a_0 = 0.1095nm，c_0 = 2.188nm；Z = 16。粉晶数据：1.937(100)、3.18(60)、2.74(50)。晶体结构复杂，其中 S 做立方最紧密堆积，位于立方面心格子的角顶和面心，阳离子充填 8 个四面体空隙。阳离子向四面体的中心移动。金属原子占据每个四面体面上 6 个可能位置之一，每个四面体提供 24 种亚位置。Cu 和 Fe 原子随机地占据尖端向上和向下的四面体空隙的 3/4。四面体共棱。

【晶体形态】 六八面体晶类，O_h-$m3m$（$3L^4 4L^3 6L^2 9PC$）。晶体可见等轴状的立方体{100}、八面体 {111} 和菱形十二面体 {110} 等假象外形，但极为少见，通常呈致密块状或不规则粒状集合体。

【物理性质】 因新鲜断面呈暗铜红色，风化表面常呈暗蓝紫斑状锖色而得名，条痕灰黑色；金属光泽；不透明。无解理。贝壳状断口。硬度 3。相对密度 4.9~5.3。性脆。具导电性。

【显微镜下特征】 反射光下为粉红色至橙色，非均质性弱。反射率 R：16.6，18.5，21.5。

【简易化学试验】 溶于硝酸，有铜的焰色反应。

【成因及产状】 产于基性岩及有关的 Cu-Ni 矿床、热液型矿床、矽卡岩型矿床等，与黄铜矿、黄铁矿、方铅矿、黝铜矿、硫砷铜矿、辉铜矿等共生；在氧化带易转变成孔雀石、蓝铜矿、赤铜矿、褐铁矿等。

【用途】 重要的铜矿石矿物。

磁黄铁矿族

磁黄铁矿（Pyrrhotite）

【化学组成】 $Fe_{1-x}S$（x＝0～0.223）。Fe：63.53%，S：36.47%。S 的含量可达到 39%～40%，相对 S 而言 Fe 是不足的。有部分 Fe^{2+} 被 Fe^{3+} 代替，为了保持电价平衡，在结构 Fe^{3+} 出现部分空位，称为缺席构造。有 Ni、Co、Mn 以类质同象置换 Fe，并有 Zn、Ag、In、Bi、Ga、铂族元素等呈机械混入物。

【晶体结构】 $Fe_{1-x}S$ 有两个同质多象变体。320℃以上稳定的为高温六方晶系变体（$Fe_{10}S_{11}$），空间群为 D_{6h}^4—$P6_3/mmc$；晶胞参数 a_0＝0.344nm，c_0＝0.569nm；Z＝2。主要粉晶谱线：2.062(100)、1.10(90)、2.63(80)、1.045(80)。320℃以下稳定的为单斜晶系变体（Fe_7S_8）。六方磁黄铁矿晶体结构为红砷镍矿型结构。S 原子呈六方紧密堆积，Fe 位于八面体空隙。［FeS_6］八面体上下共面，平行 c 轴方向连接成直线形链，在水平方向上［FeS_6］八面体共棱。低温出现各种畸变和超结构。不同超结构中铁离子缺位形成各种有序排列，导致 a、c 轴的晶胞增大。磁黄铁矿结构出现缺席构造。这是由于一部分 Fe^{3+} 的出现，有 1/3 的空位形成，电荷保持平衡（图 12-13）。

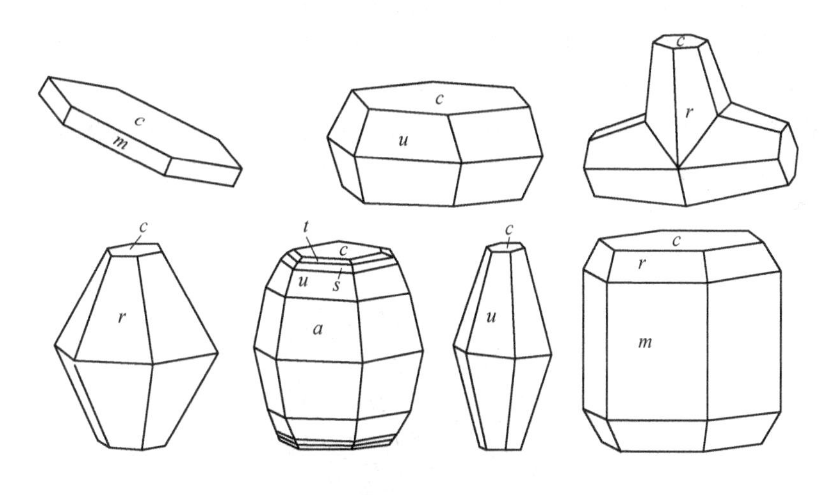

图 12-13　磁黄铁矿晶体结构与晶体形态

【晶体形态】 复六方双锥晶类。D_{6h}-$6/mmm$（L^26L^27PC）。晶体一般呈板状，少数为锥状、柱状。常见单形：平行双面 $c\{0001\}$，六方柱 $m\{10\bar{1}0\}$，六方双锥 $r\{10\bar{1}1\}$、$u\{20\bar{2}1\}$、$s\{10\bar{1}2\}$ 等。依（$10\bar{1}0$）呈双晶或三连晶。常呈粒状、块状或浸染状集合体。

【物理性质】 暗铜黄色，带褐色锖色。条痕亮灰黑色。金属光泽。解理∥$\{10\bar{1}0\}$ 不完全。$\{0001\}$ 裂开发育。性脆。硬度 3.5～4.5。相对密度 4.6～4.7。具导电性和弱磁性。

【显微镜下特征】 反射光下呈浅玫瑰棕色，弱多色性。反射率 R：37.8（绿）、34.2

（橙）、36.2（红）。

【简易化学试验】 难溶于硝酸和盐酸中。吹管焰中煅烧形成黑色磁性块体。

【成因】 广泛产于内生矿床中。在与基性、超基性岩有关的硫化物矿床、矽卡岩型、热液矿床中，常与黑钨矿、辉铋矿、毒砂、方铅矿、闪锌矿、黄铜矿、石英等共生。

【用途】 作为制取硫酸、硫黄的矿物原料。

镍黄铁矿族

镍黄铁矿（Pentlandite）

【化学组成】 （Fe，Ni）（Fe，Ni)$_8$S$_8$或（Fe，Ni)$_9$S$_8$。在 Fe∶Ni=1∶1 时，Fe 32.55%，Ni 34.22%，S 33.23%。常有类质同象混入物 Co、Se、Tl。Co 的含量一般为 0.4%~3%。有时含铂族元素。

【晶体结构】 等轴晶系，O_h^5—$Fm3m$。a_0=1.017nm。Z=4。晶胞参数a_0随着成分中 Co/(Fe，Ni）值的降低而增大。主要粉晶谱线：1.77(100)、3.30(90)、1.95(80)、2.89(70)、2.30、1.31、1.25、1.02(50)。晶体结构：S 离子作立方最紧密堆积，化学式中的9个阳离子（Fe，Ni）有8个充填其半数四面体空隙，另一个充填在八面体空隙里，配位数分别为4和6。整个结构可以看成（Fe，Ni)S$_6$八面体与由8个（Fe，Ni)S$_4$四面体组成的星射体，按照氯化钠型的结构，作规律性地交替排列而成（图12-14）。S 的配位数有4和5两种。结构中 Fe 和 Ni 可相互替换。

【晶体形态】 六八面体晶类，O_h—$m3m(3L^4 4L^3 6L^2 9PC)$。多呈粒状或不规则粒状集合体；经常呈叶片状或火焰状规则连生于磁黄铁矿中，系固溶体分离的产物。

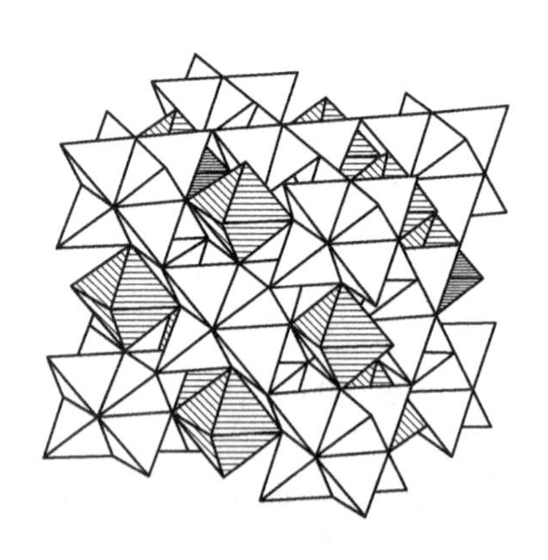

图12-14 镍黄铁矿晶体结构

【物理性质】 古铜黄色。绿黑色或亮青铜褐黄条痕。金属光泽。不透明。解理//{111}完全。不平坦状断口。硬度3~4；钴含量降低硬度有所降低。相对密度4.5~5。无磁性。电的良导体。

【显微镜下特征】 在反射光下，呈亮浅黄白色，有时带棕色色调。反射率 R：47.2

~ 51.8(绿)、48.7 ~ 51.5(橙)、48.2 ~ 50.8(红)。均质性。无双反射。

【简易化学试验】 溶于硝酸，染溶液呈绿色，往溶液内加氢氧化铵产生氢氧化铁褐色沉淀，加二甲基乙二醛肟呈桃红色（镍的反应）。

【成因产状】 主要分布于与基性岩、超基性岩有关的铜-镍硫化物矿床中，与磁黄铁矿、黄铁矿和磁铁矿、铂族矿物（自然铂、钯铂矿、硫铂矿和硫镍钯铂矿等）紧密共生。在氧化带，分解形成易溶于水的含镍硫酸盐，如碧矾 $NiSO_4 \cdot 7H_2O$ 或镍矾 $NiSO_4.6H_2O$ 等。

【用途】 含镍黄铁矿的矿石为镍的重要原料。同时可综合利用钴、铜、铂族元素等。

辉锑矿族

辉锑矿（Stibnite）

【化学成分】 Sb_2S_3，Sb：71.69%，S：28.6%；含少量 As、Pb、Ag、Cu 和 Fe，其中绝大部分元素为机械混入物。

【晶体结构】 斜方晶系；D_{2h}^{16}-*Pbnm*；a_0 = 1.120nm，b_0 = 1.128nm，c_0 = 0.383nm；Z = 4。粉晶数据：2.764(100)、3.053(95)、3.556(70.)。具链状结构。链是由［SbS_3］三方锥成锯齿状链沿 c 轴延伸。两个链呈［Sb_4S_6］链带平行（010）排列成层。链带内 Sb-S 之间以离子键-金属键相连，链带以分子键相连。Sb 配位数 7。沿着｛010｝表现出解理。晶体形态沿结构中链体的方向延伸，呈平行 c 轴的柱状。

【晶体形态】 斜方双锥晶类，D_{2h}-*mmm*（$3L^23PC$）。单晶呈柱状或针状，柱面具有明显的纵纹（图 12-15），较大的晶体往往显现弯曲。单形有斜方柱 m{110}、n{210}、l{340}、

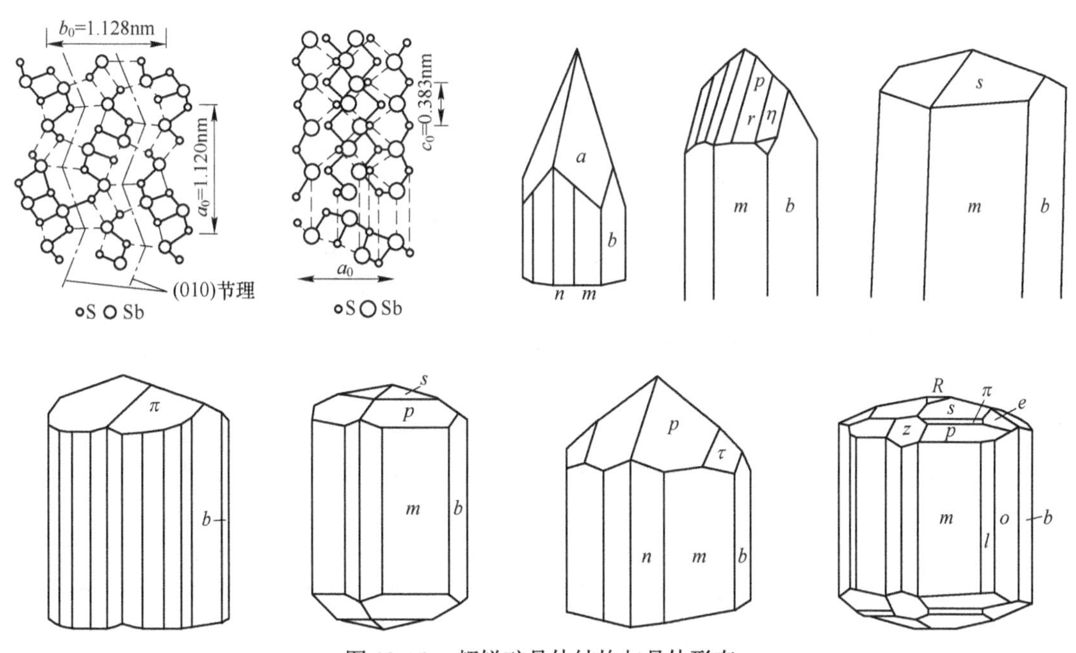

图 12-15　辉锑矿晶体结构与晶体形态

o｛120｝、r｛102｝；平行双面 b｛010｝，斜方双锥 s｛111｝、e｛121｝等。集合体常呈放射状或致密粒状。

【物理性质】 铅灰色或钢灰色，表面常有蓝色的锖色；条痕黑色；晶面常带暗蓝锖色；金属光泽；不透明。解理//｛010｝完全。解理面上常有横的聚片双晶纹。硬度2。相对密度4.6。性脆。

【显微镜下特征】 反射色为白色到灰色。双反射显著，非均质性强，从浅棕色变化到灰蓝色调。内反射为红色。

【简易化学试验】 滴 KOH 于其上，立刻呈现黄色，随后变为橘红色，以此区别于辉铋矿。用氢氧化钾冷溶液或沸腾的氢氧化钡的水溶液处理几分钟后，出现橙红色薄膜。

【成因与产状】 形成于低温热液。

【用途】 提取金属锑的矿物原料。锑现在已被广泛用于生产各种阻燃剂、搪瓷、玻璃、橡胶、涂料、颜料、陶瓷、塑料、半导体元件、烟花、医药及化工等部门产品。

辉铋矿（Bismuthinite）

【化学组成】 Bi_2S_3，Bi：81.3%，S：18.7%。含 Pb、Cu、Sb、Se 等，当 Bi^{3+} 为 Pb^{2+} 代替时以 Cu^{1+} 补偿电价。呈 Pb、Cu 和 Fe 的简单硫化物（如黄铜矿），以 Cu-Pb-Bi 的复杂硫化物的显微包体的形式出现。其次较常见的类质同象混入物为 Sb、Se 和 Tl，Sb 代替 S 可达 8.12%，其变种称锑-辉铋矿；Se 代替 S 可达 9%，称硒-辉铋矿。此外还有 As、Au、Ag 等混入物。

【晶体结构】 斜方晶系，D_{2h}^6—$Pbnm$；a_0 = 1.113nm，b_0 = 1.127nm，c_0 = 0.397nm。Z=4。主要粉晶谱线：3.50(100)、3.08(90)、2.79(80)、1.935(80)、1.725(80)。辉铋矿与辉锑矿等结构。

【晶体形态】 斜方双锥晶类；D_{2h}-mmm($3L^23PC$)。晶体常呈柱状、板状和针状或毛发状；柱面具有明显纵纹。主要单形有平行双面 b｛010｝和 a｛100｝；斜方柱 m｛110｝、h｛310｝、n｛021｝、l｛101｝、z｛301｝、p｛501｝；斜方双锥 σ｛211｝、λ｛311｝、s｛111｝和 w｛121｝。双晶沿（110）。集合体常为柱状、针状或毛发状、放射状、粒状和致密块状等（图 12-16）。

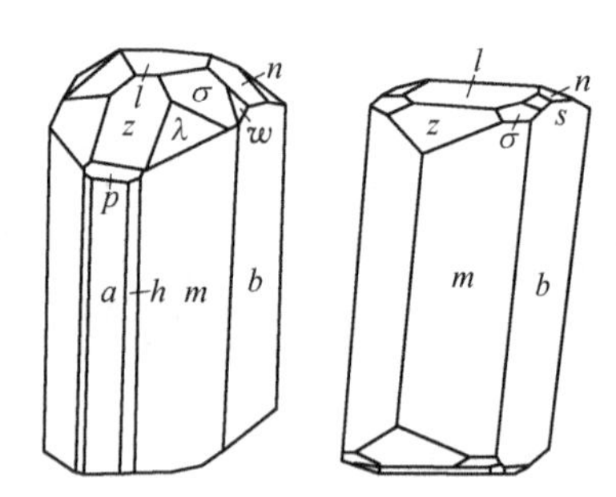

图 12-16 辉铋矿晶体形态

【物理性质】 锡白色（带铅灰色），表面常有黄色和蓝色的锖色。条痕灰黑或铅灰色。较强的金属光泽。不透明。解理//｛010｝完全，//｛100｝和//｛110｝不完全。具不平坦断口。硬度2~2.5；3~3.75。微具挠性。具可切性。相对密度6.4~6.8。导电率沿 c 轴方向比垂直于 c 轴方向几乎小2/3倍。

【显微镜下特征】 反射色白色，与辉锑矿和方铅矿比较时显乳白色和淡黄色调。较高反射率。双反射在空气中显著而弱，较辉锑矿低，沿颗粒界线极易看出：在三个方向上，c 呈淡黄白色，a 呈白色带亮灰色调，b 呈浅灰白色。非均质性显著。

【简易化学试验】 易溶于硝酸和热盐酸中。在吹管下很易熔化，同时起泡。在木炭

上出现 Bi_2O_3 的淡黄色薄膜；与碘化钾熔化时出现 BiI_3 的红色被膜。加热时熔化成褐色小球，当冷却时褐色滴变成白色。在光片上，与硝酸作用起泡并变黑。与氯化汞作用出现棕色薄膜。与浓盐酸作用出现虹彩薄膜。

【成因产状】 辉铋矿产于高温和中温的热液脉型矿床、接触交代矿床中，与黑钨矿、锡石、白钨矿、闪锌矿、黄铁矿、辉钼矿、黄铜矿、方铅矿，以及石英、绿柱石、长石、白云母、黑云母、锂云母、萤石等共生。含金石英脉中，辉铋矿与自然金共生。辉铋矿在氧化带中易氧化形成泡铋矿、铋华等。

【用途】 提取金属铋的主要矿物原料。铋用于制作易熔合金、特殊玻璃和化学制剂等。

雄 黄 族

雄黄（Realgar）

【化学组成】 As_4S_4，As：70.1%，S：29.9%。成分较固定，一般含杂质较少。

【晶体结构】 单斜晶系；C_{2h}^6-$P2_1/n$；a_0 = 0.929nm，b_0 = 1.353nm，c_0 = 0.657nm；β=106°33′；Z=16。具分子型结构（图 12-17）：由 As_4S_4 分子构成，分子中的 4 个 S 与 4 个 As 之间以共价键相维系，而分子与分子间则以分子键相连接。对于 As_4S_4 分子，其中 S 形成正方形，As 形成四面体，而正方形和四面体的中心相吻合。每一个 S 与两个 As 相邻，而一个 As 则与 2 个 S 及另一 As 相邻。

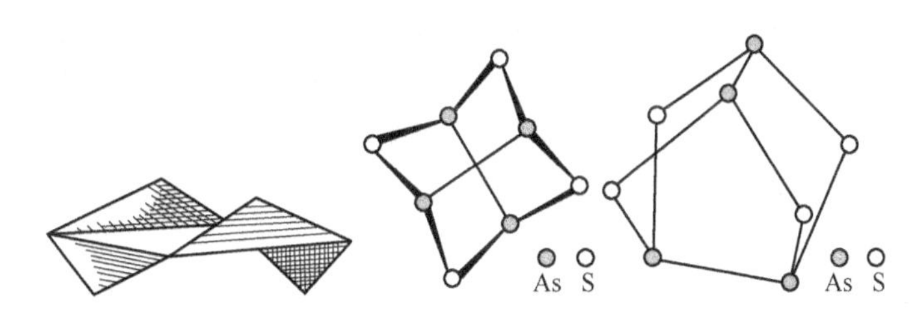

图 12-17 雄黄晶体结构

【晶体形态】 斜方柱晶类，C_{2h}-$2/m$（L^2PC）。有时可见沿 c 轴呈柱状、短柱状或针状，柱面上有细的纵纹。常见单形：平行双面 $a\{100\}$、$c\{001\}$、$b\{010\}$，斜方柱 $h\{310\}$、$m\{110\}$、$t\{120\}$、$v\{130\}$ 等。依（100）成双晶。通常呈粒状、致密块状，有时呈土状块体或粉末状、皮壳状集合体。

【物理性质】 橘红色，条痕呈淡橘红色；晶面上具金刚光泽，断面上出现树脂光泽，透明~半透明。解理∥{010} 完全。硬度 1.5~2。相对密度 3.6。性脆。长期受光作用，可转变为淡橘红色粉末。

【显微镜下特征】 在透射光下显强的多色性：N_g 和 N_m=浅绿黄色至朱砂红色，N_p=近无色至浅橙黄红色。二轴晶（-）。反射光下反射色暗灰色。非均质性强。内反射红带黄色。

【简易化学试验】 在硝酸中分解并析出硫。溶于盐酸并呈现柠檬黄色絮团。加 KOH 呈黑色。在木炭上熔融，火焰呈蓝色，生成白色 As_2O_3 被膜。

【成因产状】 主要见于低温热液矿床中，亦见于温泉沉积物和硫质喷气孔的沉积物中；外生成因者较少。

【用途】 作为提炼砷的矿物原料。砷用于农药和化工原料、中药等。

雌 黄 族

雌黄（Orpiment）

【化学成分】 As_2S_3，As：60.9%，S：39.09%。Sb 呈类质同象混入，含量可达 3%。Se 达 0.04%。存在微量的 Hg、Ge、Sb、V 等元素。

【晶体结构】 单斜晶系；C_{2h}^5-P21/c；a_0 = 1.149nm，b_0 = 0.959nm，c_0 = 0.425nm，β = 90°27′；Z = 4。主要粉晶谱线：4.775(100)、2.707(60)、2.446(60)、1.793(80)。雌黄具有层状结构（图 12-18）：As_2S_3 层平行 {010}，层中每一个 As 被 3 个 S 所包围，而每个 S 与两个 As 相连接。层内 As-S 间距 0.2243nm，层间 As-S 间距 0.310nm。各层间以分子键连接。平行 {010} 产生完全解理。

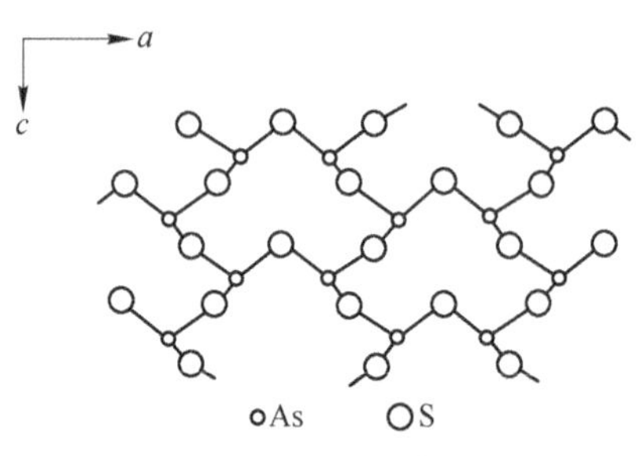

图 12-18　雌黄晶体结构

【晶体形态】 斜方柱晶类，C_{2h}-2/m（L^2PC）。晶体常呈板状或短柱状。有平行柱面条纹。主要单形：平行双面 a{301}，斜方柱 m{110}、u{210}、x{311}、r{321}、v{331} 等。依（100）成双晶。集合体呈片状、梳状、放射状、土状等。

【物理性质】 柠檬黄色；条痕鲜黄色；油脂光泽至金刚光泽，解理面为珍珠光泽。解理// {010} 极完全，薄片能弯曲，但无弹性。硬度 1.5~2。相对密度为 3.5。

【显微镜下特征】 透射光下柠檬黄色。二轴晶（-）。对于锂光折射率 N_g = 3.02，N_m = 2.81，N_p = 2.4。反射色灰白色，双反射强。

【简易化学试验】（1）雄黄受热熔化为暗红色熔体；雌黄熔化为黄色熔体。（2）雄黄粉末难溶于碳酸铵溶液，雌黄易溶。（3）雄黄与雌黄的晶体面网间距 d 不同，故可用 X 射线衍射法进行鉴别。（4）雄黄与雌黄还可用红外光谱法鉴别。

【成因】 主要见于低温热液矿床。与雄黄、辰砂、辉锑矿、石英等共生。

【用途】 提取砷矿石物的矿物原料，还用于中药材等。

铜 蓝 族

铜蓝（Coverllite）

【化学组成】 CuS，Cu：66.48%，S：33.52%。含有 Fe、Ag、Se 等。

【晶体结构】 六方晶系 D_{6h}^4-$P6_3/mmc$，a_0 = 0.3792nm，c_0 = 1.6344nm。Z = 2。主要粉晶谱线：3.04(80)、2.81(100)、2.72(80)、1.89(100)、1.73(80)、1.555(80)、1.093(80)。铜蓝晶体结构具有层状结构。Cu^{2+} 位于由 3 个 S^{2-} 所组成的等边三角形之中，各个三角形的角顶彼此相连成层（Cu^{2+}-S = 0.210nm）。由 S^{2-} 所占据的三角形的角顶又是上下相对应的四面体的一个共用角顶，而四面体的其余角顶由 $[S_2]^{2-}$ 占据，Cu^+ 位于四面体的中心。由 CuS_3 三角形连接的层及位于其上下的 CuS_4 四面体构成铜蓝层状结构。

【晶体形态】 复六方双锥晶类，D_{6h}-$6/mmm$ ($L^6 6L^2 7PC$)。单晶体少见，呈细薄六方板状或片状。主要单形：平行双面 $c\{0001\}$、$x\{10\bar{1}4\}$、$a\{10\bar{1}2\}$。通常呈叶片状、块状、粉末状集合体。

【物理性质】 靛青蓝色，条痕为灰黑色；金属光泽，不透明。解理平行 {0001} 完全。硬度 1.5~2；性脆。相对密度 4.67。

【显微镜下特征】 透射光下多色性明显。一轴晶（-）。反射色为靛蓝色，双反射显著。在空气中 R_o-深蓝带紫色色调，在油中 R_o-紫色至紫红色。非均质性强。

【简易化学试验】 溶于硝酸中析出硫，溶液变黄绿色。再加入黄血盐粉末在矿物周围出现褐红色沉淀，矿物形成褐红色被膜。吹管焰下用木炭烧之，产生蓝色火焰，析出 SO_2，并生成金属球粒。

【成因产状】 铜蓝主要是外生成因，它是含铜硫化物矿床次生富集带中最为常见的一种矿物。由热液作用形成的铜蓝是极其稀少的。

【用途】 提取铜的矿物原料。

辉钼矿族

辉钼矿（Molybdenite）

【化学成分】 MoS_2，Mo：59.94%，S：40.06%。Se、Te 可替代 S(≤25%)。含有铼（≤3%）以及锇、铂、钯等铂族元素。

【晶体结构】 六方晶系（$2H$）；D_{6h}^4-$P6_3/mmc$；$a_0 = 0.315$nm，$c_0 = 1.230$nm；$Z = 2$。主要粉晶谱线：6.01(100)、2.50(100)、2.27(80)、1.82(50)。三方晶系($3R$)，$C_{3v}{}^5$-$R3m$；$a_0 = 0.316$nm，$c_0 = 1.833$nm，主要粉晶谱线：6.09(100)、2.34(60)、2.19(60)、1.89(40)、1.78(30)。辉钼矿的晶体具层状结构，有 2H 和 3R 型结构。在 2H 结构中，Mo^{4+}组成的面网，与上下由 S^{2-} 组成的面网之间共同构成一个三方柱配位结构层（S-Mo-S）平行 {0001}。[MoS_6] 构成三方柱形配位多面体，此结构层由 S^{2-} 组成八面体层相联。在同一硫面网中，相邻硫离子间由共价键联系；同一钼面网内，相邻离子间由金属键联系。同一结构层内相邻钼离子与硫离子间由离子键联系，Mo-S 键长为 0.154nm。当结构层间叠加时，上一结构层的下部硫面网与下一结构层的上部硫面网之间的相邻硫离子由分子键联系，S—S 键长 0.308nm。层内键力连接紧密，层与层之间的引力微弱，平行 {0001} 发育极完全解理。在 3R 型结构中由硫-钼-硫层按三层重复叠加而成。属三方晶系（图 12-19）。

【晶体形态】 复六方双锥晶类，D_{6h}-$6/mmm$ ($L^6 6L^2 7PC$)。晶体呈片状、板状。主要单形：平行双面 $c\{0001\}$、六方柱 $m\{10\bar{1}0\}$ 六方双锥 $s\{10\bar{1}5\}$ $t\{10\bar{1}3\}$、$o\{10\bar{1}2\}$、$p\{10\bar{1}1\}$ 等。在 {0001} 面上可见到彼此以 60°相交的晶面条纹。依（0001）成双晶或平行连生。通常呈片状、鳞片状、细小颗粒集合体。

【物理性质】 铅灰色；条痕为亮铅灰色，在上釉瓷板上为微绿的灰黑色（与石墨的重要区别）；强金属光泽，不透明。解理 // {0001} 极完全，解理薄片具挠性。硬度 1。相对密度 5.0。有滑腻感。

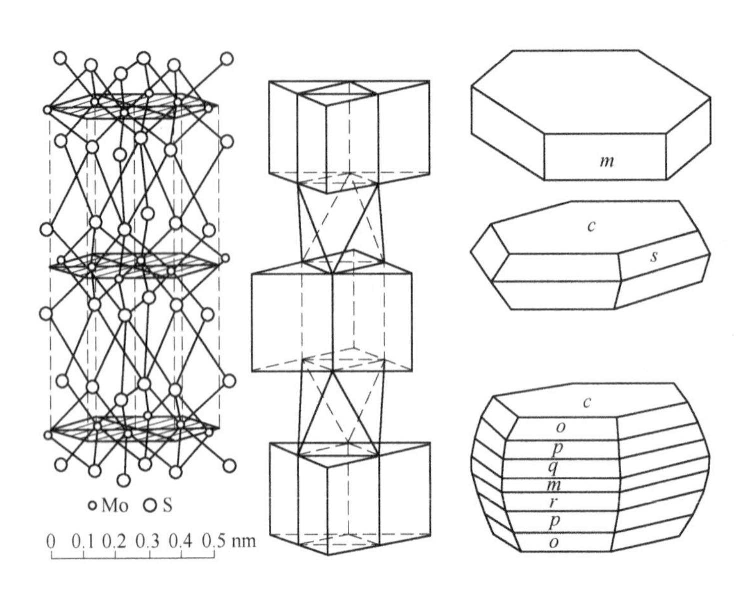

图 12-19 辉钼矿（2H）晶体结构与晶体形态

【显微镜下特征】 偏光镜下不完全正交时暗蓝色。一轴晶（-），N_o = 4.336，N_e = 2.03。反射色和双反射极强，R_o-白色，R_e-灰色带暗淡的蓝色调。非均质性强。

【简易化学试验】 完全溶于王水。热硫酸中分解后蒸发，逸出 SO_2 蒸汽，形成蓝色斑点。辉钼矿加硝酸加热溶解，待蒸发近于干时在白色板上可见蓝色。在木炭上烧之可生成 MoO 被膜，热时为黄色，冷却时白色。

【成因产状】 形成于高中温热液作用中。热液矿床中与黑钨矿、锡石、辉铋矿等共生。在矽卡岩型矿床中与石榴子石、透辉石、白钨矿、黄铁矿及其他硫化物共生。

【用途】 提取钼的矿物原料，也是提取铼的主要矿物。含有铂族元素也可综合利用。

黄 铁 矿 族

黄铁矿（Pyrite）

【化学组成】 Fe[S_2]。Fe：46.67%，S：53.33%。成分中常见 Co、Ni 等元素呈类质同象置换 Fe，形成 CoS_2-FeS_2 和 FeS_2-NiS_2 系列。含有 Au、Ag、Cu、Pb、Zn 等呈机械混入物。

【晶体结构】 等轴晶系；T_h^6-$Pa3$；a_0 = 0.542nm，Z = 4。主要粉晶谱线：1.632(100)、2.709(85)、2.423(65)。黄铁矿是 NaCl 型结构的衍生结构，Fe^{2+} 占据在角顶和面心，哑铃状对硫离子 $[S_2]^{2-}$ 分布在相当于 1/8 立方体的对角线方向。对硫 S—S 间距为 0.210nm，相应使阳离子 Fe^{2+} 与对硫距离缩短。S^{2-} 的半径为 0.185nm，Fe^{2+} 半径 0.07nm，两者之和为 0.259nm。实际上 S—Fe 之间距离为 0.226nm，表明趋于紧密。由于哑铃状对硫离子的伸长方向在结构中交错配置，使各方向键力相近，黄铁矿解理极不完全，硬度增大（图12-20）。

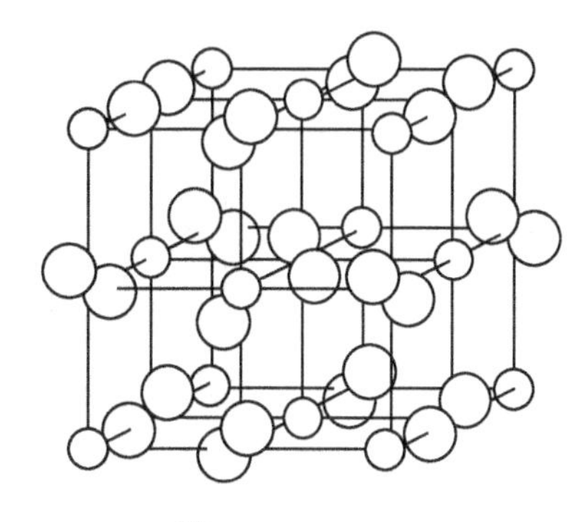

图 12-20　黄铁矿晶体结构

【形态】　偏方复十二面体晶类，T_h-$m3$（$3L^24L^33PC$）。晶体完好。主要单形：立方体 $a\{100\}$、五角十二面体 $e\{210\}$、八面体 $o\{111\}$、偏方复十二面体 $\{321\}$。立方体晶面上见三组互相垂直的条纹（为 $\{100\}$ 与 $\{210\}$ 的聚形纹）依（110）呈铁十字穿插双晶。集合体通常呈粒状、致密块状、球状、草莓状等。隐晶质变交替黄铁矿称为胶黄铁矿（图12-21）。

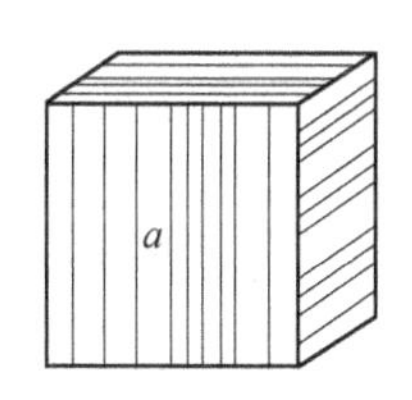

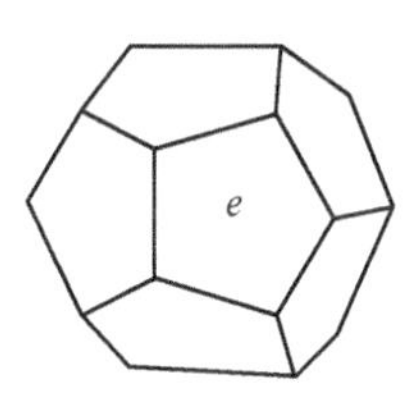

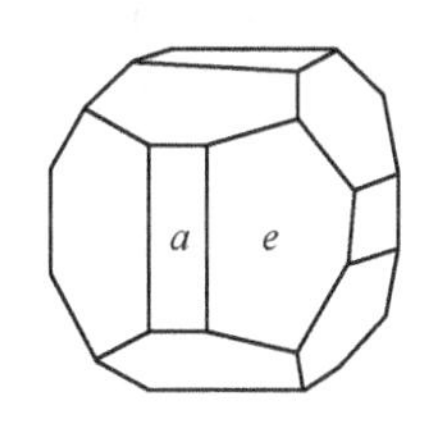

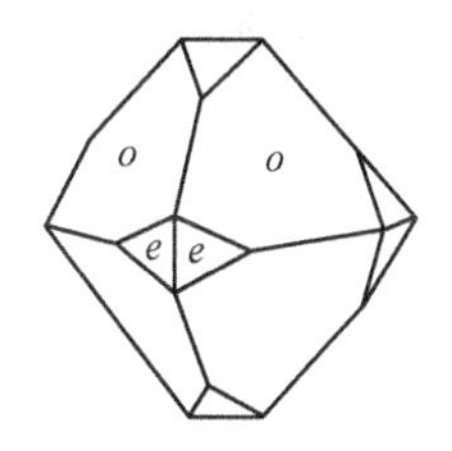

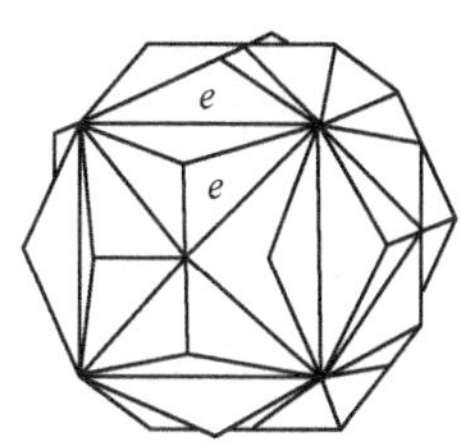

图 12-21　黄铁矿晶体形态

【物理性质】　浅铜黄色，表面带有黄褐的锖色；条痕绿黑色；强金属光泽，不透明。无解理；断口参差状。硬度 6～6.5。相对密度 4.9～5.2。熔点 1171℃。可具检波性。具介电性、热电性。

【显微镜下特征】　反射光下呈黄白色。均质性。反射率 R：54.5（白色）、46（470nm）、53.6（546nm）。红外光谱强吸收带 8～11μm。

【成因产状】　地壳中分布最广的硫化物。在内生作用、外生作用、变质作用中都可形成。黄铁矿在氧化带不稳定，可形成以针铁矿、纤铁矿等为主的铁帽。

【用途】　制备硫酸的主要矿物原料。

白铁矿（Marcasite）

【化学成分】　FeS_2，Fe：46.55%，S：53.45%。含有 As、Sb、Bi、Ni、Co、Cu 等。

【晶体结构】　斜方晶系，D_{2h}^{12}-$Pmnn$；晶胞参数：$a_0=0.4445$nm，$b_0=0.5425$nm，$c_0=0.3388$nm。粉晶数据：2.71(100)、1.76(.63)、3.44(40)。是 FeS_2 的不稳定变体，高于350℃转变为黄铁矿。白铁矿晶体结构中，铁离子位于斜方晶胞的角顶和中心，铁的配位数为 6。FeS_6 八面体以棱相连沿 c 轴延伸的链。S^{2-} 离子之轴与 c 轴斜交，两端位于 Fe^{2+} 两个三角形的中点。与黄铁矿相比，S-S 间距增大（0.221nm），Fe-S 间距减小（0.223～0.235nm）。对称程度降低。

【晶体形态】　斜方双锥晶类，D_{2h}-mmm（$3L^23PC$）；晶体通常呈 $\{010\}$ 的板状、双锥状。主要单形：平行双面 $b(010)$，斜方柱 $m(110)$、$e(101)$、$u\{130\}$ 等。在晶面上可见到平行 c 轴的条纹。依（101）成简单双晶。集合体呈结核状、肾状、钟乳状、皮壳状等（图 12-22）。

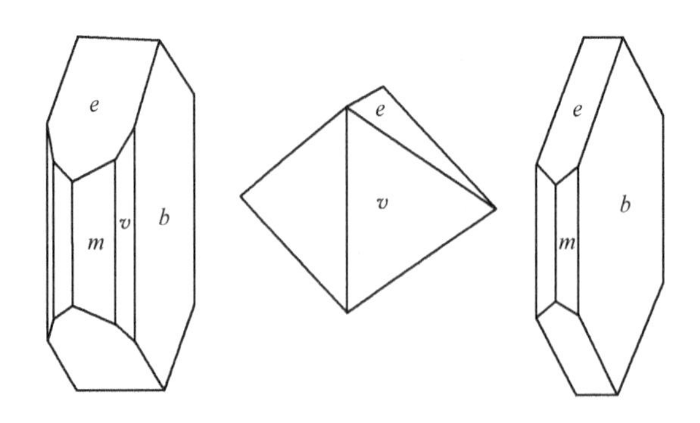

图 12-22 白铁矿晶体形态

【物理性质】 淡铜黄色稍带灰色或浅绿色调，暗灰绿色条痕，金属光泽。不透明。解理∥（101）不完全，性脆。硬度 5~6，相对密度 4.9。弱导电性。

【显微镜下特征】 在反射光下反射色带黄的白色，双反射：平行 a 白色，平行 b 浅黄色，平行 c 淡黄白色。强非均质性。

【成因产状】 形成于热液作用、沉积作用。形成在晚期低温热液阶段，与黄铁矿、黄铜矿、闪锌矿等共生。在泥质、砂泥质、碳质沉积岩中多以结核状产出。

毒砂-辉砷钴矿族

毒砂（Arsenopyrite）

【化学组成】 FeAsS。Fe：34.3%，As：46%，S：19.7%。Co 呈类质同象置换 Fe 可以形成 FeAsS（毒砂）-（Co，Fe）AsS（铁硫砷钴矿）系列。也含 Au、Ag、Sb 等机械混入物。

【晶体结构】 单斜晶系，C_{2h}^5-$P2_1/c$；$a_0=0.953$nm，$b_0=0.566$，$c_0=0.643$nm。$\beta=90°$。$Z=8$。主要粉晶谱线：2.655(100)、2.429(90)、1.812(100)、1.388(80)。毒砂晶体结构属于白铁矿型结构，将白铁矿中的［S_2］换成［AsS］可获得毒砂型结构。每个 Fe 原子被位于歪八面体角顶的 3 个 S 原子和 3 个 As 原子围绕，Fe 配位数是 6As 原子被位于歪曲四面体角顶的 3 个 Fe 原子和 1 个 S 原子围绕，S 原子也同样被位于歪四面体角顶的 3 个 Fe 原子和 1 个 As 原子围绕。As 和 S 以共价键连接成对。

【晶体形态】 斜方柱晶类，C_{2h}-$2/m$（L^2PC）。晶体多为柱状，沿 c 轴延伸。主要单形：斜方柱 $n\{101\}$、$u\{120\}$、$q\{210\}$、$f\{140\}$、$t\{230\}$、$m\{110\}$ 等，平行双面 $b\{010\}$ 等。晶面上有纵纹，有时可见十字形穿插双晶及三连晶。集合体为粒状或致密块状（图 12-23）。

【物理性质】 锡白色，表面常带黄色锖色。条痕灰黑色。金属光泽。硬度 5.5~6。解理∥{110}完全。相对密度 5.9~6.2。锤击发出蒜臭味。灼烧后具磁性。

【显微镜下特征】 在反射光下反射色白色，微具乳黄色调。双反射弱。非均质性明显，红褐黄和蓝绿偏光色。

【简易化学试验】 吹管焰下在木炭上产生白色 As_2O_3 被膜，白烟有蒜臭味，残渣有磁性。条痕加硝酸研磨分解后加入钼酸铵，产生鲜艳黄绿色砷钼酸铵沉淀。

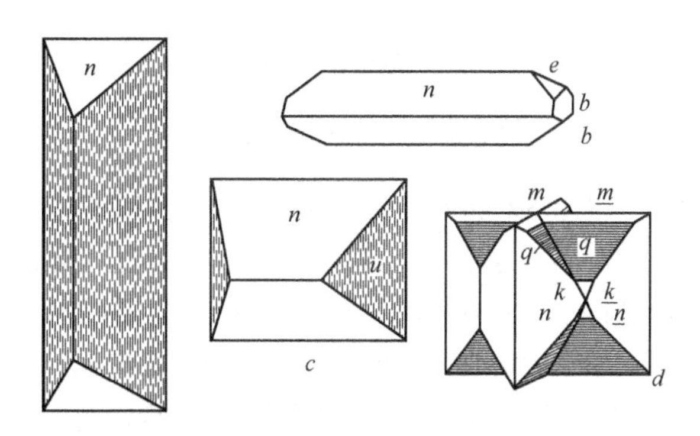

图 12-23 毒砂晶体形态

【成因及产状】 毒砂是分布很广的矿物。主要产于高、中温热液矿床中，与黑钨矿、锡石、辉铋矿、闪锌矿等共生。接触交代矿床中，与磁铁矿、磁黄铁矿等共生。在氧化带中毒砂分解形成浅黄色或浅绿色的臭葱石 $Fe[AsO_4]\cdot 2H_2O$。

【用途】 为提取砷的矿物原料。各种砷化物用于农药、制革、木材防腐、玻璃制造、冶金、医药、颜料等。毒砂中富含金时可提取金。

辉砷钴矿（Cobaltite）

【化学组成】 CoAsS。Co：35.41%，As：45.26%，S：19.33%。部分钴被铁、镍代替。富铁的变种称铁辉砷钴矿（Ferrocobaltite），富镍的称镍辉砷钴矿（nickelcobaltite）。

【晶体结构】 等轴晶系，T^4-$P213$；a_0=0.561nm，Z=4。主要粉晶谱线：2.77(60)、2.48(90)、2.27(80)、1.68(100)、1.075(80)、1.307(60)。晶体结构与黄铁矿型：As-S代替［S_2］的位置。一种Co被4S和2As所围绕，另一种Co则被4As和2S所围绕。2As和2S居于八面体相反的角顶上。

【晶体形态】 五角三四面体晶类，T-23($3L^24L^3$)。晶体呈粒状。主要单形：立方体 a{100}、五角十二面体 e{210}、八面体 o{111}。晶体呈八面体和五角十二面体的聚形。具有晶面条纹。依（110）成双晶。集合体呈粒状或致密块状。

【物理性质】 锡白色，微带玫瑰色调。含镍高呈钢灰色带紫色色调；富铁者灰黑色。条痕灰黑色。金属光泽。不透明。解理∥{100}完全。不平坦断口、贝壳状断口。性脆。硬度5.5，相对密度6.0~6.5。良导体。

【显微镜下特征】 反射光下为白色带玫瑰色调。反射率 R：52（绿）、52.3（橙）、48（红）。

【简易化学试验】 珠球呈钴的蓝色反应。粉末与硫酸氢钾（$KHSO_4$）研磨后加入硫化氰酸氨则生出蓝色的钴盐。

【成因产状】 高温热液矿物，主要产于接触交代及热液脉中。与黄铜矿闪锌矿、毒砂、红砷镍矿等共生。

【用途】 提取钴的矿物原料。钴用于制造特种钢材和其他合金以及蓝色颜料等。

红 铊 矿 族

红铊矿（Lorandite）

【化学组成】 $TlAsS_2$。Tl：59.46%，As：21.87%，S：18.67%。

【晶体结构】 单斜晶系，C_{2h}^5-$P2_1/c$。a_0=1.227nm，b_0=1.134nm，c_0=0.611nm；β=104°12′。Z=8。主要粉晶谱线：3.59(100)、2.88(80)、2.97(70)。红铊矿的结构为复杂的螺旋状链，由〔AsS_3〕三方锥组成，并沿 b 轴延伸。链由配位数为 8 和 7 的 Tl 所联结。平均原子间距：T1-S(8)=0.301；Tl-S(7)=0.291；As-S(3)=0.228nm。T1 也具有二次配位，T1-S（2）为 0.296 和 0.309nm。

【晶体形态】 斜方柱晶类，C_{2h}-$2/m$（L^2PC）。晶体为 m{110} 的短柱状，并具〔001〕的条纹，也呈 c{201} 的板状。常见单形有平行双面 A{201}、C{201}、c{001}，斜方柱 q{210}、V{311}、S{111}、p{011}。晶体大小达 1cm。

【物理性质】 颜色为洋红色，表面常为暗铅灰色，有时覆盖赭黄色粉末。条痕为暗桃红色。半金属至金刚光泽。小晶体和深红色者为透明至半透明。解理//{100} 极完全，//{201}，//{001} 中等。具挠性，微压下分裂成解理片和纤维。硬度 2~2.5。相对密度 5.529~5.53。

【显微镜下特征】 在透射光下为洋红色。弱多色性：N_g-橙红色，N_m-紫红色。二轴晶（+）。光轴面⊥（010），N_g=b；N_p=α。在解理片上延长（+）。N_g>2.72，N_p>2.72（锂光）。双折射很强。2V 大，色散 $r>v$ 强。反射色为浅灰白色带淡蓝色色调。反射率 R：29(绿)、23(橙)、20(红)。双反射弱。强非均质性。内反射暗红色。

【简易化学试验】 溶于硝酸析出硫。在吹管下易熔，同时火焰染成祖母绿色，易挥发。在闭管中熔化成黑色发亮的块体和产生 TlS、AsS 和 As_2O_3，呈黑色、橙色和白色圈的升华物。

【成因产状】 为稀少的热液矿物。发现在锑砷矿床中，在雄黄上呈晶体，与大量的白铁矿和胶黄铁矿，以及辉铊锑矿、雌黄等共生。在致密黄铁矿与重晶石、雌黄和雄黄共生。

【用途】 当矿石中达到一定量时可作为铊矿石。铊广泛用于光电管、光电阻、化学工业的催化剂、冶金工业的易熔合金和轴承合金、照明技术等方面。

12.2 第二类 砷化物、锑化物、铋化物矿物

该类矿物是 As、Sb、Bi 与金属阳离子结合形成的化合物。已发现的砷、锑、铋化物类矿物有 57 种，由 16 种元素组成。阳离子主要是镍、铜、钯、铂、钴和金、银、铁、锰、钌、锇、铱等。所形成的矿物种主要是简单的二元化合物。该类矿物的类质同象代替有限。在方钴矿中 Co-Ni 形成完全类质同象。矿物晶体结构构型有红砷镍矿型（NiAs）、黑铋金矿型（Au_3Bi）、砷铜矿型（Cu_3As）。主要是共价化合物，由于键的杂化而带有金属键性。这种金属键性大部分是由过渡元素非键电子造成的。该类矿物还有黄铁矿型结构，由于［As_2］、［Sb_2］、［Bi_2］的电价为［S_2］的 2 倍，所以与它们键联的原子（如

Ni、Co、Au、Pt）为高价。在砷化物、锑化物、铋化物中，由于成分结构和化学键的特殊性，决定该类矿物具有特殊的金属性和较高的硬度等。

红砷镍矿族

红砷镍矿（Niccolite）

【化学组成】 NiAs。Ni：43.92%，As：56.08%。锑代替砷可达6%，称为锑-红砷镍矿变种。分析中常含硫，其在结构中的作用不清楚。亦含有少量铁和更少量的钴、铋和铜。

【晶体结构】 六方晶系．D_{6h}^4-$P6_3/mmc$。$a_0=0.3609$nm，$c_0=0.5019$nm，$Z=2$。主要粉晶谱线：2.627(100)、2.627(100)、1.937(90)、1.788(80)、1.320(70)、1.032(70)。红砷镍矿结构中，As原子呈六方紧密堆积，Ni位于八面体空隙，为六方原始晶格(图12-24)。$NiAs_6$八面体上下共面，平行c方向联结成直线形链。在水平方向$NiAs_6$八面体共棱。共面八面体间Ni-Ni原子间距较近，一个Ni为6As和2Ni所围绕。镍、砷间为共价键。红砷镍矿结构中四面体空隙是共面的，每一对共面的四面体空隙构成一个空隙较大的三方双锥状空隙。当阴离子较大时，也适于充填阳离子。此种充填空隙的阳离子称空隙阳离子。此种结构称为充填空隙结构或空隙结构。红砷镍矿结构中由于空隙阳离子的存在而导致d电子的聚集，具有金属导性。具红砷镍矿型结构的矿物，其成分不固定，阳离子缺少或过多，系由结构中缺席结构和空隙结构的存在造成的。

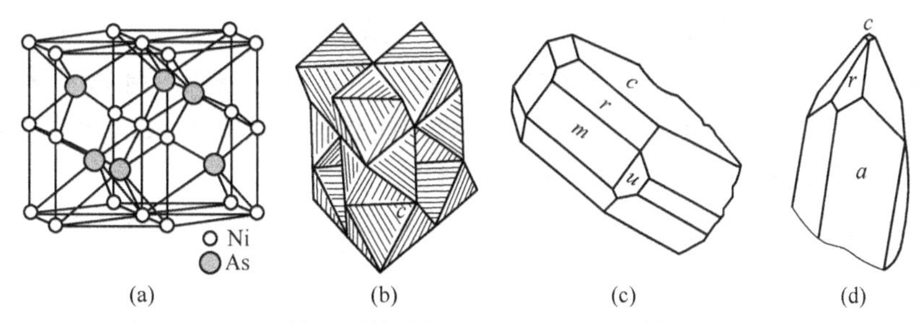

图12-24 红砷镍矿晶体结构（a），（b）与晶体形态（c），（d）

【晶体形态】 复六方双锥晶类，D_{6h}-$6/mmm$（$L^6 6L^2 7PC$）。完好晶体少见，平行c轴呈柱状，平行{0001}呈板状。常见单形为$a\{11\bar{2}0\}$、$r\{10\bar{1}1\}$、$c\{0001\}$、$m\{10\bar{1}0\}$等。晶面常歪曲，具水平条纹。可见依（$10\bar{1}1$）之双晶。呈致密块状、粒状、树枝状、肾状集合体。

【物理性质】 淡铜红色，条痕褐黑色。金属光泽。不透明。解理//$\{10\bar{1}0\}$不完全。断口不平坦。性脆。硬度5~5.5。密度7.6~7.8。具良导电性。

【显微镜下特征】 反射光下呈玫瑰色带浅乳白色调。反射率高：$R_0=48.9$(绿)、57.1(橙)、59.5(红)；$R_e=42.8$(绿)、55.2(橙)、58.5(红)。双反射明显：R_0为白~黄~玫瑰色，R_e为白褐~玫瑰色。强非均质性，具明显偏光色。

【简易化学试验】 易溶于硝酸和王水。木炭上吹管烧之，产生光亮脆性小球及白色As_2O_3被膜，发砷之强蒜臭气。闭管中强烧冷端产生砷镜，硝酸溶液呈苹果绿色，加氨水变为天蓝色，与二甲基乙二醛肟作用产生玫瑰色沉淀。

红砷镍矿熔点968℃。加热高于850℃，具如下反应：$3NiAs \rightarrow Ni_2As_3 + As$。在400～450℃之As蒸气下转变为二砷化镍：$NiAs + As \rightarrow NiAs_2$。在红砷镍矿颗粒外形成$NiAs_2$致密壳，反应停止。高温红砷镍矿与红锑镍矿呈固溶体。

【成因】 产于基性、超基性有关的岩浆矿床中。在铬铁矿床中与砷镍矿、铬铁矿组合；在铜镍矿床中与磁黄铁矿、镍黄铁矿、黄铜矿等共生。在Ni-Co、Ag-Ni-Co的热液矿床中较常见。

【用途】 富集时作为镍矿石。

方钴矿（Skutterudite）

【化学组成】 $(Co, Ni)_4[As_4]_3$。Co：20.77，As：79.23。Co-Ni间为一完全类质同象系列——方钴矿和镍方钴矿。钴、镍可被铁类质同象代替可达12%，砷被铋代替可达20%。

【晶体结构】 等轴晶系，T_h^5-$Im3$。a_0 = 0.821 ～ 0.828nm。Z = 8。主要粉晶谱线：2.585(100)、1.607(100)、1.078(100)、1.041(100)。方钴矿结构表现为［As_4］四方环相互垂直方向分布在6个小立方（由一立方体分为8个小立方体之中的6个）之中心。每个Co或Ni为6个8 As所围绕。每个As为2Co和2As所围绕。［As_4］环为8个Co所围绕。

【晶体形态】 偏方复十二面体晶类，T_h—$m3(3L^2 4L^3 3PC)$。一般为粒状集合体，晶体少见。出现单形有；立方体$a\{100\}$、八面体$o\{111\}$、菱形十二面体$d\{110\}$、$n\{211\}$。八面体晶面上有平行（111）与（211）棱的细条纹。

【物理性质】 锡白～银灰色，有时具彩色锖色。灰黑色条痕。金属光泽。不透明。{100}解理中等。断口不平坦，有时呈贝壳状。性脆。硬度5.5～6。相对密度6.50～6.79。镍方钴矿相对密度6.30～6.60。具良导电性。

【显微镜下特征】 反光下反射色白色。反射率R：60（绿）、53.5（橙）、51（红）。均质体。

【简易化学试验】 溶于硝酸，溶液加热后，钴呈红色，镍呈绿色。

【成因产状】 产于热液矿床中，与钴、镍的砷化物呈组合状，亦见于含金石英脉。风化条件下方钴矿形成钴华，镍方钴矿形成镍华。

【用途】 同其他钴镍砷化物和硫砷化物一起作为钴、镍矿石。

黑铋金矿族

黑铋金矿（Maldonite）

【化学组成】 Au_2Bi。Au：65.36%，Bi：34，64%。

【晶体结构】 等轴晶系，O_h^7—$Fd3m$。a_0 = 0.798nm。Z = 8。主要粉晶谱线：2.41(100)、1.537(60)、2.30(50)。晶体结构较复杂。Au原子形成四面体群占据立方面心格子8个小立方体中4个的中心，而Bi原子按金刚石规律排列（图12-25）。每个Au有6个Bi围绕，而每个Bi有12个Au围绕。

【晶体形态】 六八面体晶类，O_h-$m3m(3L^4 4L^3 6L^2 9PC)$。集合体呈块状或被膜状。合

成 Au_2Bi 呈八面体晶体。

【物理性质】 带粉红色调的银白色，在空气中变为铜红到黑色。金属光泽。解理∥｛100｝、｛110｝中等。硬度 1.5~2。相对密度 15.46~15.70。具延展性。

【显微镜下特征】 呈黄白色。反射率很高，低于金和铋。可以见到金与铋的蠕虫状连生，是由于黑铋金矿分离的结果。

【成因产状】 产于高温含金石英脉中。与白钨矿、石英、磷灰石以及其他一些含铋矿物共生。

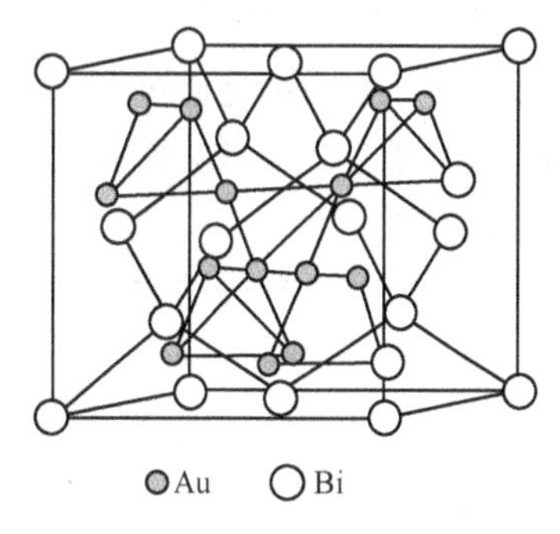

图 12-25　黑铋金矿晶体结构

锑银矿（Dyscrasite）

【化学组成】 Ag_3Sb。Ag：72.66%，Sb：27.34%。纯锑银矿极少，化学组成变化大。通常锑银矿同锑在银中的固溶体或银在锑中的固溶体成混合物。

【晶体结构】 斜方晶系（假六方），C_{2v}^1-$Pmm2$。a_0 = 0.2996nm，b_0 = 0.5236nm，c_0 = 0.4830nm。Z = 1。主要粉晶谱线：2.28(100)、2.585(60)、2.40(60)、1.765(60)、1.500(60)、1.364(60)。锑银矿的晶体结构特点为：Sb 原子呈六方最紧密堆积，Sb 之配位数为 10Ag+2Sb。Ag-Ag 距离较大，Sb-Sb 距离较小。Sb 原子平行 a 轴联结成链。

【晶体形态】 斜方单锥晶类，C_{2v}-$mm2(L^2 2P)$。一般呈粒状，晶体少见。依（110）成双晶，呈假六方双锥。

【物理性质】 银白色，易氧化成锡白或铅灰。条痕银白色。强金属光泽。不透明。解理∥｛011｝、｛001｝中等。断口不平坦。硬度 3.5。相对密度 9.63~9.82（实测），9.75（计算）。

【显微镜下特征】 反射色白色。反射率 R：66(绿)、62.5(橙)、61(红)。弱非均质性。有时可见双晶，在自然银中呈骸晶，有时与自然砷呈交生。时与自然砷呈交生。

【简易化学试验】 溶于硝酸，析出 Sb_2O_3。吹管火焰易熔，并在木炭上呈白色 Sb_2O_3 被膜以及含有锑之银球。

【成因产状】 产于热液银矿床。与自然银共生，与自然银形成固溶体分离的交生构造。在碳酸盐和重晶石矿脉中，与深红银矿、硫铜银矿以及其他银矿物成组合。常在方铅矿中呈包体出现。在硫化物次生富集带也有出现。

12.3　第三类　碲化物、硒化物矿物

碲化物是以碲为阴离子和金属阳离子组成的化合物。目前已发现 38 种碲化物，由 16 种元素组成，主要是 I_B 族的金、银、铜以及镍、钯、铅、汞、铁等。碲化物既有简单碲化物，也有复杂碲化物。一些复杂碲化物主要是由于二价铜、银和一价的银或铜同时存在

所造成的。如黑碲铜矿、六方碲银矿等。它们的阳离子与阴离子比例通常不是严格化学计量的，电价不平衡是通过形成缺席结构补偿的。矿物中类质同象代替普遍，多为不完全类质同象。碲化物都是共价键化合物，并具有较高程度的金属键性，这是电价低和原子间距较大的缘故。

碲化物矿物晶体结构类型有红砷镍矿型、氯化钠型、闪锌矿型和白铁矿型，还有碲银矿、斜方碲金矿等特殊结构。由于碲化物的化学键中金属键程度较强，表现出金属色，金属光泽，透明度低，硬度小，密度大，导电性、导热性强等物理性质。碲化物矿物主要产于中-低温热液矿床。

碲化物类矿物主要有碲金矿族、亮碲金矿族、碲铅矿族、碲汞矿、碲银矿族、斜方碲金矿族、碲镍矿族、碲铋矿族、碲铜矿族、黑碲金矿族、六方碲银矿族、碲金银矿族、碲锑钯矿、碲汞钯矿、碲银钯矿族。

硒化物是阴离子 Se 与阳离子结合形成的化合物。硒化物与硫化物在化学组成和结构上相近。阳离子主要是铜型离子，常见有铜、铅、锌、银、金以及钴、镍等。硒化物有简单硒化物和复杂硒化物之分。同时，硒与硫组成配位多面体，形成硫盐矿物。

硒化物多数形成于热液作用，主要矿物有红硒铜矿族、硒银矿族等。

碲 金 矿 族

碲金矿（Calaverite）

【化学组成】 $AuTe_2$。Au：43.59%，Te：56.41%。有少量的 Ag 代替 Au。

【晶体结构】 单斜晶系，C_{2h}^3-$C2/m$。$a_0 = 0.719$nm，$b_0 = 0.441$nm，$c_0 = 0.508$nm；$\beta = 90°10'$。$Z = 2$。主要粉晶谱线；3.10(100)、2.09(80)、2.19(40)、1.195(40)、0.888(40)。Au 为 6 个 Te 所围绕，其中两个较近（0.267nm）。Te 为 3 个 Au 和 3 个 Te 所围绕，不等距。

【晶体形态】 斜方柱晶类，C_{2h}-$2/m(L^2PC)$。晶体呈柱状、针状平行于 b 轴，平行于 b 轴的晶面条纹极发育。晶体上单形复杂而多。多依（100）成双晶，依（031）和（111）所成双晶较少。亦呈粒状集合体。

【物理性质】 草黄~银白色。黄~绿灰色条痕。金属光泽。不透明。无解理。具贝壳状至不平坦断口。性脆。硬度 2.5~3。相对密度 9.10~9.40。熔点 464℃。

【显微镜下特征】 反光下为乳白色。反射率 R：56.5（绿）、54（橙）、52.5（红）。双反射弱。非均质性明显。

【简易化学试验】 溶于硝酸，产生铁锈色的金沉淀。木炭上吹管火焰烧之产生金小球，开管生白色 TeO_2 被膜。

【成因产状】 中-低温热液矿脉，或中-高温热液矿脉之低温晚阶段晶出，与自然金、银金矿、针碲金矿和其他碲化物成组合，也与黄铁矿、方铅矿、闪锌矿、黝铜矿、钼酸盐成组合。

【用途】 量大时可作为金矿石。

亮金碲矿（Montbrayke）

【化学组成】 Au_2Te_3。Au：50.77%，Te49.22%。Au 可被少量银、锑所交代。

【晶体结构】 三斜晶系，C_1^1-$P\bar{1}$。a_0 = 1.210nm，b_0 = 1.346nm，c_0 = 1.0.80nm；α = 104°30.5′，β = 97°34.5′，γ = 107°53.5′。Z = 12。主要粉晶谱线：2.09(100)、2.98(80)、2.93(80)。

【形态与物理性质】 晶体呈不规则粒状及块状。锡白到灰黄色。金属光泽，不透明。解理平行 $\{1\bar{1}0\}$、$\{0\bar{1}1\}$、$\{1\bar{1}1\}$ 中等。断口贝壳状。硬度 2.5。相对密度 9.94。性脆。

【显微镜下特征】 矿相显微镜下呈灰白色，具有粉红色晕色，非均质性弱。

【成因】 热液成因，与自然金、碲铅矿、碲金银矿、碲镍矿、黄铜矿、黄铁矿等成组合。

碲银矿（Hessite）

【化学组成】 Ag_2Te。Ag：62.86%，Te：37.14%。常含有金的包体。

【晶体结构】 单斜晶系，C_{2h}^5-$P2_1/C$。a_0 = 0.809nm，b_0 = 0.448nm，c_0 = 0.896nm；β = 123°20′。Z = 4。主要粉晶谱线：2.31(100)、2.87(80)、2.25(70)。在碲银矿的晶体结构中，Ag 有两种类型配位，Ag Ⅰ 为四次配位（歪四面体），Ag-Te 平均距离为 0.295nm；Ag Ⅱ 被 5 个 Te 所围绕。Ag_2Te 在 155℃ 以上形成等轴晶系的变体，称为 β-碲银矿，a_0=0.664nm。

【形态与物理性质】 晶体呈假等轴状或短圆柱状，常呈块状集合体。在显微镜下见有叶片状的双晶。铅灰到钢灰色。金属光泽。不透明。解理 {100} 不完全。断口参差状。硬度 2~3。相对密度 8.24~8.45。溶于硝酸。溶于硫酸中则溶液变白。在硝酸中很快变成褐色。

【矿相显微镜下】 呈灰白色。反射率 R：43(绿)、40(黄)、42(红)。双反射从浅褐色到浅红色。非均性强，色散效应从深黄到深蓝色。

【成因】 产于热液矿床中，主要在含碲银矿脉以及铅锌矿床中，偶见于黄铁矿床中，与其他金银的碲化物、自然金、黄铁矿、方铅矿、闪锌矿共生。

【用途】 提取金的矿物原料之一。

碲金银矿（Petzite）

【化学组成】 Ag_3AuTe_2。Ag：41.71%，Au：25.42%，Te：32.87%。

【晶体结构】 等轴晶系，O^8-$I4_132$。a_0 = 1.038nm。Z = 8。主要粉晶谱线：2.77(100)、2.12(80)、2.03(70)。晶体结构复杂。Ag 与 Au 的配位数不同。Au 的配位数是 2Te，原子间距为 0.253nm；Ag 的配位数为 4Te，原子间距为 0.290 及 0.295nm。Te 的配位数是 8（6Ag+1Au+1Te），Te-Ag-Te 夹角分别为 108°及 104°。

【形态与物理性质】 晶体形态通常为细粒状及块状。钢灰到铁黑色。金属光泽。不透明。无解理。断口次贝壳状。硬度 2.5~3。相对密度 8.7~9.4。

【矿相显微镜下】 呈灰白色，具有浅红色色调。反射率 $R=40$（黄）。

【成因】 产于含金-银的石英脉矿床中，与其他碲化物、自然碲、黄铁矿、黄铜矿、闪锌矿共生。

【用途】 提取金银的矿物原料之一。

斜方碲金矿族

斜方碲金矿（Krennerite）

【化学组成】 $AuTe_3$。Au：43.59%，Te：56.41%、Ag代替金可在30%左右。含有少量Cu、Fe。

【晶体结构】 斜方晶系，C_{2v}^4-$Pma2$。$a_0=1.654$nm，$b_0=0.882$nm，$c_0=0446$nm。$Z=8$。主要粉晶谱线：3.03(100)、2.11(80)、2.94(70)、2.23(60)。晶体结构中Au由6个Te围绕成歪曲八面体。其中2个Te离Au较近（0.65nm），形成Te-Au-Te现状原子群，线形方向平行于b轴。其他4个Te离Au较远（0.302nm），Te原子周边环境不同，有3Au+3Te或%Au+Tehuo Au+5Te。

【形态】 斜方单锥晶类，C_{2v}-$mm2(L^2 2P)$。呈柱状、粒状。常见单形有单面$c\{001\}$，双面$b\{010\}$、$a\{100\}$，斜方柱1{320}、$m\{110\}$，斜方单锥$o\{111\}$、$n\{120\}$等。在($hk0$)面上见有条纹。

【物理性质】 银白色~浅草黄色。金属光泽，不透明。解理∥{001}完全。贝壳状断口。性脆。硬度2.5，相对密度8.62。

【显微镜下特征】 反射色为乳白色。反射率R：67（黄）。非均质。

【成因】 低温热液矿床，与碲金矿、黄铁矿、自然金、黄铜矿等共生。

【用途】 可作为金矿石。

红硒铜矿族

红硒铜矿（Umangite）

【化学组成】 Cu_3Se_2。Cu：54.70%，Se：45.30%。含银（达0.6%）、铱、钯、铂等。

【晶体结构】 四方晶系，D_{2d}^3-$P4_{2_1}m$。$a_0=0.427$nm，$c_0=0.640$nm。$Z=2$。主要粉晶谱线：3.57(100)、1.819(90)、1.776(80)、3.20(50)、3.10(50)。晶体结构为畸变的反萤石型结构。Cu-Se之间相连构成平行（001）的板层，Cu-Cu为0.263nm或0.266nm，略长于Cu原子的间距0.256nm。每个Cu^{1+}均被4Se和$4Cu^{2+}$所围绕；每个Cu^{2+}均被4Se和$2Cu^{1+}$、$1Cu^2$所围绕，每个Se均被$2Cu^{1+}$和$4Cu^{2+}$所围绕。

【晶体形态】 呈细粒状集合体或块状，有时出现叶片状双晶。与硒铜矿、硒铜银矿呈连晶。

【物理性质】 新鲜断口上呈带紫色色调的暗樱桃红色，易转变为暗紫蓝色。黑色条痕。金属光泽。不透明。在两个方向上有解理。不平坦状断口。硬度2.7~3.1，显微硬度

77~108kg/mm^2。密度 6.44~6.49。

【显微镜下特征】 反射光下呈粉红色至带紫的浅蓝灰色。反射率 R：19.0(绿)、17.4(橙)、18.7(红)。反射多色性极为明显：R_o-紫红色，R_e-浅绿蓝灰色。非均质性强而特殊（具蜜黄色至暗橙色的偏光色）。

【简易化学试验】 溶于硝酸。硝酸、盐酸、三氯化铁、氯化汞作用于光片时，呈现蓝色。

【成因产状】 产于我国四川砂岩铜矿中的红硒铜矿，与硒铜矿、蓝硒铜矿、晒铜汞矿、硒汞矿、辉铜银矿等共生。在热液型铀矿床、方解石脉里都发现有产出，与其他硒矿物及斑铜矿、黄铜矿等共生。表生条件下易转变成辉铜矿和孔雀石。

硒银矿族

硒银矿（Naumannhe）

自然界见到的是低温变体按高温变体而成的副象，133℃以下为低温斜方变体。

【化学组成】 AgSe。Ag：73.15%，Se：26.85%。天然硒银矿通常有铅的混入，主要是由于硒铅矿混入，铅的含量可达 20%~60%。

【晶体结构】 等轴晶系，O_h^9-$Im3m$。a_0 = 0.4983nm。Z = 2。主要粉晶谱线：2.66、2，56(100)、2.23(60)、2.00(40)、4，14、2，42、2，11、2.07、1.868、1.606、1，240（20）。

【晶体形态】 通常呈粒状或不规则粒状；立方体状或叶片状的晶体少见。

【物理性质】 黄黑色。黑色条痕。强金属光泽。不透明。解理// {001} 完全。硬度 2.5，显微硬度 33.6kg/mm^2。相对密度 7~8。加热到 133℃时，低温变体转变成等轴的高温变体。

【显微镜下特征】 在反射光下呈白色$_e$反射率 R：37.5(绿)、34(橙)、31(红)。明显的非均质性。在空气中双反射不明显。

【简易化学试验】 与硝酸作用起泡并变暗，呈现棕色斑点；与三氯化铁作用呈浅棕色及能擦掉的虹彩斑点；与氢氧化钾作用缓慢，产生棕色斑点；与氯化汞作用能显现出棕色斑点及其构造。置吹管的氧化焰中易熔；置还原焰作用能膨胀；开管试验产生红色的硒化物和气味。

【成因产状】 硒银矿在热液作用过程中缺硫而银、硒浓度增高的条件下形成。产于热液型矿床石英碳酸盐脉中的硒银矿，与其他硒矿物（硒铅矿、红硒铜矿）等共生。

12.4 第四类 硫盐矿物

硫盐是指硫与半金属元素 As、Sb、Bi 结合组成络阴离子团 $[AsS_3]^{3-}$、$[SbS_3]^{3-}$等形式，然后再与阳离子结合形成较复杂的化合物。硫盐矿物中络阴离子最基本的形式为三棱锥状的 $[AsS_3]$、$[SbS_3]$ 或 $[BiS_3]$，锥状络阴离子又可进一步相互连接形成多种复杂形式的络阴离子。在某些硫盐矿物中还同时存在着两种不同形式的络阴离子，彼此相间交替，使晶体结构复杂化。按络阴离子的成分，硫盐矿物可分为砷硫盐、锑硫盐和铋硫盐。与络阴离子相结合的金属阳离子主要是铜、铅、银。以此可分为铜的硫盐：黝铜矿-砷黝铜矿族等；银的硫盐：淡红银矿、浓红银矿族等；铅的硫盐：脆硫锑铅矿族等。

大多数硫盐矿物呈铅灰、钢灰、铁黑等金属色，半金属光泽，性脆；且由于硫盐矿物通常结晶细小，从物理性质上彼此较难区别。采用电子探针微区分析方法促进硫盐矿物新种的发现，并有了很大突破。目前已确定的硫盐矿物有 130 多种。绝大部分硫盐矿物是中、低温热液成因，并且往往为热液矿床中较后或最后阶段析出的矿物。

黝铜矿-砷黝铜矿族

【化学组成】 $Cu_{12}Sb_4S_{13}$-$Cu_{12}As_4S_{13}$。在化学组成中 Sb-As 为完全类质同象，两个亚种：黝铜矿 $Cu_4^+Cu_2^{2+}$（$Sb_{>0.5}As_{<0.5}$）$_4$ ［Cu^+S_2］$_6$S 和砷黝铜矿 $Cu_4^+Cu_2^{2+}$（$Sb_{<0.5}As_{>0.5}$）$_4$ ［Cu^+S_2］$_6$S。黝铜矿：Cu 45.77%，Sb 29.22%，S 25.01%。砷黝铜矿：Cu 51.57%，As 20.26%，S 28.17%。黝铜矿中含有锗、镉、钼、铟、铂等。

黝铜矿和砷黝铜矿（Tetrahedrite-tennantite）的化学组成中，还有银、锌、铁和汞等有限代替铜，铋代替锑、砷，硒，碲代替硫。根据主要代替的元素不同，可分为如下的变种：银锑黝铜矿（Ag：≤18%）、汞锑黝铜矿（Hg：≤17%）、碲锑黝铜矿（Te：≤17%）、银砷黝铜矿（Ag：≤13.65%）、锌砷黝铜矿（Zn：≤6.28%）、铁砷黝铜矿（Fe：≤10.90%）等。

【晶体结构】 等轴晶系，T_d^3-$I43m$。a_0 = 1.034(黝铜矿) ~ 1.021nm(砷黝铜矿)。Z = 2。a_0值随砷代替锑而减小；随汞、银的代替铜，a_0增大。黝铜矿主要粉晶谱线：3.00、1.839(100)、1.568(80)、2.60(60)、2，45、2，04、1.900、1.193、1.061(40)。砷黝铜矿主要粉晶谱线：2.94、1.803(100)、1.537(80)、2.55(60)、2.40、2.00、1.862、1.170、1.041(40)。黝铜矿晶体结构与闪锌矿的结构相似，单位晶胞为闪锌矿的 2 倍，即黝铜矿的晶胞由 8 个闪锌矿的晶胞所组成。在黝铜矿结构中，［Cu^+S_4］配位四面体联结成架，在其所形成的巨大空洞中，分布 4 个 Cu^+呈三次配位（呈平面状）和 2 个 Cu^{2+}呈四面体配位，以及呈三方锥状配位的 4 个 Sb（或 As）原子。在空洞的中心存在 S 原子平衡电价。

【晶体形态】 六四面体晶类，T_d-$3m$($3L_i^4 4L^3 6P$)。晶体多半呈四面体外形，常见单晶：立方体 a｛100｝，四面体 o｛111｝，菱形十二面体 d｛110｝，三角三四面体 n｛211｝、μ｛411｝，四角三四面体 r｛332｝等。通常呈致密块状，半自形、它形粒状或细脉状。双晶常见，依（111）形成穿插双晶，依（100）形成的双晶较为少见（图 12-26）。

【物理性质】 钢灰色至铁黑色（富含铁的变种）。钢灰至铁黑色条痕，有时带褐色，砷黝铜矿的条痕常带樱桃红色调。金属至半金属光泽，在不新鲜的断口上变暗。不透明。无解理，硬度 3~4.5。相对密度 4.6~5.4。含汞、铅、银的变种密度最高，有时可达 5.40。弱导电性。在差热曲线上于 610℃处有一个明显的放热效应。

【显微镜下特征】 在反射光下呈灰白色，砷黝铜矿带浅绿的色调，具有暗红色的内反射；黝铜矿带浅褐色，内反射为褐红色。均质。反射率低，其变化取决于成分。砷黝铜矿在红光中不透明至透明。黝铜矿在红外光里显均质。

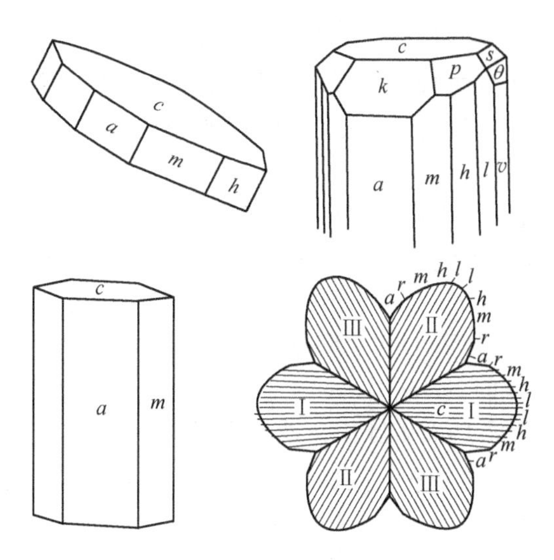

图 12-26　黝铜矿晶体形态与双晶

【简易化学试验】 溶于硝酸，并析出硫，对锑黝铜矿析出氧化锑。溶于王水中。含银和汞的变种能被硝酸、氰化钾所浸蚀。与碳酸钠混合于木炭上易熔成灰色银珠；产生 Sb_2O_3 或 As_2O_3 的薄膜，发出特殊的蒜味。在闭管里产生暗红色 Sb_2S_3 薄膜或黄至褐红色的 As_2O_3 薄膜。

【成因产状】 黝铜矿是各种热液型矿床、矽卡岩型多金属矿床及铜铁矿床中常见的矿物，与黄铜矿、闪锌矿、方铅矿、黄铁矿等共生；在汞锑矿床里，黝铜矿与辰砂、辉锑矿、硫锑铅矿、雄黄等共生。在风化条件下，黝铜矿易分解形成赤铜矿、孔雀石、铜蓝、蓝铜矿、褐铁矿、锑的氧化物和氢氧化物（黄锑华、锑华等）或砷的氧化物和氢氧化物(臭葱石等)。

【用途】 与其他铜矿物组合的铜矿石，可作为提取铜的原料，同时可综合利用成分中的砷。

淡红银矿族

淡红银矿（Prouatite）

【化学成分】 Ag_3SbS_3。Ag：65.42%，As：15.14%，S：19.44%。有 Sb 呈类质同象代替 As，As-Sb 在 300℃以上为完全类质同象，温度下降产生固溶体离熔。含有少量 Fe、Co、Pb 等混入物。

【晶体结构】 三方晶系，C_{3v}^6-$R3c$。a_{rh} = 0.686nm，α =103°27′；Z = 2。a_h = 1.076nm，c_h = 0.866nm；Z = 6。主要粉晶谱线：3.20(100)、2.75(70)、2.53(90)、1.94(50)。晶体结构属浓红银矿型。

【晶体形态】 复三方单锥晶类，C_{3v}-$3m(L^33P)$。主要单形为六方柱 $a\{11\bar{2}0\}$，复三方单锥 $v\{21\bar{2}1\}$，三方单锥 $r\{10\bar{1}1\}$、$e\{01\bar{1}2\}$，六方单锥 $p\{11\bar{2}3\}$（图 12-27）。集合体为致密块状或粒状。

【物理性质】 颜色深红到朱红色，类似辰砂。条痕鲜红色。金刚光泽。半透明。解理//｛$10\bar{1}1$｝完全。断口贝壳状至参差状。性脆。硬度2~2.5。相对密度55.57~5.64。不导电。

【显微镜下特征】 透射光下-轴晶（-）。多色性：血红、洋红。折射率 $N_m=3.088$，$N_b=2.792$（钠光）；$N_m=2.979$，$N_P=2.711$（锂光）。反射光下反射色灰带淡蓝；强非均质性；内反射深红色；反射率 R：28（绿）、21.5（橙）、20.5（红）。

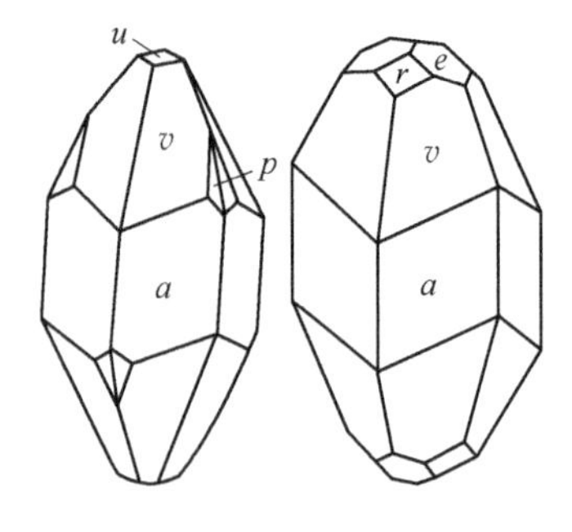

图 12-27 淡红银矿晶体形态

【成因产状】 产于铅锌银热液矿脉中，通常为晚期形成的矿物，与其他银矿物、方铅矿、闪锌矿、黄铜矿、毒砂、方解石、重晶石等共生。在次生富集过程中也有形成。

【用途】 与其他含银矿物一起作为银矿石。

浓红银矿（Pyrargyrite）

【化学组成】 Ag_3SbS_3。Ag：59.76%，Sb：22.48%，S：17.76%。有砷呈类质同象代替锑。当温度高于300℃时在此结构中砷和锑可成完全类质同象代替。

【晶体结构】 三方晶系，C_{3v}^6-$R3c$。a_{rh} = 0.701nm，α = 103°59′；Z = 2。a_0 = 1.106nm，c_0 = 0.873nm，Z = 6。主要粉晶谱线：3.35(70)、3.20(90)、2.79(100)、2.55(100)、1.680(60)、1.600(60)。浓红银矿型结构为菱面体晶胞，类似于方解石晶胞。SbS_3（在淡红银矿中为〔AsS_3〕）呈单锥多面体占据菱面体晶胞的每一角顶和中心，SbS_3 单锥多面体的锥顶指向 c 的一端，并通过 Ag 离子形成共 S 的螺旋状链。Ag 的配位数为 2。S 的配位为 2Ag+1Sb（或 1As）。

【形态】 复三方单锥晶类，C_{3v}-$3m$(_ $L^3 3P$)。晶体成短柱状。常见单形有六方柱 a｛$11\bar{2}0$｝、m｛$10\bar{1}0$｝，复三方单锥 v｛$21\bar{2}1$｝，三方单锥 r｛$10\bar{1}1$｝、e｛$01\bar{1}2$｝、u｛$10\bar{1}4$｝，六方单锥｛$11\bar{2}3$｝。双晶依($10\bar{1}4$) 最为常见，集合体常呈粒状或块状。

【物理性质】 深红色、黑红色或暗灰色。条痕暗红色。金刚光泽。半透明。解理//｛$10\bar{1}1$｝完全，｛$01\bar{1}2$｝不完全。性脆。断口贝壳状至参差状。硬度2~2.5。相对密度5.77~5.86。

【显微镜下特征】 透射光下：一轴晶（-），折射率 $N_m=3.084$，$N_p=2.881$（锂光）。反射色灰色带淡蓝。非均质性强，内反射洋红色。反射率 R：32.5(绿)、27.0(橙)、24.5(红)。

【成因产状】 浓红银矿主要见于铅锌银热液矿床中，为热液晚期形成矿物，部分为次生富集过程中形成。常与方铅矿、自然银、淡红银矿、铅锑硫盐矿物及方解石、石英等共生。当次生变化时，转变为自然银和辉银矿。

【用途】 主要的银矿石。

脆硫锑铅矿族

脆硫锑铅矿（Janiesonite）

【化学组成】 $Pb_2Pb_2FeSb_6S_{14}$。Pb：40.16%，Fe：2.71%，Sb：35.39%，S：21.74%。由于机械混入物常不符合化学成分式。Bi 可为类质同象混入物（达 1%）。Fe 含量有时达 10%以上。其他混入物有 Cu、Zn、Ag 等。

【晶体结构】 单斜晶系，C_{2h}^5-$P2_1/c$。a_0 = 1.571nm，b_0 = 1.905nm，c_0 = 0.404nm；β =91°48′。Z = 2。主要粉晶谱线：3.443(100)、2.827(50)、2.737(70)、2.046(40)。晶体结构为链状结构。有三种形式的锑原子，形成具 0.255nm 平均间距的［SbS_3］单锥。这些单锥联结构成三种复杂的［Sb_3S_7］$_n$链，平行于 c 轴。Fe-S 呈歪曲八面体（间距=0.253nm）。Pb 原子有 CN=7（d=0.300nm）和 CN=8（d=0.309nm）两种形式。［FeS_6］八面体和［PbS_7］及［PbS_8］的多面体以棱相连平行于 c 轴，同时与复杂链中的［SbS_3］联结起来。在结构中联结弱的方向为［110］、［010］和［001］，沿这些方向出现中等解理。

【晶体形态】 斜方柱晶类，C_{2h}-$2/m(L^2PC)$。晶体多为沿 c 轴延伸的长柱状、短柱状，以及针状和毛发状，柱面上有时发育平行条纹。双晶沿（100）。集合体常呈放射状、羽毛状、纤维状、梳状、柱状和粒状等。

【物理性质】 铅灰色，有时有蓝红杂色的锖色。条痕暗灰色或灰黑色，金属光泽。不透明。解理∥{001} 中等。不平坦断口。硬度 2~3，显微硬度 83.35~107.4kg/mm²。性脆。相对密度 5.5~6.0。具检波性。

【显微镜下特征】 反射色白色。双反射强：平行 c-亮白色带浅黄绿色调，垂直 b-黄绿色带灰，平行 a-暗黄绿色或橄榄绿色。非均质强。反射率 R：3.28 ~ 36.4(480nm，蓝光)，30.0 ~ 33.4(540nm，绿光)，26.2 ~ 28.5(640nm，红光)。

【简易化学试验】 遇硝酸易分解，并析出 Sb_2O_3 和 $PbSO_4$。溶于热盐酸，冷却时沉淀出 $PbCl_2$。在开管中形成硫的蒸气和白色的 Sb_2O_3 薄膜，在闭管中熔化产生硫和 Sb_2S_3 的薄膜。与氢氧化钾的作用很慢，变紫红色。

【成因产状】 脆硫锑铅矿为分布较广泛的矿物，作为次要的和稀少的矿物出现在中低温的铅锌矿床中。与黄铁矿、闪锌矿、方铅矿、黝铜矿、碳酸盐矿物共生。脆硫锑铅矿在地表不稳定，易氧化成水锑铅矿、铅矾、白铅矿、锑华和方锑矿。

【用途】 在铅锌矿床中，有此矿物堆积时，可作为铅和锌的矿石。

车轮矿（Bournonite）

【化学组成】 $CuPbSbS_3$。Pb：42.54%，Cu：13.04%，Sb：24.65%，S：19.77%。类质同象代替有：As 代替 Sb（可达 3.18）；少量 Mn、Zn、Ag 可代替 Cu。有时 Fe 达 5%，还含有 Ni、Bi。

【晶体结构】 斜方晶系，C_{2v}^7-$Pmn2_1$。a_0 = 0.816nm，b_0 = 0.871nm，c_0 = 0.781nm。Z =4。主要粉晶谱线：2.74(100)、3.89(80)、3.00(80)、2.62(60)、1.85(70)。车轮矿的结构与硫砷铅铜矿等结构。

【晶体形态】 斜方单锥晶类，C_{2v}^{7}-$mm2$($L^2 2P$)。晶体较少见，呈短柱状及沿（001）的板状（图 12-28），常呈假立方状。{$hk0$} 晶面具垂直条纹，{$h0l$} 和 {100} 晶面具水平条纹。主要单形 a{100}、b{010}、c{001}、m{100}、n{011} 和 o{101}、x{102}、u{112}、y{111}、w{013} 较少见。常出现沿 {110} 的双晶，呈十字状或车轮状，故名“车轮矿”。常见车轮矿与方铅矿的连生，由于固溶体分离形成文象连生。集合体为不规则粒状、致密块体。

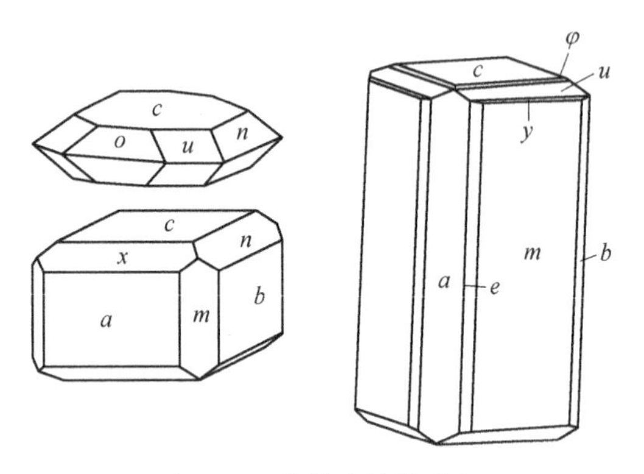

图 12-28 车轮矿晶体形态

【物理性质】 钢灰色到暗铅灰色，常有黄褐色的锖色。条痕为暗灰色，黑色。金属光泽。不透明。解理∥{010} 中等，{100}、{001} 不完全。断口为贝壳状到不平坦状。性脆。硬度 2.5~3，显微硬度 132~213kg/mm^2。相对密度 5.7~5.9。不导电。

【显微镜下特征】 在矿相显微镜下，反射色为白色微带蓝绿色调。双反射在空气中微弱，在油中较清楚。弱非均质性。在油浸中有深红色的内反射。当转动偏光镜时常出现聚片双晶。

【简易化学试验】 用浓硝酸分解形成淡蓝色溶液，析出含硫和含有锑和铅白色粉末的沉淀物。吹管下在木炭上易熔化，并冒烟，当强烈煅烧时形成 PbO 薄膜；加苏打在还原焰中得金属铜。

【成因产状】 广泛分布在中温和低温的热液矿床中。主要在铅锌和多金属矿床中，与方铅矿、黝铜矿以及铅的硫锑化物-脆硫锑铅矿和硫锑铅矿共生。车轮矿在表生作用下不稳定，易形成各种铜、铅和锑的次生矿物，如锑赭石、白铅矿、孔雀石和蓝铜矿。

【用途】 可作为铅和铜的矿石。

13 第三大类 氧化物和氢氧化物矿物

氧化物矿物是指金属阳离子与 O^{2-}结合而成的化合物，氢氧化物矿物是指金属阳离子与（OH）$^-$结合的化合物（表 13-1）。本大类矿物目前已发现有 300 余种，其中氧化物 200 余种，氢氧化物 100 余种。它们占地壳总重量的 17%左右，其中石英族矿物占 12.6%，铁的氧化物和氢氧化物占 3.9%。本大类矿物分为氧化物矿物类和氢氧化物矿物类。

表 13-1 氧化物与氢氧化物矿物的主要组成元素

ⅠA																	0
H	ⅡA											ⅢA	ⅣA	ⅤA	ⅥA	ⅦA	
Li	Be											B	C	N	O	F	
Na	Mg	ⅢB	ⅣB	ⅤB	ⅥB	ⅦB	ⅧB			ⅠB	ⅡB	Al	Si	P	S	Cl	
K	Ca	Sc	Ti	V	Cr	Mn	Fe	Co	Ni	Cu	Zn			As	Se		
Rb	Sr	Y	Zr	Nb	Mo		Ru	Rh	Pd	Ag			Sn	Sb			
Cs	Ba	La	Hf	Ta	W								Pb	Bi			
		AcThU															

13.1 第一类 氧化物矿物

13.1.1 晶体化学特征

组成氧化物的阴离子为 O^{2-}。氧化物中阳离子主要是惰性气体型离子（如 Si^{4+}、Al^{3+}等）和过渡型离子（如 Fe^{3+}、Mn^{2+}、Ti^{4+}、Cr^{3+}等）（表 13-1）。氧化物中的类质同象比硫化物广泛，有完全类质同象和不完全类质同象、等价类质同象和异价类质同象（表 13-2）。

表 13-2 氧化物矿物类质同象特征

等价类质同象	异价类质同象
Ca-Sr-Ba	Na^+-Ca^{2+}-Y^{3+}
Mg-Fe-Mn	Li^+-Al^{3+}
Al-Cr-V-Fe-Mn	Fe^{2+}-$Sc^{3=}$
Sb-Bi	Ca^{2+}-Ce^{3+}
La-Ce-Y	Fe^{2+}-Ti^{4+}
Zr-Hf	$Fe^{\#+}$-Nb^{5+}
Zr-Th	Ti^{4+}-Nb^{3+}

续表 13-2

等价类质同象	异价类质同象
Ce-Th	Sn^{4+}-Nb^{5+}
Th-U	
Nb-Ta	
Mo-W	

氧化物类矿物晶体结构可看成是 O^{2-}（氧离子半径为 0.138nm）做紧密堆积，阳离子充填在八面体和四面体空隙中，阳离子的配位数为 4 和 6。若大半径阳离子充填空隙，使氧不做最紧密堆积，则配位多面体呈立方体等形式，阳离子配位数大于 6。晶体结构中的化学键以离子键为主。随着阳离子电价的增加，共价键的成分趋于增多，如刚玉 Al_2O_3 已具有较多的共价键成分，石英 SiO_2 则共价键占优势。当阳离子类型从惰性气体型、过渡型离子向铜型离子转变时，共价键趋于增强，阳离子配位数趋于减少。如赤铜矿 Cu_2O，如果按阳阴离子半径比值（$r_c/r_o=0.46/1.38=0.333$）计算，Cu^+的配位数为 4；实际上 Cu^+的配位数为 2。这种阳离子配位数（即成键数）的减少是由于共价键的结果。

配位数为 4 的阳离子主要有：Be^{2+}、Mg^{2+}、Fe^{2+} \ $Mn^{2+}Ni^{2+}Zn^{2+}Cu^{2+}$。

配位数为 6 的阳离子主要有：Mg^{2+}、Fe^{2+}、Mn^{2+}、Ni^{2+}、Al^{3+}、Fe^{3+}、Cr^{3+}、V^{3+}、Ti^{4+}、Zr^{4+}、$Sn^{4=}$、Ta^{5+}、Nb^{5+}。

配位数为 8 的阳离子主要有：Zr^{4+}、Th^{4+}、U^{4+}。

配位数为 12 的阳离子主要有：Ca^{2+}、Na^+、Y^{3+}、Ce^{3+}、La^{3+}。

氧化物结构中配位八面体的大小与矿物晶胞参数存在相关关系（表 13-3）。晶体结构

表 13-3 氧化物中配位八面体大小与晶胞参数间的关系 (nm)

矿物	化学组成	晶系	晶胞参数与配位八面体的厚度 t、棱长 l、高 h		
			a_0	b_0	c_0
刚玉	Al_2O_3	三方	0.476		$1.299=6l$
赤铁矿	Fe_2O_3	三方	0.503		$1.375=6l$
钛铁矿	$FeTiO_3$	三方	0.508		$1.403=6l$
钽铝矿	$Al_4Ta_3O_{13}$（OH）	三方	0.738		$0.451=2t$
钙钛矿	$CaTiO_2$	单斜	$0.8=2h$		$0.296=l$
金红石	TiO_2	四方	0.459		$0.926=3l$
重钽铁矿	$FeTa_2O_6$	四方	0.475		0.508
铌钽铁矿	(Fe，Mn)$(NbTa)_2O_6$	斜方	$1.424=6l$	$0.573\approx 2l$	0.499
黑钨矿	(FeMn) WO_4	单斜	$0.479=2t$	$0.574\approx 2l$	0.515
板钛矿	TiO_2	斜方	$0.918=4t$	$0.545\approx 2l$	

资料来源：潘兆橹。

中配位八面体厚度（t）为两相对八面体面间的距离，在0.2~0.24nm；八面体棱长（l）为0.28~0.3nm；八面体高（h）为两相对角顶间的距离，在0.38~0.4nm。刚玉、赤铁矿、钛铁矿的晶胞参数c_0为配位八面体厚度的6倍；钙钛矿的晶胞参数a_0为TiO_5八面体高的2倍；金红石的晶胞参数c_0是配位八面体棱长。铌铁矿、黑钨矿、板钛矿的a_0为配位八面体厚度的倍数，b_0为八面体棱长的2倍。

氧化物晶体结构的类型属于简单二元成分（AO_2或A_2O_3）晶体结构的有萤石型（如方钍石族）、刚玉型（刚玉族）、氯化钠型（如方镁石族）、闪锌矿型（如红锌矿族）、金红石型等。属于复杂氧化物晶体结构的有钙钛矿型、尖晶石型（AB_2O_4）等。有些复杂氧化物的晶体结构可由简单氧化物晶体结构衍生出来。

13.1.2 形态及物理性质

在形态上，氧化物常可形成完好的晶形，亦常见呈粒状、致密块状及其他集合体的形态；氧化物类矿物的显著特征是具有高的硬度，一般在5.5以上，其中石英（7）、尖晶石（8）、刚玉（9）硬度高。氧化物类矿物解理为中等~不完全。氧化物的相对密度变化较大，如W、Sn、U等的氧化物的相对密度很大，一般大于6.5，而α-石英的相对密度仅为2.65。这主要受其阳离子原子量大小影响。

氧化物类矿物的光学性质随阳离子类型的不同而变化，惰性气体型离子Mg、Al、Si等的氧化物通常呈浅色或无色，半透明至透明，以玻璃光泽为主。过渡型离子，如Fe、Mn、Cr等元素时，则呈深色或暗色，不透明至微透明，表现出半金属光泽，且有磁性。

13.1.3 成因与产状

绝大部分的氧化物矿物可形成于岩浆作用、变质作用、沉积作用、热液作用和风化作用过程中。少数矿物是单一地质作用形成的，例如铬铁矿、钛铁矿等是典型岩浆成因的矿物，只产于超基性、基性岩中。Cu、Sb、Bi等的氧化物（赤铜矿Cu_2O、锑华Sb_2O_3、铋华Bi_2O_3等），是这些元素的硫化物在表生条件下氧化后的产物。

13.1.4 分类

氧化物由氧和一种金属形成的化合物为简单氧化物。按照氧与金属的比例，有A_2O型、AO_2型、A_2O_3型。含有两种不同金属原子的化合物为多氧化物，如AB_2O_3型。

A_2O型：赤铜矿族；AO型，方镁石族、红锌矿族（红锌矿、铍石）等。

A_2O_3型：刚玉族（刚玉、赤铁矿、钛铁矿）等。

AO_2型：方钍石族（方钍石、方铈石）、金红石族（金红石、板钛矿、锐钛矿、锡石、软锰矿）、石英族（石英、鳞石英、方石英、蛋白石）、晶质铀矿族。

AB_2O_4型：尖晶石族（尖晶石、磁铁矿、铬铁矿）、金绿宝石族、钙钛矿族、褐钇矿族、AB_2O_3黑钨矿-铌钽铁矿族、易解石族、黑稀金矿族、$A_2B_2O_3$烧绿石族等。

赤 铜 矿 族

赤铜矿（Cuprite）

【化学组成】 Cu_2O，Cu：88.8%，O：11.2%。含有少量氧化铁。

【晶体结构】 等轴晶系；O_h^4-$Pn3m$；a_0=0.426nm；Z=2。赤铜矿的晶体结构为立方原始格子，O^{2-}位于单位晶胞的角顶和中心，Cu^+则位于单位晶胞分成的8个小立方体相间分布的相互错开的4个小立方体中心。Cu^+和O^{2-}的配位数分别为2和4。虽然氧离子分布于晶胞的角顶和中心，但不是体心格子而是原始格子（图13-1）。

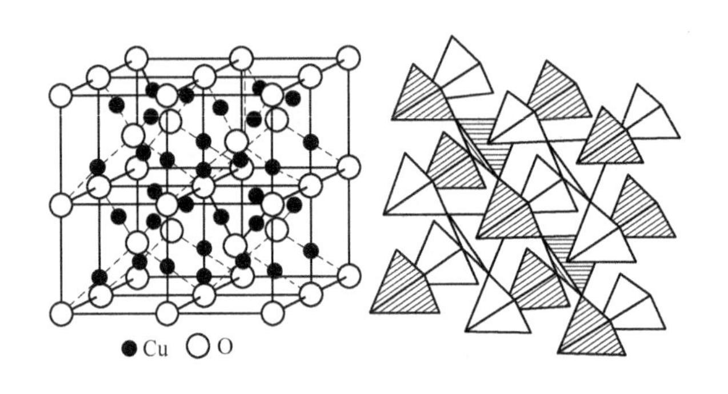

图13-1　赤铜矿晶体结构示意图

【晶体形态】 六八面体晶类，O_h-$m3m$($3L^44L^36L^29PC$)。单晶体为等轴粒状，主要单形：八面体o{111}、立方体a{100}、四角三八面体n{211}，立方体{100}与菱形十二面体d{110}的聚形（图13-2）。生长时若沿立方体棱的方向延伸，则形成毛发状或交织成毛绒状形态。集合体呈致密块状、粒状或土状、针状或毛发状。

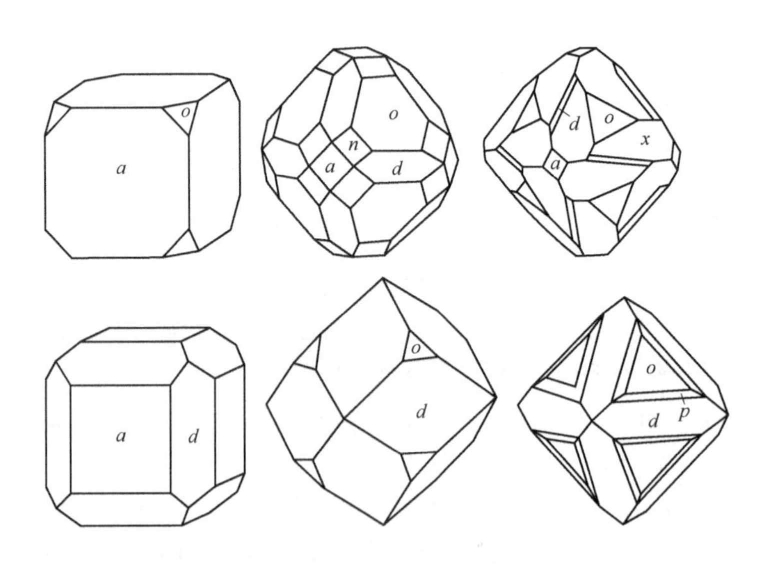

图13-2　赤铜矿晶体形态

【物理性质】 暗红至近于黑色；条痕褐红；金刚光泽至半金属光泽；薄片微透明。解理不完全。硬度 3.5~4.0。相对密度 5.85~6.15。性脆。

【显微镜下特征】 透射光下为红色，均质体，$N=2.849$. 反射光下微带蓝色的白色。内反射为红色。

【简易化学试验】 有铜的焰色反应，易溶于硝酸，溶液呈绿色，加氨水变蓝色。条痕上加一滴 HCl，产生白色 $CuCl_2$ 沉淀。

【成因及产状】 主要见于铜矿床的氧化带，与自然铜、孔雀石、辉铜矿、铁的氧化物、黏土矿物等伴生。

【用途】 铜矿石。作为原生铜矿床的重要找矿标志。

方镁石族

方镁石（Periclase）

【化学组成】 MgO。Mg：60.32%，O：39.68%。含有 Fe、Mn、Zn 等混入物。

【晶体结构】 等轴晶系，O_h^5-$Fm3m$。$a_0=0.4211$nm，$Z=4$。主要粉晶谱线：2.108（100）、1.489（52）、0.9419（17）。氯化钠型结构。

【晶体形态】 六八面体晶类。O_h-$Fm3m(3L^44L^36L^29PC)$。常见单形立方体 $a\{100\}$、八面体 $o\{111\}$、菱形十二面体 $d\{110\}$。依（111）发育双晶。常见粒状。晶体内见到磁铁矿、方锰矿成定向包体分布。

【物理性质】 纯者无色。通常为灰白色、黄色、棕黄色、绿色、黑色等。随着铁含量增加颜色变深。白色条痕。玻璃光泽。透明至半透明。解理∥{100}完全。裂开∥{110}。硬度 5.5~6，相对密度 3.5~3.9。不导电。

【显微镜下特征】 透射光下无色，均质性。$N=1.736$，折射率 1.736，含铁增加折射率增高。

【简易化学试验】 易溶于稀盐酸、稀硝酸。含锰方镁石，灼烧后变黑。加硝酸钴溶液烧，呈肉红色（镁的反应）。

【成因】 产于变质白云岩或镁质大理岩中，与镁橄榄石、菱镁矿、水镁石等共生。

【用途】 制镁原材料。

红锌矿族

铍石（Bromellite）

【化学组成】 BeO。Be：36.05%，O：63.95%。含有 Mg、Ca、Ba、Mn、Al 等混入物。

【晶体结构】 六方晶系，C_{6v}^4-$P6_3nc$。$a_0=0.269$nm，$c_0=0.434$nm。$Z=2$。主要粉晶谱线：2.34(100)、2.07(90)、1.35(80)、1.24(60)、1.153(60)。纤锌矿型结构。原子间距：Be-O=0164~0.166nm。

【晶体形态】 复六方单锥晶类 C_{6v}-$6mm(L^66P)$。主要单形：平行双面{0001}、六方柱{$10\bar{1}0$}、六方双锥{$10\bar{1}1$}。晶体细小，具有沿 c 轴延伸的柱状晶体。

【物理性质】 白色。玻璃光泽。透明。解理∥{10$\bar{1}$0} 完全，∥{0001} 不完全。硬度 9，密度 3.017。具有导电性和热电性。具有反磁性。熔点 2450℃左右。

【显微镜下特征】 透射光下无色透明。一轴晶（+）。$N_o=1.719$，$N_e=1.733$。

【简易化学试验】 缓慢溶于热浓硝酸或盐酸中；与硼砂或磷盐相混熔成透明珠球。

【成因】 形成与富铍缺 SiO_2 Al_2O_3 的条件。在岩浆热液、接触交代的矽卡岩中出现。

【用途】 提取铍的原料。

红锌矿（Zincite）

【化学组成】 ZnO。Zn：80.34%，O：19.66%；经常有 Mn、Pb、Fe 等类质同象混入物替代 Zn，相应的变种有锰-红锌矿、铅-红锌矿和铁-红锌矿。

【晶体结构】 六方晶系，C_{6v}^4-$P6_3mc$；$a_0=0.3249$nm，$c_0=0.5205$nm；$Z=2$；粉晶数据：2.476(100)、2.816(71)、2.602(56)。具有纤锌矿型结构。O 原子占据纤锌矿晶体结构中 S 的位置，形成六方最紧密堆积。Zn 充填由 O 形成的 1/2 四面体空隙，Zn 和 O 的配位数为 4。原子间距 Zn-O(4) = 0.204nm(3)、0.194nm(1)。

【晶体形态】 复六方单锥晶类；C_{6v}-$6mm(L^6 6P)$。单形主要是六方单锥 p{10$\bar{1}$1}、s{10$\bar{1}$3}、t{11$\bar{2}$4}，六方柱 m(10$\bar{1}$0)，单面 c{0001}。以（0001）形成双晶。

【物理性质】 颜色为橙黄、暗红或褐红色（红色是由 Mn 杂质引起）。橘黄色条痕。细碎片透明或沿边缘透光。金刚光泽。解理∥{10$\bar{1}$0} 完全，解理∥{11$\bar{2}$0} 中等。贝壳状断口。硬度 4~5，相对密度 5.64~5.68。脆性。

【显微镜下特征】 透射光下暗红~黄色。一轴晶（+），$N_0=2.056$，$N_e=2.025$。在反射光下浅玫瑰棕色。内反射为红色。

【简易化学试验】 溶于酸。吹管焰中不熔。闭管里加热变黑，冷却后转为原色。还原焰下在矿物碎块的棱角上出现黄色薄膜，冷却呈白色；加硝酸钴后，置氧化焰中烧转为绿色。

【成因】 产于铅锌矿床中，与硅锌矿、锌铁尖晶石、方解石共生。

【用途】 用于提炼锌以及制造锌酚和氧化锌、氯化锌、硫酸锌、硝酸锌等。利用红锌矿作表面弹性波器件。

刚 玉 族

刚玉（Corundum）

【化学组成】 Al_2O_3。Al：53.2，O：46.8%。含有 Cr^{3+}、Ti^{4+}、Fe^{3+}、Fe^{2+}、Mn^{2+}、V^{3+}等，它们以等价或异价类质同象代替 Al^{3+}。Al_2O_3 有多种变体，自然界 α-Al_2O_3 稳定。

【晶体结构】 三方晶系，D_{3d}^6-$R\bar{3}c$。$a_0=0.477$nm，$c_0=1.304$nm。$Z=6$。主要粉晶谱线：2.085(100)、2.555(92)、1.60(81)、3.479(74)、1.374(48)、2.379(42)。刚玉型结构。O^{2-}沿垂直三次轴方向呈六方最紧密堆积，Al^{3+}在两 O^{2-}层之间，充填八面体空隙(2/3)。八面体在平行 {0001} 方向上共棱成层。在平行 c 轴方向上，共面联结构成两个

实心的［AlO_6］八面体和一空心由 O^{2-} 围成的八面体相间排列的柱体。［AlO_6］八面体成对沿 c 轴呈三次螺旋对称。Al 为 6 次配位，O 为 4 次配位。原子间距：Al-O_6 = 0.186 ~ 0.197nm；最近的 Al-Al = 0.265nm，O—O = 0.252 ~ 0.287nm。由于 Al—O 键具离子键向共价键过渡的性质，从而使刚玉具共价键化合物的特征。

【晶体形态】 复三方偏三角面体晶类，D_{2d}-$3m(L_i^3 3L_2 3P)$。晶体呈三方桶状、柱状、板状晶形。主要单形有：六方柱 $a\{11\bar{2}0\}$、六方双锥 $m\{11\bar{2}1\}$、菱面体 $r\{10\bar{1}1\}$、平行双面 $c\{0001\}$（图 13-3）。在{0001}晶面上具有平行{0001]和{10$\bar{1}$1}交棱的花纹及三角形或六边形蚀像。在{10$\bar{1}$1}晶面上具有平行{10$\bar{1}$1}、{22$\bar{4}$3}交棱的晶面花纹。底面发育的板状晶体多产于富硅、贫碱的岩石中。沿 c 轴延长的六方双锥、六方柱、菱面体等柱状、桶状晶体多产于贫硅、富碱的岩石中，且多具深色溶蚀壳。

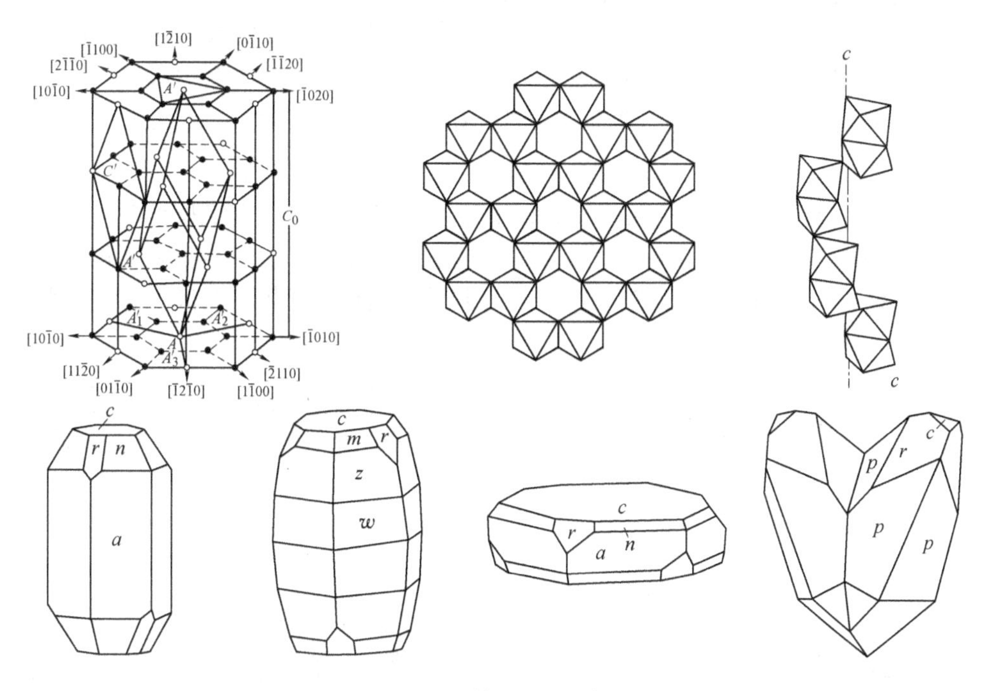

图 13-3 刚玉晶体结构与晶体形态

【物理性质】 纯净的刚玉是无色或灰、黄灰色。含有不同的微量元素而呈现不同颜色。含 Fe 者呈黑色，含 Cr 者呈红色者，含 Ti 呈蓝色；玻璃光泽。无解理；常因聚片双晶或细微包体产生{0001}或{10$\bar{1}$1}的裂开。硬度 9。相对密度 3.95 ~ 4.10。熔点 2000 ~ 2030℃，化学性质稳定，不易腐蚀。在长短波紫外线下发红色荧光，含 Fe 高者荧光较弱。含 Cr 呈粉色荧光或橙黄色荧光。

【显微镜下特征】 透射光下无色、玫瑰红、蓝或绿色。折射率：1.762 ~ 1.770。折射率受类质同象影响，具有二色性，表现为不同深浅的颜色，红宝石、蓝宝石的二色性较强。

【成因】 岩浆作用形成的刚玉产于正长岩、斜长岩、伟晶岩中。接触交代作用形成的刚玉产于岩浆岩与灰岩的接触带。区域变质作用形成的刚玉产于片岩、片麻岩中。刚玉在表生环境稳定，含有刚玉的原岩风化后，刚玉可以富集形成砂矿床。

【用途】 刚玉的硬度仅次于金刚石，可作为研磨材料、精密仪器的轴承等。刚玉是重要宝石原料，具有鲜红或深红透明的刚玉称为红宝石；具有深蓝透明的刚玉称为蓝宝石。在有些红宝石和蓝宝石的 {0001} 面上具有星彩光学效应，称为星光宝石，为呈定向分布的六射针状金红石包体，故呈星彩状。

赤铁矿（Hematite）

【化学组成】 Fe_2O_3。Fe：69.4%，O：30.06%。常含类质同象替代的 Ti、Al、Mn、Fe^{2+}、Ca、Mg 及少量的 Ga、Co；常含金红石、钛铁矿的微包裹体。隐晶质致密块体中常有机械混入物 SiO_2、Al_2O_3。据成分可划分出钛赤铁矿、铝赤铁矿、镁赤铁矿、水赤铁矿等变种。

【晶体结构】 Fe_2O_3 有两种同质多象变体。α-Fe_2O_3 为三方晶系 D_{3d}^6-$R\bar{3}c$。a_0 = 0.5039nm，c_0 = 1.3760nm；Z = 6。刚玉型结构。成分中有 Ti 的替代时，晶胞体积将增大。Al 的替代则使晶胞体积减小。γ-Fe_2O_3 变体为等轴晶系，称为磁赤铁矿。

【晶体形态】 复三方偏三角面体晶类，D_{3d}-$\bar{3}m(L^3 3L^2 3PC)$。常见单形：平行双面 $c\{0001\}$，六方柱 $a\{10\bar{1}0\}$，菱面体 $r\{10\bar{1}1\}$、$u\{10\bar{1}4\}$、$e(01\bar{1}2)$，六方双锥 n $\{22\bar{4}3\}$（图 13-4）。在晶面上有三组平行交棱方向的条纹、三角形凹坑或生长锥等晶面花纹。依（0001）为聚片双晶，依（0001）为穿插双晶或接触双晶。单晶体常呈菱面体和板状，集合体形态多样，有片状、鳞片状（显晶质）、粒状、鲕状、肾状、土状、致密块状等。

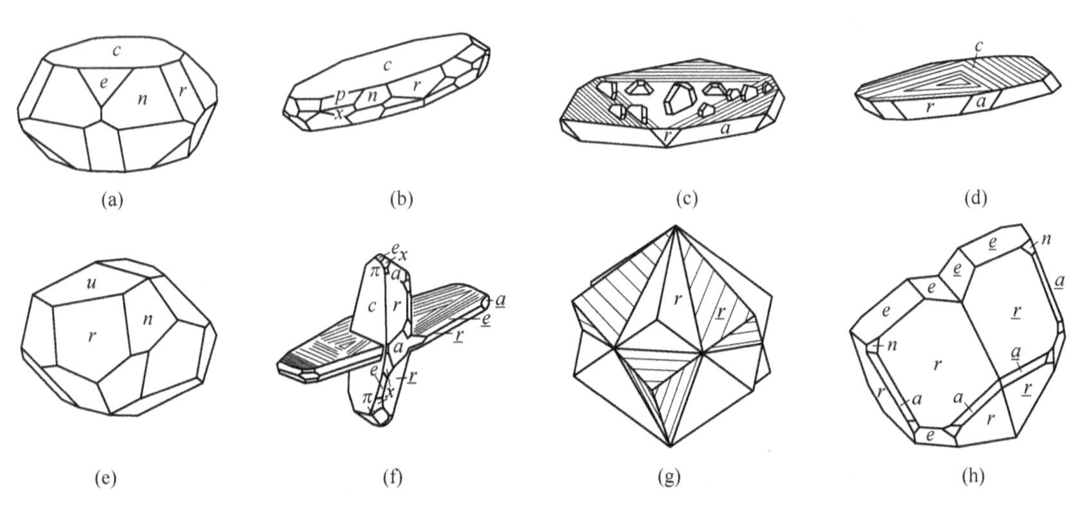

图 13-4 赤铁矿晶体形态（a）~（e）和双晶（f）~（h）

【物理性质】 显晶质呈铁黑至钢灰色，隐晶质呈暗红色，条痕樱红色，金属光泽至半金属光泽，硬度为 5.5~6.5，无解理，相对密度 5.0~5.3。根据形态、颜色划分赤铁矿变种有：呈铁黑色、金属光泽的片状赤铁矿集合体称为镜铁矿，具有磁性；呈灰色、金属光泽的鳞片状赤铁矿集合体称为云母赤铁矿；呈红褐色、光泽暗淡粉末状赤铁矿称为赭石；呈鲕状或肾状的赤铁矿称为鲕状或肾状赤铁矿。

【显微镜下特征】 透射光下血红色、灰黄色不等。弱多色性：N_o-褐红色，N_e 黄红色。一轴晶（-）。双折射率强。反射光下呈白色或带浅蓝色的灰白色。内反射不常见。

【成因】 赤铁矿分布极广。各种内生、外生或变质作用均可生成赤铁矿。一般由热液作用形成的赤铁矿可呈板状、片状或菱面体的晶体形态；云母赤铁矿是沉积变质作用的产物；鲕状和肾状赤铁矿是沉积作用的产物。

【用途】 重要铁矿石矿物。可作矿物颜料。药用赤铁矿名赭石，别名代赭石、赤赭石，具有凉血止血等功效。

钛铁矿（Ilmenite）

【化学组成】 $FeTiO_3$，Fe：36.8%，Ti：31.6%，O：31.6%。Fe 可为 Mg、Mn 完全类质同象代替，形成 $FeTiO_3$（钛铁矿）-$MgTiO_3$（镁钛矿）或 $FeTiO_3$（钛铁矿）-$MnTiO_3$（红钛锰矿）系列。有 Nb、Ta 等类质同象替代。在 960℃以上的高温条件下，$FeTiO_3$-Fe_2O_3 可形成完全固溶体。随温度下降，在约 600℃，$FeTiO_3$-Fe_2O_3 固溶体出溶，在钛铁矿中析出赤铁矿的片晶，并//（0001）定向排列。故钛铁矿中常含有细鳞片状赤铁矿包体。

【晶体结构】 三方晶系；C_{3d}^6-$R3$；a_0 = 0.509nm，c_0 = 1.407nm；Z = 6。晶体结构为刚玉型的衍生结构。与刚玉不同之处在于 Al^{3+}的位置相间地被 Fe^{3+}和 Ti^{4+}所代替，导致 c 滑移面消失而使钛铁矿晶格的对称程度降低。在高温条件下钛铁矿中的 Fe、Ti 呈无序状态而具刚玉型结构，形成 $FeTiO_3$-Fe_2O_3 固溶体。空间群从 $R3c$ 转变为 $R3$ 的温度为 1100℃（x=0.65）至 600℃（x=0.45）。当 $0.6>x\geqslant0.5$ 时，不能获得完全有序的空间群为 $R3$ 的结构；在 x=0.5 时，$R3c$ 向 $R3$ 的转变呈亚稳定态，固溶体开始部分出溶（图 13-5）。

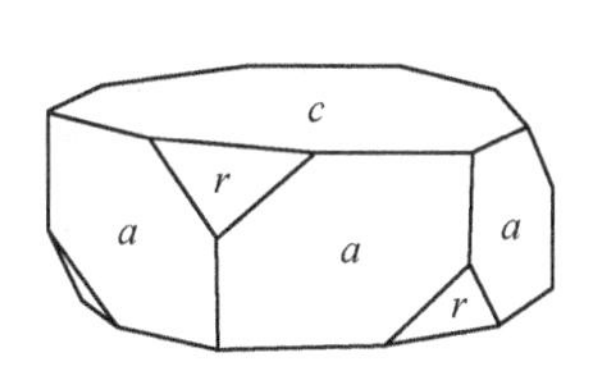

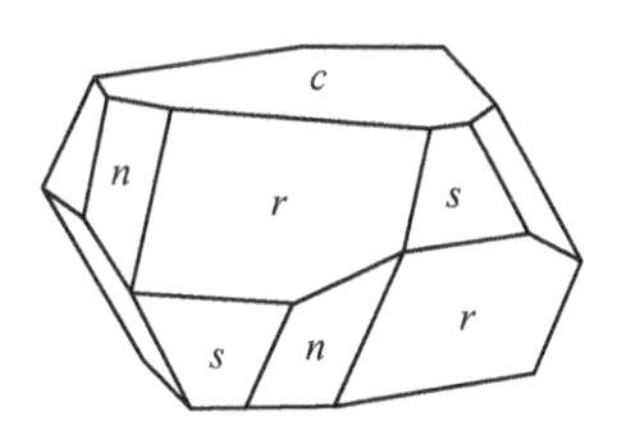

图 13-5 钛铁矿晶体结构与晶体形态

【晶体形态】 菱面体晶类 C_{3d}-$R3(L_i^3)$ 晶体常呈板状，集合体呈块状或粒状。可见依（0001）、（$10\bar{1}1$）成双晶。

【物理性质】 钢灰至铁黑色；条痕黑色，含赤铁矿者带褐色；金属~半金属光泽；不透明。无解理。硬度 5~6。相对密度 4.72。具弱磁性。钛铁矿与磁铁矿密切共生，呈现为片状分布于磁铁矿颗粒之间或沿磁铁矿［111］面网定向分布造成裂开。

【显微镜下特征】 透射光下深红色，不透明或微透明。一轴晶（-）。具非常高的折射率（N=2.7）和重折率。

【简易化学试验】 与碳酸钠混合烧熔后，溶于硫酸；再加入过氧化氢，可使溶液变黄色。

【成因及产状】 主要形成于岩浆作用和伟晶作用过程中。作为各类岩浆岩（辉长岩、闪长岩、斜长岩等）的副矿物出现，与磁铁矿共生。在伟晶岩脉和高温热液脉中出现，与磁铁矿、黄铁矿、黄铜矿、赤铁矿等共生。四川攀枝花钒钛磁铁矿矿床是世界上钛铁矿著名产地之一。

【用途】 钛的矿物原料。纯净的钛是银白色的金属。金属钛密度小而强度大。具有良好的可塑性，耐热和抗腐蚀性能好。用于制造飞机、火箭、导弹、舰艇、原子能工业、化学工业等领域。

钙钛矿族

钙钛矿（Perovskite）

【化学组成】 $CaTiO_3$，CaO：41.24%，TiO_2 58.76%。类质同象混入物有 Na、Ce、Fe^{2+}、Nb 以及 Fe^{3+}、Al^{3+}、Zr^{3+}、Ta^{3+}等。存在着异价类质同象、等价类质同象代替。有 Fe^{3+}存在时，有 $Ca^{2+}+Ti^{4+}\longleftrightarrow Ce^{3+}+Fe^{3+}$、$2Ti^{4+}\longleftrightarrow Fe^{3+}Nb^{3+}$等置换出现。有 Na^{+}存在时，有 $2Ca^{2+}\rightarrow Na^{+}+Co^{3+}$，$Ca^{2+}+Ti^{4+}\rightarrow Na^{+}+Nb^{5+}$的置换。在钙钛矿族矿物中，稀土元素含量符合奥多-哈尔金斯规律，即相邻两个稀土元素中，偶数元素的含量高于奇数元素的含量。

【晶体结构】 等轴晶系，高温变体空间群 O_h^5-$Pm3m$，$a_0=0.385$nm，$Z=1$；钙钛矿型结构属于面心立方格子，由 O 离子和半径较大的 A 离子共同组成立方最紧密堆积，半径较小的 B 离子则填于 1/4 的八面体空隙中（图 13-6）。在钙钛矿矿晶体结构中，钛离子位于立方晶胞的中心，为 12 个氧离子包围成配位立方-八面体，配位数为 12；钙离子位于立方晶胞的角顶，为 6 个氧离子包围成配位八面体，配位数为 6。在 600℃以下转变为斜方晶系，空间群 $Pcmm$，$a_0=0.537$nm，$b_0=0.764$nm，$c_0=0.544$nm，$Z=4$。

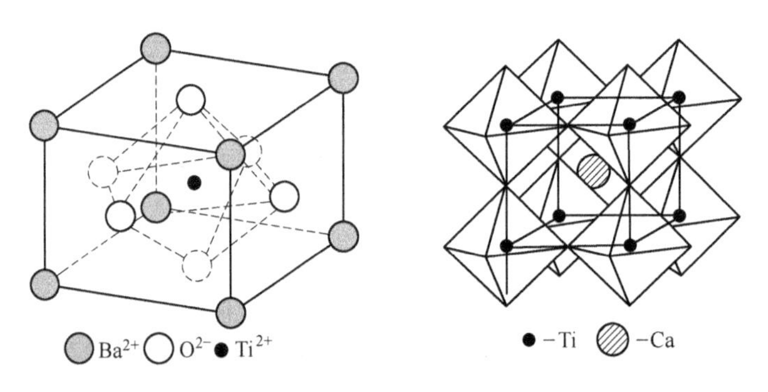

图 13-6 钙钛矿晶体结构

【晶体形态】 六八面体晶类，O_h-$m3m(3L^44L^36L^29PC)$。呈立方体晶形。常见单形有立方体｛100｝、八面体｛111｝。在立方体晶体常具平行晶棱的条纹，系高温变体转变为低温变体时产生聚片双晶的结果。

【物理性质】 颜色为褐至灰黑色，条痕为白至灰黄色。金刚光泽。解理不完全，参差状断口。硬度 5.5~6，相对密度 3.97~4.04。

【显微镜下特征】 透射光下为黄绿色、褐色，均质体，有时为二轴晶（+）。$2V=90°$，$N=2.30\sim2.38$. 多色性弱。铈-钙钛矿在透射光下呈浅褐色、浅红色，均质体，折射率 2.36。折射率：$N=2.34\sim2.38$。

【成因】 碱性岩中的副矿物。

【用途】 富集时可以作为钛、稀土金属（尤其是铈族稀土）及铌的来源。

方钍石族

方钍石（Thorianite）

【化学组成】 ThO_2，Th：87.88%，O：13.12%。含有 U、Pb、Ce、La 等。富含 U 的变种为铀-方钍石，含 Pb、U 的钍铀铅矿。

【晶体结构】 等轴晶系 O_h^5-$Fm3m$。a_0 = 0.556 ~ 0.558nm。Z = 4。主要粉晶谱线：3.26(100)、1.964(100)、1.277(100)。a_0随着 U^{4+}代替 Th 量增加而降低。萤石型结构（图 13-7）。Th 配位数 8，O 配位数 4。

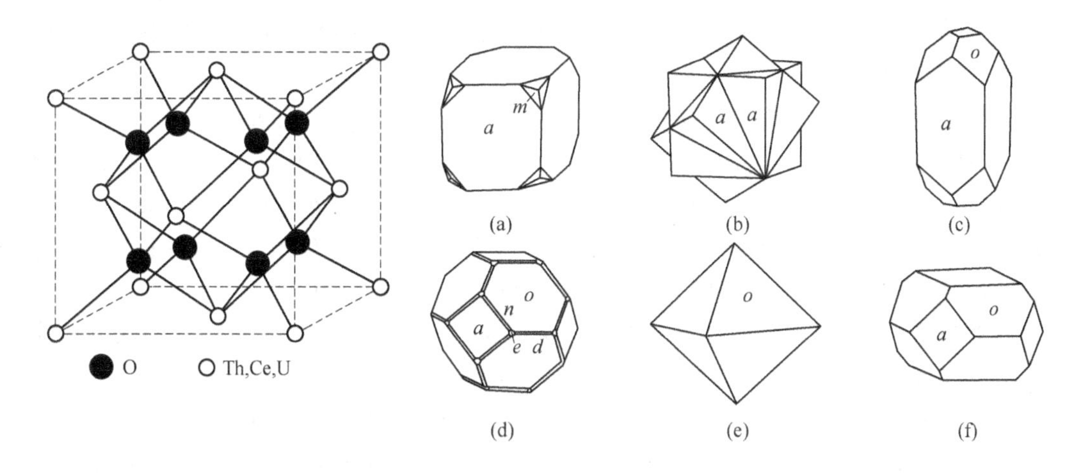

图 13-7 方钍石晶体结构与晶体形态

【晶体形态】 六八面体晶类 O_h-$m3m$($3L^4 4L^3 6L^2 9PC$)。晶体为立方体 a\{100\}、八面体 o\{111\} 以及它们的聚形。依（111）形成穿插双晶。粒状集合体。

【物理性质】 颜色为黑色、暗灰色、褐色。铀-方钍石呈绿灰色。风化后变为褐黑色或黄棕色。黑色或灰色条痕。半透明至不透明。矿物碎片透光呈红褐色。金刚至半金属光泽。断口为油脂光泽。解理∥｛100｝不完全。硬度 6.5 ~ 7.5。性脆。相对密度 9.1 ~ 9.5。强放射性。熔点 3200℃。

【显微镜下特征】 透射光下为红褐、暗棕或绿色。均质性。折射率变化大，N = 2.20。反射率 R = 13.5。内反射为褐红色。

【成因】 产于碱性岩、与碱性岩有关的伟晶岩或热液脉中。在花岗伟晶岩中，与锆石、晶质铀矿、易解石、烧绿石等共生。呈副矿物出现于花岗岩、花岗斑岩，与锆石、褐帘石、磷铈镧矿共生。在接触交代作用出现。

【用途】 提取钍的矿物原料。

金红石族

本族矿物有金红石、锡石、软锰矿，晶体结构为金红石型结构。

金红石（Rutile）

【化学组成】 TiO_2。Ti：60%，O：40%。常含有 Fe^{2+}、Fe^{3+}、Nb^{5+}、Ta^{5+}、Sn^{3+}等类质同象混入物。有 $2Nb^{5+}$（Ta^{5+}）$+Fe^{2+}\rightarrow 3Ti^{3+}$，$Nb^{5+}$（$Ta^{5+}$）$+Fe^{2+}\rightarrow Ti^{4+}+Fe^{3+}$等成异价类质同象方式置换。当 Nb^{5+}、Ta^{5+}以 1∶1 方式替代 Ti^{4+}时，可导致晶格中的阳离子缺席。其中富含 Fe 时称为铁金红石，Fe^{2+}和 Nb^{5+}（Ta^{5+}）可与 Ti^{4+}替换。当 Nb 大于 Ta 时，称铌铁金红石；当 Ta 大于 Nb 时，称钽铁金红石。金红石的成分可作为标型特征：碱性岩中金红石富含 Nb，基性岩和岩浆碳酸盐中金红石含 V，伟晶岩中金红石含 Sn，月岩中的金红石富含 Nb 和 Cr。

自然界中 TiO_2 有金红石、锐钛矿、板钛矿三个同质多象变体。金红石分布广泛，锐钛矿、板钛矿则少见。实验资料表明，板钛矿在 Na_2O 含量高的碱性介质中稳定，锐钛矿在弱碱性介质中形成。

【晶体结构】 四方晶系；D_{4h}^{14}-$P4_2/mnm$；a_0 = 0.459nm，c_0 = 0.296nm；Z = 2。金红石型晶体结构（图 13-8）表现为 O^{2-} 近似成六方紧密堆积，而 Ti^{4+}位于变形八面体空隙中，构成 Ti-O_6八面体配位。Ti^{4+}配位数为 6，O^{2-}配位数为 3。在金红石的晶体结构中，Ti-O_6配位八面体沿 c 轴共棱呈链状排列。链间由配位八面体共角顶相连。金红石沿 c 轴延伸的柱状晶形和平行｛110｝延伸方向的解理，反映链状结构的特征。

【晶体形态】 复四方双锥晶类，$D_{4h}$$D_{4h}$-$4/mmm$（$L^44L^25PC$）。常见完好的四方短柱状、长柱状或针状。常见单形：四方柱 m{110}a{100}，四方双锥 s{111}e{101}，复四方柱 r{320}，复四方双锥 z{321}（图 13-8）。晶体具有平行 c 轴的柱面条纹。以（011）为双晶面呈膝状双晶、三连晶或环状双晶。金红石的晶形与形成条件有关。在伟晶岩中呈双锥状、短柱状，在石英脉中结晶速度快时，为长柱状、针状晶形。

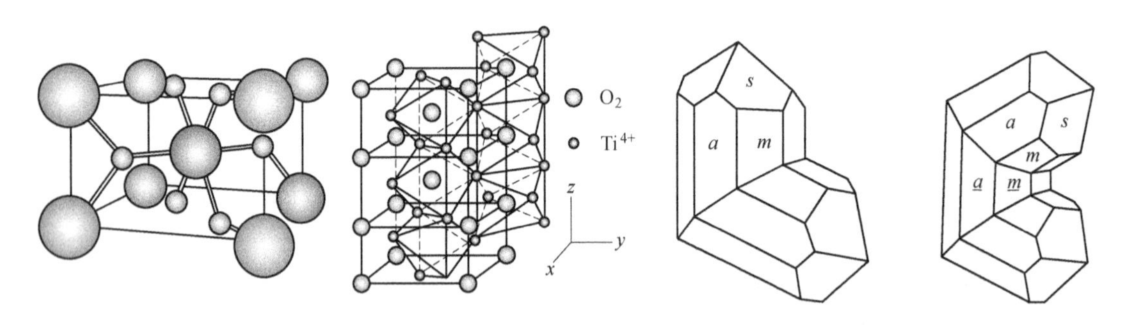

图 13-8 金红石晶体结构与晶体双晶

【物理性质】 常见褐红、暗红色，含 Fe 者呈黑色；条痕浅褐色；金刚光泽；半透明。解理∥｛110｝中等。硬度 6～6.5。相对密度 4.2～4.3。性脆。铁金红石和铌铁金红石均为黑色，不透明。铁金红石相对密度 4.4，铌铁金红石可达 5.6。

【显微镜下特征】 透射光下黄色至红褐色，多色性弱。N_o-黄色至褐色，N_e-暗红色至暗褐色。一轴晶（+）。N_o=2.605～2.613，N_e=2.899～2.901。反射光下灰色，具淡蓝色调。内反射浅黄至褐红色。

【简易化学试验】 溶于热磷酸。冷却稀释后，加入 Na_2O_3 可使溶液变成黄褐色（钛

的反应）。

【成因】 产于岩浆和变质作用。在榴辉岩、辉长岩中形成金红石矿床。在砂矿中也有产出。

【用途】 为炼钛的矿物原料。钛合金广泛应用于化工、军工和空间技术。人造金红石可制造优质电焊条；钛白粉可制高级白色油漆、涂料、人造丝的减光剂、白色橡胶和高级纸。

锡石（Cassiterite）

【化学组成】 SnO_2，Sn：78.8%，O：21.2%。常含 Fe 和 Ta、Nb、Mn、Se、Ti、Zr、W 以及分散元素 In、Ga 等。Nb、Ta 也可以类质同象方式替代 Sn。

【晶体结构】 四方晶系；D_{4h}^{14}-$P4_2/mnm$；a_0 = 0.474nm，c_0 = 0.319nm；Z = 2。晶体结构属金红石型。Zr 代替 Sn 导致晶格常数增大。

【晶体形态】 复四方双锥晶类，D_{4h}-$4/mmm$（$L^4 4L^2 5PC$）。晶体常呈双锥状、双锥柱状，有时呈针状（图 13-9）。主要单形：四方双锥 $s\{111\}$ $e\{101\}$，四方柱 $m\{100\}$，有时可见复四方柱 $r\{230\}$ 和复四方双锥 $z\{321\}$。柱面上有细的纵纹。依（011）为双晶面形成膝状双晶。集合体常呈不规则粒状。锡石在温度较高时，晶体趋向于等轴状或短柱状；温度低时，则趋向于长柱状或针状。伟晶岩中产出的锡石呈双锥状；气化高温热液矿床中产出的锡石呈双锥柱状；锡石硫化物矿床中产出的锡石往往呈长柱状或针状；集合体常呈不规则粒状，也有致密块状。

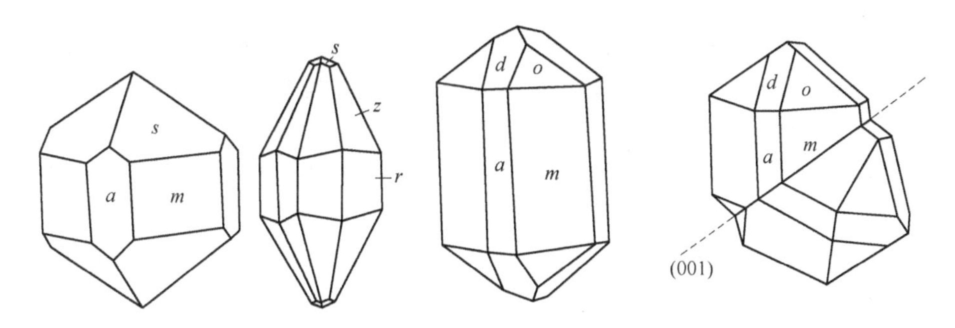

图 13-9 锡石晶体形态和膝状双晶

【物理性质】 黄棕色至深褐色，富含 Nb 和 Ta 者为沥青黑色；条痕白色至淡黄色；金刚光泽。解理 ‖ {110} 不完全；具有 // {111} 裂开。性脆。贝壳状断口，断口呈油脂光泽。硬度 6~7。相对密度 6.8~7.0。

【显微镜下特征】 透射光下无色、浅黄色、浅褐色。一轴晶（+）。具较高的折射率。多色性强弱不定。N_o-黄至铁灰色，N_e-黄棕至黑色。吸收性 $N_o>N_e$。矿相显微镜下浅灰色至带棕色的灰色。非均质性明显。内反射白色、淡黄色。

【简易化学试验】 置锡石颗粒与锌板上，加一滴盐酸，过 3~5min 可见后，锡石颗粒表面出现一层锡白色的金属锡薄膜。

【成因及产状】 锡石矿床在成因上与酸性火成岩，尤其与花岗岩有密切的关系，主要有气化-高温热液成因的锡石石英脉和热液锡石硫化物矿床。原生锡矿床经风化后，锡石形成砂矿。

【用途】 提取锡的主要矿物原料。

软锰矿（Pyolusite）

【化学组成】 MnO_2。Mn：63.19%，O：36.81%。细粒和隐晶块体中常含 Fe_2O_3、SiO_2 等机械混入物，并含 H_2O。

【晶体结构】 四方晶系；D_{4h}^{14}-$P4_2/mnm$；a_0 = 0.439nm，c_0 = 0.286nm；Z = 2。主要粉晶谱线：3.14(100)、2.44(50)、1.63(50)。晶体结构属金红石型。

【晶体形态】 复四方双锥晶类。D_{4h}-$4/mmm(L^4 4L^2 5PC)$。晶体平行 c 轴呈柱状或近于等轴状。主要单形有四方柱 m{100}，复四方柱 h{210}，四方双锥 s{111}、n{211}、e{101} 等，复四方双锥 z{321}（图 13-10）。完整晶体少见，有时呈针状、放射状集合体。常呈肾状、结核状、块状或粉末状集合体。

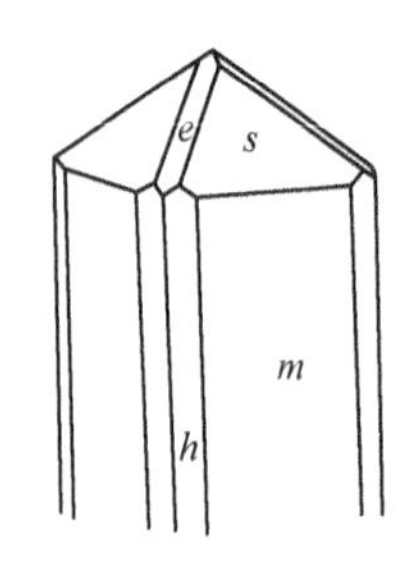

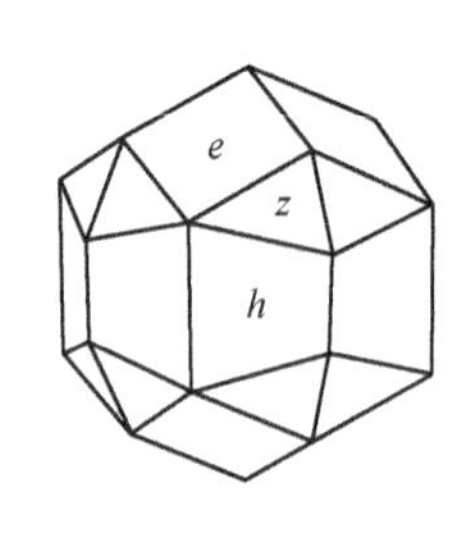

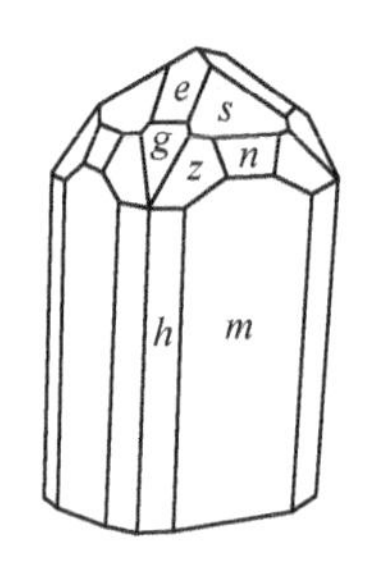

图 13-10 软锰矿晶体形态

【物理性质】 钢灰色，表面带有浅蓝的锖色。蓝黑至黑色条痕。半金属光泽、不透明。解理∥{110} 完全。不平坦断口。硬度因形态和结晶程度不一，显晶质者为 6~6.5，隐晶质或块状集合体者为 1~2。相对密度 4.7~5.0。性脆。污手。

【显微镜下特征】 反射光下光片呈白色或带乳黄色调。多色性明显：N_e-黄白色，N_o-较暗，灰白色。强非均质性。偏光色：淡黄、棕色、蓝绿色。无内反射。

【简易化学试验】 加 H_2O_2 起气泡；加 HCl 呈淡蓝色。缓慢置于盐酸中有氢气放出，溶液呈淡绿色。

【成因】 软锰矿作为高价锰的氧化物，出现在滨海相沉积、风化矿床中。

【用途】 重要的锰矿石。

锐 钛 矿 族

锐钛矿（Anatase）

【化学组成】 TiO_2，含有铁、铌、钽、锡等以及钇族为主的稀土元素。

【晶体结构】 四方晶系 D_{4h}^{19}-$I4_1/amd$。a_0 = 0.379nm，c_0 = 0.951nm；Z = 4。主要粉晶谱线：3.51(100)、1.89(33)、2.379(22)。与金红石、板钛矿为同质多象。晶体结构中，O^{2-} 做立方最紧密堆积，Ti^{4+} 位于八面体空隙。[TiO_6] 八面体互相以两对相向的棱共用联结。八面体围绕每个四次螺旋轴形成平行于 c 轴的螺旋状链（图 13-11）。Ti 的配位数为 6，O 的配位数为 3。Ti-O 间距为 0.1937nm 和 0.1964nm，O-O 间距为 0.2802nm、0.2446nm、0.3040nm。

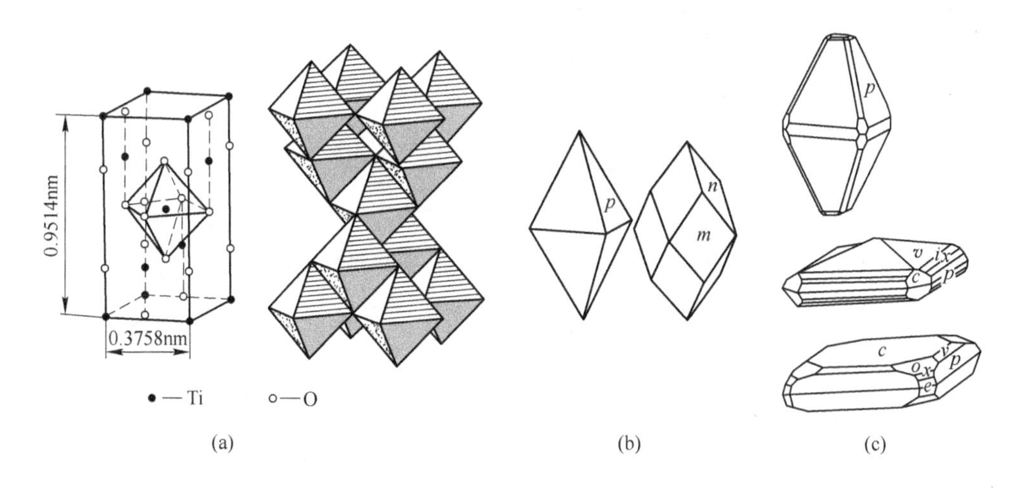

图 13-11 锐钛矿晶体结构（a）与晶体形态（b），（c）

【晶体形态】 复四方双锥晶类，D_{4h}-4/*mmm*（$L^4 4L^2 5PC$）。晶体为锥状、板状、柱状。主要单形：四方双锥｛011｝、平行双面｛001｝、四方柱｛100｝等。

【物理性质】 颜色变化较大，褐、黄、浅绿、浅紫、灰黑等，也见无色。条痕无色至淡黄色。透明~不透明，金刚光泽。解理∥｛001｝及｛011｝完全。硬度5.5~6.5。相对密度3.82~3.97。

【显微镜下特征】 透射光下为不同颜色，有褐、黄、蓝、蓝绿、浅绿等色。多色性弱。一轴晶（-）。折射率高且变化明显。如黄色晶体 $N_o=2.501$，灰色晶体 $N_o=2.556$。反射光下为灰色，内反射明显（带蓝色）。反射率≈20。

【成因】 作为副矿物产于岩浆岩、变质岩中。

板钛矿（Brookite）

【化学组成】 TiO_2。Ti：59.95%，O：40.05%。Ti 可被 Fe^{3+}、Nb^{5+}、Ta^{5+}代替。富含 Fe 者称铁板钛矿，富含 Nb 者称铌板钛矿。

【晶体结构】 斜方晶系，D_{2h}^{15}-*Pbca*。$a_0=0.918$nm，$b_0=0.545$nm，$c_0=0.515$nm；$Z=8$。主要粉晶谱线：3.47(100)、2.90(85)、1.88(75)、1.65(60)。晶体结构中，O^{2-}作歪曲的四层紧密堆积，层平行（100）。Ti^{4+}位于八面体空隙中。每个［TiO_6］八面体有3个棱同周围3个［TiO_6］八面体共用。共用棱短于其他棱。八面体平行 *c* 轴组成锯齿形链，链与链平行（100）联结成层。

【晶体形态】 斜方双锥晶类，D_{2h}-*mmm*（$3L^2 3PC$）。晶体多呈板状、柱状。可与金红石呈规则连生。

【物理性质】 淡黄、淡红、淡红褐、铁黑色等，颜色常不均匀。条痕无色至淡黄、淡黄灰、淡灰、淡褐等。金刚光泽至金属光泽。解理∥｛120｝不完全。断口参差状。硬度5.5~6。性脆。相对密度3.9~4.14。

【显微镜下特征】 偏光镜下：各种色调的褐色。二轴晶，$N_g=2.700$，$N_m=2.548$，$N_p=2.583$。

【成因】 产于区域变质岩系的石英脉中，或作为火成岩的副矿物，有时产于接触变质岩石中，也是沉积岩的一种造岩矿物。

金红石、锐钛矿、板钛矿鉴定特征见表 13-4。

表 13-4 金红石、锐钛矿、板钛矿鉴定特征

鉴定特征	金红石	锐钛矿	板钛矿
晶体结构	[TiO_6] 八面体共棱相连，共棱数 2 个。D_{4h}^{14}-$P4_2/mnm$	[TiO_6] 八面体共棱相连，共棱数 4 个。D_{4h}^{19}-$I4_1/amd$	[TiO_6] 八面体共棱相连，共棱数 3 个。D_{2h}^{15}-$Pbca$
对称型	四方晶系，$4/mmm$ $L^4 4L^2 5PC$	四方晶系，$4/mmm$ $L^4 4L^2 5PC$	斜方晶系，mmm $3L^2 3PC$
常见形态	四方柱状或针状，柱面条纹	四方双锥、柱状	板状
物理性质	褐红色、解理// {110} 完全	褐黄色，解理// {001} 及 {011} 完全	褐红、淡黄色，解理不完全

石 英 族

本族矿物包括 SiO_2 的一系列同质多象变体：α-石英、β-石英、α-鳞石英、β-鳞石英 α-方石英、β-方石英、柯石英、斯石英、凯石英（合成矿物）等。其中 β 表示高温变体，α 表示低温变体。

在 SiO_2 的各种天然同质多象变体中，除斯石英（属金红石型结构）中 Si^{4+} 为八面体配位外，在其余各变体中 Si^{4+} 均为四面体配位，即每一 Si^{4+} 均被 4 个 O^{2-} 包围构成 [SiO_4] 四面体。各 [SiO_4] 四面体彼此均以角顶相连而呈三维的架状结构。由于不同的变体中 [SiO_4] 四面体联结方式不同从而反映在对称形态和某些物理性质上（如相对密度等）有所不同。

SiO_2 变体及其特征见表 13-5。

表 13-5 SiO_2 变体及其特征

变体	常压下稳定范围	晶系	形态	密度	成因
α-石英	<573℃	三方	菱面体、六方柱及其聚形	2.65	各种地质作用
β-石英	573~870℃	六方	六方双锥	2.53	酸性火山岩
α-鳞石英	<117℃	斜方	六方板状假象	2.26	酸性火山岩

续表 13-5

变体	常压下稳定范围	晶系	形态	密度	成因
β-鳞石英	117～163℃	六方	具高温鳞石英六方板状假象	2.22	酸性火山岩
β-鳞石英（高温）	870～1470℃	六方	六方板状	2.22	酸性火山岩
α-方石英	268℃	四方	八面体假象	2.32	酸性火山岩、低温热液
β-方石英	1470～1723℃	等轴	八面体	2.20	酸性火山岩
柯石英	压力 19×10^8～76×10GPa，常温常压亚稳定	单斜	粒状	2.93	陨石
斯石英	76×10GPa 以上稳定，常温常压亚稳定	四方	一向延长	4.28	陨石

石英（Quartz）

SiO_2 的两种同质多象变体是 α-石英（α-SiO_2）和 β-石英（βSiO_2）。β-石英在 573～870℃范围稳定，低于 573℃转变为 α-石英。自然界常见的是 α-石英。

【化学组成】 SiO_2 ，含有 Fe、Na、Al、Ca、K、Mg、B 等微量元素以及不同数量的气态、液态和固态物质的机械混入物。

【晶体结构】 三方晶系，D_3^4-$P3_12_1$，a_0 = 0.491nm，c_0 = 0.541nm；Z = 3。主要粉晶谱线：4.25(80)、3.343(100)、2.456(60)、2.281(60)、2.236(60)。石英晶体结构是 [SiO_4] 四面体以共用角顶相连形成架状结构。[SiO_4] 四面体在平行于 c 轴呈线状分布。Si-O-Si 角 144°。导致一组二次轴消失和六次轴变为三次轴。沿 c 轴为螺旋轴 3_1 或 3_2，作顺时针或逆时针旋转而分为左形或右形。结构上的左右旋与形态上的左右旋沿用习惯相反，即右形晶体在结构上是左旋的，左形晶体在结构上是右旋的（图 13-12）。

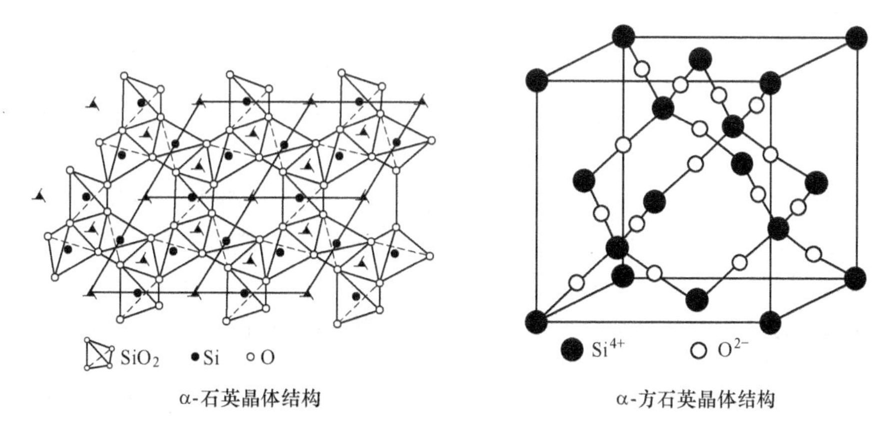

α-石英晶体结构　　α-方石英晶体结构

图 13-12　α-石英与方石英的晶体结构

【晶体形态】 三方偏方面体晶类 D_3-32($3L_i^3L^23P$)。单晶体为六方柱、三方双锥及其聚形。常见单形有六方柱 $m\{10\bar{1}0\}$，菱面体 $r\{10\bar{1}1\}$、$z\{01\bar{1}1\}$，三方双锥 s $\{11\bar{2}1\}$，三

方偏方面体 $x\{51\bar{6}1\}$（右形）、$\{6\bar{1}\bar{5}1\}$（左形）等。具有晶面条纹。集合体粒状、晶簇状等。α-石英的左形晶和右形晶的识别标志是根据三方偏方面体所在的位置来决定。三方偏方面体位于柱面 $\{10\bar{1}0\}$ 的右上角，单形符号 $\{51\bar{6}1\}$ 者为右形晶；位于柱面的左上角，单形符号 $\{6\bar{1}\bar{5}1\}$ 者为左形晶（图 13-13）。

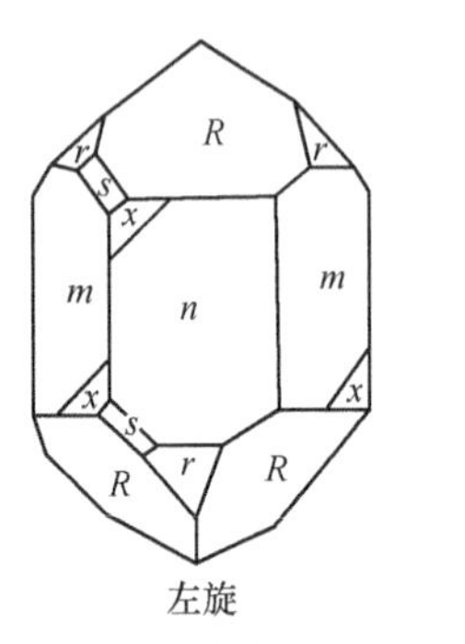

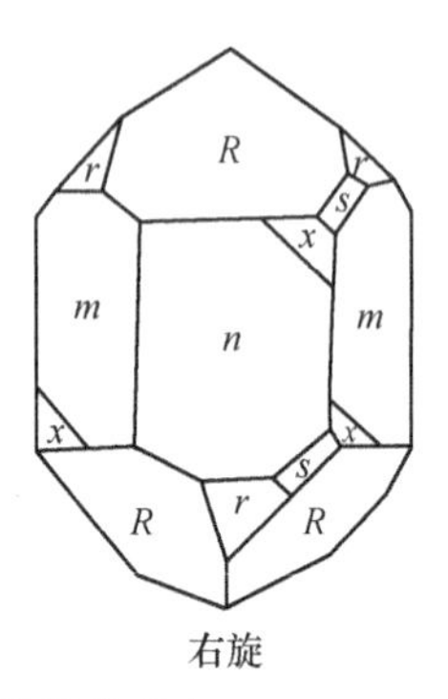

图 13-13 α-石英晶体形态

α-石英常见道芬双晶、巴西双晶、日本双晶。道芬双晶是由两个右形晶或两个左形晶组成的贯穿双晶，双晶轴为 c 轴，缝合线是曲线，蚀像花纹呈弯曲的岛屿状。巴西双晶是由一个左形晶和一个右形晶组成的贯穿双晶。双晶面为（$11\bar{2}0$），缝合线一般是折线，蚀像花纹为复杂的折线图案。日本双晶两单体沿 c 轴成 84°33′，彼此斜交，双晶面（$11\bar{2}2$）（图 13-14）。

(a) 道芬双晶晶体与蚀像

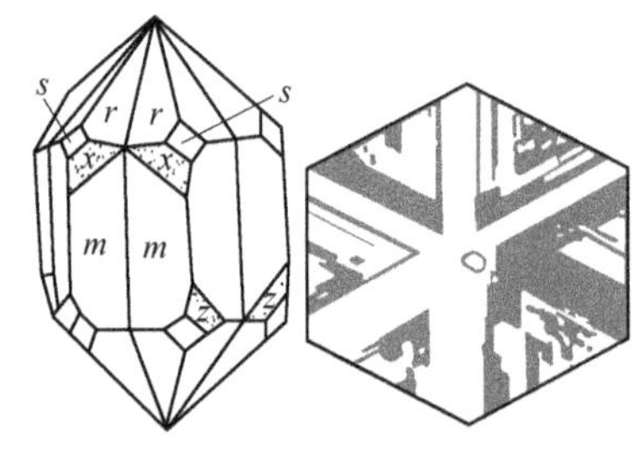

(b) 巴西双晶晶体与蚀像

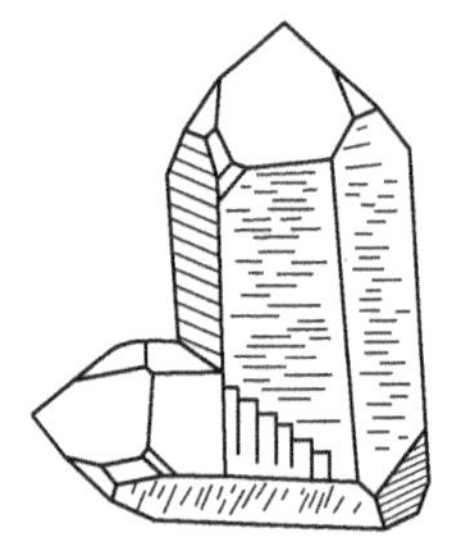
(c) 日本双晶晶体与蚀像

图 13-14 石英的双晶类型

【物理性质】 颜色多种多样，常为无色、乳白色、灰色。透明，玻璃光泽，断口为油脂光泽。无解理或解理不发育。硬度 7。相对密度 2.65。具热电性和压电性。

【显微镜下特征】 透射光下无色透明。一轴晶（+），$N_o = 1.544$，$N_e = 1.553$。

【简易化学试验】 石英溶于氢氟酸。在熔融的碳酸钠中可溶。

石英有以下常见异种：

（1）水晶。无色透明的晶体。紫水晶：紫色透明，加热可脱色。呈色原因是含 Fe^{3+}。形成于低温度和压力条件。蔷薇水晶：浅玫瑰色，致密半透明。呈色原因是 Al^{3+}、Ti^{4+} 代替 Si 引起。产于伟晶岩脉。烟水晶：烟色或褐色透明。呈色因为是在辐射线作用下，Si 被 Al 代替使四面体产生顺磁中心缺失引起。色深者为墨晶，产在较高温度环境。黄水晶：金黄色或柠檬黄色。呈色因含 Fe^{2+} 所致。乳石英：乳白色半透明。含细分散气、液包体及微细裂隙而致。金星石：含云母、赤铁矿等细小包裹体，呈浅黄或褐红色。猫眼石、虎眼石、鹰眼石：呈各种不同深浅的色调，具丝绢光泽，似猫眼石、虎眼（黄褐色）或鹰眼（蓝绿色），都是由于石英内含有纤维状石棉所致，具有丝绢光泽。

（2）石髓（玉髓）。呈肾状、鲕状、球状、钟乳状的隐晶质石英集合体，具有次显微结构。其中具有砖红色、黄褐色、绿色等隐晶质石英致密块状体称为碧玉。含绿色针状阳起石包裹体，呈浅绿色为葱绿石髓。内含红色斑点为血玉髓。

（3）玛瑙。有多色同心带状结构的石髓，混有蛋白石和隐晶质石英的纹带状块体、葡萄状、结核状等。有绿、红、黄、褐，白等多种颜色。半透明或不透明。具有同心圆带状构造和各种颜色的环带条纹，色彩有层次。硬度6.5~7，相对密度2.65。

（4）燧石。暗色、坚韧、极致密的结核状 SiO_2 物质。

【成因】 石英产于各种地质作用，分布广泛。是岩浆岩、变质岩、沉积岩的主要矿物。是花岗伟晶岩、热液脉的主要组成矿物。玛瑙是在火山晚期由热液充填早期洞隙后生成。

【用途】 水晶是重要的光学材料。无包体、无双晶或裂缝的石英晶体可用作压电材料。石英是玻璃原料、研磨材料、硅质耐火材料及瓷器配料。玛瑙、紫水晶、蔷薇水晶等晶形完好和颜色鲜艳者可作为宝玉石或观赏石等。

β-石英

【化学组分】 SiO_2。β-石英在常压下573~870℃稳定，温度小于573℃时转变为α-石英，温度高于870℃转变为鳞石英。自然界所见到的β-石英转变为α-石英会保留β-石英的六方双锥形态。

【晶体结构】 六方晶系，D_6^4-$P6_222$ 或 D_6^5-$P6_422$。$a_0 = 0.502$nm，$c_0 = 0.548$nm，$Z = 3$。［SiO_4］四面体彼此以共用四个角顶相连，Si-O-Si角为180°。［SiO_4］四面体在 c 轴方向上做螺旋形排列（图13-15）。沿螺旋轴 6_2 或 6_4 做顺时针或逆时针方向旋转而分为右形或左形。

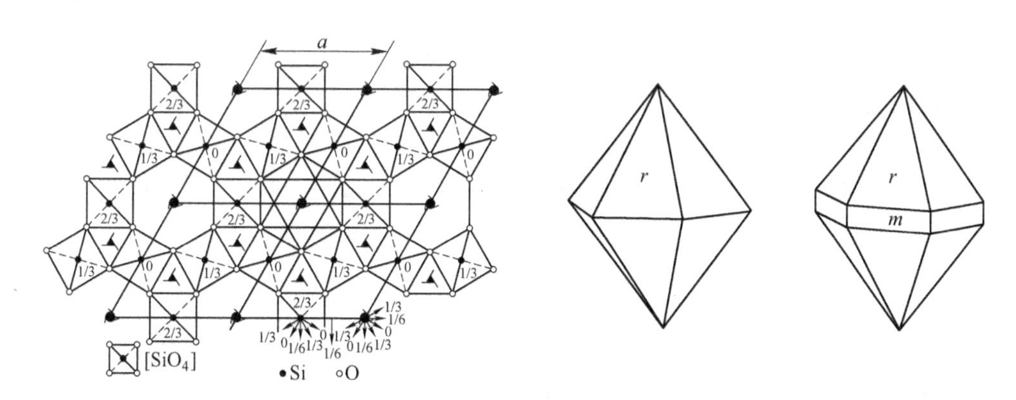

图13-15 β石英晶体结构与晶体形态

【晶体形态】 六方偏方面体晶类，D_6-$622(L^66L^2)$。主要单形：六方双锥｛$10\bar{1}1$｝、六方柱｛$10\bar{1}0$｝。柱面不发育。双晶为接触双晶。双晶面为（$10\bar{1}1$）、（$10\bar{1}2$）（$11\bar{2}0$）等。

【物理性质】 β-石英通常呈灰白色，乳白色，玻璃光泽，断口油脂光泽。无解理。硬度 6.5~7，相对密度 2.53。

【显微镜下特征】 无色，一轴晶（+），$N_e=1.5405$，$N_o=1.5329$。

【成因】 酸性喷出岩中呈斑晶产出。

β-鳞石英（β-Tridymite）

【化学组成】 SiO_2。

【晶体结构】 六方晶系，D_{6h}^4-$P6_2/mnc$。$a_0=5.94$nm，$c_0=82.4$nm，$Z=4$。主要粉晶谱线：4.12（100）、4.37（80）、3.86（60）。β-鳞石英的晶体结构：[SiO_4] 四面体平行（0001），彼此连接而成的六方网状层，其中半数的四面体角顶向上，半数角顶向下，网层之间通过彼此上下角顶连接成架状结构（图 13-16）。这种层状排列决定了 β-鳞石英呈六方板状晶体的习性。

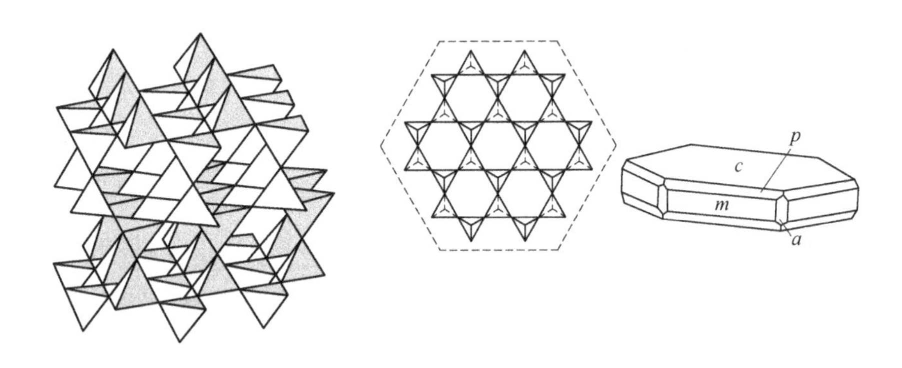

图 13-16 鳞石英晶体结构与形态

【晶体形态】 复六方双锥晶类，D_6-$6/mmm(L^66L^27PC)$。六方板状晶体。常呈单形：平行双面 $c\{0001\}$，六方柱 $m\{10\bar{1}0\}$、$a\{11\bar{2}0\}$ 及六方双锥 $p\{10\bar{1}1\}$。常呈三连晶，双晶普遍。双晶面 $\{10\bar{1}0\}$ 呈穿插双晶或两个个体楔形接触。

【物理性质】 无色或白色。玻璃光泽。相对密度 2.197。

【显微镜下特征】 无色或灰白色，一轴晶（+）。折射率 1.468~1.483.

【成因】 在酸性火山岩中，形成温度在 870~1470℃之间。低于 117℃转变为斜方变体 α-鳞石英。

蛋白石（Opal）

【化学组成】 $SiO_2 \cdot nH_2O$。SiO_2：65%~90%，含水量 4%~9%。含有 Al_2O_3(≤9%)、Fe_2O_3(≤3%)、Mn(≤10%)、有机质(≤4%)，以及其他杂质。

【晶体结构】 据扫描电子显微镜和 X 射线研究发现，蛋白石内部具有方石英雏晶的亚显微结晶质结构，并存在大量的水分子（图 13-17）。蛋白石具有一种由 SiO_2 小球呈六方最紧密堆积的有序结构，对可见光的衍射类似于晶体结构中原子、离子对 X 射线的衍射，造成了蛋白石的变彩现象。

【形态】 常见葡萄状、钟乳状、皮壳状等。

【物理性质】 显现多种颜色，如灰、黑、白、褐、粉红、橙及无色等。透明至微透明，呈玻璃光泽或蛋白光泽，无色透明称为玻璃蛋白石；蛋白石对可见光的衍射呈红橙绿蓝等变彩。半透明并具有强烈的橙、红灯反射色者称为火蛋白石；半透明带乳光变彩的蛋白石称为贵蛋白石。硬度 5～5.5，相对密度 1.9～2.5。蛋白石在长波紫外线照射下，不同种类的蛋白石发出不同颜色的荧光。

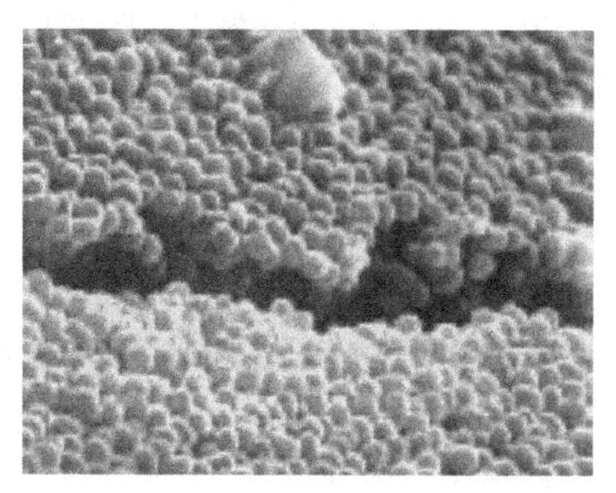
图 13-17 蛋白石亚显微结晶质结构

【成因】 蛋白石可从温泉、浅层热液或水的硅质溶液沉淀生成，与石英、鳞石英、方石英等伴生。蛋白石胶体发生晶化。

【用途】 优质者称“欧泊”，可作为宝玉石材料。贵蛋白石、火蛋白石等可作为名贵雕刻材料。贵蛋白石显示颜色闪光（虹彩），它的虹彩是由其结构——极小的二氧化硅球体规律的排列——绕射光线造成的，圆球越大，颜色范围也越宽，导致贵蛋白石有若干种不同颜色。

晶质铀矿族

晶质铀矿（Uraninite）

【化学组成】 U_2UO_7。UO_2：6.15%～74.43%，UO_3：13.27%～59.89%。有 U^{4+} 和 U^{6+} 两种价态。化学组成中含 UO_3，因放射性蜕变含 PbO 可达 10%～20%。钍、钇、铈等稀土元素可类质同象替代铀，含量高的分别称为钍铀矿（$(Th, U)O_2$）或钇铀矿。

【晶体结构】 等轴晶系，T_h^5-$Fm3m$，a_0 = 0.542nm，Z = 1。主要粉晶谱线：3.165 (100)、1.934 (100)，1.654 (100)、1.255 (80)、1.224 (70)、1.117(60)。晶质铀矿具萤石型结构，与萤石结构相比，晶质铀矿中部分 O 原子离开中心位置沿三次轴向 U^{6+} 的方向移动，形成线状 $(UO_2)^{2+}$，导致 U 的位置受到破坏，与 O 呈不完全的八次配位关系。$(UO_2)^{2+}$ 群的长轴不规则地分布在立方体的四个三次轴上，相互间不相交。

【晶体形态】 偏方十二面体晶类 T_h - $m3m(3L^4 4L^3 6L^2 9PC)$。晶形为立方体 $a\{100\}$、八面体 $o\{111\}$、菱形十二面体 $d\{110\}$ 等单形。依（111）呈双晶（图 13-18。呈细粒状产出。呈致密块状、葡萄状等胶体形态。

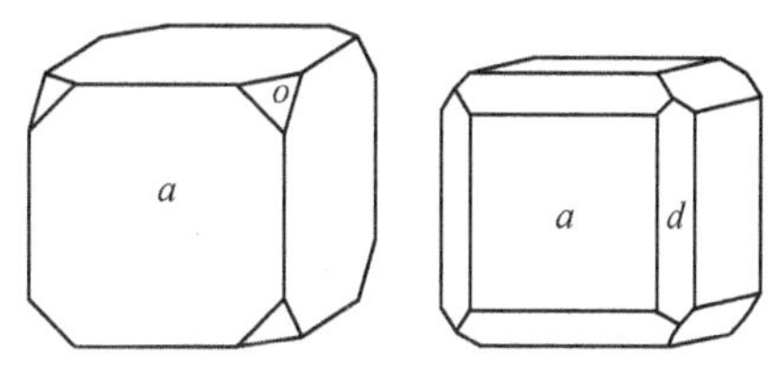

图 13-18 晶质铀矿晶体形态

【物理性质】 颜色为黑色，棕黑色条痕。不透明，半金属光泽，风化面光泽暗淡。沥青铀矿呈沥青光泽。无解理，贝壳状断口。硬度约 5.5，相对密度 7.5～10.0。晶质铀矿具强放射性。加热到 200℃有强的吸热效应，到

570～750℃有不大的放热效应。晶质铀矿的氧化程度深，颜色趋于暗棕，比重明显偏小。沥青铀矿硬度3～5，相对密度6.5～8.5。铀黑硬度1～4。

【显微镜下特征】 透射光下黑色。不透明或微透明。折射率高。在反射光下为灰色带浅棕色调。反射率 $R=14\sim19$。无双反射。内反射为暗棕色或淡红棕色。

【成因】 主要产于花岗伟晶岩和正长伟晶岩，与稀土矿物、钍、铌、钽等共生；沥青铀矿产于热液型金属矿床。铀黑产于表生条件。风化后形成各种颜色鲜艳的次生矿物。晶质铀矿常蚀变或风化淋滤形成颜色鲜艳的脂铅铀矿或钙铀云母、铜铀云母等铀的次生矿物。

【用途】 晶质铀矿是铀的最重要矿石矿物。

尖晶石族

本族矿物的化学通式：AB_2O_4。A为二价的 Mg^{2+}、Fe^{2+}、Zn^{2+}、Mn^{2+} 等；B为三价的 Fe^{3+}、Al^{3+}、Cr^{3+} 等。有尖晶石、铁尖晶石、锌尖晶石、锰尖晶石、磁铁矿、镍磁铁矿、铬铁矿、钛铁晶石、锌铁尖晶石。

尖晶石族矿物具尖晶石型结构：O^{2-} 呈立方紧密堆积，单位晶胞中有64个四面体空隙（A的可能位置）和32个八面体空隙（B的可能位置）。然而，只有8个四面体空隙和16个八面体空隙被占据。整个结构可视为［AO_4］四面体和［BO_6］八面体连接而成。即沿三次轴方向上［AO_4］四面体和［BO_6］八面体共同组成的层与单纯的［BO_6］八面体层交替排列；［AO_4］四面体与上下八面体层中［BO_6］八面体以共角顶的方式相联结，如图13-19所示。

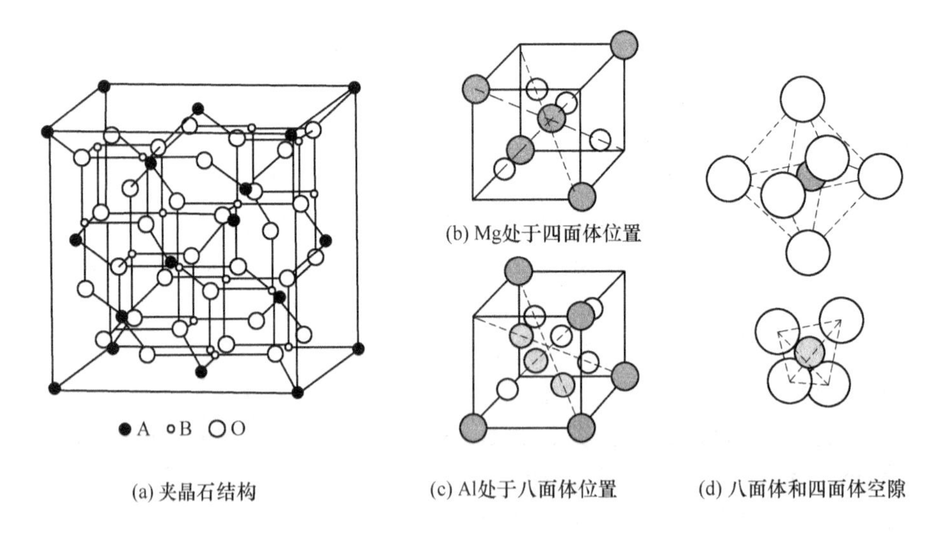

图13-19　尖晶石晶体结构

据结构中A、B组阳离子分布的不同，尖晶石型结构可进一步划分为三种类型：(1) 正尖晶石型。用通式 $A[B_2]X_4$ 表示。即单位晶胞中8个A组二价阳离子占据四面体位置，16个B组三价阳离子占据八面体位置（［］内为八面体配位，下同）。如铬铁矿

$Fe[Cr_2]O_4$。(2) 反尖晶石型。用通式 $B[AB]X_4$ 表示。即单位晶胞中1/2的B组三价阳离子(8个)占据四面体空隙;剩余的1/2B组三价阳离子(亦为8个)和全部的A组二价阳离子(8个)共同占据八面体位置;如磁铁矿 $Fe^{3+}[Fe^{3+}Fe^{2+}]O_4$。(3) 混合型。可用通式 $A_{1-x}B_x[A_xB_{2x}]X_4$ 表示。

尖晶石 (Spinel)

【化学组成】 $MgAl_2O_4$。Mg:28.2%,Al_2O_3:71.8%。化学组分中 Mg-Fe^{2+}-Zn 和 Fe^3-Cr-Al 等形成类质同象。形成镁尖晶石和铁尖晶石两个亚种。

【晶体结构】 等轴晶系,O_h^7-$Fd3m$。a_0 = 0.8081 ~ 0.8086nm,Z = 8。正尖晶石型结构。氧离子近于立方最紧密堆积,二价阳离子充填1/8的四面体空隙,三价阳离子充填1/2的八面体空隙。四面体和八面体共用角顶连接。

【晶体形态】 六八面体晶类,O_h-$m3m(3L^44L^36L^29PC)$。常呈八面体晶形{111},有时八面体{111}与菱形十二面体{110}、立方体{100}成聚形。以尖晶石律(111)成接触双晶。

【物理性质】 无色少见,含杂质呈多种颜色。含 Cr^{3+} 呈红色,含 Fe^{3+} 呈蓝色;玻璃光泽至金刚光泽;透明至不透明。无解理,贝壳状断口;硬度为8,相对密度3.60。尖晶石具发光性:红色、橙色尖晶石在长波紫外光下,呈弱至强红色、橙色荧光,短波下无至弱红色、橙色荧光;黄色尖晶石在长波紫外光下呈弱至中等强度褐黄色,短波下无至褐黄色;绿色尖晶石在长波紫外光下,呈无色至中等强度橙~橙红色荧光;无色尖晶石无荧光;红色和粉红色尖晶石含铬致色。

【显微镜下特征】 透射光为均质体。折射率:1.718(+0.017,-0.008),锌尖晶石为1.805,铁尖晶石为1.835,铬尖晶石可高达2.00,无双折射率。色散:0.02。

【成因】 尖晶石出现在火成岩、花岗伟晶岩和矽卡岩以及片岩、蛇纹岩及相关岩石中。也形成砂矿。

【用途】 有些透明且颜色漂亮的具有星光效应(四射星光、六射星光)的尖晶石可作为宝石。有些作为含铁的磁性材料。

铬铁矿 (Chromite)

【化学组成】 $FeCr_2O_4$,广泛存在 Cr_2O_3、Al_2O_3、Fe_2O_3、FeO、MgO 五种基本组分的类质同象置换。其中 Cr_2O_3 含量18%~62%。

【晶体结构】 等轴晶系,O_h^7-$Fd3m$;晶胞参数:a_0=0.8325~0.8344nm;Z=8。粉晶谱线:2.52(1)、1.46(0.9)、1.6(0.9)。正尖晶石型结构。

【晶体形态】 六八面体晶类,O_h-$m3m(3L^44L^36L^29PC)$。单晶体为八面体{111}。呈粒状或块状集合体。

【物理性质】 颜色为暗褐色到黑色,褐色条痕,半金属光泽、不透明,无解理,参差断口或平坦断口,硬度5.5~6.5,相对密度4.3~4.8。性脆。具弱磁性。含铁量高者磁性较强。

【显微镜下特征】 光学性质:均质体;N=2.08,暗棕色。

【简易化学试验】 在氧化焰黄绿色、还原焰翠绿色。

【成因】 岩浆作用的矿物，常产于超基性岩中，与橄榄石共生；也见于砂矿中。

【用途】 是提取铬、铁的矿物原料。用于冶金工业、耐火材料工业、化学工业等。

磁铁矿（Magnetite）

【化学组成】 $FeFe_2O_4$。FeO：31.03%，Fe_2O_3：68.96%。其中 Fe^{3+}的类质同象代替有 Al^{3+}、Ti^{4+}、Cr^{3+}、V^{3+}等；替代 Fe^{2+}的有 Mg^{2+}、Mn^{2+}、Zn^{2+}、Ni^{2+}、Co^{2+}、Cu^{2+}、Ge^{2+}等。当 Ti^{4+}代替 Fe^{3+}时，伴随有 $Mg^{2+}\longleftrightarrow Fe^{2+}$和 $V^{3+}\longleftrightarrow Fe^{3+}$。Ti 可以钛铁矿细小包裹体定向连生形式存在于磁铁矿种，为固溶体出溶而成。在温度高于 600℃时，形成磁铁矿 $FeFe_2O_4\longleftrightarrow Fe_2TiO_4$ 完全固溶体。

【晶体结构】 等轴晶系，O_h^7-$Fd3m$。主要粉晶谱线：2.53(100)、1.61(85)、1.48(85)、4.85(40)。反尖晶石结构。结构中半数三价阳离子充填 1/8 的四面体空隙中，半数三价阳离子和二价阳离子充填 1/2 的八面体空隙。

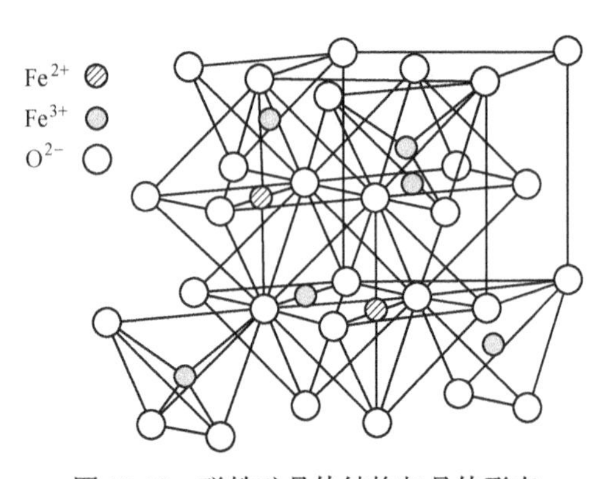

图 13-20 磁铁矿晶体结构与晶体形态

【晶体形态】 六八面体晶类，O_h-$m3m$ ($3L^4 4L^3 6L^2 9PC$)。晶体常呈八面体｛111｝和菱形十二面体｛110｝。在菱形十二面体的菱形晶面上常有平行于该面长对角线方向的条纹，为｛111｝和｛110｝的聚形纹（图 13-20）。依｛111｝尖晶石律成双晶。集合体通常成致密粒状块体。

【物理性质】 铁黑色，半金属至金属光泽。不透明。无解理，有时可见∥｛111｝的裂开，往往为含钛磁铁矿中呈显微状的钛铁晶石、钛磁铁矿的包裹体在｛111｝方向定向排列所致。性脆。硬度 5.5~6。相对密度 4.9~5.2。具强磁性，居里点（T_c）578℃。居里点是磁性矿物的一种热磁效应，为磁性或反磁性物质加热转变为顺磁性物质的临界温度值。

【显微镜下特征】 反射光下为灰色带棕色调，反射率 $R=21$。

【成因】 形成于岩浆作用、变质作用、沉积作用。作为岩浆岩的副矿物。是岩浆成因铁矿床、接触交代铁矿床、沉积变质铁矿床等的主要铁矿物。

【用途】 重要的炼铁矿物原料。

磁赤铁矿（Maghemite）

【化学组成】 Fe_2O_3。其化学组成中常含有 Mg、Ti 和 Mn 等混入物。

【晶体结构】 γ-Fe_2O_3 为等轴晶系。$a_0=0.5421$nm，$\alpha=55°17'$；$Z=2$。主要粉晶谱线：具有尖晶石型结构。

【晶体形态】 五角三四面体晶类，多呈粒状集合体，致密块状，常具磁铁矿假象。

【物理性质】 颜色及条痕均为褐色，硬度 5，相对密度 4.88。强磁性。

【显微镜下特征】 矿相显微镜下为灰蓝色，反射率高。

【成因】 磁赤铁矿主要是磁铁矿在氧化条件下经次生变化作用形成。磁赤铁矿可由纤铁矿失水而形成，亦有由铁的氧化物经有机作用而形成的。

$$\gamma\text{-}Fe_2O_3\ H_2O(\text{纤铁矿}) \longrightarrow \gamma\text{-}Fe_2O_3(\text{磁赤铁矿}) \longrightarrow \alpha\text{-}Fe_2O_3(\text{赤铁矿})$$

【用途】 磁性材料。是制造音乐和录像磁带的重要磁性材料，在工业有很广泛的用途。

黑钨矿族

黑钨矿（钨锰铁矿）

【化学组成】 $(Fe, Mn)WO_4$，FeO：4.8%～18.9%，MnO：4.7%～18.7%，常含Mg、Ca、Nb、Sn、Zn等。锰-铁形成完全类质同象，有三个亚种：钨锰矿（huebnerite，$(Mn_{1.0\text{-}0.8}Fe_{0\text{-}20})WO_4$）、钨锰铁矿（Wolframite，$Mn_{0.8\text{-}0.2}Fe_{0.2\text{-}0.8}WO_4$）和钨铁矿（Ferberite，$Mn_{0\text{-}0.2}Fe_{1.0\text{-}0.8}WO_4$）。

【晶体结构】 单斜晶系，C_{2h}^4-$P2/c$。$Z=2$。钨锰矿：$a_0=0.4.829$nm，$b_0=0.5759$nm，$c_0=0.4997$nm，$\beta=91°10'$。钨铁矿，$a_0=0.4739$nm，$b_0=0.5709$nm，$c_0=0.4964$nm，$\beta=90°$。主要粉晶谱线：钨铁矿：2.99(90)、1.76(80)、2.50(700)、2.22(700)、1.72(70)、1.52(70)；钨铁矿：2.93(100)、1.71(100)、2.19(80)、1.77(60)、1.51(80)。黑钨矿晶体结构中6个O^{2-}围绕$Mn^{2+}(Fe^{2+})$构成MnFe-O_6八面体，以棱相连接平行c轴方向呈锯齿形的链体分布；W^{6+}与周围6个O^{2-}连接成W-O八面体，位于Mn(Fe)-O_6八面体所成链体之间，以其四角顶与上下链体相连接。因而晶体结构可看作平行c轴的链状结构（图13-21）。

【晶体形态】 斜方柱晶类，C_{2h}-$2/m(L^2PC)$。单晶体呈沿c轴延伸的{100}板状、短柱状。常见单形平行双面c{001}、c{100}、b{010}，斜方柱n{110}、{210}。[001]晶带中的晶面上常具有平行于c轴的条纹。双晶依（100）、（023）成接触双晶。集合体为片状或粗粒状。

【物理性质】 颜色随铁锰含量变化。含铁多颜色深。红褐色（钨锰矿）至褐黑色（钨铁矿），条痕为黄褐色（钨锰矿）至黑色（钨铁矿），不透明，半金属光泽。解理//{010}完全，硬度4～4.5；相对密度7.12（钨锰矿）、7.51（钨铁矿）。具弱磁性。

【显微镜下特征】 透射光下为暗红色，二轴晶（+）。折射率：钨铁矿$N_g=2.414$，$N_m=2.305$，$N_p=2.255$，$2V=68°$；钨锰矿：$N_g=2.30\sim2.32$，$N_m=2.22$，$N_p=2.17\sim2.20$，$2V\approx70°$。反射光下灰白色。

【简易化学试验】 将黑钨矿粉与磷酸及固体硝酸铵一起加热溶解，当沸腾时由于Mn^{2+}被氧化为高锰酸使溶液变紫色。往溶液中加入几粒金属锡继续加热，Mn被还原，溶液无色。尔后出现蓝色，显示有钨存在。冷却后色愈深。用水稀释，加几粒氧化钠使蓝色消失，并煮沸以驱除产生的过氧化氢，冷却室温，加赤血盐出现蓝色，示有铁。

【成因】 主要产于高温热液石英脉。与石英、锡石、辉钼矿、辉铋矿、毒砂、黄铁矿、黄玉、电气石等共生。

【用途】 提取钨的主要矿物原料。钨用于冶炼特种钢，以制造高速切削工具。钨广

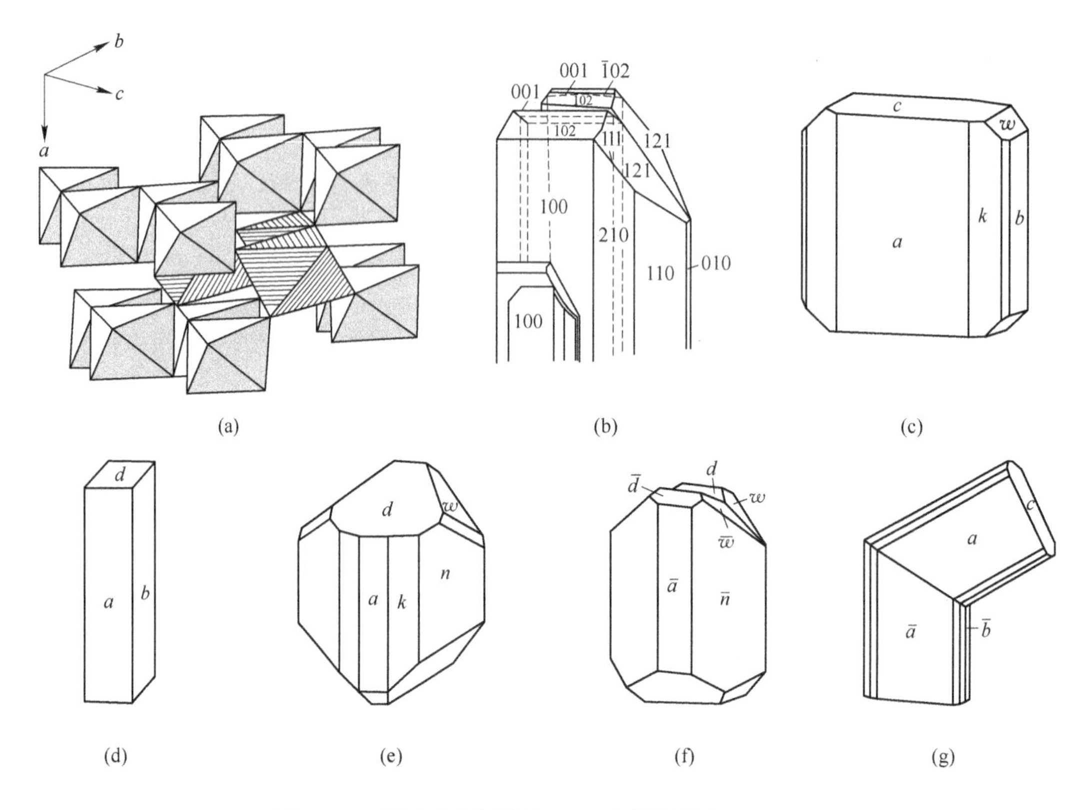

图 13-21 黑钨矿晶体结构（a）与晶体形态（b~g）

泛用于电气工业、化工、陶瓷、玻璃、航空工业、兵器工业、电子工业等。碳化钨用于研磨、钻头。

铌钽铁矿族

铌钽铁矿（Columbite）

【化学组成】 （FeMn）（NbTa）$_2$O$_6$。Fe⟷Mn、Nb⟷Ta 分别形成完全类质同象。有四个亚种：铌铁矿（Fe/Mn>1，Nb/Ta>1）、铌锰矿（Fe/Mn<1，Nb/Ta>1）、钽铁矿（Fe/Mn>1，Nb/Ta<1）、钽锰矿（Fe/Mn<1，Nb/Ta>1）。含有钛、锡、钨、锆、铝、铀、稀土等。多者可达 5%~10%。

【晶体结构】 斜方晶系，D_{2h}^{14}-$Pbcm$。a_0=1.441~1.397nm，b_0=0.575~5.62nm，c_0=0.509~0.499nm。Z=4。主要粉晶谱线：2.97(100)、3.66(90)、1.72(90)。晶体结构中 O 离子作近似四层最紧密堆积，铌、钽、铁、锰离子位于晶格中八面体空隙，组成［Fe，Mn］O$_6$［Nb，Ta］O$_6$八面体。每个八面体与另外 3 个八面体共棱联结，其中与两个八面体共棱成平行 c 轴的锯齿状八面体链，并与第三个八面体共棱联结，把链结合起来形成平行｛100｝的网层。在 a 轴方向上［FeMn］O$_6$［NbTa］O$_6$八面体按 1∶2 比例互相交替排列（图 13-22（a））。

【晶体形态】 斜方双锥晶类，D_{2h}-mmm($3L^2 3PC$)。晶体呈｛100｝发育的薄板状、

柱状、针状。常见单形有平行双面｛100｝、斜方柱｛110｝、斜方双锥｛111｝等（图13-22（b））。依｛201｝形成接触双晶，具有羽毛状条纹。集合体呈粒状、晶簇状等。

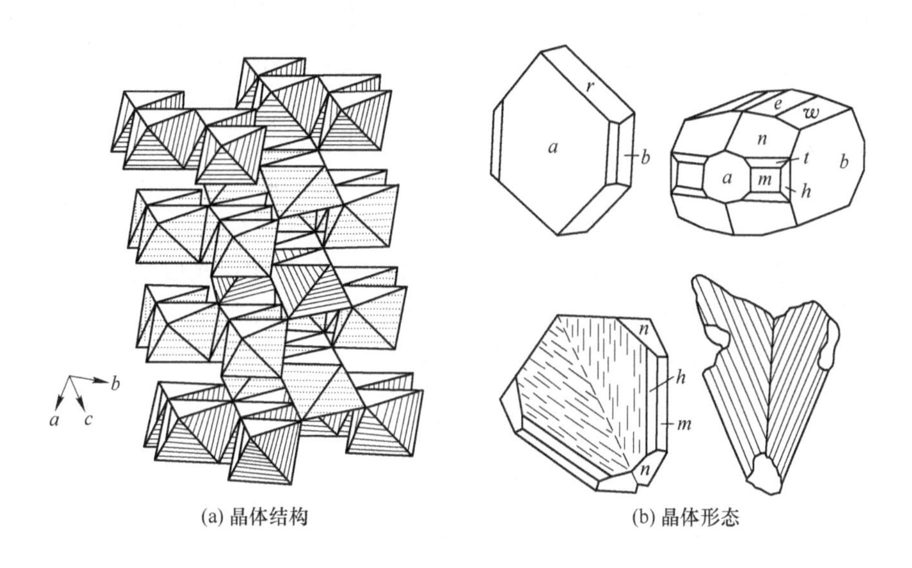

图 13-22 铌钽铁矿

【物理性质】 铁黑色至褐黑色。暗红至黑色条痕。金属光泽至半金属光泽。不透明。含锰钽高颜色较浅。解理∥｛010｝中等，∥｛100｝不完全。参差状断口。性脆。硬度4.2，相对密度5.37~7.83。

【显微镜下特征】 透射光下为黄褐色、棕褐色、灰黑色。二轴晶（-），2V、重折射率等光学性质因含 Nb 、Ta、Fe 、Mn 不同而发生变化。在反射光下铌铁矿反射色为无色，内反射色褐红、樱桃红，反射率 R=15.3~20.95；钽铁矿内反射红褐，反射率 R=16.15~19.00；铌锰矿内反射浅褐红色-樱桃红，反射率 R=16.7~25.0；钽锰矿内反射樱桃红，反射率 R=12.7~20.10。

【简易化学试验】 将矿物粉末与焦硫酸钾按 1∶10 比例混合熔融后，溶于 5%的硫酸中，加 3%丹宁溶液，如溶液变为橙黄色、橙红色，指示有铌存在；含钽多时，溶液为黄色；若溶液呈棕褐色，指示有铌、钨同时存在。

【成因】 铌钽铁矿主要产于花岗伟晶岩中。与石英、长石、白云母、锂云母、绿柱石、黄玉、锆石、独居石、细晶石等共生。

【用途】 提取铌、钽的主要矿物原料。铌钽用于特种钢，广泛用于原子能、飞机、火箭、导弹、宇宙飞船等工业。

易解石族

本族矿物为 AB_2O_6型化合物。A=Y(Ce)、U(Th)，B=Ti、Nb、Ta、Sn。主要矿物有易解石、钇易解石、铌钇矿、钛铀矿、钛钇铀矿、钛钇钍矿等。

易解石（Aeschynite）

【化学组成】 $Ce(Ti, Nb)_2O_5$。含有稀土元素，稀土氧化物含量达32%~37%，ThO_2在1%~5%。根据成分不同，易解石有变种：含钇-易解石、钍-易解石、铀-易解石（称震旦矿）、钛-易解石、铌-易解石、钽-易解石、钽-易解石、铝-易解石。

【晶体结构】 斜方晶系，D_{2h}^{16}-$Pbnm$。a_0 = 0.537nm，b_0 = 1.108nm，c_0 = 0.756nm。Z=4。主要粉晶谱线：3.013(100)、2.938(100)、1.588(90)、1.820(70)、1.695(70)。晶体结构中，(Ti、Nb) 组成歪曲的八面体，每两个八面体以棱相连成对。每对八面体再以角顶相连成锯齿状平行于c轴的链。链与链间错开以角顶相连构成架。阳离子Ce以配位数8位于骨架的空隙中。在加热到500~800℃时，为立方面心格子（a_0 = 0.515~0.518nm），相当于黑稀金矿的结构（图13-23（a））。

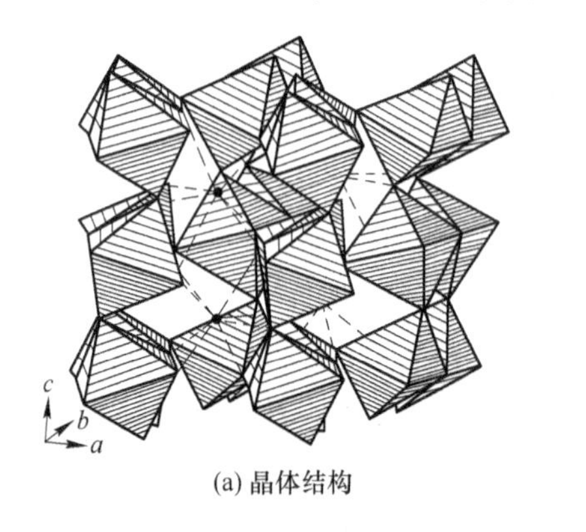

(a) 晶体结构

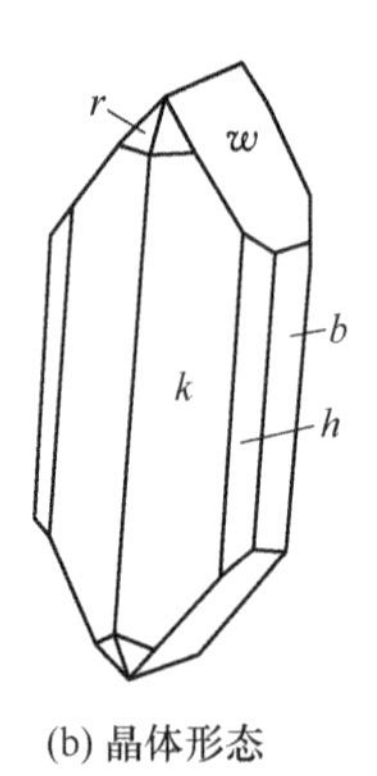

(b) 晶体形态

图13-23 易解石

【晶体形态】 斜方双锥晶类，D_{2h}-$mmm(3L^2 3PC)$。粒状、板状、针状晶体，常见单形有平行双面c{100}、b{010}，斜方柱k{110}，斜方双锥{111}等（图13-23（b））。

【物理性质】 棕褐色、黑色、紫红色、黑褐色条痕。油脂光泽至金刚光泽。硬度5.17~5.49，相对密度4.94~5.37。随着铌、钛、稀土增加，密度增大。具弱电磁性。

【显微镜下特征】 非晶质化标本在透射光下呈黑棕色，不透明，折射率N=2.15~2.227。未非晶质化标本在透射光下透明，褐色。多色性显著，N_p-浅黄色，N_m-棕色，N_g-褐色。二轴晶（+）。$2V$=75°。反射光下呈灰褐色，反射率R=15~16。内反射弱为褐色。加热到700~800℃有一放热峰，非晶质体转变为晶质体。

【简易化学试验】 易解石粉末溶于磷酸（加热），加几滴二苯胺磺酸钠，如有Ce^{4+}存在，溶液变蓝紫色。

【成因】 产于碱性岩及有关的碱性伟晶岩、碳酸盐岩中。

【用途】 作为提取铌、钽钛、稀土的矿物原料。我国内蒙古白云鄂博矿床中产出的易解石富含稀土元素钐、铕、钇等。

黑稀金矿族

本族矿物成分通式为AB_2O_6，A组为钇、钍、铀、钙、铁(Fe^{2+})，B组为铌、钽、钛。本族矿物有黑稀金矿、复稀金矿、铌钙矿。

黑稀金矿（Euxenite）

【化学组成】 $Y(Nb, Ti)_2O_6$。除钇为主的稀土元素外，还有钍、铀、钙、Fe^{2+}和铌、钽、钛以及Fe^{3+}、锡、锆、硅、铝等。由于存在类质同象，化学组成变化较大。有较多变种，如钽黑稀金矿、钛黑稀金矿、铀黑稀金矿、铈黑稀金矿、钍黑稀金矿等。

【晶体结构】 斜方晶系，D_{2h}^{14}-$Pcam$。$a_0=0.556$nm，$b_0=1.462$nm，$c_0=0.519$nm，$Z=4$。主要粉晶谱线：3.66(30)、2.98(100)、1.823(50)、1.732(50)、1.487(50)。晶体结构中［NbO_6］或［TiO_6］八面体沿 c 轴以棱相连成链，链间沿 a 轴方向以八面体角顶相连而成波形层。层间通过 8 次配位的 Ca(Y) 离子联结。配位多面体强烈变形（图 13-24（a））。黑稀金矿中的（Ti、Nb）- O(6)，原子间距为 0.184～0.230nm，Y—O(8) 的原子间距为 0.223～0.245nm。

【晶体形态】 斜方双锥晶类，D_{2h}-$mmm(3L^2 3PC)$。晶体常为板状、板柱状（图 13-24（b）），常见单形：平行双面 $b\{010\}$、$a\{100\}$、$c\{001\}$，斜方柱 $m\{110\}$、$n\{101\}$ 等，斜方双锥 $r\{111\}$。{100} 晶面可见平行 c 轴的晶面条纹。按（010）平行连生，依（101）、(201)、(013) 形成双晶。集合体呈放射状、块状、团块状。

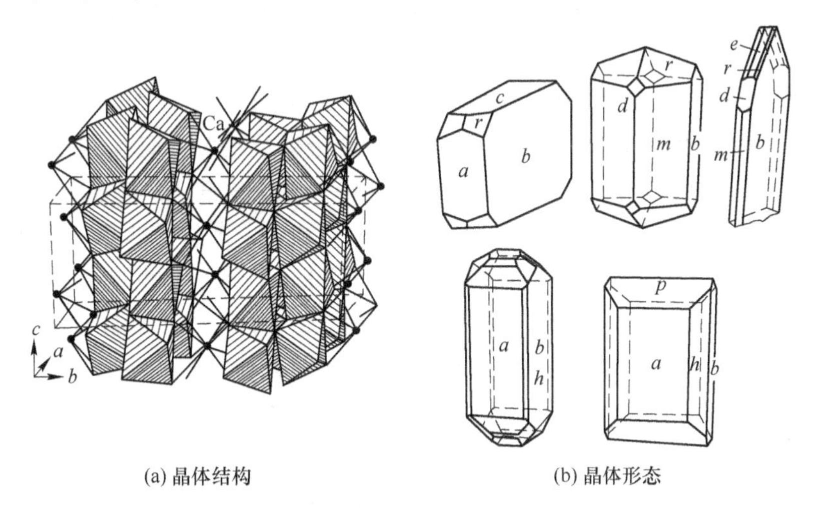

(a) 晶体结构　　(b) 晶体形态

图 13-24　黑稀金矿

【物理性质】 颜色黑色、灰黑色、褐黑色、褐色、褐黄色、橘黄色等。条痕褐色、浅红褐色、浅黄褐色、黄色等。半透明至不透明。半金属光泽、金刚光泽。无解理，性脆。硬度 5.5～6.5，相对密度 4.1～5.87（随钽含量增多增大）。具电磁性。介电常数 3.73～5.29。

【显微镜下特征】 透射光下褐色、红褐色、褐黄色以及绿色。常因非晶质化易呈均质性。$N=2.06～2.29$。非均质时为二轴晶（+），$2V=69°$，$N_g=2.15$，$N_m=2.144$，$N_p=2.14$。光性方位：$N_p=a$，$N_m=c$。反射光下灰白色、淡黄色。内反射淡黄色微带红褐色、暗红色。反射率$R=15.5～16.5$。

【简易化学试验】 用氟化钠烧的珠球，在紫外光下发黄绿色。

【成因】 广泛分布于花岗伟晶岩、碱性正长岩中。与独居石、磷钇矿、褐帘石、锆石等组合。

烧 绿 石 族

烧绿石族矿物属于 $A_2B_2X_7$ 三元化合物化合物。A 组阳离子为 Na^+、Ca^{2+}、TR^{3+}、U^{3+}，以及 K^+、Sr^{2+}、Ba^{2+}、Mg^{2+}、Fe^{2+}、Mn^{2+}、Pb^{2+}、Sb^{2+}、Bi^{2+} 等。B 组阳离子有 Nb^{5+}、Ta^{5+}、Ti^{4+}。由于 A、B 组阳离子中存在类质同象代替，使矿物成分复杂。根据 B 组离子种类分三个矿物种：烧绿石，细晶石，贝塔石。根据 A 组阳离子种类分为若干变种。本族矿物晶体结构是萤石结构的一种变体。萤石结构中半数配位数为 8 的 Ca-F_8 立方体，换成配位数为 6 的歪扁 B-X_6 八面体时，其晶胞比萤石大 2 倍。

烧绿石（Pyrochlore）

【化学组成】 ($(NbTa)_2O_2$。Na_2O：8.52%，CaO：15.41%，Nb_2O：73.05%，F：5.22%。阳离子 Ce、Nb 常可被 U、TR、Y、Th、Pb、Sr、Bi 代替，有变种铈烧绿石（CeO 达 13%）、铀烧绿石（UO_2：10%～20%）、钇铀烧绿石（UO_2：9%～11%，TR：12%），铅烧绿石（PbO：39%）等。

【晶体结构】 等轴晶系，O_h^7-$Fd3m$；a_0 = 1.020～1.040nm；Z = 4。主要粉晶谱线：3.01(100)、1.834(70)、1.563(70)。a_0值与 Ti 含量呈反相关；而 A 组阳离子的成分变化并不引起 a_0 值的规律变化。烧绿石晶体结构中，B 组阳离子 Nb 呈 6 次配位，[NbO_6] 八面体以共角顶形式沿立方晶胞的 [110] 方向联结成链。A 组阳离子 Ce、Nb 的配位数为 8，构成[$(Ce, Nb)O_8$] 立方体并彼此共棱与 [NbO_6] 八面体共棱相连。其结构也可视为萤石型结构的衍生结构。即萤石结构中的配位立方体的 1/2 为配位八面体所代替，并减少 1 个阴离子。由于这种代替，致使烧绿石的晶胞棱较长（1.020～1.040nm）。

【晶体形态】 六八面体晶类，O_h-$m3m(3L^44L^36L^29PC)$。常见八面体晶形，亦有八面体与菱形十二面体的聚形。

【物理性质】 颜色为暗棕、浅红棕、黄绿色；非晶质化后颜色变深。条痕浅黄至浅棕色。金刚光泽至油脂光泽。有时可见不完全解理。贝壳状断口。硬度 5～5.5；Nb 含量高则硬度大。相对密度 4.03～5.40。

【显微镜下特征】 透射光下呈浅黄、浅红色。N = 1.96～2.27，非晶质化后可降至 2.01。反射光下呈褐、黄、浅黄绿色。反射率 R = 8.2～13.7。

【成因】 产于霞石正长岩、碱性伟晶岩、钠长岩、磷灰石-霞石脉等，与钠长石、锆石、磷灰石、钛铁矿或榍石、黑云母、易解石、褐帘石、铌铁金红石、铌钛矿等密切共生。产于钠闪石正长岩中，与锆石、星叶石、萤石等共生。产于碳酸岩中，与锆石、铈钙钛矿、钙钛矿、磷灰石、磁铁矿共生。产于云英岩及钠长石化花岗岩中，与钠闪石、黄玉等共生。

【用途】 提取 Nb、Ta、稀土和放射性元素的矿物原料。

13.2　第二类　氢氧化物矿物

13.2.1　晶体化学特征

氢氧化物矿物有百余种。主要由30余种元素组成。阴离子为（OH）$^-$，阳离子为过渡元素、亲氧元素。以铝、铁、锰、镁的氢氧化物矿物为多。矿物中有中性水分子（H_2O）存在。氢氧化物矿物的类质同象代替有限。矿物形成过程的胶体化学作用，导致化学组成复杂。

氢氧化物的晶体结构由（OH）$^-$或（OH）$^-$和O^{2-}共同形成紧密堆积，多为层状结构、链状结构。最典型层状结构为三水铝石、水镁石结构。分别是以（Al-OH）$_6$和（Mg-OH）$_6$八面体共棱连结成层的层状结构。（Al-OH）$_6$和（Mg-OH）$_6$八面体以棱相连结构成折线形链，链间以角顶相联，链平行于c轴延伸。在氢氧化物中，配位八面体的大小为：八面体的厚度$t=0.22\sim0.24$nm，八面体棱长$l=0.26\sim0.30$nm，八面体的高$h=0.38\sim0.40$nm。与矿物晶胞大小有密切关系。链状结构氢氧化物a_0通常是配位八面体厚度的倍数，c_0为棱长的倍数。与相应的氧化物比较，其对称程度降低。例如方镁石MgO结晶呈等轴晶系，而水镁石$Mg(OH)_2$结晶呈三方晶系。矿物具有离子键、氢氧键。由于（OH）$^-$的电价为O^{2-}的一半，对于配位数相同的原子配位多面体而言，（OH）比O^{2-}能更大地增加原子配位多面体的价饱和程度（价饱和程度=(中心阳离子电价/配位阴离子电价)×CN)。由于氢键的存在，以及（OH）$^-$的电价较O^{2-}为低，导致阳离子与阴离子间键力的减弱，与相应的氧化物比较，其相对密度和硬度趋于减小。

13.2.2　形态与物理性质

氢氧化物晶体呈板状、细小鳞片状或针状。常见为细分散胶态混合物。氢氧化物的硬度、相对密度与相应的氧化物比较则显著降低。例如方镁石的硬度6，相对密度3.6；水镁石硬度2.35，相对密度2.5。氢氧化物类因键力较弱，发育一组完全~极完全解理。由镁、铝等惰性气体型阳离子组成的矿物呈浅的颜色、条痕，玻璃光泽；由过渡金属阳离子组成的矿物呈深的颜色、条痕，半金属至金属光泽。

13.2.3　成因与产状

氢氧化物形成于风化作用与化学沉积作用。主要集中于岩石风化壳、金属矿床氧化带、湖沼水盆地中。氢氧化物在受到地质作用或长时间影响时，会出现失水形成无水氧化物。如区域变质条件会使纤铁矿转变为磁赤铁矿，一水铝石转变为刚玉。褐铁矿、铝土矿、硬锰矿是铁、铝、锰的重要矿石。

13.2.4　分类

氢氧化物矿物按阳离子组成可划分为：镁的氢氧化物有水镁石族等；铝的氢氧化物，有硬水铝石族、三水铝石族等；铁的氢氧化物，有针铁矿族、纤铁矿族等；锰的氢氧化物，有水锰矿族、硬锰矿族等。

水镁石族

水镁石（Brucite）

【化学组成】 $Mg(OH)_2$。MgO：69.12%，H_2O：30.88%。成分中可有 Fe、Mn、Zn 类质同象代替 Mg，FeO 可达 10%，MnO 可达 20%，Zn 可达 4%。

【晶体结构】 三方晶系；D_{3d}^3-$P\bar{3}m1$；$a_h=0.3148$nm，$c_h=0.4769$nm，$Z=1$。主要粉晶谱线：2.365(100)、4.77(90)、1.794(55)。水镁石型结构为典型的层状结构之一（图 13-25）：水镁石 Mg［OH］$_2$的 Mg^{2+}分布在空间格子的角顶上，为原始格子。两层 OH^- 呈六方最紧密堆积，Mg^{2+}充填于全部八面体空隙，构成配位八面体的结构层；结构层与结构层之间相接触的两层 OH^-也呈近似六方最紧密堆积，所形成的八面体空隙未充填阳离子。结构层内为离子键，结构层间以氢键相连。原子间距：Mg-OH＝0.206，OH-OH＝0.322nm。

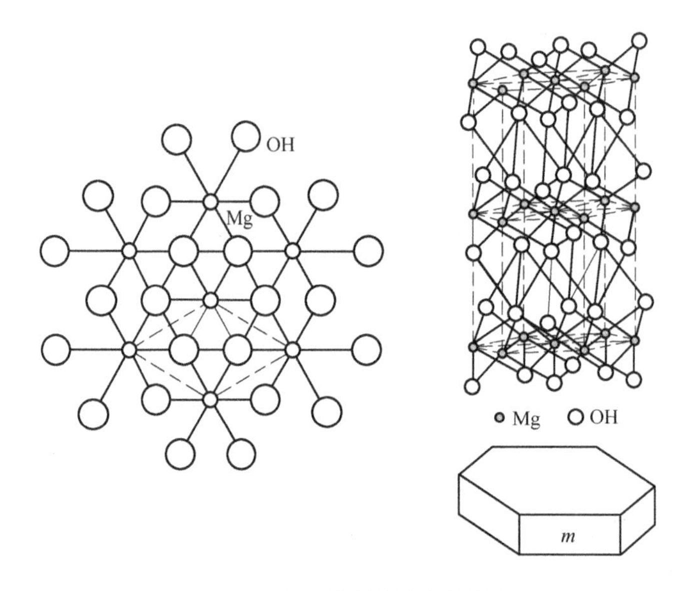

图 13-25 水镁石晶体结构与晶体形态

【晶体形态】 复三方偏方面体晶类，D_{3d}-$3m(L_i^3 3L^2 3P)$。晶体常呈板状、鳞片状、叶片状。常见单形有平行双面 $c\{0001\}$，六方柱 $m\{11\bar{2}0\}$，菱面体 $r\{10\bar{1}1\}$、$q\{01\bar{1}3\}$ 等。集合体呈板状、片状、细鳞片状、不规则粒状等。有时呈纤维状集合体，称纤水镁石（Nemalite）。

【物理性质】 白色、灰白色，含有锰或铁者呈红褐色；玻璃光泽，解理面珍珠光泽。解理//{0001} 极完全；解理薄片具挠性。硬度 2.5。相对密度 2.3~2.6。具热电性。溶于盐酸不起泡。

【显微镜下特征】 透射光下无色，一轴晶（+）。$N_o=1.559\sim1.590$，$N_e=11.580\sim1.600$。折射率随 Fe^{2+}含量增加而增大。纤水镁石为二轴晶（+），$2V=20°\sim42°$。

【成因】 接触变质作用、低温热液作用的产物。与方解石、金云母、透闪石、蛇纹石等共生。

硬水铝石族

硬水铝矿（Diaspora），又称一水硬铝石

【化学组成】 AlO(OH)。Al_2O_3：84.98%，H_2O：15.02%。常含 Fe_2O_3、Mn_2O_3、Cr_2O_3以及 SiO_2 TiO_2 CaO、MgO 等。

【晶体结构】 斜方晶系，D_{2h}^6-$Pbnm$，a_0=0.441nm，b_0=0.940nm，c_0=0.284nm。Z=4。主要粉晶谱线：3.99(100)、2.317(56)、2.131(52)。晶体结构属硬水铝石型。氧作六方最紧密堆积层垂直 a 轴，斜方晶系的晶胞 a_0为氧原子层的 2 倍。阳离子充填八面体空隙中。有［Al(O，OH)$_6$］八面体组成的双链沿 c 轴延伸。链内八面体共棱连结。在垂直 c 轴的平面氧原子间具氢氧键。

【晶体形态】 斜方双锥晶类，D_{2h}-mmm（$3L^23PC$）。晶体平行｛010｝发育成板状或沿 c 轴成柱状或针状。常见单形有斜方柱 m{110}、d{021}。细鳞片状集合体、结核状块体等。

【物理性质】 白色、灰色、黄褐或黑褐色。玻璃光泽。解理∥｛010｝完全，｛110｝、｛210｝不完全。解理面呈珍珠光泽。贝壳状断口。性脆。硬度 6~7。密度 3.3~3.5 。差热分析在 450℃剧烈脱水，在 650~700℃变为 α-Al_2O_3。

【显微镜下特征】 透射光下无色。成分中含 Mn^{3+}或 Fe^{3+}时，N_g-黄白色，N_p-暗紫色或红褐色。二轴晶（+）。$2V$=84°~86°。N_g=1.730~1.752，N_m=1.705~1.725，N_p=1.682~1.706，N_g=N_p=0.04~0.05。光性方位：N_g=a，N_m=b，N_p=c。

【简易化学试验】 缓慢溶于氢氟酸。强热后可溶于硫酸。置试管中灼烧，爆裂呈白色鳞片。强热之，生水；加硝酸钴溶液热之，变为蓝色。

【成因】 主要形成于外生作用，广泛分布于铝土矿矿床中。

【用途】 炼铝的重要矿物原料。

一水软铝石（Boehmite），又称勃姆石、水铝石

【化学组成】 AlOOH。Al_2O_3：84.98%，H_2O：15.02%。成分中 Fe 代替 Al。

【晶体结构】 斜方晶系，D_{2h}^{17}-$Amam$；a_0=0.369nm，b_0=1.224nm，c_0=0.286nm；Z=4。晶体结构沿（010）呈层状。与硬水铝石为同质二象。

【晶体形态】 斜方双锥晶类，D_{2h}-mmm（$3L^23PC$）。晶体呈细小的片状，在电子显微镜下为板片状。常见单形有平行双面｛010｝，斜方双锥｛111｝、｛113｝，斜方柱｛110｝。以隐晶质块状体或胶体分布于铝土矿中。

【物理性质】 无色、浅黄白色，玻璃光泽。解理∥｛010｝完全。硬度 3.5。相对密度 3.01~3.06 。

【显微镜下特征】 偏光显微镜下二轴晶（+）或（-），$2V$ 中等。N_p=1.64~1.65，

N_m = 1.65~1.66，N_g = 1.95~1.67。

【成因】 外生作用产物。与三水铝石、高岭石、硬水铝石等共生。

三水铝石族

三水铝石（Gibbsite）

【化学组成】 $Al(OH)_3$。Al_2O_3：65.4%，H_2O：34.6%。含有 Fe^{2+}、Ga^{2+}成类质同象代替 Al^{3+}。

【晶体结构】 单斜晶系，C_{2h}^5-$P2_1/n$；a_0 = 0.864nm，b_0 = 0.507nm，c_0 = 0.972nm，β=94°34′；Z=8。主要粉晶谱线：4.82(100)、4.34(40)、4.30(20)。具水镁石型结构，Al^{3+}充填于每两层相邻的 OH-羟离子之间的 2/3 八面体空隙，组成配位八面体的结构层。

【形态】 斜方柱晶类，C_{2h}-$2/m$（L^2PC）。单晶呈假六方形极细片状。常见单形有平行双面 a(100)、c(001) 和斜方柱（110）。依（100）和（110）呈双晶。通常呈结核状、豆状集合体或隐晶质块状集合体等。

【物理性质】 白色，常带灰、绿和褐色；玻璃光泽，解理面呈珍珠光泽，透明到半透明。集合体和隐晶质者暗淡。解理//{001} 极完全。性脆。硬度 2.5~3.5。比重2.30~2.43。差热分析在 300 ℃出现吸热谷，在 550℃出现吸热谷。

【显微镜下特征】 偏光显微镜下无色。二轴晶（+），$2V \approx 0°$。$N_p = N_m$ = 1.556，N_g = 1.587。

【简易化学试验】 溶于热硫酸及碱中。闭管中加热析出水合白色不透明土状体。吹管焰下不熔，析出 OH，发白变为不透明体，加硝酸钴溶液后再灼烧显深蓝色。

【成因及产状】 主要是长石等铝硅酸盐经风化作用形成。部分三水铝石为低温热液成因。在区域变质作用中，三水铝石经脱水作用变为一水硬铝石；而在更深的区域变质条件下，可变为刚玉；如有 SiO_2存在时则变为含铝硅酸盐矿物。

【用途】 铝的主要矿石矿物。也用于制造耐火材料和高铝水泥原料。

铝土矿（Bauxite）

铝土矿以许多极细小的三水铝石 $Al(OH)_3$、一水铝石 $AlO(OH)$ 为主要组分，并含有高岭土、蛋白石、针铁矿等的混合物。当铝土矿 Al_2O_3：>40%，Al_2O_3 : SiO_2 ≥2 : 1 时，才具有工业价值，作为铝矿石利用。呈土状、豆状、鲕状等产出。因成分不固定，导致物理性质变化很大。灰白色~棕红色，含铁高时呈棕红色。土状光泽。硬度 2~5。相对密度 2~4。新鲜面上用口呵气后有土臭味。将矿样碾成粉末用水湿润不具可塑性。小块铝土矿在氧化焰中灼烧，加 1 滴 $Co(NO_3)_2$溶液在冷却后有蓝色的 Al 反应。加 HCl 不起泡，据此可与石灰岩、碧玉区别。铝土矿为沉积成因。为铝的主要矿石。也可用于制造耐火材料和高铝水泥。

针铁矿族

针铁矿（Goethite）

【化学组成】 FeOOH。Fe：62.9%，O：27%，H_2O：10.1%。热液成因的成分较纯；外生成因者常含 Al_2O_3、SiO_2、MnO_2、CaO 等，其中部分 Al 为类质同象置换外，其他组分为机械混入物或吸附物质。金属矿床氧化带中的针铁矿还常含 Cu、Pb、Zn、Cd 等；超基性岩风化壳中的针铁矿则含 Co、Ni。含吸附水者称水针铁矿（α-FeO(OH)·nH_2O）。

【晶体结构】 斜方晶系；D_{2h}^{7}-*Pbnm*；a_0=0.465nm，b_0=1.002nm，c_0=0.304nm。Z=4。主要粉晶谱线：4.21(100)、2.69(80)、2.44(70)。针铁矿晶体结构中 O^{2-}和（OH）$^-$共同呈六方最紧密堆积（堆积层垂直 a 轴），Fe^{3+}充填 1/2 的八面体空隙。[$FeO_3(OH)_3$] 八面体以共棱的方式联结成平行于 c 轴的八面体链；双链间以共享八面体角顶（此角顶为 O^{2-}占据）的方式相连。

【晶体形态】 斜方双锥晶类，D_{2h}-*mmm*($3L^2 3PC$)。晶体平行 c 轴呈针状、柱状并具有纵纹，或平行 b{010} 呈薄板状或鳞片状。常见单形有斜方柱 m{210}、w{011}。晶体呈针状、柱状、板状。通常呈块状、肾状、鲕状。

【物理性质】 褐黄至褐红色；条痕褐黄色；半金属光泽；结核状，土状者光泽暗淡。解理∥{010} 完全；参差状断口。硬度 5~5.5。相对密度 4.28，但成土状者可低至 3.3。性脆。差热分析物现在 350~390℃有吸热谷出现。

【显微镜下特征】 透射光下黄至橘红色。针铁矿具有较大的光轴色散，在红光中光轴面为 {100}，当波长为 620nm 时光轴角为 0°。通常条件下对于黄、绿、蓝光，光轴面为 {001}。$2V$=0~27°，N_g=2.398~2.415，N_m=2.393~2.409，N_p=2.260~2.275。反射光下，灰色。强非均质性。反射率 R：13(红)、14(橙)、17.5(绿)。内反射淡褐色。

【成因及产状】 针铁矿是含铁矿物风化作用的产物，常分布在铜铁硫化物矿床的露头部分，构成“铁帽”。沉积成因的针铁矿见于湖沼和泉水中。在热液矿床中的针铁矿形成于低温条件，与石英、菱铁矿等共生。区域变质作用中，铁的水化物脱水转变成针铁矿。

纤铁矿（Lepidocrocite）

【化学组成】 （γ-FeOOH）。Fe_2O_3：89.9%，H_2O：10.1%。含有少量 SiO_2、Mn 等。含有不定量的吸附水称为水纤铁矿（FeOOH·nH_2O）。

【晶体结构】 斜方晶系，D_{2h}^{17} - *Amam*；a_0=0.388nm，b_0=1.254nm，c_0=0.307nm；Z=4。晶体结构为一水铝石型。

【晶体形态】 斜方双锥晶类，D_{2h}-*mmm*($3L^2 3PC$)。晶体沿 {010} 发育成片状。主要单形有平行双面 a{100}、b{010}、c{001}，斜方柱 d{207}、w{031} 等。常见鳞片状、纤维状集合体。

【物理性质】 暗红色指红黑色，橘红色条痕，金刚光泽。解理∥{010} 完全，∥{100}、{001} 中等。硬度 4~5，相对密度 4.09~4.10。加热脱水呈磁赤铁矿。差热分析曲线在350℃有吸热谷。

【显微镜下特征】 偏光显微镜下为黄至橙或红色。二轴晶（-），$2V=83°$。$N_p=1.94$，$N_m=2.20$，$N_g=2.51$。反射光下浅灰白色，强非均质性，多色性从黄到橙红。

【成因】 含铁矿物氧化产物。纤铁矿经脱水作用可形成磁赤铁矿。

【用途】 铁矿石。

褐铁矿（Limonite）

由许多极细小的针铁矿（α-FeOOH）、水针铁矿（α-FeOOH nH_2O）、纤铁矿（γ-FeOOH）和黏土、赤铁矿、含水SiO_2等组成的混合物。成分复杂。呈土状、豆状、鲕状等。因成分不固定，导致物理性质变化很大。颜色为土黄~棕褐色，土状光泽。硬度1~4。相对密度3~4。褐铁矿为地表风化产物。在硫化物矿床氧化带、含铁质岩体氧化带广泛发育。由含铁的矿物（如黄铁矿）风化形成，可保留黄铁矿的立方体形态（假象），有时在铜铁硫化物矿床的露头部分形成“铁帽”，是重要的找矿标志。

水锰矿族

水锰矿（Manganite）

【化学组成】 MnO(OH)。MnO：40.4%，H_2O：10.2%。常含SiO_2、Fe_2O_3、Al_2O_3、CaO等混入物。

【晶体结构】 单斜晶系，C_{2h}^5-$B2_1/d$；$a_0=0.888$nm，$b_0=0.525$nm，$c_0=0.571$nm，$\beta=90°$；$Z=8$。主要粉晶谱线：3.40(100)、2.64(60)、2.28(50)。在晶体结构中，[MnO_6]八面体组成沿c轴伸长的链。八面体弯曲，Mn^{3+}与位于ac面上的4个氧的间距为0.186~0.198nm，与另两个氧的间距为0.220~0.233nm。H不对称地居于氧原子之间。

【晶体形态】 斜方柱晶类，C_{2h}-$2/m(L^2PC)$。晶体常呈柱状。沿c轴伸长，柱面具清晰纵纹。集合体成束状。常见单形有平行双面c(001)、d(010)，斜方柱（110）。双晶以（011）为接合面。热液矿床可见到柱状晶簇。沉积成因者多呈隐晶质块体，也有呈鲕状或钟乳状者。

【物理性质】 暗钢灰至黑色；条痕红棕色。半金属光泽。不透明。解理平行{010}完全，平行{110}和{001}中等。硬度3.5~4。相对密度4.2~4.33。性脆。差热分析曲线在260~300℃、940~1080℃有吸热谷出现。

【显微镜下特征】 偏光显微镜下为二轴晶（+），$2V$很小。$N_p=2.25$，$N_m=2.25$，$N_g=2.53$。反射光下呈带棕色色调的灰白色，多色性明显。

【简易化学试验】 溶于浓盐酸并放出氯气。以硼砂球试之在氧化焰显红紫色。

【成因及产状】 形成于较还原环境中，在低温热液矿脉中常呈晶簇状与重晶石、方解石共生。沉积作用形成的水锰矿常呈块状或鲕状，此时为四价锰矿物（软锰矿）和二价锰矿物（菱锰矿）之间的过渡产物。在氧化条件下水锰矿不稳定，易氧化成软锰矿。

【主要用途】 锰的重要矿石矿物。

硬锰矿族

硬锰矿（Psilomelane）

有两种含义：广义的硬锰矿是一种细分散多矿物的混合物，其中在成分上主要含有多种元素的锰的氧化物和氢氧化物；狭义的硬锰矿为一个矿物种，其特征见以下的描述。

【化学组成】 $BaMn^{2+}Mn_9^{4+}O_{20}\cdot 3H_2O$。硬锰矿的成分中，$Mn^{4+}$可被$Mn^{2+}$所代替，亦可为$W^{6+}$、$Fe^{3+}$、$Al^{3+}$、$V^{5+}$所代替。Mg、Co、Cu 可代替$Mn^{2+}$。Ba 可被 Ca、Sr、U、Na 等代替。

【晶体结构】 单斜晶系，$C_{2h}^2\text{-}A2/m$；$a_0=0.956$nm，$b_0=0.288$nm，$c_0=1.385$nm；$\beta=92°30'$；$Z=1$。晶体结构是由［MnO］$_6$八面体组成的双链和三链相连接，围成中空的通道。链和通道平行 b 轴延伸，Ba^{2+}和 H_2O 分子位于通道之中。

【形态】 单晶体少见。通常呈葡萄状、钟乳状、树枝状或土状集合体。

【物理性质】 暗钢灰黑至黑色；条痕褐黑至黑色；半金属光泽至暗淡。硬度 5～6。相对密度 4.71。性脆。

【简易化学试验】 加 H_2O_2剧烈起泡。溶于盐酸放出氯气。在氧化焰中呈紫色反应。

【成因及产状】 典型表生矿物，含锰的碳酸盐和硅酸盐矿物风化形成。亦见于沉积锰矿床中。

【主要用途】 锰的重要矿石矿物。

14 第四大类 含氧盐类矿物（Ⅰ）——硅酸盐

含氧盐是各种含氧酸的络阴离子与金属阳离子组成的盐类化合物。自然界含氧盐矿物中主要络阴离子有 $[SiO_4]^{4-}$、$[PO_4]^{3-}$、$[SO_4]^{4-}$、$[CO_3]^{2-}$等。络阴离子的形状有三角形、四面体、四方四面体等。络阴离子内部的中心阳离子一般具有较小的半径和较高的电荷，与其周围的 O^{2-}结合的价键力（中心阳离子电价/配位数）远大于 O^{2-}与络阴离子外部阳离子结合的键力。在晶体结构中它们是独立的构造单位。络阴离子与外部阳离子的结合以离子键为主。含氧盐矿物的化学组成比较复杂。各种元素都可存在，惰性气体型、过渡型离子更为常见，铜型离子在硫酸盐、碳酸盐等也多见。各种离子的类质同象代替也广泛存在且复杂，有完全和不完全类质同象、等价和异价类质同象，也有络阴离子团相互代替的。

根据络阴离子种类不同，含氧盐矿物大类可划分为表 14-1 所列不同的矿物类。

表 14-1 含氧盐矿物的主要络阴离子特征

络阴离子类型	矿物类	离子半径/nm	价键力	络阴离子形状
$[NO_3]^-$	硝酸盐	0. 257	1 2/3	三角形
$[CO_3]^{2-}$	碳酸盐	0. 257	1 1/3	三角形
$[BO_3]^{3-}$	硼酸盐	0. 268	1	三角形
$[SiO_4]^{4-}$	硅酸盐	0. 29	1	四面体
$[AsO_4]^{3-}$	砷酸盐	0. 295	1. 25	四面体
$[SO_4]^{2-}$	硫酸盐	0. 295	1. 5	四面体
$[CrO_4]^{2-}$	铬酸盐	0. 3	1. 5	四面体
$[PO_4]^{2-}$	磷酸盐	0. 3	1. 25	四面体
$[WO_4]^{2-}$	钨酸盐		1. 5	四方四面体
$[MoO_4]^{2-}$	钼酸盐		1. 5	四面体、四方锥多面体、八面体
$[VO_4]^{2-}$，$[VO_5]$，$[VO_6]$	钒酸盐			

含氧盐矿物具有以离子晶格为主，同时也存在共价键、分子键的性质。物理性质上通常为玻璃光泽，少数为金刚光泽、半金属光泽，不导电，导热性差。无水的含氧盐矿物具有较高硬度和熔点，一般不溶于水。

含氧盐矿物在地壳上广泛分布，约占已知矿物种数的 2/3，也是重要的矿物原料。如化工、建材、陶瓷、冶金辅助原料以及贵重的宝玉石原料等，多来自含氧盐矿物。

14.1　第一类　硅酸盐矿物

硅酸盐矿物是硅氧络阴离子团与金属阳离子结合形成的含氧盐化合物。硅酸盐矿物有600余种，约占已知矿物种的1/4，其质量约占地壳岩石圈总质量的85%。硅酸盐矿物是岩浆岩、变质岩、沉积岩岩石的主要造岩矿物（roch-forming minerals）。硅酸盐矿物是提取稀有元素Li、Be、Zr、B、Rb、Cs等主要的矿物原料。硅酸盐矿物——滑石、云母、高岭石、沸石、蒙脱石、石棉、硅藻土等作为非金属矿物材料，被广泛地应用于工农业生产和生活中。许多硅酸盐矿物是珍贵的宝石矿物，如祖母绿和海蓝宝石（绿柱石）、翡翠（翠绿色硬玉）、碧玺（电气石）等。

14.1.1　化学成分

组成硅酸盐矿物的元素有50余种（表14-2），主要是含惰性气体型离子（如Na^+、K^+、Mg^{2+}、Ca^{2+}、Ba^{2+}、Al^{3+}等）和部分过渡型离子（如Fe^{2+}、Fe^{3+}、Mn^{2+}、Mn^{3+}、Cr^{3+}、Ti^{3+}等）元素，含铜型离子（如Cu^+、Zn^{2+}、Pb^{2+}、Sn^{4+}等）的元素较少见。硅酸盐矿物中有附加阴离子$(OH)^-$、O^{2-}、F^-、Cl^-、$[CO_3]^{2-}$、$[SO_4]^{2-}$等以及H_2O分子存在。在硅酸盐矿物的化学组成中广泛存在着类质同象替代。不仅有金属阳离子间的替代，也有以Al^{3+}，以及Be^{2+}或B^{3+}等替代络阴离子团中的Si^{4+}，形成的铝硅酸盐、铍硅酸盐和硼硅酸盐矿物，少数情况下还有$(OH)^-$替代硅酸根中的O^{2-}。

表14-2　组成硅酸盐类矿物的化学元素

ⅠA																	0
H	ⅡA											ⅢA	ⅣA	ⅤA	ⅥA	ⅦA	
Li	Be											B	C	N	O	F	
Na	Mg	ⅢB	ⅣB	ⅤB	ⅥB	ⅦB	ⅧB			ⅠB	ⅡB	Al	Si	P	S	Cl	
K	Ca	Sc	Ti	V	Cr	Mn	Fe		Ni	Cu	Zn			As			
Rb	Sr	Y	Zr	Nb									Sn	Sb			
Cs	Ba	La	Hf										Pb	Bi			
			Th	U													

14.1.2　晶体化学特征

14.1.2.1　硅氧骨干

构成硅酸盐矿物的硅酸根是由1个Si与4个O形成的硅氧四面体$[SiO_4]$（图14-1）。Si^{4+}半径为0.042nm，O^{2-}半径为0.140nm，$R_{Si}^{4+}/R_O^{2-}=0.29$，处于四面体配位范围。Si与O结合时形成四面体配位。Si^{4+}的配位数为4。Si-O键长平均为0.162nm。在硅酸盐结构中，$[SiO_4]$四面体既可以孤立地与其他阳离子联系，也可以彼此以共用角顶的方式联结成各种形式的硅氧骨干，与其他阳离子联系。在［SiO_4］四面体共角顶处，氧同时与2个硅成键，无剩余电荷，称为惰性氧或桥氧；非共用角顶处的氧只与一个硅成键，有一剩余电荷，称活性氧或端氧。

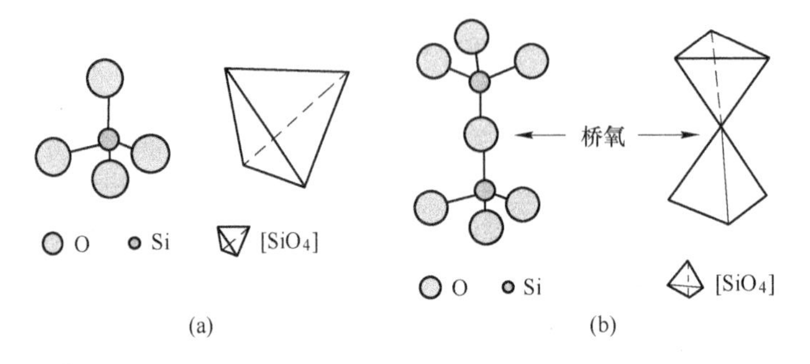

图 14-1　［SiO_4］四面体（a）和［Si_2O_7］双四面体（b）

（1）岛状硅氧骨干。包括孤立的［SiO_4］单四面体（图 14-1（a））及［Si_2O_7］双四面体（图 14-1（b））。岛状者无惰性氧，如橄榄石（Mg，Fe）$_2$［SiO_4］；双四面体有一个惰性氧，如异极矿 Zn_4［Si_2O_7］（OH）$_2$。

（2）环状硅氧骨干。［SiO_4］四面体以角顶联结形成封闭的环，根据［SiO_4］四面体环节的数目可以有三环［Si_3O_9］、四环［Si_4O_{12}］、六环［Si_6O_{18}］等多种（图 14-2）。

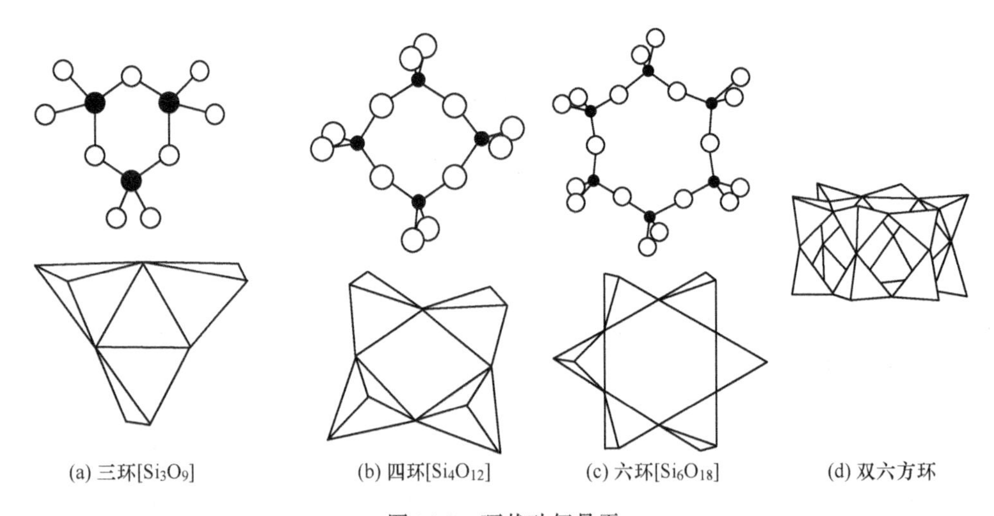

图 14-2　环状硅氧骨干

（3）链状硅氧骨干。［SiO_4］四面体以角顶联结成沿一个方向无限延伸的链，常见有单链和双链。单链中每个［SiO_4］四面体有2个角顶与相邻的［SiO_4］四面体共用，如辉石单链［Si_2O_6］、硅灰石单链［Si_3O_9］等（图 14-3）。双链犹如两个单链相互联结而成（图 14-4）。

角闪石型双链［Si_4O_{11}］可看作辉石单链通过一个镜面反映成双而得；矽线石型双链［$AlSiO_6$］在硅氧骨干中一半［SiO_4］四面体为［AlO_4］四面体所代替；硬钙硅石型双链［Si_6O_{17}］可看作是硅灰石单链通过一个二次轴的旋转而成；矽星叶石型双链［Si_8O_{24}］的主线部分为一辉石单链，其分支部分作双四面体状。

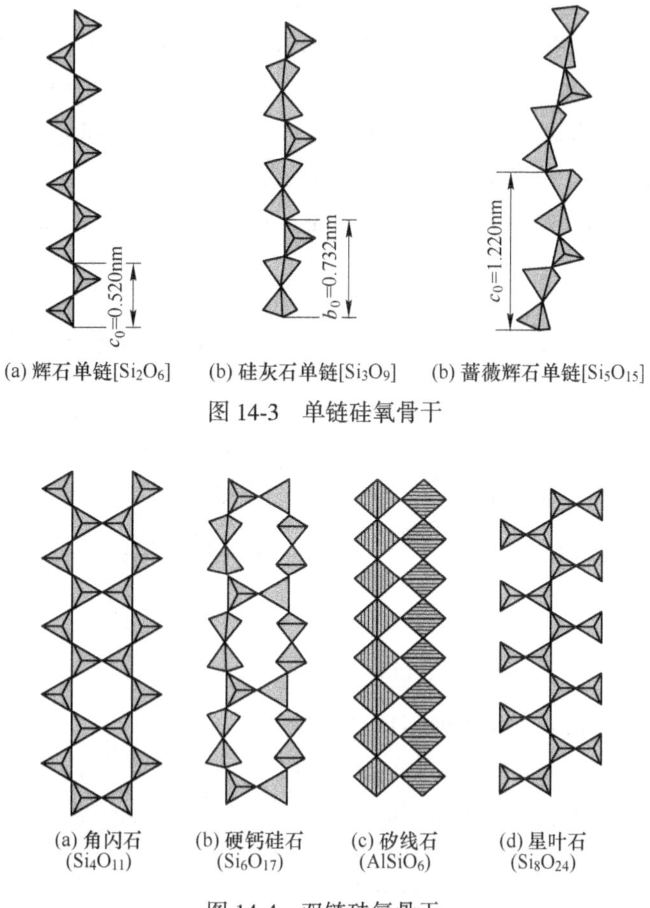

(a) 辉石单链$[Si_2O_6]$　(b) 硅灰石单链$[Si_3O_9]$　(b) 蔷薇辉石单链$[Si_5O_{15}]$

图 14-3 单链硅氧骨干

(a) 角闪石 (Si_4O_{11})　(b) 硬钙硅石 (Si_6O_{17})　(c) 矽线石 $(AlSiO_6)$　(d) 星叶石 (Si_8O_{24})

图 14-4 双链硅氧骨干

（4）层状硅氧骨干。$[SiO_4]$ 四面体以角顶相连，形成在两度空间上无限延伸的层。在层中每一个 $[SiO_4]$ 四面体以 3 个角顶与相邻的 $[SiO_4]$ 四面体相联结。活性氧可指向一方，也可以指向相反方向。层状硅氧骨干有多种方式，常见有滑石型、鱼眼石型硅氧骨干等。滑石型层状硅氧骨干 $[Si_4O_{10}]$ 中 $[SiO_4]$ 四面体彼此以 3 个角顶相连接形成六角形的网，活性氧指向一边；鱼眼石型层状硅氧骨干 $[Si_4O_{10}]_2$中 $[SiO_4]$ 四面体彼此以 3 个角顶相连形成四方形的网，活性氧指向网的上下两边（图 14-5）。

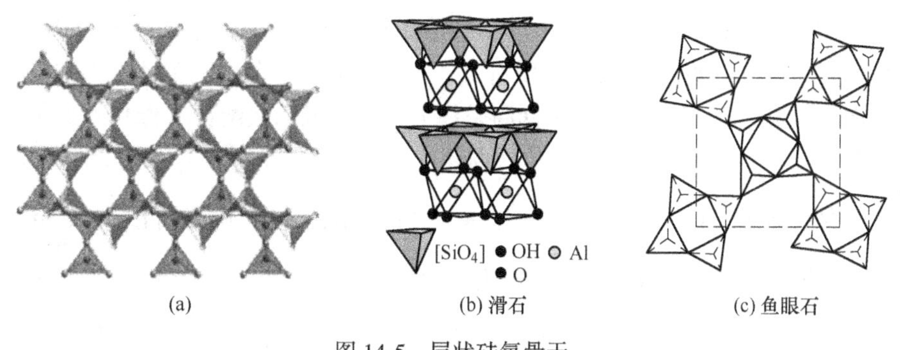

(a)　(b) 滑石　(c) 鱼眼石

图 14-5 层状硅氧骨干

（5）架状硅氧骨干。在骨干中［SiO_4］四面体通过共用4个角顶连接成架状结构，［SiO_4］四面体每个氧与两个硅相联系，所有的氧是惰性的，骨干外不再与其他阳离子结合，石英族矿物具有此种结构和化学成分特征。硅酸盐架状骨干中，必须有部分Si^{4+}为Al^{3+}所代替，使骨干带有剩余电荷与其他阳离子结合，形成铝硅酸盐。架状硅氧骨干的化学式为［$Al_xSi_{n-x}O_{2n}$］$^{x-}$。在架状骨干中剩余电荷是由Al^{3+}代替Si^{4+}产生的，电荷低且架状骨干中存在着较大空隙，需要低电价、大半径、高配位数的K^+、Na^+、Ca^{2+}等离子充填（图14-6）。

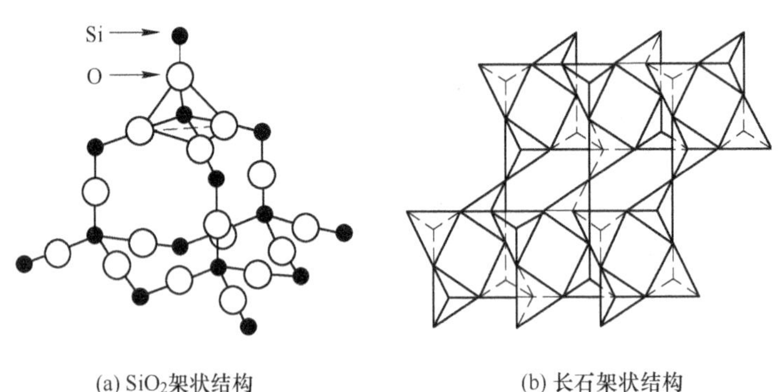

(a) SiO_2架状结构　　(b) 长石架状结构

图14-6　架状硅氧骨干

在硅酸盐矿物中可以存在两种不同的硅氧骨干，如绿帘石$Ca_2(Al,Fe)_3O(OH)[SiO_4][Si_2O_7]$中同时存在孤立［$SiO_4$］四面体和双四面体［$Si_2O_7$］。葡萄石$Ca_2Al[AlSi_3O_{10}](OH)_2$晶体结构为架状层硅氧骨干（图14-7）。这种硅氧骨干由三层［SiO_4］四面体组成，中间一层［SiO_4］四面体与4个［SiO_4］四面体相连。可视为层状骨干与架状骨干的过渡形式。

图14-7　葡萄石架状层硅氧骨干

14.1.2.2　铝的作用

铝在硅酸盐结构中起着双重作用，一方面它可以呈四次配位，代替部分的Si^{4+}进入络阴离子团，形成铝硅酸盐，如钾长石$K[AlSi_3O_8]$等；另一方面，铝可以六次配位存在于硅氧骨干之外，起着阳离子的作用，形成铝的硅酸盐，如高岭石$Al_4[Si_4O_{10}](OH)_2$。Al可以在同一结构中有两种形式存在，形成铝的铝硅酸盐，如白云母$KAl_2[AlSi_3O_{10}](OH)_2$。铝的这种双重作用与铝的晶体化学性质有关。$Al^{3+}$与$O^{2-}$的半径比值为$R_{Al}^{3+}/R_{O}^{2-}=0.419$，Al可为四次配位和六次配位。在高压低温条件下，易形成六次配位（配位八面体）；在低压高温条件下，易形成四次配位（配位四面体）。如蓝晶石$Al_2[SiO_4]O$（其中的Al^{3+}为六次配位）与夕线石$Al[AlSiO_5]$（其中一半Al^{3+}为四次配位）的转变式为：$\underset{\text{蓝晶石}}{Al_2[SiO_4]O}\overset{\text{高温}}{\underset{\text{高压}}{\longleftrightarrow}}\underset{\text{矽线石}}{Al[AlSiO_5]}$。在［$AlO_4$］四面体中，Al—O价键力为3/4，小于Si—O的价键力（4/4），［AlO_4］四面体比［SiO_4］四面体不稳定，体积也大于［SiO_4］四面体。在晶体结构中两个［AlO_4］四面体不能直接相连，在［AlO_4］四面体之间一定有［SiO_4］四面体隔开（也称铝回避原理）。[AlO_4] 代替 [SiO_4] 的数量不能超过硅氧骨干中 Al 和 Si 总数的一半。在不同的硅氧骨干中 [AlO_4] 四面体的情况变化见表 14-3。

表 14-3 不同硅氧骨干中 [AlO_4] 四面体存在情况

硅氧骨干	岛状	环状	链状	层状	架状
[AlO_4]	难以存在	可以存在，[AlO_4]：[SiO_4]<1			必须存在，[AlO4]：[SiO4]≤1

14.1.2.3 硅酸盐中的 Si—O 键性质

Si—O 键的性质是部分离子性和部分共价性。在共价模型中，处于基态的硅原子外层电子构型为：$2s^2 2p^3 3s^1$。1 个 $3s$ 和 3 个 $3p$ 轨道强烈杂化形成 sp^3 杂化轨道，这 4 个等价的杂化轨道指向四面体的 4 个顶角，其中每个 sp^3 杂化轨道与一个氧原子的 $2p$ 轨道重叠形成 σ 键。除 sp^3 杂化的 4 个 σ 键之外，氧原子余留的 p 轨道与硅原子的 d 轨道也有一些重叠形成 π 键，π 键的重叠电子相对密度极大部分不在两原子相连的直线上。键角 O—Si—O 在 140°左右，比内角理论值 109°47′明显要大，这是 Si—O 键的 π 键特征的反映。在硅氧骨干中 Si—O 键几种基本类型如图 14-8 所示：岛状为 A 型，双四面体为 A+B 型，环状与单链状为 B 型，双链为 3B+C 型，层状为 B+C 型，架状为 C+D 型（图 14-8）。

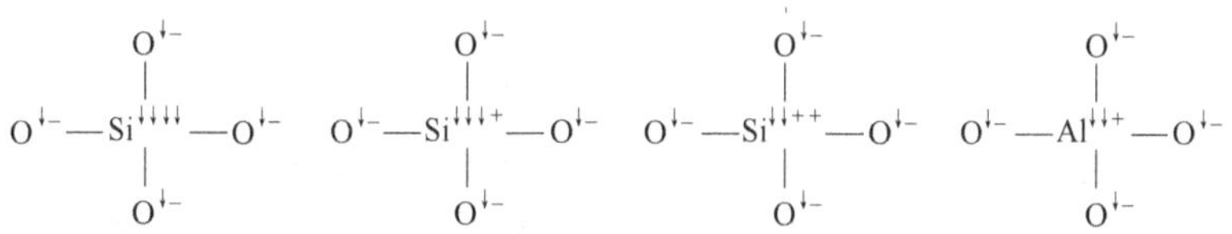

$[SiO_4]^{4-}$ (a) A型　$[SiO_3]^{2-}$ (b) B型　$[SiO_2]$ (c) C型　$[AlO_2]^-$ (d) D型

图 14-8 硅氧骨干中 Si-O 键的基本类型

对于 M—O 键，主要是离子性的。[SiO_4] 四面体是一个带电荷的离子团，其中每个氧既可再与一个硅（Si^{4+}）形成 Si—O 键，也可以和其他金属离子 M 形成离子键。在硅酸盐矿物结构中，具有岛状 [SiO_4] 骨干的硅酸盐中 4O 与 Si 成共价结合，剩余负电荷与 Mg^{2+}、Fe^{2+}等阳离子成离子键结合。具有环状或单链 [SiO_3] 硅氧骨干的硅酸盐中 3O 与 Si 成 3 个共价键和一个离子键，两个有效负电荷与骨干外的阳离子形成离子键结合。具有双四面体 [Si_2O_7] 的硅氧骨干，介于上述两种情况之间，硅氧骨干中 7O 与 Si 以 7 个共价键和 1 个离子键结合，并以 6 个负电荷与骨干外氧离子形成离子键结合。双链 [Si_4O_{11}] 及层状 [Si_4O_{10}] 在硅氧骨干的硅酸盐中，介于单链与架状骨干之间。具有架状硅氧骨干的氧化物石英，2O 与 Si 以两个共价键和两个离子键相结合。在架状硅氧骨干的硅酸盐中，必须有部分 Si 被 Al 所代替。有一个或两个有效电荷与骨干外低价氧离子呈离子键结合。

硅酸盐结构中含有 Si—O—M（骨干外阳离子）键，金属离子 M 比 Si 离子大，化合价比 Si 低，M—O 键比 Si—O 键弱。不同形式的硅氧骨干中的 Si：O 值不同（表 14-4），孤立四面体 1：4，双四面体 1：3.5，环状与单链 1：3，双链 1：2.75，层状 1：2.5，架状 1：2。这表明在 Si-O-M 的关系中，Si-O 作用递增，从而使 Si 的离子化趋势逐渐增强。

表 14-4 硅氧骨干结构类型特征

结构类型	$[SiO_4]$ 共用氧数	几何形状	络阴离子团	Si : O	矿物实例
岛状	0	岛状	$[SiO_4]^{4-}$	1 : 4	橄榄石 $Mg_2[SiO_4]$
	1	双四面体	$[Si_2O_7]^{6-}$	1 : 3.5	符山石 $Ca_{10}(Mg, Fe)_2Al_4(SiO_4)_5(Si_2O_7)_2(OH, F)_4$
环状	2	三方环	$[Si_3O_9]$	1 : 3	异性石 $Na_{12}Ca_6Fe_3Zr_3[Si_3O_9]_2[Si_9O_{24}(OH)_3]_2$
	2	四方环	$[Si_4O_4]$	1 : 3	斧石 $Ca_4(MnFe)_2Al_4[Si_4O_{14}]$ $B_2O_2(OH)_2$
	2	六方环	$[Si_6O_{18}]^{12-}$	1 : 3	绿柱石 $Be_3Al_2[Si_6O_{18}]$
链状	2, 3	单链	$[Si_2O_6]^{4-}$	1 : 3	透辉石 $CaMg[Si_2O_6]$
		双链	$[Si_4O_{11}]^{6-}$	1 : 2.75	透闪石 $Ca_2Mg_3[Si_4O_{11}]_2(OH)_2$
层状	3	层状	$[Si_4O_{10}]^{4-}$	1 : 2.5	滑石 $Mg_3[Si_4O_{10}](OH)_2$
架状	4	架状	SiO_2	1 : 2	石英 SiO_2
			$[Al_xSi_{n-x}O_{2n}]^{x-}$		钙长石 $Ca[Al_2Si2O_8]$

14.1.2.4 Si—O 键长、键角及 Si—O 键配位形式

硅酸盐晶体结构分析表明，Si—O 键长在 0.157～0.172nm 之间。在 Si—O—M 键中，骨干以外的阳离子 M 也吸引氧原子并与硅争夺氧原子，结果使 Si—O 键减弱，Si—O 键变长。在硅氧骨干不同连接方式中，Si—O（桥）键长比 Si—O（端）键长平均约长 0.0025nm。

在 $[SiO_4]$ 四面体相互共角顶的联结中，Si—O—Si 键角的变化很大。对于具有架状结构的 SiO_2 来说，在其等轴晶系的变体方石英中，Si—O—Si 键角为 180°。在硅酸盐矿物中已发现的最小 Si—O—Si 键角为 114°。Si—O 键的离子性愈强，由于 Si 离子的斥力，则 Si—O—Si 键角愈大。Si—O 键共价性越强，则 Si—O—Si 键角愈小。Si—O 键长与键角也是相互影响的，较短的键长联系着较大的键角。

Si—O 键长与键角也直接影响着 Si—O 配位。在 Si—O 键变弱并拉长，O—O 间距变小时，有利于形成 $[SiO_6]$ 八面体。高压条件下会使 O—O 距离（0.25nm）短于 $[SiO_4]$ 四面体中的距离（0.264nm），导致 $[SiO_6]$ 中 O—O 斥力大，形成八面体。如果某些金属离子的 M—O 键强接近或大于 Si—O 键强时，就会消耗 Si—O 键上的电子，使 Si—O 键减弱并拉长，也会形成六次配位的 $[SiO_6]$ 八面体。形成 $[SiO_6]$ 八面体要求特殊的环境。在一般条件下，Si—O 配位形式都是 $[SiO_4]$ 四面体。从鲍林键强（在四面体中 Si—O 键强为 4/4，在八面体中 Si—O 键强为 4/6）也可以预测 $[SiO_4]$ 比 $[SiO_6]$ 稳定。

14.1.2.5 离子堆积

受硅酸盐硅氧骨干的影响，氧离子最紧密堆积较难实现。在岛状骨干中，孤立的 $[SiO_4]$ 四面体能够在结构中充分调动氧离子达到或近于达到最紧密堆积。当阳离子配位数为 4 和 6 时，较适合于充填到 O^{2-} 堆积中形成的四面体、八面体空隙中，氧离子成最紧密堆积，如橄榄石、黄玉等；如果阳离子配位数大于 6，就会破坏 O^{2-} 的最紧密堆积，整

个结构趋于最紧密，如石榴子石；在环状、链状、层状硅氧骨干的硅酸盐结构中，环与环之间，链与链之间，层与层之间可能排列得最紧，但 O^{2-} 不是最紧密堆积，如绿柱石、辉石、角闪石、云母等；在架状骨干中，［SiO_4］四面体彼此共 4 个角顶相联，不能自由调动，离子或整个结构都不作最紧密堆积，如钾长石等。

14.1.2.6 阳离子配位与硅氧骨干的相互关系

在硅酸盐中，某些阳离子常见的配位数如下：Al-4、5、6；B-3、4；Mn-6、8；Ti-4、6；Si-4；Be-4；Na-6、8、10；Fe^{3+}-4、6；Fe^{2+}-6、8；Zr-6、8；Ba-12；Zn-4；Mg-4、6、8；Li-6、4；Ca-6、8、10；K-6、10、12。从中可见，一种离子可以有几种不同的配位数：惰性气体性离子倾向于具有较高的配位数；铜型离子一般配位数较低。增加介质的碱性，即增加金属离子的浓度，有促进生成低配位数晶格的作用。如黄长石中 Mg 具有 4 次配位 $(Ca, Na)_2(Mg, Al)[(Si,Al)_2O_7]$。增高温度可促使配位数降低，增高压力可促使生成配位数高的结构。如 $Al_2O_3SiO_2$ 的高压变体蓝晶石 $Al_4[SiO_4]O$ 中，Al 的配位数为 6。高压下形成的镁铝榴石中的 Mg 为八次配位。

一般来说，［SiO_4］四面体的体积很稳定。但骨干外阳离子配位多面体的体积随阳离子大小和温压环境变化较大。为了适应这种变化，硅氧骨干也会发生扭转变形，与骨干外阳离子配位多面体相匹配。如在辉石 $Mg_2[Si_2O_6]$ 中，阳离子八面体链内的两个［MgO_6］的长度与两个以角顶相连｛SiO_4｝四面体的长度相适应。所以硅氧骨干为［SiO_4］四面体重复周期为 2 的［Si_2O_6］单链。在硅灰石 $Ca_3[Si_3O_9]$ 中（图 14-9（a）），阳离子八面体链内的 2 个［CaO_6］八面体的长度与 3 个角顶相连的［SiO_4］四面体的长度相当，所以硅氧骨干为［SiO_4］四面体重复周期为 3 的［Si_3O_9］单链。在蔷薇辉石 $(Mn, Ca)_5[Si_5O_{15}]$ 中，较小的［MnO_6］八面体与较大的［CaO_6］八面体结合起来与［SiO_4］四面体重复周期为 5 的［Si_5O_{15}］单链相适应。在层状硅氧骨干的蛇纹石 $Mg_8[Si_4O_{10}](OH)_8$ 中，其结构体现为［$MgO_2(OH)_4$］八面体层与［SiO_4］四面体层的结合。由于［$MgO_2(OH)_4$］八面体层中 O(OH)-O(OH) 间距较［SiO_4］四面体层中 O-O 间距略小，在叶蛇纹石结构中，为了使［SiO_4］四面体骨干层与阳离子八面体层相适应，结构层产生弯曲，八面体层在外圈，四面体层在内圈，并使方向相反的结构层联结起来，形成波浪状（图 14-9（c））。

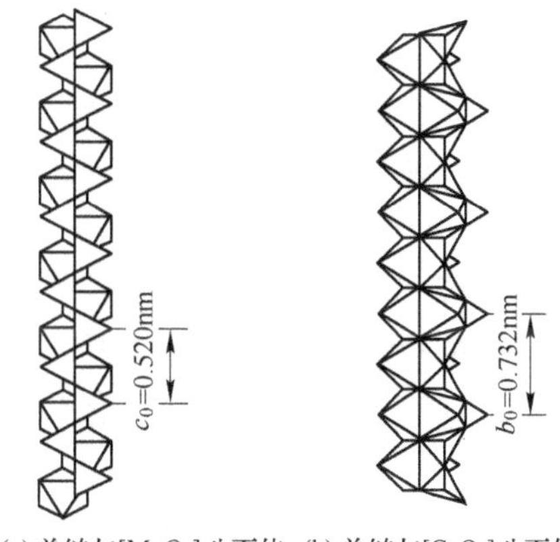

(a) 单链与$[MgO_6]$八面体 (b) 单链与$[CaO_6]$八面体

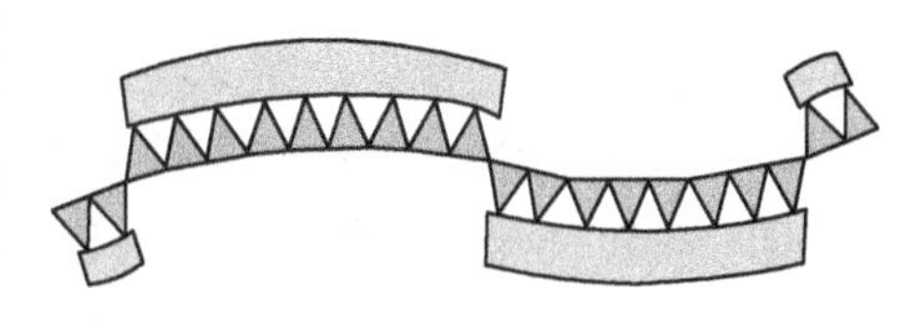

(c) 层状骨干与$[MgO_2(OH)_4]$八面体层

图 14-9 硅氧骨干与不同阳离子配位多面体的匹配示意图

14.1.2.7 类质同象

硅酸盐矿物中类质同象替代现象普遍而多样。有完全类质同象和不完全类质同象代替。如橄榄石系列 $Mg[SiO_4]$-$Fe[SiO_4]$、斜长石系列 $Na[AlSi_3O_8]$-$Ca[Al_2Si_2O_8]$ 等；也存在络阴离子［AlO_4］代替［SiO_4］。发生的难易程度及相互代替的范围与硅氧骨干的形式有关。

具有岛状硅氧骨干的硅酸盐类质同象代替最广泛，在橄榄石中阳离子 Ni^{2+}、Mg^{2+}、Co^{2+}、Fe^{2+}、Mn^{2+}、Cd^{2+}、Ca^{2+}、Sr^{2+}、Ba^{2+} 相互代替的离子半径变化范围在 0.068（Ni^{2+}）~0.144nm（Ba^{2+}）之间，最大差值达 0.076nm。

具链状硅氧骨干的普通角闪石 $A_2B_5[Si_4O_{11}](OH)_2$，A 组为 Ca^{2+}、K^+、Na^+；B 组为 Mg^{2+}、Fe^{2+}、Fe^{3+}、Al^{3+}。A 组中离子半径大小变化范围为 0.108nm（Ca^{2+}）~0.146nm（K^+）相差 0.038nm；B 组中离子半径变化范围为 0.06（Al^{3+}）~0.08nm（Mg^{2+}），相差 0.019nm。

具有层状硅氧骨干的云母 $AB_2[AlSi_3O_{10}](OH)_2$，A 组为 K^+、Na^+，B 组为 Al^{3+}、Mg^{2+}、Fe^{2+}、Mn^{2+}。B 组离子半径大小变化范围为 0.061（Al^{3+}）~080nm（Mg^{2+}），相差 0.019nm。

具有架状硅氧骨干的斜长石系列 $Na[AlSi_3O_8]$-$Ca[Al_2Si_2O_8]$ 中，Na^+ 与 Ca^{2+} 离子半径相差 0.004nm。

从岛状、链状、层状到架状硅氧骨干的硅酸盐中，离子代替范围逐渐缩小。说明在不破坏原来晶体结构的前提下，岛状硅氧骨干与阳离子配位多面体之间的调整是最易实现的。

14.1.2.8 附加阴离子及“水”

在硅酸盐结构中，除硅氧骨干之外，还常存在一些附加的阴离子，最常见的有 $(OH)^-$、O^{2-}、F^-，有时还可以有 Cl^-、$[CO_3]^{2-}$、$[SO_4]^{2-}$、$[PO_4]^{3-}$。附加阴离子可以用来平衡电价、充填空隙（如方钠石）或与 O^{2-} 共同形成最紧密堆积（如黄玉）。

具双链及层型骨干的硅酸盐最容易接纳 $(OH)^-$，架状骨干的硅酸盐结构的大空隙中也可接纳一些 $(OH)^-$、F^- 等，岛状和单链骨干的硅酸盐则很难接纳。各种附加阴离子之间的类质同象代替很常见。在 $(OH)^-$-F^- 之间的代替无限制。$(OH)^-$-O^{2-}、O^{2-}-$^-F^-$ 之间的代替只有在电价能够补偿的条件下才能发生，如以 $Fe^{2+}+(OH)^- \rightarrow Fe^{3+}+O^{2-}$ 的方式代替。(OH)、F^- 一般不能代替［SiO_4］四面体中的 O^{2-}。

硅酸盐中的水以结构水 OH^- 和 H_2O 的形式存在。在某些层状硅氧骨干的硅酸盐中有 $(H_3O)^+$ 形式。H_2O 在硅酸盐中大多数呈沸石水、层间水，只有在少数硅酸盐中才以结晶水的形式存在，起着充填空隙或水化阳离子的作用。

14.1.3 形态与物理性质

硅酸盐矿物的晶体形态，取决于硅氧骨干的形式和其他阳离子配位多面体，特别是［AlO_6］八面体的联结方式。具孤立的［SiO_4］四面体骨干的硅酸盐在形态上常表现为三向等长，如石榴子石、橄榄石等；也有柱状，这与骨干外的［AlO_6］共棱形成链有关，如红柱石。具有环状硅氧骨干的硅酸盐晶体常呈柱状习性，柱状晶体往往属六方或三方晶系，柱的延长方向垂直于环状硅氧骨干的平面，如绿柱石、电气石；具有链状硅氧骨干的硅酸盐晶体常呈柱状或针状晶体，晶体延长的方向平行链状硅氧骨干延长的方向，如辉石、角闪石、硅灰石；具层状硅氧骨干的硅酸盐晶体呈板状、片状、甚至鳞片状，延展方向平行于硅氧骨干层，如云母、葡萄石；具有架状硅氧骨干的硅酸盐，其形态取决于架内化学键的分布情况，如在钠沸石的架状硅氧骨干中存在有比较坚强的链，从而形成平行此链的柱状晶体。在长石的架状结构中，平行 a 轴和 c 轴…有比较强的链，因此形成平行 a 轴或 c 轴的柱状晶体。

$[AlO_6]$ 八面体的分布对晶体习性有很大的影响，如蓝晶石的板状晶体是与结构中 $[AlO_6]$ 八面体联结成层有关；红柱石、绿帘石的柱状晶体与结构中 $[AlO_6]$ 八面体链有关。

硅酸盐矿物一般为透明，玻璃、金刚光泽。颜色多为浅色或无色，受化学成分中含铁、锰、钛、铬等影响变深。岛状、链状硅酸盐矿物颜色较深，环状硅酸盐矿物为彩色；层状、架状硅酸盐矿物多为浅色。硅酸盐矿物的解理亦与其硅氧骨干的形式有关。具层状骨干者常沿平行层面有极完全解理，如云母、滑石等；具链状骨干者常沿平行链延长的方向产生解理，如辉石、角闪石等；具架状骨干者，解理取决于架状结构中化学键的分布，如长石有平行 a 轴的两组解理，是因为长石架状硅氧骨干中有平行 a 轴的比较坚强的链；具环状骨干的硅酸盐一般解理不好。硅酸盐矿物的解理也取决于阳离子的分布，特别是 $[AlO_6]$ 八面体的联结与解理有明显的关系，如蓝晶石的 {100} 完全解理就与结构中 $[AlO_6]$ 八面体层有关。

岛状、环状硅酸盐矿物硬度大，链状、架状硬度中等，具有层状骨干的硅酸盐硬度很小。硅酸盐矿物的相对密度与结构和化学成分有关。一般具孤立 $[SiO_4]$ 四面体骨干的硅酸盐由于结构紧，有较大的密度；具有层状、架状构造的硅酸盐相对密度较小；含水的硅酸盐相对密度较小。

14.1.4 成因及产状

硅酸盐矿物形成于各种地质作用，广泛分布。在岩浆作用中，随着岩浆分异的发展，硅酸盐矿物结晶有依岛、链、层、架的顺序逐渐生成，由贫硅富铁镁的硅酸盐矿物向富硅贫铁镁的硅酸盐矿物发展的趋势。在伟晶作用中，除生成长石、石英、云母等一般硅酸盐矿物外，尚有半径小（如 Li、Be 等）或较大的离子（如 Rb、Cs）的硅酸盐和含挥发组分（B、F）的硅酸盐矿物形成。在热液作用中热液和围岩蚀变都可能生成硅酸盐矿物。接触变质和区域变质作用中有大量的硅酸盐矿物形成。外生作用形成的硅酸盐也很广泛，多为具层状结构的硅酸盐。

14.1.5 分类

硅酸盐类矿物按硅氧骨干的形式可分为五个亚类，即岛状结构硅酸盐亚类、环状结构硅酸盐亚类、链状结构硅酸盐亚类、层状结构硅酸盐亚类、架状结构硅酸盐亚类。

14.2 第一亚类 岛状结构硅酸盐矿物

岛状结构硅酸盐矿物是具有孤立 $[SiO_4]$ 四面体或双四面体硅氧骨干与阳离子形成的硅酸盐矿物。孤立四面体 $[SiO_4]^{4-}$ 所有 4 个角顶上的氧均为活性氧，活性氧再与其他金属阳离子相结合。如橄榄石、锆石、石榴子石等。由两个［SiO_4］四面体共用一个角顶组成的［Si_2O_7］$^{6-}$双四面体，见于异极矿等矿物中。也有双四面体与孤立四面体同时并存，如绿帘石、符山石等。岛状硅酸盐矿物的阳离子主要是电价中等和偏高、半径中等和偏小的阳离子，如 Mg^{2+}、Fe^{2+}、Al^{3+}、Ti^{4+}、Zr^{4+}等。阳离子配位数 4、6、8 不等。类质同象替代普遍。

在具孤立四面体的岛状硅酸盐中，硅氧四面体本身的等轴性使矿物晶体具有近似等轴状的外形，双折射率小，多色性和吸收性较弱，有中等到不完全多方向的解理。结构中的原子堆积相对密度较大，具有硬度大、相对密度大和折射率高等特点。双四面体岛状硅酸盐矿物晶体外形具有一向延长的特征。矿物的硬度、折射率稍偏低，并表现出稍大的异向性。双折射率、多色性和吸收性都有所增强。含水或具有附加阴离子（OH，F）的岛状硅酸盐矿物的硬度、密度、折射率都有所降低。

本亚类矿物主要形成于岩浆作用、伟晶作用和热液作用中；在交代蚀变和接触变质、区域变质作用中亦可产出。

本亚类硅酸盐矿物主要有锆石族、橄榄石族、石榴子石族、红柱石族、黄玉族、十字石族、榍石族、符山石族、绿帘石族等。

锆 石 族

锆石（Zircon）

【化学组成】 $Zr[SiO_4]$。ZrO_2：67.1%，SiO_2：32.9%。有时含有 MnO、CaO、MgO、Fe_2O_3、Al_2O_3、TR_2O_3、ThO_2、U_3O_8、TiO_2、P_2O_5、Nb_2O_5、Ta_2O_5、H_2O 等混入物。ThO_4：≤15%，UO_2：≤5%。含较高 Th、U 并晶面弯曲者称为曲晶石；富含 Hf 者称为富铪锆石（HfO_2：≤24%）。锆石成分与形成环境有密切关系。产于碱性岩、基性岩中的锆石富含锆；产于岩浆晚期花岗岩和花岗伟晶岩中的富铪锆石与铌、钽矿化紧密相关。

【晶体结构】 四方晶系，D_{4h}^{10} -$I\,4_1/amd$。$a_0=0.659$nm，$c_0=0.594$nm；$Z=4$。主要粉晶谱线：3.30(100)、1.711(80)、2.516(70)、4.43(60)、3.63(50)。结构中 Zr 与 Si 沿 c 轴相间排列成四方体心晶胞。晶体结构可视为由［SiO4］四面体和［ZrO_8］三角十二面体联结而成。［SiO_4］四面体与［ZrO_8］三角十二面体平行 c 轴相间排列，在 b 轴方向以共棱方式紧密连接（图 14-10）。

【晶体形态】 复四方双锥晶类，D_{4h} -$4/mmm$（$L_4 4L^2 5PC$）。晶体呈四方双锥状、柱状、板状，且形态与成分密切有关。主要单形：四方柱 m{110}，四方双锥 p{111}、u{331}，复四方双锥 x{311}。可依 {011} 呈膝状双晶。可与磷钇矿呈规则连生。

锆石的晶体形态与结晶时的介质环境有关。在碱性或偏碱性花岗岩中的锆石呈短柱状或四方双锥状，锥面 {111} 发育；在酸性花岗岩中的锆石呈柱状，柱面 {100}、{110} 及锥面 {111} 都发育；在基性岩、中性岩中，锆石可见到 {110}、{100} 柱面外，还可见四方双锥 {311}。

【物理性质】 无色、淡黄、紫红、淡红、蓝、绿、烟灰色等。玻璃至金刚光泽，断口油脂光泽。透明到半透明。解理不完全。硬度 7.5~8。相对密度 4.4~4.8。具有放射性引起自身的非晶化，导致透明度、光泽、相对密度、硬度均下降。具有荧光性，X 射线照

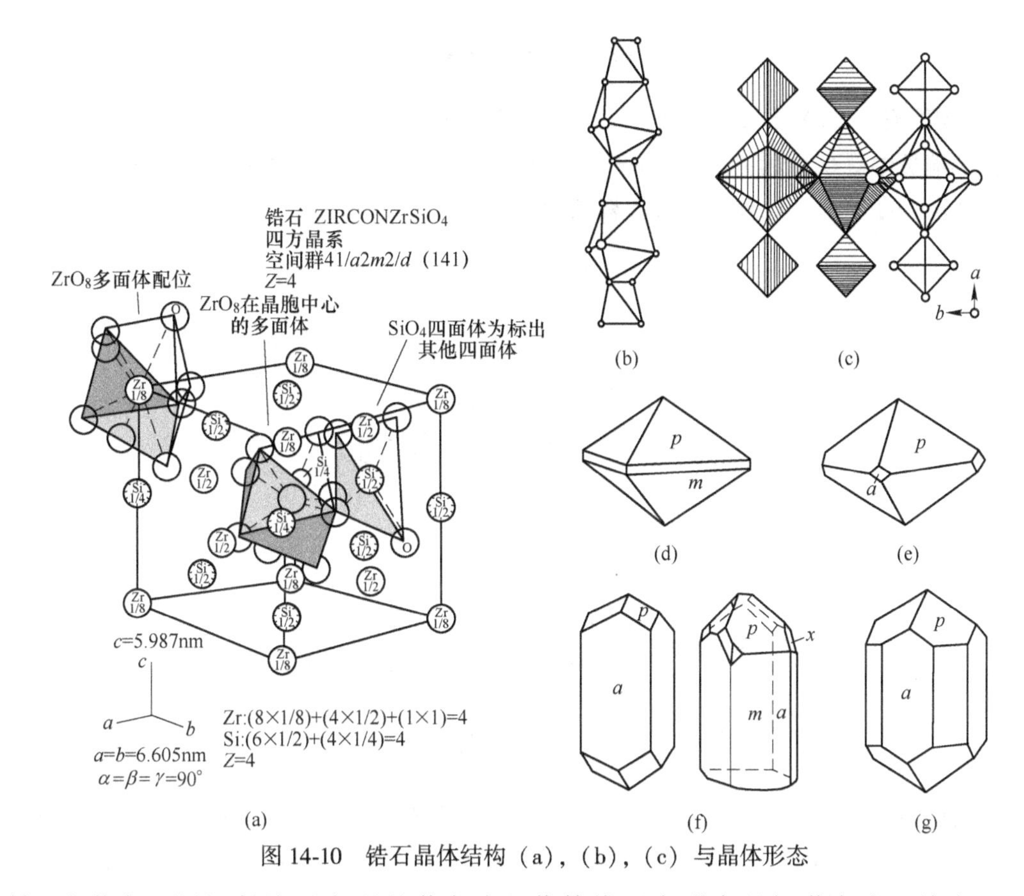

图 14-10 锆石晶体结构（a），（b），（c）与晶体形态

射下发黄色，阴极射线下发弱的黄色光，紫外线下发明亮的橙黄色光。熔点 2340～2550℃。稳定性良好。

【显微镜下特征】 偏光显微镜下无色至淡黄色。一轴晶（+）。N_o = 1.91～1.90，N_e = 1.95～2.04。均质体 N = 1.60～1.83。

【成因】 锆石广泛存在于酸性和碱性岩浆岩中，在基性岩、中性岩中也有产出。锆石的化学性质很稳定，出现在砂矿中。

【用途】 提取金属锆。金属锆主要用于化学工业和核反应堆工业，以及用于要求耐蚀、耐高温、特殊熔合性能的其他工业。锆石具耐受高温、耐酸腐蚀等性能，可用作航天器的绝热材料，以及耐火材料、陶瓷原料。如锆石和白云石一起在高温下反应生成的二氧化锆（ZrO_2）是一种优质耐熔材料。锆石也用于铁合金、医药、油漆、制革、磨料、化工及核工业。

橄榄石族

橄榄石族矿物的化学式为 $R_2[SiO_4]$，R 为 Mg^{2+}、Fe^{2+}及 Mn^{2+}，还有 Ni、Co、Zn 等。$Mg_2[SiO_4] \longleftrightarrow Fe_2[SiO_4]$ 是完全类质同象系列，端元组分较少见，一般介于两者之间，常见普通橄榄石 $(Mg, Fe)_2[SiO_4]$，$CaMg[SiO_4]$-$CaFe[SiO_4]$ 系列的橄榄石相对少见。$Mn_2[SiO_4]$-$Fe_2[SiO_4]$ 之间形成不完全类质同象。

橄榄石（Olvine）

【化学组成】 （MgFe）$_2$SiO$_4$是 Mg_2SiO_4和 Fe_2SiO_4形成的完全类质同象（图 14-11）。在富铁的端员中有少量的 Ca^{2+} 及 Mn^{2+} 置换其中的 Fe^{2+}；富镁的端员则可有少量 Cr^{3+} 及 Ni^{2+}置换其中的 Mg^{2+}。此外，还可含有微量的 Fe^{3+}、Zn^{2+}等。

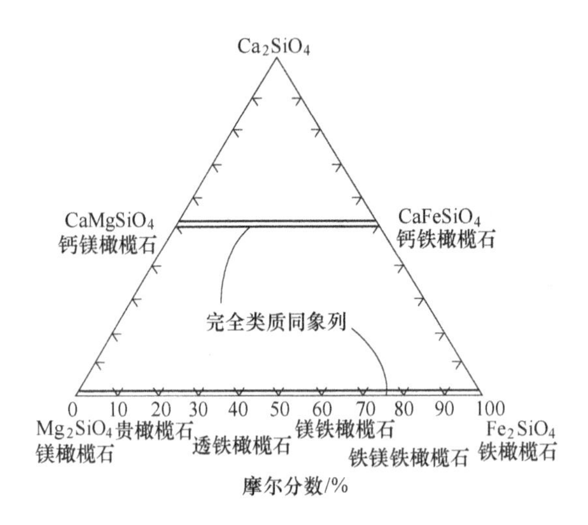

图 14-11 橄榄石类质同象系列

【晶体结构】 斜方晶系 D_{2h}^{16} -*Pbnm*，其中镁橄榄石 $Mg_2[SiO_4]$：a_0 = 0.475nm，b_0 = 1.020nm，c_0 = 0.598nm；Z = 4。主要粉晶谱线：3.875(70)、2.441(100)、2.250(90)、1.741(100)、1.475(90)、1.347(90)。铁橄榄石 $Fe_2[SiO_4]$：a_0 = 0.482nm，b_0 = 1.048nm，c_0 = 0.609nm。主要粉晶谱线：3.71(30)、2.85(100)、2.03(20)、1.755(70)、1.508(20)、1.318(20)。橄榄石晶体结构中，O^{2-}平行于（100）作近似的六方最紧密堆积，Si^{4+}充填其中 1/8 的四面体空隙，形成［SiO_4］四面体。骨干外阳离子 R^{2+}充填其中 1/2 的八面体空隙，［RO_6］八面体平行 c 轴联结成锯齿状链。在平行（100）的每一层配位八面体中，有一半被阳离子 R 充填的实心八面体与另一半未充填的空心八面体均呈锯齿状的链，在位置上相差 $b/2$。层与层之间实心八面体与空心八面体相对，邻近层以八面体角顶来联结；交替层则以共用硅氧四面体的角顶和棱连接。［SiO_4］四面体的 6 个棱中有 3 个与［(Mg，Fe)O_6］八面体共用，导致配位多面体变形（图 14-12）。

【晶体形态】 斜方双锥晶类，D_{2h} -*mmm*（$3L^23PC$）。晶体沿 c 轴呈柱状或厚板状。主要单形有平行双面 a{100}、b{010}、c{001}，斜方柱 m{110}、l{120}、d{101}、n{011}及斜方双锥 o{111}。一般见粒状晶体。

【物理性质】 颜色多为橄榄绿、黄绿、金黄绿或祖母绿色，氧化时则变褐色或棕色。纯镁橄榄石无色至黄色；纯铁橄榄石则呈绿黄色。玻璃光泽，透明至半透明。解理//{010}中等，//{100}不完全。贝壳状断口；硬度 6.5~7.0，相对密度 3.27~3.48。脆性，易出现裂纹。

【显微镜下特征】 偏光镜下无色至淡黄、橄榄绿色等，含铁多色性明显。二轴晶。含 Fe_2SiO_2小于 12%为正光性，大于 12%为负光性。镁橄榄石：正光性（+），$2V$ = 82°~

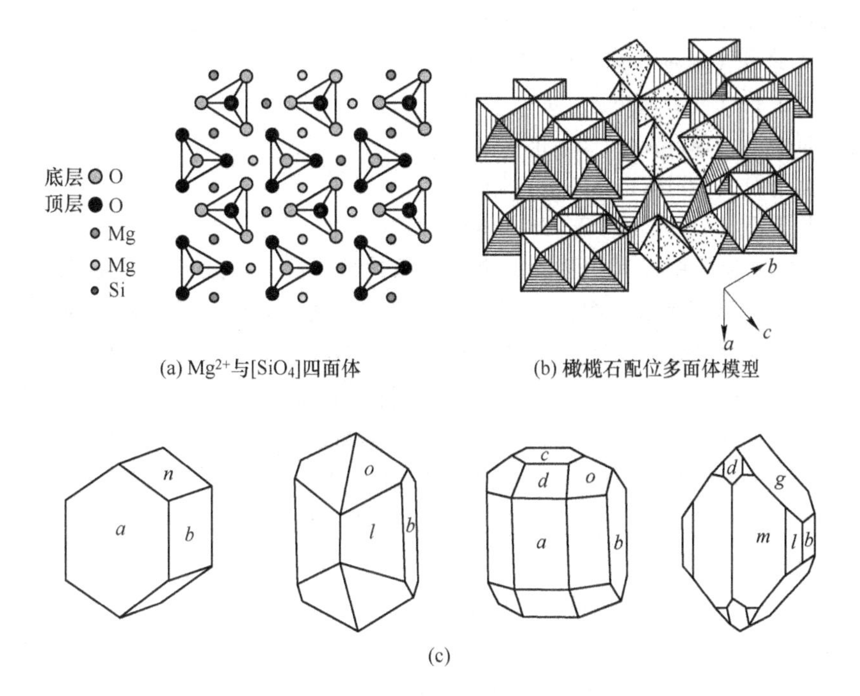

(a) Mg^{2+}与$[SiO_4]$四面体 (b) 橄榄石配位多面体模型

(c)

图 14-12 橄榄石晶体结构与晶体形态

90°；N_g = 1.670 ~ 1.680，N_m = 1.651 ~ 1.660，N_p = 1.635 ~ 1.640。铁橄榄石：负光性（-），$2V$=47° ~ 54°；N_g = 1.847 ~ 1.886，N_m = 1.838 ~ 1.877，N_p = 1.805 ~ 1.835。具多色性。

【成因】 橄榄石是上地幔的主要矿物，也是陨石和月岩的主要矿物成分。它作为主要造岩矿物常见于基性和超基性火成岩中，如辉长岩、玄武岩和橄榄岩等，共生矿物有钙斜长石和辉石。镁橄榄石还产于镁夕卡岩中。在化学反应平衡时，橄榄石不与石英共生。

橄榄石受热液作用蚀变形成蛇纹石：

$$3Mg_2SiO_4(\text{橄榄石}) + SiO_2(\text{石英}) + H_2O \xlongequal{\quad} 2Mg_3Si_2O_5(OH)_4(\text{蛇纹石})$$

【用途】 富镁橄榄石可作为耐火材料。透明粗粒者可作宝石原料，亦称为“太阳的宝石”。

石榴子石族

【化学组成】 一般化学式为 $A_3B_2[SiO_4]_3$，其中 A 代表二价阳离子 Ca^{2+}、Mg^{2+}、Fe^{2+}、Mn^{2+}、Ca^{2+}及 Y、K、Na 等；B 代表高价阳离子 Al^{3+}、Fe^{3+}、Cr^{3+}、V^{3+}、Ti^{4+}、Zr^{4+}等。A、B 族阳离子分别配对可形成一系列石榴子石矿物种。通常划分成以下两个系列。

（1）铁铝石榴子石系列 $(Mg, Fe, Mn)_3Al_2[SiO_4]_3$：

镁铝石榴子石 （pyrope）$Mg_3Al_2[SiO_4]_3$；

铁铝石榴子石 （almandite）$Fe_3Al_2[SiO_4]_3$；

锰铝石榴子石 （spessartite）$Mn_3Al_2[SiO_4]_3$。

(2) 钙铁石榴子石系列 $Ca_3(Al, Fe, Cr, Ti, V, Zr)_2[SiO_4]_3$:

钙铝石榴子石 (grossularite) $Ca_3Al_2[SiO_4]_3$;

钙铁石榴子石 (andradite) $Ca_3Fe_2[SiO_4]_3$;

钙铬石榴子石 (uvarovite) $Ca_3Cr_2[SiO_4]_3$;

钙钒石榴子石 (goldmanite) $Ca_3V_2[SiO_4]_3$;

钙锆石榴子石 (kimzeyite) $Ca_3Zr_2[SiO_4]_3$。

由于A、B组离子中及其相互间的类质同象代替广泛，自然界中纯端员组分的石榴子石很少发现，一般是若干端员组分的混合物。除上述两个系列的端员组分外，还有锰石榴子石 (Blythite) $Mn_3^{2+}Mn_2^{3+}[SiO_4]_3$、铁石榴子石 (Skiagite) $Fe_3^{2+}Fe_2{}^{3+}[SiO_4]_3$、镁铁石榴子石 (Khoharite) $Mg_3Fe_2^{3+}[SiO_4]_3$、镁铬石榴子石 (Knorringite) $Mg_3Cr_2[SiO_4]_3$等。

石榴子石矿物化学成分及其变化具有成因标型特征。产于超基性岩者以Mg、Cr为主要组成元素；产于花岗岩、伟晶岩者含Mn Fe高，并含Y、Li、Be等；产于碱性岩者以Ti为特征元素，并含有稀有，稀土元素Zr、Nb、TR、V等；产于矽卡岩者以Ca、Fe高为特征；区域变质岩中的石榴子石以Fe、Mg、Al为特征；镁铝石榴子石主要产于超基性岩中，特别是富Cr的镁铝石榴子石，可作为寻找金刚石标志。

【晶体结构】 等轴晶系；O_h^{10}-$Ia3d$；$a_0 = 1.146 \sim 1.248$nm；$Z = 8$。主要粉晶谱线：铁铝榴石：2.589(100)、1.595(90)、1.539(100)、1.259(90)、1.071(100)、1.054(90)；钙铝榴石：2.662(100)、1.639(90)、1.581(100)、1.291(90)、1.101(100)、1.082(90)。晶体结构中，[SiO_4] 四面体与由B类阳离子 (Al^{3+}、Fe^{3+}、Cr^{3+}、V^{3+}等) 组成的配位八面体联结，其间形成的一些较大的可视为畸变立方体的空隙由A类阳离子占据，呈畸变的立方体配位多面体。晶体结构是较紧密的，其中沿三次轴方向最为紧密，也是化学键最强的方向。石榴子石结构中A组阳离子配位数为8，B组阳离子配位数位为6。钙铝石榴子石 $Ca_3Al_2[SiO_4]_3$ 的晶体结构中 [AlO_6] 八面体与周围6个 [SiO_4] 四面体共角顶相连，与一个 [CaO_8] 畸变立方体共棱相连。每个 O^{2-}与一个Al和一个Si及两个较远的Ca相连 (图14-13，图14-14)。

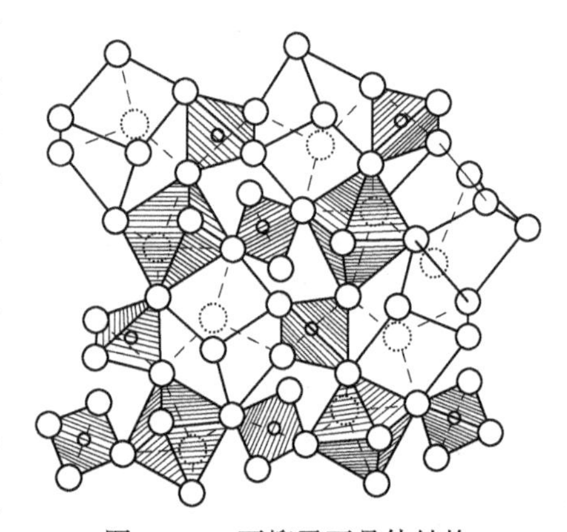

图14-13 石榴子石晶体结构

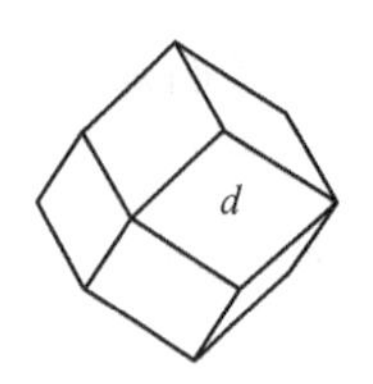

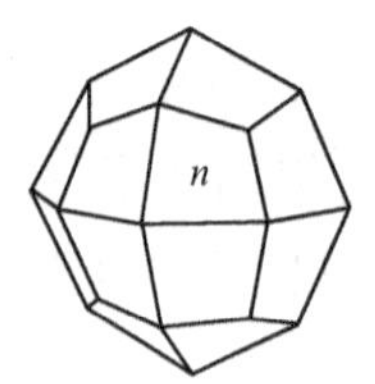

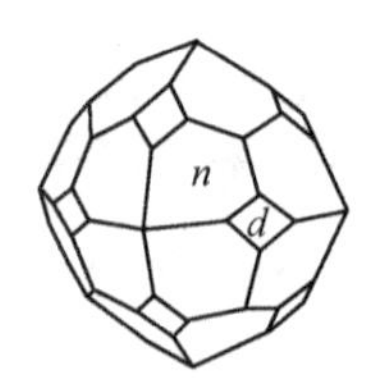

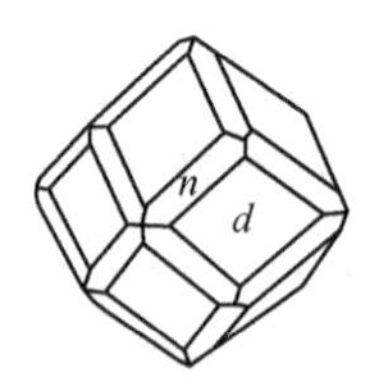

图14-14 钙铝榴石晶体结构与晶体形态

石榴子石组分的类质同象代替可引起晶胞参数 a_0的变化。当 Fe^{2+}、Mg^{2+}、Al^{3+}含量升高时，a_0值趋向于降低；Ca、Fe^{3+}、V^{3+}、Zr^{4+}等含量增高时，a_0值明显增大。

【晶体形态】 六八面体晶类，D_h-$m3m$（$3L^4 4L^3 6L^2 9PC$）。晶体形态呈菱形十二面体 $d\{110\}$、四角三八面体 $n\{211\}$ 或二者的聚形。集合体为粒状或块状。在富钙岩石中形成钙系石榴子石，菱形十二面体。在富铝岩石形成铝系石榴子石，为四角三八面体。在晶面上常有平行四边形长对角线的聚形纹。集合体常为致密粒状或致密块状。

【物理性质】 颜色各种各样（表 14-5），受成分影响（如钙铬石榴子石因含铬呈鲜绿色），但没有严格的规律性；玻璃光泽，断口油脂光泽。透明至半透明。无解理。硬度 6.5~7.5。相对密度 3.5~4.2，一般铁、锰、钛含量增加，密度增大，有脆性。

表 14-5 不同种类石榴子石主要特征与成因

矿物	晶格常数/nm	相对密度	折射率	颜色	主要成因
铁铝石榴子石	1.1526	4.318	1.830	褐色、深红色至黑色	区域变质岩为主，其次花岗岩、火山岩
镁铝石榴子石	1.1459	3.582	1.714	粉红色、暗红色	金伯利岩、蛇纹岩、橄榄岩、榴辉岩
锰铝石榴子石	1.1621	4.190	1.800	暗红色至黑色	伟晶岩、花岗岩、锰矿床
钙铁石榴子石	1.2048	3.859	1..877	黄褐色、红色、褐黑色	矽卡岩、热液矿床
钙铝石榴子石	1.1851	3.594	1.734	黄色、白色、红色、绿色	矽卡岩、热液矿床
钙铬石榴子石	1.200	3.90	1.86	翠绿色至墨绿色	超基性岩、矽卡岩
钙钒榴石	1.2035	3.68	1.821	翠绿、暗绿、棕绿	碱性岩、角岩
钙锆榴石	1.246	4.0	1.94	暗棕色	碱性岩、伟晶岩

【显微镜下特征】 偏光镜下淡粉红或淡褐色，个别呈浓褐色、深红褐色，高正突起，均质性。钙铝-钙铁榴石呈明显的非均质性。折射率：1.74~1.90。折射率受成分、结构影响。当 a_0 增大，Fe、Mg、Al 含量降低，Ca、Fe、Zr 含量升高，折射率增高。

【成因】 石榴子石产于岩浆岩、变质岩以及矽卡岩中。

【用途】 石榴子石主要作为研磨材料。晶形完好、颜色鲜艳者，可制作宝石。

红柱石族

本族矿物化学成分为 Al_2SiO_5，有 3 种同质多象变体，即红柱石 $Al^{VI}Al^{V}[SiO_4]O$，蓝晶石 $Al^{VI}Al^{VI}[SiO_4]O$、矽线石 $Al^{VI}[Al^{IV}SiO_5]$（化学式中罗马数字表示 Al 的配位数）。前两者属于岛状硅氧骨干，矽线石属于链状硅氧骨干。这三种矿物中 1/2 的 Al 在配位数上变化，反映矿物形成的温度压力条件。在一般情况下，蓝晶石产于高压变质带或中压变质带的较低温区间，高压低温易形成六次配位形式的 Al；红柱石产于低压变质带的较低温区间，低温低压易于形成五次配位形式的 Al；矽线石单于中压或低压变质带的高温区间，低压高温易于形成四次配位形式的 Al。3 种矿物的温压曲线如图 14-15 所示。三种矿物属于富铝泥质片岩中重要矿物，对于变质岩中相对温度和压力具有指示作用（图 14-15）。

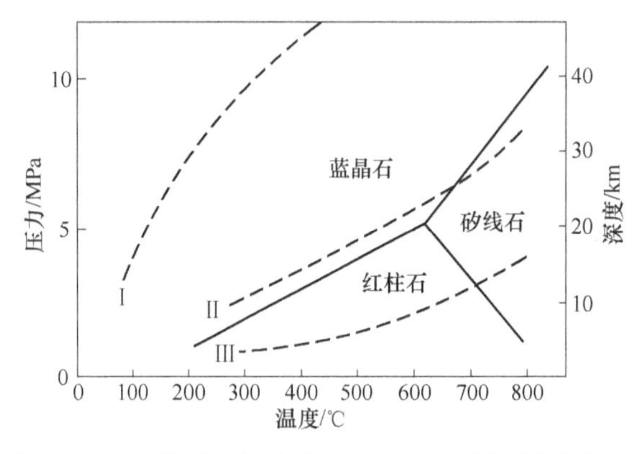

图 14-15 红柱石、蓝晶石、矽线石稳定温度压力范围
Ⅰ—高压变质；Ⅱ—中压变质；Ⅲ—低压变质

红柱石（Andalusite）

【化学组成】 Al_2SiO_4O。Al_2O_3：63.1%，SiO_2：36.9%。常含有 Ag、Fe、Ti 等杂质。

【晶体结构】 斜方晶系，D_{2h}^{12}-$Pnnm$。晶胞参数：a_0 = 0.778nm，b_0 = 0.792nm，c_0 = 0.557nm，Z = 4。粉晶谱线：5.54(100)、2.77(90)、4.53(90)。与蓝晶石、矽线石为同质多象变体。在红柱石晶体结构中，一个 Al^{3+} 与氧呈八面体配位，并以共棱的方式联结成平行 c 轴方向延伸的［AlO_6］八面体链；剩余的 Al^{3+} 在红柱石结构中为 5 次配位，形成［AlO_5］三方双锥多面体，并与［SiO_4］四面体相连。结构特点较好说明红柱石具有柱状晶形和平行 {110} 中等解理（图 14-16）。

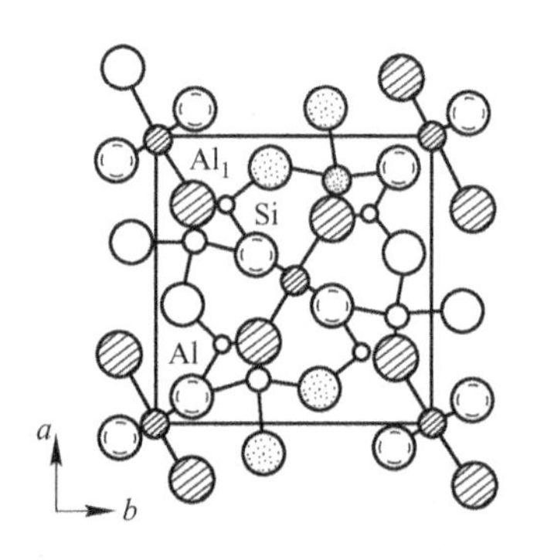

图 14-16 红柱石晶体结构

【晶体形态】 斜方双锥晶类；D_{2h}-mmm（$3L^2 3PC$）。晶体呈柱状，主要单形：斜方柱 m{110}、n{101}，平面双面 c{001}。横断面近正四边形（图 14-17）。当红柱石在生长过程中俘获部分碳质和黏土物质呈定向排列时，使在其横断面上呈黑十字形，纵断面上呈与晶体延长方向一致的黑色条纹，这种红柱石称为空晶石。有些红柱石呈放射状排列，形似菊花，叫菊花石。双晶少见，双晶面（101）。

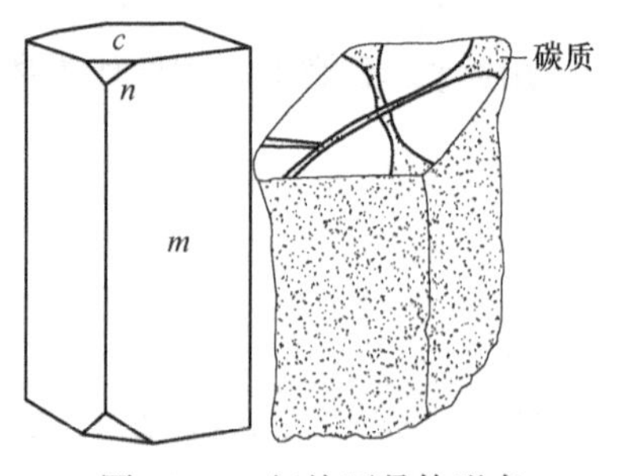

图 14-17 红柱石晶体形态

【物理性质】 呈粉红色、玫瑰红色、红褐色或灰白色，玻璃光泽，解理∥{110} 中等。硬度 6.5~7.5，相对密度 3.15~3.16。

【显微镜下特征】 薄片中无色，微带粉色，颜色分布不均匀。二轴晶（-）。N_p = 1.629~1.640，N_m = 1.633~1.644，N_p = 1.639~1.651。$2V$ = −86°。弱多色性：N_p-淡红，N_m、N_g-淡绿。光轴面∥(010)。N_p∥c，N_m∥b，N_g∥a。

【成因】 典型的低级热变质作用成因的矿物，常见于接触变质带的泥质岩中。

【用途】 用作高级耐火材料，还可作雷达天线罩的材料。红柱石耐高温、化学稳定性好。红柱石在常压下加热至 1350℃ 后转化成与原晶体平行的针状莫来石，耐火度可达 1800℃以上。色泽好、透明、晶粒粗大者可做宝石原料。菊花石可做观赏石。

蓝晶石（Kyanite）

【化学组成】 Al_2SiO_4O。蓝晶石的理论组成为 Al_2O_3：62.93%，SiO_2：37.07%，含 Fe_2O_3、TiO_2、CaO 、MgO、K_2O、Na_2O 等杂质成分。

【晶体结构】 三斜晶系，C_i^1-$P\bar{1}$；a_0 = 0.710nm，b_0 = 0.774nm，c_0 = 0.557nm；α = 90° 06′，β = 101°02′，γ = 105°45′，Z = 4。主要粉晶谱线：3.33 (80)、3.14(80)、2.37(80)、1.95(100)、1.381 (100)。在蓝晶石晶体结构中，从最紧密堆积原理，可看作氧在［011］方向上做近似立方最紧密堆积，其 1/10 的四面体空隙为 Si 占据，2/5 的八面体空隙由 Al^{3+} 占据。氧的最紧密堆积面平行 (110) 方向。每一个氧与 1 个 Si^{4+} 和 2 个 Al^{3+} 或与 4 个 Al^{3+} 相连。［AlO_6］八面体以共棱的方式连接成链平行 c 轴。链间以共角顶与 3 个八面体共棱连接平行（100）的层，层间以［SiO_4］四面体与［AlO_6］八面体相联结（图 14-18）。链的方向上键力强，链间键力弱。在平行与垂直 c 轴方向上硬度明显不同。

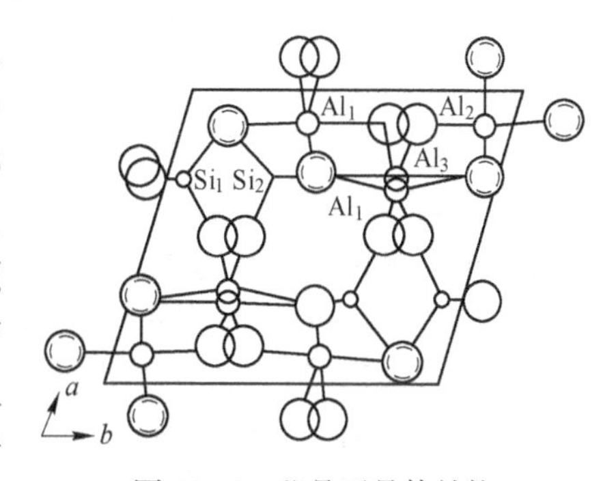

图 14-18　蓝晶石晶体结构

【晶体形态】 平行双面晶类，C_i-$\bar{1}$(C)。常沿 c 轴呈偏平柱状或片状晶形。主要单形有平行双面 a{100}、b{010}、c{001}、m{110}、n{011} 等。双晶常见，双晶面（100）或（121）(图（14-19)。有时呈放射状集合体。

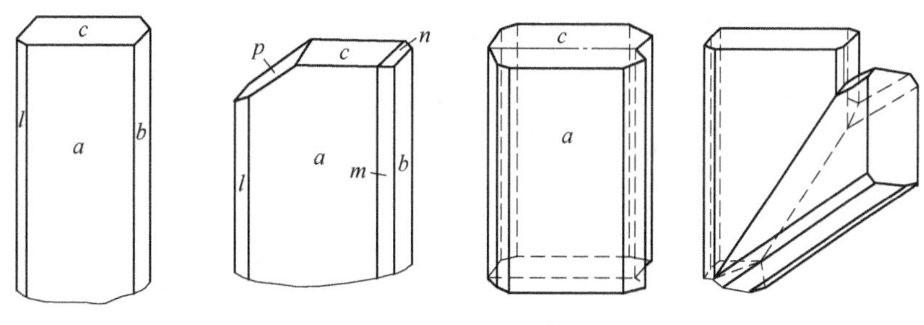

图 14-19　蓝晶石晶体形态

【物理性质】 蓝色、青色或白色，亦有灰色、绿色、黄色、粉红色和黑色者；玻璃光泽，解理面上有珍珠光泽。解理//{100}完全，{010}中等；{001}有裂开。硬度随方向不同而异，也称二硬石：在（100）面上，平行 c 轴方向为4.5，垂直 c 轴方向为6，而在（010）和（110）面上垂直 c 轴方向则为7。相对密度3.53~3.65。性脆。

蓝晶石矿物在高温下（1100~1650℃）煅烧转变为莫来石和熔融状游离二氧化硅（方石英），同时产生不同程度的体积膨胀。

【显微镜下特征】 非均质体，二轴晶，负光性。多色性中等，无色，深蓝和紫蓝。折射率：1.716~1.731（±0.004）。

【成因】 蓝晶石是一种变质矿物，主要产于区域变质结晶片岩中，其变质相由绿片岩相到角闪岩相。

【用途】 蓝晶石矿物主要用于生产耐火材料、氧化铝、硅铝合金和金属纤维等。蓝晶石耐火材料的工作温度通常高于1790℃，最高1850℃。可用于制造高温耐火陶瓷产品。色丽透明的晶体可作宝石，以深蓝色者为佳。

黄 玉 族

黄玉（Tapaz）

【化学组成】 $Al_2[SiO_4](F, OH)_2$。SiO_2：33.4%，Al_2O_3：56.6%，H_2O：10.0%。F可替代OH，理论含量可达20.65%，随黄玉生成条件而异。伟晶岩型的F含量接近于理论值；云英岩型的OH含量增大至5%~7%；热液型的F与OH的含量相近。

【晶体结构】 斜方晶系，D_{2h}^{16}-$Pbnm$；a_0=0.465nm，b_0=0.880nm，c_0=0.840nm；Z=4。主要粉晶谱线：2.96(100)、2.36(90)、2.11(90)、1.87(90)、1.68(60)、1.36(100)。晶体的结构是由 O^{2-}、F^-、OH^- 共同作 $ABCB$ 的四层最紧密堆积（也称“双六方”堆积），堆积层平行于（010）。Al^{3+} 占据八面体空隙，组成 $[AlO_4(F,OH)_2]$ 八面体。Si^{4+} 占据四面体空隙，组成 $[SiO_4]$ 四面体，呈孤立状，借助 $[AlO_4(F,OH)_2]$ 八面体相联系。

【晶体形态】 斜方双锥晶类，D_{2h}-$mmm(3L^2 3PC)$。柱状晶形。常见单形：斜方柱 m{110}、l{120}、j{021}，斜方双锥 n{111}、o{221}、p{223}、q{431}，平行双面 c{001}、b{010}等。可见斜方柱、斜方双锥聚形。断面呈菱形，柱面常有纵纹。常呈不规则粒状、块状集合体（图14-20）。

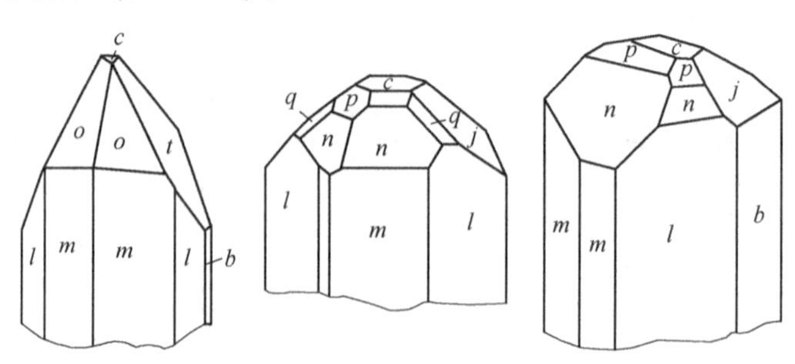

图14-20　黄玉晶体形态

【物理性质】 颜色有多种多样，无色或微带蓝绿色、黄色、乳白色、黄褐色或红黄色等；透明；玻璃光泽。解理//{001} 完全。硬度 8。相对密度 3.52~3.57。在长、短波紫外线的照射下，各种颜色的黄玉显示不同的荧光。紫外荧光一般较弱，长波下可显橙黄色（酒黄、褐和紫色者）或弱的黄绿色（蓝和无色者）荧光；含铬黄玉在长波下有橙色荧光。

【显微镜下特征】 透射光下无色，透明。二轴晶（+）。$2V=48°\sim68°$，$N_g=1.618\sim1.638$，$N_m=1.610\sim1.631$，$N_p=1.603\sim1.629$。含氟高者折射率低。

【成因】 典型的气成热液矿物，产于花岗伟晶岩、酸性火山岩、云英岩和高温热液钨锡石英脉中。与石英电气石、萤石黑钨矿等共生。

【用途】 作研磨材料。宝石原料名为托帕石，上等的深黄色者最为珍贵，其次是蓝色、绿色和红色者。

十字石族

十字石（Staurolite）

【化学组成】 $FeAl_4[SiO_4]_2O_2(OH)_2$。FeO：15.8%，Al_2O_3：55.9%，SiO_2：26.3%，H_2O：2%。Fe^{2+}可被 Mg^{2+}代替，Al^{3+}可被 Fe^{3+}代替。

【晶体结构】 斜方晶系，D_{2h}^{17}-$Ccmm$；$a_0=0.781$nm，$b_0=1.662$nm，$c_0=0.565$nm；$\alpha=\beta=\gamma=90°$。$Z=2$。主要粉晶谱线：2.693(100)、3.012(100)、2.372(80)、2.693(100)、3.012(100)、2.372(80)。十字石的晶体结构与蓝晶石相似。可看作在（010）方向有蓝晶石的结构层与氢氧化铁层的交互组合。结构层被氢氧化铁层联结，对称由三斜晶系提高至单斜晶系。

【晶体形态】 斜方双锥晶类。D_{2h}-$mmm(3L^23PC)$。晶体呈短柱状。常见单形：斜方柱 m{110}、r{101} 及平行双面 c{001}、b{010} 等。常呈贯穿双晶，两个体直交成十字形（图 14-21）。

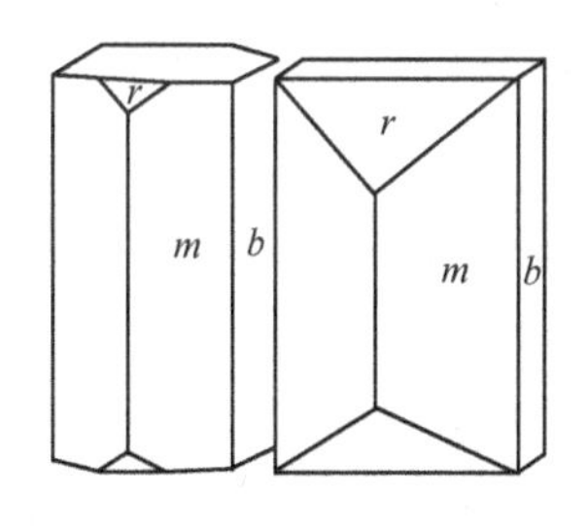

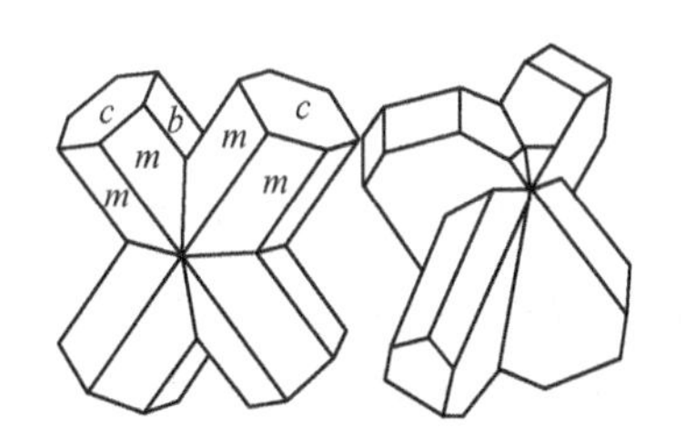

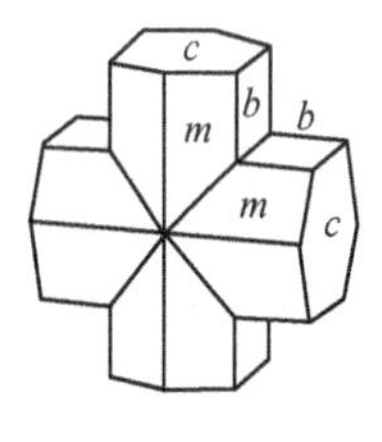

图 14-21 十字石晶体形态

【物理性质】 深褐色，黄褐色。玻璃光泽，解理//{010} 中等。硬度 7.5。相对密度 3.74~3.83。

【显微镜下特征】 透射光下淡金黄色。二轴晶（+）。$2V=82°\sim90°$。$N_g=1.752\sim1.761$，$N_m=1.745\sim1.753$，$N_p=1.739\sim1.747$。

【成因】 十字石是富铁、铝质的泥质岩石经区域变质作用的产物，见于云母片岩、千枚岩、片麻岩中，是中级变质作用的标型矿物。

榍 石 族

榍石（Sphene 或 Titanite）

【化学组成】 化学式 $CaTi[SiO_4]O$。CaO：26.6%，TiO_2：40.8%，SiO_2：30.6%。Ca 可被 Na、TR、Mn、Sr、Ba 代替；Ti 可被 Al、Fe^{3+}、Nb、Ta、Th、Sn、Cr 代替；O 可被（OH）、F、Cl 代替。有富含 TR 的钇榍石（$(Y, Ce)_2O_3$可达 12%~18%）、富含 Mn 的红榍石（MnO 可达 3%）等变种。榍石中的 Sr、Y 含量和 Sr/Y 比值具有成因标型意义。

【晶体结构】 单斜晶系；C_{2h}^5-$C2/c$；$a_0=0.655$nm，$b_0=0.870$nm，$c_0=0.743$nm；$\beta=119°43'$；$Z=4$。主要粉晶谱线：2.23(100)、2.99(90)、2.60(90)、4.39(30)。

晶体结构中 Ca^{2+}的配位数为 7，是其他矿物中很少见到的。$[CaO_7]$ 多面体以共棱形式正反相间排列成链沿 c 轴方向延伸，链间以 $[SiO_4]$ 四面体和 $[TiO_6]$ 八面体以共角顶形式联结成链，沿平行晶胞面（010）的短对角线方向延伸，与 c 轴夹角 52°。在平行{110}方向，$[CaO_7]$ 与 $[TiO_6]$ 以共用 4 个棱联结成层，并与由 $[SiO_4]$ 和 $[TiO_6]$ 联结成层相间排列。结构中有一种不与 Si 联结的 O^{2-}，作为附加阴离子可被（OH）、F 或 Cl 代替。

【晶体形态】 斜方柱晶类，C_{2h}-$2/m(L^2PC)$。晶体形态多种多样，常见晶形为具有楔形横截面的扁平信封状晶体。单形有平行双面 $c\{001\}$、$a\{100\}$、$Z\{102\}$，斜方柱 $n\{111\}$、$M\{110\}$、$l\{112\}$、$t\{111\}$等。常以（100）形成接触或穿插双晶（图 14-22）。

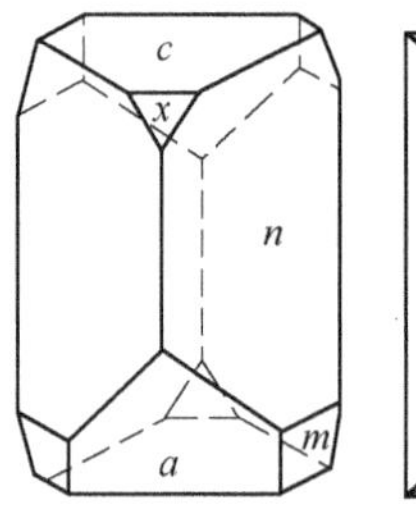

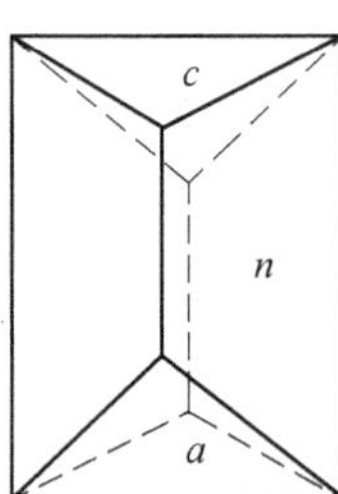

图 14-22 榍石晶体形态

【物理性质】 蜜黄色、褐色、绿色、灰色、黑色，成分中含有较多量的 MnO 时，可呈红色或玫瑰色；无色或白色条痕；透明至半透明；金刚光泽，油脂光泽或树脂光泽。解理∥{110}中等；具{221}裂开。硬度 5~6。相对密度3.29~3.60。

【显微镜下特征】 透射光下呈淡淡的黄色。二轴晶（+），$2V=23°\sim50°$。$N_g=1.979\sim2.054$，$N_m=1.894\sim1.935$，$N_p=1.888\sim1.91$。多色性弱。

【简易化学试验】 溶于 H_2SO_4或磷酸，加过氧化氢出现橙红色。在浓盐酸溶液加金属锡煮沸出现紫色（$TiCl_3$）。吹管焰烧膨胀，熔成黄、褐、黑色的玻璃体。与磷酸在还原焰中烧，加锡出现紫色球珠（钛的反应）。

【成因】 榍石作为副矿物广泛分布于各种岩浆岩中。

【用途】 钛矿石原料。可作为稀有元素找矿标志。透明晶形完好可作宝石原料。

绿 帘 石 族

绿帘石族矿物化学式可用 $A_2B_3[SiO_4][Si_2O_7]O(OH)$ 表示。A 组阳离子为 Ca^{2+}，以

及 K^+、Na^+、Mg^{2+}、Mn^{2+}、Sr^{2+}、TR^{3+}；B 组阳离子为 Al^{3+}、Fe^{3+}、Mn^{3+}以及 Ti^{3+}、Cr^{3+}、V^{3+}等。A、B 之间离子互相置换形成一系列的变种。本族矿物存在岛状与双四面体两种硅氧骨干，晶体结构的共同特点是 Al 的配位八面体共棱联结成沿 b 轴的不同形式的链，链间以［Si_2O_7］双四面体和［SiO_4］四面体联结。Ca 位于大空隙中。绿帘石族包括褐帘石（Allanite）、绿帘石（Epidote）、红帘石（Piemontite）、黝帘石（Zoisite）。

黝帘石（Zoisite）

【化学组成】 $Ca_2Al_3[SiO_4][Si_2O_7]O(OH)$。CaO：24.6%，$Al_2O_3$：33.9%，$SiO_2$：39.5%，$H_2O$：2.0%。其中铝常被铁置换（$Fe_2O_3$ 含量 2%～5%），偶尔还有锰、钡等元素混入。

【晶体结构】 斜方晶系，D_{2h}^{16}-$Pnma$；a_0 = 1.62～1.63nm，b_0 = 0.545～0.563nm，c_0 = 1.00～1.02nm；Z = 4。主要粉晶谱线：2.70(100)、2.87(65)、4.03(50)、8.09(40)。晶体结构沿着 b 轴的［AlO_6］八面体链是由［$Al(O, OH)]_6$和［AlO_6］两种八面体联结而成。链间由一个硅氧四面体［SiO_4］和一个双四面体［Si_2O_7］联结。Ca 位于大空隙中。Fe^{3+}、Ti^{3+}、Cr^{3+}等可代替［AlO_6］八面体中的 Al。

【晶体形态】 斜方双锥晶类，D_{2h}-$mmm(3L^23PC)$。常见柱状结晶，延长方向平行 b 轴。常见单形有平行双面 $a\{100\}$、$c\{001\}$，斜方柱 $n\{101\}$ 和 $m\{210\}$ 等。晶面上明显可见平行线状条纹。集合体呈柱状。

【物理性质】 无色、灰色、浅绿色，常见带褐色调的绿蓝色，透明，玻璃光泽。解理∥{100} 完全，∥{001} 不完全。贝壳状到参差状断口。硬度 6～7。相对密度 3.35。

【显微镜下特征】 透射光下无色。二轴晶（+），$2V$ = 0°～70°。N_g = 1.697～1.725，N_m = 1.688～1.710，N_p = 1.685～1.705。多色性弱。

【成因】 黝帘石产于多种岩石。在变质岩中是低级到中级区域变质作用的产物，也是热液蚀变作用下的产物。

【用途】 色泽美丽，透明者可以作为宝石，在坦桑尼亚发现了蓝到紫色的黝帘石透明晶体，又称为坦桑石（Tanzanite）。

绿帘石（Epidote）

【化学组成】 $Ca_2FeAl_3[SiO_4][Si_2O_7]O(OH)$，成分不稳定。成分中 Fe^{3+}可被 Al^{3+}完全代替，为斜黝帘石 $Ca_2AlAl_3[SiO_4][Si_2O_7]O(OH)$，形成绿帘石-斜黝帘石完全类质同象系列。斜黝帘石的斜方晶系同质多象变体称为黝帘石。

【晶体结构】 单斜晶系，C_{2h}^2-$P2_1/m$；a_0 = 0.898nm，b_0 = 0.564nm，c_0 = 1.022nm，β = 115°25′～115°24′；Z = 2。主要粉晶谱线：2.90(100)、2.68(100)、2.69(70)、8.04(10)。晶体结构中有两种 AlO_6（或 FeO_6）八面体链，都是以共棱方式联结成沿 b 轴方向延伸的链。一种［AlO_6］八面体彼此共两个棱而成；另一种为中部［AlO_6］或［FeO_6］和边部的［AlO_6］或［FeO_6］八面体链共棱成为一复合的折线形链。链间通过孤立四面体［SiO_4］和双四面体［Si_2O_7］联结起来，链之间的大空隙由 Ca^{2+}充填，呈不规则的八次配位的多面体。斜黝帘石与绿帘石的晶体结构的区别是 Fe^{3+}所占据的八面体

空隙全部由 Al^{3+}所取代。

【晶体形态】 斜方柱晶类，C_{2h}-$2/m(L^2PC)$。晶体常呈柱状，延长方向平行 b 轴。常见单形平行双面 $a\{100\}$、$c\{001\}$、$l\{101\}$ 等，斜方柱 $m\{110\}$、$o\{011\}$ 、$n\{111\}$ 等。平行 b 轴晶带上的晶面具有明显的条纹。可依（100）成聚片双晶。常呈柱状、放射状、晶簇状集合体（图 14-23）。

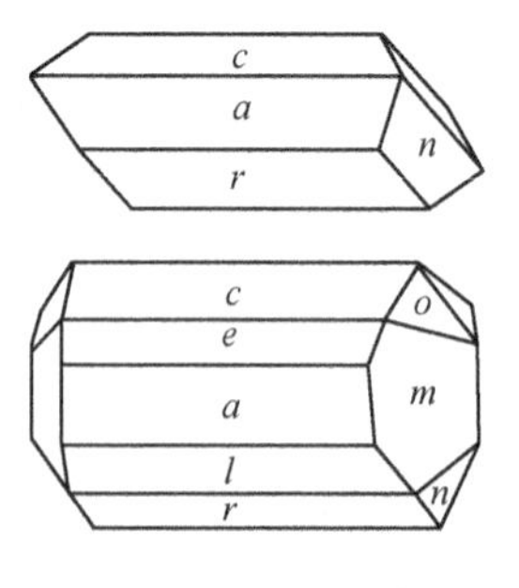

图 14-23 褐帘石晶体形态

【物理性质】 颜色呈各种不同色调的草绿色，随铁含量的增加颜色变深。含锰高的绿帘石称红帘石。玻璃光泽，透明~半透明。解理∥{001} 完全。硬度 6~6.5，相对密度 3.38~3.49，随铁含量的增加而增大。

【显微镜下特征】 透射光下无色至浅黄绿色。二轴晶（-），$2V=14°\sim90°$，$N_g=1.734\sim1.797$，$N_m=1.725\sim1.784$，$N_p=1.715\sim1.751$。多色性变化与 Fe^{3+}含量有关。

【成因】 绿帘石的形成与热液作用有关。广泛分布于变质岩、矽卡岩和受热液作用的各种火成岩中。在接触交代作用中，绿帘石由早期矽卡岩矿物，如石榴子石、符山石等转变而成。

符山石族

符山石（Vesuvianite）

【化学组成】 $Ca_{10}(Mg,Fe)_2Al_4(SiO_4)_5(Si_2O_7)_2(OH,F)_4$；CaO：33%~37%，$Al_2O_3$：13%~16%，$SiO_2$：35%~39%，MgO：2%~6%，FeO 可达 3.0%，H_2O：2%~3%。Ca 被 Ce、Mn、Na 、K 、U 所代替，Mg 可为 Fe 、Zn、Cu 代替。Al 可为 Fe^{3+}、Cr 、Ti 代替。

【晶体结构】 四方晶系，D_{4h}^4-$P4/nnc$；$a_0=1.566$nm，$c_0=1.185$nm，$Z=4$。主要粉晶谱线：2.75(100)、2.59(80)、1.62(60)、2.45(50)。晶体结构为岛状结构，与钙铝榴石近似。由于存在［SiO_4］、［Si_2O_7］两种络阴离子团，3/4 的 Ca 呈变形立方配位体，其余阳离子均为八面体配位。

【晶体形态】 复四方双锥晶类，D_{4h}-$4/mmm(L^44L^25PC)$。晶体沿 z 轴呈短柱状，常见单形：四方柱 $m\{110\}$、$a\{100\}$，复四方柱 $l\{210\}$，四方双锥 $o\{111\}$、$p\{101\}$，复四方双锥 $n\{132\}$ 和平行双面 $c\{001\}$。四方柱和四方双锥的聚形，柱面有纵纹。常见柱状、放射状、致密块状集合体。

【物理性质】 颜色多样，常呈黄、灰、绿、褐等色，含铬使颜色翠绿，含钛和锰使颜色呈褐色或粉红，含铜则呈蓝至蓝绿色，玻璃光泽。解理∥{110} 不完全，∥{100} 和 {001} 极不完全。硬度 6.5~7，相对密度 3.33~3.43。性脆。

【显微镜下特征】 透射光下呈无色至黄、绿、褐色。一轴晶（-）。$N_o=1.703\sim1.752$，$N_e=1.700\sim1.746$。折光率随 Ti、Fe^{2+}、Fe^{3+}含量增加而增大。有时出现二轴晶（-），$2V=17°\sim33°$。

【简易化学试验】 吹管焰易熔且膨胀。在盐酸溶液中部分溶解析出 SiO_2n 凝胶体。

【成因】 产于接触交代的矽卡岩中，与石榴子石、透辉石、硅灰石等共生组合。是典型的接触变质矿物。

【用途】 绿色变种可作为宝玉石原料。

14.3 第二亚类 环状结构硅酸盐矿物

环状硅酸盐矿物是由［SiO_4］四面体以角顶相连构成封闭环状硅氧骨干［Si_nO_{3n}］与金属阳离子结合的硅酸盐矿物。硅氧骨干按组成环的四面体个数有三元环、四元环、六元环、八元环、九元环和十二元环之分；此外还有双层的四元环和六元环以及带有分枝的六元环。环与环之间通过活性氧与其他金属阳离子（主要有 Mg^{2+}、Fe^{2+}、Al^{3+}、Mn^{2+}、Ca^{2+}、Na^+、K^+等）成键相互维系。环的中心为较大的空隙，常为（OH）$^-$、水分子或大半径阳离子所占据。

环状结构硅酸盐矿物常呈板状、柱状的晶体形态，这是与晶体结构中环本身的对称性有关。环状本身具有三方、六方或四方的对称性，它们与晶体结构中金属阳离子连接的方式不同，对称性常降低，为斜方、单斜或三斜晶系，外形上仍常呈现出假三方、假六方或假四方对称。环状结构硅酸盐矿物的密度、硬度、折射率一般要比岛状结构硅酸盐矿物的稍低。环本身的非等轴性，导致环状结构硅酸盐矿物的形态和物理性质具有异向性，其程度比岛状结构硅酸盐矿物稍大，比链状和层状结构硅酸盐矿物要小得多。如电气石在垂直于 c 轴方向的多色性和吸收性特强，在平行 c 轴方向弱。

环状结构硅酸盐矿物亚类主要有绿柱石族（具［Si_6O_{18}］环）、透视石族、电气石族、堇青石族，斧石族（具［Si_4O_{12}］环）、异性石族（具［Si_3O_9］环）、大隅石族（具［$Si_{12}O_{30}$］环）等。

绿 柱 石 族

绿柱石（Beryl）

【化学组成】 $Be_3Al_2[Si_6O_{18}]$。BeO：14.1%，Al_2O_3：19.0%，SiO_2：66.9%。含 Na、K、Li、Rb、Cs 等碱金属。

【晶体结构】 六方晶系，D_{6h}^2-$P6/mcc$；a_0=0.9188nm，c_0=0.9189nm；Z=2。主要粉晶谱线：2.867(100)、3.25(95)、7.98(90)。绿柱石晶体结构为六方原始格子（图 14-24（a））。结构中［SiO_4］四面体组成的六方环垂直 c 轴平行排列，上下两个环错动 25°，由 Al^{3+}及 Be^{2+}连接；Al^{3+}配位数为 6，Be^{2+}配位数为 4，均分布在环的外侧，在环中心平行 c 轴有宽阔的孔道，容纳大半径的离子 K^+、Na^+、Cs^+、Rb^{2+}以及水分子（图 14-24（b）、（c））。

【晶体形态】 六方双锥晶类，D_{6h}-$6/mmm(L^66L^27PC)$。晶体呈柱状。常见单形有六方柱 $m\{10\bar{1}0\}$，六方柱 $a\{11\bar{2}0\}$，平行双面 $c\{0001\}$，六方双锥 $s\{11\bar{2}1\}$、$p\{10\bar{1}1\}$、$o\{11\bar{2}2\}$等。柱面上常有平行于 c 轴的条纹。

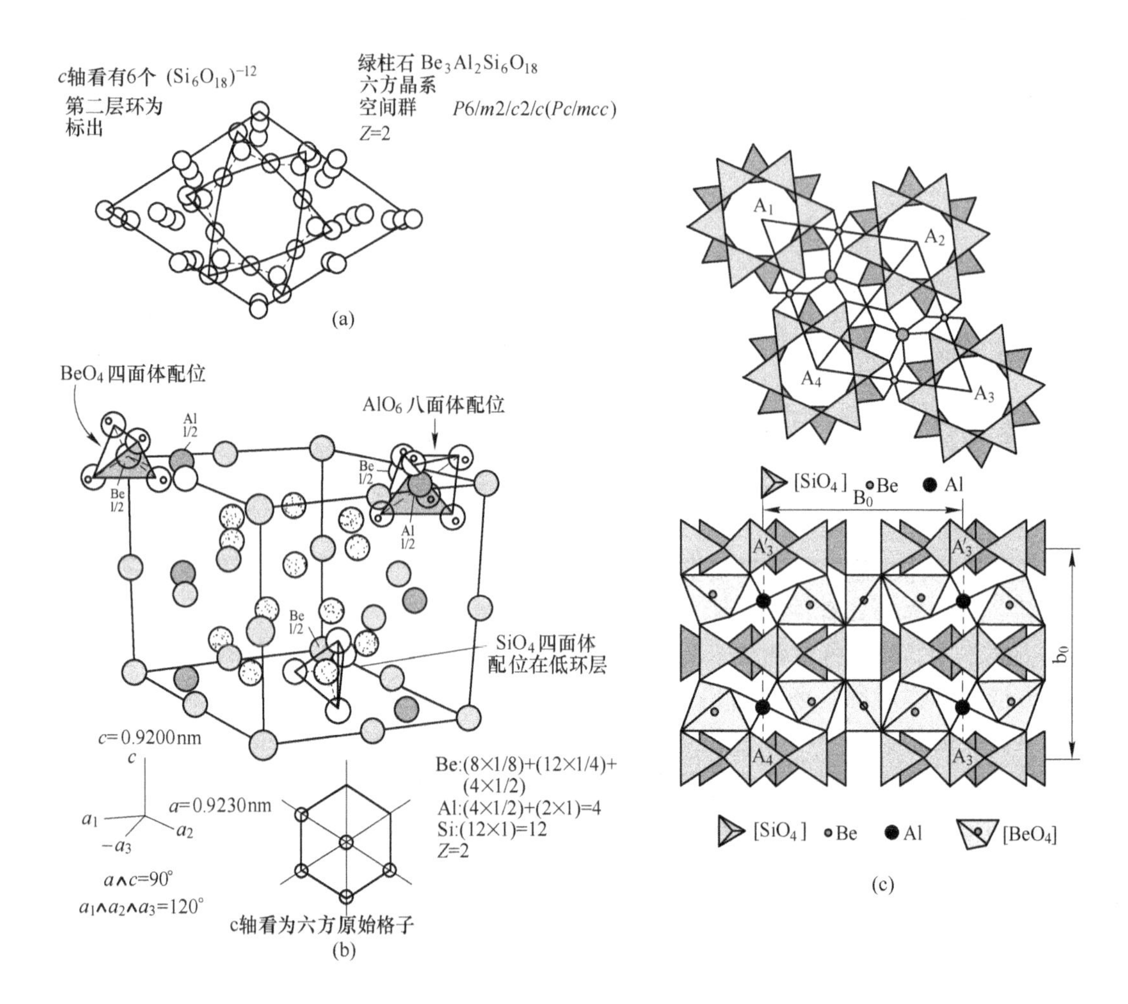

图 14-24 绿柱石晶体结构（a）与六方原始格子（b），（c）

【物理性质】 颜色有无色、绿色、黄绿色、粉红色、深的鲜绿色等。含 Fe^{2+} 呈深蓝色称海蓝宝石。由 Cr_2O_3 引起碧绿苍翠的称祖母绿。含 Cs 呈粉红色，含少量 Fe_2O_3 及 Cl 呈黄绿色。玻璃光泽，透明至半透明。解理不完全。硬度 7.5～8。相对密度 2.6～2.9。溶于强碱和 HF。

【显微镜下特征】 透射光下无色透明。一轴晶（-），负光性。$N_o = 1.566 \sim 1.602$，$N_e = 1.562 \sim 1.594$。

【成因及产状】 主要产于花岗伟晶岩、云英岩及高温热液矿脉中。在未受交代的花岗伟晶岩中，绿柱石（长柱状）与石英、微斜长石、白云母共生；受晚期钠质交代作用形成绿柱石（短柱状）与钠长石、锂辉石、石英、白云母等共生；云英岩中绿柱石与白云母、石英、黄玉等共生；在高温热液石英脉中与石英以及辉钼矿、黑钨矿、锡石等共生。

【用途】 为 Be 的重要矿物原料。色泽美丽作为宝石材料。

堇青石族

堇青石（Cordierte）

【化学组成】 化学式（Mg，Fe）$_2$Al$_3$[AlSi$_5$O$_{18}$]。可含有 Na、K、Ca、Fe、Mn 等元素及 H_2O。Mg 可被 Fe 完全类质同象代替。堇青石是在富铝环境下形成的。

【晶体结构】 斜方晶系，D_{2h}^{20}-$Cccm$，a_0 = 1.713～1.707nm，b_0 = 0.980～0.973nm，c_0 = 0.935～0.929nm；Z=4。主要粉晶谱线：3.13(100)、8.54(80)、8.45(80)。堇青石晶体结构以硅氧四面体组成的六方环为基本构造单位，环间以 Al、Mg 联结（相当于绿柱石中 Be、Al 的位置）。在四面体六方环中有［AlO_4］代替［SiO_4］，补偿六方环中的电价平衡，Al：Si 近似 1：5。联结六方环的 Al^{3+}可被 Fe^{3+}代替，对称程度降低，为斜方晶系。

【晶体形态】 斜方双锥晶类，D_{2h}-mmm($3L^2 3PC$)。短柱状晶形。常见单行：斜方柱{110}，斜方双锥{112}、{011}，平行双面{001}、{010}等。常见双晶依{110}或{130}成双晶。

【物理性质】 常见浅至深的蓝和紫色。也可有无色、略带黄的白色、绿、灰或褐色。玻璃光泽。堇青石具有三组解理，//{010}为中等解理，//{100}和{001}为不完全解理。断口为参差状。硬度为 7～7.5。相对密度在（2.61±0.05）g/cm。

【显微镜下特征】 偏光显微镜下无色，二轴晶（+），$2V$ = 65°～104°。N_g = 1.527～1.578，N_m = 1.524～1.574，N_p = 1.522～1.558。

【成因】 堇青石产于片岩、片麻岩及蚀变火成岩中。

【用途】 耐火材料。因具有奇异的闪色，可作装饰品及宝石原料。

电气石族

电气石（Tourmaline）

【化学组成】（Na，Ca）（R）$_3$Al$_6$[Si$_6$O$_{18}$](BO$_3$)$_3$(OH，F)$_4$。其中 R 为 Mg、Fe、Li、Al、Mn 等。R = Mg^{2+}时称镁电气石（Dravite），NaMg$_3$Al$_6$[Si$_6$O$_{18}$][BO$_3$]$_3$(OH,F)$_4$；R = Fe^{2+}时称黑电气石（Sehorl），NaFe$_3$Al$_6$[Si$_6$O$_{18}$][BO$_3$]$_3$(OH,F)$_4$；R =（Li^+，Al^{3+}）时称锂电气石（Elbaite），Na(Li，Al)$_3$Al$_6$[Si$_6$O$_{18}$][BO$_3$]$_3$(OH,F)$_4$；R = Mn 时称钠锰电气石（Tsilaisite），NaMn$_3$Al$_6$[Si$_6$O$_{18}$][BO$_3$]$_3$(OH)$_4$。镁电气石-黑电气石之间、黑电气石-锂电气石之间可形成完全类质同象系列；镁电气石-锂电气石之间为不完全类质同象系列。

【晶体结构】 三方晶系，C_{3v}^5-$R3m$；a_0 = 1.584～1.603nm，c_0 = 0.709～0.722nm；Z = 3。主要粉晶谱线：2.576(100)、3.99(85)、2.961(85)。电气石晶体结构是硅氧四面体连接成复三方环［Si_6O_{18}］，并沿 z 轴方向排列。B 组成［BO_3］$^{3-}$平面三角形。Mg^{2+}与 O^{2-}及（OH）$^+$组成配位八面体，与［BO_3］共用一个 O^{2-}相连。在复三方环之间，3 个 Mg-O$_4$(OH)$_2$配位八面体与复三方环相接，共用硅氧四面体角顶上一个 O^{2-}。3 个配位八面体的交点位于六方环的中轴线上，被（OH）$^-$占据。在该（OH）$^-$离子的对角处也为另外的

$(OH)^-$离子所在位置（图 14-25）。

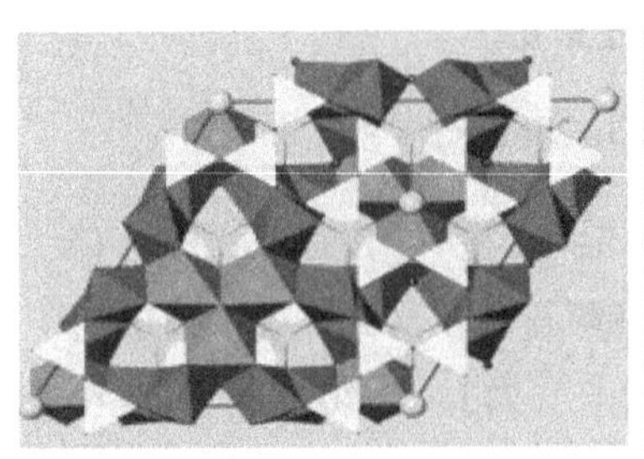
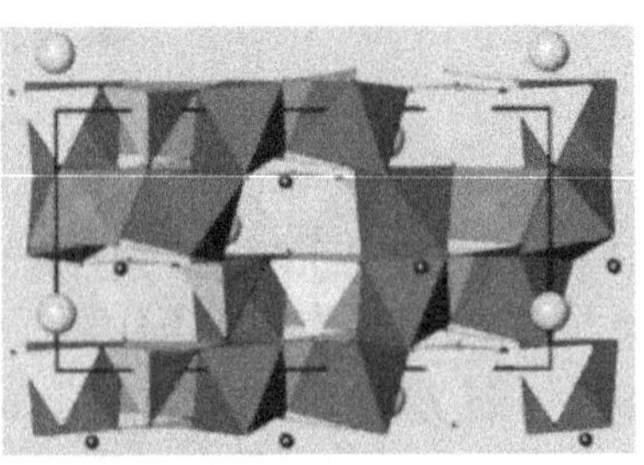

图 14-25 电气石晶体结构

【晶体形态】 复三方单锥晶类，C_{3v}-$3m(L^3 3P)$。晶体呈柱状。常见单形有三方柱 $m\{01\bar{1}0\}$、六方柱 $a\{11\bar{2}0\}$、三方单锥 $r\{10\bar{1}1\}$，$o\{02\bar{2}1\}$、复三方单锥 $u\{32\bar{5}1\}$ 等。晶体两端晶面不同，横断面呈球状三角形，柱面上有纵纹。双晶依［$10\bar{1}1$］。集合体呈放射状、束状、棒状等（图 14-26）。

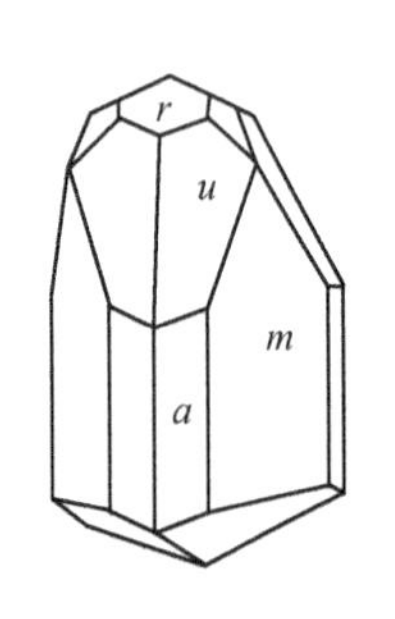

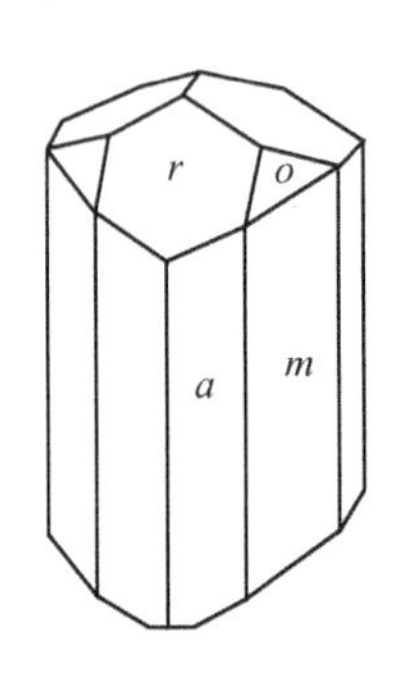

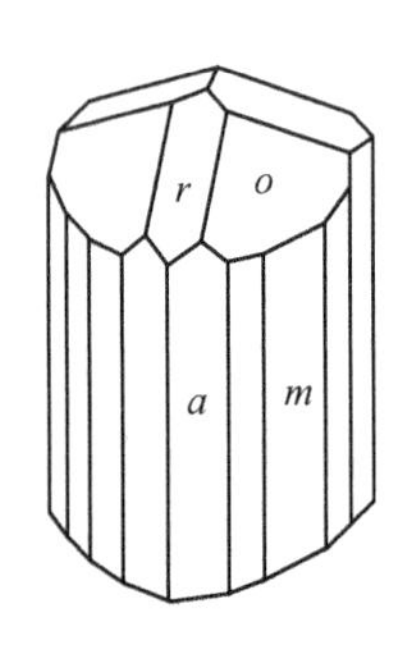

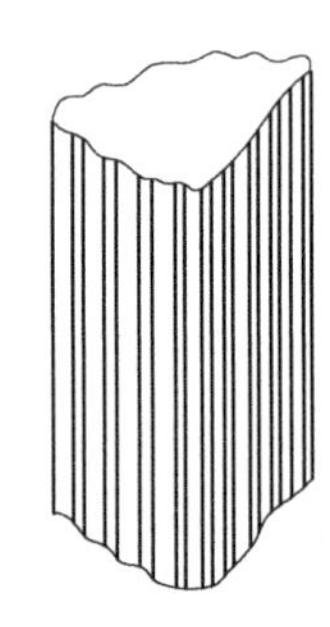

图 14-26 电气石晶体形态

【物理性质】 颜色有无色、玫瑰红色、蓝色、黄色、褐色和黑色等多样。黑电气石为绿黑色至深黑色；锂电气石呈玫瑰色、蓝色或绿色；镁电气石的颜色变化从无色到暗褐色。含锰呈红色或粉红色，含铬、钒呈绿色。玻璃光泽，透明~不透明。无解理，参差状断口，硬度 7。相对密度 3.06~3.26。具有明显的压电性和焦电性。在加热或施加压力，晶体在垂直 z 轴的方向一端产生正静电，另一端产生负静电。在垂直 z 轴由中心向外形成水平色带。

【显微镜下特征】 偏光显微镜下具有多色性，一轴晶（-）。N_o=1.635~1.675，N_e=1.610~1.650。N_o为棕黄到浅黄色，N_e 无色。有时可见小的光轴角，达 5°。当电气石具有色带时，外带的光轴角较大，可达 21°。折射率随成分而异，当成分中富含 Fe、Mn 时折射率增大。

【成因】 电气石多产于伟晶岩和热液矿床中。黑色电气石产于高温，绿色粉红色电气石形成温度较低。早期电气石具有长柱状，晚期为短柱状。花岗伟晶岩中产出的电气石与钠长石、绿柱石、石英、锂云母、微斜长石等共生。气成热液矿床中电气石与白云母、石英、黄玉、锡石等共生。电气石也产于变质作用中。

【用途】 电气石晶体用于无线电工业，作波长调整器、偏光仪中的偏光片等。电气石粉、超细电气石粉可用于卷烟、涂料、纺织、化妆品、净化水质和空气、防电磁辐射、保健品等行业。色泽鲜艳、透明的电气石作为宝石材料（碧玺）。

14.4 第三亚类 链状结构硅酸盐矿物

链状结构硅酸盐矿物是由［SiO_4］以四面体角顶相连成无限延伸的链状硅氧骨干与金属阳离子结合的硅酸盐矿物。硅氧骨干中的 Si 可被少量的 Al 替代，一般 Al 代替 Si 小于 1/3，仅在夕线石中可达 Al : Si = 1/2。链状硅氧骨干的种类及形式复杂多样，已发现链的类型有 20 余种。其中具单链硅氧骨干的是辉石族［Si_2O_6］$^{4-}$和硅灰石族［Si_3O_9］$^{6-}$、蔷薇辉石族［Si_5O_{15}］$^{10-}$等；具双链硅氧骨干的是角闪石族［Si_4O_{11}］$^{6-}$、矽线石族［$SiAlO_5$］$^{2-}$矿物。它们多为岩浆岩和变质岩的主要造岩矿物，辉石族和角闪石族矿物的分布较为广泛。

在链状结构硅酸盐矿物中，硅氧骨干呈一向延伸的链，且平行分布，晶体结构的异向性比岛状和环状的要突出得多。矿物在形态上表现为一向伸长，呈柱状、针状以及纤维状的外形。在物理性质上，平行于链的方向发育解理、折射率较高。双折射率较岛状或环状矿物的大。含过渡元素的矿物有明显的多色性和吸收性。

14.4.1 单链结构硅酸盐矿物

辉 石 族

【化学成分和分类】 辉石族矿物的化学通式可表示成 XY［T_2O_6］。其中：T = Si^{4+}、Al^{3+}，占据硅氧骨干中的四面体位置。X = Na^+、Ca^{2+}、Mn^{2+}、Fe^{2+}、Mg^{2+}、Li^+等，在晶体结构中占据 M_2位置；Y = Mn^{2+}、Fe^{2+}、Mg^{2+}、Fe^{3+}、Cr^{3+}、Al^{3+}、Ti^{4+}等，在晶体结构中占据 M_1位置。各类阳离子类质同象广泛。自然界产出的大部分辉石族矿物，可看成是 Mg_2［Si_2O_6］-Fe_2［Si_2O_6］-CaMg［Si_2O_6］-CaFe［Si_2O_6］体系和 NaAl［Si_2O_6］-NaFe［Si_2O_6］-CaAl［$AlSiO_6$］-Ca(Mg, Fe)［Si_2O_6］体系的成员。由于结构中 M_2位置上的阳离子种类对晶体结构会产生显著的影响，当 M_2位置上主要为 Fe、Mg 等小半径阳离子时，一般为斜方晶系（亦可为单斜晶系）；当 M_2位置上为 Ca、Na、Li 等大半径阳离子时，则为单斜晶系。相应地，可将辉石族矿物划分成斜方辉石（正辉石）亚族和单斜辉石（斜辉石）亚族（图 14-27）。

【晶体结构】 在辉石族矿物的晶体结构中，［SiO_4］四面体各以两个角顶与相邻的［SiO_4］四面体共用形成沿 *c* 轴方向无限延伸的单链，单链的重复周期为［Si_2O_6］。图 14-28所示为理想化了的辉石族矿物晶体结构沿 *c* 轴的投影。在 *a* 轴和 *b* 轴方向上［Si_2O_6］链以相反取向交替排列（蓝色的四面体），由此形成平行｛100｝的似层状，在 *a* 轴方向上活性氧与活性氧相对形成 M_1位（红色的八面体），惰性氧与惰性氧相对形成 M_2（绿球所在位）。M_1为较小的阳离子 Mg、Fe 等占据，呈六次配位的八面体，并以共棱的方式联结成平行 *c* 轴延伸的与［Si_2O_6］链相匹配的八面体折状链；在 M_2中，在斜方辉石亚族中为 Fe、Mg 等占据，为畸变的八面体配位，在单斜辉石中为大半径阳离子 Ca、

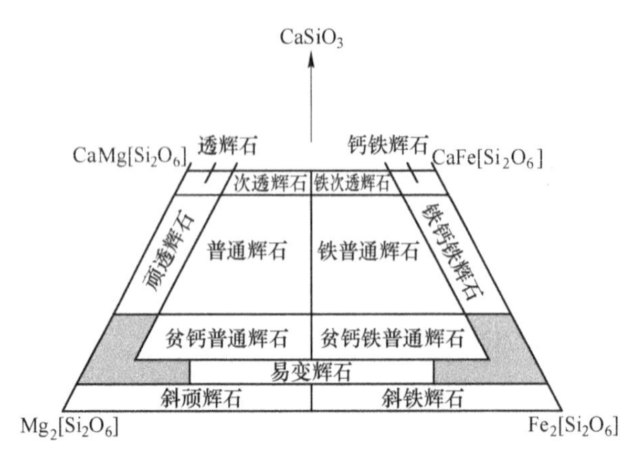

图 14-27 Wo-En-Fo 三元系辉石命名图

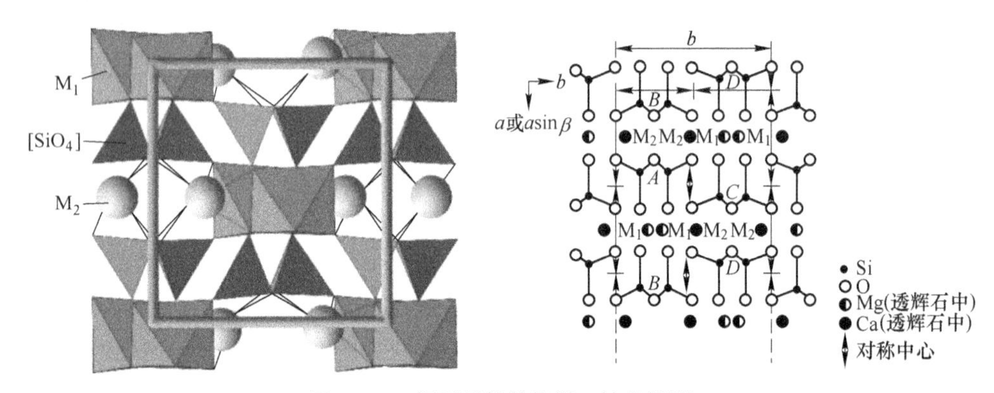

图 14-28 辉石晶体结构沿 c 轴的投影

Na、Li 等占据，为八次配位。

【形态与物理性质】 辉石族矿物晶体均呈平行于［Si_2O_6］链延伸方向（c 轴）的柱状晶形，其横截面呈假正方或八边形；并发育平行于链延伸方向的｛210｝或｛110｝解理，其解理夹角为87°和93°，近于90°，这与链的排列方式有关，解理沿着链的间隙处产生（图 14-29）。

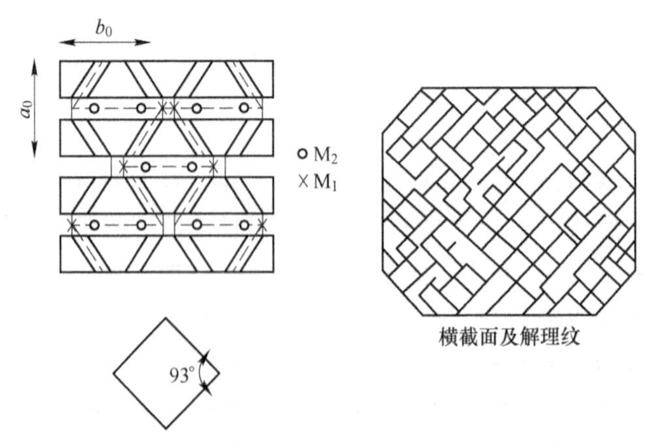

图 14-29 辉石解理产生方向的示意图

本族矿物的颜色随成分而异，含 Fe、Ti、Mn 者，颜色变深；具玻璃光泽。硬度 5~6；相对密度 3.1~3.6，随成分变化而有所改变。

斜方辉石亚族

斜方辉石亚族的晶体结构为斜方晶系。M_1、M_2位都由小阳离子 Fe^{2+}、Mg^{2+}等占据。由 $Mg_2[Si_2O_6]$-$Fe_2[Si_2O_6]$ 两个端员组分构成完全类质同象系列，$Fe_2[Si_2O_6]$ 含量：≤10%为顽火辉石 $Mg_2[Si_2O_6]$，10%~30%为古铜辉石，30%~50%为紫苏辉石 $(Mg, Fe)_2[Si_2O_6]$；50%以上为斜方铁辉石 $Fe_2[Si_2O_6]$。

顽火辉石（Enstatite）

【化学组成】 $Mg_2[Si_2O_6]$。MgO：40%，SiO_2：60%。含有 FeO<5%，Al_2O_3<7.39%，Fe_2O_3<4.65%，CaO<03.07%，以及 TiO_2、MnO_2。

【晶体结构】 斜方晶系，D_{2h}^{15}-$Pbca$。a_0=1.8228nm，b_0=0.8805nm，c_0=0.5185nm；Z=16。主要粉晶谱线：3.17(100)、2.87(87)、2.49(51)、2.94(44)。斜方铁辉石的晶胞参数为 a_0=1.8433，b_0=0.9060，c_0=0.5258nm。古铜辉石和紫苏辉石的参数介乎其中，随组分中铁含量的增大而稍有增大。辉石型晶体结构。

【晶体形态】 斜方双锥晶类，D_{2h}-$mmm(3L^2 3PC)$。单晶体通常呈平行 c 轴延伸的短柱状。常见单形：平行双面 $a\{100\}$、$b\{010\}$，斜方柱 $h\{101\}$、$z\{210\}$ 等。可见到依(100) 成简单双晶和聚片双晶。常呈不规则的粒状。

【物理性质】 顽火辉石为无色或带浅绿的灰色，也有褐绿色或褐黄色；玻璃光泽。解理∥{210} 完全，两组解理夹角约为 88°。硬度为 5~6。相对密度 3.209~3.3。

【显微镜下特征】 透射光下无色，二轴晶（+），$2V$=55°~90°。N_g=1.658~1.680，N_m=1.653~1.670，N_p=1.650~1.662。吸收性弱，多色性不明显。

【成因】 岩浆作用产物，为基性、超基性岩的主要造岩矿物，与橄榄石、尖晶石、单斜辉石共生。在变质岩中为麻粒岩的典型矿物。

紫苏辉石（Hypersthene）

【化学组成】 $(Mg, Fe)_2[Si_2O_6]$，与顽火辉石的区别在 FeO 含量在 14%以上。

【晶体结构】 斜方晶系，D_{2h}^{15}-$Pbca$。a_0=1.8235~1.8310nm，b_0=0.884~0.893nm，c_0=0.5187~0.5129nm；Z=16。主要粉晶谱线：3.14(100)、2.86(80)、1.74(80)、1.60(60)。辉石型结构。

【晶体形态】 斜方双锥晶类，D_{2h}-$mmm(3L^2 3PC)$。晶体呈平行 c 轴延伸的柱状。常见单形：平行双面 {100}、{010}、{001}，斜方柱 {101}、{210} 等。晶片构造常见，呈不规则的粒状。

【物理性质】 紫苏辉石呈绿黑色或褐黑色；玻璃光泽。解理∥{210} 完全；两组解理夹角为 88°。硬度 5~6，相对密度 3.3~3.6。随含 Fe 量的增高而增大。

【显微镜下特征】 透射光下无色至绿色。二轴晶（-），$2V$=50°~90°。N_g=1.680~

1.727，N_m = 1.670～1.724，N_p = 1.662～1.712。吸收性较强，多色性明显。N_p-粉色，N_m-灰黄色到黄绿色，N_g-淡绿色至灰绿色。

【成因】 岩浆作用产物，主要见于基性岩的紫苏辉长岩中，在安山岩中呈斑晶。见于变质岩的角闪岩、片麻岩、麻粒岩中。

单斜辉石亚族

单斜辉石亚族的特点是M_1由半径小阳离子Fe^{2+}、Mg^{2+}等占据，M_2位由半径大阳离子Ca、Na、Li等占据，晶体结构为单斜晶系。主要有易变辉石（Mg，Ca，Fe)(Mg，Fe)[Si_2O_6]、透辉石 CaMg[Si_2O_6]- CaFe[Si_2O_6]、锰钙辉石 CaMn[Si_2O_6]、普通辉石Ca(Mg，Fe^{2+}，Fe^{3+}，Ti，Al)[(Al，Si)$_2$O$_6$]、绿辉石、Ca(Mg，Fe^{2+}，Fe^{3+}，Al)[(Al，Si)$_2$O$_6$]、绿辉石（Ca，Na）(Mg，Fe^{2+}，Fe^{3+}，Al）[Si_2O_6]、硬玉 NaAl[Si_2O_6]、霓石NaFe[Si_2O_6]、霓辉石（Na，Ca)(Fe^{3+}，Fe^{2+}，Mg，Al)[Si_2O_6]、锂辉石LiAl[Si_2O_6]等。

透辉石（Diopside）

【化学组成】 透辉石为CaMg[Si_2O_6]-café[Si_2O_6]类质同象系列，有透辉石（CaO：25.9%，MgO：18.5%，SiO_2：55.6%。)、钙铁辉石（CaO：22.2%，FeO：29.4%，SiO_2：48.4%)。透辉石的次要组分Al_2O_3在1%～3%，可高达8%；Al^{3+}可替代Mg^{2+}和Fe^{2+}，也可替代Si，若替代Si超过7%，称为铝透辉石；富含Cr_2O_3者称为铬透辉石，是金伯利岩的特征矿物之一。Ni和Ti含量一般小于1%。但Al_2O_3高时，TiO_2含量可达2%～3%。

【晶体结构】 单斜晶系，C_{2h}^6-$C2/c$；a_0 = 0.9746～9.845nm，b_0 = 0.8899～0.9024nm，c_0 = 0.5251～0.5245nm，β = 105°38′～104°44′；Z = 4。主要粉晶谱线：2.99(100)、2.517(55)、2.530(46)、2.892(38)、2.951(29)、2.56(30)、2.13(30)（钙铁辉石）。辉石型结构。[SiO_4]四面体以两角顶相连成单链，平行c轴延伸，链间由中小阳离子M1（Mg、Fe，六次配位）和较大阳离子M2（Ca，有时有少量Na，8次配位）构成的较规则的M1-O八面体和不规则的M2-O多面体共棱组成的链联结。在空间上，[SiO_4]链和阳离子配位多面体链皆沿c轴延伸，在a轴方向上做周期堆垛（图14-30)。在富铝的辉石中，6次配位的Al使晶格常数a_0、b_0减小，4次配位的Al使晶格常数增大。

【晶体形态】 斜方柱晶类，C_{2h}-$2/m$(L^2PC)。常呈柱状晶体。常见单形：平行双面{100}、{010}及斜方柱{110}、{111}等。晶体横断面呈正方形或八边形。常见依(100)、(001)呈简单双晶和聚片双晶。

【物理性质】 白色、灰绿、浅绿至翠绿。无色至浅绿色条痕。随着铁含量的增多颜色由浅至深。解理//{110}完全，解理夹角87°；具{100}和[010]裂开。硬度5.5～6。相对密度3.22～3.56。紫外光下发出蓝或乳白色和橙黄色荧光。

【显微镜下特征】 透射光下无色至黄绿色、褐绿色。钙铁辉石为黄绿色。二轴晶(+)，2V = 50°～62°。N_g = 1.694～1.757，N_m = 1.672～1.73～0，N_p = 1.664～1.732。颜色随着Mg被铁替代增大从无色逐渐增强暗绿色，多色性也有加强。

【成因】 透辉石广泛分布于基性与超基性岩中。铬透辉石是金伯利岩的特征矿物，

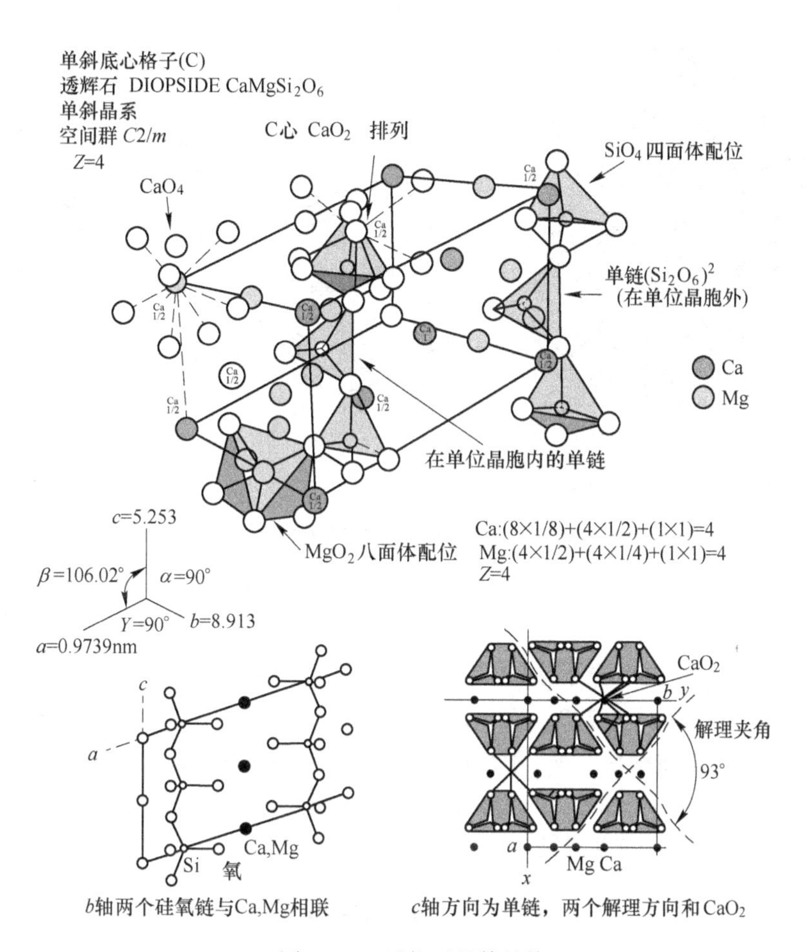

图 14-30 透辉石晶体结构

透辉石-钙铁辉石是矽卡岩特征矿物，在区域变质的片岩中透辉石是常见矿物。

【用途】 可作为陶瓷原料。蓝田玉是由蛇纹石化的透辉石矿物组成的。

普通辉石（Augite）

【化学组成】 $(Ca, Na)(Mg, Fe^{2+}, Fe^{3+}, Al, Ti)[(Si, Al)_2O_6]$，含 $CaSiO_3$组分 25%~45%，含 $MgSiO_3$组分 10%~65%，含 $FeSiO_3$ 10%~65%。在普通辉石中，$[AlO_4]$ 代替 $[SiO_4]$ 可达 1/8~1/2，次要成分有 Ti、Na、Cr、Ni、Mn，以及 V、Co、Cu、Sc、Zr、Y、La 等。

【晶体结构】 单斜晶系，C_{2h}^6-$C2/c$，$Z=4$，$a_0=0.972$~0.982nm，$b_0=0.889$nm，$c_0=0.524$~0.525nm，$\beta=105°4'$~$107°$。主要粉晶谱线：2.99（100）、1.62（100）、1.43（100）、2.56（85）。晶体结构与透辉石区别在于 M_2 位置上部分 Ca 被 Mg、Fe^{2+} 代替，$[SiO_4]$ 被 $[AlO_4]$ 代替多于透辉石（图 14-31）。

【形态】 斜方柱晶类，C_{2h}-$2/m(L^2PC)$。晶体呈短柱状，常见单形：平行双面 $a\{100\}$、$b\{010\}$、$c\{001\}$，斜方柱 $m\{110\}$、$u\{111\}$。横断面近八边形。以（001）、（100）呈简单双晶和聚片双晶。集合体常为粒状、放射状或块状。

【物理性质】 绿黑至黑色，条痕无色至浅灰绿色，玻璃光泽（风化面光泽暗淡），近

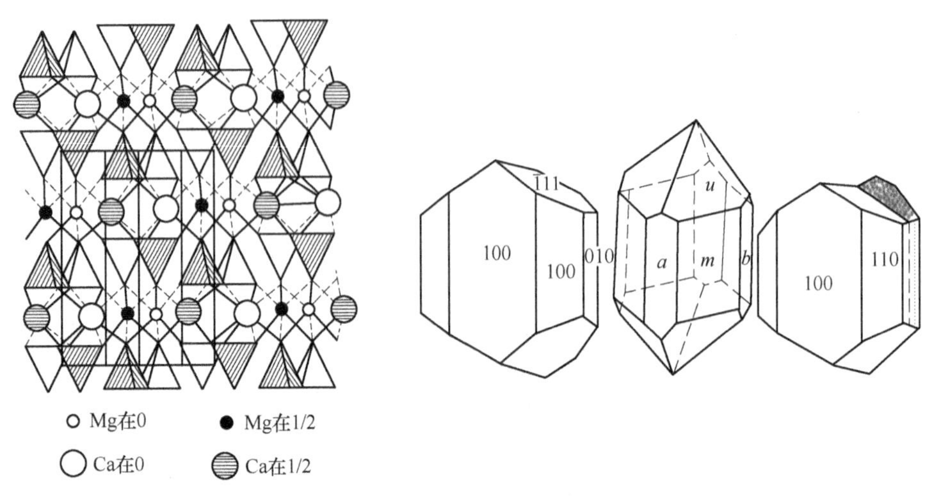

图 14-31 普通辉石晶体结构与形态

乎不透明。解理∥{110} 中等，两组解理夹角为 87°（或 93°）。硬度 5~6，相对密度 3.23~3.52。

【显微镜下特征】 透射光下呈浅褐、褐、暗绿色，含 Ti 呈紫色色调。二轴晶（+），$2V=25°\sim60°$，$N_g=1.694\sim1.777$，$N_m=1.673\sim1.750$，$N_p=1.670\sim1.743$，多色性弱到中等。钛普通辉石 N_p-呈浅绿色，N_m-呈浅褐色、紫色，N_g-呈灰绿色、紫色。

【成因】 普通辉石是火成岩，尤其是基性岩、超基性岩中很常见的一种造岩矿物，在变质岩和接触交代岩石中也常见。

锂辉石（Spodumenite）

【化学组成】 $LiAl(SiO_3)_2$，Li_2O：8.07%、Al_2O_3：27.44%，SiO_2：64.49%。含有稀有元素、稀土元素。

【晶体结构】 单斜晶系，C_2^3-$C2$，$a_0=0.9483$nm，$b_0=0.8392$nm，$c_0=0.5218$nm；$Z=4$。主要粉晶谱线：2.914(100)、2.789(55)、4.193(46)、2.450(36)、4.352(27)。辉石型结构。

【形态】 轴双面晶类，C_2-$2(L^2)$。晶体常呈柱状，常见单形：平行双面 a{100}、c{001}，单面 b{010}，轴双面 m{110}、h{021}、o{221}。柱面具纵纹。双晶依（100）。集合体呈板柱状、粒状或板状。

【物理性质】 颜色呈灰白、灰绿、翠绿、紫色或黄色等。含有 Cr 呈翠绿色，称为翠绿锂辉石；含有 Mn 的呈紫色，称为紫色锂辉石。玻璃光泽，条痕无色。解理∥{110} 完全，两组解理夹角 87°。硬度 6.5~7，相对密度 3.03~3.22 。晶体在加热或被紫外线照射时会改变颜色，在阳光作用下也会失去光泽。焙烧至 1000℃ 左右时迅速转变为 β 型锂辉石，并具热裂性质。发光性：紫锂辉石在 LW 下为粉红到橙色，X 射线下发橙色。也发磷光；黄绿色锂辉石 LW 下发橙黄色光，X 射线下发光性强。

【显微镜下特征】 透射光无色。二轴晶（+），$2V=58°\sim68°$。$N_g=1.662\sim1.679$，$N_m=1.656\sim1.669$，$N_p=1.648\sim1.663$。多色性弱。N_p-呈绿色、紫色，N_g-呈无色。

【成因】 锂辉石主要产于富锂花岗伟晶岩中，共生矿物有石英、钠长石、微斜长石等。

【用途】 提取锂的矿物原料，有化工用锂辉石，陶瓷用锂辉石、低铁锂辉石。

硬玉（Jadeite）

【化学组成】 $NaAl[Si_2O_6]$。SiO_2：59.4%，Na_2O：15.94%，Al_2O_3：25.2%；还含有 CaO（≤1.62%）、MgO（≤0.91%）、Fe_2O_3（≤0.64%），微量的铬、镍等。铬是翡翠具有翠绿色的主要因素，翡翠含 Cr_2O_3 0.2%~0.5%，个别达 2%~3.75%以上。

【晶体结构】 单斜晶系，C_{2h}^6-$C2/c$；a_0 = 0.948 ~ 9.423nm，b_0 = 0.8562 ~ 0.8564nm，c_0 = 0.5210 ~ 0.5223nm；β = 107°56′ ~ 107°58′，Z = 4。主要粉晶谱线：2.917（100）、2.827（72）、2.488（47）、2.414（30）、4.281（24）。晶体结构为辉石型结构（图 14-32）。M_2为 Na，配位数为 8；M_1为 Al 和少量 Mg、Fe、Ti，配位数为6。M_1与 M_2以共棱形式连接成平行 c 轴的链，各链在（100）方向排列成层。硅氧四面体连轴角 174°42′。硅氧四面体链与 M-O 链层在⊥（100）方向相间排列。

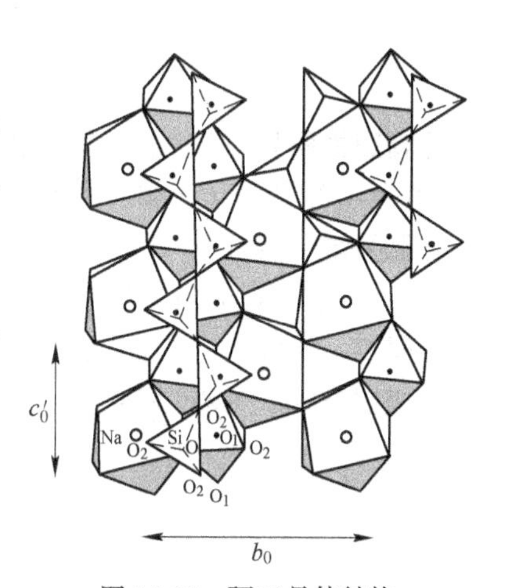

图 14-32 硬玉晶体结构

【形态】 斜方柱晶类，C_{2h}-$2/m$（L^2PC）。具有平行 c 轴延长的柱状晶体和平行（100）延长的板状晶体。主要单形：平行双面 a{100}、b{010}，斜方柱 m{110}、o{111}。粒状、纤维状集合体。

【物理性质】 颜色有白、粉红、绿、淡紫、紫罗兰紫、褐和黑等色。玻璃光泽，透明。解理∥{110} 中等，两组解理夹角 87°。硬度 6.5~7。相对密度 3.33。

【显微镜下特征】 透射光下无色。二轴晶（+），$2V$ = 67° ~ 70°。N_g = 1.652 ~ 1.673，N_m = 1.645 ~ 1.663，N_p = 1.640 ~ 1.658。光轴面∥（010）。多色性不明显。

【成因】 硬玉产于低温高压（压力 5000~7000Pa，温度在 150~300℃）生成的变质岩中。与蓝闪石、白云母、硬柱石、石英共（伴）生。色素离子（Cr）在漫长的地质时间里不间断地进入硬玉晶格，形成翡翠颜色。在显微镜下观察，组成翡翠的硬玉紧密地交织在一起，具纤维状结构。使翡翠具有细腻和坚韧的特点。

【用途】 翡翠的主要组成矿物。含有超过 50%以上的硬玉才被视为翡翠。

霓石（Aegirine）

【化学组成】 $NaFe[Si_2O_6]$。Na_2O：13.4%，Fe_2O_3：34.6%，SiO_2：52.0%。有 NaFe-Ca（Mg，Fe）代替，形成霓辉石，为介于普通辉石和霓石的中间产物。

【晶体结构】 单斜晶系，C_{2h}^6-$C2/c$。a_0 = 0.9658nm，c_0 = 0.5294nm；β = 107°42′。主要粉晶谱线：2.982（100）、6.362（59）、2.899（47）、2.524（37）、2.472（34）。晶体结构为辉石型结构。

【晶体形态】　斜方住晶类，C_{2h}-$2/m(L^2PC)$。常见单形有斜方柱 $m\{110\}$、$u\{111\}$，平行双面 $a\{100\}$、$b\{010\}$ 等（图 14-33）。晶体呈针状，晶面有纵纹。

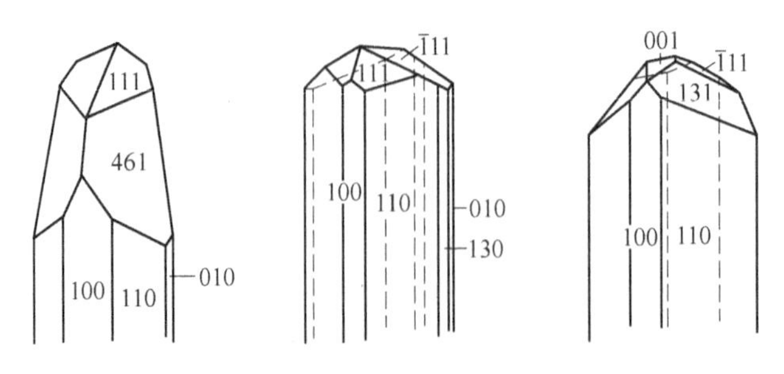

图 14-33　霓石晶体形态

【物理性质】　暗绿色至黑绿色。条痕无色，玻璃光泽。解理//{110} 完全，两组解理夹角为 87°. 硬度 6，相对密度 3.55~3.60。

【显微镜下特征】　透色光下浅绿色到黄绿色。二轴晶（-）。$2V=60°\sim70°$，$N_p=1.750\sim1.776$，$N_m=1.780\sim1.820$，$N_g=1.800\sim1.836$。多色性：N_p-翠绿色、深绿色，N_m-草绿色、深绿色，N_g-褐绿色、黄绿色。

【成因产状】　碱性岩浆岩主要造岩矿物。是正长岩、霓石正长岩、石英正长岩中常见矿物。

硅灰石族

硅灰石（Wollastonite）

【化学组成】　$Ca_3[Si_3O_9]$。SiO_2：51.75%，CaO：48.25%。常含铁、锰、镁等。

【晶体结构】　三斜晶系，C_i^1-$P\bar{1}$；$a_0=0.794$nm，$b_0=0.732$nm，$c_0=0.707$nm；$\alpha=90°02'$，$\beta=95°22'$，$\gamma=103°26'$；$Z=2$。主要粉晶谱线：2.963(100)、3.30(80)、1.705(70)、2.165、1.594、1.355(60)。硅灰石晶体结构：$[Si_2O_7]$ 和 $[SiO_4]$ 平行 b 轴交替排列成单链，$[CaO_6]$ 八面体共棱连成沿 b 轴的链，$[SiO_4]$-$[Si_2O_7]$ 链与 [CaO] 八面体链相配合（图 14-34）。

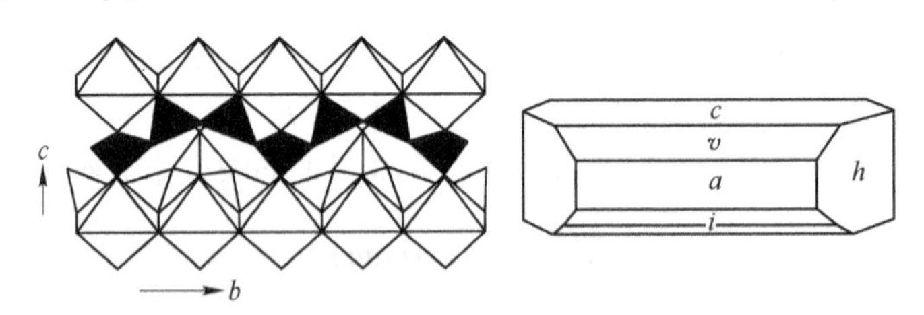

图 14-34　硅灰石晶体结构与晶体形态

【晶体形态】　平行双面晶类，C_iC_i-$\bar{1}(C)$。晶体呈沿 b 轴延长的板状晶体。常见单形有平行双面 $a\{100\}$、$c\{001\}$、$m\{110\}$、$v\{101\}$ 等。集合体呈细板状、放射状或纤维状。

【物理性质】　颜色呈白色，有时带浅灰、浅红色调。玻璃光泽，解理面呈珍珠光泽。解理//{100} 完全，//{001}、{102} 中等。解理//(100) 与 (001) 夹角为 74°。硬度

4.5~5.5，相对密度2.75~3.10。溶于浓盐酸。吸油性低、电导率低、绝缘性较好。含Mn(0.02%~0.1%)硅灰石能发出强黄色阴极荧光。

【显微镜下特征】 透射光下无色。二轴晶（-），$2V=36°\sim38°$。$N_g=1.632$，$N_m=1.630$，$N_m=1.618$。

【成因】 硅灰石是一种典型的变质矿物，产于酸性岩与石灰岩的接触带。出现在深变质的钙质结晶片岩、火山喷出物及某些碱性岩中。

【用途】 广泛应用于陶瓷、化工、冶金、造纸、塑料、涂料等领域。

蔷薇辉石族

蔷薇辉石（Rhodonite）

【化学组成】 $Ca(Mn, Fe)_4[Si_5O_{15}]$。SiO_2：45.83%~46.07%，MnO：34.3%~47.32%，CaO：2.60%~5.37%。$CaSiO_3$组分通常不超过20%，Mg、Fe、Zn类质同象代替Mn也较为普遍。

【晶体结构】 三斜晶系，$C_i^1\text{-}P\bar{1}$。$a_0=0.668\text{nm}$，$b_0=0.766\text{nm}$，$c_0=1.220\text{nm}$，$\alpha=111°1'$，$\beta=86°$，$\gamma=93°2'$；$Z=2$。主要粉晶谱线：2.772(100)、2.924(65)、2.98(65)。在蔷薇辉石晶体结构中（图14-35），具有两个双四面体［Si_2O_7］和一个单四面体［SiO_4］连接成链，键平行（101）方向延伸。阳离子Mn、Ca、Fe的平面与氧离子平面交替排列。结构中存在5种阳离子的位置，其中$M_Ⅰ$、$M_Ⅱ$、$M_Ⅲ$为六次配位；$M_Ⅳ$也为六次配位，有一个M-O链较长，使它接近于5次配位；$M_Ⅴ$为不规则的7次配位。$M_Ⅴ$比其他4个位置有利于大阳离子Ca和少数Mn的填充。Fe离子最容易进入$M_Ⅰ$、$M_Ⅱ$、$M_Ⅲ$三个位置。

【晶体形态】 平行双面晶类，$C_i\text{-}\bar{1}(C)$。晶体呈厚板状，有时呈三向等长或一向伸长。常见单形平行双面$a\{100\}$、$b\{010\}$、$c\{001\}$、$m\{110\}$、$n\{221\}$、$r\{111\}$等（图14-35）。晶面粗糙，晶棱弯曲，有时依（010）形成聚片双晶。粒状或致密块状集合体。

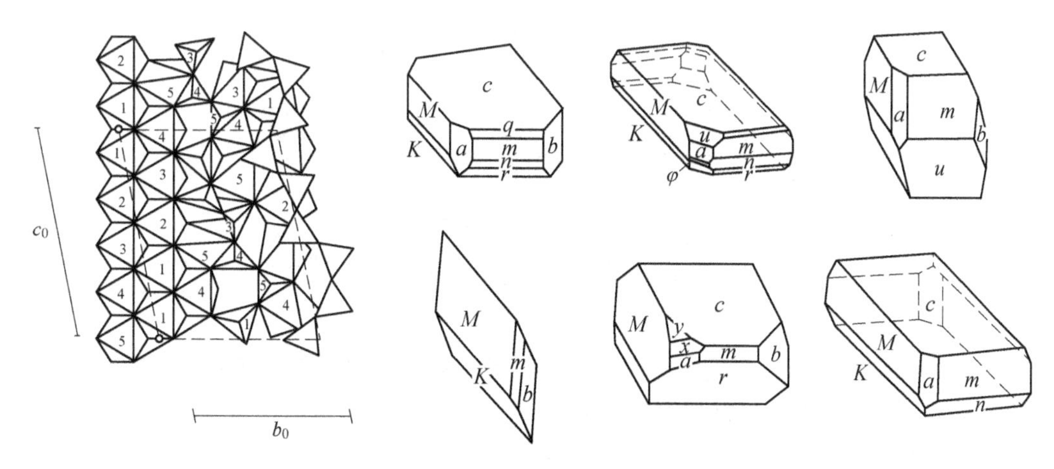

图14-35 蔷薇辉石晶体结构与晶体形态

【物理性质】 蔷薇红色，粉红或棕色，表面易受氧化生成 MnO_2 的斑纹。具玻璃光泽，解理面珍珠光泽。半透明至透明。解理∥{110}、{$1\bar{1}0$} 完全，∥{001} 不完全；三组解理夹角为 92°30′。硬度 5.5~6.5，相对密度 3.4~3.7。

【显微镜下特征】 透射光下无色或淡玫瑰红色。二轴晶（+），$2V=63°\sim76°$，$N_g=1.724\sim1.751$，$N_m=1.716\sim1.741$，$N_p=1.711\sim1.738$。当 Ca、Mg 含量高时导致折射率降低。

【成因】 产于区域变质作用、接触变质作用。形成于区域变质作用的蔷薇辉石多为富锰、硅质沉积物反应产物。因接触变质作用形成的蔷薇辉石是由酸性岩浆岩与富锰碳酸盐岩石接触交代作用产生的，也见于伟晶岩和热液矿床中。

【用途】 致密块状的蔷薇辉石可作工艺美术品雕刻的材料。

14.4.2 双链结构硅酸盐矿物

角闪石族

【化学成分与分类】 角闪石族矿物的化学成分通式可表示为：$A_{0\sim1}X_2Y_5[T_4O_{11}]_2(OH, F, Cl)_2$，其中：$T=Si^{4+}$、$Al^{3+}$、$Ti^{4+}$，占据硅氧骨干中四面体中心。$A=Na^+$、$Ca^{2+}$、$K^+$、$H_3O^+$，占据时结构中的 A 位置，位于惰性氧相对的双链之间；$X=Na^+$、Li+、K^+、Ca^{2+}、Mg^{2+}、Fe^{2+}、Mn^{2+}，占据结构中的 M_4 位，Mg^{2+}、Fe^{2+} 占据时为歪曲的八面体；大半径阳离子 Ca^{2+}、Na^+ 等占据时为八次配位多面体。$Y=Mg^{2+}$、Fe^{2+}、Mn^{2+}、Al^{3+}、Fe^{3+}、Ti^{4+}、Cr^{3+}，占据结构中的 M_1、M_2、M_3 位，六次配位。A、X、Y 组阳离子中及其间的类质同象替代十分普遍和复杂，并可形成许多类质同象系列。现已发现和确定的角闪石矿物种和亚种（或变种）超过 100 种，按成分、结构分为斜方角闪石亚族、单斜角闪石亚族（图 14-36）。

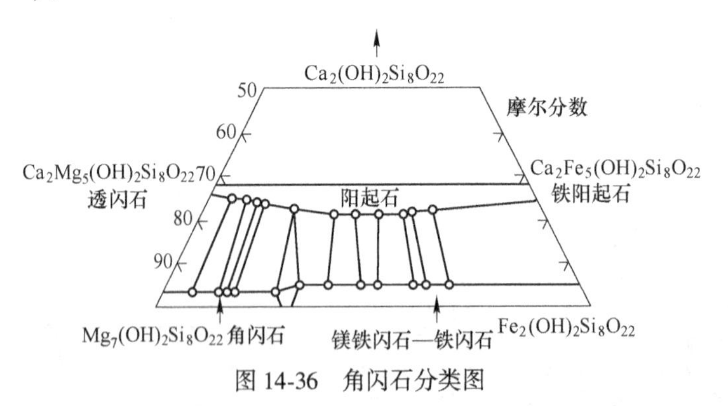

图 14-36 角闪石分类图

【晶体结构】 角闪石型晶体结构中的硅氧骨干可看成是由两个辉石单链联结而成的双链 $[Si_4O_{11}]^{6-}$，平行 c 轴排列和无限延伸，在 a、b 轴方向上活性氧与活性氧相对处形成八面体空隙（这种空隙有 3 种，分别以 M_1、M_2、M_3 表示，图中用深红、浅蓝、绿色的球表示），主要由 Y 类小半径阳离子 Mg^{2+}、Fe^{2+} 等充填形成配位八面体，并共棱相联组成平行于 c 轴延伸的链带。惰性氧与惰性氧相对处形成 M_4 位，为 X 类阳离子占据，当为小

半径阳离子 Mg^{2+}、Fe^{2+} 占据，为歪曲的八面体时，形成斜方角闪石；当为大半径阳离子 Ca^{2+}、Na^{+} 等占据时，为八次配位多面体，形成单斜角闪石。OH^{-} 位于双链的活性氧组成的“六方环”中央，并与活性氧一起组成一层最紧密堆积层，两层相对的活性氧实际上为两层活性氧与 OH^{-} 一起组成的两层最紧密堆积层，由此形成 M_1M2M_3 八面体链带；A 类阳离子位于惰性氧相对的双链之间，它主要用来平衡［$Al^{3+}O_4$］→［$Si^{4+}O_4$］产生的剩余电荷，故可为 Na^{+}、K^{+}、H_3O^{+} 充填，亦可全部空着（图 14-37）。

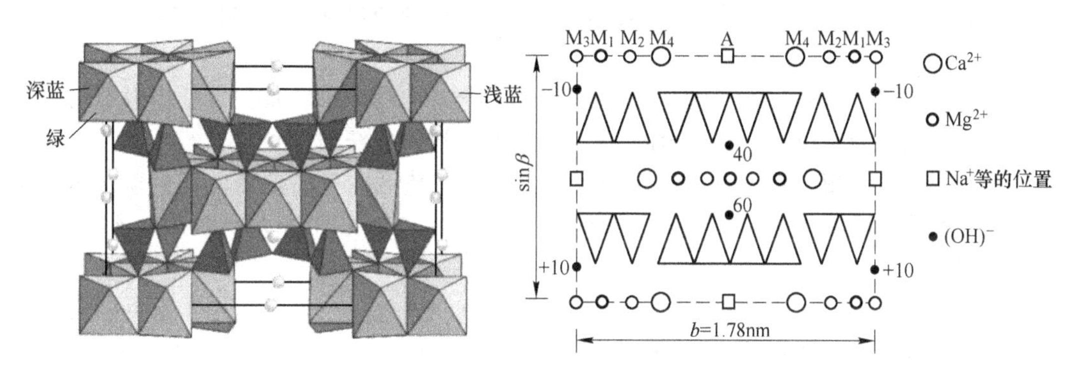

图 14-37　角闪石晶体结构

【形态、物理性质】 角闪石族的晶体结构特征决定了角闪石族矿物具有平行 c 轴方向延长的柱状、针状、纤维状晶形。发育平行于｛110｝（或｛210｝）的完全解理，解理面夹角为 56°和 124°（图 14-38）；这是区分辉石族与角闪石族矿物的非常重要的依据之一。

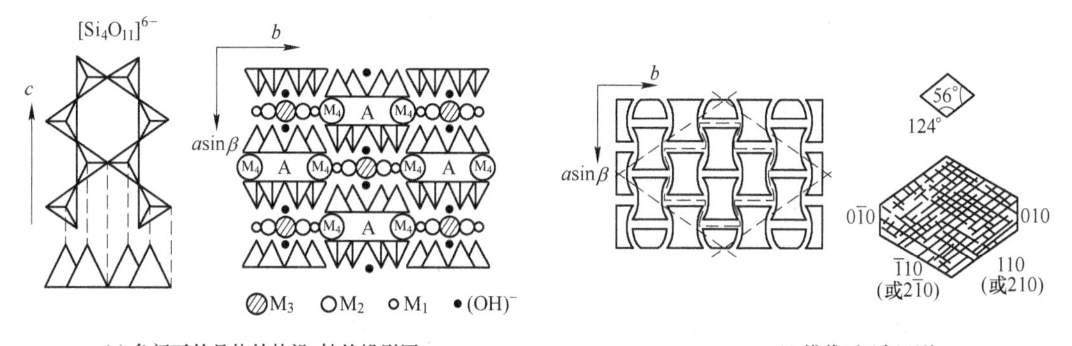

(a) 角闪石的晶体结构沿c轴的投影图　　(b) 横截面及解理纹

图 14-38　角闪石解理产生方向的示意图

角闪石族矿物的颜色、相对密度、折射率等物理性质受化学成分变化影响。成分中 Fe 含量增高时，其颜色加深，相对密度和折射率增大。

斜方角闪石亚族

斜方角闪石亚族包括直闪石 $(Mg, Fe^{2+})_7[Si_4O_{11}]_2(OH)_2$、铝直闪石 $(Mg, Fe^{2+})_{6\text{-}5}Al_{1\text{-}2}[Si_4O_{11}]_2(OH)_2$、锂蓝闪石 $Li_2(Mg, Fe^{2+})_3(Al, Fe^{3+})_2[Si_4O_{11}]_2(OH)_2$。

直闪石（Anthophyllite）

【化学组成】 $(Mg,Fe^{2+})_7[Si_4O_{11}]_2(OH)_2$MgO FeO 的比值不定，但 Mg 为 Fe 的替换不超过 43%。当 $Mg/(Mg+Fe^{2+})\geqslant 0.9$ 时为镁直闪石；0.9~0.1 时为直闪石；≤0.1 时为铁直闪石。

【晶体结构】 斜方晶系，D_{2h}^{16}-$Pnmc$；$a_0=1.85\sim1.86$nm，$b_0=1.717\sim1.81$nm，$c_0=0.527\sim0.532$nm，$Z=4$ 。主要粉晶谱线：3.05(100)、3.24(60)、8.26(55)、9.3(25)。角闪石型结构。

【晶体形态】 斜方双锥晶类，D_{2h}-$mmm(3L^23PC)$。晶体呈柱状，常见单形有斜方柱 $m\{210\}$，平行双面 $a\{100\}$ 、$c\{001\}$ 等。集合体为块状或纤维状。

【物理性质】 颜色为褐色至暗褐色、浅绿色、灰色或白色，条痕为无色至灰色，玻璃光泽，透明。解理//{210} 完全，两组解理夹角为 125°30′。参差状断口。硬度 5.5~6，相对密度 2.8~3.6。

【显微镜下特征】 透射光下呈无色或浅的黄色、绿色。二轴晶，光性正负随成分而异。富镁为负光性，铁含量增大变为正光性。光轴角 78°~111°。$N_g=1.615\sim1.772$，$N_m=1.605\sim1.710$，$N_p=1.596\sim1.694$。多色性：N_g-黄色或浅绿，N_m-棕色，N_p-棕色。

【成因】 直闪石常由超基性岩石受到区域变质作用而成。

单斜角闪石亚族

单斜角闪石亚族包括镁铁闪石 $(Mg,Fe^{2+})_7[Si_4O_{11}]_2(OH)_2$、铁闪石 $Fe_7^{2+}[Si_4O_{11}]_2(OH)_2$、透闪石 $Ca_2Mg_5[Si_4O_{11}]_2(OH)_2$、阳起石 $Ca_2(Mg,Fe^{2+})_5[Si_4O_{11}]_2(OH)_2$、普通角闪石 $(Ca,Na,K)_{2-3}(Mg,Fe^{2+},Al,Fe^{3+})_5[Si_6(Si,Al)_2O_{22}](OH,F)_2$、蓝透闪石 $NaCa(Mg,Fe^{2+})_3(Al,Fe^{3+})_2[Si_4O_{11}]_2(OH)_2$、蓝闪石 $Na_2Mg_3Al_2[Si_4O_{11}]_2(OH)_2$、钠闪石 $Na_2Fe_3^{2+}Fe_2^{3+}[Si_4O_{11}]_2(OH)_2$、镁铁闪石 $Na_2Mg_3Fe_2^{3+}[Si_4O_{11}]_2(OH)_2$、镁钠闪石 $Na_3Mg_4Al[Si_4O_{11}]_2(OH)_2$、角闪石石棉。

透闪石（Tremolite）

【化学组成】 $Ca_2(Mg,Fe)_5Si_8O_{22}(OH)$。CaO：13.8%，MgO：24.6%，$SiO_2$：58.8%，$H_2O$：2.8%。FeO 的含量有时达 3%。成分中还有少量的 Na、K、Mn 代替 Ca；F、Cl 代替(OH)。

【晶体结构】 单斜晶系，C_{2h}^3-$C2/m$；晶胞参数：$a_0=0.984$nm，$b_0=1005$nm，$c_0=0.5275$nm，$\beta=104°22'$，$Z=2$。粉晶谱线：3.12(60)、2.71(80)、1.582(50)、1.438(100)、1.293(50)。矿物晶体结构为角闪石型双链结构。M4 位置为 Ca 和 Na，配位数为 8。

【晶体形态】 斜方柱晶类，C_{2h}-$C2/m(L^2PC)$。晶体常呈细粒状，常见单形为斜方柱 $m(110)$ 和 $r(011)$，平行双面 $b(010)$；集合体为柱状、纤维状或放射状；

【物理性质】 无色、白色至浅灰色，条痕为无色；透明，玻璃光泽，纤维状者呈丝绢光泽。解理//{100}完全，解理夹角为124°或56°，有时可见{100}裂理，贝壳状断口。硬度为5~6，相对密度在3.02~3.44。发荧光，短波紫外线（波长为190~280nm）黄色，长波紫外线（波长为315~400nm）粉红色。不溶于HCl。

【显微镜下特征】 透射光下无色。二轴晶（-），$2V=86°\sim65°$。$N_g=1.624\sim1.637$，$N_m=1.613\sim1.626$，$N_p=1.559\sim1.612$。双反射率=0.0250~0.026。

【成因】 透闪石是灰岩、白云岩遭受接触变质的产物。在区域变质作用中，由不纯灰岩、基性岩或硬砂岩等变质形成。在热液蚀变过程中也可形成。

【用途】 透闪石是陶瓷、玻璃原料、填料，玉石材料等。透闪石石棉具有挠性、耐酸性和耐火特点。透闪石玉类有新疆羊脂玉、青海玉、俄罗斯玉、岫岩玉等。

阳起石（Actinolite）

【化学组成】 $Ca_2(Mg, Fe)_5[Si_4O_{11}]_2(OH)_2$，FeO：6%~13%，CaO：13.8%，MgO：24.6%，SiO_2：58.8%，H_2O：2.8%。阳起石是透闪石中的Mg^{2+}被Fe^{2+}置换而成的矿物。

【晶体结构】 单斜晶系，C_{2h}^3-$C2/m$；晶胞参数：$a_0=0.989$nm，$b_0=1.814$nm，$c_0=0.531$nm，$\beta=105°48'$，$Z=2$。粉晶数据：3.14(90)、2.705(100)、2.541(80)、2.155(80)、1.642(80)、1.576(80)、1.507(90)。角闪石型结构。

【晶体形态】 斜方柱晶类，C_{2h}-$C2/m(L^2PC)$。晶体常呈柱状，常见单形：斜方柱m(110)、r(011)，平行双面b(010)；集合体为柱状、纤维状或放射状。

【物理性质】 颜色由带浅绿色的灰色至暗绿色。具玻璃光泽。透明至不透明。解理//{110}完全，解理夹角124°和56°。断口呈多片状。硬度5~6，相对密度3.02~3.44。性脆。

【显微镜下特征】 透射光下呈无色或淡绿色，N_m-黄绿色，N_p-黄色至黄绿色。二轴晶（-）。光轴角65°~86°。$N_g=1.622\sim1.705$，$N_m=1.612\sim1.697$，$N_p=1.599\sim1.688$。

【成因】 阳起石是片麻岩、千枚岩中常见矿物，与滑石、蛇纹石等矿物共生。

【用途】 石棉可作为耐火、耐酸材料。绿色致密块体可作为装饰材料、玉石原料。

普通角闪石（Hornblende）

【化学组成】 $Ca_2(Mg^{2+}, Fe^{2+}, Fe^{3+}, Al^{3+})_5[(Al, Si)_8O_{22}](OH, F)_2$，当$Mg/(Mg+Fe^{2+})$：≥0.5时为镁角闪石；<0.5时为铁角闪石。

【晶体结构】 单斜晶系，C_{2h}^3-$C2/m$；$a_0=0.979$nm，$b_0=1.799$nm，$c_0=0.528$nm，$\beta=105°31'$；$Z=2$。主要粉晶谱线：2.70(100)、3.09(95)、3.38(90)。晶体结构为角闪石双链状结构。Al在角闪石中以六次配位［AlO_6］和四次配位［AlO_4］两种形式出现。

【晶体形态】 斜方柱晶类，C_{2h}-$C2/m(L^2PC)$。晶体常呈柱状，常见单形为斜方柱m(110)和r(011)、i{031}，平行双面b(010)、c{001}、e{101}。其横断面为假六边形。依{100}呈接触双晶。集合体常呈粒状、针状或纤维状（图14-39）。

【物理性质】 绿黑至黑色，条痕为浅灰绿色，透明到半透明，玻璃光泽。两组解理//{110}完全，夹角为124°和56°。硬度5~6，相对密度3.0~3.4。有//(100)裂开。

【显微镜下特征】 透射光下浅绿色、浅黄褐色。呈明显多色性。N_g-浅绿色，N_m-浅

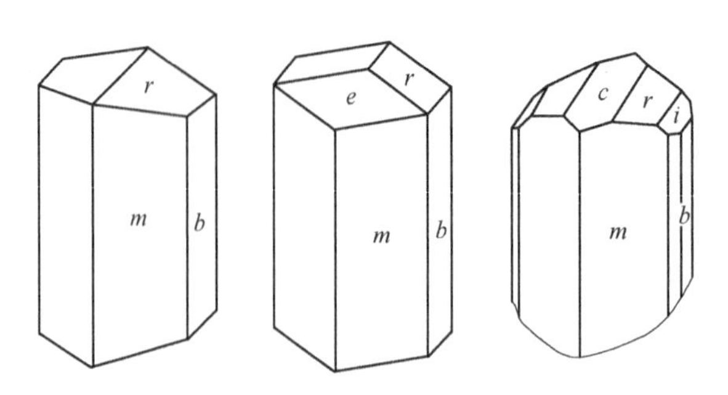

图 14-39　普通角闪石晶体形态

黄绿色、褐色，N_p 无色、浅黄色。二轴晶（-），$2V=62°\sim86°$。$N_g=1.632\sim1.730$，$N_m=1.618\sim1.714$，$N_m=1.610\sim1.705$。

【成因】 广泛分布于中性及中酸性火成岩中，也是变质岩的主要组成矿物。

【用途】 角闪石石棉纤维长、劈分性好、质地柔软、抗拉强度大、耐酸、耐碱、耐高温等，是防毒面具的最优过滤材料，可用于空气超净化过滤、液体过滤，医药工业中过滤细菌、分离病毒等，亦可用作石棉纺织制品、石棉水泥制品。

普通辉石与普通角闪石的对比见表 14-6。

表 14-6　普通辉石与普通角闪石的对比

矿物特征	普 通 辉 石	普通角闪石
化学组成	$(Ca, Na)(Mg, Fe^{2+}, Fe^{3+}, Al, Ti)[(Si, Al)_2O_6]$	$(Ca, Na)_{2\sim3}(Mg^{2+}, Fe^{2+}, Fe^{3+}, Al^{3+})_5[(Al, Si)_8O_{22}](OH)_2$
晶体结构	单斜晶系，单链结构	单斜晶系，双链结构
晶体形态	短柱状，横断面假八边形	长柱状，横断面假六边形
颜色	黑色	绿黑色
解理	两组解理，解理夹角 87°或 93°	两组解理，解理夹角 56°或 124°
显微镜下	二轴晶（+），$2V=25°\sim60°$	多色性，二轴晶（-），$2V=62°18'$
共生矿物	橄榄石、斜长石	斜长石、石英等
成因产状	超基性、基性岩，中高级变质相的变质岩	基性-中酸性岩浆岩、中级变质相的变质岩

蓝闪石（Glaucophane）

【化学组成】 $Na_2Mg_3Al_2[Si_4O_{11}]_2(OH)_2$。成分变化较大，其中还含有 Fe_2O_3、CaO 等。

【晶体结构】 单斜晶系，C_{2h}^3-$C2/m$；$a_0=0.9541$nm，$b_0=1.774$nm，$c_0=0.5293$nm，$\beta=103°40'$；$Z=2$。主要粉晶谱线：2.714(100)、3.12(90)、2.502(80)。角闪石型结构。

【晶体形态】 斜方柱晶类，C_{2h}-$C2/m(L^2PC)$。晶体少见。常见单形：斜方柱 $m\{110\}$、$c\{111\}$，平行双面 $b\{010\}$。可见依｛100｝呈聚片双晶。集合体呈放射状、纤维状。

【物理性质】 灰蓝色、深蓝色至蓝黑色。蓝灰色条痕。透明，玻璃光泽。解理 //｛110｝完全，夹角 124°和 56°。硬度 6~6.5，相对密度 3.1~3.2。

【显微镜下特征】 偏光显微镜下无色到蓝灰色、淡紫灰色。具明显多色性，N_g-深紫色，N_m-深蓝，N_p-亮黄色到无色。二轴晶（-），$2V = 45° \sim 50°$。$N_g = 1.627 \sim 1.670$，$N_m = 1.622 \sim 1.667$，$N_p = 1.606 \sim 1.661$。

【成因】 蓝闪石是蓝闪石片岩、云母片岩中的特征矿物，与硬柱石、绿帘石、绿泥石、白云母、硬玉等共生。在温度低于850℃、压力2000Pa以及更高的压力条件下形成，是板块构造俯冲带靠大洋一侧低温高压变质带的特征矿物。

矽线石族

矽线石（Sillimanite）

【化学组成】 $Al[AlSiO_5]$。SiO_2：37.1%，Al_2O_3：62.90%。有少量Fe代替Al，可含微量Ti、Ca、Fe、Mg等，是红柱石、蓝晶石的同质多象变体$Al[AlSiO_5]$。

【晶体结构】 斜方晶系，D_{2h}^{16}-$Pbnm$；a_0 = 0.743nm，b_0 = 0.758nm，c_0 = 0.574nm；Z = 4。主要粉晶谱线：3.385(100)、2.5372.180、1.517、1.272、1.271(50)。晶体结构为矽线石双链结构（图14-40）。晶体结构中存在着［SiO_4］和［AlO_4］两四面体沿c轴交替排列的双链［$AlSiO_5$］$^{3-}$。双链间由［AlO_6］八面体共棱联结成链，［AlO_6］八面体位于单位晶胞（001）投影面的4个角顶和中心，八面体链平行于c轴，也与四面体链相平行。结构中1/2的Al为四次配位，1/2的Al为六次配位。矽线石的链状结构特征较好，说明其具有长柱状、针状晶体形态和发育{010}完全解理。

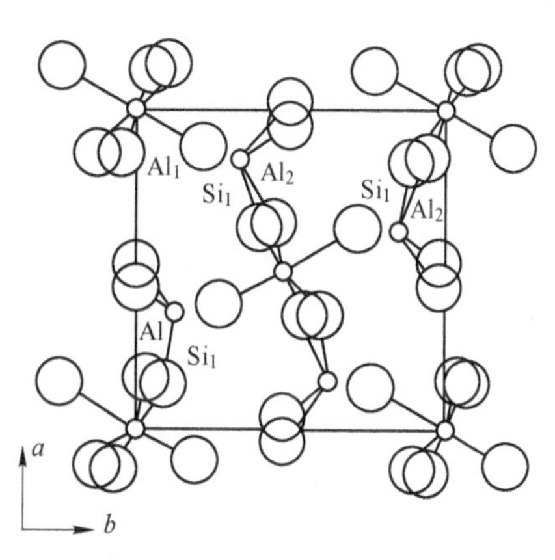

图14-40 矽线石晶体结构示意图

【晶体形态】 斜方双锥晶类，D_{2h}-mmm($3L^2 3PC$)。具有∥c轴延长的针状、长柱状晶体，常见单形：斜方柱斜方双锥等。横断面近正方形（(110)∧(1-10) = 88°15′）。在［001］晶带的柱面上具有条纹。集合体呈放射状或纤维状。

【物理性质】 白色、灰色或浅绿、浅褐色等；透明，玻璃光泽。解理∥{010}完全，解理面平行结构中的双链。硬度6.5~7.5。相对密度3.23~3.27。加热到1545℃转变为莫来石和石英。

【显微镜下特征】 透射光下呈无色，弱多色性。N_g-暗褐色或浅蓝色，N_m-褐色或绿色，N_p-浅褐色或浅黄色。二轴晶（+），$2V = 21° \sim 30°$，$N_g = 1.673 \sim 1.683$，$N_m = 1.658 \sim 1.662$，$N_p = 1.654 \sim 1.661$。

【成因】 矽线石是典型的变质矿物，分布很广泛。常见于火成岩（尤其是花岗岩）与富含铝质岩石的接触带及片岩、片麻岩发育的地区。

【用途】 主要为制造高铝耐火材料和耐酸材料，用于陶瓷、内燃机火花塞的绝缘体及飞机、汽车、船舰部件用的硅铝合金等。

14.5　第四亚类　层状结构硅酸盐矿物

本亚类矿物为具有由［SiO_4］四面体以角顶相连呈二维无限延伸的层状硅氧骨干与金属阳离子结合而成的硅酸盐矿物。组成元素主要为K、Na、Mg、Ca、Fe、Al、Li等。类质同象代替发育。有层间水存在。附加阴离子（OH）、O、F、Cl等。

在晶体结构中，［SiO_4］四面体彼此以3个角顶相连形成二维延展六方形网层，也称四面体片（T）。在四面体片中的活性氧与处于同一平面上的羟基OH形成八面体空隙，为六次配位的Mg、Al、Fe^{3+} Fe^{2+}等充填，配位八面体共棱连接成八面体片（O）。四面体片（T）与八面体片（O）组合，形成结构单元层。它有两种基本形式：（1）由一个四面体片（T）和一个八面体片（O）组成，称为TO型（图14-41(b)）；（2）由两个四面体片（T）夹一个八面体片（O）组成，称为TOT型（图14-41(c)）。整个层状结构以结构单元层周期性叠堆而成。

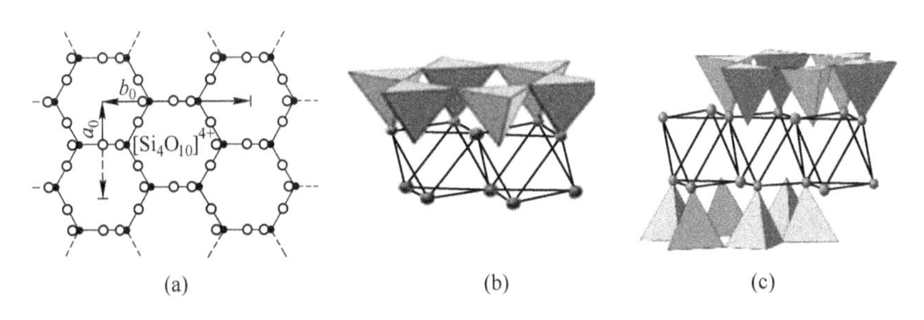

图14-41　层状硅氧骨干（a），结构单元层TO型（b）和TOT型（c）

在四面体层与八面体成层相匹配中，［SiO_4］四面体所组成的六方环范围内有3个八面体与之相适应。当这3个八面体中心位置均为二价阳离子（如Mg^{2+}）占据时，所形成的结构为三八面体型结构（图14-42(a)）。若3个八面体位置只有2个为三价离子（如Al^{3+}）充填，有1个空着的，称为二八面体型结构（图14-42(b)）。若二价离子和三价离子同时存在，则可形成过渡型结构。

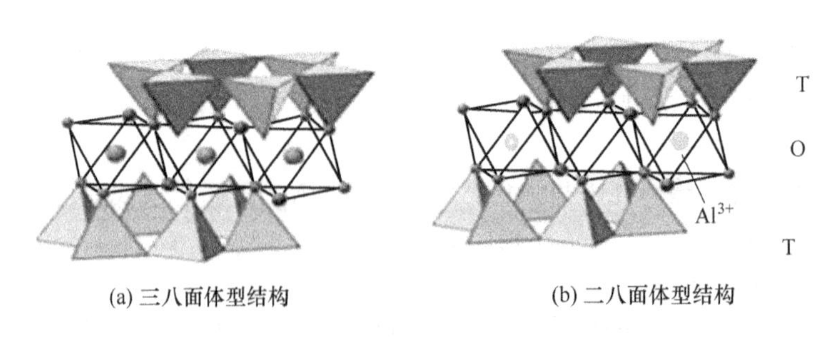

图14-42　三八面体型与二八面体型结构

结构单元层在垂直网片方向周期性地重复叠置构成层状结构的空间格架，结构单元层之间存在的空隙称层间域。若在结构单元层内部电荷已达平衡，则在层间域中无须有其他阳离子存在，如高岭石；如果结构单元层内部电荷未达平衡，则在层间域中有一定量的阳离子（如 Na、K、Ca 等）充填，如云母；还可吸附一定量的水分子或有机分子，如蒙脱石等（图 14-43）。

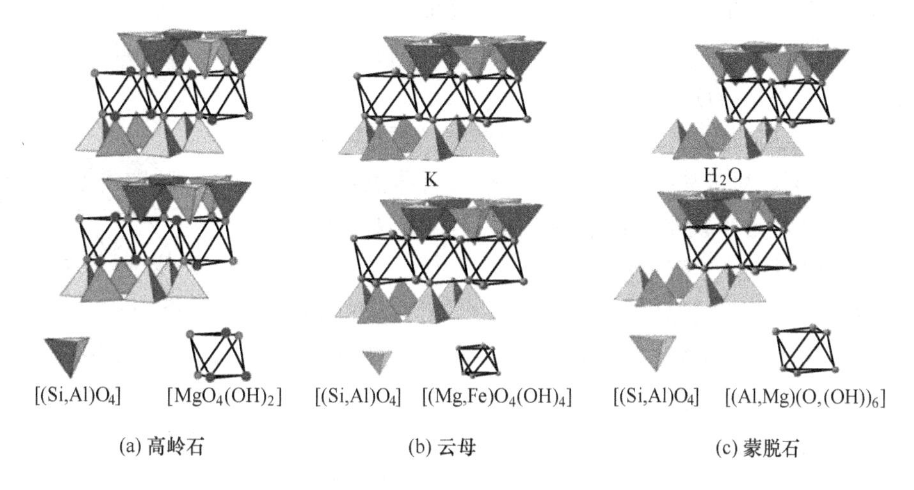

图 14-43 晶体结构的层间域
（层间域中分别为无阳离子、有 K^+、H_2O 分子）

本亚类矿物结构单元层叠置方式不同，构成多型变体。由于结构单元层底面的相似性，还可导致不同层状矿物间的结构单元层（或晶层）相互连生、堆叠，形成混层矿物或间层矿物。

在层状结构硅酸盐矿物晶体形态呈二向延展的板状、片状的外形，并具有一组平行于硅氧骨干层方向的极完全解理。低硬度。薄片具弹性或挠性，少数具脆性；密度较小。玻璃光泽，珍珠光泽。一些层状硅酸盐矿物具有特殊的物性，如吸附性、离子交换性、吸水膨胀性、加热膨胀性、可塑性、烧结性等。在晶体光学性质上，大多数矿物呈一轴晶或二轴晶，负光性，具正延性。双折射率大。矿物化学组成含有过渡元素离子时，多色性和吸收性显著。

层状结构硅酸盐矿物可以在各种地质作用中形成。黑云母、白云母等是岩浆岩、变质岩、沉积岩中常见矿物。锂云母、铁锂云母等产于岩浆伟晶作用。滑石、绿泥石、蛇纹石、叶蜡石等形成在热液作用中。在表生环境下有利于生成层状硅酸盐矿物，并稳定存在。黏土矿物主要是指高岭土、蒙脱石、伊利石等层状硅酸盐矿物。

层状硅酸盐亚类主要矿物有滑石族、云母族（白云母亚族、锂云母亚族）、伊利石族、蛭石族、绿泥石族、高岭石族、蛇纹石族、埃洛石族、蒙脱石族，叶蜡石族、葡萄石族。

滑 石 族

滑石（Talc）

【化学组成】 $Mg_3[Si_4O_{10}](OH)_2$，MgO：31.72%，SiO_2：63.52 %，H_2O：4.76%。

部分 MgO 为 FeO 所替换。含 FeO>33.7%时称铁滑石，含 NiO 达 30.6%称镍滑石。此外，尚含 Al_2O_3 等。

【晶体结构】 单斜晶系，C_{2h}^6-$C2/c$ 或 C_i^4-Cc（三斜晶系）。a_0 = 0.527nm，b_0 = 0.912nm，c_0 = 1.855nm，β = 100°00′。Z = 4。主要粉晶谱线：9.25、3.104、1.525(100)，4.64、2.471、1.383(60)。

滑石型晶体结构为层状结构硅酸盐 TOT 型（图14-44）。阳离子基本结构层为［$MgO_4(OH)_2$］，三八面体型结构。结构单元层内电荷是平衡的，结合牢固。层间域内无阳离子。结构单元层间靠分子键联系。

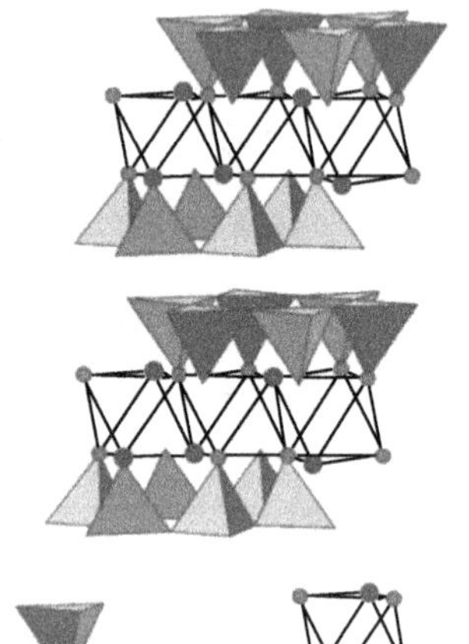

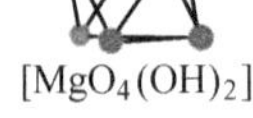

图 14-44　滑石晶体结构

【晶体形态】 斜方柱晶类，C_{2h}-$2/m(L^2PC)$。微细晶体呈假六方片状或菱形板状，单晶少见。一般为致密块状、叶片状、纤维状或放射状集合体。

【物理性质】 白色或各种浅色，条痕常为白色，油脂光泽（块状）或珍珠光泽（片状集合体），半透明。解理∥{001} 极完全，薄片具挠性。硬度 1，相对密度 2.6～2.8。有滑感，绝缘性、耐酸性好。

【显微镜下特征】 透射光下薄片中无色透明。低正突起。最高干涉色可达Ⅲ级橙色，底面切片为Ⅰ级红紫。近于平行消光；正延长符号。二轴晶（-）。$2V$ = 0°～30°。N_g = 1.580～1.600，N_m = 1.580～1.594，N_p = 1.53～1.550。

【简易化学试验】 与硝酸钴反应呈玫瑰红色，pH = 9。

【成因】 典型热液作用产物。是富镁质超基性岩、白云岩、白云质灰岩经热变质交代产物。在岩石发生蛇纹石化之后，在晚期较酸性侵入体的热水溶液的影响下形成。CO_2 起着重要作用：

$$4Mg_2[SiO_4](\text{橄榄石}) + 2SiO_2 + H_2O \longrightarrow Mg_6[Si_4O_{10}](OH)_8(\text{蛇纹石})$$

$$Mg_6[Si_4O_{10}](OH)_8(\text{蛇纹石}) + 3CO_2 \longrightarrow Mg_3[Si_4O_{10}](OH)_2(\text{滑石}) + 3MgCO_3(\text{菱镁矿}) + 3H_2O$$

在白云岩中形成滑石，与含硅溶液作用下白云岩分解，或早期矽卡岩阶段形成的透闪石等分解有关：

$$3CaMg[CO_3]_2 + 4SiO_2 + H_2O \longrightarrow Mg_3[Si_4O_{10}](OH)_2 + 3CaCO_3 + 3CO_2$$

【用途】 滑石在造纸、油漆染料、陶瓷、橡胶、塑料、铸造、农业等领域广泛应用。

叶蜡石族

叶蜡石（Pyrophyllite）

【化学组成】 $Al_2[Si_4O_{10}](OH)_2$。Al_2O_3：28.3%，SiO_2：66.7%，H_2O：5.0%，自然界很少见到纯叶蜡石，有各种杂质伴生。

【晶体结构】 单斜晶系，C_{2h}^6-$C2/c$ 或 C_i^4-Cc（三斜晶系）。$a_0=0.515$nm，$b_0=0.892$nm，$c_0=1.859$nm；$\beta=99°55'$；$Z=4$。主要粉晶谱线：3.07(100)、9.3、2.538、2.42(80)、4.6、1.496(70)。叶蜡石晶体结构与滑石晶体结构类似，结构单元层为TOT型结构。其晶体结构是每一结构单元层由上下两层［SiO_4］四面体层（T）中间夹一层［AlO_4，$(OH)_2$］八面体层（O）组成。三价阳离子Al^{3+}占据两个八面体空隙，为二八面体型，这是与滑石结构的区别所在。

【晶体形态】 斜方柱晶类，C_{2h}-$C2/c$（L^2PC）。晶体少见。常见致密块状、叶片状、放射状。

【物理性质】 常呈淡黄、乳灰白、灰绿等颜色，若含铁的氧化物或汞，则呈现褐红或血红色。蜡状光泽、有滑感。解理∥{001} 完全，隐晶质贝壳状断口。叶片柔软无弹性。硬度1.5~2.0。相对密度2.65~2.90。耐火度高于1700℃，绝缘、绝热性好，化学性能稳定，高温下被硫酸分解。

【显微镜下特征】 偏光显微镜下呈无色。二轴晶（－），$2V=53°$~$62°$。$N_g=1.596$~1.601，$N_m=1.586$~1.589，$N_p=1.542$~1.556。

【简易化学试验】 叶蜡石与硝酸钴反应呈蓝色。

【成因】 叶蜡石是富铝岩石受到热液作用的产物。主要由中酸性喷出岩、凝灰岩经热液作用蚀变形成。福建寿山、浙江青田的叶蜡石是白垩纪流纹岩和流纹凝灰岩经热液蚀变后生成的。

【用途】 叶蜡石具有高化学稳定性、低热胀性、低导电性、高绝缘性、高熔点、良好抗腐蚀性，适用于作陶瓷和耐火材料。质纯细腻、色泽美观者可作玉石、雕刻石用，如寿山石、青田石等。

云 母 族

本族矿物化学式 $XY_{2\sim3}[T_410_{10}](OH, F)_2$。其中X为$K^+$、$Na^+$和少量的$Ca^{2+}$、$Ba^{2+}$、$Rb^+$、$Cs^+$、$H_3O^+$等大半径阳离子，位于结构单元层之间，K为12次配位。Y主要为Mg、Al、Fe以及Mn、Li、Cr、Ti等，为八面体配位。T组阳离子为四面体配位，主要是Si、Al，一般Si∶Al=3∶1。存在着$KMg_3[AlSi_3O_{10}][OH, F]_2$-$KFe_3[AlSi_310_{10}](OH, F)_2$完全类质同象。划分以下亚族：白云母亚族、黑云母亚族（黑云母，金云母）、锂云母亚族。

云母族晶体结构为TOT型结构。由两层四面体片夹一层八面体片构成云母晶体结构单元层。在结构单元层中有［AlO_4］代替［SiO_4］，有剩余的电价，使结构单元层间域有电价低、半径大的Na^+、K^+充填，增强层间联系。八面体片中为Mg^{2+}、Fe^{2+}离子充填则为三八面体型，为Al^{3+}等三价阳离子充填为二八面体型。

结构单元层的叠置方式不同，构成了云母族矿物的多型。结构中两相邻四面体片的氧和（OH）的位置是上下相对的，但相邻的二结构单元层内四面体片相对位移（$a_0/3$）矢量可相对旋转0°或60°、120°、180°、240°、300°，从而构成云母不同的多型变体。云母较简单的多型变体有六种：(1) 1M多型。相邻三构造层的位移方向相同（即0°），只沿a位移，重复层为1，具有单斜晶系对称。(2) 2O多型。相邻结构层位移方向相继为0°和180°，重复层为2，具斜方对称。(3) $2M_1$多型。位移方向为120°和240°，重复层数位2。(4) $2M_2$多型。位移方向为300°和60°，重复层数为2；这两种多型为单斜对称。(5) 3T多型。位移方向相继为120°、240°、360°，重复层数为3，具三方对称。(6) 6H多型。位移方向相继为60°、120°、180°、240°、300°、360°，重复层数为6，具六方对称。更复杂的多型可从上述六种基本的多型扩展而成。

云母族矿物形态为假六边的板、片状，细小者为鳞片状等（图14-45）。云母的颜色随化学成分的变化而异，主要随Fe含量的增多而变深。玻璃光泽、珍珠光泽。具有弹性。具有∥{001}一组极完全解理。以纯针置于云母（001）解理面上，用锤猛击可得打像裂纹三组，呈六射状，间角约为60°。在同样情况下如用圆头棒压之可获得压像，压像的六射裂纹与打像裂纹互相垂直。云母广泛应用于建材、消防行业，以及电焊条、塑料、电绝缘、造纸、沥青纸、橡胶、珠光颜料等化工产品。

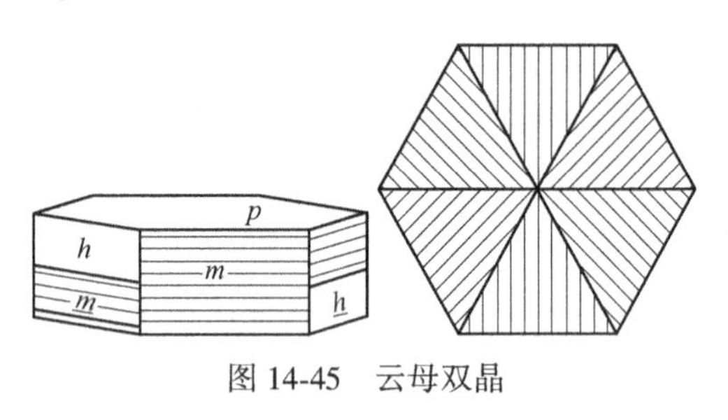

图14-45　云母双晶

白云母亚族

白云母（Muscovite）

【化学组成】 $KAl_2[AlSi_3O_{10}](OH, F)_2$。$K_2O$：11.8%，$SiO_2$：45%，$Al_2O_3$：38%，$H_2O$：4.5%。含有Ba、Na、Rb、$Fe^{3+}$、Cr、V、$Fe^{2+}$、Mg、Li、Ca、F等。

【晶体结构】 单斜晶系，C_{3h}^6-$C2/c$；a_0=0.519nm，b_0=0.9.00nm，c_0=2.010nm，β=95°11′；Z=4。主要粉晶谱线：3.32(100)、9.95(85)、2.57(55)。2M型。9.97(100)、3.33(100)、4.99(55)（3T型）。白云母晶体结构为TOT型，二八面体型（图14-46）。层间域存在K^+离子。常见多型为2M型，少数为3T型。

【晶体形态】 斜方柱晶类，C_{3h}-$2/m(L^2PC)$。通常呈板状或片状，外形呈假六方形或菱形。柱面有明显的横条纹。双晶常见，多依云母律生成接触双晶或穿插三连晶。

【物理性质】 浅黄、浅绿、浅红或红褐色。无色条痕：透明至半透明，玻璃光泽，解理面珍珠光泽。解理∥{001}极完全，具（100）和（010）裂开。硬度2~3，相对密度2.76~3.10。薄片具显著的弹性。绝缘性和隔热性强。

【显微镜下特征】 透射光下无色。二轴晶（-）。$2V$=35°~60°。N_g=1.588~1.615，N_m=1.582~1.611，N_p=1.552~1.572。

【成因】 白云母是分布很广的造岩矿物之一，在岩浆岩、沉积岩、变质岩中均有产出。

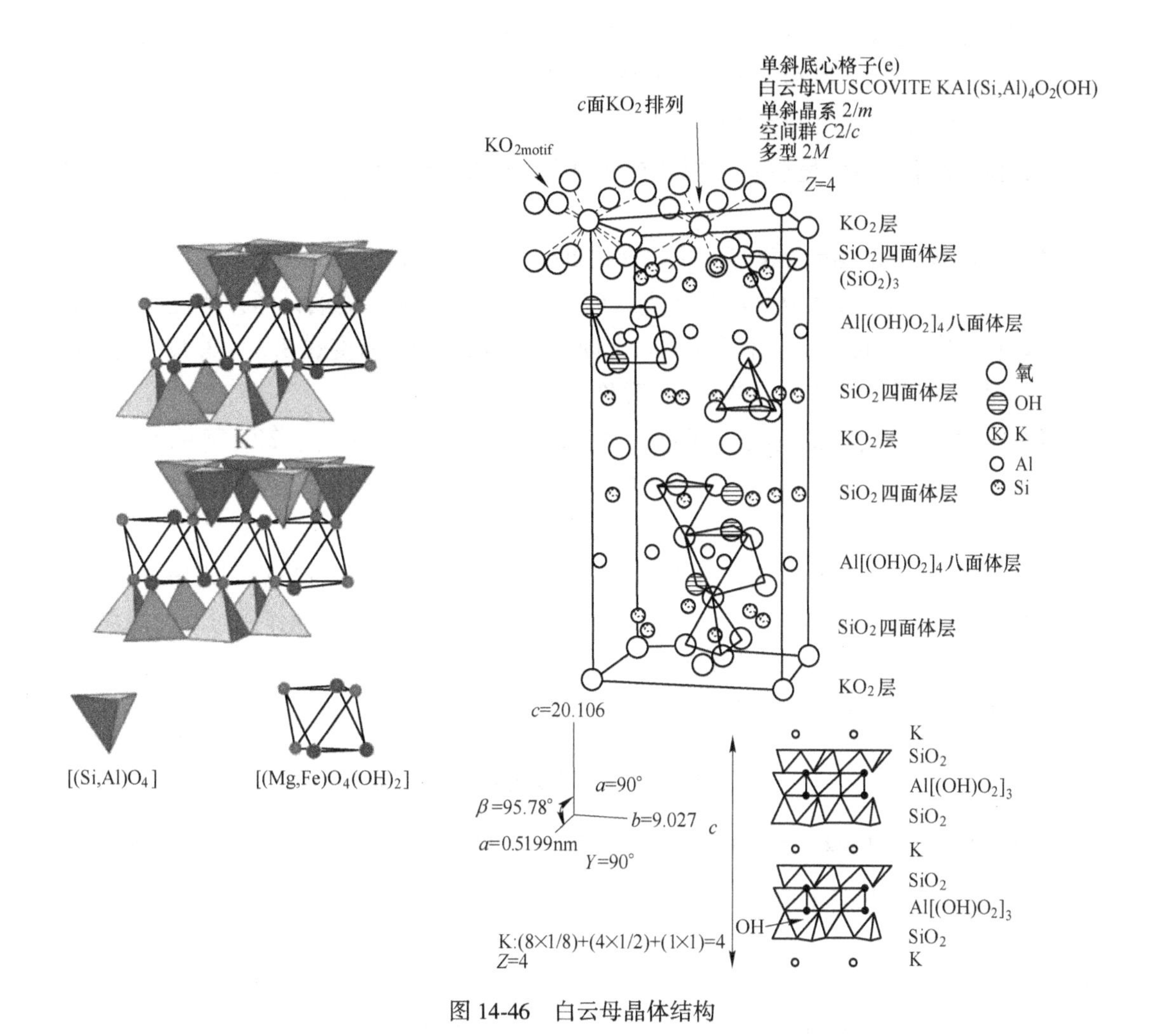

图 14-46 白云母晶体结构

【用途】 白云母具有良好的电绝缘和热绝缘、化学性质稳定、抗各种射线辐射性能，良好的防水防潮性。广泛用于电器工业、电子工业、航空、航天等领域。各种粒级的云母粉体在建材、塑料、油漆、颜料等产品中作为填料，可改变制品的抗冻、防腐、耐磨、密实等性能。

黑云母亚族

黑云母（Biotite）

【化学组成】 $K(Mg, Fe^{2+})_3[AlSi_3O_{10}](OH, F)_2$，类质同象代替广泛，$K\{(Mg, Fe^{2+})_3[Si_3AlO_{10}](OH, F)_2\}$-$K\{Mg_3[Si_3AlO_{10}](OH, F)_2\}$，为完全类质同象，当 Mg：Fe<2：1 时为黑云母，Mg：Fe>2 为金云母。K 可被 Na、Ca、Rb、Cs、Ba 代替，Mg、Fe 可被 Al、Fe^{3+}、Ti、Mn、Li 代替，(OH) 可被 F、Cl 代替。

【晶体结构】 单斜晶系，C_s^3-Cm；$a_0=0.53$nm，$b_0=0.92$nm，$c_0=1.02$nm，$\beta=100°$，

$Z=2$。主要粉晶谱线：10.0(100)、3.34(100)、2.68(80)、1.541(80)。晶体结构为 TOT 型。主要为三八面体型结构。由于八面体片中的 Mg^{2+}、Fe^{3+}可被三价阳离子代替，可有二八面体型结构，成为过渡性结构。最常见多型为 1M 型。

【晶体形态】 晶体呈假六方板状或短柱状。依云母律成双晶。集合体为片状、鳞片状。

【物理性质】 深褐色、黑色为主。含铁量高，颜色较深，呈红棕色；富 Ti 呈浅红褐色，富 Fe^{3+}呈绿色。条痕为白色略带浅绿色。透明至半透明，玻璃光泽，解理面珍珠光泽。解理// {001} 极完全，不平坦断口。硬度为 2～3，相对密度在 3.02～3.12。电绝缘性差。强酸可使黑云母腐蚀，并呈脱色现象。

【显微镜下特征】 透射光下褐色、黄色、绿色。二轴晶（-）。$2V=0°\sim25°$，$N_g=1.620\sim1677$，$N_m=1.620\sim1.676$，$N_p=1.573\sim1.623$。多色性强。N_g-深褐色或草绿色，N_m-深褐色、红褐色或草绿色，N_p-黄或淡黄色。

【成因】 黑云母分布广泛。在岩浆岩、变质岩、沉积岩中都有出现。是中基性、中酸性岩浆岩的主要造岩矿物。在变质岩中广泛分布。黑云母受到热液作用可变为绿泥石、白云母和绢云母等。在风化环境中黑云母逐渐变为蛭石、高岭土。

【用途】 建筑材料等。

金云母（Phlogopote）

【化学组成】 $KMg_3[Si_3AlO_{10}][OH,F]_2$。$SiO_2$：36%～45%，$Al_2O_3$：1%～17%，MgO：19%～27%，$K_2O$：7%～10%，$H_2O$<1%。

【晶体结构】 单斜晶系，C_s^3-Cm；$a_0=0.53$nm，$b_0=0.92$nm，$c_0=1.02$nm，$\beta=100°$，$Z=2$。主要粉晶谱线：9.94(100)、3.35(100)、2.61(30)、2.01(30)(1M)。10.13(100)、3.35(100)、2.01(100)、2.51(50)(3T)。10.1(100)、3.36(100)、2.62(100)、2.02(65)(2M)。晶体结构为 TOT 型。主要为三八面体型结构。最常见多型为 1M，其次是 2M 和 3T。

【晶体形态】 反映双面晶类，C_s-$m(P)$。晶体呈假六方板状或短柱状。依云母律成双晶。集合体为片状、鳞片状。板状、片状，横切面呈六边形或菱形。

【物理性质】 呈各种色调的浅棕色和各种色调的浅黄色。半透明至透明，玻璃光泽，解理面珍珠光泽。解理//{001} 极完全。硬度为 2～3。相对密度 2.7～2.85。薄片具有弹性。

【显微镜下特征】 透射光下无色、淡黄色。二轴晶（-）。$2V=0°\sim15°$，$N_g=1.558\sim1.637$，$N_m=1.557\sim1.637$，$N_p=1.530\sim1.590$。多色性弱。

【成因】 接触交代成因为主。是酸性侵入体与富镁贫硅的碳酸盐围岩发生接触交代反应的产物。与透辉石、镁橄榄石、尖晶石等共生。

【用途】 金云母耐高温性能好于白云母，在 800～1000℃高温下不改变性质，用于冶金炉窗口、电热设备、电焊铁、探照灯和其他机器的耐热绝缘器材。

锂云母亚族

锂云母（Lepidolite）

【化学组成】 $K(Li, Al)_{2.5-3}[Si_{3.5-3}Al_{0.5-1}O_{10}](OH, F)_2$。成分变化较大，$Fe_2O_3$：8%~12%，。$Li_2O$：1.23%~5.90%，$Al_2O_3$：22%~29%，$SiO_2$：47%~60%，F：4%~9%。还含有 Na^+、Rb^+、Cs^+置换 K^+；有 Fe^{2+}、Mn^{2+}、Ca^{2+}、Mg^{2+}、Ti^{3+}等置换 Li^+、Al^{3+}。含 Li 的云母，均含一定数量的 F^-。含 Li 越高，F 的含量越高。

【晶体结构】 1*M*-单斜晶系，空间群 *Cm*，或 *C2/m*。a_0=0.53nm，b_0=0.92nm，c_0=1.02nm，β=100°；$2M_2$-单斜晶系，*C2/c*，a_0=0.92nm，b_0=0.936nm，c_0=2.00nm，β=99°。3*T*-三方晶系，$P3_112$，a_0=0.53nm，c_0=3.00nm。主要粉晶谱线：9.93(100)、3.38(100)、2.61(80)、(1M)。10.0(60)、2.58(100)、1.90(80)($2M_2$)。晶体结构与白云母相似。差别在于锂云母结构中八面体位置为 Li 、Al 等离子所充填，属三八面体型结构。

【晶体形态】 反映双面晶类，C_s-*m*(*P*)。晶体呈假六边形，发育完好晶体少见。通常呈片状、鳞片状集合体。

【物理性质】 颜色为玫瑰色、浅紫色、浅至无色，透明，玻璃光泽。解理面具有珍珠光泽。解理//{001} 极完全。薄片具弹性。硬度 2~3，相对密度 2.8~2.9。

【显微镜下特征】 透射光下呈无色，有的呈浅玫瑰色或淡紫色。二轴晶（-），2*V*=25°~45°，N_g=1.556~1.610，N_m=1.554~1.610，N_p=1.536~1.570 。

【简易化学试验】 吹管下染火焰呈红色，为 Li 的焰色反应。熔化时，可以发泡，并产生深红色的锂焰。不溶于酸，但在熔化之后，亦可受酸类的作用。

【成因】 锂云母主要产在花岗伟晶岩中。与石英、长石、锂辉石、白云母、电气石等共生。

【用途】 锂云母是提炼锂的重要矿物原料。也含有铷和铯。丁香紫色色泽柔和的细粒集合体可作玉石材料。

铁锂云母（Zinnwaldite）

【化学组成】 化学式为 $K(Li, Fe^{2+}, Al)_3[(Si, Al)_4O_{10}](F, OH)_2$；成分变化较大，K 能被 Na、Ba、Rb、Sr 代替；在八面体位置上的 Li、Fe、Al 可被 Ti、Mn、Mg 等代替。含 Li_2O 1.1%~5%。属于黑云母与锂云母之间的过渡产物。

【晶体结构】 单斜晶系，C_s^3-*Cm*；a_0=0.527nm，b_0=0.909nm，c_0=1.007nm，β=100°；*Z*=2。主要粉晶谱线：3.29(100)、9.8(80)、1.98(55)。晶体结构与白云母相似，结构单元层为 TOT 三八面体型。多型有 1M、3T、2M。

【晶体形态】 反映双面晶类；C_s-*m*(*P*)。晶体呈假六方板状，通常呈片状或鳞片状集合体。见片状结晶集合成玫瑰花瓣状。

【物理性质】 灰褐色、淡黄或褐绿色、浅绿色。玻璃光泽，解理面珍珠光泽。解理//{001} 极完全。薄片具弹性。硬度 2~3。相对密度 2.9~3.2。

【显微镜下特征】 偏光显微镜下特征：无色或浅褐色。二轴晶（-），2*V*=30°~39°。

N_g = 1.580 ~ 1.60，N_m = 1.570 ~ 1.600，N_p = 1.500 ~ 1.580。

【成因】 主要产于云英岩、花岗伟晶岩、高温热液脉中。与黑钨矿、锡石、黄玉、锂云母、石英等共生。

【用途】 铁锂云母是提取锂的矿物原料。

高 岭 石 族

高岭石（Kaolinite）

【化学组成】 $Al_2[Si_4O_{10}](OH)_4$。Al_2O_3：41.2%，SiO_2：48.0%，H_2O：10.8%。有少量 Mg、Fe、Cr、Cu 等代替八面体中的 Al。

【晶体结构】 三斜晶系，C_i^3-$P\bar{1}$。a_0 = 0.514nm，b_0 = 0.893nm，c_0 = 0.737nm，α = 91°8′，β = 104°7′，γ = 90°；Z = 1。主要粉晶谱线：1.715、3.57、1.487(100)、2.338、1.126(70)。高岭石结构单元层由硅氧四面体片 $[SiO_4]$(T) 与“氢氧铝石”八面体片 $[AlO_2(OH)_4]$(O) 连结形成的结构单元层沿 c 轴堆垛而成（图 14-47）。层间没有阳离子或水分子存在，氢键（O—OH = 0.289nm）加强了结构层之间的连结。“氢氧铝石”片变形以及大小与硅氧四面体片的大小不完全相同。高岭石中结构层的堆积方式是相邻的结构层沿 a 轴相互错开 $(1/3)a$，并存在不同角度的旋转。常见 1Tc 高岭石结构的重复层为一，八面体空隙中 A、B 位被阳离子占据，不存在对称面为三斜晶系。迪开石（dickite）重复层为二，A 位被占据，B、C 位交替被阳离子占据。其滑移面为单斜对称。高岭石结构层在堆叠过程中，如果在层间域内充填一层水分子，则形成埃洛石 $Al_4[Si_4O_{10}](OH)_8 \cdot 4H_2O$。在埃洛石的晶体结构中，由于层间水分子的存在，使埃洛石呈四面体片居外、八面体片居内的结构单元层的卷曲结构形态出现。埃洛石的结构可视为被水分子层隔开的高岭石结构。

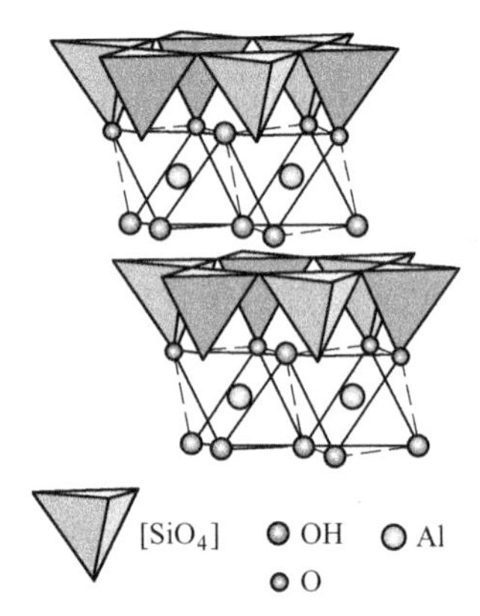

图 14-47 高岭石晶体结构（TO 型）

【晶体形态】 呈隐晶质致密块状或土状集合体。电镜下呈自形假六方板状、半自形或它形片状晶体。鳞片在 0.2 ~ 5μm，厚度 0.05 ~ 2μm。集合体为片状、鳞片状、放射状等。

【物理性质】 纯者白色，因含杂质可染成其他颜色。集合体光泽暗淡或呈蜡状。一组解理∥{001} 极完全，硬度 1.0 ~ 3.5，相对密度 2.60 ~ 2.63。鳞片具有挠性。致密块体具有粗糙感，干燥时具吸水性，湿态具可塑性，加水不膨胀。在水中呈悬浮状。

【显微镜下特征】 透射光下呈无色。细鳞片状。二轴晶（-）。2V = 10° ~ 57°。N_p = 1.560 ~ 1.570，N_m = 1.559 ~ 1.569，N_p = 1.533 ~ 1.565。

【简易化学试验】 用 0.001%亚甲基蓝溶液及盐酸饱和溶液染色，置 24 ~ 39h 样品呈紫色。用 0.01%二氨基偏氮苯溶液染色呈黄色。硝酸钴实验呈蓝色。热分析：在高岭石差热曲线在500~600℃处吸热谷为（OH），以 H_2O 形式逸出，由晶格破坏所致；950~1000℃处放热峰为游离 Al_2O_3 和 SiO_2 生成新矿物（γ-Al_2O_3、红柱石、方石英）的效应。

【成因】 高岭石分布很广，主要是由富铝硅酸盐在酸性介质条件下，经风化作用或低温热液交代变化的产物。钾长石风化形成高岭石的反应式为：

$$4K[AlSi_3O_8](\text{钾长石}) + H_2O + 2CO_2 \longrightarrow Al_4[Si_4O_{10}](OH)_8(\text{高岭石}) + 8SiO_2 + 2K_2CO_3$$

【用途】 高岭石具有白度和亮度高、质软、强吸水性、易于分散悬浮于水中、良好的可塑性和高的黏接性、抗酸碱性、优良的电绝缘性、强离子吸附性和弱阳离子交换性以及良好的烧结性和较高的耐火度等性能。高岭土是一种以高岭石或多水高岭石为主要成分，质地纯净的细粒黏土，因首先发现于中国江西景德镇高岭村而得名。主要由小于2μm的高岭石、迪开石、珍珠石、埃洛石以及石英和长石等组成。化学成分中有大量 Al_2O_3、SiO_2 和少量 Fe_2O_3、TiO_2，以及微量 K_2O、Na_2O、CaO 和 MgO 等。用于制作陶瓷，也称瓷土。

蛇纹石族

蛇纹石（Serpentine）

【化学组成】 $Mg_6[Si_4O_{10}](OH)_8$。MgO：43.6%，SiO_2：44.1%，H_2O：12.9%。Mg 可被 Fe、Mn、Cr、Ni、Al 代替，形成各种成分变种：铁叶蛇纹石、锰叶蛇纹石、铬叶蛇纹石、镍叶蛇纹石和铝叶蛇纹石。F 可代替（OH），量高时为氟叶蛇纹石。

【晶体结构】 单斜晶系，C_m 或 $C2/m$；a_0=0.53nm，b_0=0.92nm，c_0=0.748nm。β=90°~93°；Z=2。蛇纹石变种晶胞参数、主要粉晶谱线见表14-7)。晶体结构与高岭石结构相似（TO型）。

表14-7 蛇纹石族矿物晶胞参数

矿物		a	b	c	β	n	晶系	主要粉晶谱线
叶蛇纹石	斜叶蛇纹石	0.53	0.926	0.748	91°24′	1	单斜 C_{2h}^3-$C2/m$	
	正叶蛇纹石	0.532	0.922	4.359	90°	6	六方 C_{6v}^3-$P6_3cm$	7.43(100)、4.622(31)、3.69(55)、2.522(51)
	铝叶蛇纹石	0.529		6.399	90°	9	三方 C_3^2-$P3_112$	
利蛇纹石	利蛇纹石	0.531	0.920	0.731	90°	1	单斜 C_h^3-Cm	7.31(100)、4.529(31)、3.66(64)、2.565(60)
纤蛇纹石	斜纤维蛇纹石	0.534	0.92	1.465	93°16′	2	单斜	
	正纤维蛇纹石	0.534	0.92	1.463	90°	2	单斜	7.25(45)、3.604(100)、2.442(18)、1.537(23)

主要差别是八面体层为氢氧镁石层（[$MgO_2(OH)_4$]）。其中全部八面体空隙为 Mg 充填。[SiO_4] 四面体片（T）在 b 轴方向单位长度小于八面体片（O）的单位长度，并导致 a 轴方向的单位长度发生变化。在八面体中有 Al^{3+}、Fe^{3+}等代替半径较大 Mg^{2+}，在四面体层也有 Al^{3+}代替 Si^{+}，形成利蛇纹石。若使四面体片（T 层）与八面体片（O 层）交替反向波状弯曲，形成叶蛇纹石（图 14-48）；若八面体片在外，四面体片在内，结构单元层发生卷曲成管状结构，形成纤蛇纹石。

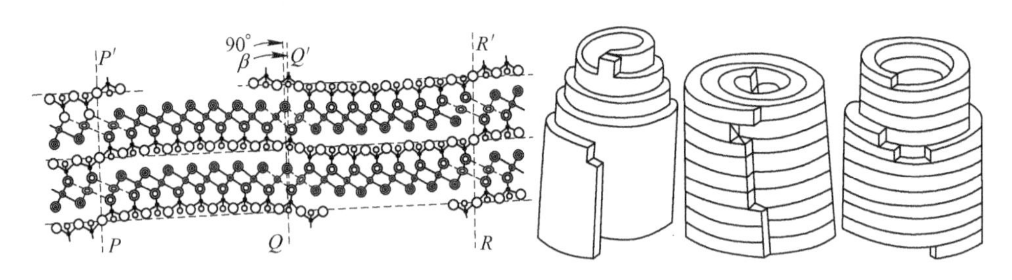

图 14-48 叶蛇纹石交替反向波状弯曲结构与管状结构

【晶体形态】 叶片状、鳞片状、致密块状集合体，有时呈具胶凝体特征的肉冻状块体。

【物理性质】 叶蛇纹石呈黄绿至绿色、白色、棕色、黑色，具有蛇皮状青绿斑纹。蜡状光泽~玻璃光泽，解理∥{001} 极完全，{010} 不完全。硬度 3~3.5。相对密度 2.6~2.7。利蛇纹石呈暗棕色。玻璃光泽或珍珠光泽。解理∥(001) 极完全。硬度 2，相对密度 2.653。解理片不具弹性。纤蛇纹石通常呈白色、淡绿色、黄色等。具丝绢光泽。平行纤维方向可劈成极细具弹性的纤维。半透明至不透明。硬度 2.5 ~3；相对密度 2.36~2.5。

【显微镜下特征】 透射光下呈无色、淡黄、淡绿、褐色等。叶蛇纹石二轴晶（-）$2V=37°\sim61°$。$N_g=1.562\sim1.574$，$N_m=1.565$，$N_p=1.558\sim1.567$。利蛇纹石呈褐色至绿褐色。二轴晶（-）。$N_g=1.5861\sim1.5865$，$N_m=1.5856\sim1.5860$，$N_p=1.5678\sim1.5681$。纤蛇纹石呈淡绿淡黄色。二轴晶（+）。$2V=30°\sim35°$。$N_g=1.5555$，$N_m=1.543$，$N_p=1.542$。

【成因】 产于热液交代成因。富含 Mg 的岩石如超基性岩（橄榄岩、辉石岩）或白云岩经热液交代作用可形成蛇纹石。在矽卡岩中也有蛇纹石产生。

【用途】 蛇纹石类矿物具有耐热、抗腐蚀、耐磨、隔热、隔音、较好的工艺特性及伴生有益组分，广泛用于化肥、炼钢熔剂、耐火材料、建筑用板材、雕刻工艺、提取氧化镁和多孔氧化硅、医疗方面，可净化高氟水等。蛇纹石石棉用于保温和防火材料。致密块状质地细腻色泽美观者为玉石，如岫岩玉即是其中一种。

绿泥石族

本族矿物化学式为 $X_m Y_4O_{10}(OH)_8$，$X=Li^{+}$、Al^{3+}、Fe^{3+}、Fe^{2+}、Mg^{2+}、Mn^{2+}、Cr^{3+}，占据八面体空隙。M = 5 ~ 6。Y = Al、Si，位于四面体位置。绿泥石化学成分为

$(Mg, Fe, Al)_3(OH)_6 \cdot \{(Mg, Al, Fe^{3+})_3[(Al, Si)_4O_{10}](OH)_2\}$，由于类质同象代替广泛，成分复杂，矿物种属多。本族矿物晶体结构为TOT型，在层间域被带有正电荷的［$MgOH_6$］八面体片所充填，与TOT结构单元层的底面氧之间有较强的氢键，具有较高的热稳定性。

绿泥石（Chlorite）

【化学组成】 $(Mg, Fe, Al)_3(OH)_6 \cdot \{(Mg, Al, Fe^{3+})_3[(Al, Si)_4O_{10}](OH)_2\}$，由于类质同象代替广泛，成分复杂，矿物种属多。按照组成中六次配位阳离子Fe^{2+}同全部两价阳离子的数量比值和四次配位的Si原子数量大小，划分变种：主要有叶绿泥石：$Fe^{2+}:R^{2+}=0.00 \sim 0.25$，$Si=3.10 \sim 3.40$；斜绿泥石：$Fe^{2+}:R^{2+}=0.00 \sim 0.25$；铁绿泥石：$Fe^{2+}:R^{2+}=0.25 \sim 0.75$，$Si=2.4 \sim 2.75$；鲕绿泥石$Fe^{2+}:R^{2+}=0.75 \sim 1.00$，$Si=2.40 \sim 3.10$等。

【晶体结构】 叶绿泥石：单斜晶系；C_{2h}^3-$2/c$；$a_0=0.52$nm，$b_0=0.921$nm，$c_0=2.86$nm，$\beta=95°50'$；$Z=4$。主要粉晶谱线：7.19(100)、4.80(100)、14.3(60)。斜绿泥石：单斜晶系，C_{2h}^2-$C2/m$：$a_0=0.52 \sim 0.53$nm，$b_0=0.92 \sim 0.93$nm，$c_0=1.436$nm，$\beta=96°30'$，$Z=4$。主要粉晶谱线：7.12(100)、3.56(80)、2.55(80)、14.3(70)。鲕绿泥石：单斜晶系，C_{2h}^2-$C2/m$。$a_0=0.54$nm，$b_0=0.933$nm，$c_0=0.704$nm，$\beta=104°12'$。$Z=2$。主要粉晶谱线：7.05(100)、3.52(100)、2.52(90)。晶胞参数变化与硅氧四面体［SiO_4］被［AlO_4］代替有关，与八面体中Mg、Fe、Al的含量有关。

绿泥石晶体结构视为TOT型结构单元层（滑石型结构）与层间域中的氢氧镁石层（［$Mg(OH)_6$］八面体）层交替排列而成（图14-49）。氢氧镁石层是由两层（OH）作最紧密堆积，Mg^{2+}占据其间全部八面体空隙，为三八面体型；也有$Al^{3+}Fe^{3+}$充填八面体空隙，为二八面体型。TOT型结构单元层有［AlO_4］代替［SiO_4］而带负电荷，［$Mg(OH)_6$］八面体片带正电荷，对上下结构单元层的联系力比滑石层之间的联系力强而弱于云母。故薄片无弹性，比滑石硬度大。由于结构中滑石层和氢氧镁石层交替排列的方式不同，形成多种多型。多型种类与其成分的变化和形成条件有关。

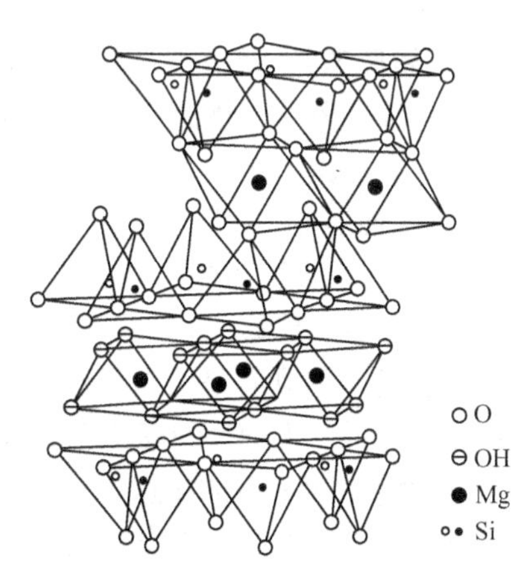

图14-49 绿泥石晶体结构

【晶体形态】 斜方柱晶类，C_{2h}-$2/m(L^2PC)$。晶体为假六方晶体片状，通常以鳞片状集合体产出。

【物理性质】 颜色随成分变化，含镁的绿泥石为浅蓝色。含铁量增加颜色加深，由深绿到黑绿色。含锰的绿泥石呈橘红色到浅褐色。含铬呈浅紫色到玫瑰色。透明，玻璃光泽至无光泽，解理面可呈珍珠光泽。一组解理∥{001}完全，薄片无弹性，具挠性。相对密度2.6~3.3，硬度2~3。

【显微镜下特征】 透射光下淡绿色到黄黄色，具多色性，有异常干涉色。光性符号大多为正光性，少数为负光性。光轴角不超过30°。叶绿泥石：$N_g=1.579$，$N_m=1.576$。

N_p=1.576。斜绿泥石：N_g=1.594~1.576，N_m=1.594~1.572，N_p=1.584~1.572。鲕绿泥石：N_g=1.658，N_m=1.658。

【成因】 绿泥石主要是中、低温热液作用，浅变质作用和沉积作用的产物。在火成岩中，绿泥石多是辉石、角闪石、黑云母等蚀变的产物。富铁绿泥石主要产于沉积铁矿中。

【用途】 绿泥石集合体中的色泽艳丽、质地致密细腻坚韧、块度较大者，均可用作玉雕材料，此即绿泥石玉。现有绿冻石、仁布玉、果日阿玉、崂山海底玉等。

伊利石族

伊利石（Iillite）

【化学组成】 $K_{1-x}\{(Al_2)[Si_{3+x}Al_{1-x}O_{10}](OH)_2\}(x=0.25\sim0.5)$ 。Al_2O_3 在25%~33%，Al可被 Mg^{2+}、Fe^{2+} 等代替。K_2O 在6%左右；含有Na、Ca、等。H_2O 含量可达8%~9%。

【晶体结构】 单斜晶系，a_0=0.52nm，b_0=0.90nm，c_0=1.00nm，β=96°；Z=2。晶体结构与白云母的基本相同，结构单元层为 *TOT* 二八面体型，与白云母不同的是，四面体中Si/Al大于 $4\frac{1}{3}$，需要中和的负电荷下降，层间 K^+ 的数量比白云母少（常为0.5~0.75原子数）。且有水分子存在，使结构单元层联结力下降。晶体有1*M*、2*M*、$1M_d$ 和3*T* 等多型变体。以1*M* 型较多。

【晶体形态】 呈极细小的鳞片状晶体，透射电子显微镜下呈不规则的或带棱角的薄片状，有时也呈不完整的六边形和板条状形态，伊利石的片状或条状的晶体非常细小，通常呈土状集合体产出。

【物理性质】 白色、灰白色，含杂质较多的呈灰色或黑色，致密块状呈油脂光泽。解理∥{001}完全。硬度1~2，相对密度2.5~2.8。质地细腻、滑腻感。久置水中不膨胀，松散有混浊现象。

【成因】 伊利石是由白云母或钾长石风化后变成的。伊利石黏土（岩）的矿物成分主要为伊利石，含少量的高岭石、蒙脱石、绿泥石、叶蜡石等。

【用途】 伊利石的用途很广。在陶瓷工业上利用伊利石作为生产高压电瓷、日用瓷的原料，在化工工业上用作造纸、橡胶、油漆的填料，在农业上可制取钾肥等。还能用来生产汽车外壳的喷镀材料及电焊条。

蛭石族

蛭石（Vermiculite）

【化学组成】 化学式为 $(Mg,Ca)_{0.3-0.45}(H_2O)_n\{(Mg,Fe_3,Al)_3[(Si,Al)_4O_{10}](OH)_2\}$。MgO：14%~23%，$Fe_2O_3$：5%~7%，FeO：1%~3%，$SiO_2$：37%~42%，$Al_2O_3$：10%~13%，$H_2O$：8~%18%。含有 K_2O。

【晶体结构】 单斜晶系；C_s^4-*Cc*；a_0 = 0.535nm，b_0 = 0.925nm，c_0 = 2.89nm，β =

97°07′；$Z=4$。主要粉晶谱线：14.2(100)、1.53(70)、4.57(60)。晶体结构为（TOT）型，三八面体型。结构单元层的四面体片中由 Al 代替 Si 而产生电荷，导致层间充填可交换性阳离子和水分子。水分子以氢键与结构层的桥氧相联，在水分子层内彼此又以弱的氢键相互联结。部分水分子围绕层间阳离子形成配位八面体，形成水合络离子 $[Mg(H_2O)_6]^{2+}$，在结构中占有固定的位置；部分水分子呈游离状态。这种结构特点使蛭石具有很强的阳离子交换能力。在正常温度和湿度下，蛭石的 $c_0=1.436$nm，层间具双水分子层。水饱和后 c_0增大至 1.481nm，此时层间填充的是完整的水分子层。通过缓慢加热使蛭石脱水后，其 c_0由 1.436nm 变为 1.159nm，双层水分子将减为单层水分子。完全脱水后变为类似于滑石的结构，c_0为 0.902nm。

【晶体形态】 反映双面晶类，C_s-$m(P)$。常见呈黑云母或金云母呈假象。

【物理性质】 多呈褐、黄褐、金黄、青铜色，有时带绿色。油脂光泽或珍珠光泽。解理//{001} 完全，薄片有挠性。硬度 1~1.5。相对密度 2.4~2.7。

蛭石具有较好的加热膨胀性，急速加热可导致蛭石在 c 轴方向上发生层裂，呈蛭虫状。呈金白色，膨胀后可使体积增大 15~25 倍。具有较高的绝热性和吸水性。蛭石加热至 500℃脱水后，置室温下可再度吸水。膨胀蛭石化学性质稳定，有好的隔音性、隔热性和耐火性等。

【显微镜下特征】 透射光下无色至浅褐色。二轴晶（-），光轴角很小。$N_g=1.545\sim1.585$，$N_m=1.540\sim1.580$，$N_p=1.525\sim1.560$。

【成因】 为黑云母和金云母低温热液蚀变的产物。部分蛭石由黑云母经风化作用而成。

【用途】 蛭石是良好的绝热、隔音材料。利用蛭石的阳离子交换性能可作为软水剂。

海绿石（Glauconite）

【化学组成】 $K_{1-x}\{(Fe^{3+},Al,Fe^{2+},Mg)_2[Al_{1-x}Si_{3+x}O_{10}](OH)_2\}\cdot nH_2O$。由于有 Al 代替 Si 引起正电荷不足，故由层间 K^+补偿，K^+在结构式 0.6~1.0 之间，也被 Na^+、Ca^{2+}代替。有层间水。

【晶体结构】 单斜晶系，C_{2h}^3-$C2/m$。$a_0=0.525$nm，$b_0=0.909$nm，，$c_0=1.003$nm，$Z=2$；主要粉晶谱线：10.1(100)、2.59(100)、4.53(80)、1.511(60)、2.396(60)、3.33(60)。晶体结构为二八面体型结构。

【晶体形态】 斜方柱晶类；C_{2h}-$2/m$（L^2PC）。晶体呈细小假六方外形；通常呈细小圆粒存在于灰岩、黏土岩或硅质岩中。也有的呈疏松砂粒。

【物理性质】 暗绿至绿黑色、黄绿、灰绿色；不透明。通常无光泽。解理//(001)。硬度为 2~3，相对密度 2.2~2.8g/cm³，性脆。易被 HCl 溶解。

【显微镜下特征】 偏光显微镜下呈亮绿、浅绿，黄绿或橄榄色。多色性显著。二轴晶（-），$N_p=1.59\sim1.612$，$N_m=1.609\sim1.643$，$N_g=1.61\sim1.644$，双反射率=0.0200~0.0320，$2V$(计算)=20°~24°。

【成因】 海绿石形成于海洋沉积环境，是沉积层中海相指示矿物。

【用途】 海绿石是同沉积期的自生矿物，可用作地层对比，或者解释沉积环境。在工业上海绿石用来提取钾（K）；用作软化水；在玻璃制作中作为染料等。

蒙脱石族

蒙脱石（Montmorillonite）

【化学组成】 化学式 $E_x(H_2O)_4\{(Al_{2-x}, Mg_x)_2[(Si, Al)_4O_{10}](OH)_2\}$。式中 E 为层间可交换阳离子，主要为 Na^+、Ca^{2+}，其次有 K^+、Li^+ 等。x 为 E 作为一价阳离子时单位化学式的层电荷数，一般在 0.2～0.6 之间。根据层间主要阳离子的种类，分为钠蒙脱石、钙蒙脱石等成分变种。Al 可被 Mg 代替，也可被 Fe^3、Fe^{2+}、Zn^{2+}、Ni^{2+}、Li^+、Cr^{3+} 等代替，并呈八面体配位。Fe^{2+} 等二价阳离子代替 Al^{3+} 导致电荷产生。

【晶体结构】 单斜晶系；C_{2h}^3-$C2/m$；a_0 = 0.517nm，b_0 = 0.894nm，c_0 = 0.96～2.05nm 之间变化。主要粉晶谱线：15.0(100)、4.5(80)、5.01(60)。晶体结构为 TOT 型，二八面体型结构（图 14-50）。$[AlO_4]^{5-}$ 可代替 $[SiO_4]^{4-}$。在晶体构造层间域含水分子及一些交换阳离子，有较高的离子交换容量，具有较高的吸水膨胀能力。蒙脱石层间水分子层为 1～4 层时，其 c_0 值分别为 0.6nm、1.25nm、1.55nm、1.85nm、2.05nm；β 近于 90°。

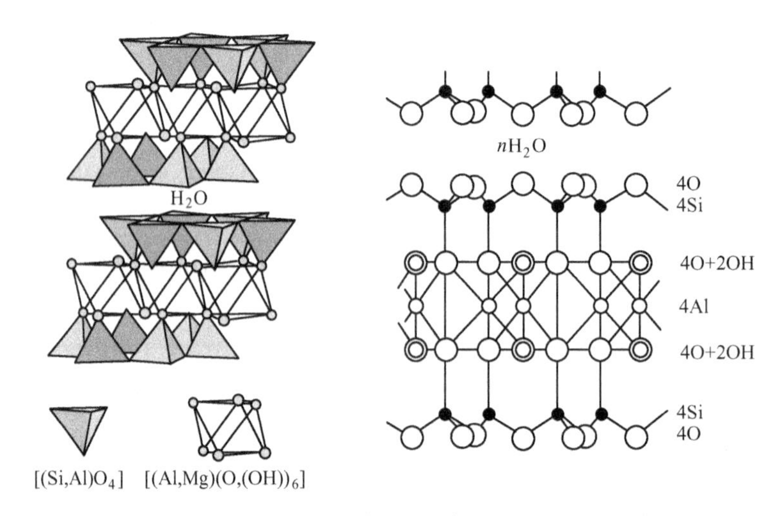

图 14-50 蒙脱石晶体结构

【晶体形态】 呈土状隐晶质块状，电镜下为细小鳞片状。

【物理性质】 白色，有时为浅灰、粉红、浅绿色。鳞片状者解理//{001} 完全。硬度 2～2.5。相对密度 2～2.7。柔软有滑感。加水体积膨胀几倍，并变成糊状物。具有很强的吸附力及阳离子交换性能。

热分析：在 80～250℃之间出现第一个吸热谷，脱去层间水和吸附水。钠蒙脱石脱水温度较低，且为单吸热谷；钙蒙脱石脱水温度较高，并出现复合谷。第二个吸热谷出现于 600～700℃之间，脱结构水。第三个吸热谷在 800～935℃，晶格完全破坏。其后，紧接着一放热峰，有新相尖晶石和石英生成。

【显微镜下特征】 透射光下无色。淡绿色或粉红色。二轴晶（-）。$2V$ = 0°～30°。N_g = 1.516～1.527，N_m = 1.516～1.526，N_p = 1.493～1.503。

【成因】 主要由基性火成岩在碱性环境中风化而成，也有的是海底沉积的火山灰分解后的产物。蒙脱石为膨润土的主要成分。我国膨润土产地多，具工业价值的蒙脱石矿床多。

【用途】 蒙脱石用途广泛。特别是利用其阳离子交换性能制成的蒙脱石有机复合体，广泛用于生产高温润脂、橡胶、塑料、油漆；利用其吸附性能，可用于食油精制脱色除毒、净化石油、核废料处理、污水处理、制药等。

膨润土（bentonite）是以蒙脱石为主要矿物成分的黏土岩。含少量有伊利石、高岭石、埃洛石、绿泥石、沸石、石英、长石、方解石等。一般为白色、淡黄色，因含铁量变化又呈浅灰、浅绿、粉红、褐红、砖红、灰黑色等；具蜡状、土状或油脂光泽；主要化学成分是 SiO_2、Al_2O_3 和 H_2O，还含有 Fe、Mg、Ca、Na、K 等。按可交换阳离子的种类、含量和层间电荷大小，膨润土可分为钠基膨润土、钙基膨润土、天然漂白土。膨润土具有良好的吸附性、增稠性、触变性、悬浮稳定性、高温稳定性、润滑性、耐水性及离子交换性能等，广泛用于涂料工业、航空、冶金、化纤、石油等工业中。

硅藻土（diatomite）是一种生物成因的硅质沉积岩，是由硅藻的单细胞藻类死亡以后的硅酸盐遗骸形成的。其化学成分主要是 SiO_2，含有少量 Al_2O_3、Fe_2O_3、CaO、MgO、K_2O、Na_2O、P_2O_5和有机质。矿物成分主要是蛋白石、黏土矿物——水云母、高岭石以及石英、长石、黑云母及有机质等。有机物含量从微量到 30%以上。在电子显微镜下可以观察到特殊多孔的构造。硅藻土的颜色为白色、灰白色、灰色和浅灰褐色等，有细腻、松散、质轻、多孔、吸水性和渗透性强的物性。热、电、声的不良导体，熔点 1650～1750℃，化学稳定性高。广泛应用于农业、橡胶塑料、建材、环保等领域。

坡缕石族

坡缕石（Palygorskite）

【化学组成】 $(Mg, Al)_5[(Al, Si)_4O_{10}](OH)_2(H_2O)_4 \cdot nH_2O$，$SiO_2$：56.96%，MgO：23.83%。$Al_2O_3$替代部分 MgO，可达 19.21%。成分中含有 Ca、Fe。

【晶体结构】 单斜晶系，C_{2h}^3-$P2/m$；a_0 = 1.34nm，b_0 = 1.80nm，c_0 = 0.52nm，β=90°～93°；Z=2。主要粉晶谱线：10.50、3.25(100)、2.15(70)、4.50(60)、4.18(40)、2.53(35)。晶体结构为 TOT 型（图 14-51）。具有连续的硅氧四面体片活性氧指向，沿 b 轴周期性反转。在两个硅氧四面体片之间，活性氧与 OH^-呈紧密堆积，阳离子（Mg^{2+}、Al^{3+}等）充填于活性氧与 OH^-构成的八面体空隙中，形成延伸的八面体片。在惰性氧相对的位置上有类似于沸石的宽大通道充填着沸石水。每一八面体片联结的两个硅氧四面体片形成“I”字束的带状结构层，

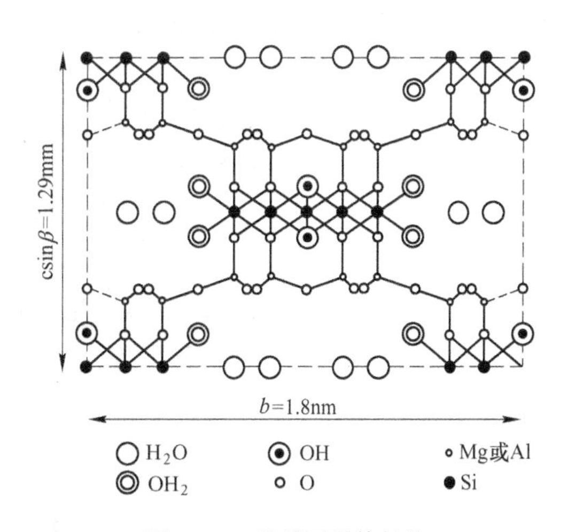

图 14-51 坡缕石晶体结构

并平行于 a 轴延伸。整个晶体结构可看成由这种带状结构层联结而成。坡缕石类似于角闪石发育 {011} 解理，并沿 a 轴发育形成棒状、纤维状形态。

在坡缕石中水有三种形式存在：一是结构水，$(OH)^-$；二是带状结构边缘与八面体阳离子配位的配位水（结晶水，H_2O）；三是通道中以氢键联结的沸石水。

【晶体形态】 呈土状、致密块状，扫描电镜下呈针状、纤维状、棒状、纤维集合体。

【物理性质】 颜色为白、灰白、浅绿色、灰绿色或褐色。土状或弱丝绢光泽。断口贝壳状或参差状。硬度 2~3，相对密度 2.05~2.32。解理∥{011}，有油脂滑感。质轻，性脆。具有良好的吸附性。吸水性强，粘舌。具黏性和可塑性，干燥后收缩小。悬浮液遇电介质不絮凝沉淀。具阳离子交换性能。

【显微镜下特征】 透射光下无色。二轴晶（-），$2V=30°\sim40°$。$N_g=1.540\sim1.558$，$N_p=1.556$。一维延长，平行消光。

加热过程中的热效应：90~150℃失去吸附水和沸石水；240~300℃失去结晶水；450~520℃失去晶格水。放热效应在 900~1000℃之间。

【成因】 淋滤-热液型和沉积型。

【用途】 用于食品、医药、环保、国防等工业领域。具有良好的抗盐性、耐碱性、热稳定性，是较好的泥浆原料；制备吸附剂、脱色剂、净化剂和过滤剂、催化剂的载体；稠化剂和稳定剂；悬浮液和乳化液的稳定剂、填料和调节剂、干燥剂；建筑隔音、隔热材料等。

海泡石（Sepiolite）

【化学组成】 $Mg_5[Si_6O_{18}](OH)2(H_2O)_4 \cdot nH_2O$，含 MgO 较高，而 Al_2O_3 含量较低。八面体中 Mg 可被 Al^{3+}、Fe^{3+}、Ni^{2+}、Ca^{2+}、Na^+ 等所代替，形成不同成分的海泡石变种。

【晶体结构】 斜方晶系，D_{2h}^5-$Pncn$。$a_0=1.34$nm，$b_0=2.68$nm，$c_0=0.528$nm；$Z=2$。主要粉晶谱线：1.29(60)、2.40(60)、4.30(40)。晶体结构与坡缕石类似。海泡石的 I 字形 TOT 带宽为辉石的 3 倍（$b_0=0.90$nm×3）。通道横截面积为 0.37nm×1.06nm（图 14-52）。

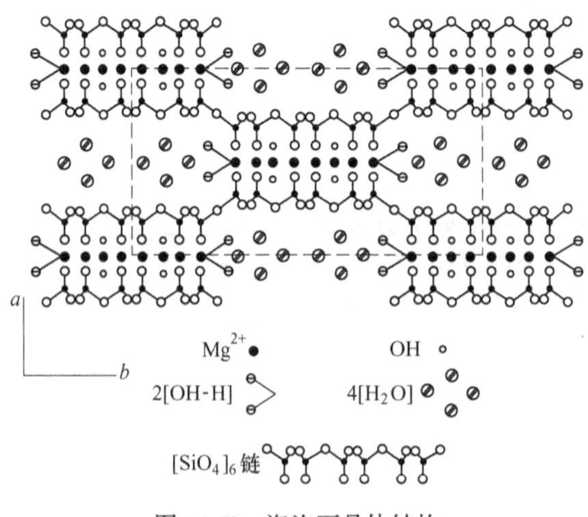

图 14-52 海泡石晶体结构

【晶体形态】 一般呈块状、土状或纤维状集合体。

【物理性质】 颜色呈白色、浅灰色、暗灰、黄褐色、玫瑰红色、浅蓝绿色。新鲜面为珍珠光泽，风化后为土状光泽。硬度2~3，相对密度2~2.5。具有滑感和涩感，粘舌。干燥状态下性脆。收缩率低，可塑性好，比表面大，吸附性强。溶于盐酸。海泡石还具有脱色、隔热、绝缘、抗腐蚀、抗辐射及热稳定等性能。

【显微镜下特征】 透射光下无色。二轴晶（-），$2V$ 小。$N_g=N_m=1.505$。铁海泡石二轴晶（-）。$N_g=1.60$，$N_m=1.59$。

【成因】 主要产于海相沉积-风化改造型矿床中；亦出现于热液矿脉中。

【用途】 海泡石是用途最广的矿物原料之一。海泡石粉具有较大比表面积（最高可达900m^2/g）和独特的内部孔道结构，是吸附能力最强的黏土矿物。作为吸附剂、脱色剂、净化剂广泛应由于石油、油脂、食品、化工、医药、环保、农业、建材等领域。它是香烟理想的过滤材料、无碳复写纸的显色剂等。

14.6 第五亚类 架状结构硅酸盐矿物

本亚类矿物是由［SiO_4］和［AlO_4］四面体以角顶相连成三维无限伸展的架状骨干［$Al_xSi_{n-x}O_{2n}$］$^{x-}$与阳离子结合形成的硅酸盐矿物 。在硅氧架状结构中［SiO_4］四面体共用4个角顶连接成架状结构空隙较大，部分Si^{4+}被Al^{3+}代替的数目有限，产生的负电荷不多。要求低电价、大半径阳离子充填。常见阳离子是K^+、Na^+、Ca^{2+}、Ba^{2+}，偶尔还有Rb^+、Cs^+等。架状硅酸盐的阳离子类质同象主要是以K-Na-Ca为主。架状结构中可连通成孔道，F^-、Cl^-、$(OH)^-$、S^{2-}、$[SO_4]^{2-}$、$[CO_3]^{2-}$等附加阴离子存在于空隙中，并与K、Na、Ca等阳离子相连，以补偿结构中过剩的正电荷。在这些空隙或孔道中还存在“沸石水”。

架状结构硅酸盐矿物的形态取决于晶体结构特点。当架状中键力各方向无明显差异时，呈粒状，解理也差，如白榴石；当某方向键力强于或弱于其他方向时，则呈片状、板状或柱状、针状，相应也会出现解理，如长石、沸石等。矿物硬度较大（仅次于岛状硅酸盐矿物)。不含Fe^{2+}、Mn^{2+}等色素离子的矿物，多数呈无色或浅色，多色性和吸收性都不明显，折射率也较低。相对密度较小。含有过渡元素的矿物具特殊的颜色，多色性、吸收性也较明显，折射率、双折射率和相对密度也相对偏大。

本亚类的矿物有长石族、白榴石族、霞石族、沸石族等。它们的结构紧，相对密度依次下降，SiO_2相对含量依次减少。

长 石 族

【化学成分】 长石族矿物的化学式可写为：M［$Al_xSi_{n-x}O_{2n}$］$^{x-}$。M = Na^+、K^+、Ca^{2+}、Ba^{2+}以及少量的Li、Rb、Cs、Sr和NH_4等。$x\leqslant2$，$n=4$。长石包含在钾长石(orthoclase，Or)K[$AlSi_3O_8$]-钠长石(albite, Ab)Na[$ALSi_3O_8$] -钙长石(anorthite, An)Ca[$Al_2Si_2O_8$]的端员分子组合而成（图14-53）。钾长石和钠长石在高温条件下形成完全

的类质同象系列（称为碱性长石），温度降低时混溶性逐渐减小，导致出溶条纹形成（称条纹长石）。钠长石和钙长石形成完全类质同象系列（称斜长石）。钾长石和钙长石几乎在任何温度下都是不混溶的。

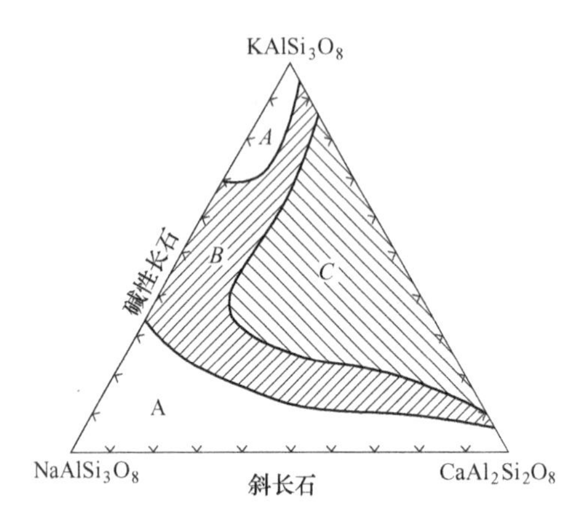

图 14-53　K[$AlSi_3O_8$]-Na[$ALSi_3O_8$]- Ca[$Al_2Si_2O_8$] 系列混溶性

（*A* 区：在任何温度下混溶；*B* 区：在高温下混溶，温度下降出溶时为条纹长石；*C* 区：在任何温度都不混溶）

三端员之间的不同程度类质同象现象是与 K^+、Na^+、Ca^{2+} 离子半径有关的。从 R_{Na^+} = 0. 099nm)、$R_{Ca^{2+}}R_{Ca^{2+}}$ = 0. 098nm、$R_{K^+}R_{K^+}$ = 0. 14nm 的半径看，Ca^{2+}、Na^+ 的半径差小，易于发生类质同象置换，即使出溶也形成晶胞尺寸的规则连生体。K^+ 与 Na^+ 半径差稍大，高温下它们易发生置换，低温下不易置换，出溶时形成肉眼可见的条纹连生体（即条纹长石）。K^+ 与 Ca^{2+} 半径差最大且不等价，最不易发生类质同象置换。钡长石（Ba[$Al_2Si_2O_8$](Cn) 在自然界中产出很少，在碱性长石或斜长石中可含少量 Cn 分子，含 BaO>2%时可命名为某一长石的成分变种。

【晶体结构】 长石族矿物具有类似的晶体结构。结构中最重要的结构单元为［TO_4］（T = Si、Al…）四面体组成的两种四元环，一种是近于垂直 *a* 轴的（$\bar{2}01$）四元环，另一种为垂直 *b* 轴的（010）四元环（图 14-54（a））。沿 *a* 轴四元环共角顶连接成折线状的链，此链是结构中最强的链（图 14-54（b））；沿 *c* 轴四元环也共角顶连接成链（图 14-56（b））。链与链之间再以桥氧相联，形成整个架状结构。

引起长石结构差异的因素主要有两个：

（1）骨干外阳离子大小。阳离子大，能撑开整个架状结构，对称越高，为单斜对称，如 K[$AlSi_3O_8$]。阳离子小，则不能撑开整个架状结构，结构发生收缩变形，对称变低，为三斜晶系，如 Na[$AlSi_3O_8$]、Ca[$Al_2Si_2O_8$]。

（2）骨干内 Si、Al 有序、无序占位。在［TO_4］四面体中，Al^{3+}→Si^{4+} 占位是有序还是无序，有序-无序程度直接影响着晶体的对称和轴长。

1）长石的有序化过程。在钾长石（K[$AlSi_3O_8$]）中，Al∶Si = 1∶3，表明在 1 个四元环内只有 1 个四面体的 Si 可被 Al 占据。4 个四面体位分别以 $t_1(o)$、$t_1(m)$、$t_2(o)$、

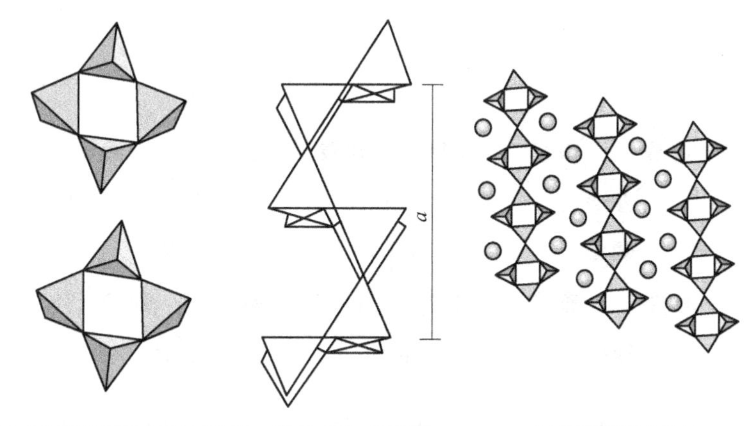

(a) (201)四元环与(010)四元环 (b) 长石沿a轴的链 (c) 四元环结成的链

图 14-54 长石结构中的链和四方环

$t_2(m)$表示，并将晶体结构在（001）面上投影，所得图案的最小重复单位称占位率（图14-55）。

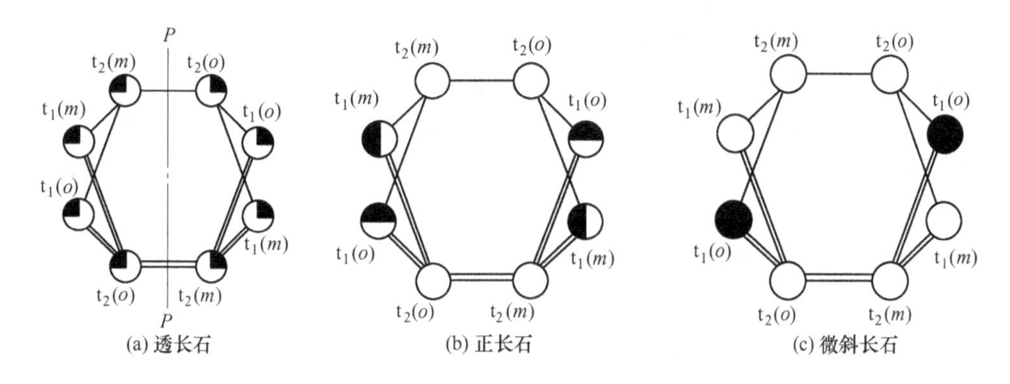

(a) 透长石 (b) 正长石 (c) 微斜长石

图 14-55 Al 在不同结构四面体位置上的分布

（在（001）面投影圆圈的黑色部分相当于每个位置 Al 的集中程度）

（p 为对称面）（引自潘兆橹，1993）

首先，Al^{3+}在所有的四面体位置上有同样的分布几率，用占位率表示为：$t_1(o)=t_1(m)=t_2(o)=t_2(m)=0.25$；其次，当温度下降长石有序化时，$Al^{3+}$逐渐由$t_2$向$t_1$转移，$Al^{3+}$的占位率为：$t_1(o)=t_1(m)>t_2(o)=t_2(m)$；直至$t_1(o)=t_1(m)=0.5$，$t_2(o)=t_2(m)=0$。此时，晶体结构中的对称面及二次轴仍保留，晶体为单斜对称，如透长石、正长石（图 14-56a，b）。第三，当进一步有序化时，Al^{3+}逐渐由$t_1(m)$位向$t_1(o)$位转移，这时Al^{3+}的占位率为：$t_1(o)>t_1(m)$，$t_2(o)=t_2(m)=0$。此时，晶体结构中的对称面及二次轴已被破坏，晶体由单斜对称变为三斜对称，如微斜长石（图 14-56（c））。第四，进一步有序化时，Al^{3+}完全集中在$t_1(o)$位，其占位率为$t_1(o)=1$，$t_1(m)=t_2(o)=t_2(m)=0$。此时为完全有序结构，三斜对称。如最大微斜长石。

用有序度（δ）表示Al^{3+}在四面体中的分布有序的程度，用三斜度（Δ）表示晶体结构因有序化由单斜晶系偏向三斜晶系的程度。前述四种情况的有序度和三斜度分别为：第

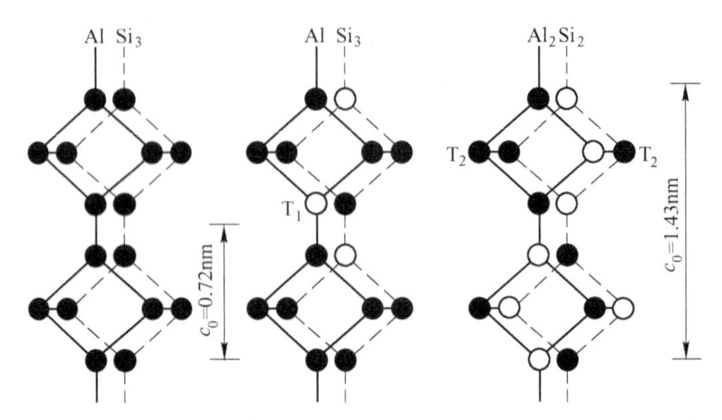

(a) $AlSi_3$完全无序的透长石　(b) $AlSi_3$完全有序的微斜长石　(c) Al_2Si_2完全有序的钙长石

图 14-56　无序与完全有序的 $AlSi_3$ 与 Al_2Si_2 型长石中 Al、Si 排列示意图

一种情况：$\delta=0$，$\Delta=0$；第二种情况：$\delta>0$，$\Delta=0$；第三种情况：$\delta>0$，$\Delta>0$；第四种情况：$\delta=1$，$\Delta=1$。从第一种情况到第二种情况，有序度增加但三斜度仍为零，称单斜有序化。从第二种情况到第三种情况直至第四种情况，有序度逐渐增大，三斜度也增大，称三斜有序化。到第四种情况时，有序度和三斜度都达到最大值。

2）钠长石有序化过程。在钠长石（$Na[AlSi_3O_8]$）中，Al∶Si=1∶3。钠长石有序化与钾长石有序化是类似的，但钠长石的有序化主要在三斜对称中发生。无序的钠长石晶体结构也呈三斜对称，这是 Na^+半径小的缘故。在大于 980℃时，高温下使结构开阔，有单斜钠长石。

3）钙长石有序化过程。在钙长石（$Ca[Al_2Si_2O_8]$）中，Al∶Si=2∶2，根据铝回避原理，［AlO_4］四面体与［SiO_4］四面体必须相间排列形成有序结构，若欲使结构无序而产生［AlO_4］与［AlO_4］的相联，则要高于 2000℃，远高于熔点。纯钙长石是有序的，其 c 轴长度是钾、钠长石的 2 倍。钙长石是三斜晶系，高温形成体心格子（I），低温形成原始格子（P）。

斜长石（即 $Na[AlSi_3O_8]$-$Ca[Al_2Si_2O_8]$系列）可以无序或有序。由于 Si^{4+}、Al^{3+}有序模式在 $Na[AlSi_3O_8]$ 和 $Ca[Al_2Si_2O_8]$ 中完全不同，故中间组分没有一个简单的有序化模式。当发生 CaAl-NaSi 代替时总会在有序结构中增加一定程度的无序。

【晶体形态与物理性质】

长石晶体形态多呈板状、柱状。常见单形：平行双面 $c\{001\}$、$b\{010\}$、$x\{101\}$、$y\{201\}$，斜方柱 $m\{110\}$ 等。若 {001} 和 {010} 发育，晶体平行 a 轴延长成柱状或厚板状；若 {110} 和 {010} 发育，晶体平行 c 轴延长成柱状（表 14-8）。

长石双晶复杂多样，表 14-8 列出了一些常见的双晶。一些双晶律还出现共存或复合的现象，如钠长石律与肖钠长石律共存，两者接合面近 90°相交，形成格子双晶；钠长石律与卡斯巴律共存时情况更为复杂，它们会发生复合而产生新的双晶律，既钠长石-卡斯巴复合律，形成复合双晶。在复合双晶中，钠长石律、卡斯巴律、钠长石-卡斯巴律 3 种双晶律共存，它们之间有如下关系：3 种双晶律中任意两种的复合操作必等于第三种的操作。

表 14-8 常见长石双晶

命名	钠长石	曼巴斯	巴夫诺	钠长石 卡斯巴	卡斯巴	Pericline
接触双晶	多个	简单	简单	简单	复杂	多个
穿插双晶	法向	法向	法向	平行	平行	平行
双晶轴-双晶面	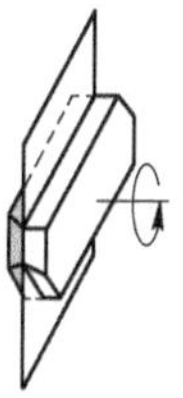	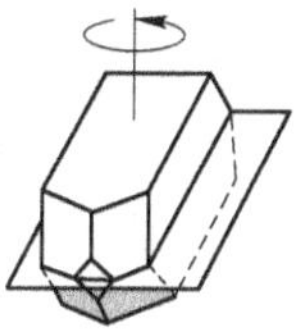	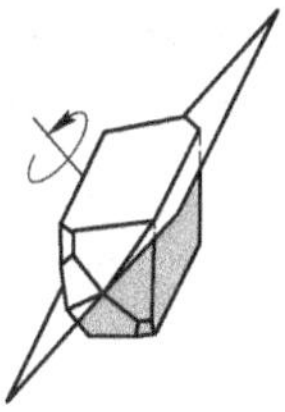	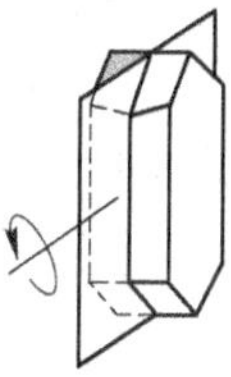	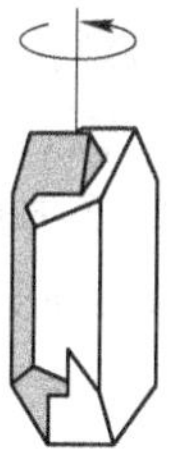	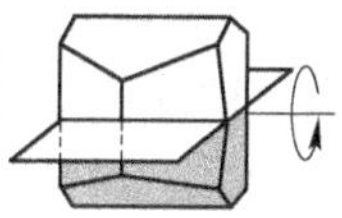
双晶	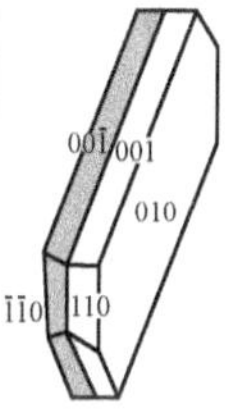	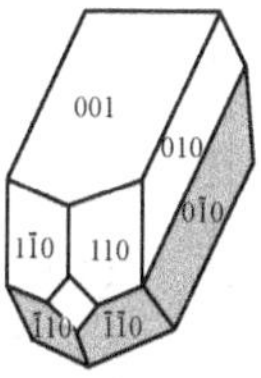	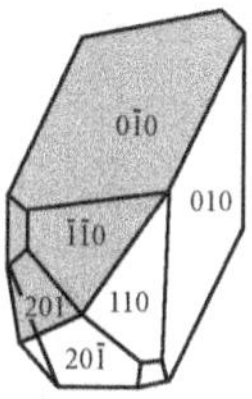	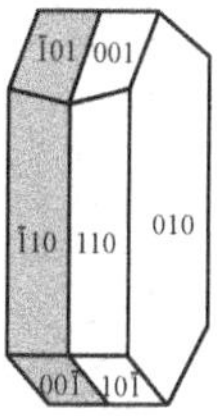	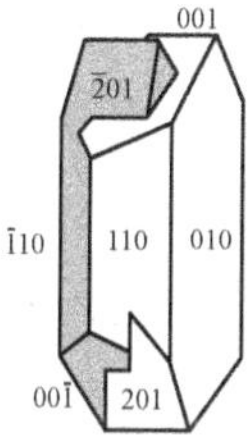	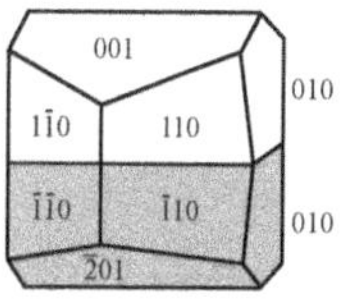

大部分的长石聚片双晶是由有序化过程中形成的，在有序化时，结构由单斜变为三斜，三斜结构的晶胞相对于单斜结构有 4 种不同取向变形，不同变形体发生连生就形成钠长石律、肖钠长石律聚片双晶。

长石族矿物的物理性质非常近似：颜色呈浅色，较常见的为灰白色和肉红色。解理//{001} 和 {010} 完全，二组解理交角在单斜晶系等于 90°，在三斜晶系中则近于 90°。硬度 6~6.5。相对密度较小（2.5~2.7）。

【成因与产状】 长石族矿物广泛产出于各种成因类型的岩石中。长石经风化作用或热液蚀变转变为高岭石、绢云母、沸石、方柱石、黝帘石、葡萄石、方解石等。

【工业应用】 长石主要用于玻璃和陶瓷工业，在玻璃工业的用量占总用量的 50%~60%，在陶瓷工业中用量占 30%。色泽美丽者可作宝石或玉石，亦可作工艺美术细工石料。

钾钠长石亚族

钾钠长石亚族化学组成理论上为钾长石（Or）$K[AlSi_3O_8]$-钠长石（Ab）$Na[AlSi_3O_8]$系列，通常只包括富 K 端员的矿物。有正长石、微斜长石、透长石和以钠长石为主的歪长石。钠长石习惯上归于斜长石亚族。故习惯上将钾钠长石系列（除歪长石外）统称钾长石，也有称为碱性长石系列。

正长石（Orthoclase）

【化学组成】 $KAlSi_3O_8$，K_2O：16.9%，Al_2O_3：18.4%，SiO_2：64.7%。含有部分钠长石组分（可达20%）。K可被Ba代替。

【晶体结构】 单斜晶系，C_{2h}^3-$C2/m$；a_0 = 0.8562nm，b_0 = 1.2996nm，c_0 = 0.7193nm，β = 116°09′；Z = 4。主要粉晶谱线：3.18(100)、4.12(90)、3.80(80)。正长石中Al和Si在四面体位置上具有一定程度的有序性。T-O间距为0.165nm及0.163nm。正长石通常被用来描述单斜对称的钾长石。近年发现正长石具有复杂结构或超显微连生结构。可形成在700℃以上稳定的单斜钾长石变体，还有具三斜对称超显微双晶构成的单体。

【晶体形态】 斜方柱晶类，C_{2h}-$2/m(L^2PC)$。常呈短柱状或平行{010}的厚板状。沿c轴延长的晶体主要单形：斜方柱m{110}、n{011}、z{120}，平行双面b{010}、c{001}、x{101}。沿a轴延长的习性由{010}、{001}发育构成。有卡巴斯律双晶、曼尼巴双晶、巴维诺双晶等（图14-57）。

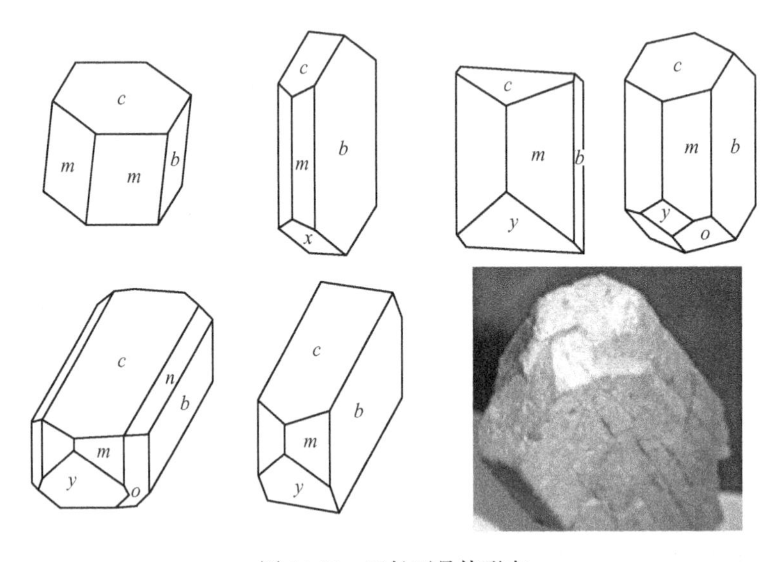

图14-57 正长石晶体形态

【物理性质】 呈肉红色、褐黄色、浅黄色、灰白或浅绿色；白色条痕。透明～半透明，玻璃光泽。解理∥{001}、{010}完全，两组解理夹角近于90°。硬度6，相对密度2.57。

冰长石为钾长石低温变种。成分纯净，呈乳白色。主要单形为{110}等。常呈假斜方晶体横断面矩菱形。具有曼尼双晶和巴维诺双晶。某些冰长石因表面呈现蛋白光彩而被称为月光石（Moonstone）。此光彩来自于冰长石中层状、细小的包裹体，由造成轻微反射而成。

【显微镜下特征】 偏光显微镜下无色透明，负突起低。二轴晶（-），$2V$ = 35°～85°。N_g = 1.524～1.533，N_m = 1.523～1.530，N_p = 1.519～1.526。

【简易化学试验】 将小块正长石置于HF酸中浸蚀1～3min，再在60%的亚硝酸钴钠溶液中浸蚀10min，显柠檬黄色。

【成因】 正长石是中性、酸性和碱性成分的岩浆岩、火山碎屑岩的主要造岩矿物。与斜长石、石英、云母等共生。正长石也是变质岩、沉积岩中的主要矿物。冰长石产于低温热液中。正长石风化或热液蚀变后，常变化为高岭石、绢云母以及沸石等。

【用途】 在工业上是制作玻璃与陶瓷的重要材料，为制造显像管玻璃、绝缘电瓷和瓷器釉、药的材料以及普通玻璃工业和搪瓷工业的重要配料，并可制造钾肥和磨料。

透长石（Sanidine）

【化学组成】 $K[(Al, Si)_4O_8]$，SiO_2：64.4%，Al_2O_3：19.3%，K_2O：9.4%，Na_2O：4.1%，CaO：1.19%。含有钠长石组分（Ab：<30%）。含有少量的 Ba、Rb、Ca 等。当成分含 BaFe 高时，可划分为钡-透长石、铁-透长石变种。

【晶体结构】 单斜晶系，C_{2h}^3-$C2/m$；$a_0=0.860$nm，$b_0=1.303$nm，$c_0=0.718$nm，$\beta=116°$；$Z=4$。主要粉晶谱线：3.26(100)、3.22(90)、3.76(75)、6.54(80)。在结构中 Al、Si 完全无序分布。四面体配位中（Al，Si）-O_4之间的距离为 0.164nm。由透长石向正长石过渡时，Al 向 T_1位转移，直到 Al 全部进入 T_1位。有序度 Δ 为 0~0.55。

【晶体形态】 斜方柱晶类，C_{2h}-$2/m(L^2PC)$。晶体呈厚板状或短柱状。单形平行双面{010}。常见卡巴斯双晶。

【物理性质】 常见无色、白色，当含有微量成分及包裹体，出现绿色、蓝绿色、褐、灰黑色等。玻璃光泽，透明至不透明。解理//{001} 和 {010} 完全，两组解理夹角近于 90°，解理面呈珍珠光泽。有不平坦状和阶梯状断口。硬度 6~6.5。相对密度 2.30~2.70。

【显微镜下特征】 偏光显微镜下灰白色。二轴晶（-），$2V=20°\sim40°$，$N_g=1.525\sim1.531$，$N_m=1.523\sim1.530$，$N_p=1.518\sim1.525$。

【成因】 透长石是在高温条件下结晶、在骤冷情况下保存的矿物。产于喷出岩、熔岩中。常见于流纹岩、安山岩及中酸性凝灰岩等。

微斜长石（Microcline）

【化学组成】 $KAlSi_3O_8$。SiO_2：65.1%~63.58%，Al_2O_3：17.8%~18.8%，K_2O：12.3%~16.07%，Na_2O：0.5%~1.9%。常含有 20%~30% 的钠长石组分。在绿色变种——天河石中含 Rb_2O(1.4%~3.3%) 和 Cs_2O(0.2%~0.6%)。

【晶体结构】 三斜晶系，$C_i^2 C_i^1$-$P\bar{1}$；$a_0=0.854$nm，$b_0=1.297$nm，$c_0=0.722$nm，$\alpha=90°39'$，$\beta=115°56'$，$\gamma=87°47'$；$Z=4$。主要粉晶谱线：3.24(100)、4.21(60)、3.83(50)。微斜长石的晶体结构中的 Al 占据 $t_1(o)$ 亚位，其余三种位置完全由 Si 占据。当 $t_1(o)$和 $t_1(m)$亚位上的统计含量不等时，单斜开始偏离，转变为三斜对称，形成微斜长石。随着 Al 全部转入 $t_1(o)$ 亚位，出现偏离单斜对称的变体为最大微斜长石。以对单斜对称无偏离的正长石的三斜度 $\Delta=0$，偏离最大微斜长石三斜度 $\Delta=1$，一般微斜长石的三斜度 Δ 介于 0~1 之间。K 配位数为 10。

【晶体形态】 平行双面晶类，C_i-$\bar{1}(C)$。晶体呈板状、短柱状。具有卡巴斯双晶、曼尼巴双晶和巴维诺双晶以及按钠长石律和肖钠长石律组成的复合双晶。在微斜长石晶粒中可见到因固溶体离溶而成的钠长石嵌晶，即条纹长石。在伟晶岩中可见到文像结构，是由石英和微斜长石组成的规则连生体，是在残余熔体中同时结晶形成的。在显微镜下见明显格子双晶和细聚片双晶。

【物理性质】 颜色为白色、灰色、浅黄色或浅红色、肉红色等，绿色的变种称为天河石。玻璃光泽，解理面微具珍珠光泽。解理∥{001}和∥{010}完全，两组解理交角为89°40′。硬度6~6.5，相对密度2.54~2.57。

天河石是微斜长石的亮绿到亮蓝绿的变种，蓝色和蓝绿色，半透明至微透明。具有格子色斑的绿色和白色，且闪光。这是其独特的双晶结构引起的。

【显微镜下特征】 偏光显微镜下灰白色，二轴晶（-），$2V=77°\sim84°$，$N_g=1.525\sim1.530$，$N_m=1.522\sim1.526$，$N_p=1.518\sim1.522$。光轴面与N_g近于垂直（010）。格子双晶发育。

【成因】 在酸性岩、碱性岩分布广泛，是花岗岩、花岗闪长岩、正长岩中的主要矿物。微斜长石是伟晶岩脉的主要矿物成分，与石英、钠长石、云母、霞石等共生。在片岩、片麻岩、混合岩中有微斜长石出现。

【用途】 主要用于陶瓷、玻璃原料、农业钾肥等原料。天河石可用以提取铷和铯，并可用作装饰石料和宝石。

斜长石亚族

斜长石亚族是钠长石（Albite，Ab）和钙长石（Anorthite，An）$NaAlSi_3O_8$-$CaAl_2Si_2O_8$的类质同象系列。本亚族按钠长石和钙长石分子含量通常划分为：

钠长石：$Ab_{100\sim90}$、$An_{0\sim10}$；

奥（更）长石（oligoclase）：$Ab_{90\sim70}$、$An_{10\sim30}$；

中长石（andesine）：$Ab_{70\sim50}$、$An_{30\sim50}$；

拉长石（labradorite）：$Ab_{50\sim30}$、An50~70。

培长石（bytownite）$Ab_{30\sim10}$、$An_{70\sim90}$；

钙长石 $ab_{10\sim0}$、$An_{90\sim100}$。

在晶体结构、物理性质等特征基本一样时，一般统称斜长石（plagioclase）。在高温环境下有单斜钠长石固溶体（An：>12%），温度降低出现低钠长石固溶体。钙长石在高温出现体心钙长石（*I*-钙长石），低温为原始钙长石（*P*-钙长石）。常温下，斜长石在某些区间内并不能相互混溶，形成两相长石显微连生体。

钠长石（Albite）

【化学组成】 $Na[AlSi_3O_8]$ Na_2O：11.8%；Al_2O_3：19.4%；SiO_2：68.8%。斜长石中含钠长石成分90%~100%的均可称钠长石。

【晶体结构】 三斜晶系。C_i^1-$P1$，$a_0=0.814$nm，$b_0=1.279$nm，$c_0=0.7154$nm；$\alpha=94°20′$，$\beta=116°34′$，$\gamma=87°39′$；$Z=4$。主要粉晶谱线：3.196(100)、3.780(25)、6.39(20)。架状硅酸盐长石型结构。硅和铝为四面体配位，形成较大的空位被阳离子钠占据。所有硅原子和铝原子在这一结构中都占有四面体位置，但其位置具体情况不同。低温时硅和铝原子的分布是有序的，Al占据T_{1O}的位置，$\Delta=1$或接近于1。

【晶体形态】 平行双面晶类，C_i-1(C)。晶体常沿｛010｝呈板状，有时沿 a 轴延长。呈叶片状产出的钠长石称为叶钠长石。双晶发育。常见聚片双晶，多数以钠长石律或肖钠长石律。这种聚片双晶单体很薄，通常为微米级大小（图 14-58）。

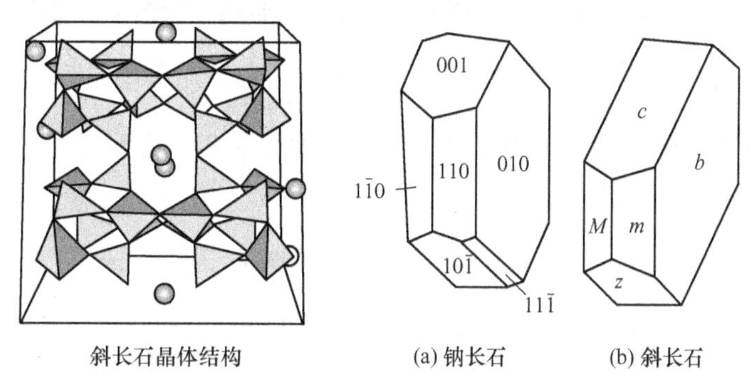

图 14-58 钠长石与斜长石晶体形态

【物理性质】 白色、灰白色，淡蓝或淡绿色等颜色。透明，玻璃光泽，珍珠光泽。解理‖（001）完全，‖｛010｝中等，两组解理夹角为 94°和 86°。硬度 6~6.5，相对密度 2.61~2.64。熔点为 1100℃左右。

【显微镜下特征】 偏光镜下薄片无色透明；二轴晶（+），$2V=77°\sim83°$。$N_g=1.538\sim1.542$，$N_m=1.531\sim1.537$，$N_p=1.527\sim1.533$。最高干涉色一级黄；平行消光。

【成因】 产于花岗岩、花岗伟晶岩、正长岩、粗面岩、霞正长岩等，亦见于低级变质岩中。钠长石见于一些沉积岩中。

【用途】 钠长石应用在陶瓷工业、化工等其他行业，作为玻璃溶剂、陶瓷坯体配料、陶瓷釉料（使釉面变得柔软，降低釉的熔融温度）、搪瓷原料等。钠长石作为生产化肥的原料。

钙长石（Anorthite）

【化学组成】 $Ca[Al_2Si_2O_8]$。其中 CaO：20.1%，Al_2O_3：36.7%，SiO_2：43.2%，作为斜长石的端元组分。含 $Ca[Al_2Si_2O_8]$ 成分在 90%~100%的称为钙长石。

【晶体结构】 三斜晶系；C_i^1-$P\bar{1}$，$a_0=0.8177$nm，$b_0=1.2877$nm，$c_0=1.4169$nm，$\alpha=93°10'$，$\beta=115°51'$，$\gamma=91°13'$，$Z=8$。主要粉晶谱线：3.2(100)、3.18(75)、4.04(60)。钙长石有体心钙长石（I_1）和原始钙长石（P_1），两者转变温度在 200~300℃之间。在钙长石晶体结构中，Al、Si 在骨架中分布是严格相间的。其 c 轴长约 1.43nm。Ca 的占位较复杂，配位多面体不规则。骨架在 Al、Si、Ca 相互影响下，产生强烈的畸变和缩拢而呈三斜晶系。

【晶体形态】 平行双面晶类，C_i-$\bar{1}$(C)。板状或沿 c 轴延长的短柱状。可见主要单形有 c{001}、b{010}、m{110} 等。常见聚片双晶，双晶纹清晰。也见卡斯巴、曼尼双晶等。

【物理性质】 无色、白色、褐色。灰色条痕。玻璃光泽，透明到半透明。解理∥{110} 完全，∥{100} 不完全，解理夹角 86°24′。贝壳状断口。硬度 6~6.52，相对密度2.6~2.76。性脆。

【显微镜下特征】 偏光显微镜下无色、灰白色，二轴晶（-），$2V=78°$。$N_g=1.583\sim1.588$，$N_m=1.5785\sim1.5832$，$N_p=1.572\sim1.576$。

【简易化学实验】 取粉末1g，加稀盐酸10mL，加热，使溶解，滤过。滤液显钙盐和硫酸盐的各种反应。

【成因】 主要形成于基性岩中，如辉绿岩和辉长岩。

【用途】 钙长石矿物用于玻璃工业、陶瓷工业的原料，也用于化工、磨料磨具、玻璃纤维、电焊条等其他行业。

奥长石（Oligoclase）

【晶体结构】 三斜晶系，$a_0=0.8171\text{nm}$，$b_0=1.3879\text{nm}$，$c_0=1.419\text{nm}$，$\alpha=93°22'$，$\beta=115°58'$，$\gamma=90°32'$.

【晶体形态】 常呈平行（010）板状或沿某一结晶轴延伸的板柱状。双晶有钠长石律、曼尼巴律、巴温诺律、卡斯巴律、肖钠长石律双晶。

【物理性质】 颜色为无色，灰色或灰白色、乳白色，含有杂质而被染成黄、褐、浅红、深灰等色。白色条痕。透明，玻璃光泽。解理∥{010}完全，∥{001}中等，交角为94°。硬度6~6.5。相对密度2.60~2.76。

【显微镜下特征】 偏光显微镜下灰白色，$2V=82°\sim90°$，$N_p=1.532\sim1.545$，$N_m=1.536\sim1.548$，$N_g=1.541\sim1.552$，$N_p\wedge(010=0°\sim12°$，{001}面消光位$0°\sim3°$。

【成因】 主要见于中酸性火成岩中，常见于花岗岩、正长岩、闪长岩。

中长石（Andesine）

【晶体结构】 三斜晶系。

【晶体形态】 柱状或板状晶体，聚片双晶较普遍，故在晶面或解理面上常可见到细而平行的双晶纹。在岩石中多为柱状、板状或细粒状颗粒。

【物理性质】 白至灰白色，有时微带浅蓝、浅绿色，玻璃光泽，半透明。解理∥{010}完全，∥{001}中等。两组解理交角86°24′~86°50′（或93°10′~93°36′）。相对密度2.60~2.76。

【显微镜下特征】 偏光显微镜下无色，蚀变表面浑浊而呈土灰色，干涉色为一级灰，中长石具有的环带构造特征是核部富含An分子，外环依次贫An富Ab者称为正常环带构造。若从核部到边部各环带由酸性和基性成分多次反复呈现，则构成韵律环带。

【成因】 中长石见于闪长岩、安山岩以及花岗闪长岩、英安岩、二长岩、粗安岩等岩石中，是中性火成岩的标志矿物。中长石可蚀变为绢云母、高岭石、碳酸盐矿物、绿泥石、沸石。

拉长石（Labradorite）

在化学组成上还有少量的钾长石分子以及微量钡（BaO：<0.2%）、（锶SrO：<0.2%）、铁（$FeO+Fe_2O_3$）及其他杂质的混入。

【晶体结构】 三斜晶系。

【晶体形态】 多呈板状或柱状。

【物理性质】 白-灰白或灰黑色，偶尔也有黄、褐、红和绿色。玻璃光泽，透明或微透明。相对密度 2.2~2.69。硬度 6~6.5。具有两组解理，无荧光反应。具聚片双晶或具有因固溶体折离形成的钠长石的微细的交互层以及时有平行｛010｝晶面的微细孔隙，致使其透明或半透明品种可具有一些特殊的光学效应。闪出淡淡的蓝色或乳光称月光石；有的具有晕彩，称虹彩拉长石。

【显微镜下特征】 偏光显微镜下特征：二轴晶（+），$2V=85°$。折射率 $N_g=1.562$~1.672，$N_m=1.558$~1.567，$N_p=1.555$~1.563；重折率 0.007~0.012。

【成因】 拉长石广泛出现于各种中、基性和超基性岩中。

培长石（Bytownite）

【晶体结构】 三斜晶系。

【形态】 柱状或板状晶体，聚片双晶较普遍，故在晶面或解理面上常可见到细而平行的双晶纹。在岩石中多为柱状、板状或细粒状颗粒。

【物理性质】 白至灰白色，有时微带浅蓝、浅绿色，玻璃光泽，半透明。参差状断口。有解理//｛010｝完全，//｛001｝中等，两组解理交角 86°24′~86°50′（或 93°10′~93°36′），硬度 6~6.5，相对密度 2.2~2.69。

【成因】 许多岩浆岩的重要组成部分，如粗玄岩、玄武岩、辉长石、苏长石和斜长岩。也见于某些变质岩，如区域变质作用形成的片麻岩和片岩。

在实际工作中，需要区分正长石与斜长石（表 14-9）。

表 14-9 正长石与斜长石肉眼鉴定特征

	正 长 石	斜 长 石
肉眼鉴定特征	1. 晶面无双晶纹，可见卡巴斯双晶； 2. 两组解理｛001｝∧｛010｝90°； 3. 颜色为肉红色或白色； 4. 与石英、黑云母共生；产于花岗岩、闪长岩、伟晶岩等； 5. 染色试验：小块正长石置于 HF 酸中浸蚀 1~3min，再在 60%的亚硝酸钴钠溶液中浸蚀 10min，显柠檬黄色	1. 常见密集聚片双晶纹； 2. 两组解理｛001｝∧｛010｝=86°； 3. 白色、灰色、褐色； 4. 与普通辉石、角闪石、橄榄石等共生；产于橄榄岩、辉长岩等； 5. 染色试验：按正长石染色方法，不染色或呈浅灰色

似长石矿物（Feldspathoids）

似长石矿物是指具有与长石族相同的架状硅氧骨干，但在化学成分上比长石族矿物少一个或两个 SiO_2 分子的硅酸盐矿物。有霞石族、白榴石族、方钠石族、日光榴石族和方柱石族。它们具有下列特点：(1) K 或 Na 与 Si+Al 含量比，霞石中为1∶2,白榴石中约为 1∶3，而长石中为 1∶4。故似长石矿物多是在富碱贫硅的介质中形成的，一般不与石英共生。(2) 结构开阔并较松弛，具有较大的空洞，易于容纳半径大的 K^+、Na^+、Ca^{2+}、Li^+、Cs^+等阳离子。(3) 与长石矿物同为不含水的架状结构硅酸盐。(4) 与长石族矿物比较，似长石矿物的相对相对密度较低，一般在 2.3~2.6；硬度较小：5~6.5；折射率低。

霞 石 族

本族矿物为 R［$AlSiO_4$］的铝硅酸盐。R 为 Li、K、Na 等。有霞石、钾霞石、六方钾霞石、亚稳钾霞石。

霞石（Nepheline）

【化学组成】 $KNa_3[AlSiO_4]_4$。SiO_2：44%，Al_2O_3：33%，Na_2O：16%，K_2O：5%~6%。含有少量的 Ca、Mg、Mn、Ti、Be 等。在高温时 $Na[AlSiO_4]$-$K[AlSiO_4]$ 形成连续类质同象。

【晶体结构】 六方晶系，C_6^6–$P6_3$；$a_0=1.00$nm，$c_0=0.841$nm；$Z=2$。主要粉晶谱线：3.027(100)、3.87(60)、3.294(40)。架状结构硅酸盐矿物。霞石的结构类似于 β-鳞石英，它们的 c_0 值相近，霞石的 a_0 值为 β-鳞石英 a_0 值的 2 倍。β-鳞石英结构中半数 Si 被 Al 取代后，便形成霞石的结构。有 2/3 的 Al 和 1/3 的 Al 处于不同位置上（Al 具有一定的有序）。因置换的结果导致结构的变形，在结构中出现两种不同形态的六联环。六方形的空隙为 Na、K 占据，它们的配位数分别为 8、9。

【晶体形态】 六方单锥晶类，C_6–$6(L^6)$。晶体呈六方短柱状、厚板状。常见单形六方柱 {$10\bar{1}0$}、{$11\bar{2}0$}，六方双锥 {$10\bar{1}1$}、{$20\bar{2}1$}，平行双面 {0001} 等。集合体呈粒状或致密块状（图 14-59）。

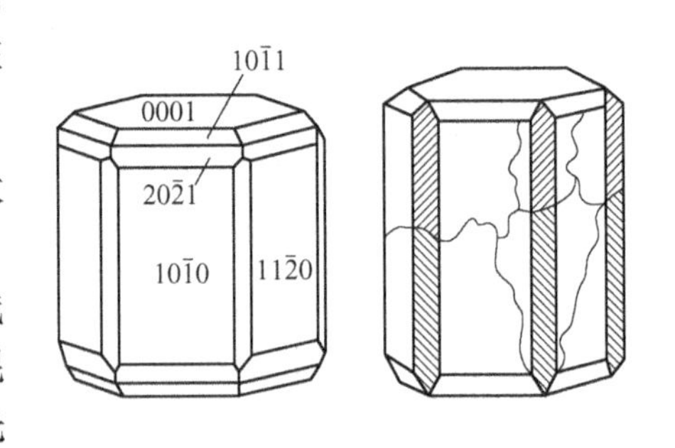

图 14-59　霞石晶体形态

【物理性质】 呈无色、白色、灰色或微带浅黄、浅绿、浅红、浅褐、蓝灰等色调。透明，混浊者似不透明。玻璃光泽，断口呈明显的油脂光泽，故称为脂光石。条痕无色或白色。无解理，有时∥{0001} 不完全解理。贝壳状断口。性脆。硬度 5~6。相对密度 2.55~2.66。

【显微镜下特征】 透射光下无色透明。一轴晶（－），有时显很小的 $2V(-)$。$N_o=1.529\sim1.546$，$N_e=1.526\sim1.542$。

【成因】 霞石产于富 Na_2O、少 SiO_2 的碱性岩中，主要产于与正长石有关的侵入岩、火山岩及伟晶岩。与富钠的长石（钾微斜长石、钠长石）、碱性辉石、碱性角闪石等共生。它是在 SiO_2 不饱和的条件下形成，霞石和石英不能同时出现同一岩石中。

【用途】 为玻璃和陶瓷工业的原料。

白 榴 石 族

本族矿物为 $R[AlSi_2O_6]$ 的铝硅酸盐，R 为 K、Ca、Li。包括白榴石、铯榴石、透锂铝石。

白榴石（Leucite）

【化学组成】 $K[AlSi_2O_6]$，SiO_2：55.02%，Al_2O_3：23.40%，K_2O：21.58%。K可被Ca、Li代替。

【晶体结构】 四方晶系。$C_{4h}^6-I4_1/a$；$a_0=1.304$nm，$c_0=1.385$nm，$Z=16$。主要粉晶谱线：3.266(100)、3.438(85)、5.39(80)。在605℃以上转变为等轴晶系变体（β-白榴石），$a_0=1.343$nm。硅氧骨干可看作由［SiO_4］的四元环和六元环所组成，四元环平行｛100｝，六元环平行｛111｝分布。K充填于六方环形成的16个大孔隙中心。

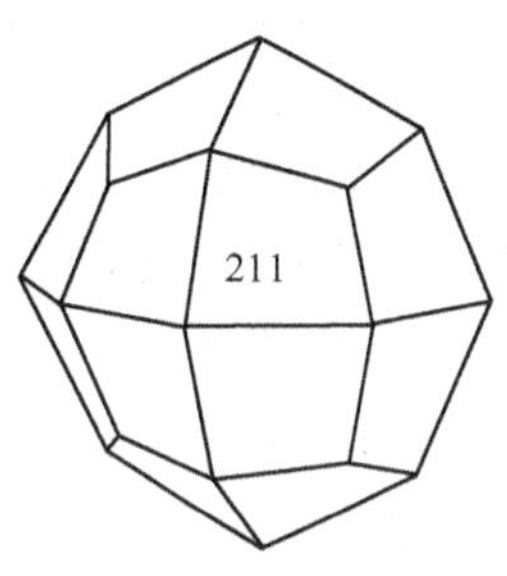

图14-60 白榴石晶体形态

【晶体形态】 四方双锥晶类，$C_{4h}-4/m(L^4PC)$。晶体通常保留高温等轴变体的外形，呈四角三八面体｛211｝（图14-60），有时呈｛100｝和｛110｝的聚形。聚片双晶的接合面为（110），晶面上有时可见双晶条纹。常呈粒状集合体。

【物理性质】 常呈白色、灰色或炉灰色，有时带浅黄色调。条痕无色或白色。透明。玻璃光泽，断口油脂光泽。无解理。硬度5.5~6。相对密度2.4~2.50。差热分析在580~600℃有相变的吸热反应。

【显微镜下特征】 透射光下无色，横切面八边形或浑圆粒状。有环带状或放射状。一轴晶（+）。$N_e=1.509$，$N_o=1.508$。重折率低，正交偏光镜下近于均质体。具几组平行的双晶条带。

【成因】 产于富钾贫硅的喷出岩及浅成岩中，为白榴石响岩、白榴石玄武岩、白榴粗面岩等岩石中的主要造岩矿物，通常呈斑晶出现。白榴石在结晶后常与残余的岩浆发生反应而转变为霞石和钾长石。不能与石英共生。白榴石在表生条件下转变为高岭石等黏土矿物时，钾转入溶液中，所以含白榴石岩石风化所形成的土壤常较肥沃。

$$K[AlSi_2O_6](\text{白榴石}) + SiO_2 \longrightarrow KAlSi_3O_8(\text{钾长石})$$

$$K[AlSi_2O_6](\text{白榴石}) + 2CO_2 + 4H_2O \longrightarrow Al_4[Si_4O_{10}](OH)_8 + 4SiO_2 + 2K_2CO_3$$

$$K[AlSi_2O_6](\text{白榴石}) + Na_2CO_3 + H_2O \longrightarrow 2Na[AlSi_3O_8]\cdot H_2O + K_2CO_3$$

【用途】 白榴石可以用来提取钾、铝原料。

方钠石族

方钠石族矿物为含Na、Ca的［$AlSiO_4$］$_6$的铝硅酸盐，包括方钠石、黝钠石、蓝方石、青金石、水方钠石。

方钠石（Sodalite）

【化学组成】 $Na_8[AlSiO_4]_6Cl_2$。SiO_2：37.1%，Al_2O_3：31.7%，Na_2O：25.5%，Cl：7.3%。含有Mo、Ba等。Na可被Ca替代，Cl可被$[SO_4]^{2-}$、$(OH)^-$替代。

【晶体结构】 等轴晶系，T_d^4-$P\bar{4}3n$；a_0=0.887nm；Z=1。主要粉晶谱线：6.38（80）、2.68（100）、2.60（90）、2.13（80）、1.594（70），1.446（70）。方钠石晶体结构是由［SiO_4］四面体和［AlO_4］四面体组成架状结构，由平行｛100｝的6个四元环和平行｛111｝的8个六元环组成，并按八次配位堆积。每个六元环为骨架共用。六元环确定一套孔道，它们平行于L^3，并相交于晶胞的叫定于中心，形成大洞穴。Cl离子分布在骨架的洞穴中心，Na离子位于立方体骨架的对角线上。每个Na被一个Cl和6个O围绕。

【晶体形态】 六四面体晶类，T_d-$\bar{4}3m(3L_i^4 4L^3 6P)$。晶体呈菱形十二面体。单形$d$｛110｝、$a$｛100｝。依（111）呈双晶。粒状集合体（图14-61）。

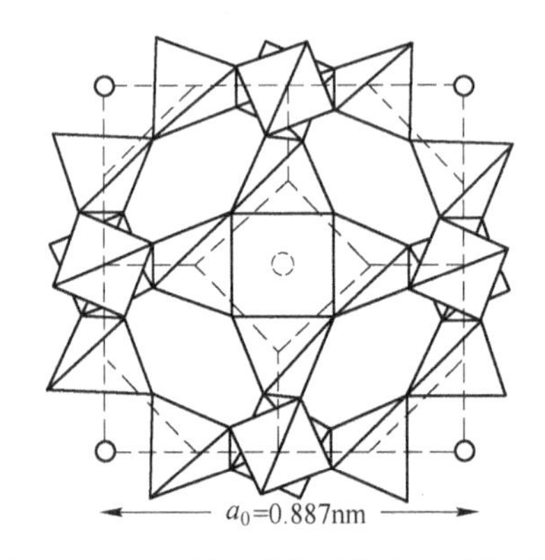

图14-61 方钠石晶体结构与晶体形态

【物理性质】 无色或蓝、灰、红、黄、绿色等。透明，玻璃光泽，断口呈油脂光泽；条痕无色或白色。解理∥｛110｝中等。硬度5.5～6，相对密度2.13～2.29。在紫外光下发橘红色荧光。具脆性。

【显微镜下特征】 偏光显微镜下呈无色或极淡的红或蓝色。均质体。N=1.483～1.490。

【简易化学试验】 吹管火焰下膨胀，熔成无色玻璃体。溶于HCl蒸发析出硅胶。矿物置于玻璃片上用HNO_3溶解，缓慢蒸发可形成NaCl晶体。矿物溶于HNO_3后加入$AgNO_3$，可生成AgCl白色沉淀，以检验Cl的存在。

【成因】 产于富Na贫Si的碱性岩中，如霞石正长岩、霞石伟晶岩。在粗面岩、透长岩、火山喷出岩见到方钠石产出。

方柱石族

方柱石（Scapolite）

【化学组成】 $(Na,Ca)_4Al[AlSi_3O_8]_3(Cl, F, OH, CO_3, SO_4)$。为钠柱石$Na_4[AlSi_3O_8]_3Cl$

和钙柱石 $Ca_4[Al_2Si_2O_8]_3CO_3$ 为端员的类质同象系列产物。其中间组分为方柱石。在化学成分上与斜长石相似。含有附加阴离子 Cl^-、$[SO_4]^{2-}$、$[CO_3]^{2-}$、F^-、$(OH)^-$。与此相适应，阳离子 Na^+、Ca^{2+}的数目增加，使电价得到平衡。

【晶体结构】 四方晶系，C_{4h}^5-$I4/m$；a_0 = 1.201～1.220nm，c_0=0.754～0.776nm；Z=2。由于［SiO_2］和 K 含量增加使晶胞增大。主要粉晶谱线：3.443(100)，3.034(100)，2.68(90)。方柱石晶体结构由硅铝四面体环连接而成架状。［$(Al, Si)O_4$］四面体的角顶朝向上方或下方的四面环，它们互相联结形成平行 c 轴的柱，柱间由另一种两个［SiO_4］和两个［AlO_4］组成的四方环连接起来。所有这些四面体均以角顶彼此相连，构成架状。平行 c 轴有大孔隙，骨架的空洞包含着六次配位的 Na 或 Ca(5O+Cl) 以及被 4Na 或 Ca 围绕着的 Cl^-、$(CO_3)^{2-}$、$(SO_4)^{2-}$。

【晶体形态】 四方双锥晶类，C_{4h}-$4/m(L^4PC)$。柱状晶体。常见单形：平行双面 c{001}，四方柱 a{100}、m{110}、h{210} 及四方双锥 r{111}、z{131}、w{331} 等。集合体成不规则柱状或粒状（图 14-62）。

【物理性质】 火山岩中的方柱石为无色，结晶片岩和灰岩中的方柱石呈灰色。有海蓝色（海蓝柱石）。透明。玻璃光泽。无色或白色条痕。解理∥{100} 中等，∥{110} 不完全。硬度 5～6。相对密度 2.62～2.75。吹管焰灼烧失去挥发分，发生膨胀，形成多孔性玻璃体。长波紫外照射下，有黄色、橙色荧光。有时发磷光。

【显微镜下特征】 透射光下无色。一轴晶（-）。其端员组分钠柱石和钙柱石的折光率分别为：钠柱石：N_o=1.546～1.550，N_e=1.540～1.541；钙柱石：N_o=1.590～1.600，N_e=1.556～1.562。

【成因】 方柱石产于酸性、碱性岩浆岩与石灰岩、白云岩的接触交代矿床中，与石榴子石、透辉石、磷灰石等共生。也在火山岩中出现。方柱石经热液作用蚀变为绿帘石、钠长石、沸石、云母等。在风化中变成高岭石。

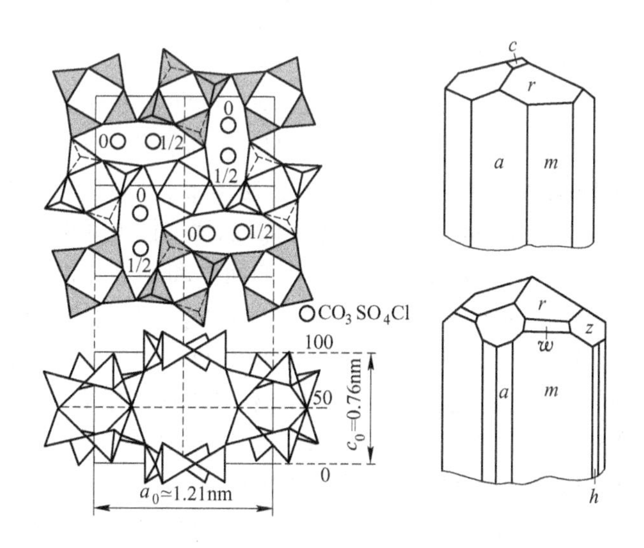

图 14-62 方柱石晶体结构与晶体形态

日光榴石族

日光榴石（Helvite）

【化学组分】 $Mn_8[BeSiO_4]_8S_2$。BeO：10.40%~13.52%，MnO：30.57%~40.58%，SiO_2：30.34%~33.26%，S：4.9%~5.77%。含有 FeO(2.09%~15.12%)、ZnO 等。有锌日光榴石（$Zn_4[BeSiO_4]_3S$）、铍榴石（$Fe_4[BeSiO_4]_3S$）变种。

【晶体结构】 等轴晶系，T_d^4-$P\bar{4}3n$；a_0=8.29nm；Z=2。主要粉晶谱线：3.75(60)，3.40(100)，2.62(50)，2.2(60)，1.95(80)，1.129(50)。具方钠石型结构。

【晶体形态】 六四面体晶类，T_d-$\bar{4}3m(3L_i^4L^26P)$。晶体呈四面体。依｛111｝形成双晶。集合体为粒状或致密块状。

【物理性质】 黄色、黄褐色，少数为绿色、无色或白色条痕。透明，玻璃光泽或松脂光泽。解理∥｛111｝不完全。贝壳状断口。硬度6~6.5。相对密度3.2~3.44。

【显微镜下特征】 透射光下淡黄色、淡褐色至无色。均质体。N=1.728~1.749。

【简易化学试验】 将日光榴石粉末与 As_2O_3 放在沸腾的 H_2SO_4 中，表面呈黄色 As_2S_3 被膜。将日光榴石粉末用 HCl 或 H_2PO_4 加热溶解，放出 H_2S 气味。吹管火焰下熔成黄褐色玻璃体。

【成因】 产于伟晶岩和接触交代矿床中。在伟晶岩中与钠长石等共生。在接触交代矿床中与磁铁矿、萤石等共生。

【用途】 是提取金属铍的矿物原料之一。

青花石族

香花石（Hsianghualite）

【化学组成】 $Ca_3Li_2[BeSiO_4]_2F_2$。SiO_2:35.66%~37.92%，CaO：34.29%~35.18%，BeO：15.78%~16.30%，Li_2O：5.60%~6.92%，F：7.27%~8.38%. 组成中 Ca 可被 Na、K 代替，Al、Mg 和 Fe 离子在碱性热液环境下呈四次配位，代替 Si 和 Be。

【晶体结构】 等轴晶系，T^5-I2_13；a_0 = 1.2876nm；Z=8。主要粉晶谱线：2.746（100），2.209（100），2.090（90），1.753（70）。晶体结构中［SiO_4］和［BeO_4］四面体共用角顶，呈三度空间骨架，每2个［SiO_4］四面体和2个［BeO_4］四面体交替连接组成4-四面体环，每3个［SiO_4］四面体和3个［BeO_4］四面体交替组成6-四面体环。4-四面体环垂直于立方晶胞的二次轴，居于立方体｛100｝面上；6-四面体环垂直于立方晶胞的三次轴，环绕单位立方晶胞各角顶。6-四面体环形成的中心空洞，延长方向平行于三次轴，为F原子所充填。紧靠F原子一侧的四面体空隙中充填着 Li 原子，其配位数为4。4-四面体环中心空洞为 Ca 所充填，其配位数为8。

【形态】 五角三四面体晶类，T-23$(3L^24L^3)$。具两种晶习：一种晶习的理想形态晶体细小，直径0.2~2mm。主要单形有立方体 a{100}，四面体 o{111}，菱形十二面体 d{110}，三角三四面体 n{211}，四角三四面体 r{332}，五角十二面体 f'{130}、f{130}，

五角三四面体 s'｛321｝、$'s$｛231｝ 等。f'和$'f$面上有斜纹。另一种晶习晶粒大，直径 5~7mm，单形较少。

【物理性质】 无色，乳白色。透明，玻璃光泽。硬度 6.5。相对密度 2.9~3.0。脆性。

【显微镜下特征】 透射光下无色透明，均质性。$N=1.613$（黄光）。

【成因】 香花石是我国矿物学家黄蕴慧于 1958 年在湖南香花山发现，产于我国湖南泥盆系石灰岩与花岗岩接触带的含 Be 绿色和白色条纹岩中。与锂铍石、萤石、金绿宝石、锂霞石、塔菲石、尼日利亚石等共生。

沸 石 族

沸 石

【化学组成】 化学式为 $A_mX_pO_{2p}\cdot nH_2O$，其中 A=Na、Ca、K 和少量的 Ba、Sr、Mg 等；X=Si、Al。四面体位置上的 Al∶Si≤1（约为 1∶5 到 1∶1）。沸石族矿物类质同象有 Ca↔Na，Ba↔K 和 NaSi↔CaAl、KSi↔BaAl，使沸石化学组成在相当大范围内变化。自然界已发现的沸石有 80 多种，较常见的有方沸石、菱沸石、钙沸石、片沸石、钠沸石、丝光沸石、辉沸石等，都以含钙、钠为主。它们含水量的多少受外界温度和湿度制约。

【晶体结构】 晶体所属晶系随矿物种的不同而异，以单斜晶系和斜方晶系的占多数。方沸石、菱沸石常呈等轴晶系。

沸石的晶体构造的架状骨干是由硅（铝）氧四面体连成的三维格架，存在着由 $[Si,Al]O_4$四面体组成的四元环、五元环、六元环、八元环、十二元环等（图 14-63）。不同的沸石中，环的元数不同，连接方式不同，形成各种不同形式的通道。按通道体系特征可分为一维、二维、三维体系。这种通道体系有 3 类（图 14-64）：（1）一维通道。各

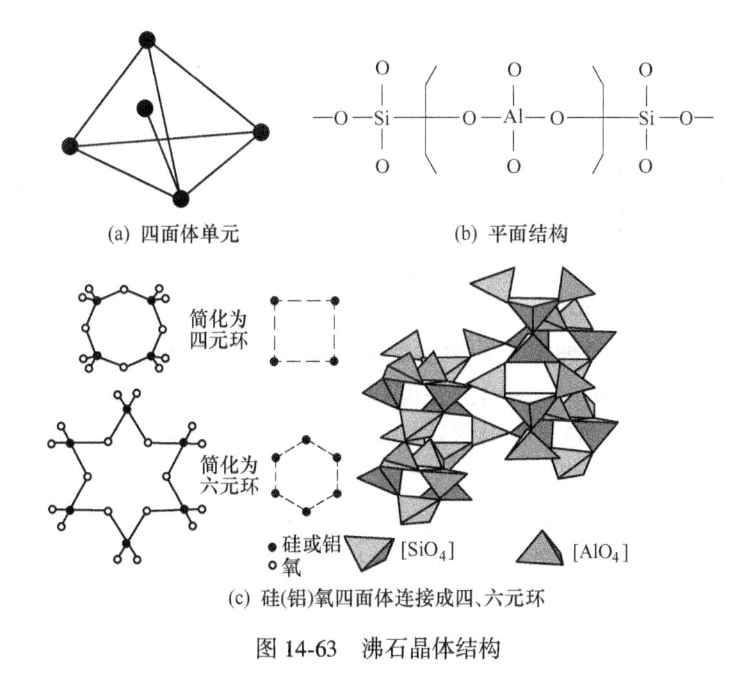

图 14-63 沸石晶体结构

方向的通道彼此不相通。如方沸石的通道，平行 {111}。(2) 二维通道。如丝光沸石中的通道体系，由平行 c 轴、b 轴的两种通道互相联通而成。(3) 三维通道。3 个方向互相联通的通道，有等径的与不等径的两种。如菱沸石中的通道为三维等径通道体系，钙十字沸石中为三维不等径通道体系。

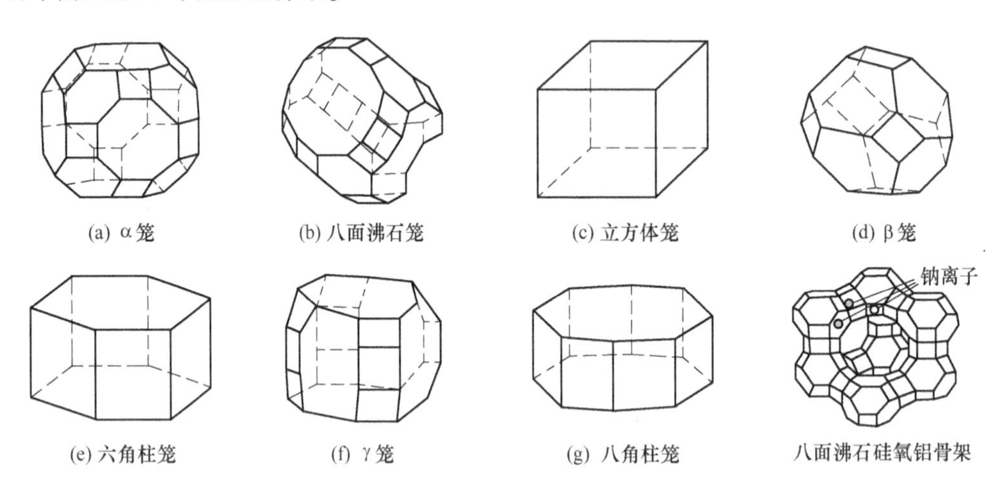

图 14-64 沸石结构中的几种通道示意图

在沸石晶体结构中，铝氧四面体有铝代替硅，有剩余电价没得到中和，使整个铝氧四面体带负电。格架中有各种大小不同的空穴和通道可以吸取或过滤大小不同的其他物质的分子。Na、Ca、K 等离子和水分子均分布在空穴和通道中，与格架的联系较弱，可被其他阳离子（Ca、Mg、Ba、Cu、Zn、Ni、La 等）代换不破坏结构或对结构影响很小，但使沸石的性质发生变化。在沸石中容易发生的 2(Na，K) ⟷ (Ca^{2+}) 交换，在长石中不能发生。沸石的水分子与骨架离子和可交换金属阳离子的联系一般是松弛而微弱的。水分子比阳离子更自由地移动和出入孔道。沸石水在加热时可逐渐逸出，晶体结构不改变。在适当条件下脱水的沸石可重新吸水。当水分子移出后，直径比孔道小的其他分子可进入孔洞，直径大于孔道的分子则被拒之。

【晶体形态】 沸石族矿物的晶体结构不同，矿物晶体的形态呈纤维状（如毛沸石、丝光沸石呈针状或纤维状）、柱状、板状（如片沸石、辉沸石呈板状），菱面体、八面体、立方体和三向等长的粒状（如方沸石、菱沸石常呈等轴状晶形）等多种形态。钙十字沸石和辉沸石双晶常见（图 14-65）。

【物理性质】 纯净的各种沸石均为无色或白色，含有氧化铁或其他杂质带浅色。玻璃光泽。解理随晶体结构而异。沸石的硬度较低（3~5.5）。相对密度 2.0~2.3，含钡的则可达 2.5~2.8。无色或白色，折射率较低。易被酸分解。以吹管焰灼烧大部分沸石膨胀起泡，犹如沸腾，故而得名沸石。

【成因】 形成于热液晚期阶段，与方解石、石髓、石英共生。常见于喷出岩，特别是玄武岩的孔隙中，也见于沉积岩、变质岩及热液矿床和某些近代温泉沉积中。

【用途】 沸石具有吸附性、离子交换性、催化和耐酸耐热等性能，被广泛用作吸附剂、离子交换剂和催化剂。工业上常将其作为分子筛，以净化或分离混合成分的物质，如气体分离、石油净化、处理工业污染等。沸石的多孔性性质常用于防暴沸。可作土壤改良剂。

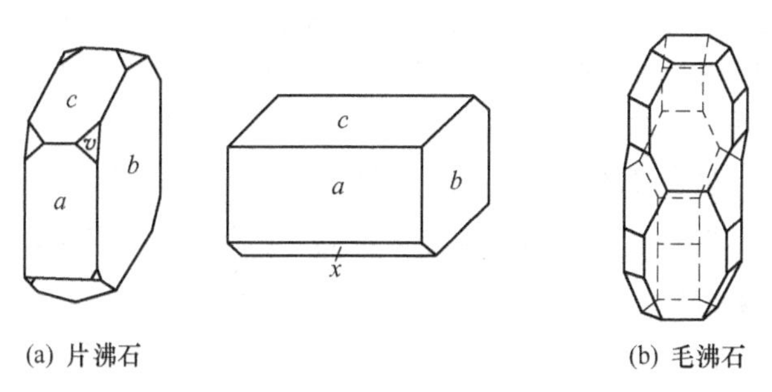

(a) 片沸石　　(b) 毛沸石

图 14-65 沸石晶体形态

方沸石（Analcite）

【化学组成】 $Na_2[AlSi_2O_6]_2 \cdot 2H_2O$；$Al_2O_3$：23.2%，$SiO_2$：54.54%，$H_2O$：8.17%。含 K、Ca、Mg。

【晶体结构】 等轴晶系，O_h^{10}-$Ia3d$；a_0 = 1.371nm；Z = 8。主要粉晶谱线：5.61（100）、3.43（100）、2.952（80）、2.898（50）；2.505（50）；1.903（60）。晶体结构中，由［Al，SiO_4］构成架状骨架，有垂直于三次轴的六元环和垂直四次轴的四元环。其中每一晶胞中 1/8 小立方体的 L^3 方向由六元环围成一维通道，孔径约 0.7nm。结构中一组（16 个）较大的空洞为 H_2O 分子占据，另一组较小的空洞 2/3（即 16 个）为 Na 离子所占据。水分子容易活动和被代替而硅铝氧骨干变化不大，Na 离子可被其他阳离子交换，仅伴随着晶胞大小的微小变化。

【晶体形态】 六八面体晶类，O_h − $m3m(3L^4 4L^3 6L^2 9PC)$。晶体呈四角三八面体 n｛211｝，立方体 a｛100｝（图 14-66），以及立方体与四角三八面体的聚形。集合体呈粒状。

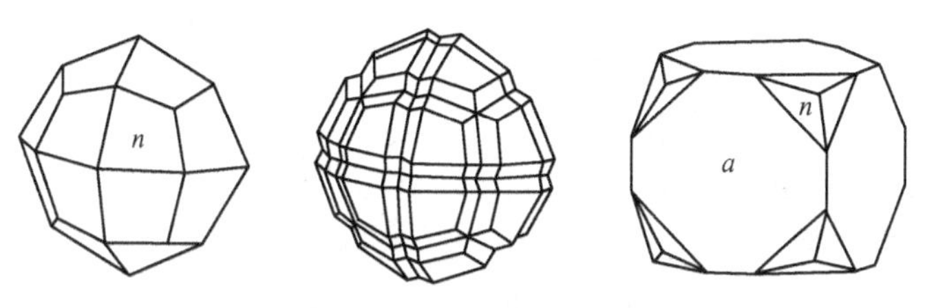

图 14-66 方沸石晶体形态

【物理性质】 无色，白色或淡红色、灰色、绿色。透明，玻璃光泽。无色或白色条痕。硬度 5~6，相对密度 2.24~2.29。差热分析曲线在 200~450℃有吸热反应。

【显微镜下特征】 透射光下无色，多数均质性。N=1.487。

【成因】 方沸石形成于高温，上限为 525℃。在中性和基性火成岩中方沸石为晚期形成的原生矿物；在热液中方沸石与葡萄石等共生；沉积岩中也可见到方沸石。

菱沸石（Chabazite）

【化学组成】（Ca，Na_2）$[AlSi_2O_6]_2 6H_2O$；SiO_2：44.19%，Al_2O_3：19.86%，CaO：8.61%，Na_2O：1.18%，H_2O：14.36%。有（Na，K）+［SiO_4］与［AlO_4］互相代替，以及 Ca、Na、K 之间类质同象代替。

【晶体结构】 三方晶系，D_{3d}^5-$R3m$；a_0= 1.38nm，c_0 = 1.503nm，Z = 6。主要粉晶谱线：9.3(100)、4.35(80)、3.62(60)、3.24(60)、2.98(100)、1.81 (80)。

【晶体形态】 复三方偏三角面体晶类，D_{3d}-$3m$($L^3 3L^2 3PC$)。呈菱面体晶形。常见单形 $r\{10\bar{1}1\}$、$s\{02\bar{2}1\}$、$c\{01\bar{1}2\}$。常见以 c 轴为双晶轴的穿插双晶（图 14-67）。

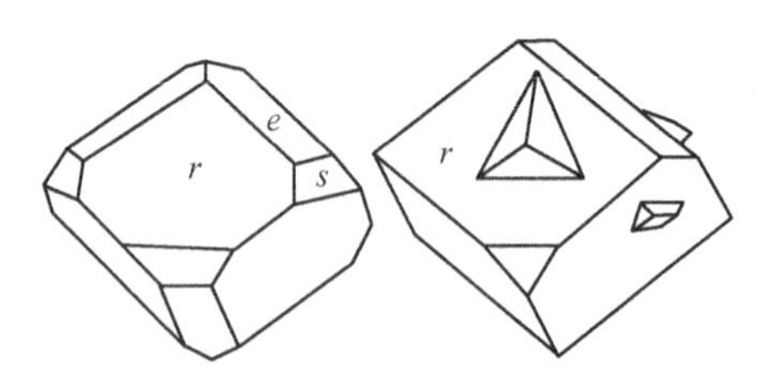

图 14-67 菱沸石晶体形态

【物理性质】 无色、白色或微带浅红或浅褐色，透明，玻璃光泽；无色或白色条痕。解理 // $\{10\bar{1}1\}$ 中等，硬度 4～5。相对密度 2.05～2.10。差热分析在 180℃有一个吸热谷，在 850℃有一个强的放热峰。

【显微镜下特征】 透射光下无色。一轴晶（±）。N_o = 1.480～1.485，N_e = 1.478～1.490。

【成因】 主要见于玄武岩、安山岩以及其他喷出岩。

丝光沸石（Mordenite）

【化学组成】 (Ca，K_2，Na_2)[$AlSi_5O_{12}$]$_4$$12H_2O$。$SiO_2$：67.94%，$Al_2O_3$：11.34%，CaO：3.61%，$Na_2O$：1.89%，$K_2O$：1.00%，$H_2O$：13.59%。含有 MgO、MnO、TiO、$P_2O_5$等。

【晶体结构】 斜方晶系，D_{2h}^{17}-$Cmc2$；a_0 = 1.829nm，b_0 = 2.039nm，c_0 = 0.752nm；Z = 2。主要粉晶谱线：8.83(100)，6.54 (80)，4.48 (80)，3.50 (100)，3.37 (70)，3.20(100)。在结构中沿 c 轴有由五元环组成的链状结构，结构有四、五、八、十二元环存在。直径最大的为十二元环组成的孔道，横截面呈椭圆形，孔径 0.58～0.72nm，平行于 c 轴。平行于 b 轴由八元环构成的二维通道直径约为 0.28nm（图 14-68）。每个晶胞中的 8 个 Na^+有 4 个位于主孔道周围的八元环孔道中。干燥脱水后形成有离子交换能力的二维分子筛。

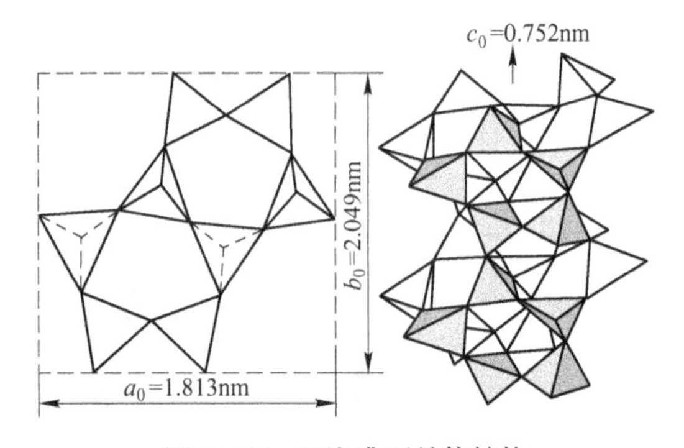

图 14-68 丝光沸石晶体结构

【晶体形态】 斜方双锥晶类，D_{2h}-mmm($3L^2 3PC$)。晶体沿 c 轴延长呈针状或纤维状，集合体呈放射状、束状、纤维状。可见板块晶体，有的呈菱形板片和板条状。

【物理性质】 白色、淡黄色，因含杂质成玫瑰色。无色或白色条痕。透明，玻璃光泽或丝绢光泽。解理 // {010} 完全。硬度 3～4，相对密度 2.12～2.15。热稳定好，耐酸性强。差热分析在 190℃有单一吸热谷。

【显微镜下特征】 透射光下无色，二轴晶（±）。2V = 78°～104°，N_g = 1.477～1.487，N_m = 1.475～1.485，N_p = 1.472～1.483。光轴面平行（100）。

【成因】 见于火山岩。我国丝光沸石较多产出于中生代酸性火山岩。

15 第四大类 含氧盐类矿物（Ⅱ）——其他含氧盐

15.1 第二类 硼酸盐矿物

硼酸盐矿物为金属元素阳离子与硼酸根相结合的化合物，已发现的有 120 余种。与其他含氧盐矿物相比，有两个明显特点：一是大多数为简单的化合物，成分中仅有一种阳离子；二是大多数矿物具有各自独立的结构形式。

15.1.1 晶体化学特征

硼酸盐的组成元素有 20 余种（表 15-1）。阳离子主要为惰性气体型、过渡型离子。有 Li、Na、K、Ca、Mg、Sr、Be、Ba、Ce、Ti、Fe、Ni、Mn、Sn、Al、Si、Cu、稀土元素等。其中以 Ca^{2+}为主的硼酸盐矿物达 40 种，以 Mg^{2+}为主者有 32 种，以 Na^{+}为主者有 16 种，以 Mn^{2+}为主者有 13 种，以 Fe^{2+}为主者有 7 种，以 Sr^{2+}为主者有 5 种。阴离子除主要的硼酸根及其复杂络阴离子根外，还可见附加阴离子 $[CO_3]^{2-}$、$[SO_4]^{2-}$、$[NO_3]^{-}$、$[PO_4]^{3-}$、$[AsO_4]^{3-}$、$[SiO_4]^{4-}$、和 O^{2-}、F^{-}、(OH)、Cl^{-}等。含有结晶水 H_2O。

表 15-1 硼酸盐矿物的组成元素

ⅠA	硼酸盐矿物的组成元素																0
H	ⅡA											ⅢA	ⅣA	ⅤA	ⅥA	ⅦA	
Li	Be											B	C	N	O	F	
Na	Mg	ⅢB	ⅣB	ⅤB	ⅥB	ⅦB	ⅧB			ⅠB	ⅡB	Al	Si	P	S	Cl	
K	Ca		Ti			Mn	Fe		Ni	Cu				As			
	Sr												Sn				
Cs	Ba	TR	Hf	Ta													

15.1.2 晶体结构

在硼酸盐矿物晶体结构中，络阴离子形式比较复杂。硼酸盐络阴离子的基本组成单位有两种：1）硼以 B^{3+}形式与阳离子（O^{2-}）组成两种络阴离子团：B 呈三次配位的硼氧三角形 $[BO_3]^{3-}$和四次配位的硼氧四面体 $[BO_4]^{5-}$；且两者可同时出现在络阴离子中。2）B可与 $(OH)^{-}$配位，如 $[B(OH)_4]$。因而 B 可单独与 O^{2-}或 $(OH)^{-}$配位；也可与 O^{2-}、$(OH)^{-}$同时配位呈 $[B(O, OH)_3]$ 三角形和 $[B(O, OH)_4]$ 四面体。它们可以单独与金属元素阳离子结合形成岛状结构硼酸盐，还以各种不同方式相互连接，组成环状、链状、层状、架状复杂络阴离子根：

（1）络阴离子为硼氧三角形 $[BO_3]^{3-}$和四面体 $[BO_4]^{5-}$，两个三角形 $[BO_3]^{3-}$或两个四面体 $[BO_4]^{5-}$可共用一个角顶形成双三角形 $[B_2O_5]^{4-}$和双四面体 $[B_2O_7]^{-11}$，（图15-1）。

（2）由三、四、五个硼氧三角形 $[BO_3]^{3-}$或四面体 $[BO_4]^{5-}$彼此以共用角顶形式形成封闭的环状。如具有单环的多水硼镁石等，双环的硼砂等（图 15-2）。

（3）硼氧三角形 $[BO_3]^{3-}$或硼氧三角形与四面体 $[BO_4]^{5-}$连接成链状结构；多为含水的硼酸盐，如硬硼钙石等（图 15-3）。

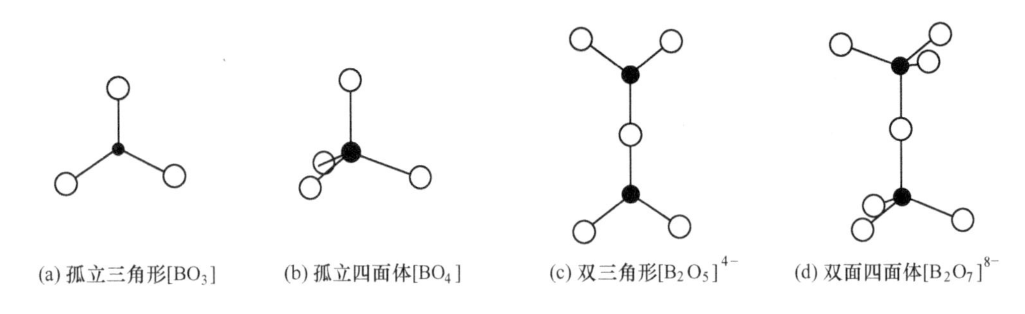

图 15-1 硼氧三角形、四面体的岛状、双三角形、双四面体（●—B，○—O）

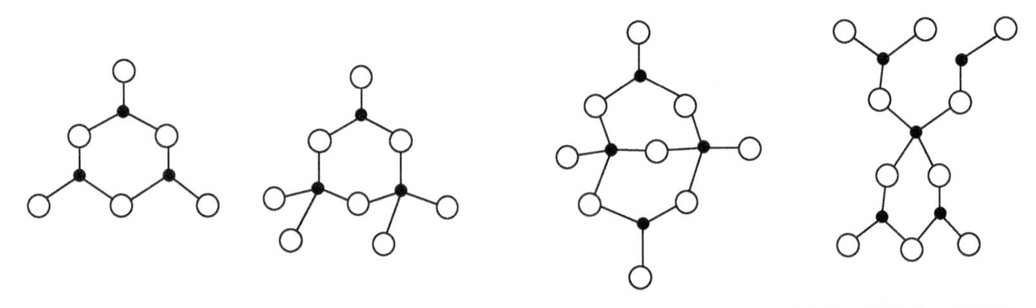

图 15-2 硼氧三角形、四面体连接的环状

（4）硼氧三角形 $[BO_3]^{3-}$和四面体 $[BO_4]^{5-}$连接成层状结构；层间通过 Ca–O 等连接，如三硼酸钙等（图 15-4）。

（5）硼氧四面体 $[BO_4]^{5-}$和三角形 $[BO_3]^{3-}$连接起来形成连续三维的架状结构，有 $[BO_2]_n^{n-}$、$[B_4O_7]_n^{2n}$、$[B_5O_8]_n^{n-}$、$[B_6O_{10}]_n^{2n-}$、$[B_7O_{12}]_n^{3n-}$，如立方偏硼酸、四硼酸锂、五硼酸钾、六硼酸铯、方硼石等（图 15-5）。

在各种硼氧骨干中，可以有附加阴离子。$[B(OH)_4]^-$形式见于含水硼酸盐中。

15.1.3 形态与物理性质

硼酸盐矿物晶体形态与络阴离子连接方式关系密切。具有架状结构的硼酸盐矿物通常呈等轴状和粒状，链状结构者常呈长柱状、针状、纤维状等形态，层状结构者呈板状晶

(a) 由3角形构成一维链状$[BO_2]_n^{n-}$

(b) 2个三角形和1个四面体构成链状$[B_3O_6]_n^{3n-}$

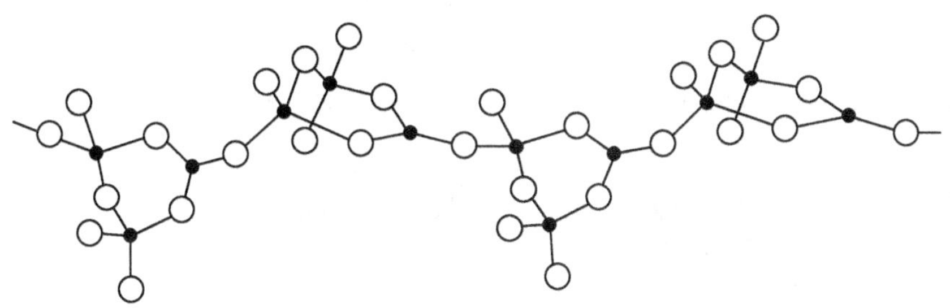

(c) 由1个三角形和2个四面体构成的链状$[B_3O_7]_n^{5n-}$

图 15-3　由［BO_3］和［BO_4］构成的各种链状结构

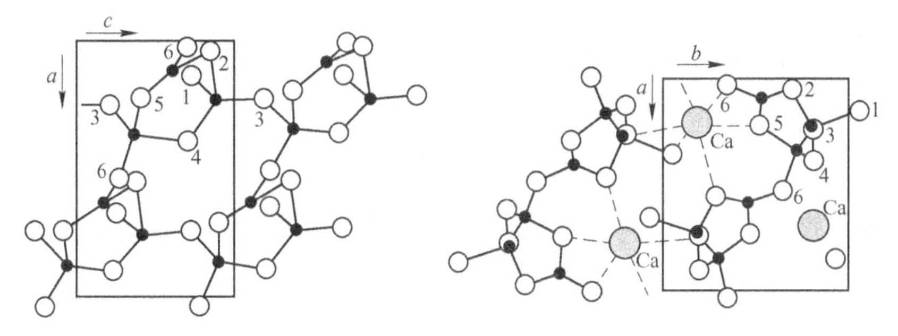

图 15-4　由［BO_3］和［BO_4］构成的各种层状结构

形。岛状结构者形态复杂，可呈粒状、板状、柱状等。

物理性质与成分、结构关系密切。由惰性气体型离子为主要阳离子的硼酸盐矿物通常呈白色或无色透明，具玻璃光泽。以过渡型离子、铜型离子为阳离子的硼酸盐矿物呈彩色或暗色，半透明至不透明，具半金属光泽或金刚光泽。大多数硼酸盐矿物硬度在2~5，个别可达7~8。相对密度2~3.5。

15.1.4　分类

根据矿物晶体化学分类原则，硼酸盐矿物划分为以下几个亚类：

第一亚类。岛状硼酸盐。有硼铝石族、钛硼镁铁矿族（具有附加O^{2-}离子）、硼铍石族（具有附加的$(OH)^-$、F^-阴离子）、硼铝镁石族（具孤立的［BO_4］$^{5-}$四面体）、五水硼钙石族（具有孤立的［$B(OH)_4$$^-$四面体］）、氯硼钠石族（具孤立的［$B(OH)_4$］$^-$四面体及附加阴离子）、水呻硼钙石族、遂硼镁石族（具［B_2O_5］$^{4-}$双三角）、柱硼镁石族（具［B_2O_7］$^{8-}$双四面体）。

第二亚类。环状硼酸盐。有板硼石族（具［B_3O_8］$^{7-}$三环）、硼砂族（具［B_4O_9］$^{6-}$

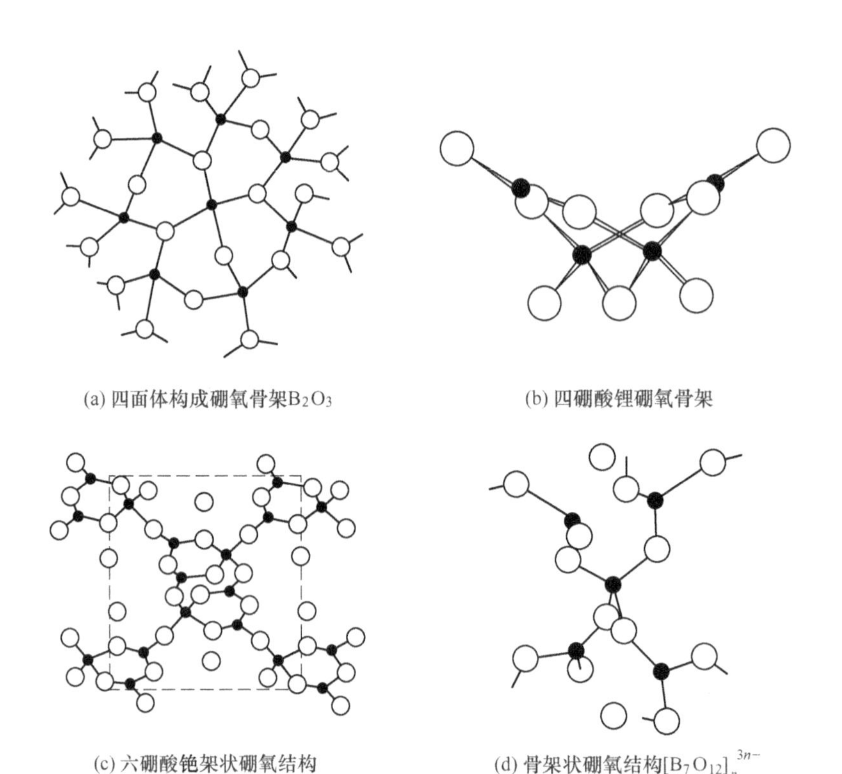

(a) 四面体构成硼氧骨架B_2O_3　(b) 四硼酸锂硼氧骨架

(c) 六硼酸铯架状硼氧结构　(d) 骨架状硼氧结构$[B_7O_{12}]_n^{3n-}$

图 15-5　硼氧架状骨干类型

四环)、铵硼石族（具［B_5O_{10}］$^{5-}$五环)、白硼钙石族（具［B_5O_{13}］$^{11-}$复五方环)、水硼锶族。

第三亚类。链状硼酸盐。有钙硼石族（具［BO_2］$_n^{n-}$链)、硬硼钙石族（具［B_3O_7］$_n^{5n-}$链)、贫水硼砂族（具［B_4O_8］$_n^{4n-}$链)、比硼钠石族（具［B_5O_{10}］$_n^{5n-}$链)、钠硼解石族（具［B_5O_{11}］$^{7n-}$链)。

第四亚类。层状硼酸盐。有硼钙石族（具［B_3O_6］$_n^{3n-}$连续层)、水氯硼钙石族（具［B_5O_{10}］$_n^{5n-}$连续层及附加Cl^-离子)、高硼钙石族（具［B_6O_{11}］$_n^{4n-}$连续层)。

第五亚类。架状硼酸盐。方硼石族（具［B_7O_{12}］$_n^{3n-}$骨架)

硼酸盐为沉积作用、接触交代作用和火山作用的产物。

硼砂族

本族属于具［$B_2O_{10}(OH)_4$］$^{2-}$键，包括硼砂、三方硼砂等矿物种。

硼砂（Borax)

【化学组成】　($Na_2[B_4O_{10}]10.H_2O$)，Na_2O：16.26%，B_2O_3：36.51%，H_2O：47.23%。

【晶体结构】　单斜晶系，$C_{2h}^6 - C2/c$；a_0 = 1.184nm，b_0 = 1.063nm，c_0 = 1.232nm，β=106°35′；Z=4。主要粉晶谱线：2.57（100）、2.84(53)、4.86(47)。硼砂晶体结构为双环结构：硼酸根由 2 个［BO_3OH］四面体和 2 个［BO_2OH］三角形彼此共角顶组成；它们通过氢氧键与［$Na(H_2O)_6$］八面体共棱形成∥c 轴的柱相连。这一结构特征使硼砂具∥{100} 解理。

【晶体形态】　斜方柱晶类，$C_{2h} - 2/m(L^2PC)$。晶体为短柱状或厚板状。常见单形：平行双面 a{100}、b{010}、c{001}，斜方柱 m{110}、w{021}、q{112} 等。集合体为晶簇状、粒状、多孔的土块状、皮壳状等。

【物理性质】　无色或白色带灰或带浅色调的黄、蓝、绿等，玻璃光泽。解理∥{110} 完全，{110} 不完全。硬度 2～2.5，相对密度 1.73。易溶于水和甘油中，微溶于酒精。水溶液呈弱碱性。硼砂在空气可缓慢风化。硼砂有杀菌作用，口服对人有害。差热分析曲线在 73～82℃和 137℃有两个吸热谷。灼烧 600℃熔成玻璃状球体。

【显微镜下特征】　透射光下呈无色。二轴晶（-）。2V = 40°。N_g = 1.472，N_m = 1.469，N_p = 1.447。

【简易化学试验】　火烧时膨胀，染火焰黄色。和萤石及中硫酸钾烧时火焰呈绿色。

【成因】　干旱地区盐湖和干盐湖的蒸发沉积物中。与石盐、钠硼解石、无水芒硝、石膏、方解石等伴生。

【用途】　硼砂是制取含硼化合物的基本原料。含硼化物在冶金、钢铁、机械、军工、造纸、电子管、化工及纺织、医学等部门中都有着广泛的用途。硼砂可用于皮肤黏膜的消毒防腐，治疗氟骨症、足癣、牙髓炎、疱疹病毒性皮肤病等。

斜硼钠钙石族

本族矿物具［$B_3B_2O_7(OH)_4$］$^{3n-}$链，包括斜硼钠钙石、钠硼解石矿物种。

钠硼解石（Ulexite）

【化学组成】　$NaCa[B_5O_6(OH)_6] \cdot 5H_2O$。$Na_2O$：7.65%，CaO：13.85%，$B_2O_3$：42.95%，$H_2O$：35.55%。

【晶体结构】　三斜晶系，C_i^2-$P\bar{1}$；a_0 = 0.881nm，b_0 = 1.286nm，c_0 = 0.668nm，α = 90°15′，β = 109°10′，γ = 105°05′；Z = 2。主要粉晶谱线：12.31(100)、7.81(80)、4.12(60)、2.66(80)、2.066(60)。

【形态】　平行双面晶类，C_i-$\bar{1}(C)$。晶体沿 c 轴呈针状，完好晶体少见。常见单形：平行双面 b{100}、b{010}、m{110}、c{001} 等。有聚片双晶。集合体为针状、纤维状、放射状以及结核状、肾状或土状。

【物理性质】　无色，白色；透明。玻璃光泽，丝绢光泽。解理∥{010}、{110} 完全。硬度 2.5。相对密度 1.96。性脆，有滑感。

【显微镜下特征】　偏光镜下无色。二轴晶（+）。2V = 78°。N_g = 1.518，N_m = 1.505，N_p = 1.497。

【简易化学试验】 烧时膨胀，易熔成透明玻璃球，火焰变深黄色。滴硫酸烧时，染火焰成深绿色。

【成因】 典型的干旱地区内陆湖相化学沉积产物，与石盐、芒硝、石膏、天然碱、钠硝石以及硼砂、柱硼镁石、水方硼石、库水硼镁石、板硼钙石等共生。

【用途】 主要的工业硼矿物之一。

硼镁铁矿族

本族属于具［BO_3］键，包括硼镁铁矿、硼镍矿、硼镁锰矿等矿物种。

硼镁铁矿（Ludwigite）

【化学组成】 $(Mg, Fe)_2Fe[BO_3]O_2$，B_2O_3：16.83%，MgO：41.29%，Fe_2O_3：40.88%。$Mg^{2+}\leftrightarrow Fe^{2+}$之间可形成完全类质同像。当$Mg^{2+}>Fe^{2+}$称硼镁铁矿；当$Fe^{2+}>Mg^{2+}$称硼铁矿。$Fe^{3+}$可为$Al^{3+}$所代替（≤11%）。

【晶体结构】 斜方晶系，D_{2h}^9-$Pcma$；a_0=0.923~0.944nm，b_0=0.302~0.307nm，c_0=1.216~1.228nm；Z=4。主要粉晶谱线：5.12(30)、2.546(100)、2.162(40)、2.039(60)、1.574(50)、1.500(40)、1.019(60)。晶体结构中，Mg 和 Fe 八面体链平行 b 轴构成 Z 形或反 Z 形。所围成的三方柱形孔道为［BO_3］三角形所占据。［BO_3］三角形平面平行于（010），有一边与 c 轴平行。

【形态】 斜方双锥晶类，D_{2h}-$mmm(3L^23PC)$。晶体呈长柱状、针状，集合体常呈放射状或粒状、致密块。

【物理性质】 呈暗绿色或黑色。随铁含量增大颜色变深。浅黑绿色至黑色条痕。光泽暗淡，纤维状者见丝绢光泽。不透明，无解理。硬度5.5~6，相对密度3.6~4.7。粉末呈弱磁性。

【显微镜下特征】 偏光镜下为微红褐色。二轴晶（+）。N_g=1.83，N_m=1.810，N_p=1.808. 多色性：N_p-暗褐色，N_m-红褐色，N_p-黄褐色。

【简易化学试验】 溶于浓硫酸，加几滴酒精加热，点燃火焰呈鲜艳的绿色（B 的反应）。

【成因】 产于蛇纹石化白云石大理岩或镁矽卡岩中，常与磁铁矿、透辉石、金云母、镁橄榄石等共生。硼镁铁矿发生变化生成纤维状硼镁石和磁铁矿。

【用途】 制取硼及硼化物原料。

硼 镁 石 族

本族属于具［B_2O_4OH］$^{3-}$（BO_2 和 BO_2OH 双三角），包括硼镁石、硼锰镁矿两个矿物种。

硼镁石（Ascharite）

【化学组成】 $Mg_2[B_2O_4(OH)](OH)$。MgO：47.92，B_2O_3:41.38，H_2O：10.70%。

其中 Mg 可被 Mn（≤23.5%）和 Fe（≤1.5%）代替

【晶体结构】 单斜晶系，a_0=1.250nm，b_0=1.042nm，c_0=0.314nm，β=95°40′；Z=8。主要粉晶谱线：6.3(100)，2.68(100)，2.55(50)，2.44(90)。晶体结构中硼氧骨干以角顶相连的双三角形［$B_2O_4(OH)$］。Mg-(O，OH)$_4$ 八面体沿 c 轴共棱成柱侧面以共棱成双柱。双柱间为 $B_2O_4(OH)$ 双三角形连接。结构中｛110｝方向有较大空隙，使沿此方向产生完全解理。

【晶体形态】 斜方柱晶类，C_{2h}-$2/m(L^2PC)$。纤维状、柱状、板状晶形。柱状晶体可见斜方柱和平行双面，其横切面为菱形，有时也可见八边形（有平行双面）。依（100）成聚片双晶。不同形态的硼镁石的成分有所差异。纤维状者普遍含 H_2O 偏高（高于理论值 10.70%），板状者的 H_2O 含量随其纤维化程度增高而增大。

【物理性质】 白、灰白、浅绿、黄色。条痕白色。丝绢光泽至土状光泽。解理 //｛110｝完全、//｛100｝、｛010｝不完全。硬度 3~4。相对密度 2.62~2.75。加 HCl 不起泡。差热分析在 675℃有吸热谷。

【显微镜下特征】 透射光下无色。二轴晶（-）。$2V$=<30°。N_g=1.641~1.658（计算），N_m=1.643，N_p=1.576~1.589。

【简易化学试验】 闭管中烧之生水。在吹管焰中烧时熔融，爆裂变为淡褐灰色物质。略溶于酸。

【成因】 为分布较广的硼酸盐矿物，主要产于夕卡岩型和热液交代型矿床中。外生矿床中亦有产出，系沉积硼矿物脱水而成。

方硼石族

本族具［BO_3］和［BO_4］架状骨干。有方硼石、β 方硼石、铁锰方硼石、锰方硼石等七个矿物种。

方硼石（Boracite）

【化学组成】 $Mg_3[B_3B_4O_{12}]OCl$，MgO：25.71%，MgCl：12.14%，B_2O_3：62.15%。Mg 可被 Fe 代替。

【晶体结构】 斜方晶系，C_{2v}^5 -$Pca2$；a_0=0.854nm，b_0=0.854nm，c_0=1.207nm，Z=4。主要粉晶谱线：3.005(100)、2.700(90)、2.043(100)。在 260℃以上转变为 β-方硼石，等轴晶系，T_d^{5-}-$F43c$；a_0 = 1.210nm，Z = 8。主要粉晶谱线：3.041(11)、2.727(80)、2.07(100)、1.767(80)。方硼石的晶体结构为硼氧四面体［BO_4］$^{5-}$和三角形［BO_3］$^{3-}$连接起来连续三维的架状结构。

【形态】 斜方单锥晶类，C_{2v}-$mm2(L^22P)$。β-方硼石为六四面体晶类，T_d -$\bar{4}3m(3L_i^44L^36P)$。方硼石晶体常按 β-方硼石呈假象。常见单形：立方体 a｛100｝、四面体 o｛111｝、菱形十二面体 d｛110｝、四角三四面体 n｛112｝等。集合体呈粒状、纤维状、羽状等。

【物理性质】 主要为无色或白色，带有白、灰、黄、绿、蓝等色彩，玻璃光泽，无解理。硬度 7~7.5。相对密度 2.97~3.1。具强压电性和焦电性。

【显微镜下特征】 透射光下无色。二轴晶（+），$2V=83°30'$。$N_g=1.668\sim1.673$，$N_m=1.662\sim1.667$，$N_p=1.658\sim1.662$。

【简易化学试验】 在吹管焰烧之易熔，染火焰为绿色。烧后滴以硝酸钴溶液珠球呈深紫色。

【成因】 产于海相盐类沉积环境，与硬石膏、石盐、钾盐、光卤石等盐类共生。

【用途】 提取硼的矿物原料。

15.2 第三类 硫酸盐矿物

硫酸盐矿物是金属阳离子与硫酸根相结合的化合物（表 15-2）。本类矿物有 180 余种，占地壳质量的 0.1%。主要是表生作用形成的矿物，其次是热液后期产物。

表 15-2 硫酸盐矿物的组成元素

ⅠA	硫酸盐矿物的组成元素																0
H	ⅡA											ⅢA	ⅣA	ⅤA	ⅥA	ⅦA	
													C	N	O	F	
Na	Mg	ⅢB	ⅣB	ⅤB	ⅥB	ⅦB	ⅧB			ⅠB	ⅡB	Al			S	Cl	
K	Ca			V		Mn	Fe	Co	Ni	Cu	Zn		Ge	As			
	Sr		Zr							Ag				Sb			
	Ba										Hg	Tl	Pb				
			T	U													

15.2.1 化学成分

在硫酸盐矿物的化学组成中，与硫酸根结合的阳离子有 20 余种，主要有惰性气体性和过渡型离子以及铜型离子，主要有 K^+、Na^+、Ca^{2+}、Mg^{2+}、Ba^{2+}、Sr^{2+}、Pb^{2+}、Fe^{2+}、Cu^{2+}、Zn^{2+}、Al^{3+}等。阴离子为［SO_4］，以及附加阴离子有（OH）$^-$、F^-、Cl^-、O^{2-}以及（CO_3）$^{2-}$等。在成分中含有三价金属阳离子或强极化阳离子 Cu^{2+}时，常见有附加阴离子。硫酸盐矿物的类质同象有 Mg-FeBa-Sr 的完全类质同象等和不完全类质同象。

15.2.2 晶体结构

硫酸盐矿物的晶体结构，由络阴离子团［SO_4］构成四面体，半径=0.295nm。与较大半径阳离子 Ba^{2+}、Sr^{2+}、Pb^{2+}等结合成稳定的无水化合物。与离子半径较小的二价阳离子，如 Ca^{2+}、Mg^{2+}等结合，则需要在阳离子外围有一层水分子（H_2O）组成水合离子，形成含水硫酸盐。水分子数量随着阳离子半径减小而增多，一般为 2、4、6、7 个水分子。如石膏 $Ca(H_2O)_2[SO_4]$、泻利盐 $Mg[SO_4]7H_2O$ 等。硫酸盐中阳离子的配位数：Ba、Sr、Pb 为 12；K 为 9 和 10；Ca 为 8 和 9；Na、Mg、Cu、Al、Fe 等为 6。

15.2.3 形态与物理性质

硫酸盐矿物对称程度较低，主要是单斜晶系和斜方晶系。以粒状、板状为主。灰白色、无色，含铜、铁者呈蓝色和绿色。玻璃光泽，少数金刚光泽。透明至半透明。硬度低，含结晶水者更低。相对密度除含铅、钡和汞者较大外，一般属中等。折射率在 1.40~2.10 变化。碱金属、矾类硫酸盐矿物易溶于水。

15.2.4　成因产状

硫酸盐（$S^{6+}O_4$）在氧的浓度大、温度低的条件下形成。除少数矿物（如重晶石）形成与热液作用，多数硫酸盐矿物形成于近地表风化作用或在水盆地中沉积的产物。在酸性溶液中 Zn^{2+}、Cu^{2+}、Fe^{3+}、Al^{3+}、Mn^{2+}的硫酸盐富集；在中性、碱性溶液中，碱金属和碱土金属富集。水盆地中的硫酸盐矿物晚于钙镁碳酸盐而早于氧化物。

15.2.5　分类

硫酸盐矿物主要有重晶石族、石膏族、硬石膏族、芒硝族、无水芒硝族、明矾石-黄钾铁矾族、胆矾族、明矾族、泻利盐族、叶绿矾族等 60 余个矿物族。

重晶石-天青石族

本族包括重晶石、天青石、铅矾矿物种。

重晶石（Barite）

【化学组成】 $Ba[SO_4]$，成分中有 Sr、Pb 和 Ca 类质同象替代。Sr-Ba 呈完全类质同象代替，端员组分 $Sr[SO_4]$ 为天青石。当成分中含有 PbO 17%~22%时称北投石。

【晶体结构】 斜方晶系。$D_{2h}^{16}-Pnma$；$a_0=0.8878$nm，$b_0=0.545$nm，$c_0=0.7152$nm。$Z=4$。1149℃以上转变为高温六方变体。主要粉晶谱线：3.44(100)，3.10(97)，3.12(80)。晶体结构中 Ba^{2+}处于 $[SO_4]^{2-}$之间，并为 12 个 O^{2-}所包围，配位数为 12。O^{2-}则与 1 个 S^{6+}和 3 个 Ba^{2+}相接触，配位数为 4（图 15-6）。

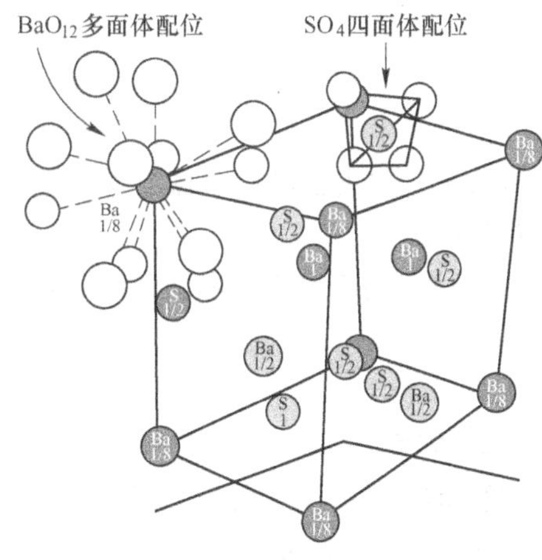

图 15-6　重晶石晶体结构

【晶体形态】 斜方双锥晶类，D_{2h}-$mmm(3L^23PC)$。单晶体为平行｛001｝的板状或厚板状。常见单形：平行双面 c｛001｝、o｛011｝、d｛101｝，斜方双锥 s｛111｝、q｛211｝等。通常呈板状、粒状、纤维状、钟乳状、结核状集合体。

【物理性质】 颜色为无色或白色，有色呈黄、褐、淡红等颜色。玻璃光泽，解理面为珍珠光泽。解理∥｛001｝和｛210｝完全，∥｛010｝中等。解理夹角（001）∧（210）= 90°。硬度 3~3.5。相对密度 4.5 左右。性脆。

【显微镜下特征】 透射光下无色。二轴晶（+），$2V=37°$ $N_g=1.647$，$N_m=1.637$，$N_p=1.636$。

【简易化学试验】 与 HCl 不起作用，可与碳酸盐矿物区分。以 HCl 浸湿后染火焰呈黄绿色（钡的焰色反应），可与天青石（深紫红色）区别。

【成因】 主要产于中低温热液作用。与方铅矿、闪锌矿、黄铜矿、辰砂、石英等共生，形成石英-重晶石脉、萤石-重晶石脉等。产于沉积岩中的重晶石成结核状、块状出现。

【用途】 提取 Ba 的原料。也用于钻探泥浆的加重剂，用于橡胶、塑料、造纸等的填充剂。

天青石（Celestite）

【化学成分】 $Sr(SO_4)$，含 Sr 45%～47%，有时含钡和钙。在（Sr、Ba)SO_4 中，Sr 含量大于 Ba，可含 Pb、Ca、Fe 等元素。

【晶体结构】 斜方晶系，D_{2h}^{16}-$Pnma$；$a_0=0.8359$nm，$b_0=0.5352$nm，$c_0=0.6866$nm；$Z=4$。1152℃以上转变为高温六方变体。主要粉晶谱线：2.97(100)、3.30(98)、2.73(63)。晶体结构与重晶石相同。Sr 代替 Ba。

【晶体形态】 斜方双锥晶类，D_{2h}-$mmm(3L^2 3PC)$。单晶体为平行｛001｝的板状或厚板状。常见单形：平行双面 c｛001｝、o｛011｝、d｛101｝，斜方双锥 s｛111｝、q｛211｝等。完好晶体少见，呈钟乳状、结核状、纤维状、细粒状钟乳状集合体。

【物理性质】 纯净的天青石晶体呈浅蓝色或天蓝色，含杂质时呈黑色。条痕白色。透明。玻璃光泽，解理面具有珍珠状晕彩，性脆，解理∥｛001｝完全，∥｛210｝中等，三组解理夹角近于 90°。硬度为 3～3.5。相对密度 3.97～4.0。染火焰成深紫色。

【显微镜下特征】 二轴晶（+），折射率=1.619～1.637；双折射 0.018；多色性弱。吸收光谱不明显。

【成因】 主要产于白云岩、石灰岩、泥灰岩和含石膏黏土等沉积岩中。产于热液矿床和沉积矿床中。沉积矿床中矿石矿物组合为天青石、菱锶矿、方解石、石英及少量萤石、黄铁矿。在火山热液矿床矿物组合为高岭石、石英、赤铁矿、菱锶矿、重晶石、萤石、磷灰石。

【用途】 用于提炼锶和制备锶化合物，制作显像管的屏幕、红色焰火和信号弹等。

铅矾（Anglesite）

【化学组成】 $Pb[SO_4]$，PbO：73.6%，SO_2：26.4%。有时含有少量的 Ba。

【晶体结构】 斜方晶系，$D_{2h}^{15}-Pnma$；$a_0=0.848$nm，$b_0=0.539$nm，$c_0=0.695$nm；$Z=4$。864℃以上转变为 I 高温单斜变体。主要粉晶谱线：3.00(100)、4.26(87)、3.33(86)。晶体结构与重晶石相同。

【晶体形态】 斜方双锥晶类，D_{2h}-$mmm(3L^2 3PC)$。晶体呈板状、短柱状或锥状。常见单形：平行双面 c｛001｝、o｛011｝、d｛101｝，斜方双锥 s｛111｝、q｛211｝等。集合体呈粒状、致密块状、结核状、钟乳状等。

【物理性质】 无色至白色，常因包含未氧化的方铅矿而呈暗灰色。金刚光泽。解理

//{001}中等，//{210} 和 {010} 不完全。贝壳状断口。硬度 2.5~3，相对密度 6.1~6.4。在紫外线照射下发黄色或黄绿色荧光。

【显微镜镜下特征】 透射光下无色，二轴晶（+），$2V=75°$。$N_g=1.853$，$N_p=1.877$。

【成因】 主要产于铅锌硫化物矿床的氧化带中，由方铅矿氧化作用而成。

【用途】 与其他铅矿物一起作为铅矿石。可作为寻找铅矿床的找矿标志。

石　膏　族

石膏（Gypsum）

【化学组成】 $Ca[SO_4]2H_2O$。CaO：32.5%，SO_3：46.6%，H_2O：20.9%。有黏土、有机质等机械混入物。有时含 SiO_2、Al_2O_3、Fe_2O_3、MgO、Na_2O、CO_2、Cl 等杂质。

【晶体结构】 单斜晶系 C_{2h}^6-$A2/a$；$a_0=0.568$nm，$b_0=1.518$nm，$c_0=0.629$nm，$\beta=113°50'$；$Z=4$。主要粉晶谱线：6.56(100)、3.06(55)、4.27(50)。石膏晶体结构：晶体结构中 Ca^{2+} 与［SO_4］四面体连接成平行于（010）的双层结构层，H_2O 分子分布于双层之间。Ca^{2+} 不仅与［SO_4］中 6 个氧相连，还与 2 个水分子中的 O^{2-} 相连，配位数为 8。H_2O 分子与［SO_4］中的 O^{2-} 以氢键相联系，水分子之间以分子键相联系（图 15-7）。

【晶体形态】 斜方柱晶类，C_{2h}-$2/m(L^2PC)$。晶体常依发育成板状，亦有呈粒状。常见单形：平行双面 $b\{010\}$、$p\{103\}$，斜方柱 $m\{110\}$、$l\{111\}$ 等；晶面和常具纵纹；有时呈扁豆状。双晶常见，一种是依（100）为双晶面的燕尾双晶，另一种是依（101）为双晶面的箭头双晶。集合体多呈致密粒状或纤维状：细晶粒块状称为雪花石膏；纤维状集合体称为纤维石膏；少见由扁豆状晶体形成的似玫瑰花状集合体；亦有土状、片状集合体（图 15-7）。

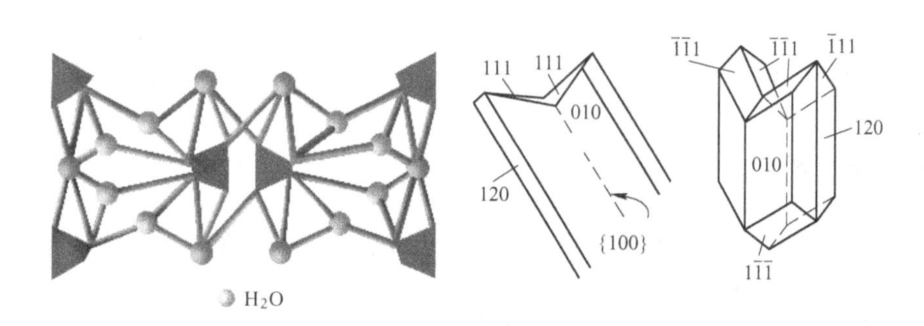

图 15-7　石膏晶体结构与双晶形态

【物理性质】 通常为白色、无色，无色透明晶体称为透石膏，有时因含杂质而呈灰、浅黄、浅褐等色。条痕白色。透明。玻璃光泽，解理面珍珠光泽，纤维状集合体丝绢光泽。解理//{010} 完全，解理//{100} 和//{110} 中等，解理片裂成面呈夹角为 66°和 114°的菱形体。性脆。硬度 1.5~2，不同方向稍有变化。相对密度 2.3。

【显微镜下特征】 偏光镜下无色。二轴晶（+）。$2V=58°$。$N_g=1.530$，$N_m=1.523$，$N_p=1.521$。随温度升高，$2V$ 减小，在大约 90℃时 $2V\approx0°$。

热分析：石膏在加热时存在3个排出结晶水阶段：（1）105～180℃，转变为烧石膏 $Ca[SO_4]\cdot 0.5H_2O$。（2）200～220℃，转变为Ⅲ型硬石膏 $Ca[SO_4]\cdot H_2O$（$0.06<\varepsilon<0.11$）。（3）约350℃，转变为Ⅱ型石膏 $Ca[SO_4]$。（4）1120℃时，进一步转变为Ⅰ型硬石膏。熔融温度1450℃。

【成因】 主要为化学沉积作用的产物，有低温热液成因。

【用途】 石膏在水泥、建材、药用、农药等领域广泛应用。

硬石膏族

硬石膏（Anhydrite）

【化学组成】 $Ca[SO_4]$。CaO：41.2%，SO_3：58.85，成分变化不大。

【晶体结构】 斜方晶系，D_{2h}^{17}-$Cmcm$；a_0 = 6.991nm，b_0 = 0.6996nm，c_0 = 0.6238nm；Z = 4。主要粉晶谱线：3.53（100）、3.90（40）、3.888（40）。晶体结构中在（100）和（010）面上 Ca^{2+} 和 $[SO_4]$ 分布成层，而在（001）面上 $[SO_4]^{2-}$ 为不平整的层（图15-8）。Ca^{2+} 居于4个 $[SO_4]^{2-}$ 之间被8个 O^{2-} 所包围，配位数为8。每个 O^{2-} 与1个 S^6 和2个 Ca^{2+} 相连接，配位数为3。

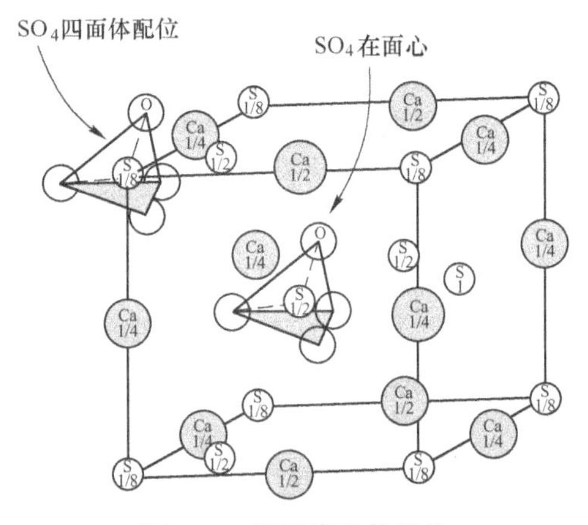

图15-8　硬石膏晶体结构

【晶体形态】 斜方单锥晶类，D_{2h}-$mmm(3L^2 3PC)$。晶体沿 a 轴或 c 轴延长呈厚板状、柱状。依（011）呈接触双晶或聚片双晶。集合体呈块状或粒状、纤维状。

【物理性质】 纯净者透明，无色或白色。含有杂质呈暗灰色，微带红色或蓝色；玻璃光泽，解理面为珍珠光泽。解理//（100）、（010）完全，//（001）中等。硬度3～3.5。相对密度3。

【显微镜下特征】 透射光下无色，二轴晶（+），$2V=42°\sim44°$。$N_g=1.609\sim1.618$，$N_m=1.574\sim1.579$，$N_p=1.569\sim1.574$。

【成因】 主要为化学沉积作用产物。大量形成于盐湖中。在热也矿脉和火山熔岩空洞中也见有硬石膏出现。

【用途】 可做胶凝材料：将硬石膏磨成细粉，加入活性剂（硫酸锌、硫酸钾、硫酸钠、硫酸铁等），具有与水凝结并缓慢硬化的性能，可作为铺筑路面的基材、砌块、防火墙等。

芒硝族

芒硝（Mirabilite），又称硫酸钠（Sodium Sulfate）

【化学组成】 $Na_2SO_4\cdot 10H_2O$。Na_2O：19.3%，SO_3：24.8%，H_2O：55.9%。

【晶体结构】 单斜晶系，$C_{2h}^5-P2_1/c$；$a_0=1.148$nm，$b_0=1.035$nm，$c_0=1.282$nm；$\beta=107°45'$；$Z=4$。主要粉晶谱线：5.49（100）、3.21（75）、3.26（60）。结构中$[Na(H_2O)_6]$八面体连接成锯齿状链，链间以$[SO_4]$和两个缓冲H_2O分子以氢氧间联结。

【晶体形态】 斜方柱晶类，$C_{2h}-2/m(L^2PC)$。晶体沿b轴或c轴呈延伸的短柱状或针状。主要单形：平行双面$a\{100\}$、$b\{010\}$、$c\{001\}$，斜方柱$m\{110\}$、$p\{111\}$等。依（001）形成穿插双晶或依（100）形成接触双晶。通常成致密块状、纤维状集合体。

【物理性质】 无色或白色，带有浅黄、浅蓝、浅绿色，白色条痕，玻璃光泽，一组解理∥{100}完全。贝壳状断口。硬度1.5~2，相对密度1.49。味清凉略苦咸，极易潮解，入水即溶。芒硝在干燥的环境下会失去水分而变成粉末状称为无水芒硝。

【显微镜下特征】 透射光下无色。二轴晶（-）。$2V=75°56'$。$N_g=1.398$，$N_m=1.396$，$N_p=1.394$。

【成因】 产于干涸的盐湖中，与石盐、石膏等共生。现代芒硝矿床产于内陆湖泊和海滨半封闭的海湾潟湖里，在干燥炎热的条件下，温度在33℃以上蒸发时，形成无水芒硝；在33℃以下或秋冬气温下降时，形成芒硝。

【用途】 用于化学制碱工业。

泻利盐-水绿矾族

泻利盐-水绿矾族包括泻利盐亚族（泻利盐、碧矾、七水铁矾、七水锰矾等）和水绿矾（七水胆矾、水绿矾、水锰矾、赤矾等）。

泻利盐（Epsomite）

【化学组成】 $MgSO_4\cdot7(H_2O)$。MgO：16.3%，SO_3：32.5%，H_2O：51.2%。Fe、Ni、Zn、Co、Mn可代替Mg。

【晶体结构】 斜方晶系，D_{2h}^4-$P222$；$a_0=1.187$nm，$b_0=1.200$nm，$c_0=0.686$nm；$Z=4$。主要粉晶谱线：4.21（100）、5.35（26）、2.68（24）、5.99（22）。晶体结构中有$Mg(H_2O)_6$八面体，还有缓冲的水分子联结该八面体的$3H_2O$和$[SO_4]$中的O。

【晶体形态】 斜方四面体晶类，D_{2h}-$222(3L^2)$。晶体呈针状或假四方柱状，常见单形：斜方柱m{110}、斜方四面体{111}等。双晶依（110）形成。集合体呈纤维状、块状、钟乳状等。

【物理性质】 白色，带浅绿色（含Ni）、浅红色（含Mn）。白色条痕，透明，玻璃光泽。解理∥{010}完全，∥{011}中等。硬度2~2.5。性脆。相对密度1.68~1.75。味苦咸。易溶于水。

【显微镜下特征】 透射光下无色，二轴晶（-），$2V=51°35'$。

【成因】 化学沉积作用产物。见于富镁的盐湖以及沙漠和干旱地区的土壤中。

【用途】 用于纺织、造纸、化工等。

明矾石-黄钾铁矾族

明矾石-黄钾铁矾族包括明矾石亚族（明矾石、钠明矾石等）和黄钾铁矾亚族（黄钾铁矾、铅铁矾、铜铅铁矾等）。

明矾石（Alunite）

【化学组成】 $KAl_3(SO_4)_2(OH)_6$。K_2O：11.4%，Al_2O_3：37.0%，SO_3：38.6%，H_2O：13.0%。Na 常代替 K，其含量超过 K 时称钠明矾石，有少量 Fe^{3+}代替 Al^{3+}。

【晶体结构】 三方晶系，C_{3v}^5-$R3m$；a_{rh} = 0.705nm，α_{rh} = 59°14′；Z = 1，a_h = 0.701nm，c_h = 1.738nm，Z = 3。主要粉晶谱线：1.90(100)、1.75(88)、3.01(85)。晶体结构中 K 离子配位数 12(6OH+6O)，位于菱形面体晶胞的角顶，Al 位于八面体配位多面体中（CN=4OH+2O）。

【晶体形态】 复三方单锥晶类，$C_{3v}-3m(L^33P)$。晶体呈细小的假立方体（为 2 个三方单锥的聚形）。通常呈粒状、致密块状、纤维状等集合体。

【物理性质】 白色，含杂质呈浅灰色、浅黄、浅红、浅褐色。透明或半透明，玻璃光泽。解理面珍珠光泽。解理∥{0001} 中等。硬度 2~2.5。相对密度 2.6~2.8。具有强烈的热电效应。加热至 500℃以上析出结构水 $KAl[SO_4]_2$ 和 $Al_2[SO_4]_2$。800℃以上失去 SO_3 转变为 $Al_2O_3K_2SO_4$。

【显微镜下特征】 透射光下无色，一轴晶（+），N_o=1.572，N_e=1.592。

【成因】 明矾石为中酸性火山喷出岩经过低温热液作用生成的蚀变产物。在流纹岩、粗面岩和安山岩内呈囊状体或薄层产出。

【用途】 是工业上提取明矾和硫酸铝的原料，也用来炼铝和制造钾肥、硫酸。

黄钾铁矾（Jarosite）

【化学组成】 $KFe_3[SO_4]_2(OH)_6$。K_2O：9.4%，Fe_2O_3：47.9%，SO_3：31.9%，H_2O：10.8%。部分钾常被钠类质同象代替，当钠的原子数大于钾时，称为钠黄钾铁矾。钾还可被 NH_4、Ag、Pb、H_2O 等代替。

【晶体结构】 三方晶系，C_{3v}^5-$R3m$；a_{rh} = 0.735nm，α_{rh} = 60°38′；Z = 1。a_h = 0.721nm，c_h=1.703nm，Z=3。明矾石型结构。

【晶体形态】 复三方单锥晶类，$C_{3v}-3m(L^33P)$。晶体细小而罕见，呈板状或假菱面体状（实为两个三方单锥构成的聚形）。通常呈致密块状及隐晶质的土状、皮壳状集合体产生。

【物理性质】 赭黄色至暗褐色，条痕浅黄色。玻璃光泽。解理 {0001} 中等。硬度 2.5~3.5，相对密度 2.91~3.26。具脆性、强热电性。差热分析在 485℃和 750℃出现两个吸热谷。

【显微镜下特征】 透射光下黄色。一轴晶（-）。N_o=1.820，N_e=1.751。多色性，N_o-黄色，N_e-淡黄色至无色。

【成因】 黄钾铁矾在是由黄铁矿经氧化分解后形成的次生矿物，在硫化矿床氧化带普遍出现，是重要的找矿标志。

胆　矾　族

本族矿物是 Cu、Ag、Pb、Zn、Mn、Fe、Ni 等二价铜型离子和过渡型离子的含水硫酸盐，通常称为“矾类”矿物。矿物颜色随成分中阳离子的种类而异。玻璃光泽。硬度小于 5.5。易溶于水。产于硫化物矿床氧化带中。

胆矾（Chalcanthite）

【化学组成】 $Cu[SO_4]5H_2O$。CuO：31.8%，SO_3：32.1%，H_2O：36.1%。含有铁、锌、钴、锰、镁等。

【晶体结构】 三斜晶系，C_i^1-$P\bar{1}$；a_0=0.612nm，b_0=1.069nm，c_0=0.597nm，α=97°35′，β=107°10′，γ=77°33′；Z=2。主要粉晶谱线 4.7(100)、4.00(58)、3.7(50)。晶体结构中 Cu 离子呈八面体配位（$4H_2O$+2O）。第五个 H_2O 与 Cu 八面体中的 2 个 H_2O 和 $[SO_4]^{2-}$中的 2 个 O 联结呈四面体。

【晶体形态】 平行双面晶类，C_i-$\bar{1}$(C)。晶体呈短柱状或板状。常见单形：平行双面 p\{111\}、m\{110\}、a\{100\}、b\{010\} 等。有时可见十字双晶。通常呈致密块状、粒状、纤维状、钟乳状、皮壳状等。

【物理性质】 天蓝色、蓝色，条痕白色，透明至半透明。玻璃光泽。解理 ∥\{110\}不完全。硬度 2.5，性脆密度 2.1~2.3。易溶于水，水溶液呈蓝色。味苦涩。差热分析曲线在 185℃和 310℃出现吸热谷。

【显微镜下特征】 偏光显微镜下无色至青蓝色。二轴晶（-），$2V$=56°。N_g=1.543，N_m=1.537，N_p=1.514。

【成因】 含铜硫化物氧化的产物，多见于干旱地区铜矿床氧化带。

【用途】 作为化工原料。铜矿床找矿标志。

15.3　第四类　碳酸盐矿物

碳酸盐矿物（Carbonates）是络阴离子团 $[CO_3]^{2-}$与阳离子组成的化合物。已知的碳酸盐矿物有 100 余种。碳酸盐矿物既是重要的非金属矿物原料，也是提取 Zn、Cu、Fe、Mn、Mg 等金属元素及放射性元素 Th、U 和稀土元素的重要矿物原料（表 15-3）。

15.3.1　化学组成

碳酸盐矿物的阴离子为 $[CO_3]^{2-}$，其次有附加阴离子 $(OH)^-$、F^- O^{2-}、$[SO_4]^{2-}$、$[PO_4]^{2-}$等。阳离子有惰性气体型离子 Ca、Mg、Sr、Ba、Na、K、Al 等，过渡型 Fe、Co、Mn、Ni 等，铜型离子 Cu、Pb、Zn、Cd、Bi、Te 等，稀土元素 Y、La、Ce 和放射性元素 Th、U 等。矿物中存在有结晶水 H_2O。

表 15-3 碳酸盐矿物的组成元素

ⅠA																	0
H	ⅡA											ⅢA	ⅣA	ⅤA	ⅥA	ⅦA	
													C	N	O	F	
Na	Mg	ⅢB	ⅣB	ⅤB	ⅥB	ⅦB	ⅧB			ⅠB	ⅡB	Al			S	Cl	
K	Ca					Mn	Fe	Co	Ni	Cu	Zn						
	Sr	Y	Zr								Cd				Te		
	Ba	La											Pb	Bi			
			Th	U	Ce												

碳酸盐矿物中的阳离子类质同象代替相当普遍和复杂。有 $Ca[CO_3]$-$Mn[CO_3]$、$Fe\{CO_3\}$-$Mn[CO_3]$、$Fe[CO_3]$-$Mg[CO_3]$等完全类质同象系列，有 $Fe[CO_3]$-$Zn[CO_3]Ca[CO_3]$-$Fe[CO_3]Mn[CO_3]$-$Mg[CO_3]$间的不完全类质同象系列。在阳离子为稀土元素的碳酸盐矿物中，阳离子间的类质同象代替更为普遍和复杂，广泛存在等价或异价类质同象、完全或不完全类质同象代替关系。

15.3.2 晶体化学特征

碳酸盐中的$[CO_3]^{2-}$络阴离子中的C^{4+}的配位数为3，与3个O^{2-}构成平面三角形，半径约0.255nm。C-O之间的化学键位共价键。$[CO_3]^{2-}$与金属阳离子之间以离子键为主。

晶体结构分为方解石型和文石型结构（图15-9）的共同特点是：Ca^{2+}和$[CO_3]^{2-}$都按最紧密堆积的规律排列，且$[CO_3]^{2-}$三角形平行成层排列。

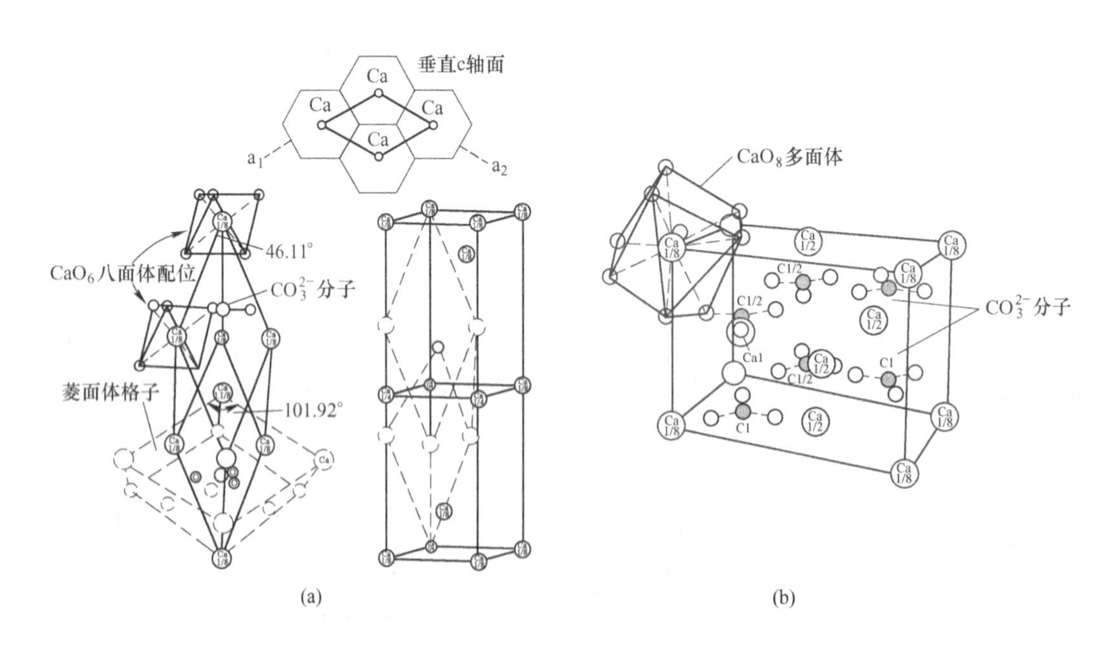

图15-9 方解石（a）与文石（b）的晶体结构

（1）方解石型结构。可以视为 NaCl 型结构的衍生结构。将 NaCl 结构中的 Na^+和 Cl^-分别用 Ca^{2+}和［CO_3］$^{2-}$取代之，并将［CO_3］$^{2-}$平面三角形垂直某三次轴成层排列。Ca^{2+}与 O^{2-}的配位数为 6。由于 NaCl 结构中的｛100｝方向为电性中和面，从而产生该方向的完全解理。与此相似，也就决定了方解石具有｛$10\bar{1}1$｝的完全解理。

（2）文石型结构。结构中的 Ca^{2+}和［CO_3］$^{2-}$按六方最紧密堆积的重复规律排列，每个 Ca 离子周围虽然围绕着 6 个［CO_3］$^{2-}$，但与其相接触的 O 不是 6 个，而是 9 个；即 Ca 离子的配位数为 9。每个 O 与 3 个 Ca、1 个 C 联结。

在方解石族和文石族系列矿种中，型变现象十分明显。型变是矿物成分发生系列变化引起结构相应地系列变化的一种现象。随着阳离子从 Co^{2+}、Zn^{2+}、Mg^{2+}、…、Ba^{2+}半径依次增大，方解石型结构内部的菱面体面角逐增（由晶胞参数变化引起），而文石型结构内部的斜方柱面角逐减。这两个阶段的接合点（即阳离子为 Ca^{2+}处）会发生一个突变，即从方解石型变为文石型，这种成分变化引起结构从渐变到突变的全过程称为一个完整的型变系列。半径小于或等于 Ca^{2+}形成方解石型结构；大于 Ca^{2+}半径形成文石型结构（图 15-10）。

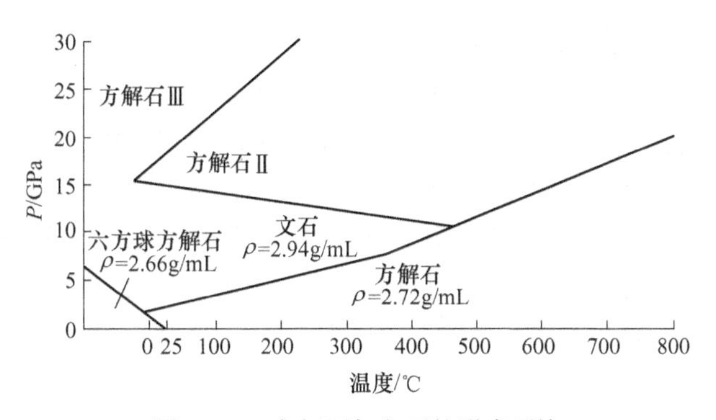

图 15-10　方解石与文石的形成环境

方解石型结构与文石型结构的型变现象见表 15-4。

表 15-4　方解石型结构与文石型结构的型变现象

结构型	矿物名称及化学式	阳离子及其半径/nm		菱面体｛$10\bar{1}1$｝之面角	斜方柱｛110｝面角
方解石型结构	菱钴矿 Co[CO_3]	Co^{2+}	0.074	72°19’	—
	菱锌矿 Zn[CO_3]	Zn^{2+}	0.074	72°19’	—
	菱镁矿 Mg[CO_3]	Mg^{2+}	0.072	72°31’	—
	菱铁矿 Fe[CO_3]	Fe^{2+}	0.083	73°0’	—
	菱锰矿 Mn[CO_3]	Mn^{2+}	0.083	73°24’	—
	白云石 CaMg[CO_3]$_2$	Mg^{2+}	0.072	73°45’	—
		Ca^{2+}	0.106		—
	菱镉矿 Cd[CO_3]	Cd^{2+}	0.095	73°58’	—
	方解石 Ca[CO_3]	Ca^{2+}	0.106	74°55’	—

续表 15-4

结构型	矿物名称及化学式	阳离子及其半径/nm		菱面体 $\{10\bar{1}1\}$ 之面角	斜方柱 $\{110\}$ 面角
文石型结构	文石 $Ca[CO_3]$	Ca^{2+}	0.106	—	63°45'
	碳酸锶矿 $Sr[CO_3]$	Sr^{2+}	0.118	—	62°46'
	白铅矿 $Pb[CO_3]$	Pb^{2+}	0.119	—	62°41'
	碳酸钡矿 $Ba[CO_3]$	Ba^{2+}	0.143	—	62°12'
钡解石型结构（介于方解石型结构、文石型结构之间的过渡型）	碳酸钙钡矿（钡解石）$CaBa[CO_3]$	Ca^{2+}	0.106	—	60°27'
		Ba^{2+}	0.143	—	

15.3.3 形态与物理性质

络阴离子 $[CO_3]$ 在碳酸盐矿物结构中的分布对结构类型、矿物晶体形态、物理性质有着重要影响。（1）当 $[CO_3]^{2-}$在结构中垂直 c 轴水平排布时，晶体多为三方对称和斜方对称，形成方解石型结构和文石型结构。在形态上表现出三方、斜方的菱面体、柱状板状等。由于在 $[CO_3]^{2-}$平面内的振动光的折射率远大于垂直此平面振动光的折射率，所以这些碳酸盐矿物的光学异向性非常强，表现为高双折率。一轴晶或二轴晶，负光性。（2）当 $[CO_3]^{2-}$平行 c 轴直立排布，且 $[CO_3]$ 三角形有一边（O-O）与 c 轴一致时，晶体多出现六方、三方、四方对称。晶体形态多属六方、三方、四方的柱状、板状。晶体的重折射率仍很大，并表现为一轴晶，正光性。当 $[CO_3]$ 按四面体的对称特点排列时，晶体为等轴晶系，出现八面体等晶体形态（如氟碳钠镁石），光学性质为均质性。

碳酸盐类矿物多数为浅色。在成分中有过渡型离子、铜型离子以及稀土元素离子，可使矿物呈现鲜艳彩色：含 Cu 的碳酸盐矿物呈绿色或蓝色，含 TR、Fe 的碳酸盐矿物呈浅黄色，含 U 的矿物呈黄色，含 Co 的矿物呈玫瑰红色，随 Mn 的增加由浅红色变深色。玻璃光泽或金刚光泽。硬度 3~5。大多数碳酸盐矿物具有多组完全解理。$[CO_3]^{2-}$的存在导致碳酸盐矿物具有重折射率高的特点。碳酸盐加盐酸时有气泡放出（CO_2）。

15.3.4 分类

碳酸盐类矿物有方解石族、文石族、白云石-菱钡镁石族、钡解石族、孔雀石族、蓝铜矿族、氟碳铈矿族等 30 余个矿物族。

方解石族

本族矿物包括方解石（$Ca[CO_3]$）、菱镁矿（$Mg[CO_3]$）、菱铁矿（$Fe[CO_3]$）、菱锰矿（$Mn[CO_3]$）、菱锌矿（$Zn[CO_3]$）等。本族矿物成分中类质同象代替普遍，导致矿物成分在较宽广范围内变化。可形成完全类质同象的有：$Ca[CO_3]$-$Mn[CO_3]$、$Fe[CO_3]$-

$Mn[CO_3]$、$Mg[CO_3]$-$Fe[CO_3]$、$Fe[CO_3]$-$Zn\{CO_3\}$、$Zn[CO_3]$-$Mn[CO_3]$；形成不完全类质同象的有 $Ca\{CO_3\}$ 和 $Zn\{CO_3\}$、$Fe[CO_3]$ 和 $Zn[CO_3]$、$Mg[CO_3]$ 和 $Zn[CO_3]$、$Ca[CO_3]$ 和 $Fe[CO_3]$、$Mn[CO_3]$ 和 $Mg[CO_3]$。由于 Ca^{2+}、Mg^{2+}之间半径相差较大，相互替代的能力很小（低温条件），它们同时存在时则形成复盐白云石。

方解石（Calcite）

【化学组成】 $CaCO_3$，CaO：56.03%，CaO_2：43.97%。常含 Mn、Fe、Zn、Mg、Pb、Sr、Ba、Co、TR 等类质同象替代物；当它们达一定的量时，可形成锰方解石、铁方解石、锌方解石、镁方解石等变种。

【晶体结构】 三方晶系，$D_{3d}^6 - R\bar{3}c$；原始菱面体晶胞：$a_{rh} = 0.637$nm，$\alpha = 46°07'$；$Z = 2$；如果转换成六方（双重体心）格子，则：$a_h = 0.499$nm，$c_h = 1.706$nm；$Z = 6$。主要粉晶谱线：3.03(100)、1.91(90)、1.873(80)、2.28(70)、1.60(60)。方解石型晶体结构见图 15-11。

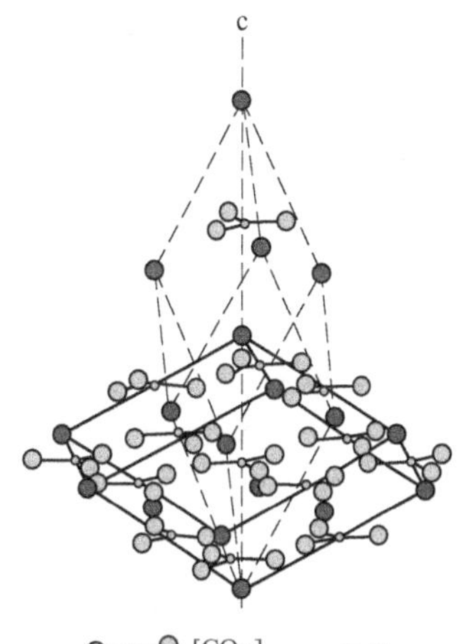

图 15-11　方解石晶体结构

【晶体形态】 复三方偏三角面体晶类，$D_{3d} - \bar{3}m(L_i^3 3L^2 3P)$。形态多种多样，不同聚形达 600 种以上。常见单形主要为呈平行［0001］发育的柱状及平行｛0001｝发育的板状和各种状态的菱面体或复三方偏三角面体。常见单形：平行双面 $c\{0001\}$，六方柱 $m\{10\bar{1}0\}$、$a\ \{11\bar{2}0\}$ 菱面体 $\{10\bar{1}1\}$、$e\ \{01\bar{1}2\}$，复三方偏三角面体 $v\{21\bar{1}1\}$、$t\{21\bar{3}4\}$ 等。方解石常依（0001）形成接触双晶。方解石形成后，受地质应力影响依（$01\bar{1}2$）形呈聚片双晶。方解石集合体多种多样（图 15-12）。片状的方解石呈平行连生体为称为层解石，纤维状平行连生体称为纤维方解石。常见致密块状、粒状、钟乳状、豆状鲕状等。方解石晶体形态与形成条件有关，随着温度降低，其晶体形态具有从板状、钝角菱面体为主的晶形向复三方偏三角面体、六方柱为主及锐角菱面体晶形演化的趋势。

【物理性质】 无色或白色，有时被 Fe、Mn、Cu 等元素染成浅黄、浅红、紫、褐黑色。三组解理∥$\{10\bar{1}1\}$ 完全；在应力影响下，沿 $\{01\bar{1}2\}$ 聚片双晶方向滑移成裂开。硬度 3。相对密度 2.6~2.9。含有 Ti、Cu、Mo、Sn、Y、Yb 的方解石在一定波长紫外线作用下发光。无色透明的方解石称为冰洲石。冰洲石具明显的双折射现象。

【显微镜下特征】 偏光显微镜下薄片无色，一轴晶（-）。有时为光轴角很小的二轴晶。$N_o = 1.6584$，$N_e = 1.4864$。重折射率高。反射光下灰色，反射率低 $R = 4\%\sim6\%$，内反射无色。

【简易化学试验】 加 HCl 急剧起泡。灼热后的方解石碎块置于石蕊试纸上呈碱性反应。可染火焰为橘黄色，为 CaO 的焰色反应。

【成因】 在各种地质作用中产生。在沉积作用、热液作用、岩浆作用、热变质作用、风化作用中多可形成方解石。方解石是岩浆成因的碳酸岩和碳酸熔岩中的主要矿物，与白云石、金云母共生。热液作用形成的方解石常见于中低温热液矿床中。热变质中的方解石

图 15-12　方解石形态与双晶

形成粗粒的大理岩。在海水中 $CaCO_3$ 达到过饱和时，可沉积形成大量的石灰岩。风化作用的方解石形成钟乳石、石笋、石柱等。

【用途】 应用领域较广，在造纸、塑料、橡胶、电缆、油漆、涂料医药等领域广泛应用。冰洲石具有极强的双折射率和偏光性能，被广泛用于光学领域。

菱镁矿（Magnesite）

【化学组成】 （$MgCO_3$）。MgO：47.81%，CO_2：52.19%。$MgCO_3$-$FeCO_3$ 之间可形成完全类质同象，菱镁矿含 FeO 约 9%者称为铁菱镁矿；更富含 Fe 者称为菱铁镁矿。有时含 Mn、Ca、Ni、Si 等混入物。致密块状者常含有蛋白石、蛇纹石等杂质。

【晶体结构】 三方晶系，$D_{3d}^6-R\bar{3}c$。菱面体晶胞：$a_{rh}=0.566$nm，$\alpha=48°10'$；$Z=2$；六方晶胞：$a_h=0.462$nm，$c_h=1.499$nm；$Z=6$。主要粉晶谱线：2.737、1.697(100)、2.101(90)、1.336(70)、1.935、1.252(60)。方解石型结构。

【晶体形态】 三方偏三角面体晶类，D_{3d}-$\bar{3}m$（$L_i^3 3L^2 3P$）。晶体少见。主要单形：菱面体 $r\{10\bar{1}1\}$、$f\{02\bar{2}1\}$，六方柱 $m\{10\bar{1}0\}$、平行双面 $c\{1000\}$，复三方偏三角面体

$v\{12\bar{2}1\}$。常呈显晶粒状或隐晶质致密块体。在风化带常呈隐晶质瓷状，亦称瓷状菱镁矿。

【物理性质】 白色或浅黄白、灰白色，有时带淡红色调，含铁者呈黄至褐色、棕色；陶瓷状者大都呈雪白色。玻璃光泽。三组解理//$\{10\bar{1}1\}$ 完全。瓷状者呈贝壳状断口。硬度4~4.5。性脆。相对密度2.9~3.1。

【显微镜下特征】 偏光镜下特征：薄片无色，一轴晶（-），$N_o=1.700$，$N_e=1.509$。折射率及重折率随铁含量增高而变大。具很高的重折率。含CoO(>5%)者可呈红色和紫红色的多色性。

【简易化学试验】 加冷盐酸不起泡或作用极慢，加热盐酸则剧烈起泡。

【成因】 沉积、变质、热液交代成因。中国是世界菱镁矿资源丰富的国家。

【用途】 菱镁矿主要用作耐火材料，含镁水泥，用于防热、保温、隔音的建筑材料，也用于制取镁的化合物和提取金属镁。

菱铁矿（Siderite）

【化学组成】 $Fe(CO_3)$，FeO：62.01%，CO_2：37.99%，常含Mg和Mn，形成锰菱铁矿、镁菱铁矿等变种。

【晶体结构】 三方晶系，D_{3d}^6-$R\bar{3}c$；菱面体晶胞，$a_{rh}=0.576$nm；$\alpha=47°54'$；$Z=2$；六方晶胞：$a_h=0.468$nm，$c_h=1.526$nm；$Z=6$。主要粉晶谱线：2.77(100)、1.73(80)、2.11(40)、3.55（30）。方解石型结构。

【晶体形态】 复三方偏方面体晶类，D_{3d}-$\bar{3}m(L^3 3L^2 3PC)$。晶体呈菱面体状、晶面常弯曲。主要单形：菱面体$r\{10\bar{1}1\}$、$f\{02\bar{2}1\}$，六方柱$m\{10\bar{1}0\}$、$a\{11\bar{2}0\}$，平行双面c｛1000｝，复三方偏三角面体$v\{12\bar{2}1\}$ 等。其集合体呈粗粒状至细粒状。亦有呈结核状、葡萄状、土状者。

【物理性质】 呈灰白或黄白色，风化后呈褐色、褐黑色。玻璃光泽。透明至半透明。三组解理//$\{10\bar{1}1\}$ 完全。硬度3.5~4.5，相对密度3.7~4.0，因Mg和Mn的含量不同而有所变化。有的菱铁矿在阴极射线下呈橘红色。差热分析在400~600℃之间有大的吸热谷，在600~800℃之间有放热峰。

【显微镜下特征】 偏光显微镜下薄片无色、灰色，一轴晶（-）。$N_o=1.782\sim1.875$，$N_e=1.575\sim1.633$。折射率随成分中Mg、Mn含量的增多而降低。

【简易化学试验】 隐晶质的菱铁矿在冷盐酸中作用缓慢，在热盐酸中作用加剧，可产生黄绿色$FeCl_2$。用1%铁氰化钾溶液浸蚀表面出现滕氏兰（Fe^{2+}）。

【成因】 沉积作用、热液作用形成。沉积成因的菱铁矿产于黏土或页岩层、煤层，在早元古代辽河群中菱铁矿层，如吉林大栗子铁矿床。热液成因的菱铁矿可成菱铁矿脉或与方铅矿、闪锌矿、黄铜矿、磁黄铁矿、铁白云石等共生。

【用途】 提取铁的矿物原料。

菱锰矿（Rhodochrosite）

【化学组成】 $Mn[CO_3]$，MnO：61.71%，$CO_2$38.29%。Mn与Fe、Ca、Zn可形成完

全类质同象系列，故常含 Fe（达 26.18%）、Ca（达 8%）、Zn（达 14.88%）、Mg(达 12.98%)；形成铁菱锰矿、钙菱锰矿、菱锌锰矿等。有时含少量 Cd、Co 等。

【晶体结构】 三方晶系；D_{3d}^{6}-$\bar{3}m$。菱面体晶胞；$a_{rh}=0.584$nm，$\alpha=47°46'$；$Z=2$；六方晶胞：$a_h=0.473$nm，$c_h=1.549$nm；$Z=6$。主要粉晶谱线：2.85(100)、1.762(80)、3.65(70)。方解石型结构。

【晶体形态】 复三方偏三角面体晶类，D_{3d}-$\bar{3}m(L^3 3L^2 3PC)$。晶体呈菱面体状，主要单形：菱面体 $r\{10\bar{1}1\}$，有时出现六方柱 $a\{10\bar{2}0\}$、平行双面 $c\{0001\}$ 等。热液成因者多呈显晶质，粒状或柱状集合体；沉积成因者多呈隐晶质，块状、鲕状、肾状、土状等集合体。

【物理性质】 晶体呈淡玫瑰色或淡紫红色，含 Ca 量增高颜色变浅；致密块状体呈白、黄、灰白、褐黄色等，当有 Fe 代替 Mn 时，变为黄或褐色。氧化后表面变褐黑色。玻璃光泽。解理∥{$10\bar{1}1$} 完全。硬度 3.5~4.5。性脆。相对密度 3.6~3.7。

【显微镜下特征】 透射光无色或浅玫瑰红色。一轴晶（-），$N_o=1.316$，$N_e=1.597$；折射率随含 Ca 量的增高而降低，随含 Fe 量的增高而升高。强色散。

【成因】 热液、沉积及变质条件下均能形成，但以外生沉积为主，形成菱锰矿沉积层。菱锰矿为某些硫化物矿脉、热液交代、接触变质矿床的常见矿物，与硫化物、低锰氧化物和硅酸盐共生。

【用途】 提取锰的重要矿石矿物。晶粒大、透明色美者可作宝石；颗粒细小、半透明的集合体则可作玉雕材料。

菱锌矿（Smithsonite）

【化学组成】 $ZnCO_3$；ZnO：64.90%，CO_2：35.10%。锌被铁或锰所置换，偶尔也被少量的镁、钙、镉、铜、钴或铅所取代。

【晶体结构】 三方晶系，$D_{3d}^{6}-R\bar{3}c$；菱面体晶胞，$a_0=0.567$nm，$\alpha=48°26'$，$Z=2$；六方晶胞，$a_h=0.466$nm，$c_h=1.499$nm，$Z=6$。主要粉晶谱线：2.75(100)、1.70(90)、3.56(80)、1.072(70)。方解石型结构

【晶体形态】 复三方偏三角面体晶类，D_{3d}-$\bar{3}m(L^3 3L^2 3PC)$。晶体呈菱面体 $r\{10\bar{1}1\}$、复三方偏三角面体 $v\{21\bar{3}1\}$、六方柱 $m\{10\bar{1}0\}$ 的聚形。常有弯曲晶面。集合体形态可为块状、葡萄状、粒状、钟乳状、肾状等。

【物理性质】 常见颜色有白、灰、黄、蓝、绿、褐及粉红色等，含镉呈黄色。条痕为白色。玻璃或珍珠光泽。透明至半透明。解理∥{$10\bar{1}1$} 菱面体不完全。参差状至贝壳状断口．硬度 4~4.5；相对密度 4.3~4.45。溶于冷盐酸，并产生气泡。

【显微镜下特征】 偏光显微镜下薄片无色，一轴晶（-）。$N_o=1.849$，$N_e=1.621$。

【简易化学试验】 加硝酸钴溶液置于氧化焰呈绿色，加稀盐酸起泡并有嗞嗞声响。

【成因】 产于铅锌矿床氧化带，是由闪锌矿氧化分解产生的硫酸锌交代碳酸盐围岩或原生矿石中的方解石而成，属于氧化带次生矿物，常与孔雀石、蓝铜矿、异极矿、磷氯铅矿、水锌矿、方铅矿、白铅矿等矿物共生。

白云石族

白云石（Dolomite）

【化学组成】　$CaMg[CO_3]_2$，CaO：30.41%，MgO：21.87%，CO_2：47.72%。CaO/MgO 比为 1.39。成分中 Mg 可被 Fe、Mn、Co、Zn 等替代。其中 Fe 能与 Mg 完全替代，形成 $CaMg[CO_3]_2$-$CaFe[CO_3]_2$ 完全类中同象系列。当 Fe>Mg 时称为铁白云石。Fe 与 Mn 的替代为有限，其 Mn 的端员 $CaMn[CO_3]_2$ 称为锰白云石。

【晶体结构】　三方晶系，C_{3d}^2-$R\bar{3}$。菱面体晶胞：$a_{rh}=0.601$nm，$\alpha=47°37'$，$Z=1$；六方晶胞：$a_h=0.481$nm，$c_h=1.601$nm，$Z=3$。白云石为方解石型结构。不同之处在于方解石结构中的钙离子位置，其 1/2 为 Mg 占据，Ca 八面体和（Mg，或 Fe 或 Mn）八面体层在垂直三次轴方向上分别呈层做有规律的交替分排列。由于有 Mg 八面体出现，导致白云石晶体的对称低于方解石晶体的对称（图 15-13）。

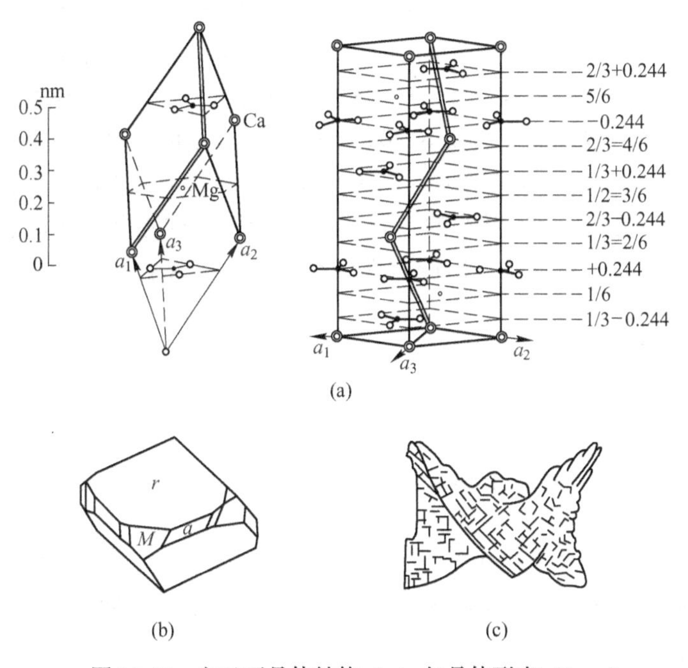

图 15-13　白云石晶体结构（a）与晶体形态（b，c）

【晶体形态】　菱面体晶类，C_{3d}-$\bar{3}$（L_i^3），晶体呈菱面体，晶面呈现马鞍形弯曲。常见单形菱面体 $r\{10\bar{1}1\}$ 发育，六方柱 $a\{11\bar{2}0\}$，平行双面 {0001}。依（0001）$(10\bar{1}0)$ $\{11\bar{2}0\}$ $\{02\bar{2}1\}$ 形成双晶。集合体为粒状、致密块状等。

【物理性质】　纯者多为白色，含铁者灰色-暗褐色，带黄色或褐色色调。玻璃光泽至珍珠光泽，透明。解理∥$\{10\bar{1}1\}$ 完全，解理面弯曲。硬度 3~4。相对密度 2.86~3.20。矿物粉末在冷稀盐酸中反应缓慢。在阴极射线作用下发鲜明的橘红光。

【显微镜下特征】　偏光显微镜下无色，一轴晶（-）非均质，$N_o=1.679$，$N_e=$

1.502。弱的多色性；双折射率0.179~0.184。紫外荧光：橙、蓝、绿、绿白。

【简易化学试验】 用0.2mol/L的HCl+0.1茜素红硫溶液，白云石不染色，方解石染红紫色。用煮沸锥虫蓝溶液浸泡，白云石染成蓝色，方解石不染色。

【成因】 主要为沉积作用、热液作用产物。沉积作用形成的白云石主要见于海盆地的沉积，形成巨厚的白云岩层或与石灰岩、菱铁矿互层。热液成因的白云石是含镁的热水溶液对石灰岩、白云质石灰岩交代的产物或由热液直接结晶。白云石也是岩浆成因的碳酸岩的主要组成矿物，含镁质或白云质的灰岩在区域变质作用中形成的白云石大理岩。

【用途】 主要用于耐火材料。

文 石 族

文石（Aragonite）

【化学组成】 $CaCO_3$，CaO：56.03%，CO_2：43.97%。常含有Mn和Fe。

【晶体结构】 斜方晶系，D_{2h}^{16}-$Pmcn$；$a_0=0.495$nm，$b_0=0.796$nm，$c_0=0.573$nm；$Z=4$。主要粉晶谱线：3.396(100)、1.977(65)、3.273(52)。文石型结构。

【晶体形态】 斜方双锥晶类，D_{2h}-$mmm(3L^2 3PC)$。晶体常呈柱状或矛状，常见单形有斜方柱$m\{110\}$、$k\{011\}$，平行双面$b\{010\}$、$c\{001\}$，斜方双锥$p\{111\}$、$r\{121\}$等。常见依{110}呈双晶或假六方对称的三连晶。集合体呈皮壳状、鲕状、豆状、球粒状等。在一些软体动物的贝壳内壁，珍珠质部分是由极细的片状文石沿着贝壳面平行排列而成。

【物理性质】 通常呈白色、黄白色、浅绿色、灰色等。透明，玻璃光泽，断口上为油脂光泽，解理∥{010}不完全或中等。贝壳状断口。硬度3.5~4.5，相对密度2.9~3.0。

【显微镜下特征】 透射光下薄片无色。二轴晶（−）。$N_p=1.5961$，$N_m=1.6174$，$N_g=1.6218$。

【成因】 主要形成于外生作用条件下，出现于蛇纹石化超基性岩风化壳及石灰岩洞穴中。组成珍珠和软体动物贝壳内壁珍珠层的物质，与文石完全相同，在自然界，文石不稳定，常转变为方解石。

碳酸锶矿（Strontianite），又称菱锶矿

【化学组成】 $Sr[CO_3]$，SrO：70.19%，CO_2：29.81%。常有Ca置换Sr，Ca：Sr<1：4.5，Ca含量可达10.6%（钙碳酸锶矿）。Sr与Ba之间可形成完全类质同像。Ba含量在2%~3%（钡碳酸锶矿）。

【晶体结构】 斜方晶系，$D_{2h}^{16}-Pmcn$；$a_0=0.5128$nm，$b_0=0.8421$nm，$c_0=0.6094$nm；$Z=4$。主要粉晶谱线：3.50(100)、2.43(100)、2.03(90)、1.81(80)。晶体结构属文石型结构。

【晶体形态】 斜方双锥晶类，$D_{2h}-mmm(3L^2 3PC)$。晶体少见，呈柱状或针状。主要

单形：平行双面 $b\{010\}$、$c\{001\}$，斜方柱 $m\{110\}$、$k\{011\}$、$i\{021\}$，斜方双锥 $p\{111\}$、$r\{112\}$ 等。依（110）成双晶，使晶体具假六方对称外形。集合体通常呈粒状、柱状、放射状。

【物理性质】 无色及白、绿黄色调，被杂质染成灰、黄白、绿或褐色。透明至半透明，玻璃光泽。断口油脂光泽。解理平行｛110｝中等，平行｛021｝和｛010｝不完全。硬度 3.5~4。性脆。相对密度 3.6~3.8。在阴极射线下发弱的浅蓝光，加热可发磷光。

【显微镜下特征】 透射光下无色。二轴晶（-），$2V=7°\sim10°$折射率随含 Ca 增加而增高。$N_g=1.666\sim1.669$，$N_m=1.664\sim1.667$，$N_p=1.516\sim1.520$。

【简易化学试验】 碳酸锶矿可溶于稀盐酸并会发泡。吹管焰烧染火焰呈鲜红色（Sr 的反应）。

【成因】 产于中、低温热液环境，呈脉状产于石灰岩或泥灰岩中，与碳酸钡矿、重晶石、方解石、天青石、萤石及硫化物共生。

【用途】 提取锶的重要原料。碳酸锶主要用于制造电视荧屏玻璃，可吸收 γ 射线；其次用于制造锶铁氧体。

碳酸钡矿（Witherite），又称毒重石

【化学组成】 $BaCO_3$。BaO：77.7%，CO_2：22.3%。有少量 Ba 被 Sr、Ca、Mg 所代替。

【晶体结构】 斜方晶系，$D_{2h}^{15}-Pmcn$；$a_0=0.526nm$，$b_0=0.885nm$，$c_0=0.655nm$；$Z=5$。主要粉晶谱线 3.72(100)、2.63(60)、2.14、2.03、1.94、1.239(50)。晶体结构为文石型结构。

【晶体形态】 斜方双锥晶类，D_{2h}-$mmm(3L^23PC)$。晶体通常以（110）为双晶面，以 3 个单晶互生形成假六方双锥面，锥面上有平行条纹，形成凹角。常见单形斜方柱 $i\{021\}$、$e\{012\}$、平行双面 $b\{010\}$。晶面上常有水平花纹。集合体呈葡萄状、球状、柱状、粒状。

【物理性质】 灰色、白色，黑色。玻璃光泽、断口油脂光泽。解理∥｛010｝中等，｛110｝和｛012｝不完全。硬度 3~3.5。脆性。相对密度 3.5~4。在阴极射线照射下会发出浅蓝色的荧光。

【显微镜下特征】 透射光下薄片无色。二轴晶（-），$2V=16°$。$N_g=1.677$，$N_m=1.676$，$N_p=1.529$。

【简易化学试验】 加 HCl 气泡，与重晶石区别。吹管焰烧之火焰呈黄绿色（钡的反应）。

【成因】 见于低温热液矿床，与重晶石、方解石、白云石方铅矿等共生。地表环境碳酸水溶液作用于重晶石可形成碳酸钡矿。

【用途】 化工用碳酸钡矿要求 $BaCO_3>36\%$。

白铅矿（Cerussite）

【化学组成】 $PbCO_3$，PbO：83.53%，CO_2：16.47%，有时含 Ca、Sr 和 Zn。

【晶体结构】 斜方晶系，D_{2h}^{15}-$Pmcn$。晶胞参数：$a_0=0.515nm$，$b_0=0.847nm$，$c_0=0.611nm$；$Z=4$。主要粉晶谱线：3.593(100)、3.498(50)、2.487(32)。晶体结构为文

石型结构。

【晶体形态】 斜方双锥晶类，D_{2h}-$mmm(3L^2 3PC)$。晶体依｛010｝发育成板柱状，常形成假六方对称的三连晶。常见单形：平行双面 b｛010｝、c｛001｝，斜方柱 m｛110｝、i｛021｝、r｛130｝及斜方双锥 p｛111｝。集合体呈致密块状、钟乳状、皮壳状或土状。

【物理性质】 白色、灰色、黄色、红棕色或蓝绿色等，条痕为白色。玻璃~金刚光泽，断口呈油脂光泽。解理//｛110｝、｛021｝中等~不完全。贝壳状断口。硬度 3~3.5，性脆，相对密度 6.4~6.6，在阴极射线下发浅蓝绿色荧光。遇盐酸起泡。

【显微镜下特征】 偏光显微镜下薄片无色。二轴晶（-），$2V=8°34'$。$N_g=2.076$，$N_m=2.074$，$N_p=1.803$。

【简易化学试验】 将试样置于碘化钾溶液，再加该溶液体积一半的 1∶7 硝酸溶液，缓慢搅拌后，染白铅矿为黄色。将试样置于含 1%铬酸溶液中，1min 后白铅矿染成柠檬黄色，铅矾不染色，方铅矿染成暗橙黄色。

【成因】 主要生成于铅锌或含铅矿床的氧化带。白铅矿是方铅矿氧化成铅矾 $PbSO_4$ 后，受含碳酸水溶液作用形成的次生产物，见于铅锌矿床氧化带。可作为找矿标志。大量聚集可作铅矿石开采。

孔雀石族

孔雀石（Malachite）

【化学组成】 $Cu_2(OH)_2CO_3$，CuO：71.9%，CO_2：19.9%，H_2O：8.15%。成分中含有锌（可达 12%，锌孔雀石）；还含有 Ca、Fe、Si、Ti、Na、Pb、Mn、V 等。

【晶体结构】 单斜晶系，C_{2h}^5-$P2_1/c$；$a_0=0.948$nm，$b_0=1.203$nm，$c_0=0.321$nm，$\beta=98°$，$Z=4$。主要粉晶谱线：2.82(100)、3.63(80)、2.49(80)。晶体结构中［CO_3］呈平面三角形。$Cu_{Ⅰ}$ 为 4 个 O^{2-} 和 2 个（OH）包围形成配位八面体；$Cu_{Ⅱ}$ 被 4 个（OH）和 2 个 O 包围，Cu 的配位数为 6。八面体共用棱连接，组成平行 c 轴的双链结构。

【晶体形态】 斜方柱晶类，C_{2h}-$2/m(L^2PC)$。晶体少见。通常沿 c 轴呈柱状、针状或纤维状。主要单形：平行双面 a｛100｝、b｛010｝、z｛$\bar{2}01$｝、y｛$10\bar{3}$｝，斜方柱 m｛$1\bar{1}0$｝、e｛$12\bar{3}$｝等。通常呈隐晶钟乳状、块状、皮壳状、结核状和纤维状集合体。具同心层状、纤维放射状结构。

【物理性质】 深绿到鲜艳绿（孔雀绿）。常有纹带，丝绢光泽或玻璃光泽，半透明至不透明。硬度 3.5~4.5，相对密度 3.54~4.1。性脆，解理//｛$\bar{2}01$｝完全，//｛010｝中等。贝壳状至参差状断口。遇盐酸起反应，并且容易溶解。

【显微镜下特征】 透射光下薄片呈绿色或无色，二轴晶（-），$2V=43°$，$N_g=1.909$，$N_m=1.876$，$N_p=1.655$。双折射率 0.25，多色性为无色~黄绿~暗绿。

【成因】 表生风化环境产出。含铜硫化物氧化带产物。

$$CuFeS_2+4H_2O \longrightarrow CuSO_4+FeSO_4$$

$$2CuSO_4+CaCO_3+H_2O \longrightarrow Cu_2[CO_3](OH)_2+CaSO_4+CO_2$$

【用途】 富集时可作为铜矿石。也做观赏石、工艺品。

蓝 铜 矿 族

蓝铜矿（Azurite）

【化学组成】 $Cu_3[CO_3]_2(OH)$，CuO：69.24%，CO_2：25.53%，H_2O：5.23%。

【晶体结构】 单斜晶系，C_{2h}^5-$P2_1/c$；a_0=0.500nm，b_0=0.585nm，c_0=1.035nm；β=92°20′；Z=2。主要粉晶谱线 3.50(100)、5.15、2.53(80)、3.54(70)。晶体结构中，$Cu_{Ⅰ}$被 2O 和 2(OH) 包围呈矩形多面体，平均原子间距为 0.19nm。$Cu_{Ⅱ}$被 3O 和 2OH 包围呈四方单锥状多面体。平均原子间距 $Cu_{Ⅱ}$-(O，OH)（5）= 0.207nm，C-O（3）= 0.17nm。两种配位多面体通过共用（OH）在相互垂直的方向上联结。$Cu_{Ⅰ}$位于单位晶胞（100）面的角顶和中心，$Cu_{Ⅱ}$成对地依对称中心分布。每个（OH）与 3 个 Cu 离子相连，［CO_3］的每个 O 离子与一个 Cu 离子相连。$Cu_{Ⅰ}$-（O，$OH)_4$ 矩形通过 $Cu_{Ⅱ}$配位多面体的联结，平行于 b 轴呈链。

【晶体形态】 斜方柱晶类，C_{2h}-$2/m(L^2PC)$。晶体常呈短柱状、柱状或厚板状。主要单形：平行双面 a{100}、b{010}、c{001}、σ{102}，斜方柱 m{110}、p{011}、h{111}、x{11$\bar{2}$}。集合体呈致密粒状、晶簇状、放射状、土状或皮壳状、被膜状等。

【物理性质】 深蓝色，土状块体呈浅蓝色。浅蓝色条痕。晶体呈玻璃光泽，土状块体呈土状光泽。透明至半透明。解理∥{011}、{100} 完全或中等。贝壳状断口。硬度 3.5~4。性脆。密度 3.7~3.9。

【显微镜下特征】 透射光下浅蓝至暗蓝色。二轴晶（+）。2V=68°，N_g=1.838，N_m=1.758，N_p=1.730。

【成因】 表生风化作用产物，产于铜矿床氧化带、铁帽及近矿围岩的裂隙中，与孔雀石共生或伴生。

氟碳铈矿族

氟碳铈矿（Bastnaesite）

【化学组成】 （Ce，La，…）［CO_3］F。TR_2O_3：74.77%，CO_2：20.17%，F：8.73%。Ce 可被铈族其他稀土元素代替。存在 3Th→4Ce，Th+F→Ce，Ca+Th→2Ce 形式的类质同象代替。(OH) 能全部代替 F，以此划分羟氟碳铈矿和氟氟碳铈矿。有钇氟碳铈矿（Y：<25%）、钍氟碳铈矿（Th：<3%）等变种。

【晶体结构】 六方晶系，D_{3h}^4-$P\bar{6}2c$；a_0=0.705~0.723nm，c_0=0.979~0.988nm；Z=6。灼烧后为等轴晶系，a_0=0.555nm。主要粉晶谱线：2.865(100)、3.53(80)、2.042(80)、1.297(80)、1.663(70)、1.997(60)、1.180(50)。氟碳铈矿的晶体结构为 Ce、F 和［CO_3］组成的岛状结构。其中［CO_3］直立围绕 z 轴旋转做定向排列，［CO_3］之间互相近于垂直。Ce 为 11 次配位。平均原子间距：C—O(3)=0.137nm，Ce-(F，O)（11）=0.251nm.

【晶体形态】 复三方双锥晶类，D_{2h} − $\bar{6}2m(L_i^6 3L^2 3P)$。晶体呈六方柱状或以 {0001}

发育的板状。主要单形有平行双面 $c\{0001\}$，六方柱 $m\{10\bar{1}0\}$、$\{11\bar{2}0\}$，三方双锥 $\{10\bar{1}1\}$、$\{10\bar{1}2\}$ 等。集合体呈细粒状、致密块状。

【物理性质】 黄色、浅绿色或褐色。玻璃光泽或油脂光泽，黄白色条痕。透明~半透明。解理∥$\{10\bar{1}0\}$ 不完全。硬度5~6，性脆。相对密度4.72~5.12。弱磁性。在阴极射线下发光。

【显微镜下特征】 透射光下薄片无色或淡黄色。一轴晶（+）。$N_o = 1.723 \sim 1.735$，$N_e = 1.825 \sim 1.837$。

【简易化学试验】 溶于稀盐酸、硫酸中，在磷酸中迅速分解。

【成因】 氟碳铈矿是稀土矿物分布广的矿物之一。与碱性花岗正长岩有关，也产于花岗岩、花岗伟晶岩、碱性花岗岩和正长岩的接触交代矽卡岩中。

【用途】 是提取铈族稀土元素的重要矿物原料。

15.4 第五类　磷酸盐、砷酸盐、钒酸盐矿物

自然界中磷酸盐、砷酸盐、钒酸盐矿物种类较多，已知的有330余种。占地壳总质量的0.7%。络阴离子为 $[PO_4]^{3-}$、$[AsO_4]^{3-}$、$[VO_4]^{3-}$。组成矿物的化学元素主要为过渡型、铜型和惰性气体性（表15-5）。阳离子有四种类型：（1）半径较大的三价阳离子（如稀土元素 TR^{3+}）与络阴离子结合形成无水的化合物，如独居石（Ce，La，…）$[PO_4]$。（2）半径较大的二价阳离子（如 Ca^{2+}、Sr^{2+} 等）与络阴离子结合时，有附加离子 $(OH)^-$、F^-、Cl^-、O^{2-} 参加，形成含有附加阴离子的化合物。如磷灰石 $Ca_3[PO_4]_3F$。（3）半径较小二价阳离子（Mg^{2+}、Fe^{2+}、Co^{2+}、Ni^{2+}、Cu^{2+}、Zn^{2+} 等）需要与水分子（H_2O）结合形成水化阳离子，才能与络阴离子形成稳定的含水化合物。如钴华 $(Co, Ni)_3(H_2O)_3[AsO_4]_2$、镍华 $(Ni, Co)_3(H_2O)_3[AsO_4]_2$ 等。（4）一价金属阳离子（Li^+、K^+、Na^+ 等）只能与 Al^{3+} 一起与络阴离子结合形成复盐，如锂磷铝石 $LiAl[PO_4]F$；或形成少见的含分子水的化合物，如钒钾铀矿 $K_2(UO_2)[VO_4] \cdot 3H_2O$。

表15-5　磷酸盐矿、砷酸盐、钒酸盐物的组成元素

ⅠA																	0
H	ⅡA											ⅢA	ⅣA	ⅤA	ⅥA	ⅦA	
Li	Be												C	N	O	F	
Na	Mg	ⅢB	ⅣB	ⅤB	ⅥB	ⅦB	ⅧB			ⅠB	ⅡB	Al	Si	P	S	Cl	
K	Ca			V		Mn	Fe	Co	Ni	Cu	Zn			As			
	Sr	Y		Nb													
	Ba			Ta									Pb	Bi			
			Th	U	Ce												

自然界已发现的磷酸盐矿物有200余种。磷以五价形式存在，与氧构成 $[PO_4]$ 四面体。与 $[PO_4]$ 四面体结合的阳离子有Fe、Al、Ca、Mn、U、Na、Mg、Cu、Zn、Pb、Be等。四面体内为共价键，键饱和程度为5/8。与外部阳离子间为离子键。矿物中类质同象

广泛。磷酸盐矿物中不仅有阳离子的复杂的类质同象代替，阴离子也有等价、异价类质同象代替。

自然界已发现砷酸盐矿物有 120 种。砷与氧形成［AsO_4］四面体的络阴离子团，构成砷酸盐的基本结构单位。［AsO_4］四面体中 As^{5+} 的饱和键力为 5/8，在砷酸盐中［AsO_4］绝大部分呈岛状。与［AsO_4］结合的阳离子主要是铜型离子等。砷酸盐矿物呈片状或针状，多数为胶体状。颜色鲜艳。

自然界已发现钒酸盐矿物有 50 余种。钒在自然界以五价阳离子形式出现，可有 4、5、6 三种配位数。钒与氧可形成四面体［VO_4］$^{3-}$、四方锥多面体［VO_5］$^{5-}$、三方双锥多面体［VO_5］$^{5-}$和八面体［VO_6］^{7}。这几种多面体形成钒酸盐矿物的基本构造单位。随着 V^{5+}配位数增加，其饱和键力相应减少。当配位数为 4 时，键力为 5/8，配位数为 5 时，键力为 1/2；配位数为 6 时，键力为 5/12。［VO_4］多呈岛状，［VO_5］、［VO_6］可呈链状。钒酸盐矿物呈针状、片状晶体出现，颜色鲜艳（含有 Cu、Pb、K 等）。矿物硬度较低。

独居石族

独居石（Monazite）

【化学成分】 化学式（Ce、La、…）［PO_4］，或（Ce，La，Y，Th）［PO_4］。Ce_2O_3：34.99%，La_2O_3：34.74%，P_2O_5：30.27%。成分变化很大，混入物有 Y、Th、Ca、［SiO_4］和［SO_4］等。类质同象代替方式：若阳离子 Th^{4+}代替 Ce^{2+}时，络阴离子［PO_4］$^{3+}$被［SiO_4］$^{4-}$代替。在 Ca^{2+}代替 Ce^{3+}时，有［SO_4］$^{2-}$代替［PO_4］$^{3-}$，保持晶格中电价平衡及络阴离子数目不变。富含 CaThU 的独居石称富钍独居石（TR，Th，Ca，V）［(Si，P)O_4］，含 ThO_2 达 30%，U_3O_8达 4%。

【晶体结构】 单斜晶系，C_{2h}^5-$P2_1/m$；a_0 = 0.678nm，b_0 = 0.704nm，c_0 = 0.647nm，β=104°24′。Z=4。主要粉晶谱线：3.09(100)、2.87(70)、3.30(50)。富钍独居石 a_0 = 0.6717nm，b_0 = 0.692nm，c_0 = 0.6434nm；β = 103°50′；Z = 4。独居石的晶体结构中，［PO_4］呈孤立四面体，阳离子 Ce 位于四面体中，与 6 个［PO_4］四面体连接。Ce 的配位数为 9。

【晶体形态】 斜方柱晶类，C_{2h}-$2/m(L^2PC)$。常沿｛100｝成板状或柱状晶体。常见单形有平行双面 a｛100｝、｛010｝、｛101｝等，斜方柱 a｛110｝等。常依（100）呈双晶。晶面常有条纹。

【物理性质】 呈黄褐色、棕色、红色，间或有绿色。半透明至透明。条痕白色或浅红黄色。具有油脂光泽。解理∥｛100｝完全，｛010｝不完全。硬度 5.0~5.5。性脆。相对密度 4.9~5.5。弱~中等电磁性。在 X 射线下发绿光。在阴极射线下不发光。因含 Th、U 具有放射性。

【显微镜下特征】 在单偏光下呈亮黄色；二轴晶（+）。$2V$=11°~15°；N_g=1.840~1.850，N_m=1.780~1.791，N_p=1.780~1.790。弱的多色性。具极高的正突起，糙面显著；干涉色很高，最高达三级顶至高级白。

【简易化学试验】 独居石溶于 H_3PO_4、$HClO_4$、H_2SO_4 中。

【成因】 独居石主要作为副矿物产在花岗岩、正长岩、片麻岩和花岗伟晶岩中。

【用途】 独居石是提取稀土元素矿物的原料。

磷灰石族

磷灰石族矿物的化学通式为 $A_5[XO_4]_3$ Z。A 为二价阳离子 Ca、Sr、Ba、Pb、Na、Ce、Y 等；X 主要为 P，还可为 As、V 等。$[PO_4]$ 可被 $[SiO_4]$ $[SO_4]$ 等代替。Z 为附加阴离子 F、Cl、(OH)、O、(CO_3) 等。本族矿物具有磷灰石型结构。主要矿物有：磷灰石（Apatite）$Ca_5[PO_4]_3(F, Cl, OH)$、磷氯铅矿（Pyromophite）$Pb_5[PO_4]_3Cl$、砷铅矿（Mimetesite）$Pb_5[AsO_4]_3Cl$、钒铅矿（Vanadinite）$Pb_5[VO_4]_3Cl$。

磷灰石（Apatite）

【化学组成】 $Ca_5[PO_4]_3(F, Cl, OH)$ 理论组成（WB%）：CaO：54.58%，P_2O_5：41.36%，F：1.23%，Cl：2.27%，H_2O：0.56%。成分中的钙常被稀土元素和微量元素 Sr 作不完全类质同象代替。稀土含量不超过 5%。按照附加阴离子不同有以下变种：

氟磷灰石（Fluorapatite）Ca5[PO4]3F；

氯磷灰石（Chlorapatite）Ca5[PO4]3Cl；

羟磷灰石（Hydroxylapatite）Ca5[PO4]3（OH）；

碳磷灰石（Carbonate-apatite）Ca5[PO4, CO_3（OH）]3(F, OH)。

氟磷灰石，即一般所指的磷灰石。碳磷灰石中由于有 $[CO_3]^{2-}$ 代替 $[PO_4]^{5-}$，出现剩余的负电荷。$[CO_3]^{2-}$ 与 $(OH)^-$ 或 F^- 结合在一起，以离子团形式进入晶格，Ca^{2+} 被 K^+Na^+ 等代替，以达到电价平衡。

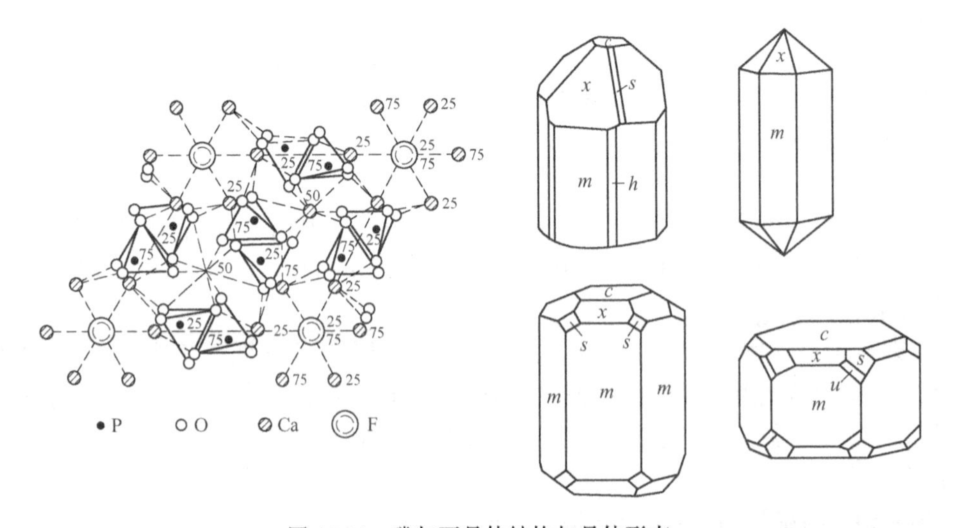

图 15-14 磷灰石晶体结构与晶体形态

【晶体结构】 六方晶系，C_{6h}^3-$R6_3/m$； $a_0 = 0.943 \sim 0.938$nm，$c_0 = 0.688 \sim 0.686$nm；

$Z=2$。主要粉晶谱线：2.80(100)、2.70(60)、1.77(40)、3.44(40)（氟磷灰石）、2.81(100)、2.72(80)、2.78(70)（羟磷灰石）。晶体结构的基本特点为，Ca-O 多面体呈三方柱状，以棱及角顶相连呈不规则的链沿 c 轴延伸，链间以［PO_4］联结，形成 // c 轴的孔道，附加阴离子 Cl^-、F^-、OH^- 充填于此孔道中也排列成链。F-Ca 配位八面体角顶的 Ca，也与其邻近的 4 个［PO_4］中的 6 个角顶上的 O^{2-} 相连。晶体结构中 Ca^{2+} 位于上下两层的 6 个［PO_4］$^{8-}$ 四面体之间，并与 9 个角顶上 O^{2-} 相连接，Ca^{2+} 的配位数为 9（图 15-14）。

【晶体形态】 六方双锥晶类，C_{6h}-$6/m(L^6PC)$。常呈短柱、短柱状、厚板状或板状晶形。主要单形：六方柱 $m\{10\bar{1}0\}$、$h\{11\bar{2}0\}$，六方双锥 $x\{10\bar{1}1\}$、$s\{11\bar{2}1\}$、$u\{21\bar{3}1\}$ 及平行双面 $c\{0001\}$。集合体呈粒状、致密块状。

【物理性质】 无杂质者为无色，常呈浅绿、黄绿、褐红、浅紫色。沉积成因的磷灰石因含有机质被染成深灰至黑色。透明至半透明，玻璃光泽，断口油脂光泽。解理 // {0001} 中等，// $\{10\bar{1}0\}$ 不完全。性脆。断口不平坦。硬度 5。相对密度 3.18～3.21。加热有磷光。

【显微镜下特征】 透射光下薄片无色。一轴晶（-）。氟磷灰石：$N_o=1.633$，$N_e=1.629$，折射率随 OH、Cl 含量增高而增大；氯磷灰石：$N_o=1.667$，$N_e=1.665$；羟磷灰石：$N_o=1.651$，$N_e=1.647$。

【简易化学试验】 以钼酸铵粉末置于矿物上，加一滴硝酸，生成黄色磷钼酸胺沉淀。若有磷酸盐和有机质存在时，出现蓝色沉淀。

【成因】 磷灰石在岩浆作用、沉积作用、变质作用中形成。在各种岩浆岩、花岗伟晶岩和变质岩中以晶质磷灰石形式出现。在浅海沉积环境中，磷灰石以胶磷石（又称胶磷灰石）出现。由隐晶质或显微隐晶质磷灰石及其他脉石矿物组成的堆积体称为磷块岩。生物化学作用可形成磷矿，主要由鸟类或动物骨骼堆积形成，有羟磷灰石(hydroxylapatite) 组成。人体胆结石可含有少量的碳磷灰石和羟磷灰石。

【用途】 可制取磷肥，也可以用来制造黄磷、磷酸、磷化物及其他磷酸盐类，用于医药、食品、火柴、颜料、制糖、陶瓷、国防等工业部门。

磷 铝 石 族

磷铝石 (Variscite)

【化学成分】 $Al(H_2O)_2[PO_4]$，Al_2O_3：42.56%，P_2O_5：27.90%，MgO：3.04%，CaO：1.55%，H_2O：24.06%。铁与铝为完全类质同象。富铁的端员组分为红磷铁矿(Strengite)。

【晶体结构】 斜方晶系，D_{2h}^{15}-$Pcab$；$a_0=0.987$nm，$b_0=0.957$nm，$c_0=0.852$nm，$\alpha=90°$。$Z=8$。主要粉晶谱线：5.365(100)、4.257(100)、3.039(100)。磷铝石晶体结构中 Al（或 Fe）配位数为 $6(4O+2H_2O)$，Al 八面体（或 Fe 八面体）中的 4O 分别与 4 个不同的［PO_4］四面体相联结，成为架状结构。

【晶体形态】 斜方双锥晶类，D_{2h}-$mmm(3L^23PC)$。晶形少见，偶见斜方双锥（假八面体）晶形或呈细粒状，多呈胶态出现，如皮壳状、结核状、肾状、豆状、玉髓状、蛋白石状等。

【物理性质】 纯者无色、白色，含杂质时呈浅红、绿、黄色或天蓝色。玻璃~油脂光泽。红色条痕。透明度透明至半透明。解理∥{010} 中等至完全。贝壳状断口。硬度3.5~5；相对密度2.53~2.57。导热性好。

【显微镜下特征】 二轴晶（-），$2V \approx 70°$，$N_g = 1.590$，$N_m = 1.577$，$N_p = 1.564$。

【成因】 主要产于氧化带，与赤铁矿、褐铁矿等共生。

绿松石族

绿松石（turquoise）

【化学成分】 $Cu(Al, Fe)_6(H_2O)_2(PO_4)_4(OH)_8$，$P_2O_5$：34.9%，$Al_2O_3$：37.60%，CuO：9.87%，$H_2O$：17.72%。成分中Al与Fe可成完全类质同象代替。富铝端员称绿松石，富铁端员称磷铜铁矿。Cu可被Zn作不完全类质同象代替。

【晶体结构】 三斜晶系，$C_i^1\text{-}P\overline{1}$。$a_0 = 0.749 \sim 0.768$nm，$b_0 = 0.995$nm，$c_0 = 0.769$nm，$\alpha = 111°37'$，$\beta = 115°23'$，$\gamma = 69°26'$；$Z = 1$。主要粉晶谱线：3.69(100)、2.92(80)、6.2(60)。晶体结构中存在［Al，$Cu(OH)_4(H_2O)_2$］八面体，［PO_4］呈四面体，彼此以角顶相连呈架状结构。其中2/3的八面体以共棱相连（OH共棱），1/3的八面体是孤立的。Cu分布在大空隙对称中心位置上，为4（OH）和$2H_2O$所包围。

【形态】 平行双面晶类，$C_i\text{-}\overline{1}(C)$，晶体少见，在电子显微镜下（放大3000~5000倍）才能见到微小晶体。偶尔见到柱状晶体。主要单形有平行双面{001}、{100}、{110}等。常呈隐晶质。致密块状、葡萄状、豆状等。

【物理性质】 颜色多呈天蓝色、淡蓝色、绿蓝色、绿色、带绿的苍白色。含铜的氧化物时，呈蓝色；含铁的氧化物时，呈绿色、白色或绿色条痕。蜡状光泽，解理∥{010}完全，{001}中等。硬度5~6，孔隙度大者硬度较小。相对密度2.6~2.9。在长波紫外光下，可发淡绿到蓝色的荧光。

【显微镜下特征】 透射光下浅绿色。二轴晶（+）。$2V = 40°$，折射率：$N_g = 1.65$，$N_m = 1.62$，$N_p = 1.61$。在解理面上消光角为5°和34°。色散显著。

【差热分析】 绿松石在100℃时失去吸附水，颜色变浅。200~300℃发生吸热效应，结晶水析出，300~370℃羟基逸出，晶体结构破坏。760~800℃产生放热效应，生成鳞石英型的磷酸铝结晶相，变为棕色。

【成因】 绿松石为含铜硫化物及含磷、铝的岩石经风化淋滤作用形成。

【用途】 优质绿松石为宝石原料（也称土耳其玉）。绿松石质地细腻、柔和，硬度适中，色彩娇艳柔媚。通常分为四个品种，即瓷松、绿松、泡（面）松及铁线松等。

蓝铁矿族

蓝铁矿（Vivianite）

【化学成分】 $(Fe_{8-x}^{2+}, Fe_x^{3+})(H_2O)_{8-x}[PO_4]_2(OH)$。$P_2O_5$：28.30%，FeO：43.0%，

H_2O：28.7%。成分中二价铁可被三价铁代替，H_2O 被（OH）代替。

【晶体结构】 单斜晶系，C_{2h}^5-$C2/m$；$a_0=1.008$nm，$b_0=1.343$nm，$c_0=0.470$nm，$\beta=104°30'$；$Z=2$。

晶体结构中有两种八面体。$Fe_2(H_2O)_4$ 为单八面体，$FeO_4(H_2O)_2$ 通过 O—O 共棱相连成八面体对。两者通过［PO_4］四面体以共角顶方式相连，形成平行（010）的层，层间有 H_2O 连结。

【晶体形态】 斜方柱晶类，C_{2h}-$2/m(L^2PC)$。晶体通常呈柱状或针状。常见单形：斜方柱 $q\{112\}$、$s\{111\}$、$m\{110\}$、$h\{310\}$，平行双面 $a\{100\}$、$p\{101\}$、$b\{010\}$。集合体常呈片状、放射状、纤维状、土状等。

【物理性质】 蓝色、绿色或无色的透明晶体，多为无色、绿色、蓝、深绿、深青绿色；受光照久后变为蓝到绿色或黑色（可能为 Fe^{2+} 氧化 Fe^{3+}）。透明到半透明。玻璃光泽，解理面呈珍珠光泽。解理∥{010} 完全。硬度 1.5~2.0；密度：2.6~2.7。

【成因】 蓝铁矿是在许多地质环境中普遍出现的次生矿物：在金属矿床氧化带、在含有磷酸盐类矿物的伟晶花岗岩中、在黏土沉积物和现代河流沉积物中，都有蓝铁矿产出。

铀云母族

本族矿物包括铜铀云母亚族（铜铀云母、钙铀云母）、钠铀云母亚族（钠铀云母、钾铀云母、氢钙铀云母）、变铜铀云母亚族（变铜铀云母、铝铀云母、铁铀云母、钡铀云母等）。

铜铀云母（Torbernite）

【化学成分】 $Cu\{(UO_2)_2[PO_4]_2\}nH_2O$。CuO：7.9%，$UO_2$：57.0%，$P_2O_5$：14.0%，$H_2O$：21.1%。水分子有一部分呈沸石水形式存在，很容易释放。

【晶体结构】 四方晶系，D_{4h}^{17}-$I4/mmm$；$a_0=0.705$nm，$c_0=2.05$nm；$Z=2$。主要粉晶谱线：8.5(100)、3.53(80)、2.15(80)。晶体结构属于层状结构。结构层是由［PO_4］四面体被哑铃型（UO_2）连接成的波状网层（垂直于 c 轴）。阴离子骨干以 $\{(UO_2)[PO_4]\}_n^{n-}$ 表示。网层间有水分子排列成四方形，并存在氢氧键，阳离子 R 位于层间。阳离子配位除了4个 H_2O 还有2个氧（分别属于不同网层的 UO_2）。晶体呈四方短柱状或片状，片状解理。层间水分子具一定沸石水性质。

【晶体形态】 复四方双锥晶类，D_{4h}-$4/mmm(L^44L^25PC)$。晶体呈板状、短柱状晶体，横断面四边形或八边形。常见单形：平行双面 $c\{001\}$，四方柱 $m\{110\}$，四方双锥 {101}、{111} 等。可依（101）、（011）成双晶。

【物理性质】 姜黄色、祖母绿色、苹果绿色，颜色鲜艳，条痕较浅。透明。玻璃光泽，解理∥{001} 极完全，{010}、{100} 中等。解理面珍珠光泽。硬度 2~2.5，密度 3.22~3.60，性脆，具强放射性。紫外光下发黄绿色荧光。

【显微镜下特征】 偏光下绿色，多色性明显，深绿色、浅绿色到浅黄色。一轴晶（-）。$N_o = 1.58$，$N_e = 1.582$。有时具光性异常，$2V \approx 10°$。

【成因】 存在于内生矿床的氧化带中。

【用途】 大量堆积具有工业价值。寻找原生铀矿的明显标志。

钙铀云母（Autunite）

【化学成分】 $Ca(UO_2)_2(PO_4)_2 \cdot nH_2O$ 或 $Ca(H_2O)8[UO_2(PO_4)]_2 \cdot nH_2O$。CaO：6.10%，$P_2O_5$：15.5%，$UO_2$：62.70%，$H_2O$：15.7%。有 K、Na 代替 Ca。水分子数量在 7～10 之间。加热后不断失水变成正钙铀云母。

【晶体结构】 四方晶系，D_{4h}^{17}-$I4/mmm$；$a_0 = 0.6989$nm，$c_0 = 2.063$nm；$Z = 2$。主要粉晶谱线：10.3（100）、4.98（80）、2.59（70）。结构与铜铀云母相同。

【形态】 四方双锥晶类，D_{4h}-$4/mmm(L^4 4L^2 5PC)$。晶体常呈板状、片状或鳞片状。常见单形：平行双面 $c\{001\}$、四方柱 $m\{110\}$、四方双锥 $p\{111\}$ 等。可见到依（110）呈双晶。集合体呈鳞片状、球状、苔藓状或皮壳状等。

【物理性质】 黄色—绿色，透明。黄色条痕。金刚光泽，玻璃光泽至珍珠光泽。硬度 2～2.5；相对密度 3.05～3.19；解理∥{001} 极完全，∥{100} 中等。参差状断口；具有黄色—绿色荧光。有强的放射性。

【显微镜下特征】 透射光下浅黄到无色，多色性弱。一轴晶（-）。$N_o = 1.577 \sim 1.558$，$N_e = 1.553 \sim 1.555$。折射率受水的含量影响。

【成因】 钙铀云母是表生铀矿物，产于铀矿床氧化带和泥煤中。也产于伟晶岩中。

臭葱石族

臭葱石（Skorodon）

【化学成分】 $Fe[AsO_4] \cdot 2H_2O$，Fe_2O_3：34.6%，As_2O_5：49.8%，H_2O：15.6%；成分中 Al 可代替 Fe，富 Al 者称为铝臭葱石（Al_2O_3 达 7.1%）。

【晶体结构】 斜方晶系，D_{2h}^{15}-$Pcab$；$a_0 = 1.010$nm，$b_0 = 0.980$nm，$c_0 = 0.876$nm；$Z = 8$。

【晶体形态】 斜方双锥晶类，$D_{2h} - mmm(3L^2 3PC)$。晶体呈双锥状，常见单形：斜方柱 $m\{101\}$、{201}，斜方双锥 {111}，平行双面 {001}、{100} 等。集合体呈细小晶族，最常见者为粒状；

【物理性质】 浅绿白色、鲜绿色、蓝绿色，少数呈白色；白色条痕；透明到半透明；玻璃光泽。解理∥{201} 不完全。参差状断口。硬度 3.5。相对密度 3.3。加热后发出蒜臭。

【显微镜下特征】 偏光下无色。二轴晶（+）。$N_g = 1.79 \sim 1.81$，$N_m = 1.77 \sim 1.79$，$N_p = 1.76 \sim 1.78$。

【简易化学试验】 吹管焰下易熔，火焰呈蓝色。易溶于盐酸及硝酸中。

【成因】 形成于砷矿床的氧化带，为毒砂、斜方砷铁矿等氧化物的次生矿物。

钒铅矿族

钒铅矿（Vanadinite）

【化学组成】 $Pb_2Pb_3[VO_4]_3Cl$。PbO：78.8%，V_2O_3：19.26%，Cl：2.50%。其中Pb可被Ca代替，V可被As、P代替。

【晶体结构】 六方晶系，C_{2h}^2-$P6_1/m$；$a_0=1.033$nm，$c_0=0.734$nm，$Z=2$（也有资料认为是单斜晶系，C_{2h}^2-$P2_1/c$；$a_0=1.024$nm，$b_0=2.048$nm，$c_0=0.745$nm，$\beta=120°$；$Z=4$）。晶体结构为磷灰石型结构。

【形态】 六方双锥晶类，C_{2h}-$P6/m(L^6PC)$。晶体呈柱状、针状、毛发状等，主要单形有六方柱｛$10\bar{1}0$｝、六方双锥｛$10\bar{1}1$｝、平行双面｛0001｝等。集合体呈晶簇状、球状等。

【物理性质】 鲜红、橙红、浅褐红或褐色，以及浅黄至黄、浅褐黄色。条痕为白色或浅黄色。透明至半透明。金刚光泽，断口为松脂光泽。无解理。性脆。硬度2.5~3，相对密度6.66~6.88。

【成因】 产于含铅矿床氧化带。

15.5　第六类　钨酸盐、钼酸盐矿物

钨酸盐是络阴离子［WO_4］$^{2-}$与金属阳离子结合的化合物。钼酸盐矿物是络阴离子［MoO_4］与金属阳离子结合形成的化合物。本类矿物的［WO_4］$^{2-}$、［MoO_4］均为二价，与它们结合的阳离子主要是O、Mo、W、Mg、Ca、Ce、U、Fe、Cu、Co、Pb、As以及Al、Si、P等元素。如白钨矿Ca［WO_4］、和钼铅矿Pb［MoO_4］。本类矿物已知有20余种。钨在地质作用中具有显著的亲氧性，形成氧化物（黑钨矿）和钨酸盐（白钨矿）。钼与硫具有明显的亲和性，形成辉钼矿（MoS_2）。钼酸盐在自然界不多见，出现在金属矿床氧化带。

白钨矿族

白钨矿（Scheelite）

【化学组成】 $Ca[WO_4]$，CaO：19.40%，WO_3：80.60%。在高温时含有较高的Mo与辉钼矿共生。部分钙可被Cu代替，含CuO较多者（7%）称为含铜白钨矿。Mn、Fe、Nb、Ta、U、Ir、Ce、Pr、Sm、Zn、Nd等也会进入白钨矿晶格中，并具有标型意义。

【晶体结构】 四方晶系，C_{4h}^6-$I4_1/a$；$a_0=1.140$nm，$c_0=0.525$，$Z=4$。粉晶数据：3.1(100)、4.76(55)、3.072(30)。白钨矿晶体结构中Ca^{2+}和稍扁平状的［WO_4］$^{2-}$四面体围绕c轴成四次螺旋式相间排列。［WO_4］$^{2-}$配位四方四面体的短轴均与c轴平行。Ca^{2+}与周围4个［WO_4］$^{2-}$中的8个O^{2-}相结合，配位数为8（图15-15）。

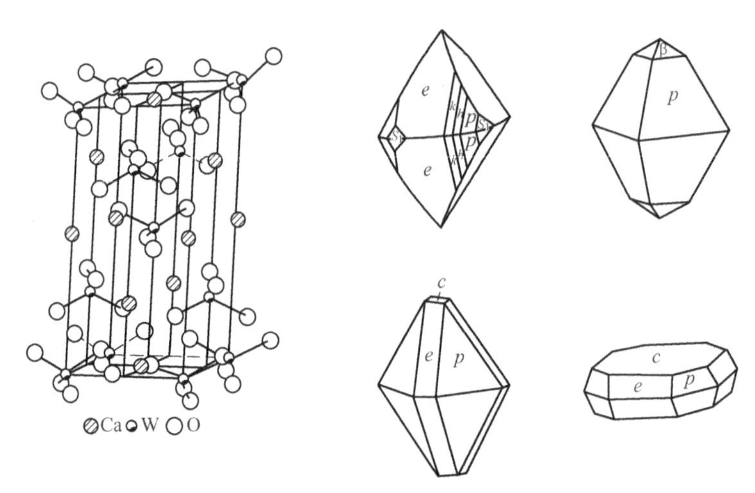

图 15-15　白钨矿晶体结构与形态

【晶体形态】　四方双锥晶类，C_{4h}-$4/m(L^4PC)$。单晶体为近于八面体的四方双锥形态，以｛112｝最为发育。四方双锥的晶面常具斜纹和蚀象。常见单形：四方双锥 e｛101｝、p｛111｝等，平行双面 c｛001｝等。依（110）呈双晶。集合体呈不规则粒状。

【物理性质】　通常为白色，有时带有浅黄或浅绿，油脂光泽或金刚光泽。硬度 4.5。性脆。解理∥｛101｝中等，参差状断口。相对密度 6.1。具有发光性，在长紫外线照射下发出淡蓝色荧光。含 Mo 荧光变浅黄色。

【显微镜下特征】　透射光下无色，干涉色低。一轴晶（+）。N_o = 1.918～1.92，N_e = 1.934～1.937，双反射率 = 0.0160～0.0170。

【简易化学试验】　在盐酸中煮呈黄色，加入锡粒呈蓝色。

【成因】　热液作用产物。在接触交代矿床中，与石榴子石、透闪石、透辉石、石英、金云母以及辉钼矿、黄铁矿、磁黄铁矿、毒砂、闪锌矿方铅矿等硫化物共生。产于高温热液中，与黑钨矿、石英、硫化物等共生。

【用途】　重要的钨矿石矿物。

钼铅矿族

钼铅矿（Wulfenite），又称彩钼铅矿

【化学组成】　$Pb[MoO_4]$；PbO：60.79%，MoO_3：39.21%。有时含 W、V、Ca、TR 等。铅可被钙和稀土代替，钼可被铀、钨、钒代替形成相应变种。

【晶体结构】　四方晶系，C_{4h}^6-$I4_1/a$。晶胞参数：a_0 = 0.543nm，c_0 = 1.211nm。粉晶数据：3.24(100)、2.021(30)、1.653(25)。晶体结构与白钨矿相同。

【晶体形态】　四方双锥晶类 C_{4h}-$4/m(L^4PC)$。晶体呈板状、薄板状，少数锥状、柱状，常见单形：平行双面 c｛001｝，四方双锥 e｛111｝、n｛101｝、d｛112｝等，四方柱 a｛100｝、q｛120｝等。依（001）和（010）呈双晶。集合体粒状。

【物理性质】　颜色多样，有各种黄色、橘红色、灰色、褐色等，金刚光泽，断口油脂光泽。透明至半透明。解理∥｛111｝完全。硬度 2.5～3，相对密度 6.5～7。

【显微镜下特征】 透色光下无色透明。一轴晶（-）。$N_o=2.40$，$N_e=2.28$。平行消光。

【成因】 多见于铅锌矿床氧化带。大量出现时可成为铅钼矿石。

15.6 第七类 硝酸盐矿物

硝酸盐（Nitrates）是络阴离子［NO_3］$^-$与金属阳离子结合形成的化合物。阳离子主要为碱金属 K、Na 和碱土金属 Mg、Ca、Ba，以及 Cu、H、N、O、P、S 等十余种。半径较小的二价阳离子与［NO_3］结合形成的矿物含有附加阴离子（OH）或水分子，有时还有［SO_4］、［PO_4］存在。［NO_3］三角内 N^{5+}与 O^{2-}之间共价键，［NO_3］与阳离子之间为离子键。本类矿物在自然界发现有十余种。

钠 硝 石 族

钠硝石（Soda-niter）

【化学成分】 $NaNO_3$，Na_2O：36.5%，N_2O_5：63.5%。常含有 NaCl、Na_2SO_4 及 Ca 等混入物。

【晶体结构】 三方晶系，D_{3d}^6-$R\bar{3}c$；$a_0=0.507$nm，$c_0=1.681$nm；$Z=6$。$a_{rh}=0.649$nm，$\alpha=102°49'$，$Z=4$。主要粉晶谱线：3.03(100)、2.31(60)、1.89(60)、1.65(30)、1.46(30)。方解石型结构。

【晶体形态】 复三方偏三角面体晶类，D_{3d}-$\bar{3}m(L_i^3 3L^2 3P)$。晶体呈菱面体，与方解石相似。集合体常呈粒状、块状、皮壳状、盐华状等。在空气中变成白色粉末状。

【物理性质】 白色、无色，因含杂质而染成淡灰、淡黄，淡褐或红褐色。白色条痕。玻璃光泽。透明。解理//｛$10\bar{1}1$｝完全，//｛0001｝和｛$10\bar{1}2$｝不完全。性脆。贝壳状断口。硬度 1.5~2。相对密度 2.24~2.29。具涩味凉感。具强潮解性，极易溶于水。

【显微镜下特征】 透射光下无色。一轴晶（-）。$N_o=1.5874$，$N_e=1.3361$。

【简易化学试验】 在闭管内加重硫酸钾，加热产生 NO_2 的红色气泡。用吹管烧之易熔，火焰呈黄色。

【成因】 干旱的沙漠地区。由腐烂有机物硝化细菌分解作用而产生的硝酸根与土壤钠质化合形成。与石膏、芒硝、石盐等共生。

【用途】 钠硝石，可用于制造氮肥、硝酸、炸药和其他氮素化合物；还可用作冶炼镍的强氧化剂，玻璃生产中白色坯料的澄清剂，生产珐琅的釉药，人造珍珠的黏合剂等。

16 第五大类 卤化物矿物

卤化物矿物为氟（F）、氯（Cl）、溴（Br）、碘（I）与阳离子结合形成的化合物，约有100余种，其中以F和Cl的化合物为主。阳离子主要为碱金属和碱土金属Na、K、Ca、Mg以及Rb、Cs、Sr、Y、TR等，半径较小的F^-与半径相对较小的阳离子（Ca、Mg、Al^{3+}等）结合形成稳定的化合物，这些化合物溶点和沸点高、溶解度低、硬度较大；半径较大的Cl^-、Br^-、I^-与离子半径较大的阳离子Na、K、Rb、Cs等化合，这些化合物溶点和沸点低，易溶于水，硬度小。

卤化物形成的化合物类型为AX和AX_2型，晶体结构有氯化钠型、氯化铯型、闪锌矿型、萤石型。四种结构与阴阳离子半径密切相关。氯化钠型的阴阳离子半径之比$R^+/R^-=0.414\sim0.73$，氯化铯型结构的$R^+/R^-=0.73\sim1$，闪锌矿型结构的$R^+/R^-<0.41$，萤石型结构的$R^+/R^->0.73$。

卤化物主要在热液作用和外生作用中形成，如在热液作用中大量挥发分富含F^-，与金属元素化合形成萤石；在外生作用中，Cl^-具有很强的迁移能力，与K、Na、Mg等形成易溶于水的化合物，在干旱的内陆盆地、泻湖海湾中沉淀形成石盐。

根据晶体化学特点和性质，卤化物可划分为两类：

第一类：氟化物矿物。氟化物类矿物在自然界发现约25种。组成矿物的元素有15种，其中Ca的作用突出。形成的矿物以萤石最为重要。

第二类：氯、溴、碘化物矿物。本类矿物已知有18种，组成矿物的元素有16种，以Na、K、Mg最为常见。其次为重金属元素Cu、Ag、Pb等。氯化物分布广泛，常见的有石盐、钾盐、角银矿等。溴化物、碘化物在自然界少见，Br与Ag结合可形成的溴化银（AgBr），I与Ag、Cu、Hg结合可形成矿物，出现在气候干热条件下的含银硫化物矿床氧化带中。大部分溴呈类质同象混入物状态分散在氯化物中。

16.1 第一类 氟化物矿物

萤 石 族

萤石（Fluorite）

【化学成分】 CaF_2，Ca：51.1%，F：48.9%。Ca常被稀土元素（Y、Ce等）代替，代替数量在（Y,Ce)：Ca=1：6。当含Y多时为钇萤石（Yitrian Fluorite，$(Ca,Y)(F,O)_2$）。常见混入物还有Cl（萤石呈黄色）；含有Fe_2O_3、Al_2O_3、SiO_2和沥青物质等。

【晶体结构】 等轴晶系O_h^5-Fm3m；$a_0=0.546$nm，$Z=4$。主要粉晶谱线：3.18(100)、1.93(62)、1.65(20)。萤石型结构（图16-1)：Ca^{2+}分布立方晶胞的角顶与面中

心。在立方晶胞划分8个小立方体，每一个立方体中心为F^-所占据。Ca的配位数为8，F的配位数为4，也可看作是Ca^{2+}离子呈立方最紧密堆积，F^-离子占据四面体空隙。(111)面网方向为相邻的同号离子层，导致八面体解理完全。

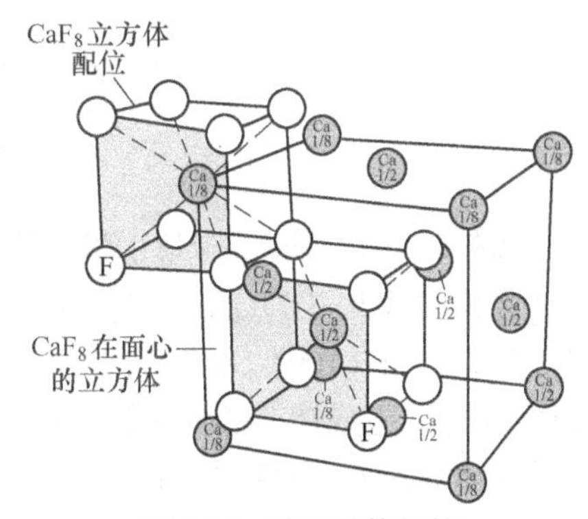

图16-1 萤石晶体结构

【晶体形态】 六八面体晶类，$O_h-m3m(3L^4 4L^3 6L^2 9PC)$。多见晶体呈立方体$a\{100\}$和八面体$o\{111\}$，也有菱形十二面体$d\{110\}$、六八面体$e\{210\}$等。立方体具有条纹。常依$\{111\}$成穿插双晶。集合体为块状、粒状（图16-2）。

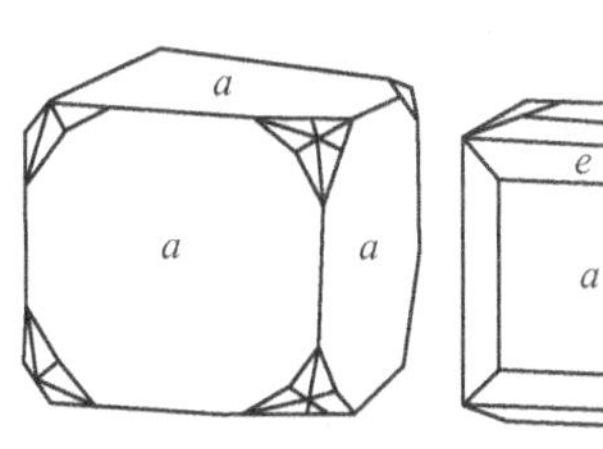

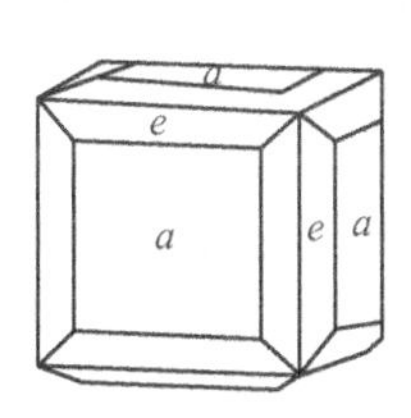

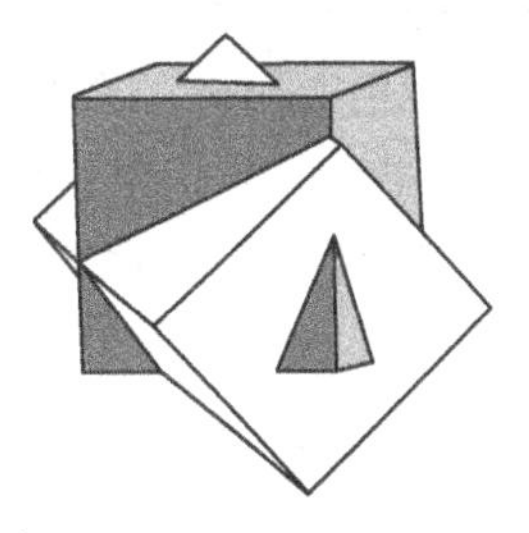

图16-2 萤石的形态

萤石晶体形态具有标型意义。在碱性溶液中，F^-离子起主导作用，发育F^-离子网面密度大的晶面（100）成立方体；在中性溶液中$Ca^{2+}F^-$作用相当，发育由两者组成的网面密度大的晶面（110）呈菱形十二面体；在酸性溶液中Ca^{2+}其主导作用，发育Ca^{2+}网面密度大的晶面（111）呈八面体。

【物理性质】 颜色多变，有紫色、绿色、无色、白色、黄色、粉红色、蓝色和黑色等。条痕白色。透明至半透明，玻璃光泽。解理$/\!/\{111\}$完全，并在立方晶体的各个角上形成三角面。硬度4。相对密度3.18（含Y、Ce者增大，钇萤石达3.3）。萤石具有发光性：紫外光照射下萤石可有紫或紫红色荧光，阴极射线下萤石可发紫或紫红色光。在Eu、La、Ce、Yb含量高的萤石中具有较强荧光性（Eu-蓝色，Yb、Sm-绿色）。某些萤石有热发光性，即在酒精灯上加热，或太阳光下曝晒可发出磷光。另外紫色萤石具有摩擦发光的特性。

【显微镜下特征】 透射光下为无色透明，具有不同色调的带状构造。均质体。$N=1.434$，N随Y、Ce的含量增高而提高。

【成因】 萤石在各种地质作用下均可形成。在内生作用中，主要是由热液作用形成，有中低温热液和火山岩系的流纹岩、凝灰岩、花岗岩中的萤石脉。在沉积岩中呈层状与石膏、硬石膏、方解石和白云石共生。在变质岩的片岩中也可见到萤石脉。

【用途】 冶金熔剂，化工工业上用于制氟化物原料，如人造冰晶石（Na_2AlF_6）、氢氟酸等。在玻璃和陶瓷工业方面，用于制造乳白色不透明玻璃及珐琅。氟还用作火箭推进燃料的氧化剂。透明萤石用于光学仪器透镜和棱镜。

氟镁石族

氟镁石（Sellaite）

【化学成分】 MgF_2，Mg：39.02%，F：60.98%。

【晶体结构】 四方晶系，$D_{4h}^{14}-P4_2/mnm$；$a_0=0.461$nm，$c_0=0.306$nm；$Z=2$。主要粉晶谱线：3.27(100)、2.231(65)、1.711(75)。属金红石型结构。[MgF_6] 八面体沿 c 轴以共棱方式组成链，链间通过八面体共角顶形式连接起来。

【晶体形态】 复四方双锥晶类，$D_{4h}-4/mmm(L^4 4L^2 5PC)$。晶体呈柱状，常见单形有四方柱 $a\{100\}$、$m\{110\}$，复四方柱 $h\{210\}$，四方双锥 $e\{101\}$、$s\{111\}$、$n\{221\}$。依 {011} 发育膝状双晶、三连晶以及环状双晶。

【物理性质】 无色或白色，有时带浅紫色；玻璃光泽，半透明。解理∥{110} 完全，∥{101} 中等，∥{100} 不完全；硬度具异向性：在∥（100）、（101）为 5.0~5.05，∥（001）=4.27。相对密度 3.14~3.17。具荧光性，在紫外线光下发蓝紫色荧光，阴极射线下发浅棕黄色荧光。加热至 210℃左右发浅棕黄色光。不导电。

【显微镜下特征】 透射光下呈无色。一轴晶（+）。$N_o=1.378$，$N_e=1.390$。可见聚片双晶。

【简易化学试验】 在吹管火焰中易炸裂。用硝酸钴法试验有镁的反应。在硫酸和磷酸混合酸中易分解，产生白色 HF 烟雾，导入 Ca^{2+}的溶液后，产生白色的 CaF_2 沉淀。

差热分析：在 118℃有放热效应，1010℃和 1220~1265℃有吸热效应。1010℃氟镁石内部结构发生变化，是具有鉴定意义的吸热特征效应，以此区分低温氟镁石和高温氟镁石。

【成因】 产于火山熔岩与火山喷出物中，与赤铁矿、磷灰石、钙长石、黑云母、石膏等共生；在盐类矿床中产出；与石盐、方解石、石膏等共生；还产于高中温热液矿床和矽卡岩矿床中，与萤石、石英、金云母、辉钼矿、黑钨矿、黄玉、磷灰石等共生。

16.2 第二类 氯化物矿物

石 盐 族

石盐（Halite）

【化学成分】 NaCl。Na：39.34%，Cl：60.66%。常含有杂质多种机械混入物，如 Br、Rb、Cs、Sr 及卤水、黏土和其他盐类矿物。

【晶体结构】 等轴晶系，O_h^5-Fm3m；$a_0=0.5628$nm，$Z=4$。主要粉晶谱线：2.30(90)、1.99(100)、1.259(70)、1.15(70)、1.62(60)、0.935(60)。氯化钠型结构。晶体结构中阴离子 Cl^-位于立方晶胞的角顶和面中心，作立方最紧密堆积。阳离子 Na^+则充填八面体空隙。两者的配位数均为 6。典型离子键（图 16-3）。

【晶体形态】 六八面体晶类，O_h-$m3m(3L^4 4L^3 6L^2 9PC)$。单晶体为立方体 $a\{100\}$、

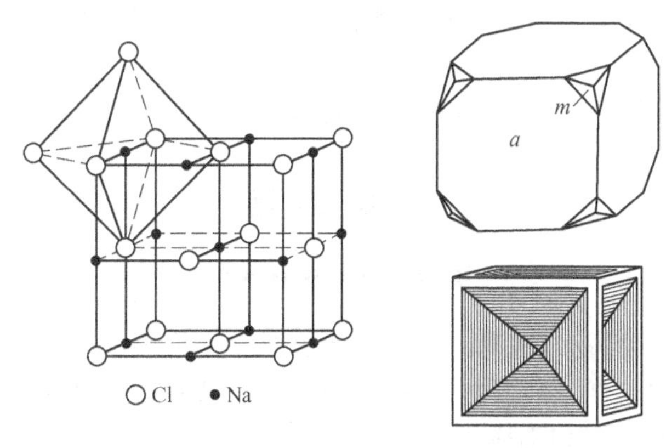

图 16-3 石盐的晶体结构与形态

八面体 $o\{111\}$ 以及立方体与八面体的聚形。在立方体晶面上常有阶梯状凹陷。双晶依 $\{111\}$ 生成。集合体为粒状、块状、晶簇状、豆状、柱状等。在柴达木盆地达布盐湖所产珠状石盐颗粒直径可达 3~4cm，称为珍珠盐。

【物理性质】 纯净的石盐无色透明或白色，含杂质时则可染成灰、黄、红、黑等色。新鲜面呈玻璃光泽，潮解后表面呈油脂光泽。透明至半透明。三组解理∥（100）完全。硬度 2.5，相对密度 2.17。易溶于水，味咸。燃烧火焰呈黄色；部分具荧光特性；具弱导电性和高的热导性。在 0℃时溶解度为 5.7%；100℃时溶解度 39.8%。

【显微镜下特征】 透射光下无色透明。均质体。$N=1.544$。

【成因】 石盐是典型的化学沉积成因的矿物，在干燥炎热气候条件下常沉积于各个地质年代的盐湖和海滨浅水潟湖中，与钾盐、光卤石、杂卤石、石膏、硬石膏、芒硝等共生或伴生。广泛分布于世界各地。中国青海、四川、湖北、江西、江苏都有大规模石盐矿床。

【用途】 盐是人类生活的必需品，在工农业及其他领域有着广泛的用途。石盐除加工成精盐可供食用外，还是化学工业最基本的原料之一，被誉为“化学工业之母”。

钾盐（Sylvite）

【化学组成】 KCl，K：52.5%，Cl：47.5%。含有微量的 Br、Rb、Cs 等类质同象混入物和气液包裹体（N_2、CO_2、H_2、CH_4、He 等）以及石盐等固态包裹体。

【晶体结构】 等轴晶系，O_h^5-Fm3m；$a_0=0.6277$nm，$Z=4$。主要粉晶谱线：3.158（80）、2.225(90)、1.816(70)、1.574(60)、1.403(100)、1.282(90)、1.109(70)。晶体结构为氯化钠型。

【晶体形态】 六八面体晶类，$O_h-m3m(3L^4 4L^3 6L^2 9PC)$。晶体呈立方体 $a\{100\}$、八面体 $m\{111\}$ 或立方体和八面体的聚形。集合体通常呈粒状、致密块状、针状、皮壳状等。

【物理性质】 纯净者无色透明，含微细气泡者呈乳白色，含细微赤铁矿呈红色。玻璃光泽。解理∥$\{100\}$ 完全。硬度 1.5~2。性脆。相对密度 1.97~1.99。味苦咸且涩。易溶于水。烧之火焰呈紫色。熔点 790℃。差热分析在 700~800℃之间有一特征吸热谷。

【显微镜下特征】 透射光下无色或淡红色。均质体。$N=1.4913$。

【成因】 与石盐相似。产于干涸盐湖中，位于盐层上部，其下为石盐、石膏、硬石膏等。

【用途】 制造钾肥、化工制取各种含钾化合物。

光卤石族

光卤石（Carnallite）

【化学成分】 $KMgCl_3 \cdot 6H_2O$。K：14.1%，Mg：8.7%，Cl：38.3%，H_2O：38.9%. 含有 Br、Rb、Cs 及 Li、Ti。有石盐、钾盐、硬石膏、赤铁矿等机械混入物。常含有黏土、卤水以及 N_2、H_2、CH_4 等包裹体。

【晶体结构】 斜方晶系，D_{2h}^6-Pbnn；$a_0=0.956$nm，$b_0=1.605$nm，$c_0=2.256$nm，$Z=12$。主要粉晶谱线：3.75(70)、3.61(65)、3.56(70)、3.32(100)、3.28(70)、2.93(80)、1.988(40)。晶体结构是垂直 c 轴呈层状。Mg 被 6 个 H_2O 包围，K 被 6 个 Cl 围绕。

【晶体形态】 斜方双锥晶类，$D_{2h}-mmm(3L^23PC)$。晶体呈假六方双锥状。主要单形平行双面 $a\{100\}$、$b\{010\}$、$c\{001\}$，斜方柱 $e\{011\}$、$p\{101\}$ 和斜方双锥 $s\{112\}$。集合体粒状、致密块状。

【物理性质】 白色或无色，常因含细微氧化铁而呈红色，含氢氧化铁呈黄褐色。透明到半透明。新鲜面呈玻璃光泽，油脂光泽。无解理。硬度 2~3。性脆，相对密度 1.6。具强荧光性。在空气中极易潮解，易溶于水，味咸苦涩。加热到 110~120℃ 分解为 $MgCl \cdot 4H_2O$ 和 KCl。加热到 176℃ 完全脱水，有少量水解现象。加热到 750~800℃ 时，脱水熔融，沉淀出 MgO。

【显微镜下特征】 偏光显微镜下无色。二轴晶（+），$2V=30°\sim70°$，$N_g=1.496$，$N_m=1.474$，$N_p=1.467$。有时可见到聚片双晶和格子双晶（夹角 60°~64°）。

【简易化学试验】 吹管焰烧之易溶染成紫色火焰。

【成因】 光卤石是含镁、钾盐湖中蒸发作用最后形成的矿物，经常与石盐、钾石盐等共生。中国柴达木盆地达布逊湖盛产光卤石，由石盐-光卤石-石盐互层构成。

【用途】 用于制造钾肥和钾的矿物，也是提炼金属镁的重要原料。主要用作提炼金属镁的精炼剂、生产铝镁合金的保护剂和焊接剂、金属的助熔剂等。

角银矿族

角银矿（Chlorargyrite）

【化学组成】 AgCl，Ag：75.3%，Cl：24.7%。Cl 和 Br 可形成类质同象代替。当成分 Cl>Br 称为氯角银矿，Cl<Br 称为溴角银矿。

【晶体结构】 等轴晶系。O_h^5-$Fm3m$，$a_0=0.5547$nm；主要粉晶谱线：2.80(100)、1.97(100)、1.254(80)。氯化钠型结构。由于阳离子为 Ag，呈共价键。

【晶体形态】 六八面体晶类，O_h-$m3m(3L^44L^36L^29PC)$。晶体呈立方体，但少见；通常呈块状或被膜状集合体。

【**物理性质**】　白色微带各种浅的色调。新鲜者无色，或微带黄色，在日光中暴露后即变暗灰色。透明。结晶质呈金刚光泽，隐晶质为蜡状光泽。硬度 1.5～2。相对密度 5.55。具延展性。

【**显微镜下特征**】　透射光下无色，均质体，$N=2.07$。溴角银矿 $N=2.253$。

【**成因**】　角银矿是含银硫化物氧化后与下渗的含氯水反应而成。

【**用途**】　用于提炼银。

17 陨石矿物

17.1 陨石与陨石分类

17.1.1 陨石

陨石（Meteorite）是地球以外未燃尽的宇宙流星脱离原有运行轨道或尘碎块飞快散落到地球或其他行星表面的石质的、铁质的或是石铁混合物质。目前陨石来自火星和木星间的小行星带以及月球和火星。每天落入到地球上的陨石在1000~10000t，多数落入大海、沙漠中。研究陨石，对揭秘太阳系早期形成的历史、演化有重要作用。

陨石中元素超过20余种，其中Fe、Ni金属含量高，最高可达90%以上。还含有O、Fe、Si、Al、Na、Mg、Ca、K、Ni、Mn、Cr、V、Co、Cu、Pb、Zn、Mo、Sr、Bi、Sn、K、Rb、Ge、S、As、P、Cl等。也有资料报道陨石含有Au、Ir等稀贵金属元素。与地壳火成岩富亲氧元素相比，陨石相对富集亲铁元素。在不同类型陨石中，SiO_2、TiO_2、Al_2O_3、Na_2O、CaO、MgO、K_2O、P_2O_5、Cr_2O_5的含量不同（表17-1）。根据化学成分分为E、H、L、LL、C五个化学群类。E群中铁镍金属含量最高，在一个极端还原的环境中形成，其橄榄石和辉石中几乎不含氧化铁。C群中的铁镍金属含量最低（或不含铁镍金属成分），在一个相当氧化的环境中形成，其橄榄石和辉石中的氧化铁含量比值最高；H、L、LL群的形成环境介于E群和C群之间，其特点也介于E群和C群之间。

表17-1 普通球粒陨石去掉全铁的平均化学成分 (%)

化合物	H	L	LL	H	L	球粒陨石	宇宙丰度
SiO_2	55.14	56.21	56.23	54.41	55.58	54.93	52.25
TiO_2	0.18	0.18	0.19	0.18	0.18	0.16	0.16
Al_2O_3	3.33	3.00	3.05	4.77	5.18	3.33	3.77
MnO	0.40	0.48	0.49	0.48	0.38	0.43	0.57
MgO	35.59	34.82	35.00	34.97	33.87	36.05	37.17
Na_2O	1.19	1.30	1.37	1.27	1.05	1.21	1.62
CaO	2.74	2.72	2.53	2.65	2.61	2.60	3.05
K_2O	0.14	0.14	0.10	0.25	0.27	0.13	0.15
P_2O_5	0.47	0.22	0.25	0.42	0.24	0.37	0.41
Cr_2O_5	0.78	0.72	0.72	0.60	0.62	0.74	0.85

据Jaroscwich1989，Wilki，1950。

17.1.2　陨石分类

陨石根据其内部的铁镍金属含量高低通常分为四大类：石陨石、石铁陨石、铁陨石、玻璃陨石

17.1.2.1　*石陨石*

石陨石中的 Fe+Ni：≤30%；主要由硅酸盐矿物，如橄榄石、辉石和少量斜长石组成，也含少量金属铁微粒，有时可达 20%以上。相对密度 3~3.5。石陨石占陨石总量的 95%。，吉林陨石（1976 年 3 月 8 日 15 时）化学组成成分为 SiO_2 占 37.2%，MgO_2 占 3.19%，Fe 占 28.43%。主要矿物有贵橄榄石、古铜辉石、铁纹石和陨硫铁；次要矿物有单斜辉石、斜长石等。石陨石的数量较大，目前所观测到的陨石 95%以上是石陨石。根据其内部结构可进一步分为球粒陨石和无球粒陨石（图 17-1）。

(a) 石铁陨石(Vaca Nuerta，智利)

(b) 石陨石(吉林陨石)

(c) 铁陨石(霍巴铁陨石，纳米比亚，58.2t)

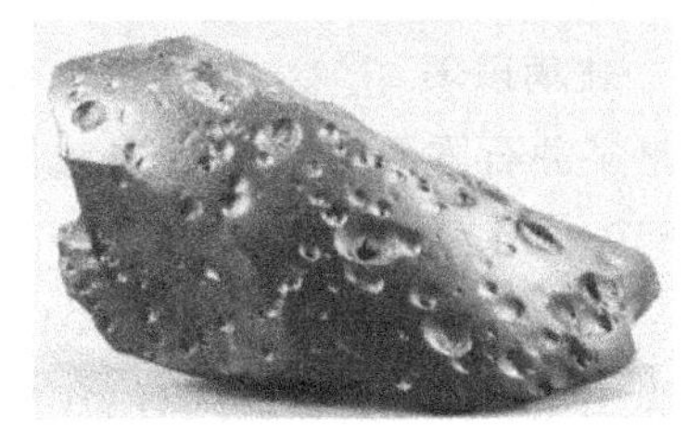

(d) 玻璃陨石

图 17-1　石陨石

（1）球粒陨石（Chondrite）。是内部均匀分布毫米级球状颗粒的石陨石。它们的母天体未经熔融或岩体分化，结构未曾改变，保留着原始的特征。按照化学成分可进一步分为：

1）普通球粒陨石（Ordinary chondrite）。绝大多数陨石属于此类。依据化学组分、矿物成分、含铁量等分为高铁群、低铁群、低铁低金属群。吉林陨石为高铁球粒陨石。

2）碳质球粒陨石（carbonaceous chondrite）。含有大量水和有机化合物的一类陨石。碳质球粒陨石是在我国陕西宁强县收集到的。(1983 年 6 月 25 日)

3）顽火辉石球粒陨石（Enstatite Chondrite）。因含有顽火辉石而得名。这种陨石呈还原性，铁元素几乎以单质形式存在，几乎不含铁的氧化物。加拿大的阿比陨石是顽火辉石球粒陨石，重达 108kg。

（2）无球粒陨石（Achondrite）。是内部没有球状颗粒的石陨石，他们的母天体经过熔融，含有独特的纹理和熔融矿物，与地球上的岩浆岩、玄武岩结构类似。该类陨石占所

有记录的 8%左右。可进一步分为原始无球粒陨石（Primitive achondrite）、火星陨石（Martian meteonte achondrite）、月球陨石（Luna achondrite）、小行星陨石（Asteroidal achondrite）等。

原始无球粒陨石的化学成分与球粒陨石相近，具有一些球粒的遗迹。月球陨石是来自月球的陨石，可能是月球遭到撞击产生的碎块。小行星陨石因母天体的不同，矿物和化学组分因熔融和结晶过程而发生改变。

17.1.2.2 *石铁陨石*

由铁、镍和硅酸盐矿物组成，Fe+Ni>70%，其次为硅、铝、镍，主要矿物有锥纹石、镍纹石、合纹石等。次要矿物为陨硫铁、铬铁矿、石墨等。石铁陨石根据其内部的主要成分和构造特点分为橄榄石石铁陨石（PAL）、中铁陨石（MES）、古铜辉石——鳞石英石铁陨石。

17.1.2.3 *铁陨石*

铁陨石的玻璃陨石不含金属成分。铁陨石中 Fe+Ni≥95%。其中铁在 90%，镍在 8%左右。它的外表裹着一层黑色或褐色的 1mm 厚的氧化层，叫熔壳。外表上还有许多大大小小的圆坑，称做气印。此外还有形状各异的沟槽，称做熔沟。这些都是它们在陨落过程中与大气剧烈摩擦燃烧而形成的。铁陨石的切面与纯铁一样，很亮。铁陨石约占陨石总量的 3%。19 世纪末发现于我国新疆青河县的世界 3 号铁陨石，大小为 2.42m×1.85m×1.37m，重约 30t。该陨铁含铁 88.67%，含镍 9.27%。其中含有多种地球上没有矿物，如锥纹石、镍纹石等。

17.1.2.4 *玻璃陨石*

玻璃陨石是某种石陨石降落过程中融化的液质冷却后的产物。化学组成变化范围：SiO_2 为 48%~85%；Al_2O_3 为 8%~18%；FeO 为 1.4%~11%；MgO 为 0.4%~28%；CaO 为 0.3%~10%；Na_2O 为 0.3%~3.9%；K_2O 为 1.3%~3.8%；TiO_2 为 0.3%~1.1%。玻璃陨石的折光率为 1.48~1.62。玻璃陨石的密度为 2.3~3.0g/cm^3，某些微玻璃陨石可以达到更高的数值。玻璃陨石为半透明的玻璃质体，有微弱磁性，颜色为墨绿色、绿色、淡绿色、棕色、褐色、深褐色，还有少见的朱砂色。相对密度为 2.6~3.0。玻璃陨石是在高空、高温、高压和高速下形成的，有明显的形成特征：内部高纯度无杂质，通体布满致密的小气泡，外部有融壳，融壳上有流纹，外部和融壳下有时会产生大的气印。玻璃陨石内常有气泡空腔，大小由几微米至几毫米，个别可达几厘米；有的还含有焦石英、柯石英、斜锆石和陨石中常见的铁镍金属。

17.1.3 陨石的基本特征

（1）外表熔壳。陨石在陨落地面以前要穿越稠密的大气层，陨石在降落过程中与大气发生磨擦产生高温，使其表面发生熔融，形成一层薄薄的熔壳。因此，新降落的陨石表面都有一层黑色的熔壳，厚度约为 1mm。

（2）表面气印。另外，由于陨石与大气流之间的相互作用，陨石表面还会留下许多气印，就像手指按下的手印。

（3）内部金属。铁陨石和石铁陨石内部由金属铁组成，这些铁的镍含量很高(5%~

10%)。球粒陨石内部也有金属，在新鲜断裂面上能看到细小的金属颗粒。

(4) 磁性。大多数陨石含有铁，95%的陨石都能被磁铁吸住。

(5) 球粒。大部分陨石是球粒陨石（占总数的 90%），这些陨石中有大量毫米大小的硅酸盐球体，称作球粒。在球粒陨石的新鲜断裂面上能看到圆形的球粒。

(6) 密度。铁陨石的密度为 $8g/cm^3$，远远高于地球上一般岩石。球粒陨石由于含有少量金属，其密度也较高。

17.2 陨 石 矿 物

17.2.1 陨石矿物分类

陨石矿物（mineral of meteorite）是指陨石的组成矿物。目前发现的陨石矿物种约为 294 种（据 Rubin，2000 年）。Rubin 依据陨石矿物组分对陨石形成时氧化—还原条件的指示最为灵敏，对具有相似矿物组成的陨石进行了归类综合，将陨石矿物分为：自然元素和金属、碳化物、氮化物和氮氧化物、磷化物、硅化物、硫化物、氧化物与氢氧化物、含氧盐（包括硅酸盐、碳酸盐、硫酸盐、磷酸盐、钼酸盐）、卤化物（表 17-2）。

表 17-2　已发现的陨石矿物

自然元素和金属（native elements and metals）		
中文名称	外文名称	化学式
铁镍矿	Awaruite	Ni_3Fe
亮石墨	Chaoite	C
金属铜	Copper	Cu
金刚石	Diamond	C
金为主的合金	Gold-domi Natedalloys	(Au, Ag, Fe, Ni, Pt)
石墨	Graphite	C
铁纹石	Kamacite	α-(Fe-Ni)
六方金刚石	Lonsdaleite	C
马氏体	Martensite	α2-(Fe-Ni)
金属钼	Molybdenum	M o
金属镍	Nickel	Ni
金属铌	Niobium	Nb
金属铂	Platinum	Pt
铂为主的合金	PGE-dominat Edalloy	(Pt, Os, Ir, Ru, Re, Rh, Mo, Nb, Ta, Zr, Ge, W, V, Pb, Cr, Fe, Ni, Co)
铼	Rhenium	Re
等轴锡铂矿	Rustenburgite	$(Pt, Pd)_3Sn$
钌	Ruthenium	Ru
自然硫	Sulfur	S

续表 17-2

中文名称	外文名称	化学式
镍纹石	Taenite	γ-(Fe-Ni)
四方镍纹石	Tetrataenite	Fe-Ni
铁钴矿	Wairauite	Co-Fe
碳化物（carbides）		
陨碳铁	Cohenite	$(Fe, Ni)_3C$
碳铁矿（哈镍碳铁矿）	Haxonite	$(Fe, Ni)_{23}C_6$
碳化铁	Iron Carbide	$Fe_{25}C$
碳化钼	Molybdenum Carbide	MoC
碳化硅	Beta-mois Sanite	SiC
碳化钛	Titanium Carbide	TiC
碳化锆	Zirconium Carbide	ZrC
氮化物和氮氧化物（nitrides and oxynitrides）		
陨氮铬矿（氮铬矿）	Carlsbergite	CrN
	Nierite	α-Si_3N_4
陨氮钛石（奥斯朋矿）	Osbornite	TiN
陨氮镍铁矿	Roaldite	$(Fe, Ni)_4N$
氮化硅	β-Silicon Nitrid	β-Si_3N_4
氧氮硅石	Sinoite	Si_2N_2O
磷化物（phosphides）		
磷铁矿（磷铁镍矿）	Barringerite	$(Fe, Ni)_2P$
陨磷铁镍石	Schreibersite	$(Fe, Ni)_3P$
硅化物（silicides）		
硅磷镍矿	Perryite	$(Fe, Ni)_5(Si, P)_2$
硅三铁矿	Suessite	Fe_3Si
硫化物和含水硫化物（sulfides and hydroxysulfides）		
斑铜矿	Bornite	Cu_5FeS_4
陨硫铬矿	Brezinaite	Cr_3S_4
硫钠铬矿	Casw Ellsilverite	$NaCrS_2$
辉铜矿	Chalcocite	Cu_2S
黄铜矿	Chalcopyrite	$CuFeS_2$
辰砂	Cinnabar	HgS
硫铂矿	Cooperite	PtS
铜蓝	Covellite	CuS
方黄铜矿（古巴矿）	Cubanite	$CuFe_2S_3$

续表 17-2

中文名称	外文名称	化学式
陨硫铬铁	Daubreelite	$FeCr_2S_4$
蓝辉铜矿	Digenite	Cu_9S_5
硫铁铜钾矿	Djerfisherite	K_6Na_9（Fe，Cu）$_{24}S_{26}Cl$
硫锇矿	Erlich Manite	OsS_2
铁硫锰矿	Ferroan Alabandite	（Mn，Fe）S
方铅矿	Galena	PbS
根特纳矿	Gentnerite	$Cu_8Fe_3Cr_{11}S_{18}$
胶黄铁矿（硫复铁矿）	Greigite	Fe_3S_4
六方硫镍矿（赫硫镍矿，黄镍铁矿）	Heazlew Oodite	Ni_3S_2
等方黄铜矿	Isocubanite	$CuFe_2S_3$
硫钛铁矿	Heideite	（Fe，Cr）$_{1+x}$（Ti，Fe）$_2S_4$
铁铜蓝（伊达矿）	Idaite	Cu_5FeS_6
硫钌矿	Laurite	RuS_2
四方硫铁镍矿（马基诺矿）	Mackinawite	FeS_{1-x}
白铁矿（黄铁矿）	Marcasite	FeS_2
针镍矿	Millerite	NiS
辉钼矿	Molybdenite	MoS_2
尼宁格矿	Niningerite	（Mg，Fe）S
陨硫钙石	Odhamite	CaS
镍黄铁矿	Pentlandite	（Fe，Ni）$_9S_8$
黄铁矿	Pyrite	FeS_2
磁黄铁矿	Pyrrhotite	$Fe_{1-x}S$
	Schollhornite	$Na_{0.3}$（H_2O）〔Cr S2〕
菱硫镍矿	Smythite	Fe_9S_{11}
闪锌矿	Sphalerite	（Zn，Fe）S
羟镁硫铁矿族 羟镁硫铁矿 叠羟镁硫镍矿	Tochilinite Group Tochilinite Haapalaite	2（Fe，Mg，Cu，Ni）S·1.57-1.85 （Mg，Fe，Ni，Al，Ca）$(OH)_2$ 4(Fe，Ni）S·3（Mg，Fe+2）$(OH)_2$
陨硫铁	Troilite	FeS
黑钨矿	Tungstenite	WS_2
紫硫镍矿	Violarite	$FeNi_2S_4$
纤锌矿	Wurtzite-2H	β-ZnS
碲化物（Tellurides）		
承铂矿（碲铂矿）	Chengbolite	$PtTe_2$

续表 17-2

中文名称	外文名称	化学式
	砷化物和硫砷化物（arsenides and sulfarsenides）	
辉砷钴矿（辉砷矿）	Cobaltite	CoAsS
辉砷镍矿	Gersdorffite	NiAsS
硫砷铱矿	Irarsite	(Ir，Ru，Rh，Pt)AsS
砷铱矿	Iridarsenite	(Ir，Ru)As_2
斜方砷铁矿	Lollingite	$FeAs_2$
砷镍矿	Maucherite	$Ni_{11}As_8$
红砷镍矿（砷镍矿）	Nickeline	NiAs
峨眉矿	Omeiite	(Os，Ru)As_2
六方砷镍矿（褐砷镍矿）	Orcelite	$Ni_{5-x}As_2$
斜方砷镍矿	Rammelsb Ergite	$NiAs_2$
斜方砷钴矿	Safflorite	$CoAs_2$
砷铂矿	Sperrylite	$PtAs_2$
	卤化物（halides）	
石盐	Halite	NaCl
钾盐	Sylvite	KCl
	氧化物（oxides）	
锐钛矿	Anatase	TiO_2
低铁假板钛矿（镁铁钛矿，阿尔马科月球石）	Armalcolite	(Mg，Fe)Ti_2O_5
斜锆石	Baddeleyite	ZrO_2
绿镍矿	Bunsenite	NiO
钙-低铁假板钛矿	Ca-armalcolite	$CaTi_2O_5$
氧化钙	Calciumoxide	CaO
铬铁矿	Chromite	$FeCr_2O_4$
刚玉	Corundum	Al_2O_3
钒磁铁矿	Coulsonite	FeV_2O_4
赤铜矿	Cuprite	Cu_2O
绿铬矿（埃斯科拉矿）	Eskolaite	Cr_2O_3
镁钛矿	Geikielite	$MgTiO_3$
	Grossite	$CaAl_4O_7$
赤铁矿	Hematite	α-Fe_2O_3
铁尖晶石	Hercynite	(Fe，Mg)Al_2O_4
黑铝钙石（黑复铝钛矿）	Hibonite	$CaAl_{12}O_{19}$

续表 17-2

中文名称	外文名称	化学式
钛铁矿	Ilmenite	$FeTiO_3$
磁赤铁矿	Maghemite	$Fe_{2.67}O_4$
	Magneli phases	Ti_5O_9 and Ti_8O_{15}
镁铬铁矿	Magnesiochromite	$MgCr_2O_4$
镁铁矿（镁铁尖晶石）	Magnesioferrite	$MgFe_2O_4$
方镁铁矿	Magnesiowustite	(Mg，Fe)O
磁铁矿	Magnetite	Fe_3O_4
方镁石	Periclase	MgO
钙钛矿	Perovskite	$CaTiO_3$
亚铁尖晶石	Pleonaste	(Mg，Fe)Al_2O_4
假板钛矿（铁板钛矿）	Pseudob rookite	Fe_2TiO_5
红钛锰矿	Pyrophanite	$MnTiO_3$
金红石	Rutile	TiO_2
尖晶石	Spinel	$MgAl_2O_4$
方钍石	Thorianite	ThO_2
富钛磁铁矿	Ti-richmagnetite	(Fe，Mg)（Al，Ti)$_2O_4$
镍磁铁矿	Trevorite	$NiFe_2O_4$
钛铁尖晶石	Ulvospinel	Fe_2TiO_4
富钒磁铁矿	V-rich Magnetite	(Fe，Mg)（Al，V)$_2O_4$
方铁矿	Wustite	FeO
钛锆钍矿	Zirkelite	(Ca，Th，Ce) Zr (Ti，Nb)$_2O_7$
氢氧化物（Hydroxides）		
四方纤铁矿（β-羟铁矿）	Akaganeite	β-FeO（OH，Cl)
羟铁矿	Amakinite	(Fe^{-2}，Mg)（OH)$_2$
水镁石（羟镁石，粒硅镁石）	Brucite	Mg(OH)$_2$
六方纤铁矿	Feroxyhyte	δ-FeO（OH)
水铁矿（六方针铁矿）	Ferrihydrite	Fe_4~5（OH，O)$_{12}$
针铁矿	Goethite	α-FeO（OH)
	Hibbingite	γ-Fe_2（OH)$_3$Cl
锰钡矿（碱硬锰矿，钡碱硬锰矿）	Hollandite	(Fe_{15}Ni)（O_{12}(OH)$_{20}$)Cl（OH)$_2$
纤铁矿	Lepidocrocite	γ-FeO(OH)
羟钙石	Portlandite	Ca(OH)$_2$
烧绿石	Pyrochlore	(Na，Ca)$_2Nb_2O_6$（OH，F)

续表 17-2

中文名称	外文名称	化学式
翠镍矿	Zaratite	$Ni_3CO_3(OH)_4 \cdot 4H2O$
碳酸盐（Carbonates）		
铁白云石	Ankerite	$Ca(Fe^{2+}, Mg, Mn)(CO_3)_2$
文石	Aragonite	$CaCO_3$
水碳镁石	Barring Tonite	$MgCO_3 \cdot 2H_2O$
方解石	Calcite	$CaCO_3$
白云石	Dolomite	$CaMg(CO_3)_2$
水碳镁石（水菱镁石）	Hydromagnesite	$Mg_5(CO_3)_4(OH)_2 \cdot 4H_2O$
锰白云石	Kutnohorite	$Ca(Mn, Mg, Fe^{+2})(CO_3)_2$
菱镁矿（海泡石）	Magnesite	$(Mg, Fe)CO_3$
碳氢镁石（三水菱镁矿，三水碳镁石）	Nesquehonite	$Mg(HCO_3)(OH) \cdot 2H_2O$
尼碳钠钙石（尼雷尔石）	Nyerereite	$Na_2Ca(CO_3)_2$
水碳铁镍矿（锐水碳镍矿）	Reevesite	$Ni_6Fe_2(CO_3)(OH)_{14} \cdot 4H_2O$
菱锰矿	Rhodoch Rosite	$MnCO_3$
菱铁矿	Sid Erite	$FeCO_3$
六方球方解石	Vaterite	$CaCO_3$
翠镍矿	Zaratite	$Ni_3(CO_3)(OH)_4 \cdot 4H_2O$
硫酸盐（Sulfites）		
硬石膏	Anhydrite	$CaSO_4$
重晶石	Barite	$BaSO_4$
烧石膏	Bassanite	$CaSO_4 \cdot 1/2\ H_2O$
白钠镁矾	Blodite	$Na_2Mg(SO_4)_2 \cdot 4H_2O$
叶绿矾	Copiapite	$Fe_5(SO_4)_6(OH)_2 \cdot 20H_2O$
针绿矾	Coquimbite	$Fe_2(SO_4)_3 \cdot 9H_2O$
泻利盐（七水镁矾）	Epsomite	$MgSO_4 \cdot 7H_2O$
石膏	Gypsum	$CaSO_4 \cdot 2H_2O$
六水泻盐（六水镁矾）	Hexah ydrite	$MgSO4 \cdot 6H_2O$
铁镍矾（镍铁矾）	Honessite	$(Ni, Fe)_8SO_4(OH)_{16} \cdot nH_2O$
黄钾铁矾	Jarosite	$KFe_3(SO_4)_2(OH)_6$
水镁矾	Kieserite	$MgSO_4 \cdot H_2O$
水绿矾	Melanterite	$FeSO_4 \cdot 7H_2O$
菱镁铁矾	Slavikite	$NaMg_2Fe_5(SO_4)(OH)_6 \cdot 33H_2O$

续表17-2

中文名称	外文名称	化学式
四水泻盐（四水镁矾）	Starkeyite	$MgSO_4 \cdot 4H_2O$
水铁矾	Szomolnokite	$FeSO_4 \cdot 7H_2O$
绿钾铁矾	Voltaite	$K_2Fe_8Al(SO_4)_{12} \cdot 18H_2O$
钼酸盐（Molybdates）和钨酸盐（Tungstates）		
钼钙矿（钼钨钙矿）	Powellite	$CaMoO_4$
白钨矿	Scheelite	$CaWO_4$
磷酸盐（Phosphates）		
磷灰石	Apatite	$Ca_5(PO_4)_3$（F，OH，Cl）
	Arupite	$Ni_3(PO_4)_2 \cdot 8H_2O$
磷铁锰矿	Beusite	$(Mn, Fe, Ca, Mg)_3(PO_4)_2$
磷镁钙钠石	Brianite	$Na_2CaMg(PO_4)_2$
磷钠钙石	Buchwaldite	$NaCaPO_4$
碳酸氟磷灰石	Carbonate-fluorapatite	$Ca_5(PO_4, CO_3)_3F$
磷钙镍石（磷镍镁钙矿）	Cassidyite	$Ca_2(Ni, Mg)(PO_4)_2 \cdot 2H_2O$
氯磷灰石	Chlorapatite	$Ca_5(PO_4)_3Cl$
	Chladniite	$Na_2CaMg_7(PO_4)_6$
磷钙镁石（科林斯石）	Collinsite	$Ca_2(Mg, Fe, Ni)(PO_4)_2 \cdot 2H_2O$
磷镁石	Farringtonite	$Mg_3(PO_4)_2$
氟磷灰石	Fluorapatite	$Ca_5(PO_4)_3F$
	Galileiite	$NaFe_4(PO_4)_3$
磷锰铁矿	Graf Tonite	$(Fe, Mn)_3(PO_4)_2$
羟磷灰石	Hydroxylapatite	$Ca_5(PO_4)_3OH$
磷铁镁钙钠石	Johnsomervilleite	$Na_2Ca(Fe, Mg, Mn)_7(PO_4)_6$
钾钠铁磷酸盐	K-Na-Fephosphate	$(K, Na)Fe_4(PO_4)_3$
复铁天蓝石	Lipscombite	$(Fe, Mn)Fe_2(PO_4)_2(OH)_2$
磷铁钠石	Maricite	$NaFePO_4$
独居石（磷铈镧矿）	Monazite-(Ce)	$(Ce, La, Th)PO_4$
磷镁钠石	Panethite	$(Ca, Na)_2(Mg, Fe)_2(PO_4)_2$
斜磷锰铁矿	Sarcopside	$(Fe, Mn)_3(PO_4)_2$
磷镁钙石	Stanfieldite	$Ca_4(Mg, Fe)_5(PO_4)_6$
蓝铁矿	Vivianite	$Fe_3(PO_4)_2 \cdot 8H_2O$
白磷钙石	Merrillite	$Ca_9MgNa(PO_4)_7$
硅酸盐（Silicates）		

续表 17-2

中文名称	外文名称	化学式
岛状硅酸盐（Nesosilicates，Independent SiO_4 tetrahedra）		
铁铝榴石	Almandine	$Fe_3Al_2(SiO_4)_3$
钙铁榴石	Andradite	$Ca_3Fe_2(SiO_4)_3$
钙硅铈镧矿（方钙铈镧矿）	Beckelite	$(Ce, Ca)_5(SiO_4)_3(OH, F)$
铈硅磷灰石	Britholite	$(Ce, Y, Ca)_5(SiO_4, PO_4)(OH, F)$
铁橄榄石	Fayalite	$Fe_2(SiO_4)$
镁橄榄石	Forsterite	$Mg_2(SiO_4)$
钙钒榴石	Goldmanite	$Ca_3V_2(SiO_4)_3$
钙铝榴石	Grossular	$Ca_3Al_2(SiO_4)_3$
钙铁橄榄石	Kirschsteinite	$CaFe(SiO_4)$
镁铁榴石	Majorite	$Mg_3(Mg, Si)Si_3O_{12}$
钙镁橄榄石	Monticellite	$CaMgSiO_4$
（未命名）	（未命名）	$(NaKCaFe)_{0.973}(Al, Si)_{5.08}O_{10}$
橄榄石	Olivine	$(Mg, Fe)_2SiO_4$
镁铝榴石	Pyrope	$Mg_3Al_{22}(SiO_4)_3$
林伍德石	Ringwoodite	$(Mg, Fe)_2SiO_4$
假蓝宝石（蓝方石）	Sapphirine	$(Mg, Al)_7(Mg, Al)O_2[(Al, Si)_6O_{18}]$
榍石	Titanite	$CaTiSiO_5$
	Wadsleyite	$(Mg, Fe)_2SiO_4$
锆石	Zircon	$ZrSiO_4$
双岛状硅酸盐（Sorosilicates，two isolated SiO_4 tetrahedra shareing one O）		
镁黄长石	Akermanite	$Ca_2MgSi_2O_7$
钙铝硅酸盐	Ca-aluminosilicate	$Ca_3Ti(Al, Ti)_2(Si, Al)_3O_{14}$
钙铝黄长石（铝黄长石）	Gehlenite	$Ca_2Al(Si, Al)_2O_7$
黄长石	Melilite	$(Ca, Na)_2(Al, Mg)(Si, Al)_2O_7$
绿纤石	Pumpellyite	$Ca_2(Mg, Fe^{+2})Al_2(SiO_4)(Si_2O_7)(OH)_2 \cdot H_2O$
环状硅酸盐（Cyclosilicates，closedring of SiO_4 tetrahedra）		
堇青石	Cordierite	$Mg_2Al_4Si_5O_{18}$
陨铁大隅石（陨铁硅石）	Merrihueite	$(K, Na)_2Fe_5Si_{12}O_{30}$
	Osumulite	$(K, Na)(Fe, Mg)_2(Al, Fe)_3[(Si, Al)_{12}O_{30}]$
罗镁大隅石（碱硅镁柱石）	Roedderite	$(K, Na)_2Mg_5Si_{12}O_{30}$
陨钠镁大隅石(陨碱硅铝镁石)	Yagiite	$(K, Na)_2(Mg, Al)_5(Si, Al)_{12}O_{30}$

续表 17-2

中文名称	外文名称	化学式
链状硅酸盐（Inosilicates，continuous single or double chains of SiO_4 tetrahedra）		
直闪石	Anth Ophyllite	$(Mg, Fe)_7Si_8O_{22}(OH)_2$
普通辉石	Augite	$Mg(Fe, Ca)Si_2O_6$
单斜辉石	Clinopyroxene	$(Ca, Mg, Fe)SiO_3$
透辉石	Diopside	$CaMgSi_2O_6$
	Donpeacorite	$(Mn, Mg)Mg(SiO_3)_2$
顽火辉石	Enstatite	$Mg_2(SiO_3)_2$
深绿辉石（大多情况称为 Al-Ti 透辉石）	Fassaite（Al-Ti Diopside）	$Ca(Mg, Ti, Al)(Al, Si)_2O_6$
铁辉石	Ferrosilite	$Fe_2(SiO_3)_2$
氟-钠透闪石（碱镁闪石，镁钠钙闪石）	Fluor-richterite	$Na_2Ca(Mg, Fe)_5Si_8O_{22}F_2$
钙铁辉石	Hedenbergite	$CaFeSi_2O_6$
硬玉	Jadeite	$Na(Al, Fe)(Si_2O_6)$
镁川石	Jimthom psonite	$(Mg, Fe)_5Si_6O_{16}(OH)_2$
钛闪石（钛角闪石）	Kaersutite	$Ca_2(Na, K)(Mg, Fe)_4Ti(Si_6Al_2)O_{22}(OH, F, Cl)_2$
锰辉石	Kanoite	$(Mn, Mg)SiO_3$
硅铬镁石（铬镁硅石）	Krinovite	$NaMg_2CrSi_3O_{10}$
具有钛铁矿结构的 $MgSiO_3$ 相	$MgSiO_3$ phase with the ilmenite structure	$MgSiO_3$
斜方辉石	Orthopyroxene	$(Mg, Fe)SiO_3$
易变辉石	Pigeonite	$(Fe, Mg, Ca)SiO_3$
三斜铁辉石（铁三斜辉石）	Pyroxferroite	$(Fe, Mn, Ca)SiO_3$
蔷薇辉石	Rhodonite	$CaMn_4(Si_5O_{15})$
钛硅镁钙石（镁钙三斜闪石，褐斜闪石）	Rhonite	$Ca_2(Mg, Al, Ti)_6(Si, Al)_6O_{20}$
Sc-深绿辉石	Sc-fassaite	$Ca(Sc, Ti, Al)(Al, Si)_2O_6$
钠铬辉石（陨铬石）	Ureyite（kosmochlor）	$NaCrSi_2O_6$
硅灰石	Wollastonite	$CaSiO_3$
层状硅酸盐（Phyllosilicates，continuous sheets of SiO_4 tetrahedra）		
黑云母	Biotite	$K(Mg, Fe)_3(Si_3Al)O_{10}(OH, F)_2$
绿泥石族 鲕绿泥石斜绿泥石	Chlorite Group Chamosite Clinochlore	$(Fe^{+2}, Mg, Fe^{+3})_5Al(Si_3Al)O_{10}(OH, O)_8$ $(Mg, Fe^{+2})_5Al(Si_3Al)O_{10}(OH)_8$

续表 17-2

中文名称	外文名称	化学式
绿脆云母（脆云母类）	Clintonite	$Ca(Mg, Al)_3(Al, Si)_4O_{10}(OH, F)_2$
伊利石	Illite	$(K, H_3O)Al_2(Si_3Al)O_{10}(H_2O, OH)_2$
珍珠云母	Margarite	$CaAl_2(Si_2Al_2)O_{10}(OH)_2$
云母	Mica	$(K, Na, Ca)(Al, Mg, Fe)_{2\sim3}$ $(Si, Al, Fe)_4O_{10}(OH, F)_2$
镍纤蛇纹石	Pecoraite	$Ni_3Si_2O_5(OH)_4$
蛇纹石族 Serpentine group		
镁铝蛇纹石	Amesite	$Mg_2Al(SiAl)O_5(OH)_4$
叶蛇纹石	Antigorite	$Mg_3Si_2O_5(OH)_4$
铁铝蛇纹石	Berthierine	$(Fe^{2+}, Fe^{3+}, Mg)_{2\sim3}(Si, Al)_2O_5(OH)_4$
纤蛇纹石	Chrysotile	$Mg_3Si_2O_5(OH)_4$
绿锥石（克铁蛇纹石）	Cronstedtite	$(Fe^{2+})_2Fe^{3+}(SiFe^{3+})O_5(OH)_4$
铁叶蛇纹石	Ferroan an tigorite	$(Mg, Fe, Mn)(Si, Al)_2O_5(OH)_4$
铁蛇纹石	Greenalite	(Fe^{+2}, Fe^{+3}) 2~3 $(Si)_2O_5(OH)_4$
利蛇纹石	Lizardite	$Mg_3Si_2O_5(OH)_4$
蒙脱石族 Smectite group		
蒙脱石	Mon Tmorillonite	$(Na, Ca)_{0.3}(Al, Mg)_2Si_4O_{10}(OH)_2 \cdot nH_2O$
绿脱石	Non Tronite	$Na_{0.3}(Fe^{+3})_2(Si, Al)_4O_{10}(OH)_2 \cdot nH_2O$
皂石	Saponite	$(Ca, Na)_{0.3}(Mg, Fe^{+2})_3$ $(Si, Al)_4O_{10}(OH)_2 \cdot 4H_2O$
镁蒙脱石（绿皂石）	Sobotkite	$(K, Ca)_{0.3}(Mg_2Al)$ $(Si_3Al)O_{10}(OH)_2 \cdot 5H_2O$
钠-金云母	Sodium-phlogopite	$(Na, K)Mg_3(Si_3Al)O_{10}(F, OH)_2$
滑石	Talc	Mg3 $(Si_4O_{10})(OH)_2$
蛭石	Vermiculite	$(Mg, Fe^{+2}, Al)_3$ $(Al, Si)_4O_{10}(OH)_2 \cdot 4H_2O$
架状硅酸盐 Tectosilicates (continuous framework of SiO_4 tetrahedra)		
钠长石	Albite	$NaAlSi_3O_8$
钙长石	Anorthite	$CaAl_2Si_2O_8$
钡长石	Celsian	$Ba(Al_2Si_2O_8)$
方英石	Cristobalite	SiO_2
长石族	Feld spar group	$(K, Na, Ca)(Si, Al)_4O_8$
蓝方石	Hauyne	$Na_3Ca(Si_3Al_3)O_{12}(SO_4)$
钠柱石	Marialite	$Na_4(Si, Al)_{12}O_{24}Cl$

续表 17-2

中文名称	外文名称	化学式
霞石	Nepheline	(Na, K) $AlSiO_4$
蛋白石	Opal	$SiO_2 \cdot nH_2O$
正长石	Orthoclase	$KAlSi_3O_8$
斜长石	Plagioclase	(Na, Ca) $(Si, Al)_3O_8$
石英	Quartz	SiO_2
透长石	Sanidine	$KAlSi_3O_8$
方钠石	Sodalite	$Na_4(Si_3Al_3)O_{12}Cl$
辉沸石	Stilbite	$NaCa_4(Si_{27}Al_9)O_{72} \cdot 30H_2O$
鳞石英	Tridymite	SiO_2
沸石族	Zeolite group	$(Na.K)_{0\sim2}(Ca, Mg)_{1\sim2}$ $(Al, Si)_{5\sim10}$ $O_{10\sim20} \cdot nH_2O$
草酸盐（Oxalates）		
水草酸钙石	Whewellite	$CaC_2O_4 \cdot H_2O$

据侯渭，2000 年修订。

17.2.2　陨石矿物特征

与地球岩石的矿物相比较，原生陨石矿物有以下几个特点：

(1) 陨石的主要矿物有橄榄石、斜方辉石、斜辉石、铁纹石、镍纹石、斜长石和层状硅酸盐（类蛇纹石或类绿泥石），而在许多地球岩石中占优势的石英、角闪石、钾长石、黑云母和白云母等矿物，在陨石中只是作为痕量矿物或者根本未发现。已发现的 290 余种陨石矿物中绝大多数是陨石的分散的微细的痕量成分。

(2) 在已发现的陨石矿物中，在太阳星云的还原和强还原条件下形成的陨石矿物，如铁纹石、镍纹石、陨硫铁、陨碳铁、硅磷镍矿等在地球上并不多见，陨磷铁镍石、陨硫铬铁和硫钛铁矿在地球上几乎没有见到。显示陨石矿物形成环境与地球的差异特征。

(3) 有的陨石矿物在地球上也存在，但形成条件不同，如产于碳质球粒陨石难熔包体中的黑复铝钛石、钙钛矿、PGE 合金（以铂为主的合金）等是高温下气相凝聚的产物，在地球上这类矿物只产于变质石灰岩、霞石正长岩和碳酸盐（钙钛矿）和超镁铁岩石中（PGE 合金）。在陨石中由气相凝聚形成的金刚石、碳化硅等含有异常同位素比值，被认为是前太阳物质；地球上发现的金刚石被认为来自地球深部的高压产物。

(4) 有些陨石矿物是地球外冲击变质成因。研究结果表明，林伍德石（Ringwoodite，结构上属 γ-橄榄石）、镁铁榴石（Majorite）分别具有斜方晶系橄榄石和紫苏辉石的成分，但为等轴晶系，分别具有尖晶石和石榴石的结构，这可能是陨石在地球外遭受冲击变质作用，导致橄榄石和紫苏辉石产生相变的缘故。这些陨石矿物是冲击变质的产物；这些矿物在地球表面缺失，但高压实验证明它们可能在地幔深部出现。

(5) 原生陨石矿物中含水的矿物很少，只有 9 种，其中 4 种是含有或可能含有羟基的，5 种含结晶水，后者全部产于碳质球粒陨石。矿物比地球岩石少；这些特点表明绝大多数陨石在到达地球之前，可能处在一种缺水的还原程度高的生成和保存环境中（图 17-2）。

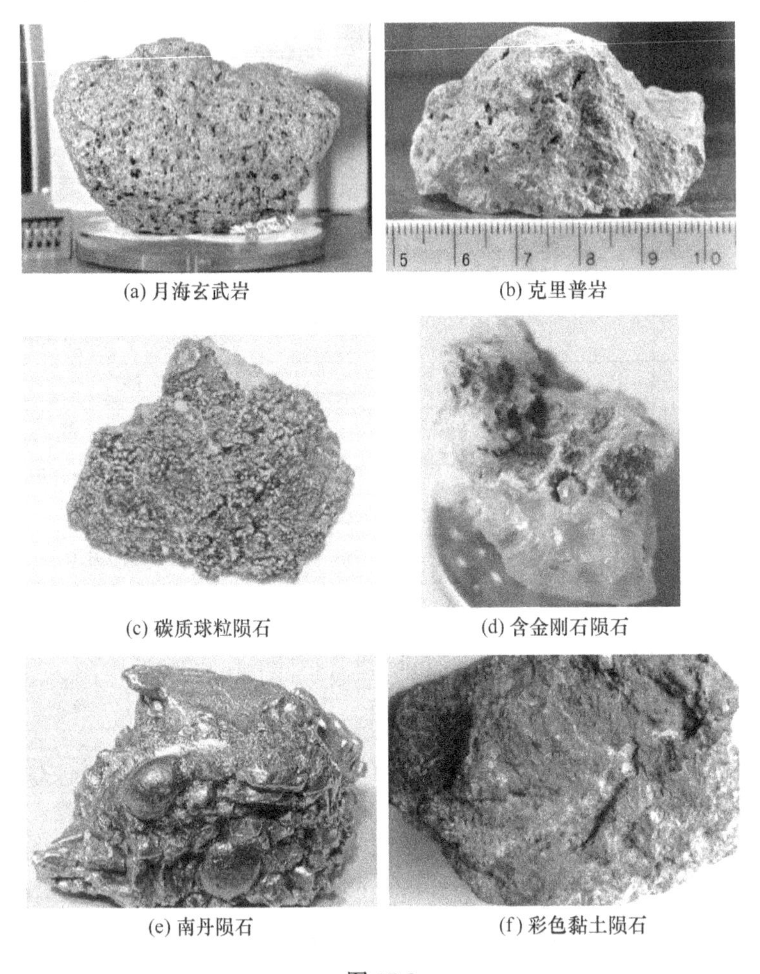

(a) 月海玄武岩　(b) 克里普岩
(c) 碳质球粒陨石　(d) 含金刚石陨石
(e) 南丹陨石　(f) 彩色黏土陨石

图 17-2

17.3　地球岩石中尚未发现的陨石矿物学特征

地球岩石中尚未发现的原生陨石矿物大约有 50 余种。矿物特征见表 17-3。

表 17-3　地球岩石中未发现的原生陨石矿物

中文名称	外文名称	化学式	矿　物　特　征
六方金刚石	Lonsdaleite	C	六方晶系，细粒棱角状，颜色灰（含石墨引起），密度 3.51g/cm³（计）
Σ铁	ΣFe	ΣFe	
四方镍纹石	Tetrataenite	Fe-Ni	黑色、黑褐色，金属光泽，密度 8g/cm³，硬度 5~5.5。强磁性。在反光显微镜下呈亮白色，带淡黄色调、均质体

续表 17-3

中文名称	外文名称	化学式	矿 物 特 征
铁纹石（α-铁）	Kamacite	Fe	等轴晶系，立方体、八面体，粒状，颜色铁黑，密度 7.3~7.87g/cm^3，二轴（+），N=2.36，产于陨石、基性~超基性岩浆岩
碳铁矿（哈镍碳铁矿）	Haxonite	$(Fe, Ni)_{23}C_6$	等轴晶系，形态细微粒，密度 7.70g/cm^3，产于陨石中碳化物
陨氮钛石（奥斯朋矿）	Osbornite	TiN	等轴晶系，形态细小八面体，颜色金黄，密度 5.4g/cm^3（计），产于陨石中与陨硫钙矿共生
陨氮铬矿（氮铬矿）	Carlsbergite	CrN	等轴晶系，形态粒状，颜色紫，密度 3.51。产于铁陨石
氧氮硅石	Sinoite	Si_2N_2O	斜方晶系，粒状集合体，颜色浅灰，密度 2.84（计），N_m=1.855，二轴晶（-），产于顽火辉石、球粒陨石中，与镍铁、斜长石、陨硫铁、陨硫钙石、易变辉石、铁锰硫矿共生
α-碳硅石	α-Moissanite	SiC	六方晶系，形态板状，颜色绿、紫、蓝、黄绿，密度 3.10~3.26，一轴晶（+），N_o=2.647~2.78 产于陨石，金伯利岩中
氮铁镍矿*	unnamed	$(Fe, Ni)_4N$	
陨磷铁镍石	schreibersite	$(Fe, Ni)_3P$	四方晶系，形态板状、针状、圆粒状，颜色银白、锡白，密度 7~7.8g/cm^3，强磁性产于铁陨石的陨磷铁镍矿中，呈包体状分布于铁纹石、陨硫铁中
磷铁镍矿（磷铁矿）	Barringerite	$(Fe, Ni)_2P$	六方晶系，形态粒状、带状，颜色白、浅蓝，密度 6.92g/cm^3（计），产于石铁陨石（橄榄陨石）中与陨铁镍石、陨硫铁矿共生
陨磷铁矿	Rhabdite	Fe_3P	四方晶系，形态板状、针状、圆粒状，颜色银白、锡白，密度 7~7.8g/cm^3 产于铁陨石
硅磷镍矿	Perryite	$(Fe, Ni)_5(Si, P)_2$	密度 g/cm^3，产于陨石中与闪锌矿共生
硅铁矿*	Suessite	Fe_3Si	等轴晶系。呈圆球状，粒径 0.1~0.5mm，与锥纹石、磁铁矿共生
陨碳铁矿	Cohenite	Fe_3C,	斜方晶系，形态板状，颜色锡白，密度 7.20~7.65g/cm^3，强磁性，产于铁陨石，金伯利岩中金刚石包体，玄武岩中自然铁包体
陨氯铁	Lawrencite	$FeCl_2$	三方晶系，形态块状，颜色绿、褐，密度 3.16g/cm^3，一轴晶（一），N_o=1.567，产于铁陨石，自然铁中包体
硫钠铬矿	Caswellsilverite	$NaCrS_2$	
陨硫铬矿	Brezinaite	Cr_3S_4	单斜晶系，颜色灰褐，密度 4.12g/cm^3，产于铁陨石中
尼宁格矿	Niningerite	(Mg, Fe)S	等轴晶系，形态粒状，颜色灰，产于球粒陨石中，与镍铁矿、陨硫铁矿共生

续表 17-3

中文名称	外文名称	化学式	矿 物 特 征
根特纳矿	Gentnerite	$Cu_8Fe_3Cr_{11}S_{18}$	
硫钛铁矿	Heideite	$(Fe, Cr^{3+})_{1+x}(Ti, Fe^{2+})_2S_4$	单斜晶系，形态他形粒状，颜色灰白，密度 4.1g/cm^3，产于顽火辉石无球粒陨石中
陨硫钙石	Oldhamite	CaS	等轴晶系，形态小球粒，颜色浅褐，密度 2.58g/cm^3，产于陨石中
陨硫铁	Troilite	FeS	六方晶系，形态块状，颜色古铜，密度 4.67~4.82g/cm^3，产于铁陨石
陨硫铬铁矿	Daubreelite	$FeCr_2S_4$	等轴晶系，形态块状集合体，颜色黑，密度 3.81g/cm^3，与陨硫铁矿共生
硫铁铜钾矿	Djerfisherite	$K_6Na_9(Fe, Cu)_{24}S_{26}Cl$	等轴晶系，晶胞参数 α=10.296，立方简单格子
镁铁钛矿（低价假板钛矿）	Armalcolite	$(Mg, Fe)Ti_2O_5$	斜方晶系，残核状，产于月岩（玻基玄武岩）中与钛铁矿共生
方英石	α-Cristobalite	SiO_2	四方晶系，形态八面体，颜色无、乳白、浅绿、浅红，密度 2.33g/cm^3，二轴晶（+），N_o=1.487，产于陨石、火山岩
柯石英	Coesite	SiO_2	单斜晶系。通常呈小于 5μm 的粒状产出。无色透明，玻璃光泽。密度 2.93，硬度约为 8
氧氮硅石	Sinoite	SiN_2O	斜方晶系，粒状集合体，颜色浅灰，密度 2.84g/cm^3（计），N_m=1.855，二轴晶（−），产于顽火辉石球粒陨石中，与镍铁、斜长石、陨硫铁、陨硫钙石、易变辉石、铁锰硫矿共生
镍纤蛇纹石	Pecoraite	$Ni_6Si_4O_{10}(OH)_8$	形态细粒、片状，颜色绿，密度 g/cm^3，N=1.565~1.603，产于陨石中与石英、磷镁钙镍矿等共生
硅铬镁石	Krinovite	$NaMg_2CrSi2O_{10}$	单斜晶系，形态半自形粒，颜色翠绿，密度 3.38g/cm^3，N_m=1.725，二轴晶（+），产于陨石中与锐钛矿、石墨共生
三斜铁辉石	Pyroxferroite	$Ca_4Fe_3[Si_7O_{21}]$	三斜晶系，形态细粒，颜色，密度 3.68~3.76g/cm^3，二轴（+），N=1.755，产于月岩（辉长岩、辉绿岩）中与单斜辉石、斜长石、钛铁矿共生
宁静石	Tranquillityite	$Fe_8(Zn, Y)_2Ti_3Si_3O_{24}$	六方晶系，形态片状，颜色褐红，密度 g/cm^3，N=2.12，产于月岩（玄武岩）中与陨硫铁、三斜铁辉石、方英石、碱性长石共生
钠铬辉石（陨铬石）	Ureyite（kosmochlor）	$NaCrSi_2O_6$	单斜晶系，呈柱状，绿色。密度为 3.55g/cm^3。二轴晶（+）。N_m=1.74
林伍德石	Ringwoodite	$(Mg, Fe)_2SiO_4$	等轴晶系，形态圆细粒，颜色紫、浅蓝，密度 3.90g/cm^3（计），产于球粒陨石中

续表 17-3

中文名称	外文名称	化学式	矿物特征
镁铁榴石	Majorite	Mg_3（Fe，Al，Si）Si_3O_{12}	等轴晶系，形态细粒，颜色紫，密度 $4g/cm^3$ 产于陨石中，与陨尖晶石、橄榄石、针铁矿、铁纹石共生
陨铁硅石（陨铁大隅石）	Merrihueite	$(K,Na)_2(Mg,Fe)_3Si_{12}O_{30}$	六方晶系，细粒，颜色浅蓝绿，密度 $2.87g/cm^3$（计），$N=1.559\sim1.592$，产于球粒陨石中
碱硅镁石（罗镁大隅石）	Roedderite	$(K,Na)_2Mg_5Si_{12}O_{30}$	六方晶系，颜色无色，密度 $2.60\sim2.63g/cm^3$，$N_o=1.537$，一轴晶（+），产于顽火辉石球粒陨石、铁陨石中
陨钠镁大隅石（陨碱硅铝镁石）	Yagiite	$(K,Na)_2(Mg,Al)_5[Al_2Si_{10}O_{30}]$	六方晶系，形态块状，颜色无色，密度 $2.70g/cm^3$，$N_o=1.536$，产于铁陨石中
钛深绿辉石	Titanofassaite	$Ca(Mg,Fe,Al)(Si,Al)_2O_6$（含 TiO_2：16.6%）	单斜晶系，形态柱状，颜色浅绿、黑绿，密度 $2.96\sim3.34g/cm^3$，二轴晶（+），$N_m=1.750$，产于球粒陨石，榴辉岩
钙黄长石	Gehlenite	$Ca_2[Al_2Si_2O_8]_2$	斜方晶系，形态块状，颜色黄、红，密度 $3.03g/cm^3$，一轴晶（—），$N_o=1.656$
磷镁钙钠石	Brianite	$Na_2CaMg(PO_4)_2$	斜方晶系，形态粒状，颜色无色，密度 $3.1g/cm^3$，二轴晶（-），$N_m=1.605$，产于石陨石中与锐钛矿、白磷钙石、镁磷钙钠石、钠长石、顽火辉石共生
磷镁钠石	Panethite	$(Ca,Na,K)_2(Mg,Fe,Mn)_2(PO_4)_2$	单斜晶系，形态粒状、块状，颜色黄，密度 $2.9\sim3.0g/cm^3$，二轴晶（-），$N_m=1.576$，产于石陨石中，与锐钛矿、白磷钙石、镁磷钙钠石、钠长石、顽火辉石共生
磷镁钙石	Stanfieldite	$Ca_4(Mg,Fe)_5(PO_4)_6$	单斜晶系，形态块状，颜色浅红—黄，密度 $3.15g/cm^3$，二轴晶（+），$N_m=1.622$，产于铁陨石中与橄榄石、锥纹石、顽火辉石、斜长石等共生
磷镁钙镍石	Cassidyite	$Ca_2(Ni,Mg)(H_2O)[PO_4]_2$	三斜晶系，形态皮壳、球粒、纤状，颜色绿，密度 $3.2g/cm^3$，二轴晶（+），$N_m=1.656$
磷钠钙石	Buchwaldite	$NaCaPO_4$	斜方晶系，形态针状、结核状，颜色白，密度 $3.21g/cm^3$，二轴晶（—），$N_m=10.610$，产于石铁陨石中与陨硫铁共生
磷镁石	Farringtonite	$Mg_3(PO_4)_2$	单斜晶系，颜色白、黄、褐，密度 $2.80g/cm^3$，二轴晶（+），$N_o=1.622$，产于石铁陨石（橄榄陨铁）中，与铁纹石、陨硫铁共生
陨磷钙钠石	Merrillite	$Na_2Ca_3P_2O_8$	六方晶系，形态柱状，颜色无，密度 $3.14g/cm^3$，一轴晶（—），$N_o=1.623$，产于陨石中
白磷钙石	Whitlockite	$Ca_2[PO_4]_2$	三方晶系，形态菱面体，颜色灰、黄、浅红、白，密度 $3.12g/cm^3$，一轴晶（—），$N_o=1.629$，产于陨石
锐水碳镍矿	Reevesite	$Ni_6Fe_2(OH)_{10}CO_3\cdot4H_2O$	三方晶系，形态板状、粒状，颜色鲜黄，密度 $2.78g/cm^3$，一轴晶（-），$N_o=1.735$，产于风化陨石中

第V篇

成矿地质作用

18 形成矿物的地质作用

矿物是地质作用的产物。形成矿物的地质作用分为内生作用、外生作用和变质作用。内生作用的能量源于地球内部，又可分为岩浆作用、变质作用；外生作用的能量来自地球外部，为太阳能、大气、水和生物等产生的作用。在地壳演化过程中，内生作用和外生作用也在不断发展变化，各种作用所形成的矿物也处于相互转化中。

18.1 岩浆作用与矿物

岩浆是形成于上地幔或地壳深处的、以硅酸盐为主要成分并富含挥发组分的高温的熔融体，温度在650~1200℃，压力在900~1000MPa。岩浆有侵入作用和喷出作用，前者形成深成岩浆岩，后者形成火山岩。

18.1.1 岩浆侵入作用

在岩浆侵入过程中随着温度、压力下降和组分变化，发生熔离作用和结晶分异作用。岩浆熔离作用是成分均匀的岩浆熔体在冷却过程分成几个成分不同的互不混溶的岩浆，使铁、铬、钛等氧化物和铜镍等硫化物在熔融状态与硅酸盐分离，形成岩浆矿床。结晶分异作用是岩浆熔体在活动过程中，受温度压力影响和物质组分以及结晶温度不同分异出成分不同矿物的过程。这是在相对封闭的系统中进行的，作用时间长。结晶分异作用明显，所产生的矿物或矿物共生组合具有连续过渡性（表18-1）。

表18-1 深成岩浆岩及岩浆矿床的矿物

岩石类型	主要矿物	次要矿物	副矿物	SiO_2:%	其他元素	岩浆矿床
超基性岩（橄榄岩、辉石岩、金伯利岩）	橄榄石（镁橄榄石）辉石	斜长石、黑云母、	铬铁矿、磁铁矿、尖晶石、石榴石等	<45	镁、铁为主要元素	铬铁矿床等、铂族矿床、金刚石矿床等
基性岩（辉长岩、苏长岩等）	普通辉石、透辉石、斜长石	斜方辉石、橄榄石、角闪石、黑云母等	磷灰石、磁铁矿、磁黄铁矿、钛铁矿、石榴石、尖晶石	45~52	镁铁较超基性岩中减少，钙铝增加	磁铁矿-磷灰石矿床；钒钛磁铁矿床、铜镍硫化物矿床等

续表 18-1

岩石类型	主要矿物	次要矿物	副矿物	SiO_2:%	其他元素	岩浆矿床
中性岩（闪长岩）	普通角闪石、普通辉石、透辉石、斜长石、黑云母	石英、正长石	磷灰石、钛铁矿、磁铁矿、榍石	52~65	镁铁钙减少，钾钠增加	
酸性岩（花岗岩、花岗闪长岩、花岗斑岩、花冈闪长斑岩）	正常花岗岩类：石英、斜长石、正长石；碱性花岗岩类：正长石、钠长石、角闪石、霓石	黑云母、角闪石、辉石（少）	锆石、榍石、褐帘石、磷灰石、萤石、电气石	>65	钙镁铁减少，硅钾铝钠增加	稀有元素矿床-花岗岩
碱性岩（霞石正长岩）	微斜长石、正长石、霞石、方钠石、白榴石	霓石、钠铁闪石、钠闪石	锆石、褐帘石、独居石、磁铁矿、钙钛矿等	52~65	钾、钠为主，无游离 SiO_2	磷灰石-霞石矿床：正长岩中磷灰石磁铁矿床

构成岩浆岩的主要矿物为硅酸盐以及氧化物、硫化物、自然元素和磷酸盐矿物等（图 18-1）。岩浆结晶作用矿物以橄榄石、辉石、角闪石、黑云母、石英以及钙长石、倍长石、拉长石、中长石、更长石、钠长石的顺序晶出，表现为鲍文岩浆反应序列（Bowen reaction sequence）（图 18-2）。按 SiO_2 含量（%）从超基性岩（≤45）、基性（45~52）、中性岩（52~65）到酸性岩（>65）演化。主要的岩石类型有橄榄岩、辉长岩、闪长岩、花岗岩等。

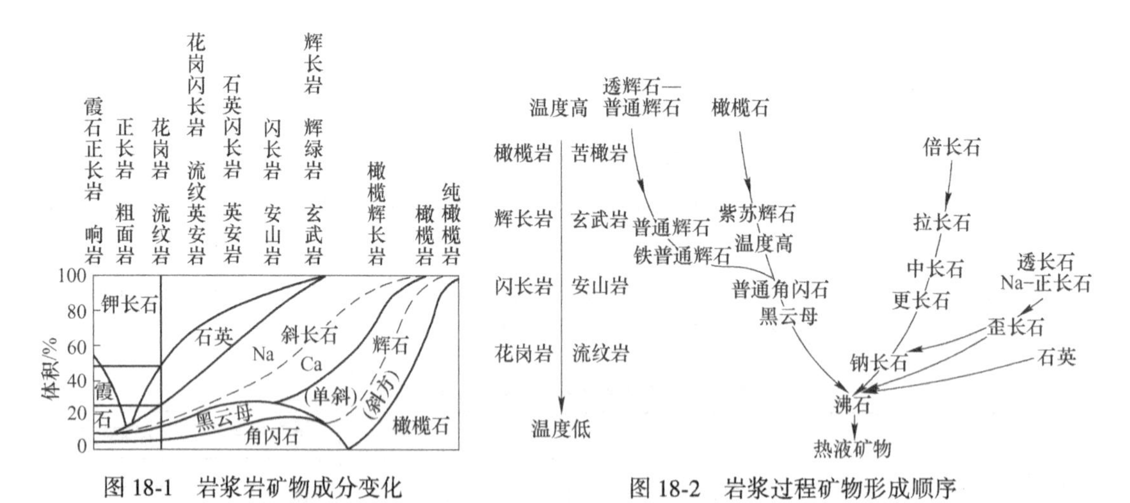

图 18-1 岩浆岩矿物成分变化　　图 18-2 岩浆过程矿物形成顺序

岩浆矿床中矿石矿物以氧化物为主，其次为硫化物和磷酸盐。深成岩浆岩的矿物组成以惰性气体型元素与过渡性元素为主，铜型元素是次要的，除少量形成铜镍硫化物矿床外大部分保留到热液作用阶段。在岩浆分异结晶作用中，钛、镍、锆、铂族元素以及磷等富集成矿，较丰富的微量元素锂、铷、硼、锶、钪、稀土、铌、钽、钨、钼、钒、铀、钍、金银、锗、锡等以类质同象形式存在于矿物中，大部分浓集在富含挥发分的参与岩浆熔体中，成为伟晶矿床和热液矿床的成矿物质来源。

碳酸岩（carbonatite）是主要由碳酸盐矿物（体积分数大于 50%）组成的一种火山岩或侵入岩，含有岩浆形成的方解石、白云石以及单斜辉石类、霞石，少量的黄长石、黑榴石（钛钙铁榴石）等。在成因和空间上常与超基性-碱性岩系列的岩石关系密切，组成超基性-碱性-碳酸岩杂岩体。碳酸岩与稀有稀土元素矿床有成因联系。

金伯利岩（kimberlite）是一种偏碱性的超基性岩，是具斑状结构和（或）角砾状构造的云母橄榄岩，含有镁橄榄石、金云母、斜方辉石、钛铁矿、镁石榴子石等。金刚石矿床产于金伯利岩中。

18.1.2　伟晶作用

伟晶作用是指在地表以下较深部位的高温高压条件下进行的形成伟晶岩及其有关矿物的作用。温度在 400~700℃、压力处于围岩压力大于内部压力状态，地表下 4~5km。在花岗岩浆作用末期，残余岩浆熔体和气态溶液是一种含有碱金属的铝硅酸盐和大量挥发分以及多种稀有、稀土金属和放射性元素的复杂成分的物质，沿着围岩（或固结的母岩）裂隙贯入，形成花岗伟晶岩体。花岗伟晶作用形成的矿物是在富含挥发分的硅酸盐熔体中结晶。在伟晶结晶阶段，富含挥发分的残余岩浆熔体，随着温度压力降低，以结晶作用为主，先结晶出石英和钾长石，再结晶出钠长石、云母等。按矿物组成有云母斜长石伟晶岩、石英长石伟晶岩等。在伟晶交代作用阶段，当残余岩浆熔体中铝硅酸盐熔体和 SiO_2 大量晶出时，富含挥发分的气态溶液相对富集，更富于氟、氯、硼、OH 等及碱金属。在温度压力降低的条件下，这种气态溶液与早期形成矿物发生交代作用，形成富含锂、铍、钽、铌、锡、铷、铯等矿物，有白云母钠长石伟晶岩、锂云母钠长石伟晶岩。

花岗伟晶岩矿物最明显的特点是：（1）主要以硅酸盐和氧化物为主。有石英、斜长石、钾长石、黑云母，白云母、绿柱石、电气石、磷灰石、黄玉、锂云母、锂辉石等。（2）矿物晶体形态完好，晶体粗大。石英具有文象结构。（3）具有特征矿物的层或带状分布。（4）富含 SiO_2、K_2O、Na_2O 和挥发分（F、Cl、B、OH 等）（如石英、长石、白云母、黄玉和电气石等）及稀有、稀土和放射性元素（Li、Be、Cs、Rb、Sn、Nb、Ta、TR、U、Th 等），如锂辉石、绿柱石、天河石和铌钽铁矿等。常可富集形成有独特的经济意义的工业矿床（表 18-2）。

表 18-2　伟晶岩的矿物组成

伟晶岩类型	主要矿物	次要矿物	特征矿化元素
黑云斜长伟晶岩	石英、斜长石、黑云母	磷灰石、钾长石、绿柱石、独居石、电气石	U、TR、(Nb、Ta、Zr) 等
石英微斜长石伟晶岩	石英、斜长石、钾长石、白云母	黑云母、锆石、磷灰石、绿柱石、电气石、锂辉石、黄玉	Be、Nb、Ta 等
白云母钠长石伟晶岩	石英、斜长石、白云母	钾长石、铌钽铁矿、锡石、磷灰石、黄玉、锂云母	Be Ta (Nb) Sn 等
锂云母-钠长石伟晶岩	石英、锂云母、钠长石	白云母、磷灰石、电气石	Li Be Nb、Sn、Rb、Cs、Ga 等

18.1.3　火山作用

火山作用（volcanism）是地壳深部岩浆沿地壳脆弱带上侵至地表或近地表，在高温低压迅速冷凝的全过程。在陆地表面溢出或喷发的称为陆地火山作用，在海底溢出或喷发的称为海底火山作用，在近地表（地表下 1~2km）发生的喷出作用为潜火山作用（次火山作用）。火山作用产生的岩石的化学成分与侵入岩类似，如超基性苦橄岩、基性玄武岩、中性安山岩、酸性流纹岩、碱性粗面岩和响岩等。次火山岩有花岗斑岩、闪长玢岩等。火山作用形成的矿物以高温、淬火、低压、高氧、缺少挥发分的矿物组合为特征，甚至形成非晶质的火山玻璃。由于挥发分的逸出，火山岩中往往产生许多气孔，并常为火山后期热液作用形成的沸石、蛋白石、玛瑙、方解石和自然铜等矿物所充填。火山作用形成的铁矿床，如我国的宁芜铁矿等。

18.2　热液作用与矿物

热液作用（hydrothermalism）是指岩浆期后溶液演化出的一种成分复杂的热水溶液，受到温度、压力、组分发生变化的影响，沉淀形成矿物。热水溶液的温度在 50~500℃。压力小于 30MPa，形成深度在地下 0.5~8km。热液中的水有的直接来自岩浆分异，也有地下水被侵入岩浆或火山加热。热液含有 Cl、H_2S、S^{2+}、SO_4、（HCO_3）、CO_2、F^-、BO_3^{3+} 等阴离子和 As^+、Ag^+、Au^+、B^{3+}、Ba^{2+}、Be^{2+}、Bi^{2+}、Ca^{2+}、Cu^+、Cu^{2+}、Co^{2+}、Fe^{2+}、Hg^+、K^+、Li^+、Na^+、Ni^{2+}、Mg^{2+}、Mn^{2+}、Mo^{4+}、Pb^{2+}、Sb^{2+}、Sn^{4+}、U^{4+}、W^{6+}、Zn^{2+}等金属元素以及稀土元素。

在热液系统中，矿物的形成受多种因素的控制，包括不同性质热水溶液混合、热液的温度压力变化、氧化还原条件改变、溶液的 pH 值变化、这些热液与围岩交代反应、热液中组分不断析出等。这些因素促使热液的化学平衡不断被打破，引起不同化学反应，使矿物不断沉淀，形成不同矿物组合和各种热液矿床。如金在硫化物矿床沉淀富集是一个热液系统矿物沉淀的例证。金在热液中迁移形式为［$Au(HS)_2^-$］以及［$Au(Cl)_4$］或［$AuCl_2^-$］。由图 18-3 可以看出，金的沉淀受到温度改变、氧化还原、pH 变化、相分离、流体混合等影响，富集在黄铁矿沉淀的范围内。

热液作用根据形成温度可划分为高、中、低三个热液阶段：

（1）高温热液阶段（500~300℃）。主要形成氧化物、含氧盐和部分硫化物，组成矿物的元素主要有 W、Sn、Bi、W、Mo、Nb、Ta、Be、Fe 等元素。主要的矿物有锡石、黑钨矿、磁铁矿、辉铋矿、辉钼矿、毒砂、磁黄铁矿、铌钽铁矿、自然金、绿柱石、黄玉、电气石、石英、白云母等。

（2）中温热液阶段（300~200℃）。主要形成硫化物和氧化物。组成矿物元素为铜型离子的铜、铅、锌以及铁、钙等。主要矿物有黄铜矿、闪锌矿、方铅矿、黄铁矿、自然金、石英、萤石、重晶石、方解石等。

（3）低温热液阶段（200~50℃）。主要形成硫化物、氧化物、碳酸盐矿物，组成矿物的元素有铜型离子的 As、Sb、Hg、Ag、Au 等。主要矿物有雌黄、雄黄、辉锑矿、辰砂、辉银矿、自然金，以及重晶石、石英、方解石、蛋白石、高岭土等。

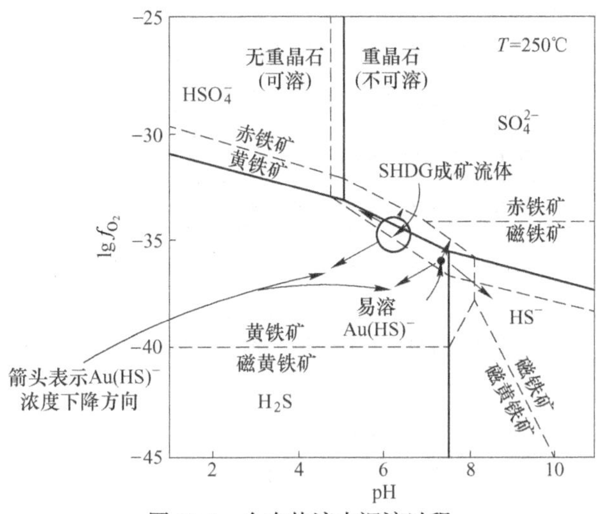

图 18-3　金在热液中沉淀过程

低温热液还有热卤水、地下水热液等。热卤水是地质作用中以水为主体，含有多种具有强烈化学活性的挥发分的高温热气溶液。热卤水产生的机制有两类：（1）当含有盐类沉积的海相、潟湖相、海陆交互相或陆相沉积物在埋深过程中，受地热和压力的影响，使其中各种形式的水和盐分释放，形成热卤水；（2）由下渗的海水在地热异常区被加热形成。热卤水具有十分活泼的化学性质，在与围岩反应过程中可淋取岩石中的成矿元素，形成黑矿及其他黄铁矿型铜矿等矿床。矿物有黄铁矿、黄铜矿、闪锌矿、方铅矿等硫化物和石英、方解石等。

地下水热液是在地壳浅部和表层的地热异常区，由地热或地热增温律导致岩层内同生水或循环地下水活动性增强，萃取围岩中的成矿物质形成的含矿热液。其形成机制有侧分泌、压实作用、地下水渗流循环、热泉等作用。形成的矿物主要有自然金、方铅矿、闪锌矿、辉锑矿、辰砂、雄黄、雌黄、黄铁矿、黄铜矿、辉铜矿、斑铜矿，石英、方解石、白云石等。主要矿床有卡林型金矿床、层状铅锌矿床、层状锑、汞矿床等。

火山热液是火山活动过程中形成的含矿热水溶液，也称为浅成低湿热液。包括火山活动逸出的含矿气体或挥发分，在地表或近地表条件下，因温度下降凝聚形成的含矿热水溶液；也有在火山活动地区因岩浆提供充足的热源，使地下水变热并从围岩中吸取某些元素形成的含矿的热水溶液。这些含矿的热水溶液可以独立或混合地与围岩发生接触交代或填充，形成各种矿床，称为火山热液矿床。火山热液以中低温为特征，主要矿物有黄铁矿、毒砂、闪锌矿、辉银矿、辉锑矿、辰砂、雌黄、雄黄、方铅矿、淡红银矿、石英、蛋白石、方解石、重晶石、冰长石等以及自然硫、石膏、明矾等。

热液作用形成的矿床与主要矿物见表 18-3。

表 18-3　热液作用形成的矿床与主要矿物

热液类型	矿床	主要矿物	次要矿物
与深成岩浆活动有关	金	自然金、石英、毒砂、黄铁矿、磁黄铁矿、黄铜矿、方铅矿	闪锌矿、辉铋矿、磁铁矿、绢云母
	锡	石英、锡石、黄玉	绿柱石、萤石、黑钨矿、辉钼矿

续表 18-3

热液类型	矿床	主要矿物	次要矿物
与深成岩浆活动有关	钼	辉钼矿、石英、黄铁矿	黑钨矿、锡石、黄玉
	钨	石英、黑钨矿、辉铜矿	白钨矿
	铋	辉铋矿、石英、黄铁矿、黄铜矿、自然铋	方解石、菱铁矿
	铜铅锌	方铅矿、闪锌矿、黄铁矿、黄铜矿、石英	磁黄铁矿、斑铜矿、绢云母、绿泥石、方解石、重晶石
火山热液	金银	自然金、自然银、黄铁矿、黄铜矿、辉银矿、石英	闪锌矿、方铅矿、辉锑矿、砷黝铜矿、玉髓、方解石等
	锡钨铋	黑钨矿、锡石、辉铋矿、石英	绿柱石、毒砂、云母等
	块状硫化物	黄铜矿、黄铁矿、闪锌矿、磁黄铁矿	磁铁矿、方铅矿、石英等
	铜钼（斑岩型）	黄铜矿、辉钼矿、黄铁矿	闪锌矿、方铅矿、石英等
地下水或卤水热液	铅锌矿床	方铅矿、闪锌矿、方解石、白云石	黄铁矿、石英
	砷矿锑矿	雌黄、雄黄、辉锑矿、辰砂、锡石	玉髓、石英、方解石、石英、萤石、方解石、黄铁矿

18.3 外生作用与矿物

外生作用是指在地表或近地表较低的温度和压力下，由于太阳能、水、大气和生物等因素的参与形成矿物的各种地质作用，包括风化作用和沉积作用。

18.3.1 风化作用

在地表或近地表环境中，由于温度变化及大气、水、生物等作用，使矿物、岩石在原地遭受机械破碎，或发生化学分解，使其组分转入溶液被带走或改造为新的矿物和岩石。这一过程称风化作用（weathering）。

风化作用发生在岩石圈、水圈、大气圈、生物圈相互交叠带内，其温度在+85～-75℃变化。大气圈和水圈富于O_2、CO_2，并有生物和有机质的参与，矿物可发生物理风化作用、化学风化作用和生物风化作用，形成新的矿物。不同矿物抗风化的能力各不相同。硫化物、碳酸盐最易风化，硅酸盐、氧化物较稳定，尤其是具层状结构的硅酸盐、自然元素、富含水及高价态的变价元素的氧化物和氢氧化物在地表最为稳定。

岩浆岩组成矿物在风化作用中的稳定性与鲍文反应序列相反。较早高温出现的矿物橄榄石、基性斜长石最不稳定，易于风化，晚期形成的矿物石英、云母等较稳定，不易风化。各种硅酸盐矿物组成的岩石，如霞石正长岩、辉绿岩、辉长岩、玄武岩等，通常在较高温度下形成红土风化壳。酸性岩形成高岭石的风化壳。主要组成矿物有铝的氢氧化物、铁的氢氧化物、高岭石、蛋白石、石髓、锰的氧化物等。超基性岩在风化过程中形成垂直分带：上部氧化作用带，主要有水针铁矿、水绿泥石、多水高岭石等；其下为水解作用带，有绿高岭石、蛇纹石、水绿泥石、硬锰矿、石髓、蛋白石、水针铁矿等。再下为淋滤作用带，包括绿高岭石、石髓、蛋白石、水绿泥石等的碳酸盐化蛇纹岩，碳酸盐有方解石、蛇纹石、白云石、菱镁矿等。向下为原岩带。在风化作用中形成铝土矿、氧化铁矿床以及红土镍矿等矿床。在干旱和半干旱条件下，硅酸盐矿物经风化作用析出的碱金属和碱土金属，可形成氯化物、硫酸盐等可溶性盐类矿物，如石盐、石膏、硬石膏、芒硝、方解石等。

金属硫化物在表生环境中不稳定，受到物理化学和生物化学作用，可形成氧化物、氢氧化物、碳酸盐矿物以及次生的硫化物。硫化物在风化作用中形成的表生矿物过程经历硫化物到硫酸盐、氧化物和氢氧化物过程。如黄铜矿、黄铁矿的氧化过程如下：

$$CuFeS_2(\text{黄铜矿}) \longrightarrow CuSO_4 + FeSO_4$$

$$2CuSO_4 + CaCO_2 + 3H_2O \longrightarrow Cu_2[CO_3](OH)_2(\text{孔雀石}) + 2H_2SO_4$$

$$3CuSO_4 + 2CO_2 + 4H_2O \longrightarrow Cu_3[CO_3]_2(OH)_2(\text{蓝铜矿}) + 3H_2SO_4$$

$$FeS_2(\text{黄铁矿}) + H_2O + O_2 \longrightarrow FeSO_4 + 2H_2SO_4$$

$$4FeSO_4 + O_2 \longrightarrow 2Fe_2[SO_4]_3 + 2H_2O$$

$$Fe_2(SO_4)_3 + 4H_2O \longrightarrow 2FeOOH(\text{针铁矿}) + 3H_2SO_4$$

含有金属硫化物的矿床在地表到地下水潜水面上下的地段里水解作用和氧化作用强烈，硫化物会发生次生变化，形成硫化物矿床氧化带。在表层存在铁锰氧化物、氢氧化物组成的铁帽，矿物有针铁矿、赤铁矿、水针铁矿、软锰矿，以及石英、黄钾铁矾等。其下为淋滤氧化富集带，主要有针铁矿、水针铁矿、赤铁矿、软锰矿、赤铜矿、孔雀石、蓝铜矿、胆矾、白铅矿等。在地下水位下形成次生硫化物富集带，有辉铜矿、铜篮、斑铜矿等。在含有铀、镍、砷的金属硫化物矿床有臭葱石、沥青铀矿、镍华等（图 18-4）。

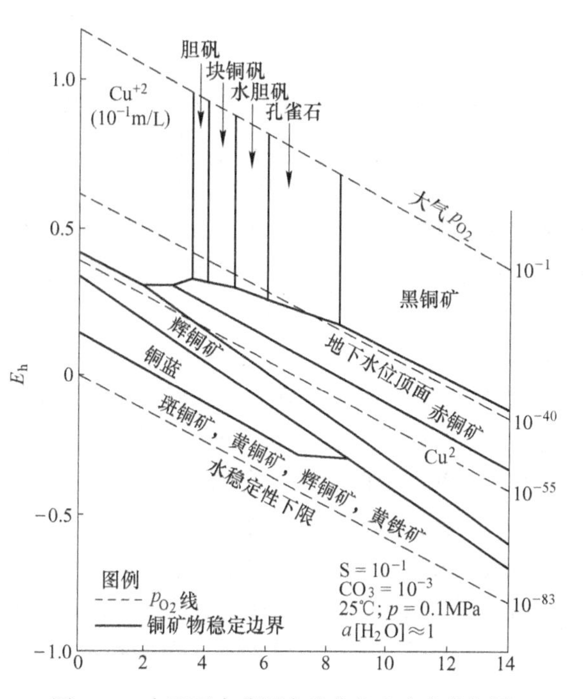

图 18-4 在地下水范围内硫化物次生变化相图

18.3.2 沉积作用

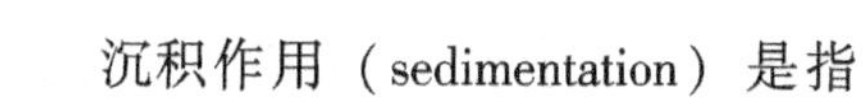

沉积作用（sedimentation）是指地表风化产物及火山喷发物等被流水、风、冰川和生物等介质挟带，搬运至适宜的环境中沉积下来，形成新的矿物或矿物组合的作用。沉积作用主要发生在河流、湖泊及海洋中。沉积物通常以难溶的矿物碎屑和岩屑、真溶液方式或胶体溶液方式被介质搬运，相应的沉积方式有机械沉积（碎屑和岩屑沉积）、化学沉积（真溶液或胶体溶液因蒸发浓缩、化学反应、电性中和等沉积）和生物化学沉积（生物作用有关的沉积）。

机械沉积（mechaniscal sedimentation）是原生岩石经风化作用所形成的岩石碎屑、难溶矿物经过水流或风力搬运在河谷、湖盆或其他有利场所沉积下来。其中典型的是砂岩。含有的主要矿物是石英，其次为长石、闪石、云母岩石碎屑以及磁铁矿、锆石、榍石、金红石、磷灰石、电气石等。松散沉积物经过固结或经过碳酸盐、黏土矿物或硅质胶结成为砂岩。在机械沉积一般不形成新的矿物，有用矿物富集形成砂矿，如金、金刚石、锆石、锡石、铂族元素等。

化学沉积（the chemical sedimentation）是原生岩石在风化作用中产生的真溶液和胶体溶液受到水体动力学作用、化学作用和生物化学作用等发生沉积。风化过程中形成的真溶液中的铝、硅、铁、锰、磷、钾、钠、钙、镁等主要元素呈离子状态存在。真溶液进入到内陆湖泊、潟湖或海湾后，在干旱气候条件下水分不断蒸发，达到饱和状态，从而结晶出各种矿物。

铝质沉积主要是以水云母、高岭石、蒙脱石为主的黏土矿物沉积，其经成岩作用形成页岩。海相页岩中以水云母为主，陆相页岩以高岭石为主。常见的矿物有石英、云母、蛋白石、碳酸盐矿物、含水氧化铁矿物、胶黄铁矿、黄铁矿等。在海岸边缘带海相有一水铝石型铝土矿，在陆相沉积有三水铝石型铝土矿。

硅质沉积物主要是蛋白石、石髓核部分石英。硅质沉积物在海洋水体底部分布很广。化学沉积的硅质矿物主要是水生物的硅质残骸堆积物，如硅藻土，其他矿物还有海绿石等。

磷质沉积物主要矿物是磷灰石，成团块状、结核状鲕状分布在碳酸盐岩石和海绿石砂岩中。其他矿物有石英、海绿石、黄铁矿等。在海洋环境中海洋生物的骨骼含有磷和碳，有助于磷酸盐矿物的形成。实验表明，在30~500m的海水环境中，含千万分之几的磷会导致磷灰石沉淀。海底500~1000m富磷（和CO_2）的深层水上升到海盆边缘时，会析出较大的磷灰石结核体，其中含有钡、锶、钍、铀和稀土元素。

铁-锰质沉积物主要分布在潟湖和海盆的海岸地带，铁质沉积物主要是三价铁的氧化物和氢氧化物，如赤铁矿、针铁矿、水针铁矿、菱铁矿等富集形成沉积铁矿床，并含有黄铁矿、磁黄铁矿。锰富集在硅质和硅质黏土质沉积岩中。锰矿石中矿物的相变比较明显。在内湖或近岸地带主要有Mn^{4+}的氧化物和氢氧化物，如软锰矿、硬锰矿等；在氧不足的深水地带，以水锰矿为主，有的呈Mn^{2+}存在。在碳酸盐浓度高的地带主要形成菱锰矿（$MnCO_3$）、锰方解石等，与蛋白石、菱铁矿等伴生。在深海区（水深4000m以下）有大规模的锰结核富集，其成分以锰铁氧化物为主，不含镍、铜、钴、钼、锌等。

钙镁质沉积物以碳酸盐矿物为主，形成灰岩或白云岩；同时在其他岩石中也存在碳酸盐矿物，主要有方解石、白云岩、菱镁矿等，以及石英、重晶石、海绿石、天青石、石膏等。

盐类沉积物是在干热气候条件下，内陆湖泊或隔离的海盆由于水分蒸发而结晶沉淀。主要以氯化物和硫酸盐为主。有石盐、光卤石、石膏、硬石膏、芒硝、泻利盐、杂卤石等。在水体中盐类矿物的沉淀以钙的硫酸盐、镁钾硫酸、氯化物的顺序进行。在含盐沉积物中可见到方解石、白云石、硼砂、钠硼解石、多水硼镁石等。

胶体沉积风化作用形成的胶体溶液在进入到海盆、内陆湖泊或沼泽地时，受电解质的作用发生电性中和凝聚、沉淀，形成铁、锰、铝、硅的氧化物和氢氧化物，如赤铁矿、硬锰矿、软锰矿、铝土矿、蛋白石、玉髓等。这些胶体矿物呈鲕状、豆状、结核状、致密块状等。

生物化学沉积是由生物作用的产物及其遗体堆积，或生物生命活动促使周围介质中某些物质聚集形成的矿物。在表生环境由铁细菌、硅细菌、硫细菌、甲烷菌等微生物的氧化还原作用可形成铁的氧化物、氢氧化物、硫化物、碳酸盐等矿物。如氧化亚铁硫杆菌可以将黄铁矿氧化为硫酸铁，然后产生针铁矿、水针铁矿；硫酸盐还原菌可在形成黄铁矿等硫化物时起作用；硅细菌可形成硅藻土等。由生物作用形成的矿物还有磷灰石以及煤、石油、油页岩等。

分布在大陆边缘以外的大洋盆地内的深海沉积物（水深大于 2000m）主要是生物作用和化学作用的产物。含量高于 30%的微体生物残骸为软泥碳酸盐，平均含量 65%为钙质软泥，碳酸盐少于 30%为硅质软泥。少于 30%的微体生物残骸组成深海黏土、锰铁结核等。

18.4　变质作用与矿物

变质作用是指在地表以下较深部位，已形成的岩石由于地壳构造变动、岩浆活动及地热流变化的影响，其所处的地质及物理化学条件发生改变，致使岩石在基本保持固态下发生成分、结构上的变化，生成一系列变质矿物，形成新的岩石的作用。在这一作用过程中形成的矿物称为变质矿物。根据发生的原因和物理化学条件的不同，变质作用可分为接触变质作用和区域变质作用。

18.4.1　接触变质作用

接触变质作用（contact metamorphism）是指由岩浆活动引起的发生于地下较浅深度（2~3km）之岩浆侵入体与围岩的接触带上的一种变质作用。接触变质作用的规模不大。根据变质因素和特征的不同，又可分为热变质作用和接触交代作用两种类型。

18.4.1.1　热变质作用

热变质作用是指岩浆侵入围岩，由于受岩浆的热力及挥发分的影响，使围岩矿物发生重结晶、颗粒增大（如石灰岩变质成大理岩），或发生变质结晶、组分重新组合，形成新的矿物组合的作用。温度在 350~1000℃。压力在 1~5kPa，围岩与岩浆之间基本无交代作用，挥发性流体一般只起催化作用，形成的变质矿物多是一些高温低压矿物，常见的有红柱石、堇青石、硅灰石和透长石等。根据温度和矿物组合从围岩到侵入体可划分四个相：（1）钠长石-绿帘石角岩相。包括钠长石、绿泥石、绿帘石、透闪石、阳起石、滑石等。（2）普通角闪石角岩相，以普通角闪石出现作为特征，主要矿物有石英、斜长石、石榴子石、红柱石、矽线石、透闪石、透辉石、硅灰石、白云母、滑石等。（3）辉石角岩相。以出现斜方辉石为特征，其中特有的矿物为正长石、透辉石、石榴子石、堇青石、硅灰石、方镁石等。（4）透长石角岩相。以出现透长石为特征，特有的矿物还有磷石英、红柱石等。其他矿物有石榴子石、堇青石、硅镁石、透辉石、硅灰石、方解石等。

18.4.1.2　接触交代作用

接触交代作用是指岩浆侵入、与围岩接触时，岩浆结晶作用的晚期析出的挥发分及热液使接触带附近的围岩和侵入体发生明显的交代，形成新的岩石的作用（图 18-5）。此过程中围岩与侵入体之间的成分交换是岩石变质的主要原因。接触交代作用最易发生在中酸性侵入体与碳酸盐岩的接触带附近，侵入体中的组分 FeO、Al_2O_3、SiO_2 等向围岩中扩散，围岩中的 CO_2、CaO、MgO 等组分被带进侵入体中，形成夕卡岩。碳酸盐类岩石有镁质白云岩和钙质石灰岩，分别形成以镁质的硅酸盐矿物为主的镁矽卡岩和以钙质硅酸盐矿物为主的钙矽卡岩（表 18-4）。

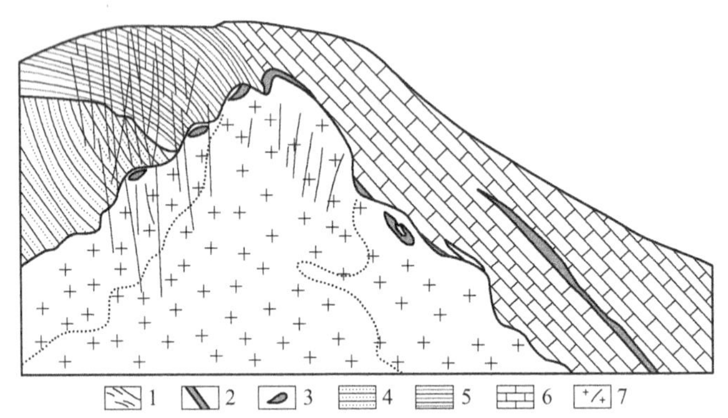

图 18-5　接触交代变质作用

1—细脉网脉；2—似层状矿体；3—透镜状矿体；
4—砂岩；5—角岩；6—碳酸盐岩；7—中酸性岩浆岩

表 18-4　矽卡岩中常见矿物

类型	主要矿物	次要矿物	金属矿物	温度/℃	压力/MPa
镁矽卡岩	镁橄榄石、透辉石、尖晶石	刚玉、普通辉石、堇青石、镁铝榴石	磁铁矿	400~900	30~80
	硅镁石、金云母、叶蛇纹石	透闪石、阳起石、直闪石、普通角闪石、黑云母、电气石、菱镁矿、铁白云石、硼镁石、硼镁铁矿、镁硼石	含镉闪锌矿、赤铁矿、锡石、辉砷钴矿		
钙矽卡岩	透辉石-钙铁辉石系列、钙铁-钙铝榴石系列、硅灰石	斜长石、蔷薇辉石	磁铁矿	300~800	<50
	方柱石、符山石、绿帘石、阳起石、透闪石、方解石	黑柱石、硅钙硼石、绿泥石、磷灰石、萤石、金云母、日光榴石、硅铍石、铍榴石、金绿宝石、香花石	赤铁矿、白钨矿、锡石、辉钼矿、黄铜矿、方铅矿、闪锌矿、磁黄铁矿、毒砂、辉铋矿		

18.4.2　区域变质作用

区域变质作用是指在地壳不同深度的区域大面积范围内，由于在温度、压力、应力以及 H_2O、CO_2 为主的化学活动性流体等主要物理化学因素的作用下，使原来岩石矿物成分和结构构造发生变化的地质作用。区域变质作用与区域构造运动有关。区域变质作用的温度自 150~300℃到 700~800℃，压力从 1~2kPa 到 12~15kPa。区域变质作用形成的变质矿物及其组合主要取决于原岩的成分和变质程度。如果原岩的主要组分为 SiO_2、CaO、MgO、FeO，变质后易形成透闪石、阳起石、透辉石和钙铁辉石等矿物；若原岩是主要由 SiO_2、Al_2O_3 组成的黏土岩，其变质产物中则出现石英或刚玉，以及 Al_2SiO_5 同质三象变体之一的矿物共生。低温高压环境有利于蓝晶石形成，夕线石的形成则需要较高的温度，红柱石形成的温压条件均相对较低。随着区域变质程度加深，其变质产物向着结构紧密、体积小、相对密度大、不含 OH^- 和 H_2O 的矿物演化。

区域变质作用的矿物组合随着温度压力的不同有所差异，一般划分为沸石相、葡萄石-绿纤石相、绿片岩相、角闪岩相、变粒岩相、蓝片岩相和榴辉岩相等。

沸石相和葡萄石-绿纤石相沸石相以浊沸石出现开始，葡萄石-绿纤石相以绿纤石出现开始。两相深度为 1~4.5km 到 3~12km。葡萄石-绿纤石相温度范围 250~400℃，压力小于 50MPa。在沸石相的原生火山岩中的斜长石、辉石、斜发沸石、片沸石等和原沉积物中的高岭石、蒙脱石等依然稳定，出现浊沸石、斜钙沸石特征矿物以及石英、葡萄石、方解石等。在葡萄石-绿纤石相中绿纤石为特有矿物，葡萄石、钠长石占主要成分，沸石族矿物消失，黑硬绿泥石和阳起石出现在较高温度区域。其他矿物有石英、冰长石、白云母、方解石等。

绿片岩相为数量多分布广泛的变质岩。形成条件为温度 400~550℃，压力 2~12kPa。典型岩石有板岩、千枚岩、片岩、细粒石英岩和大理岩等。绿片岩相的矿物为绿泥石、阳起石、绿帘石，其他矿物有石英、斜长石、石榴石、蓝晶石、叶蜡石、黑云母、方解石等。角闪岩相形成温度在 450~700℃，压力在 2~12kPa。典型岩石为片岩、片麻岩、角闪岩、石英岩、大理岩等。角闪岩相与绿片岩相的界限是以绿泥石和阳起石的消失，透辉石、十字石、矽线石的出现为特征（普通角闪石和石榴子石也占主要地位）。其他矿物还有石英、斜长石、铁铝榴石、十字石、绿帘石、透闪石、叶蜡石、白云母、黑云母、方解石等。变粒岩相（也称麻粒岩相）分布广泛，数量不大，形成条件温度 500~900℃，压力 7~10kPa，以出现紫苏辉石和硅灰石为特征，其他矿物有石英、斜长石、辉石。岩石类型为片麻岩、变粒岩等。

蓝片岩相发育在构造活动的大陆边缘带，产于海沟陆侧板块俯冲带，为低温高压的产物。可能形成的温度压力条件为温度 150~400℃，压力 4~10kPa。特征矿物有蓝闪石、硬柱石、铁铝闪石、硬玉。其他矿物有石英、斜长石、石榴子石、绿帘石、透闪石、阳起石、绿泥石、方解石等。主要岩石有蓝闪石-铝铁闪石岩、黑色板岩等。榴辉岩相为压力在 11kPa 的高压成因，温度变化较大（150~1000℃）。榴辉岩岩石呈层状或带状出现。主要矿物为绿辉石、铁铝榴石。常见矿物还有石英、斜长石、钠长石、蓝晶石、黝帘石等。

区域变质可形成变质矿床，如石墨矿床、蓝晶石矿床、金红石矿床、铁矿床等。

18.5　成因矿物学

成因矿物学研究矿物成因及其应用。主要研究内容为：(1) 矿物的发生、发展、形成和变化的条件和过程。(2) 矿物形态、成分、性质、产状的内在联系及其对介质的依赖关系，反映介质状态和条件的宏观标志和微观标志，即矿物的标型性。(3) 矿物和矿物组合的平衡共生及其时空分布规律。(4) 矿物的成因分类。

18.5.1　矿物的生成与变化

在不同地质作用中形成的矿物，是在特定的物理化学条件下、在一定的时间和空间内，处于平衡状态下的存在形式。随着外界条件的改变，矿物也在发生变化。对矿物各种变化现象的研究，不仅有助于了解矿物形成、演化的历史，而且可提供有关矿物成因的某些信息。

18.5.1.1　矿物的生成顺序

矿物生成顺序是指同一地质体中的矿物在形成时间上的先后关系。矿物通常是按晶格能降低的顺序次第析出的，共生矿物的晶格能大体相近。根据矿物的空间位置、自形程度、交代关系等，可确定矿物的生成顺序。通过野外和镜下鉴定也可确定矿物的生成顺序：

（1）矿物的空间位置关系。位于地质体中心部位的矿物比其外围的矿物晚形成（图18-6）。当一矿物穿插或包围或充填其他矿物时，被穿插，或被包围，或被充填的矿物生成较早（图18-7）。

（2）矿物的自形程度。矿物晶体形态的完整程度称为自形程度。在岩浆作用形成的矿物中，自形晶一般生成较早。要注意矿物结晶能力的影响。斑状结构中斑晶较基质先形成。在变质岩中的变斑晶往往比其周围的矿物晚生成，其晶形完整。

（3）矿物交代关系：矿物的交代作用先沿颗粒的边缘或裂隙进行，被交代的矿物形成较早（图18-8）。

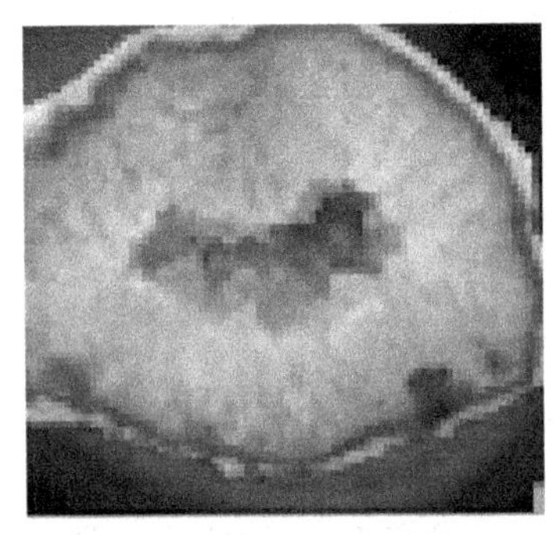

图18-6　晶洞中矿物生成顺序

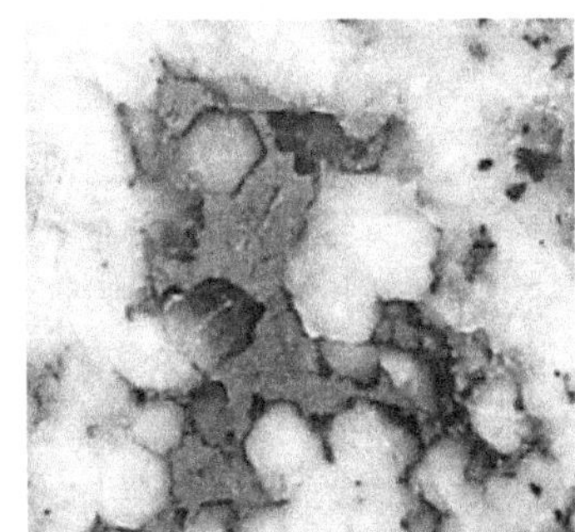

图18-7　石英被黄铜矿所包围

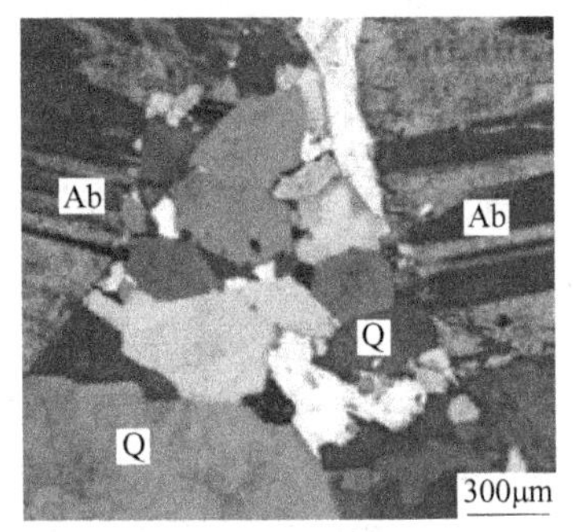

图18-8　钠长石（Ab）被后期石英（Q）交代

矿物的世代是指在同一地质体或矿床中，同种矿物在形成时间上的先后关系。它与一定的成岩、成矿阶段相对应。一个矿床往往是经历了多个成矿阶段而形成的。由于各成矿阶段间均有一定的时间间隔，其成矿介质和物理化学条件会有所不同，反映在其形成的同种矿物的形态、物性及成分等方面，也将表现出某些差异。按形成时间的先后顺序，将这些矿物区分为第一世代、第二世代…。通过研究矿物的世代，有助于了解矿物形成及成矿的阶段性。

18.5.1.2　矿物的共生和伴生

同一成因、同一成矿期（或成矿阶段）形成的不同矿物共存于同一空间的现象，称为矿物的共生，彼此共生的矿物称为共生矿物。它们可能是同时形成的，或者是从同一来源的成矿溶液中依次析出的。矿物共生组合是反映一定成因的一些共生矿物的组合。如含金刚石的金伯利岩中，金刚石、橄榄石、金云母、铬透辉石及少量镁铬铁矿和镁铝榴石的组合，即为矿物共生组合。

不同成因或者不同成矿阶段的各种矿物共同出现在同一空间范围内的现象，称为矿物的伴生（associate）。例如在含铜硫化物矿床的氧化带中，常见黄铜矿与孔雀石、蓝铜矿在一起，由于黄铜矿通常系热液作用形成，而孔雀石和蓝铜矿则为表生成因，故它们为伴生关系。

18.5.1.3　矿物的变化

矿物的变化分为以下 4 类：

（1）交代作用（metasomatism）。指在地质作用过程中，已形成的矿物与熔体、溶液或气液相互作用，发生组分上的交换，使原矿物转变为其他矿物的作用。交代作用是矿物最常见的化学变化，它首先沿矿物的边缘或裂隙进行。例如，在热液作用下，橄榄石易被蛇纹石所交代。当交代强烈时，原矿物可全部为新形成的矿物所替代，但仍保持原矿物的晶形。这种晶形称为假像（pseudomorph）。如褐铁矿呈现黄铁矿假像，称假像褐铁矿。

（2）水化作用（hydration）。指无水矿物因一定比例的水加入矿物晶格中而变成含结晶水的矿物的作用。例如，硬石膏（$Ca[SO_4]$）在近地表处，因外部压力的降低，受地面水的作用而转变为石膏（$Ca[SO_4]\cdot 2H_2O$）。

（3）脱水作用（dehydration）。指含水矿物因失去其所含结晶水变成另一种矿物的作用。如芒硝（$Na_2[SO_4]\cdot 10H_2O$）在干燥气候下失去水分转变为无水芒硝（$Na_2[SO_4]$）。

（4）非晶化与晶化。含铀、钍等放射性元素的晶质矿物，在放射性元素蜕变放出的α-射线的作用下，其晶格遭受破坏，转变为非晶质矿物。此过程称为非晶化（non-crystallizing）或蜕晶作用（metamictization）。这种变生非晶质的矿物称为变生矿物（metamict mineral）。例如含放射性元素的锆石常非晶质化变为变生矿物水锆石。晶化（crystallizing）是一些非晶质矿物，随着时间的推移或环境改变，逐渐变为结晶质矿物。胶体矿物逐渐脱水变化为隐晶质甚至显晶质矿物的胶体结晶作用（collocrystallization），如蛋白石逐渐脱水而转变为玉髓和石英。晶化作用是自发的，是不需要外能的。

18.5.1.4　标型矿物和标型矿物共生组合

标型矿物指仅在某种特定的地质作用中形成和稳定的矿物；标型矿物共生组合是指在特定地质作用中形成的特定性矿物组合。它们强调矿物和矿物组合的单成因性。例如，红柱石、蓝晶石、矽线石为变质作用产物；斯石英专属于高压冲击变质成因，产于陨石冲击坑。辰砂-雌黄-雄黄-辉锑矿则为低温热液矿床的典型矿物组合。含金刚石的金伯利岩的原生矿物组合为镁橄榄石、金云母、铬镁铝榴石、铬透辉石、顽火辉石、镁钛铁矿、铬尖晶石、金刚石、金红石，以及含铌、钽的锐钛矿等。

18.5.2　矿物的标型特征

矿物的标型特征是反映矿物的形成和稳定条件的矿物学特征。具体地可分为化学标型、结构标型、形态标型和物理性质标型。

18.5.2.1　矿物化学标形特征

矿物的化学成分是矿物最本质的因素之一，其变化与其形成条件有密切关系。基本原理是矿物的化学成分发生类质同象代替受到介质组分浓度变化、温度压力变化、氧化还原与酸碱性条件变化的影响。可以利用矿物中化学成分的变化来判断形成矿物的温度和压力等。研究黄铁矿（理想化学式为 FeS_2）的 Fe/(S+As) 非化学计量具有标型意义：若 Fe/(S+As)：≥0.5，指示其属浅部形成；而当 Fe/(S+As)：≤0.5 时，则反映它是深部产物。黄铁矿中微量元素 Co、Ni 含量以及 Co/Ni 比值可作为成因的重要标志。Corteno (1941，1942) 提出沉积成因 Co<Ni，Co 含量 $<100\times10^{-6}$；热液矿床 Co>Ni，Co（400~2400）$\times10^{-6}$。Co/Ni<1 为沉积型，Co/Ni>1 为岩浆热液矿床（与火山作用有关）。在我国湘东南硫化物矿床不同成因黄铁矿的 Co 和 Ni 含量以及 Co/Ni 具有类似规律。沉积型黄铁矿床 Co（10.0×10^{-6}）<Ni（44×10^{-6}），Co/Ni≈0.01；岩浆热液型矿床（黄铁矿床）Co（44.5×10^{-6}）>Ni（4.9×10^{-6}），Co/Ni≈3.1~14.8。黄铁矿中的 Se、Te、Tl、Ag、Sn 等微量元素含量及其相应比值都具有标型意义。闪锌矿（Zns）中的 Zn 可被 Mn、Fe 代替，在高温条件 Fe、Mn 含量高，并随着温度下降而降低，把闪锌矿中 Fe、Mn 含量作为温度计，可判断矿物形成温度。在矿床、岩体中的许多矿物都程度不同地存在类质同象代替，对其微量元素含量以及比值变化的分析，对于成因研究具有重要意义。

运用矿物化学成分变化判断矿床成因。磁铁矿最有指示意义的元素是 Al、Mg、Ti、V、Cr、Ni、Mn。TiO_2 递降顺序：岩浆熔离矿床—矽卡岩和热液矿床—火山沉积硅铁建造；Al_2O_3 递降顺序：岩浆熔离矿床—火山沉积硅铁建造—火山岩—次火山岩型和沉积变质铁矿；MgO 递降顺序：矽卡岩矿床—岩浆熔离矿床-热液和沉积变质矿床。运用变价元素 Fe^{3+}/Fe^{2+}、Mn^{3+}/Mn^{2+}、Ti^{4+}/Ti^{2+}，比值大的为氧化环境，反之为还原环境。

在矿物成因研究中，利用氢氧同位素、碳同位素、硫同位素、铅同位素、铷-锶同位素以及锆石的 $^{40}Ar/^{39}Ar$、辉钼矿中铼-锇同位素、稀土元素等成分的变化，也可判别矿物成因和形成时代。

矿物地质温度计是利用矿物学特征，定量或半定量地测量矿物平衡温度和压力的地质数学模型。常用的有成分温压计（类质同象温压计、元素分配温压计、微量元素温压计等）、结构温压计（同质多象转变温度计）、稳定同位素温压计、气液包裹体温压计等。

18.5.2.2　矿物晶体结构标型

矿物晶体结构会受到形成环境变化的影响，如矿物晶体结构的同质多象、晶胞参数或面网间距的变化、多型、阳离子在晶格中占位变化等。同质多象如金刚石、石墨，是典型 C 的结构变化；红柱石、蓝晶石、矽线石是 $Al_2Si_6O_6$ 在高温低压、高温中压、高温高压条件的同质多象。矿物发生同质多象相变时，其晶体结构及物理性质均会发生明显的变化，但原变体的晶形却被新变体继承下来。此种晶体称为副像（paramorph）。它是晶体经历同质多象相变的确凿证据，如：常见 α-石英呈现 β-石英的六方双锥晶形。多型作为层状结构在层的堆叠顺序上的不同，也是矿物晶体结构标型特征之一。实验研究表明，白云母 1*M* 多型的形成温度较高，2*M* 多型在相对高温条件下稳定，3*T* 型在低温高压条件下稳定。变质白云母的晶胞参数 b_0 值随压力的升高而增大：低压带在 0.8995nm，中压带 0.9010~0.9025nm，高压带 0.9035~0.9055nm。透辉石随着平衡温度升高，呈六次配位和八次配位的阳离子（M）和硅氧四面体中原子的间距规律增大，a_0、b_0、c_0、V 增大；压力增大，T、$M1$、$M2$ 三种配位体减小，a_0、b_0、c_0、V 减小。

矿物成分变化也会引起晶胞参数变化，可反映温度压力变化。半径大的阳离子代替小半径的阳离子，会引起晶胞参数变大。如闪锌矿的 a_0 随着 FeS 含量的增加而增大。黄铁矿的 a_0 也随着 Co、Ni、As 的进入而增大。

18.5.2.3　*矿物形态标型*

矿物晶体形态受到晶体结构、形成环境的影响显著。例如，等轴晶系矿物（如金刚石、黄铁矿、萤石等）的晶体形态具标型意义：立方体｛100｝指示形成于低温条件下，八面体｛111｝则为高温条件下形成。矿物双晶类型与成因具有密切关系。萤石存在面网性质的异向性，决定了在特定条件下形成各种不同形态。

18.5.2.4　*矿物物理性质标型*

矿物物理性质标型，主要是根据矿物的颜色、热发光性、电学性质等物理特征，判断矿物形成的物理化学条件。矿物的颜色是色素离子和电子跃迁吸收不同能量的结果，是介质组分、形成环境的重要标型。如电气石黑色者指示形成温度高于 300°C，绿色者系在约 290°C 条件下结晶而成的，红色者的结晶温度约为 150℃。矿物在不同地质条件下含有不同的微量元素及结构缺陷（空穴中心或电子捕获中心），会引起热发光效应，对于划分矿物世代、矿化地段具有指示意义。研究较多的矿物有萤石、石英、长石、方解石、锆石、白云石、硬石膏等。如对 4 个稀土元素矿床中方解石的热发光性类型进行分析，显示了含矿与不含矿方解石的差别（图 18-9）。

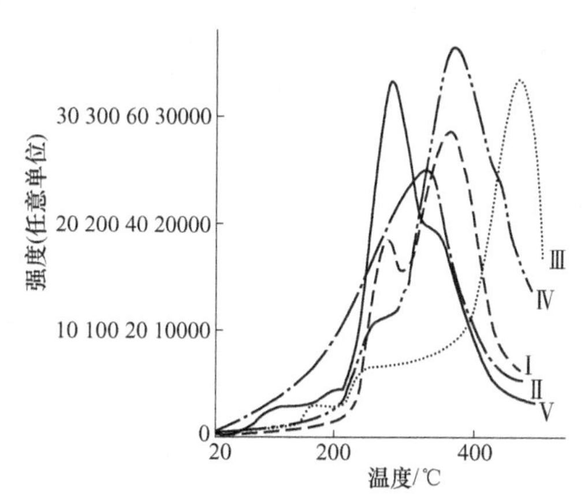

图 18-9　稀土元素矿床方解石热发光曲线（周玲隶，1983）
Ⅰ—白云鄂博矿床；Ⅱ—竹山脉状方解石；Ⅲ—竹山碳酸盐岩体；
Ⅳ—松政矿大理岩；Ⅴ—微山湖高温热液脉

矿物的热电效应采用热电系数表示。热电系数为负值，形成电子导型（n 型）半导体；热电系数为正值，形成空穴型（p 型）半导体。在一般情况下，估计热电系数正负的规则为：阳离子或金属原子过剩，常引起热电系数为负值（n 型）；阴离子或非金属原子过剩，常为空穴导电性，热电系数为正值（p 型）。方铅矿、黄铁矿、黄铜矿等常见硫化物及多种氧化物的热电导数符合这个规则。磁铁矿为电子导型（n 型），在各类矿床变化不大。磁黄铁矿常见为电子导型（n 型），热电系数数值较低。黄铁矿的热电系数分析，两种类型都有，且变化较大，对于判断矿床成因有帮助（表18-5）。热电系数可以指示氧化还原条件、酸碱性（同一矿物p型比n型更酸）和剥蚀深度等。

表18-5 不同混入物的黄铁矿热电系数（巴拉娃，1974）

黄铁矿	热电系数 $\alpha/\mu V\cdot ℃^{-1}$	热电类型
含Sn黄铁矿（楚克提卡）	-250	n
含Co黄铁矿（乌拉尔）	-290	n
含Cu黄铁矿（乌拉尔）	-300~420	n
含Zn黄铁矿（顿巴斯、中亚）	-320~590	n
含Au黄铁矿（顿巴斯、中亚）	+200~-270	p
含Au黄铁矿（外贝尔加、阿尔泰等）	+180~+320	p

矿物介电性是不导电或导电性极弱的矿物在外电场中被极化产生感应电荷的性质。通过测定介电系数表征。介电系数的大小取决于阳离子和阴离子类型、离子半径、极化率及矿物结构。介电系数高的矿物是硫化物和氧化物，这是由阴离子 S^{2-}、O^{2-} 具有较大的离子半径造成的。当其中阳离子为Pb、Fe、Cu时，介电系数更大。大多数硅酸盐矿物介电系数在6~9之间变化。

压电性是矿物单晶体受到定向压力或张力作用时，能使晶体垂直于应力方向的两侧表面上分别带有等量相反电荷的性质。压电系数 d 作为压电效应的数量特征，等于电荷 Q 对作用力的比值，$d=Q/F$（单位为C/N）。石英的压电性具有典型意义。道洛曼诺娃（Доломанова，1972）对锡石-长石-石英矿床中石英的压电系数的研究发现，第一阶段形成的石英压电系数 $d=5.5\%\sim37.5\%$；早期矿化阶段石英的 $d=5\%\sim53\%$；晚期无框石英的 $d=1.5\%\sim2\%$；锡石-硫化物组合石英的 $d=1.0\%\sim0.8\%$。一般来说，形成温度高的石英比低温石英具有较高的压电系数。通过石英的压电系数，可以判断矿床剥蚀深度（表18-6）。

表18-6 某金矿床石英的压电系数（吴尚全，1982）

样品产出高程/m	样品数	压电系数（均值）/$d\%$	测量次数
1020~975	6	40	72
750~725	15	65	80
706~702	15	80	190
686~672	3	140	36
550	3	235	96
478	1	390	6

矿物的红外吸收光谱、核磁共振谱、穆斯堡尔谱等谱学特征，也是矿物物理性质标型。如对自然界分布广的含Fe矿物，利用穆斯堡尔谱可以确定其中Fe的价态，Fe^{2+} 和 Fe^{3+} 的浓度和相对比值，以及Fe离子占位等；运用穆斯堡尔谱方法研究某铁矿中磁铁矿、黑云母、角闪石中 Fe^{2+} 的占位情况，获得3种矿物为变质作用成因。

18.6 矿物中的包裹体

矿物中的包裹体（inclusion）是矿物生长过程中或形成之后被捕获包裹于矿物晶体缺陷（如晶格空位、位错、空洞和裂隙等）中的，至今尚完好封存在主矿物中，并与主矿物有相界线的那一部分物质。

包裹体按成因可分为原生、次生和假次生三种类型。原生包裹体（primary inclusion）是矿物结晶过程中被捕获封存的成岩成矿介质（含气液的流体或硅酸盐熔融体），它与主矿物同时形成，常沿主矿物的晶面成群或呈条带状、环带状分布（图 18-10 中的 P）。次生包裹体（secondary inclusion）是矿物形成以后，后期热液沿矿物的微裂隙贯入，引起矿物局部溶解并发生重结晶，之后又为主矿物所圈闭，而形成的定向排列的包裹体。它常沿切穿矿物颗粒的裂隙分布（图 18-10 中的 S）。假次生包裹体（pseudo-secondary inclusion）是矿物生长过程中，由于构造应力作用，使矿物晶体产生局部破裂或蚀坑，成矿流体进入其中，并使这些部位发生重结晶而被继续生长的晶体封存所形成的包裹体。假次生包裹体沿愈合裂隙分布，显示出与次生包裹体相似的空间分布特征，这种裂隙只局限于主矿物内部，并不切穿矿物晶体颗粒（图 18-10 中的 PS）。

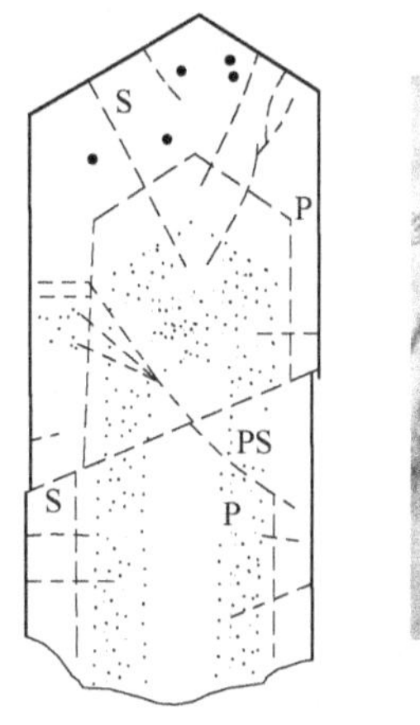

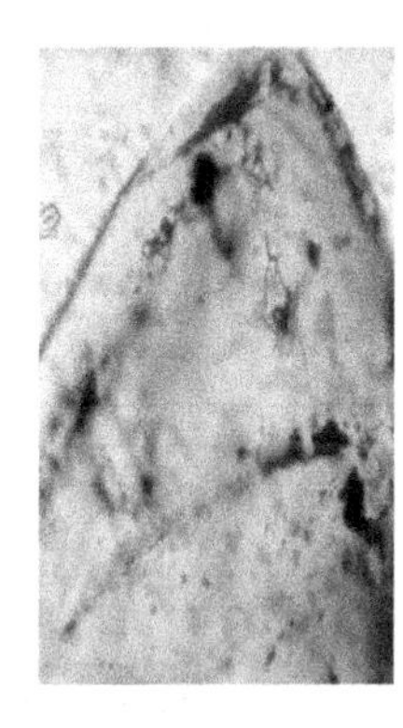

图 18-10 石英中的包裹体
P—原生包裹体；S—次生包裹体；PS—假次生包裹体

矿物中包裹体形状各异、大小不一。气液包裹体大多小于 10μm，须在显微镜和电子显微镜下才能清晰地观察研究。根据包裹体中相态及其比例、组分，可划分为：（1）液相包裹体，气液比小于 50%；（2）气液相包裹体，气液比大于 50%；（3）多相包裹体，由气相、液相和固相组成，其中有含液相 CO_2 包裹体（气相、液相 CO_2 盐水溶液）、含子矿物包裹体（含有石盐、方解石、石膏、赤铁矿等矿物）、含有机包裹体（含盐水溶液和 CO_2 等组分外，还含有大量有机质、烃类流体）；（4）熔融包裹体，是在岩浆熔融成岩过程中捕获的玻璃质固态包裹体（图 18-11），用来研究矿物形成时的流体性质，以及成岩成矿物理化学条件。

原生包裹体和假次生包裹体是代表形成主矿物的原始成岩成矿流体的样品，其成分和热力学参数（温度、压力、pH 值，E_h 值和盐度等）反映了主矿物形成时的化学环境和物理化学条件，是矿物最重要的标型特征之一，可作为揭示成矿作用特别是内生成矿作用的信息。次生包裹体则反映成矿期后热液活动的物理化学作用的温度、压力、介质成分和性质。

包裹体的研究很多，常用的有均一法、爆裂法、淬火法、冷冻法及其他一些测定包裹体成分的方法（表 18-7）。

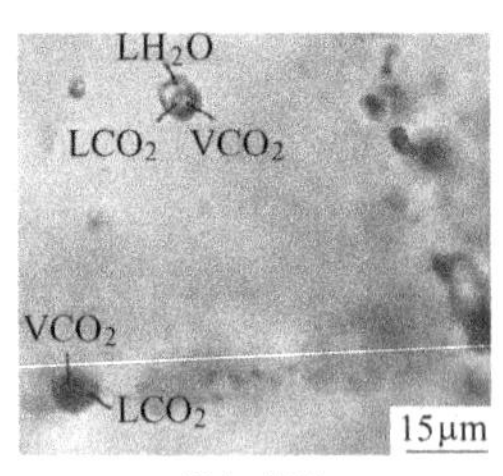

三相包裹体

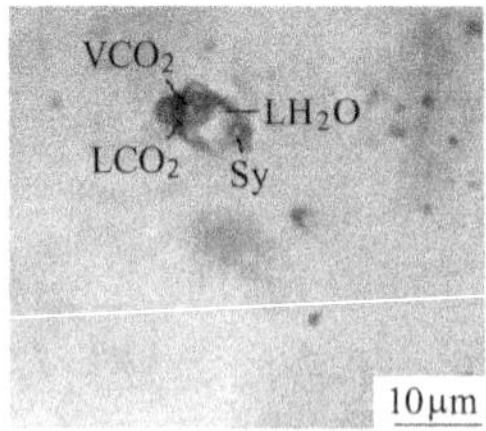

含子晶矿物包裹体

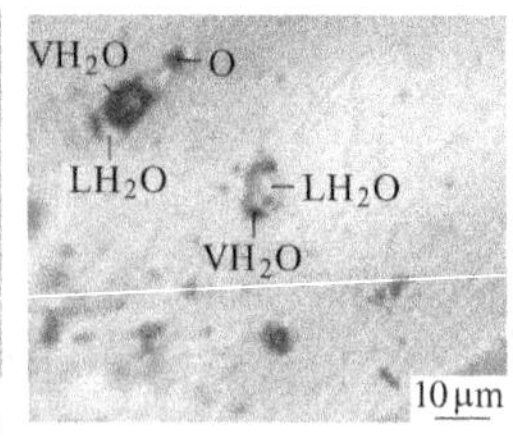

气液两相包裹体

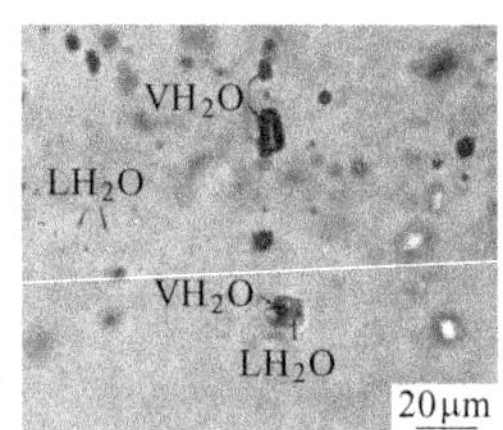

单相包裹体

(a) 有机质包裹体

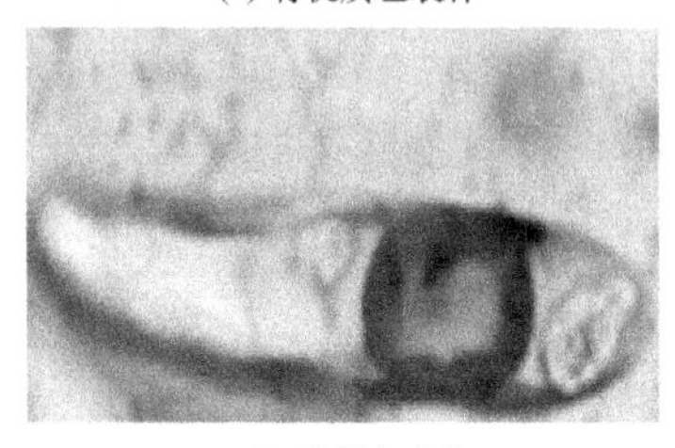

(b) 熔融包裹体

图 18-11　不同相态的包裹体

表 18-7　包裹体的研究方法

参　　数	获得参数所用的方法	参数的地质意义
温度（T）	高温均一法	成矿流体的温度；成矿流体相变的温度；成岩和变质时流体的温度；成岩时硅酸盐熔体的温度
均一温度（T）	均一法	
爆裂温度（T）	低温均一法	
捕获温度（T）	冷冻法	
冷冻温度（T）	爆裂法	
熔融温度（T）	淬火法	
	均一温度+压力校正值	
压力（p）	$NaCl-H_2O$ 体系法	成岩、成矿时流体的压力；变质作用时流体的压力；深源岩石的压力
	CO_2-H_2O 体系法	
	CO_2-CH_4 体系法等	
盐度（相当于 $w(NaCl)$）	冷冻法（利用冰晶最后溶化温度换算）；均一法（利用子矿物溶解温度换算）	成矿流体离子溶度的综合；不同流体区分之依据
液相组分（Cl、SO_4、CH_4、N_2、Na、K…）	拉曼光谱分析	成矿流体化学组分

参 考 文 献

[1] 王濮、潘兆橹、翁玲宝．系统矿物学（上、中、下册）[M]．北京：地质出版社，1982，1984，1987.
[2] 潘兆橹．结晶学与矿物学 [M]．北京：地质出版社，1987.
[3] 赵珊茸，等．结晶学及矿物学 [M]．北京：高等教育出版社，2005.
[4] 罗谷风．基础结晶学与矿物学 [M]．北京：南京大学出版社，1993.
[5] 陈光远．成因矿物学及找矿矿物学，重庆出版社，1987.
[6] 何知礼．包体矿物学 [M]．北京：地质出版社，1982.
[7] 郑辙．结构矿物学导论 [M]．北京：大学出版社，1992.
[8] 张立豫（美）．矿物研究与应用 [M]．北京：东北工学院出版社，1987.
[9] 赵容瑞．岩石矿物的物理化学基础 [M]．北京：地质出版社，1980.
[10] A. S. 马尔福宁（苏）．矿物物理学导论 [M]．李高山，等译．北京：地质出版社，1984.
[11] 中国地质科学院地质矿产所．金属矿物显微镜鉴定 [M]．北京：地质出版社，1978.
[12] 姜传海，杨传铮．X 射线衍射技术及其应用，华东理工大学出版社，2010.
[13] 林传仙，等．矿物及有关化合物热力学数据手册 [M]．北京：科学出版社，1985.
[14] 钱逸泰．结晶化学导论．合肥：中国科技大学出版社，1999.
[15] 张振儒．近代岩矿测试新技术。长沙：中南工业大学出版社。1987.
[16] 王德滋，谢磊．光性矿物学 [M]．3 版．北京：科学出版社，2008.
[17] 王濮，李国武．在中国发现的新矿物（1958~2012）[J]．地学前缘，2014（1），p40~51.
[18] 侯渭，谢鸿森．陨石矿物种类的研究进展和矿物表 [J]．地球科学进展，2000（2），p228-236.
[19] 欧阳志远．近年来我国陨石学和空间化学研究进展 [J]．地球科学进展，2000（1），p67-68.
[20] 施倪承，白文吉，马喆生，等．核-幔物质晶体化学、矿物学及矿床学初探 [J]．地学前缘，2004（1），p169-177.
[21] 新矿物及矿物命名委员会. 英汉矿物种名称 [M]．北京：科学出版社，1984.
[22] 何明跃. 新英汉矿物种名称 [M]．北京：地质出版社，2007.
[23] 陈文焕．生物矿物学研究进展 [J]．矿物岩石地球化学通讯，1993（2），86-87.
[24] 蔡长金．我国金矿物分类及其主要特征 [J]．黄金，1993，14（6）.
[25] 王文奎，牛新喜．一些硫化物矿物的晶体形貌学研究 [J]．地球科学，1994，19（2）157-168.
[26] 郭国林，杨经绥，刘晓东，等．西藏罗布莎铬铁矿中的原位铂族矿物研究：铬铁矿结晶环境的指示 [J]．岩石学报，2016（12），p3673-3684.
[27] 徐国风，邵洁涟．矿物标型性理论的新发展 [J]．矿产与地质，1987（1），p7-19.
[28] 胡艳春，魏玉婷，王显威，等．双钙钛矿型氧化物 $Sr_{1.90}Eu_{0.10}FeMoO_6$ 晶体结构及物性研究 [J]．功能材料，2018（5），p5086-5090.
[29] 彭同江，孙红娟，刘福生．层状硅酸盐矿物晶体结构的多体性组装模式与构筑原理等．矿物学报，2006（2），p121-129.
[30] 叶大年，李哲，赫伟，等．论硅酸盐晶体结构中配位多面体的功能性替代 [J]．中国科学，2001（11），p938-943.
[31] 彭志忠．含五次对称的准晶格的推导及微粒分数维结构模型 [J]．中国科学，1988（5），p541-550.
[32] 彭志忠．几种矿物的晶体结构分析成果和对矿物晶体化学的若干新认识 [J]．地质论评，1964（2），p135-149.
[33] 彭志忠，吴澂宇，张丕兴．硼镁石的晶体结构 [J]．科学通报 1964（1），p73-75.

[34] 彭志忠，马喆生．星叶石的晶体结构 [J]. 科学通报，1963 (3), p67-69.
[35] 彭明生，林冰，彭卓伦．金刚石呈色机制初探 [J]. 矿物岩石地球化学通报，1999 (4), p395-397.
[36] 彭明生，李迪恩．矿物谱学研究及其意义 [J]. 矿产地质，1986 (4), p40-52.
[37] 郑自立，田煦，蔡克勤，等．A. McDonald，R. Whitehead，中国坡缕石晶体化学研究 [J]. 矿物学报，1997 (2), p107-114.
[38] 谢先德，查福标．硼酸盐矿物新的晶体化学分类 [J]. 地质地球化学，1992 (05)．
[39] 欧阳自远，谢先德．吉林陨石的矿物、岩石研究及其形成演化过程 [J]. 中国科学,1978 (03)．
[40] 李国武；薛源，谢英美，新矿物碲钨矿的矿物学特征及成因探讨 [J]. 矿物岩石地球化学通报 2018 (2), p186-191.
[41] 李国武、施倪承、白文吉，等．西藏罗布莎铬铁矿中发现的七种金属互化物新矿物 [J]. 矿物学报，2015 (1), p13-18.
[42] 李国武，杨光明，熊明，烧绿石超族矿物分类新方案及烧绿石超族矿物 [J]. 矿物学报，2014 (2), p153-158.
[43] 王汝成．法国 Beauvoir 花岗岩中烧绿石族矿物的研究 [J]. 岩石矿物学杂志，1994(02)．
[44] 施倪承，李国武．对称与晶体学 [J]. 自然杂志，2008 (1)．
[45] 廖立兵，李国武，蔡元峰，黄俊杰，粉晶 X 射线衍射在矿物岩石学研究中的应用 [J]. 物理，2007 (6), p460-464.
[46] 杨经绥，白文吉，方青松，颜秉刚，锇铱矿中发现金刚石：来自地幔深部的矿物 [A]．中国矿物岩石地球化学学会第十届学术年会．中国武汉，2005.
[47] 钱汉东，陈武，谢家东，等．碲矿物综述 [J]. 高校地质学报，2000 (2), p178-187.
[48] 温汉捷，肖化云．硒矿物综述 [J]. 岩石矿物学杂志，1998 (3)．
[49] 王濮，翁玲宝，陈代璋．系统矿物学与矿物种 [J]. 现代地质，1992 (4), p411-417.
[50] 彭明生郑楚生．量子矿物学——量子化学在矿物学上的应用 [J]. 中南矿冶学院学报，1980 (2), p110-117.
[51] 叶大年，艾德生，曾荣树．金属半径和阳离子半径与电子构型的定量关系 [J]，中国科学（B 辑), 1999 (04)．
[52] 何铸文，杨忆，尖晶石型结构的晶体化学 [J]. 矿物学报，1997 (3), p321-328.
[53] 缪秉魁，陈宏毅，夏志鹏，等．月球陨石：月球的物质组成及其演化历史的见证，极地研究，2013 (4), p315-328.
[54] 陈鸣，谢先德．A. ElGoresy，地球深部碱性元素地球化学行为：来自陨石高压矿物的证据 [J]. 地球化学 2003 (2), p161-166.
[55] 侯渭，谢鸿森．陨石矿物种类的研究进展和矿物表 [J]. 地球科学进展，2000 (2), p228-236
[56] 王汝成，徐士进，陆建军，等．钙钛矿族矿物的晶体化学分类和地球化学演化 [J]. 地学前缘，2000 (2), p457-465.
[57] 赵国栋，杨亚利，任伟．钙钛矿型氧化物非常规铁电研究进展 [J]. 物理学报，2018 (15), p60-79.
[58] 吴大清．黝铜矿系列矿物的结晶化学研究 [J]. 地质地球化学，1987 (7), p22-26.
[59] 曾敬民．准晶体结晶学——结晶学的新阶段 [J]. 化学通报，1987 (12), P9-13.
[60] David J. Vaughan, James R. Craig. Mineral chemistry of metal sulfide, [M]. London. Cambridge University press, 1978.
[61] M. J. Hibbard. Mineralogy [M]. Newyork: Mcgraw-Hill Companics. Inc, 2002.
[62] T. A. Radomskaya; O. M. Glazunov; V. N. Vlasova. Geochemistry and mineralogy of platinum group

element in ores of the Kingash deposit [J]. Eastern Sayan, Russia, Geology of Ore Deposits, 2017 Vol. 59 (5), p354-374.

[63] E. V. Kaneva A. N. Sapozhnikov, L. F. Suvorova, Rare earth elements: A review of applications, occurrence, exploration, analysis, recycling, and environmental impact [J]. Crystallography Reports, 2017, Vol. 62 (4), p558-565.

[64] Jan Dietel; Kristian Ufer; Stephan Kaufhold; Reiner Dohrmann, Crystal structure model development for soil clay minerals - II. Quantification and characterization of hydroxy-interlayered smectite (HIS) using the Rietveld refinement technique [J]. Geoderma, 2019 (3), p1-12.

[65] R. C. McMurchy. The Crystal Structure of the Chlorite Minerals [J]. Zeitschrift für Kristallographie - Crystalline Materials, 2014(6), p420-432.

[66] Hiroshi Nagaoka. Yuzuru Karouji; Tomoko Arai; at el. Geochemistry and mineralogy of a feldspathic lunar meteorite (regolith breccia) [J]. Northwest Africa 2200, Polar Science, 2013 (9), P241-259.

[67] Anders McCarthy, Othmar Müntener; Mineral growth in melt conduits as a mechanism for igneous layering in shallow arc plutons: mineral chemistry of Fisher Lake orbicules and comb layers (Sierra Nevada, USA) [J]. Contributions to Mineralogy and Petrology, 2017, Vol. 172 (7).

[68] Adel A. Surour, Ahmed H. Ahmed, Hesham M. Harbi ; Mineral chemistry as a tool for understanding the petrogenesis of Cryogenian (arc-related)-Ediacaran (post-collisional) gabbros in the western Arabian Shield of Saudi Arabia [J]International Journal of Earth Sciences, 2017, Vol. 106 (5), p1597-1617.

[69] J. D. C. McC.. Equilibrium thermodynamics in Petrology. An introduction [J] . Geological Magazine, 1980, 117 (1) .

[70] Konrad-Schmolke Matthias; Halama Ralf; Wirth Richard; et al. Mineral dissolution and reprecipitation mediated by an amorphous phase [J]. Nature communications, 2018 (1), 1673.

[71] Moffat Keith; Laue diffraction and time-resolved crystallography: a personal history [J]. Philosophical transactions, 2019 (6) .

[72] Tola A. Mirza, Saman Gh. Rashid ; Mineralogy, Fluid inclusions and stable isotopes study constraints on genesis of sulfide ore mineral, Qaladiza area Qandil Series, Iraqi Kurdistan Region [J]. Arabian Journal of Geosciences, 2018, Vol. 11 (7), p1-15.

[73] F. A. Caporuscio; S. E. M. Palaich; M. C. Cheshire; C. F. Jové Colón; Corrosion of copper and authigenic sulfide mineral growth in hydrothermal bentonite experiments [J]. Journal of Nuclear Materials, 2017 (12), p137-146.

[74] Elena Sinyakova; Victor Kosyakov; Vadim Distler; et al. Behavior of Pt, Pd, and Au During Crystallization of Cu-Rich Magmatic Sulfide Minerals [J]. The Canadian Mineralogist, 2016(2), p491-509.

[75] E A Sinkina; M V Korovkin; O V Savinova; A A Makarova; Reflectivity and microhardness of sulfide minerals as genetic information source (case study: pyrite and arsenopyrite) [C] . IOP Conference Series: Earth and Environmental Science, 2016(1) .

[76] Frédéric Gérard. Clay minerals, iron/aluminum oxides, and their contribution to phosphate sorption in soils [J]. Geoderma, 2016, p213-226.

■ 附录 矿物图片

自然元素矿物

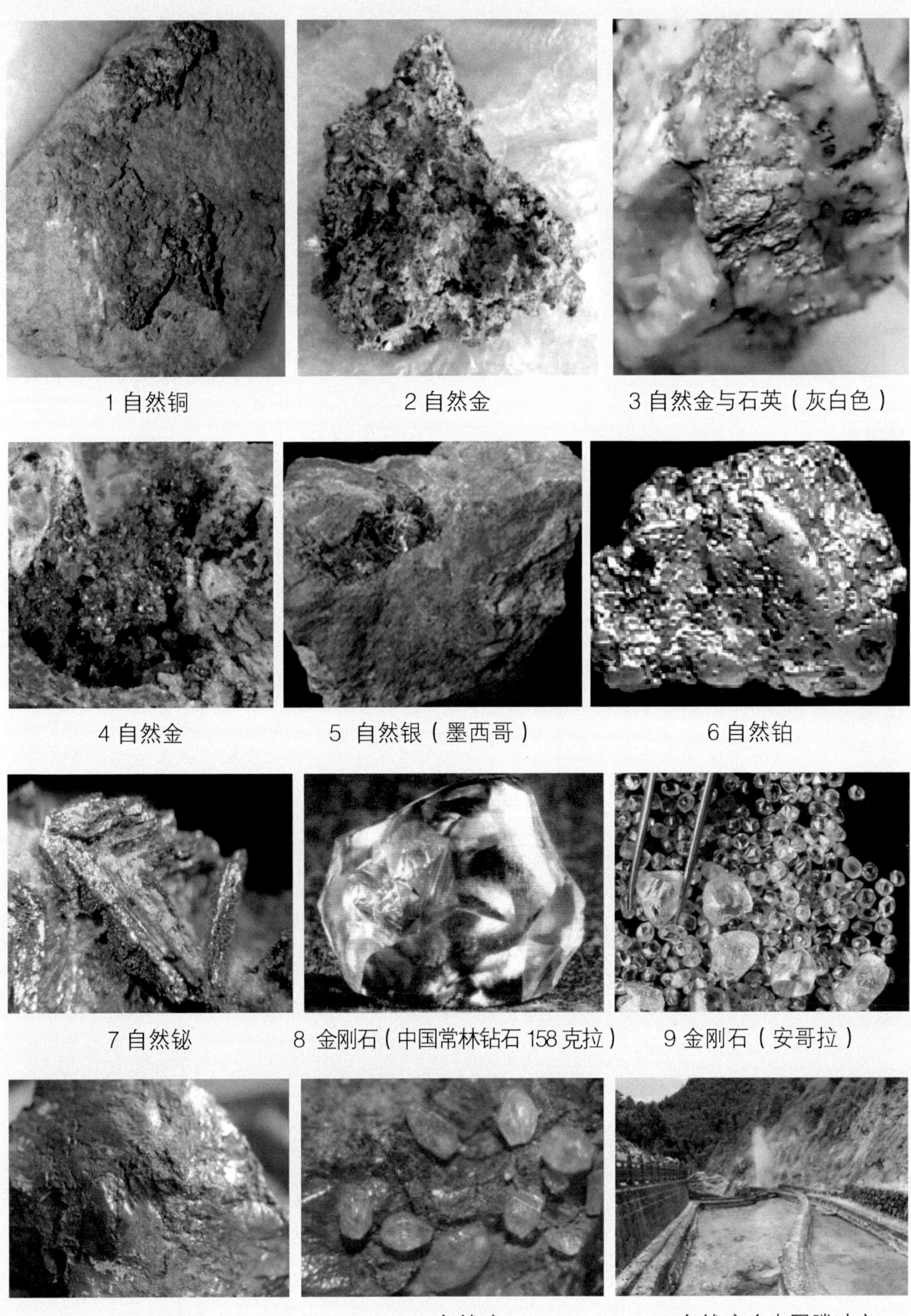

1 自然铜　2 自然金　3 自然金与石英（灰白色）

4 自然金　5 自然银（墨西哥）　6 自然铂

7 自然铋　8 金刚石（中国常林钻石 158 克拉）　9 金刚石（安哥拉）

10 石墨　11 自然硫　12 自然硫（中国腾冲）

硫化物及其类似化合物矿物

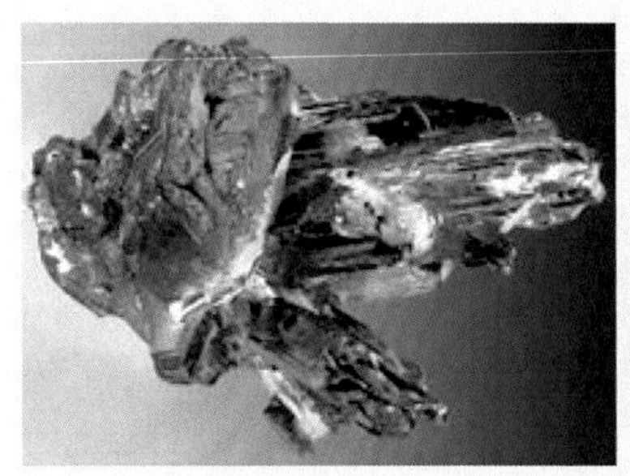
13 辉铜矿

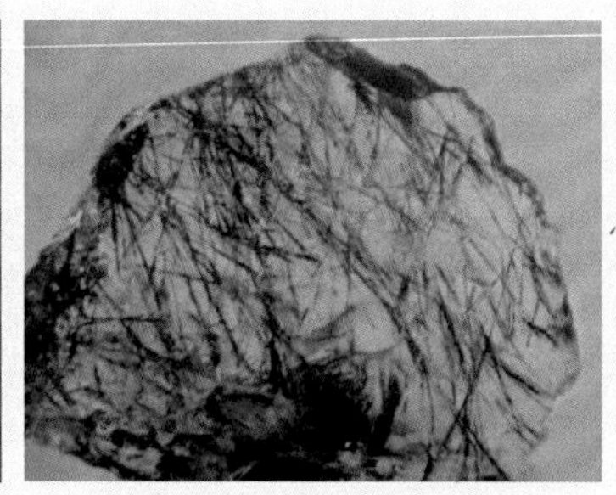
14 辉铜矿（马尾丝状）

15 方铅矿（立方体晶形）

16 方铅矿（粒状集合体）

17 闪锌矿

18 闪锌矿（粒状集合体）

19 斑铜矿

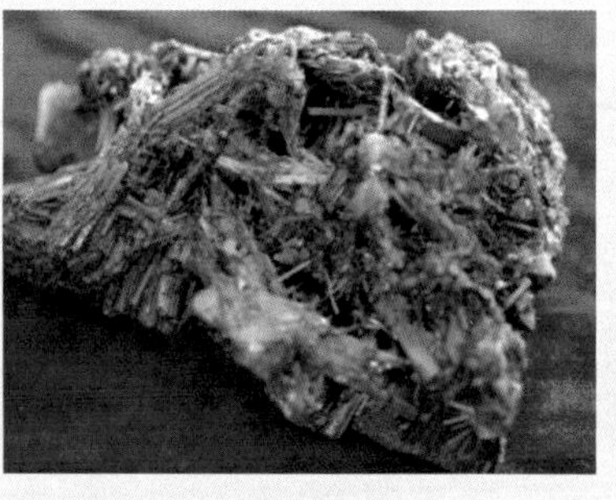
20 辉锑矿

21 辉钼矿

22 辉铋矿

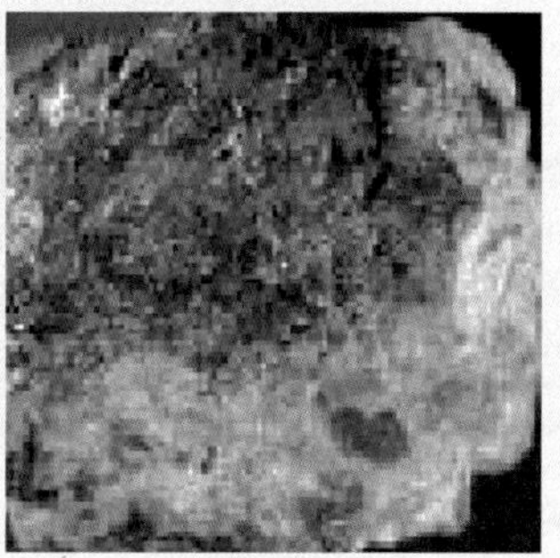
23 辉银矿

24 铜蓝

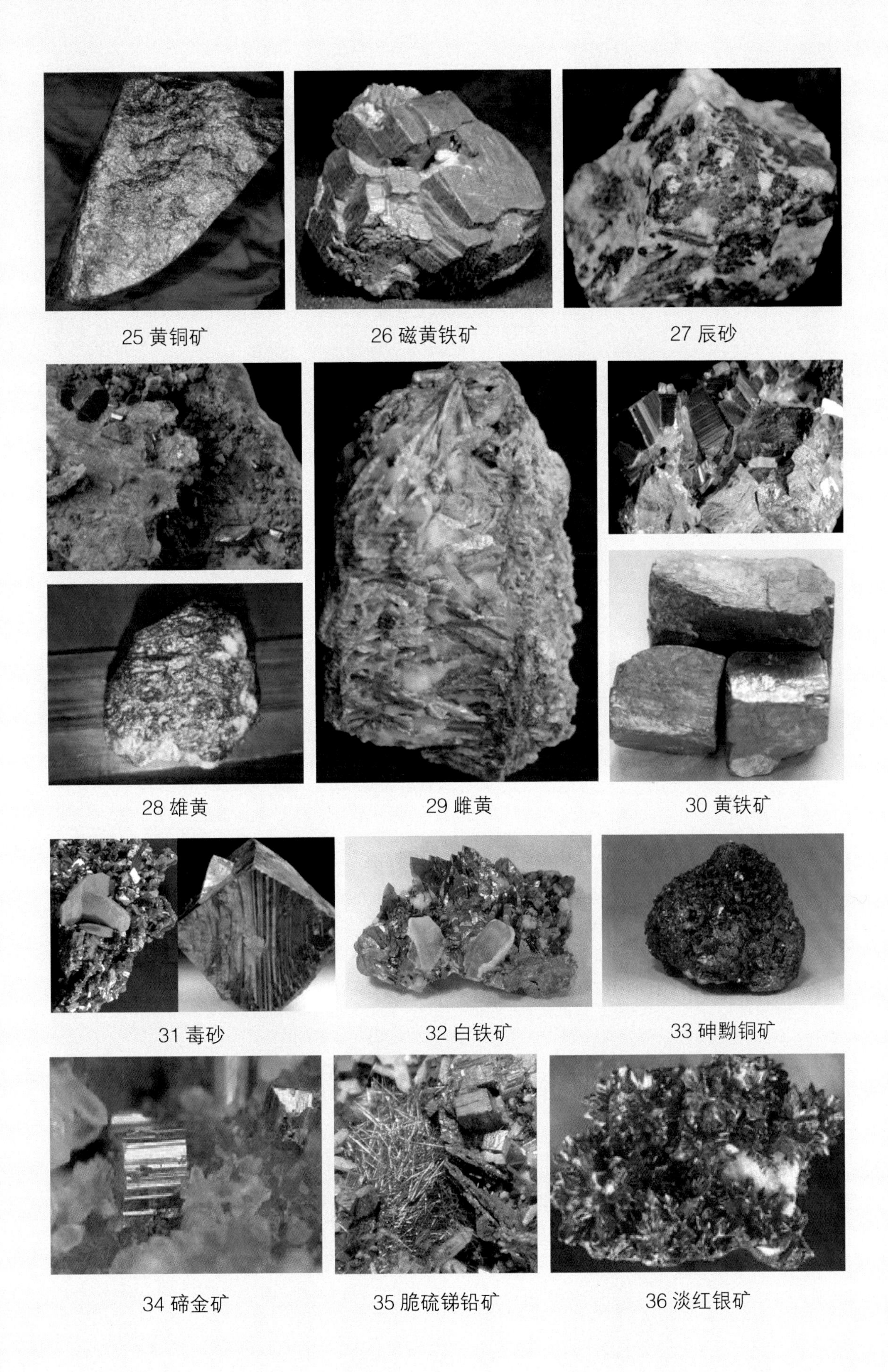

25 黄铜矿　26 磁黄铁矿　27 辰砂

28 雄黄　29 雌黄　30 黄铁矿

31 毒砂　32 白铁矿　33 砷黝铜矿

34 碲金矿　35 脆硫锑铅矿　36 淡红银矿

37 硫钴矿

38 车轮矿

39 红砷镍矿

氧化物与氢氧化物矿物

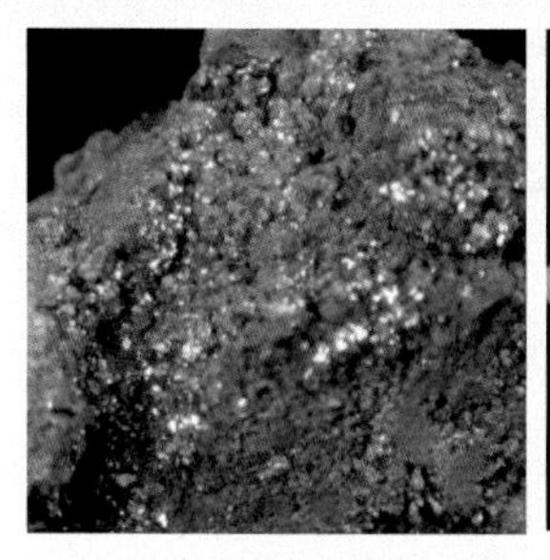

40 赤铜矿

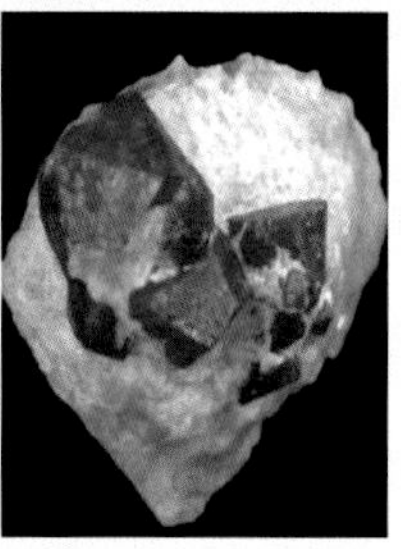

41 刚玉

42 赤铁矿

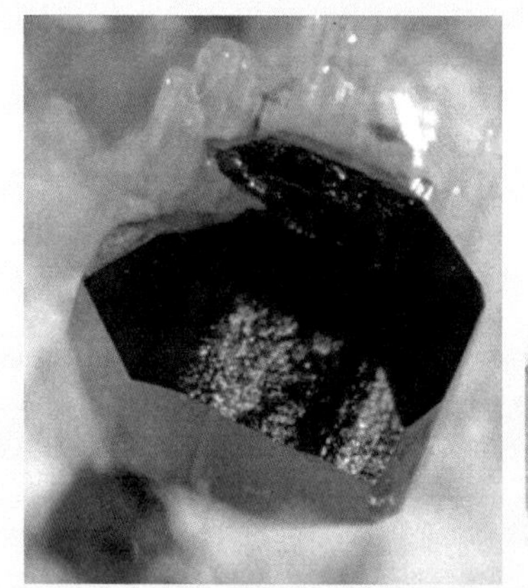

43 钛铁矿

44 金红石

45 锐钛矿

46 方钍石

47 钙钛矿

48 板钛矿

49 锡石（与石英共生）

50 锡石

51 石英晶簇

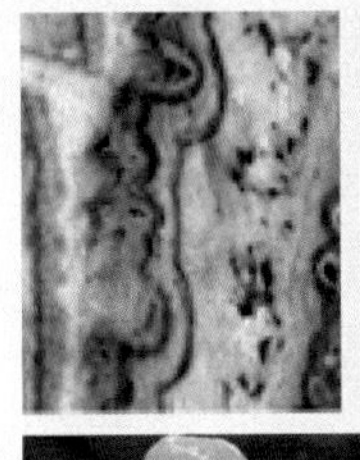
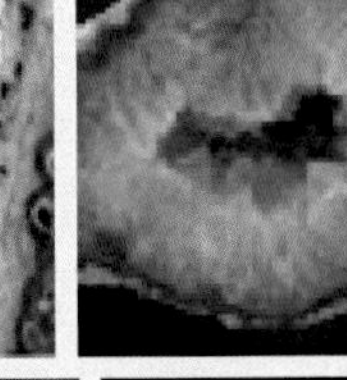
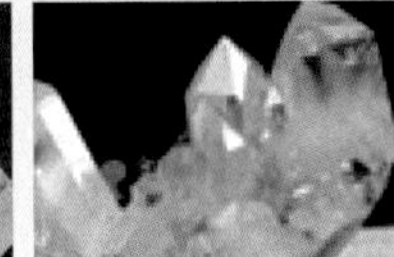
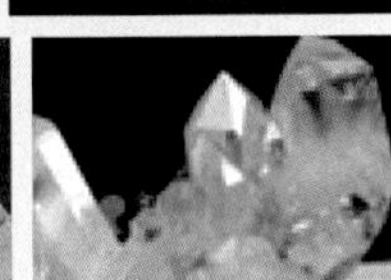

52 石英

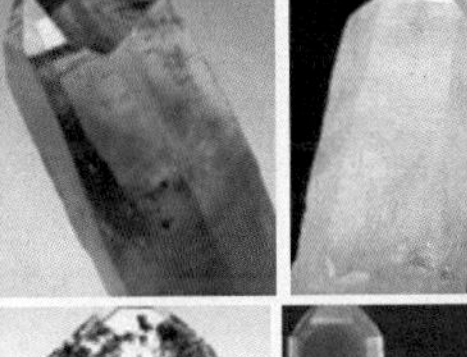

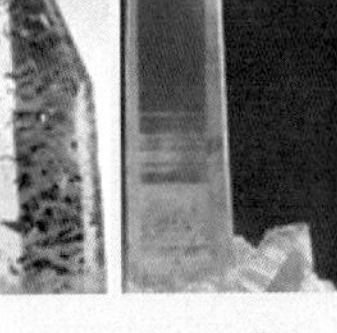

53 水晶（不同颜色）

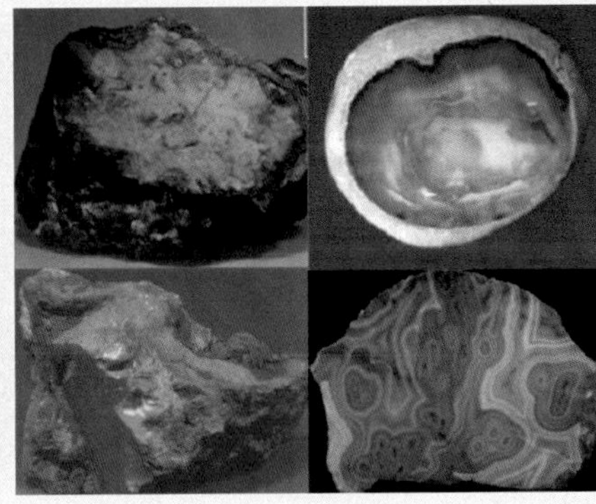

54 玛瑙

55 β石英

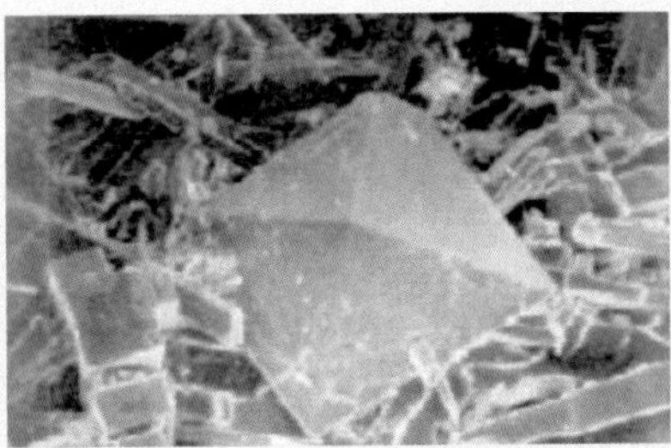

56 方石英

57 蛋白石

58 尖晶石

59 铬铁矿

60 磁铁矿

61 独居石

62 晶质铀矿

63 烧绿石

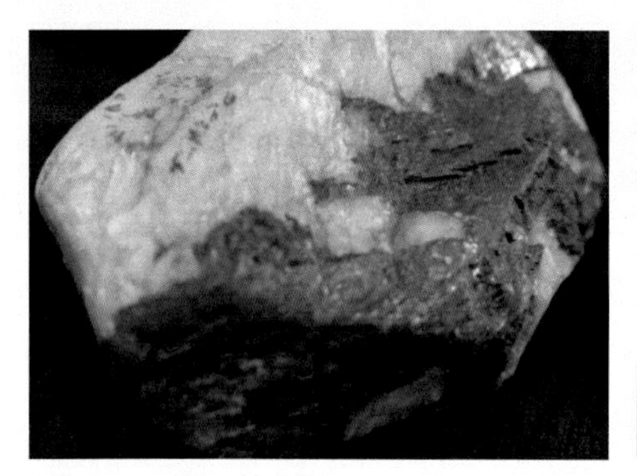

64 黑钨矿

65 软锰矿结核

66 软锰矿

67 水镁石

68 针铁矿

69 褐铁矿

70 铝土矿

71 三水铝石

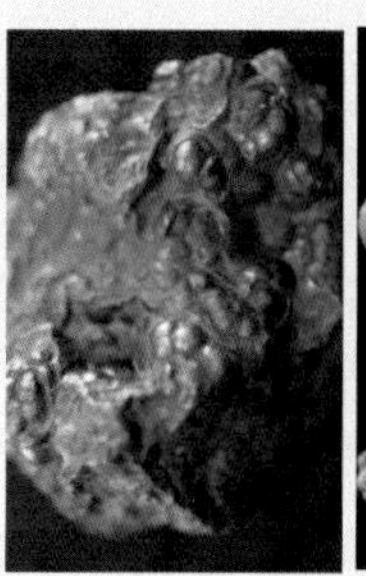

72 硬锰矿

硅酸盐类矿物

73 橄榄石　74 锆石　75 黄玉

76 符山石　77 十字石　78 石榴子石

79 榍石　80 褐帘石　81 绿帘石

82 红柱石　83 蓝晶石　84 绿柱石

85 堇青石　86 电气石　87 锂辉石

88 普通辉石　89 透辉石　90 硬玉（翡翠）

91 蔷薇辉石

92 硅灰石

93 矽线石

94 透闪石

95 透闪石玉

96 直闪石

97 角闪石

98 角闪石石棉

99 阳起石

100 蓝闪石

101 高岭土

102 蛇纹石

103 滑石　104 叶蜡石（寿山石）　105 黑云母

106 白云母　107 铁锂云母　108 金云母

109 绿泥石　110 蛭石　111 伊利石

112 海绿石　113 坡缕石　114 海泡石

115 蒙脱石

116 葡萄石

117 鱼眼石

118 钾长石

119 钠长石

120 斜长石

121 透长石

122 微斜长石

123 钙长石

124 霞石

125 白榴石

126 方钠石

127 方沸石　128 沸石形貌（电镜）　129 片沸石

碳酸盐、硫酸盐、磷酸盐、硝酸盐、硼酸盐类矿物

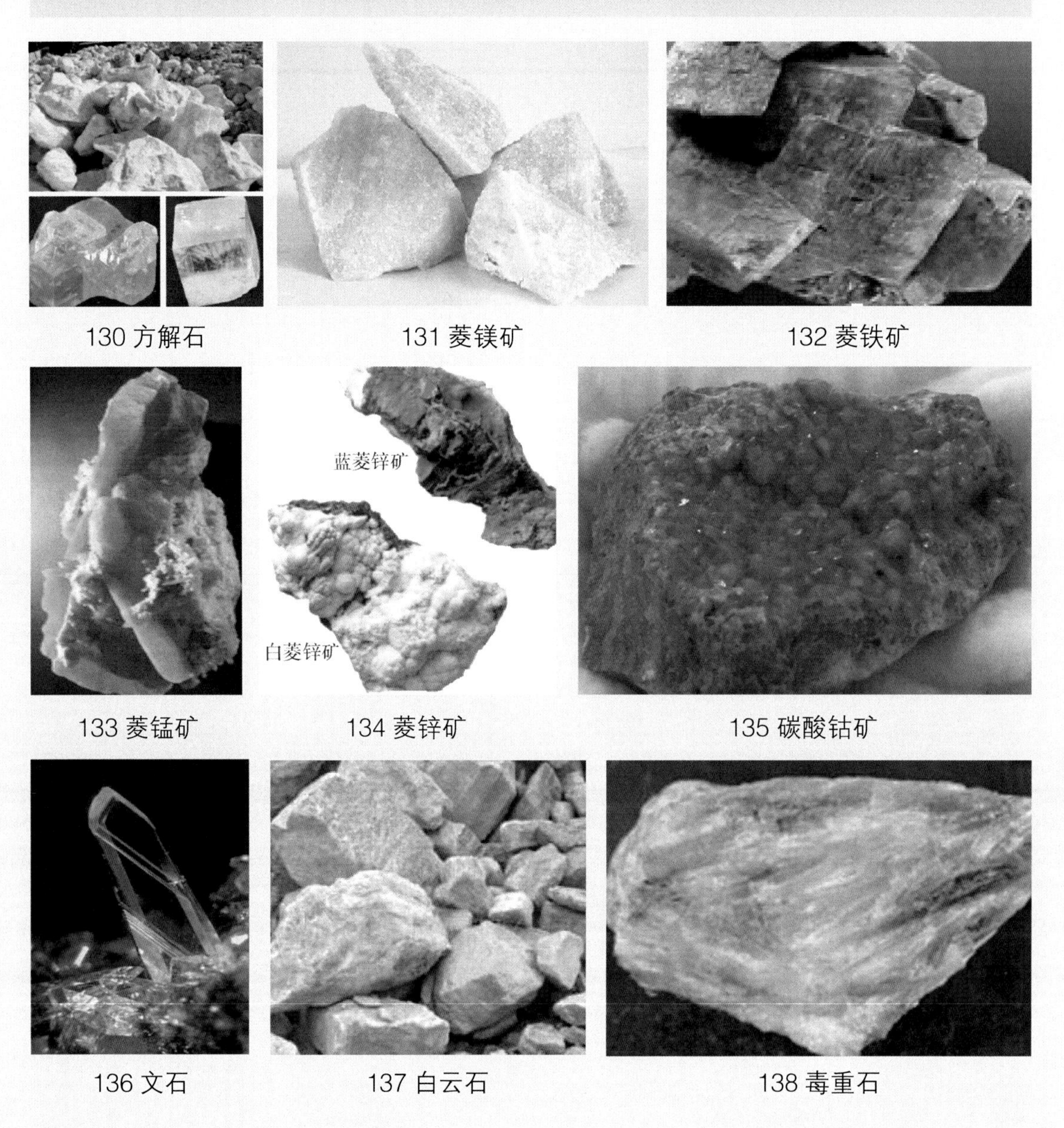

130 方解石　131 菱镁矿　132 菱铁矿

133 菱锰矿　134 菱锌矿　135 碳酸钴矿

136 文石　137 白云石　138 毒重石

139 孔雀石　140 蓝铜矿　141 硼砂

142 硼镁铁矿　143 钠硼解石　144 方硼石

145 石膏　146 硬石膏　147 重晶石

148 天青石　149 芒硝　150 明矾石

151 黄钾铁矾

152 泻利盐

153 磷灰石

154 独居石

155 绿松石

156 铜铀云母

157 臭葱石

158 钴华

159 磷铝石

160 白钨矿

161 钒铅矿

（日光下呈蓝色，紫外灯下呈紫红色）

162 萤石

163 钾盐

164 石盐（中国盐湖）

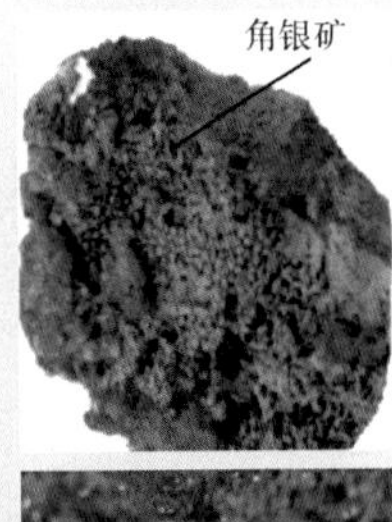

165 角银矿

我国发现的矿物（部分）

166 香花石

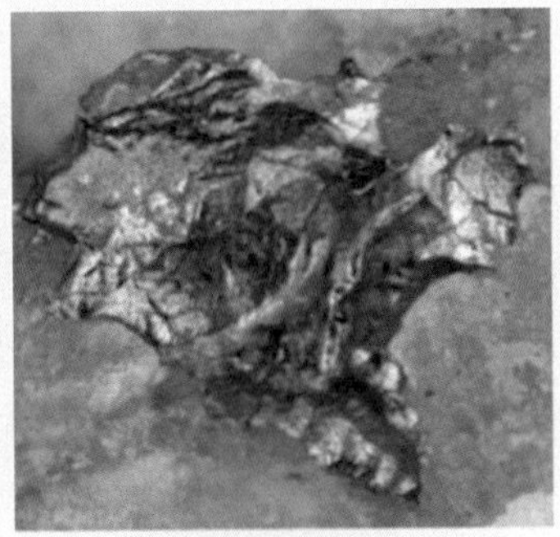

167 陈国达矿

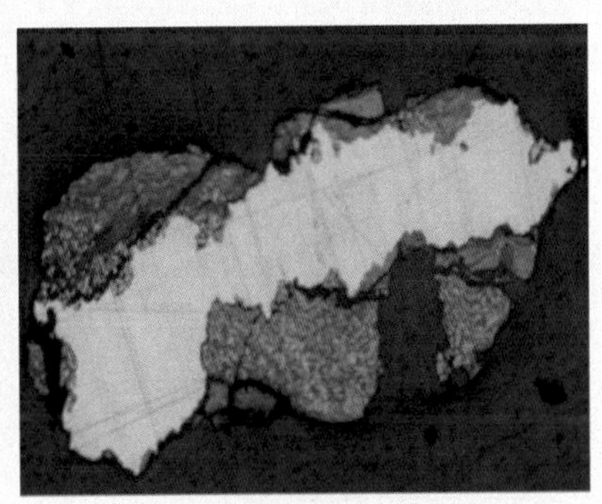

168 张衡矿

169 丁道衡矿

170 张培善石

171 吴延之矿

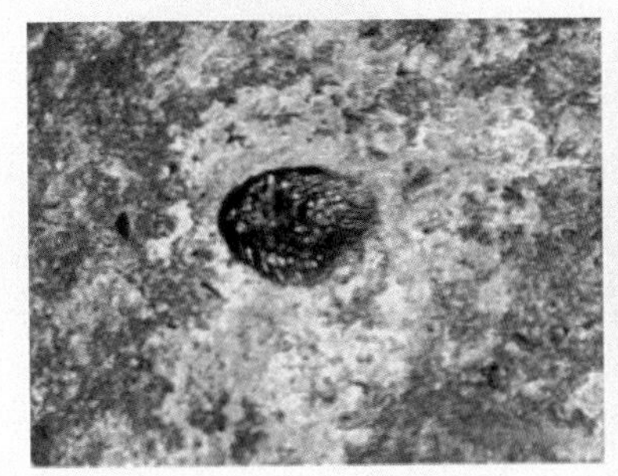

172 谢氏超晶石

173 涂氏磷钙石

174 栾锂云母

陨石（部分）

175 石陨石

176 石铁陨石

177 铁陨石

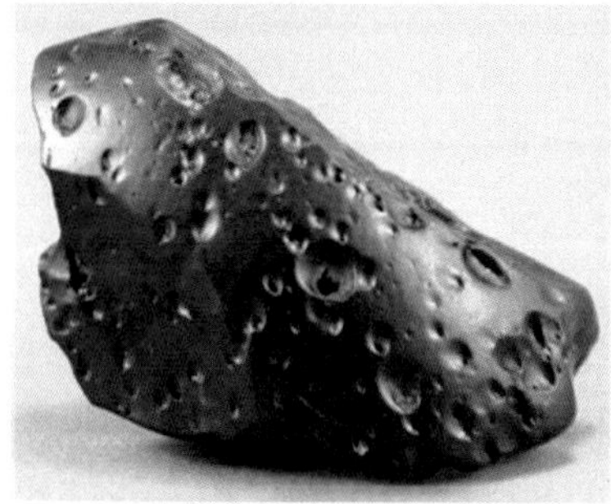

178 玻璃陨石

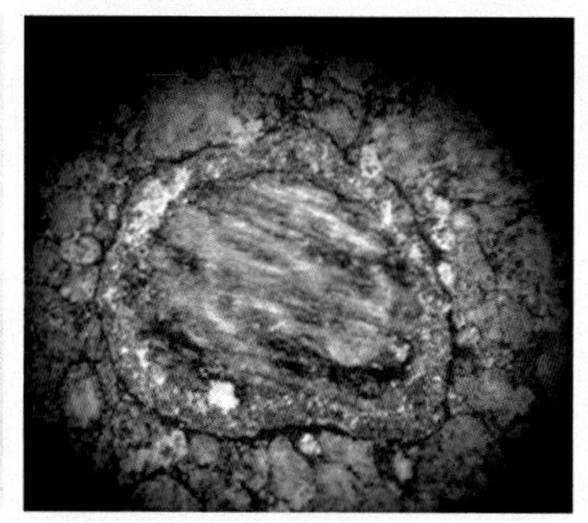

179 球粒陨石

180 含金刚石陨石

181 月海玄武岩

182 彩色黏土陨石

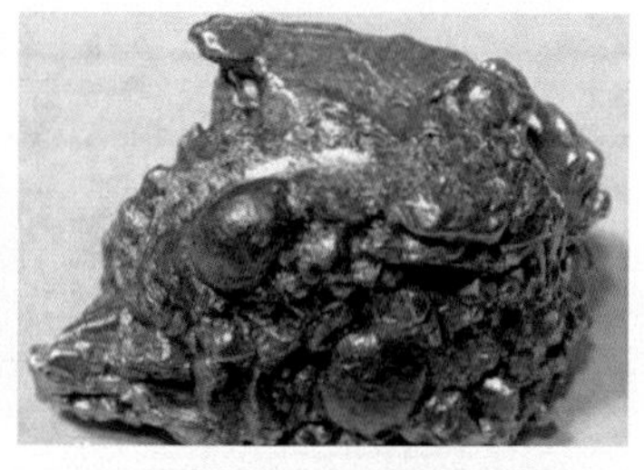

183 南丹陨石

184 碳质球粒陨石

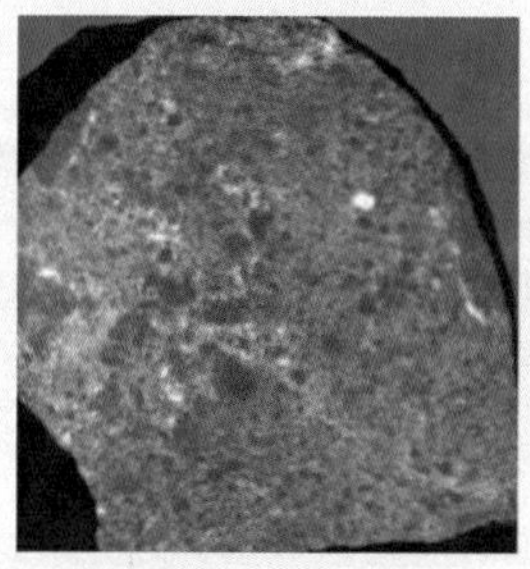

185 顽火辉石球粒陨石

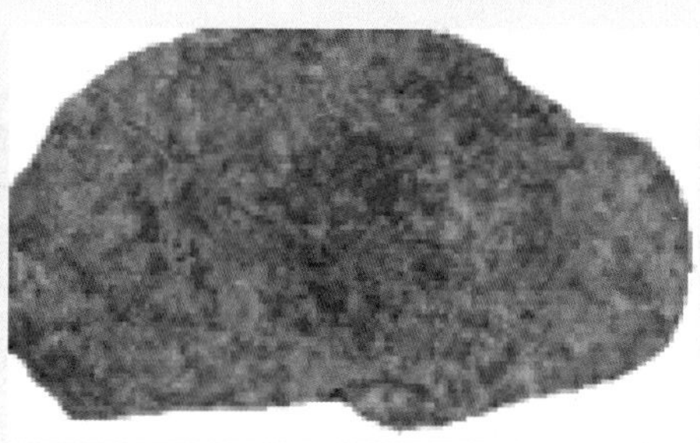

186 吉林石铁陨石